高等院校计算机应用系列教材

LabVIEW 虚拟仪器程序设计教程

张　峤　主　编
朱世宇　孙令翠　陆　鹏　副主编

清华大学出版社
北　京

内 容 简 介

本书主要介绍了利用 LabVIEW 2018 进行虚拟仪器程序设计的方法和技巧，详细讲解了虚拟仪器的概况、LabVIEW 2018 编程环境及其基本操作、数据类型与运算、程序结构、图形显示、子 VI 属性节点和人机界面设计、文件 I/O、网络与通信编程、LabVIEW 数据库编程、数据采集以及信号分析与处理。本书每个章节都配有大量的编程实例，可以让读者更加快捷地掌握相应的编程方法，并能熟练运用。

本书针对高等院校学生的特点，以软件开发设计思想为主线，按照“循序渐进、逐步深入、重在实践”的原则来编写，适合作为高等院校电子电路相关专业的教材，也可供虚拟仪器程序设计人员作为参考书。

图书在版编目(CIP)数据

LabVIEW 虚拟仪器程序设计教程 / 张峤主编. —北京：清华大学出版社，2021.7（2023.5重印）
高等院校计算机应用系列教材
ISBN 978-7-302-57320-3

I. ①L… II. ①张… III. ①软件工具－程序设计－高等学校－教材 IV. ①TP311.561

中国版本图书馆 CIP 数据核字(2021)第 012332 号

责任编辑：刘金喜
封面设计：高娟妮
版式设计：思创景点
责任校对：成凤进
责任印制：宋 林

出版发行：清华大学出版社
网　　址：http://www.tup.com.cn，http://www.wqbook.com
地　　址：北京清华大学学研大厦 A 座　　**邮　　编**：100084
社 总 机：010-83470000　　**邮　　购**：010-62786544
投稿与读者服务：010-62776969，c-service@tup.tsinghua.edu.cn
质 量 反 馈：010-62772015，zhiliang@tup.tsinghua.edu.cn
印 装 者：三河市铭诚印务有限公司
经　　销：全国新华书店
开　　本：185mm×260mm　　**印　　张**：21　　**字　　数**：538 千字
版　　次：2021 年 8 月第 1 版　　**印　　次**：2023 年 5 月第 2 次印刷
定　　价：78.00 元

产品编号：087030-02

前　言

现代科学技术、生产和国防的重要特点之一，就是进行大量的测试和统计。现代工业大生产中，用在测试上的工时和费用已占整个生产成本的 20%～30%，因此提高测试水平、降低测试成本、减少测试误差、提高测试效率，对国民经济的各个领域都是至关重要的。测试手段的现代化，已被公认为科学技术和生产现代化的重要条件和明显标志。

在这样的大环境下，虚拟仪器(Vitual Instrumentation，VI)应运而生，它突破了以往传统仪器的特点，充分利用不断发展和完善的计算机技术，以通用计算机和标准总线技术为平台，利用计算机的硬件资源，并辅以软件作为虚拟仪器的开发平台。用户利用面向测量仪器的控制和管理的视窗软件平台 LabVIEW、一台普通的计算机、若干软件包和基本的硬件电路(如数据采集电路、GPIB 仪表、VXZ 仪表等)就可以构建一套完整的测试系统，并具备数据处理的功能和友好的人机界面(通常称为虚拟面板)。现如今，基于 LabVIEW 的虚拟仪器已经成为一种业界领先的工业标准化、图形化编程工具，主要用来开发测试测量、控制系统。

美国国家仪器公司(National Instruments，NI)作为虚拟仪器技术的主要倡导者，无论是在硬件还是软件上都做出了突出的贡献，其推出的图形化编程语言——LabVIEW 是目前国际上最成功的图形化集成开发环境，并在众多领域得到了广泛应用。LabVIEW 自 1986 年问世以来，经过不断改进和版本升级，已经从最初简单的数据采集和仪器控制的工具发展成为科技人员用来设计、发布虚拟仪器软件的图形化平台，并具有强大的功能和易用性。

本书针对高等院校学生的特点，以软件开发设计思想为主线，按照“循序渐进、逐步深入、重在实践”的原则，加入大量示例来帮助读者学习。此外，本书通过理论与实例相结合的方式，介绍了利用 LabVIEW 2018 进行虚拟仪器程序设计的方法和技巧。

全书共分 11 章，主要内容如下。

第 1 章介绍仪器的发展、虚拟仪器相关知识、虚拟仪器的分类、虚拟仪器的开发环境。

第 2 章介绍 LabVIEW 基础、LabVIEW 2018 的安装、LabVIEW 2018 的编程环境和 LabVIEW 2018 的基本操作。

第 3 章介绍 LabVIEW 的数据类型和基本操作，包括基本数据类型、数据操作、数组、字符串与路径、簇和矩阵等。

第 4 章介绍 LabVIEW 中的程序结构，重点介绍了 LabVIEW 中的顺序结构、循环结构、条件结构、事件结构、禁用结构、公式节点、定时结构等。

第 5 章介绍 LabVIEW 的图形显示，包括波形显示、XY 图与 Express XY 图、强度图与强度图表、数字波形图、三维图形等。

第 6 章介绍 LabVIEW 中子 VI、属性节点和人机界面设计，主要介绍了子 VI 的创建和属性节点的应用，并重点介绍了下拉列表、对话框、菜单等高级控件的应用和人机界面设计的基本技巧。

第 7 章介绍 LabVIEW 中的文件 I/O 操作，主要包括文件操作基本函数、文本文件、电子表格文件、二进制文件、波形文件、测量文件、配置文件、XML 文件及 TDMS 文件的写入与读取等操作。

第 8 章介绍网络与通信编程，包括 TCP 通信、UDP 通信、串行通信及其他通信技术。

第 9 章介绍数据编程的相关知识，包括 LabVIEW 数据库基础、LabSQL 数据库访问、ADO 数据库访问和 LabVIEW SQL Toolkit 数据库访问。

第 10 章介绍数据采集的相关知识，包括数据采集的基础知识、DAQ 设备的安装与测试、NI-DAQmx 基础及 DAQmx 数据采集应用编程实例。

第 11 章介绍 LabVIEW 中信号的分析与处理，包括信号的发生、波形调理与波形测量、信号的时域与频域分析、滤波器、窗函数及逐点分析等内容。

本书 PPT 教学课件和案例源文件可通过 http://www.tupwk.com.cn/downpage 下载。服务邮箱：476371891@qq.com。

本书主要由张峤、朱世宇、孙令翠、陆鹏编写，由谢箭主审。参加编写、校对的还有曾凡琳、张书欣，他们在本书的编写过程中，都做了大量的工作，在此表示感谢。

由于编者水平有限，书中疏漏之处在所难免，敬请读者指正。

目　录

第1章 虚拟仪器基础

随着数字电子技术、计算机技术和数字信号处理技术的飞速发展，以及这些技术在测量领域的广泛应用，仪器技术领域发生了巨大变化。从最初的机械式仪器、模拟仪器到现在的数字化仪器、嵌入式系统仪器和智能仪器，新的测试理论、测试方法不断应用于实践，仪器技术领域的各种创新和积累都使现代测量仪器的性能发生着质的飞跃。

1.1 仪器的发展

仪器是伴随着人类测试活动的发展而发展的，从古代的曹冲称象发展到今天的虚拟仪器，大概可以分为四个阶段。

第一阶段为机械式的测量仪器，它们以物理和电磁技术为基础，例如摆钟、机械钟表、手表(上发条的表)、秒表、温度计、体温计、天平、体重秤、水表、气表、电表等。

第二阶段为模拟式电子仪器，出现于20世纪初，它是伴随着电子技术的发展而产生的，其读数由人工完成，人为误差较大，且效率低，功能单一。如石英手表(用电池供电)、石英钟、指针万用表、指针毫伏表、模拟示波器、模拟式频谱分析仪、高频信号发生器等。

第三阶段为数字式电子测量仪器，出现于20世纪50年代，伴随着数字电路技术、传感器技术以及模/数转换技术的发展而产生。数字测量仪器测量精度、测量速度有了很大的提高。例如电子表、电子秒表、电子钟、数字温度计、红外数字温度计、电子天平、电子秤、台式空气尘埃粒子计数器、血液分析仪、台式数字万用表、数字存储示波器、数字频谱分析仪、网络分析仪等，这些仪器在结构上更加复杂，功能也更加多样。

第四阶段为智能仪器，出现于20世纪60年代，是伴随着计算机技术的发展而产生的。智能仪器从单一功能的仪器发展为集控制、测量、分析、计算、显示与存储为一体的自动测试系统，将微处理器嵌入到仪器中，仪器可以独立运行程序，且具有数据存储、数据运算、逻辑判断和自动化操作等功能，具有一定的智能性，如数字电压表、数字示波器。

在智能仪器时代，虽然仪器的发展已经有了一定的智能性，但由于各仪器不能同步触发，仪器之间无法直接通信、无法传递模拟信号，在PC内仪器容易受较强的电磁干扰，PC无法满足重载仪器对电流和散热的要求等现实问题的制约，促使人们思考如何改变仪器的生产技术，如将很多个仪器集成在一起，又不受电磁干扰，且能够使它们同时工作，继而提出了一种全新的仪器概念——虚拟仪器(Virtual Instrumentation，VI)。

1.2 虚拟仪器概述

1.2.1 虚拟仪器的发展

世界上最早开发和应用虚拟仪器的公司是美国National Instruments(NI，国家仪器)公司。20世纪70年代，杰姆特·鲁查德和杰夫·柯德斯凯两人为美国海军研制了一种声呐测试仪。它是基于计算机的测试仪，能为用户提供多种数据、多层次的交互式接口，在计算机的控制下完成指定的测试工作。它还可以对系统中的可编程控制器进行编程，配置不同的测试系统。

由于是第一次开发虚拟仪器，成本相当高且开发的周期相当长，用户在操作过程中要学习很多的指令，难以在短时间内掌握。后来杰姆特·鲁查德和杰夫·柯德斯凯两人在多次研发后，总结经验，将一些功能进行了模块化处理，大大简化了程序结构和操作的复杂性。这是一次里程碑式的改进，为以后虚拟仪器的发展提供了良好的基础。

1986年5月NI公司推出了LabVIEW(Laboratory Virtual Instrument Engineering Workbench，实验室虚拟仪器集成环境)的Beta版本作为虚拟仪器的开发环境，同年10月推出了LabVIEW 1.0正式版。在Windows 3.0操作系统出现之前，LabVIEW全是运行在Macintosh平台上的。当Windows 3.0操作系统出现后，其良好的操作性能得到了广大用户的肯定，并为虚拟仪器的快速发展奠定了基础。随后通过NI公司的研发，虚拟仪器的功能越来越强大，系统的性能越来越好，一直发展到现在的LabVIEW 2018。30多年来LabVIEW从未停止过创新，不断改进、更新和扩展，使LabVIEW牢牢占据了自动化测试、测量领域的领先地位，更改变了测试测量和控制应用系统的格局。

由于虚拟仪器具有先进的性能和广泛的应用前景，在NI公司之后还有一些国际知名厂商也加入到虚拟仪器的研发中。例如，HP公司、PC仪器公司、Racal公司等先后研发了一些仪器，但NI公司仍然处于领先地位。

时至今日，虚拟仪器行业发展已相当成熟，相信它在未来有更广阔的应用前景。

1.2.2 虚拟仪器的概念

虚拟仪器的核心思想为“软件即是仪器”。传统仪器把所有软件和测量电路封装在一起，利用仪器前面板为用户提供一组有限的功能。而NI公司提出，用一台计算机，通过软件编程得到一个类似仪器的面板，这个软件通过I/O接口连接仪器硬件，这样就形成了一个虚拟仪器系统。虚拟仪器系统展现给用户的是软件面板，因此其功能可以完全由用户用软件自定义编写。从这一思想出发，基于计算机、软件和I/O部件来构建虚拟仪器，引起了仪器概念的巨大转变。

虚拟仪器，就是在以计算机为核心的硬件平台上，根据用户对仪器的设计定义，用软件实现虚拟控制面板设计和测试功能的一种计算机仪器系统。虚拟仪器的实质是利用计算机显示器的显示功能来模拟传统仪器的控制面板，以多种形式表达和输出检测结果；利用计算机强大的软件功能实现信号的运算、分析、处理；利用I/O接口设备完成信号的采集与调理，从而完成各种测试功能的计算机测试系统。用户通过鼠标、键盘或触摸屏来操作虚拟面板，就如同使用一台专用测量仪器一样，实现所需要的测量目的。因此，虚拟仪器的出现，使测量仪器与计算机的界限变得模糊了。

可见，虚拟仪器是将现有的计算机技术、软件设计技术和高性能模块化硬件结合在一起而建立起来的功能强大而又灵活易变的仪器。在虚拟仪器中，硬件仅仅是为了解决信号的输入、输出和调理，软件才是整个仪器系统的关键。在不改变硬件的情况下，用户可以通过修改软件，方便地改变、增减仪器系统的功能和规模，因此在虚拟仪器中可以说“软件就是仪器”。

虚拟仪器的“虚拟”两字主要包含以下两个方面的含义。

(1) 虚拟仪器的面板是虚拟的。传统仪器通过设置在面板上的各种“开关”“旋钮”等来完成一些操作和功能，这些“开关”“旋钮”等都是实物，而且是用手动或触摸来进行操作的；而虚拟仪器面板上的“开关”“旋钮”等，它们的外形是与实物和传统仪器的“开关”“旋钮”等相像的图标，其操作通过计算机的鼠标和键盘来实现，实际功能通过相应的软件程序来实现。

(2) 虚拟仪器的测量功能是通过对图形化软件流程图的编程来实现的。传统的仪器是通过设计具体的电子电路来实现仪器的测量测试及分析功能，而虚拟仪器是在以计算机为核心组成的硬件平台支持下，通过软件编程来实现仪器功能的，这也充分体现了测试技术与计算机深层次的结合。

1.2.3　虚拟仪器的构成

虚拟仪器通过应用程序将通用计算机与功能化硬件结合起来，完成对被测量数据的采集、分析、处理、显示、存储、打印等功能。因此，与传统仪器一样，虚拟仪器从功能上可划分为数据采集、数据分析、数据显示三大模块，其内部功能框图如图 1-1 所示。

其中，数据采集模块主要完成信号的调理采集；数据分析模块主要对数据进行各种分析处理；数据显示模块则将采集到的数据和分析后的结果表达出来。

从实现方法上讲，虚拟仪器由通用仪器硬件平台(简称硬件平台)和应用软件两大部分构成。

1. 虚拟仪器的硬件平台

虚拟仪器硬件的作用是获取测试对象的被测信号，由计算机和 I/O 接口设备组成。

(1) 计算机是虚拟仪器硬件平台的核心，一般为个人计算机或者工作站。

(2) I/O 接口设备是为计算机配置的电子测量仪器硬件模块，主要包括各种传感器、信号调理器、模拟/数字转换器(ADC)、数字/模拟转换器(DAC)、数据采集器(DAQ)等。

计算机及其配置的电子测量仪器硬件模块组成了虚拟仪器测试硬件平台的基础。

2. 虚拟仪器的软件

虚拟仪器软件实现数据采集、分析、处理、显示等功能，并将其集成为仪器操作与运行的命令环境。虚拟仪器软件包括接口软件、仪器驱动软件和应用程序。图 1-2 所示为虚拟仪器软件层次结构。

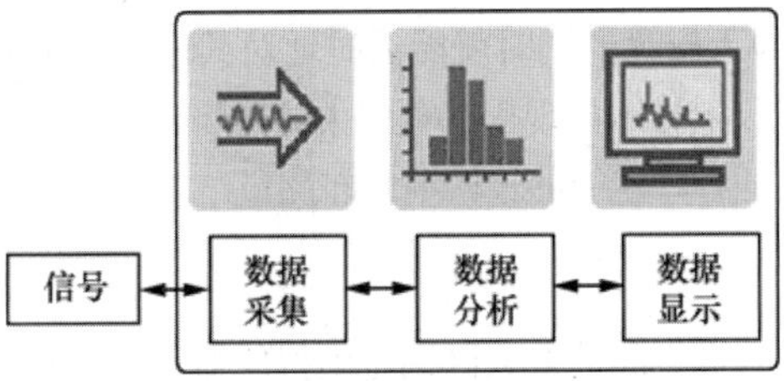

图 1-1　虚拟仪器构成方式

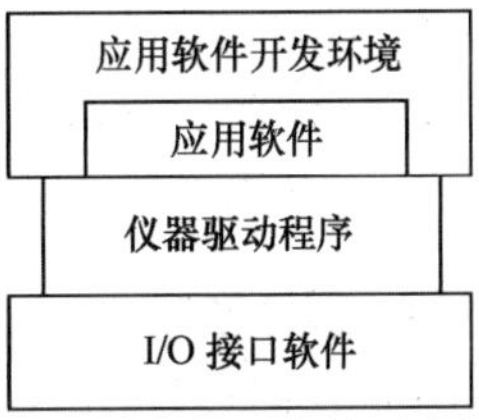

图 1-2　虚拟仪器软件层次结构

(1) 接口软件是为虚拟仪器驱动层提供信息传递的底层软件，是实现开放、灵活的虚拟仪器的基础。接口软件的功能是直接对仪器进行控制，完成数据读/写。由于仪器硬件的种类繁多，为了保证硬件的“即插即用”，接口软件需要提供独立于硬件的I/O接口。

(2) 仪器驱动程序是连接虚拟仪器应用软件与接口软件的纽带和桥梁，其功能是为虚拟仪器应用软件层提供抽象的仪器操作集。对于虚拟仪器应用软件来说，对仪器的操作是通过调用虚拟仪器驱动提供的单一接口来实现的；而虚拟仪器驱动又是通过调用接口软件所提供的单一接口来实现的。

(3) 虚拟仪器应用软件直接面对操作用户，提供了快捷、友好的测控操作界面，以及图形、图表等数据显示方式。它只对虚拟仪器驱动进行调用，本身不进行任何数据处理。对于虚拟仪器应用软件的开发者来说，在不了解仪器内部操作与实现的情况下，也可以进行虚拟仪器应用软件的设计和开发。

1.2.4 虚拟仪器的特点

与传统仪器相比，虚拟仪器具有以下3个特点。

1. 不强调物理上的实现形式

虚拟仪器通过软件功能来实现数据采集与控制、数据处理与分析及数据显示这三部分的物理功能。它充分利用计算机系统强大的数据处理能力，在基本硬件的支持下，利用软件完成数据的采集、控制、分析和处理以及测试结果的显示等，通过软硬件的配合来实现传统仪器的各种功能。

2. 在系统内实现软硬件资源共享

虚拟仪器的最大特点是将计算机资源与仪器硬件、数字信号处理技术相结合，在系统内共享软硬件资源。它打破了以往由厂家定义仪器功能的模式，而变成了由用户自己定义仪器功能。使用相同的硬件系统，通过不同的软件编程，就可实现功能完全不同的测量仪器。

3. 图形化的软件面板

虚拟仪器没有常规仪器的控制面板，而是利用计算机强大的图形环境，采用可视化的图形编程语言和平台，以在计算机屏幕上建立图形化的软面板来替代常规的传统仪器面板。软面板上具有与实际仪器相似的旋钮、开关、指示灯及其他控制部件。在操作时，用户通过鼠标或键盘操作软面板来检验仪器的通信和操作。

1.2.5 虚拟仪器的优势

除上述特点之外，与传统仪器相比，虚拟仪器还有如下6个方面的优势。

1. 性能高

虚拟仪器是建立在计算机平台基础之上的。随着计算机运行速度的快速发展、数据传输能力的不断加强及与PC总线的结合，在将数据高速导入磁盘的同时就能适时地对其进行复杂的分析计算并保存。同时越来越快的计算机网络使得虚拟仪器技术展现出其更强大的优势，使数据分享进入了一个全新的阶段。将因特网和虚拟仪器技术相结合，就能够轻松地发布测量结果。

2. 扩展性强、灵活性好

虚拟仪器的提出是针对传统仪器而言的，它们之间的最大区别是虚拟仪器完成的测量或控制任务中所需的软件和硬件设备是由用户定义的。虚拟仪器具有开放的模块化设计，用户可按自己的要求对其开发使用。其软件适应性强，只需要修改程序和部分硬件就能开发出不同的测试系统。

3. 智能化程度高

虚拟仪器相关的软件应用简单，功能强大，集成了大量常用的工具。它具有强大的数据分析、计算和图形显示等功能。虚拟仪器软件平台为所有的 I/O 设备提供了标准的接口，如数据采集、视觉、运动和分布式 I/O 等，帮助用户轻松地将多个测量设备集成到单个系统，减少了任务的复杂性。

4. 界面友好

虚拟仪器采用图形化界面，在屏幕上可以直接构建出仪器面板。这些操作过程简单、快捷，仪器的功能选择、参数设置和显示等都可以通过人机对话来实现。

5. 开发时间少

高效的软件构架与计算机、仪器仪表和通信方面的最新技术结合在一起，使开发过程相当快。它提供了充分发挥个人才能和想象空间的平台，用户可编写适合自己的仪器仪表。虚拟仪器软件构架的初衷就是方便用户的灵活操作，同时提供强大的功能，让用户能轻松地配置、创建、发布和维护系统。

6. 兼容性强

虚拟仪器和传统仪器会并存一段时间，有一些场合必然要将两者结合使用，它们之间的兼容性问题已成为关注的焦点。现在的虚拟仪器可与传统仪器兼容，也就是说，虚拟仪器可以和传统仪器搭配工作。虚拟仪器提供了与常用传统仪器连接的总线，例如 USB、GPIB、串行总线和以太网等，同时也提供了大量相互连接的函数库，方便它们之间的连接。

1.3 虚拟仪器的分类

根据所使用的仪器硬件不同，虚拟仪器硬件系统可以分为 PC-DAQ 系统、GPIB 系统、VXI/PXI/LXI 系统、串口系统、现场总线系统等。

1. PC-DAQ 系统

PC-DAQ(Data AcQuisition，数据采集)系统是以数据采集板、信号调理电路和计算机为仪器硬件平台组成的插卡式虚拟仪器系统。它采用 PCI 或 ISA 计算机本身的总线，故将数据采集卡/板(DAQ)插入计算机的空槽中即可。

2. GPIB 系统

GPIB(General-Purpose Interface Bus，通用接口总线)系统是以 GPIB 标准总线仪器和计算机为仪器硬件平台组成的虚拟仪器测试系统。典型的 GPIB 测试系统由一台计算机、一块 GPIB 接口板和几台 GPIB 仪器组成。GPIB 接口板插入计算机的插槽中，建立起计算机与具有 GPIB 接口的仪器设备之间的通信桥梁。

3. VXI/PXI/LXI 系统

VXI/PXI/LXI 系统是一类模块化的仪器系统，其硬件结构与工控机类似。每种仪器都是一个计算机插件，每种仪器都没有硬件构成的仪器面板，而由计算机显示屏幕替代。

VXI(VMEbus eXtensions for Instrumentation)总线技术出现于 20 世纪 80 年代。VXI 总线的出现

将高级测量与测试设备带入模块化领域，目前这类系统已逐渐退出市场。

PXI(PCI eXtensions for Instrumentation)总线技术出现于 20 世纪 90 年代。该总线技术是在 PCI 总线内核技术上增加了成熟的技术规范和要求而形成的，具有高度的可扩展性(有 8 个扩展槽，一般的台式 PCI 只有 3 个或 4 个扩展槽)和传输速率高的特点。PXI 系统是目前使用较多的一类模块化虚拟仪器系统。

LXI(LAN eXtensions for Instrumentation)总线技术出现于 2004 年，是继 GPIB 技术、VXI/PXI 技术之后的新一代基于以太网络(LAN)的自动测试系统模块化构架平台标准。以太网的错误检测、故障定位、长距离互联、树状拓扑结构以及网络传输速率等都比现有的总线技术优越。因此，LXI 系统可能成为虚拟仪器系统发展的主流方向。

4. 串口系统

串口系统是以 Serial(串口)标准总线仪器和计算机为仪器硬件平台组成的虚拟仪器测试系统。

5. 现场总线系统

现场总线系统以 Field Bus(现场总线)标准总线仪器及计算机为仪器硬件平台，具有可靠性高、稳定性好、抗干扰能力强、通信速率快、造价低及维护成本低等优点。

无论上述哪种虚拟仪器系统，都是通过应用软件将仪器硬件与通用计算机相结合的。其中，PC-DAQ 测量系统是构成虚拟仪器的最基本的方式，也是较为廉价的方式。

1.4 虚拟仪器的应用领域

虚拟仪器目前已在航天航空、教学、核工业、军工、通信测试、铁道、汽车、电子产品等各行各业得到了广泛应用，其中在以下几个方面尤为突出。

(1) 测试测量：LabVIEW 最初就是为测试测量而设计的，因而测试测量是现在 LabVIEW 最广泛的应用领域。经过多年的发展，LabVIEW 在测试测量领域获得了广泛的承认。至今，大多数主流的测试仪器、数据采集设备都拥有专门的 LabVIEW 驱动程序，使用 LabVIEW 可以非常便捷地控制这些硬件设备。同时，用户也可以十分方便地找到各种适用于测试测量领域的 LabVIEW 工具包。这些工具包几乎覆盖了用户所需的所有功能，用户在这些工具包的基础上再开发程序就容易多了，有时只需简单地调用几个工具包中的函数，就可以组成一个完整的测试测量应用程序。

(2) 控制：控制与测试是两个相关度非常高的领域，从测试领域起家的 LabVIEW 自然而然地首先拓展至控制领域。LabVIEW 拥有专门用于控制领域的模块——LabVIEW WDSC。除此之外，工业控制领域常用的设备、数据线等通常也都带有相应的 LabVIEW 驱动程序。使用 LabVIEW 可以非常方便地编制各种控制程序。

(3) 仿真：LabVIEW 包含了多种多样的数学运算函数，特别适合进行模拟、仿真、原型设计等工作。在设计机电设备之前，可以先在计算机上用 LabVIEW 搭建仿真原型，验证设计的合理性，找到潜在的问题。在高等教育领域，如果使用 LabVIEW 进行软件模拟，就可以达到同样的效果，使学生不致失去实践的机会。

(4) 儿童教育：由于图形外观漂亮且容易吸引儿童的注意力，同时图形比文本更容易被儿童接受和理解，所以 LabVIEW 非常受少年儿童的欢迎。对于没有任何计算机知识的儿童而言，可以把

LabVIEW 理解成是一种特殊的“积木”：把不同的原件搭在一起，就可以实现自己所需的功能。著名的可编程玩具“乐高积木”使用的就是 LabVIEW 编程语言。儿童经过短暂的指导就可以利用乐高积木搭建成各种车辆模型、机器人等，再使用 LabVIEW 编写控制其运动和行为的程序。除了应用于玩具，LabVIEW 还有专门用于中小学生教学使用的版本。

(5) 快速开发：根据笔者参与的一些项目统计，完成一个功能类似的大型应用软件，熟练的 LabVIEW 程序员所需的开发时间，只是熟练的 C 程序员所需时间的 1/5 左右。所以，如果项目开发时间紧，应该优先考虑使用 LabVIEW，以缩短开发时间。

(6) 跨平台：如果同一个程序需要运行于多个硬件设备上，也可以优先考虑使用 LabVIEW。LabVIEW 具有良好的平台一致性。LabVIEW 的代码无须任何修改就可以在常见的三大台式机操作系统(Windows、Mac 及 Linux)上运行。除此之外，LabVIEW 还支持各种实时操作系统和嵌入式设备，比如常见的 PDA、FPGA 以及运行 VxWorks 和 PharLap 系统的 RT(Route Target，路由目标)设备。

同时，虚拟仪器在高校某些较难理解的专业课教学中也得到了较好的应用。这些课程在传统教学中由于实验室设备和条件的限制，很难培养学生的实际动手能力和创新能力，而虚拟仪器代替了传统实验仪器，用软件模拟实验过程，使学生有更多的时间理解原理和掌握设计，无须花太多时间在前期准备和编程上，达到了事半功倍的效果。

1.5 虚拟仪器的开发环境

1.5.1 虚拟仪器开发软件

虚拟仪器应用软件开发环境是设计虚拟仪器所必需的软件工具。应用软件开发环境的选择，以开发人员的喜好不同而不同，但最终都必须提供给用户一个界面友好、功能强大的应用程序。软件在虚拟仪器中处于重要的地位，它担负着对数据进行分析处理的任务，如数字滤波、频谱变换等。在很大程度上，虚拟仪器能否成功运行，就取决于软件。因此，美国 NI 公司提出了“软件就是仪器”的口号。

目前已有多种虚拟仪器的软件开发工具，主要分为以下两类。

(1) 传统的文本式编程方法，如 C、Visual C++、Visual Basic、LabWindows/CVI 等。

(2) 图形化编程方法，如 NI 公司的 LabVIEW 软件、HP 公司的 VEE 等。使用图形化软件编程的优势是软件开发周期短、编程容易，特别适合于不具有专业编程水平的工程技术人员。

1.5.2 G 语言的概念

“G”语言中的“G”为“Graph”，其编程理念是基本上不写程序代码，取而代之的是流程图，产生的程序都是框图的形式。它尽可能利用了技术人员、科研人员、工程师所熟悉的术语、图标和概念，是一种适合于任何编程任务，具有扩展函数库的通用编程语言。G 语言与传统高级编程语言最大的差别在于编程方式，一般高级语言采用文本编程，而 G 语言采用图形化编程方式。G 语言定义了数据模型、结构类型和模块调用语法规则等编程语言的基本要素，在功能完整性和应用灵活性方面不逊于任何高级编程语言。同时，G 语言有丰富的扩展函数库，这些扩展函数库主要面向数据采集、GPIB和串行仪器控制、数据分析、数据显示与数据存储。G语言还包括常用的程序调试工具，比如单步调试、允许设置断点、数据探针和动态显示程序执行流程等功能。

使用G语言编程方法的LabVIEW是一种图形化的程序语言，是一个面向最终用户的工具。它可以增强构建自己的学科和工程系统的能力，提供了实现仪器编程和数据采集系统的便捷途径。使用它进行原理研究、设计、测试并实现仪器系统时，可以大大提高工作效率。

利用LabVIEW 的动态连续跟踪方式可以连续、动态地观察程序中的数据及其变化情况，用LabVIEW 编程的过程就像设计电路图一样，因此，LabVIEW 比其他语言的开发环境更方便、更有效。使用 LabVIEW 编写的程序称为虚拟仪器，因为它的界面和功能与真实仪器十分相像，在LabVIEW 环境下开发的应用程序都被冠以“.vi”的扩展名，以表示虚拟仪器的含义。

现今绝大多数虚拟仪器的开发环境使用LabVIEW，因此从第2章开始将介绍LabVIEW的相关知识。

习题

1. 简述仪器和虚拟仪器的相同点和不同点。
2. 简述虚拟仪器中虚拟的含义和特点。
3. 简述虚拟仪器的分类。
4. 虚拟仪器的应用领域有哪些？
5. 简述虚拟仪器的软件开发环境。

第2章

LabVIEW编程环境及基本操作

LabVIEW 是目前最流行的虚拟仪器应用软件开发环境。本章将对 LabVIEW 的相关知识进行介绍，主要内容包括 LabVIEW 的基本介绍、LabVIEW 的优势、LabVIEW 2018 的安装、LabVIEW 2018 的编程环境和 LabVIEW 2018 的基本操作。

2.1 LabVIEW 概述

2.1.1 什么是 LabVIEW

LabVIEW 是由 NI 公司推出的一种图形化编程语言，被广泛应用于工业界和学术界，是一个标准的数据采集和仪器控制软件。

LabVIEW 作为图形化的程序语言，又被称为 G 语言。传统文本编程语言根据语句和指令的先后顺序决定程序执行顺序，而在 LabVIEW 中，则采用数据流编程方式，程序框图中节点之间的数据流向决定了 VI 及函数的执行顺序。VI 指虚拟仪器，是 LabVIEW 的程序模块。使用 LabVIEW 编程时，基本上不写程序代码，取而代之的是流程图。它尽可能利用了技术人员、科学家、工程师所熟悉的术语、图标和概念，因此，LabVIEW 是一个面向最终用户的工具。利用它可以方便地建立自己的虚拟仪器，其图形化的界面使得编程及使用过程都生动有趣。

LabVIEW 是一个功能比较完整的软件开发环境，它是为替代常规的 BASIC 或 C 语言而设计的。作为编写应用程序的语言，除了编程方式不同外，LabVIEW 具备编程语言的所有特性。LabVIEW 软件是虚拟仪器设计平台的核心，也是开发测量和控制系统的理想选择。

LabVIEW 集成了与满足 GPIB、VXI、RS-232 和 RS-485 协议的硬件及数据采集卡通信的全部功能。它还内置了便于应用 TCP/IP、ActiveX 等软件标准的库函数，是一个功能强大且灵活的软件。

2.1.2 LabVIEW 发展史

LabVIEW 自 1986 年问世以来，经过不断改进和更新，已经从最初简单的数据采集和仪器控制的工具发展成为科技人员用来设计、发布虚拟仪器软件的图形化平台，成为测试测量和控制行业的标准软件平台。

1986 年 5 月，LabVIEW Beta 版问世，经过几个月的修改，1986 年 10 月 NI 公司正式发布了

LabVIEW 1.0，刚开始 LabVIEW 吸引的仅仅是没有任何编程经验的用户，他们相信采用 LabVIEW 就能处理有经验的程序员都难以解决的问题。

随后，NI 公司的 LabVIEW 开发小组继续投入开发项目，对编辑器、图形显示及其他细节进行重大改进，在 1990 年 1 月发布了 LabVIEW 2.0，它采用了当时最新的面向对象的编程(Object Oriented Programming，OOP)技术，其在执行速度和灵活性方面的改进令人惊叹。

LabVIEW 2.0 以前的版本都是在 Macintosh 平台上运行的，1992 年跨平台的 LabVIEW 2.5 问世，实现了从 Macintosh 平台到 Windows 3.0 平台的移植。1993 年 1 月 LabVIEW 3.0 正式发行，其新增功能包括全局与局部变量、属性节点和执行动画等。此时 LabVIEW 已经成为包含了几千个 VI 的大型应用软件和系统，作为一个比较完整的软件开发环境得到了业界认可，并迅速占领市场，赢得了广大用户的青睐。

1996 年 4 月 LabVIEW 4.0 问世，实现了应用程序生成器(LabVIEW Application Builder)的单独执行，并向数据采集 DAQ 通道方向进行了延伸。

1998 年 2 月发布的 LabVIEW 5.0 对以前版本进行了全面修改，对编辑器和执行系统进行了重写，尽管新版本增加了复杂性，但也大大增强了可靠性。

1999 年 6 月 LabVIEW 开发小组发布了用于实时应用程序的分支——LabVIEW RT 版。

2000 年 6 月 LabVIEW 6.0 发布。LabVIEW 6.0 拥有新的用户界面特征(如三维形式显示)、扩展功能及各层内存优化，另外还具有强大的 VI 服务器这一项重要功能。

2003年5月发布的LabVIEW 7.0 Express引入了波形数据类型和一些交互性更强、基于配置的函数，使用户应用程序开发更简便，在很大程度上简化了测量和自动化应用任务的开发，并对LabVIEW使用范围进行扩充，实现了对PDA和FPGA等硬件的支持。

2005 年 NI 公司发布了 LabVIEW 8.0，为分布在不同计算目标上的各种应用程序的开发和发布提供支持。

2006 年 NI 公司为庆祝和纪念 LabVIEW 正式推出 20 周年，在当年 10 月发布了 LabVIEW 二十周年纪念版——LabVIEW 8.20。该版本增加了仿真框图和 MathScript 节点两大功能，提升了 LabVIEW 在设计市场的地位；同时第一次推出了简体中文版，为中国科技人员学习和使用降低了难度。

2007 年 NI 公司发布了 LabVIEW 8.5。该版本为多核处理器技术提供了强有力的支持，同时也推出了基于 UML 语言规范的状态图设计模块。

2008 年 NI 公司发布 LabVIEW 8.6。该版本具备更多新特性，如自动清理 LabVIEW 程序框图、通过快速放置更快查找并放置选板项、借助网络服务控制 NI LabVIEW 应用程序、将传感器数据快速映射至三维模型等。

2009 年 NI 公司发布了 LabVIEW 2009。LabVIEW 2009 有效融合了各种最新的技术与趋势，帮助工程师实现工程领域的超越。

之后，NI 公司以“LabVIEW+年份”这样每年一版的速度发布更新，30 多年来从未停止过脚步，不断改进、创新与扩展。本书则以 LabVIEW 2018 中文版为基础进行讲述，全部范例均用该版本编写。

2.1.3 LabVIEW 的优势

LabVIEW 是专门为工程师和科研人员设计的集成式开发环境，其本质是图形化编程(G 语言)，采用的是数据流模型，而不是顺序文本代码行，用户根据思路就能布局编写功能代码。这就意味着用户减少了花在语句和语法构思上的时间，取而代之的是思考怎样解决问题。LabVIEW 的优势主要体现在以下几个方面：

(1) 简化开发。使用直观的图形化编程语言，所见即所得。

(2) 无可比拟的硬件集成。可以采集任意总线上的任意测量硬件数据。

(3) 自定义用户界面。使用易于拖放的空间快速开发用户界面，实现可视化开发编程。

(4) 广泛的分析和信号处理 VI。

(5) 强大的多线程执行能力。

(6) 强大的记录和共享测量数据的能力。

(7) 能够畅通地与 Microsoft Excel 和 Word 交互。

2.2 LabVIEW 2018 的安装

2.2.1 计算机环境要求

LabVIEW 2018 分为常规版本和 NXG 版本。常规版本可以安装在 Windows 系统上，而 NXG 完整版还可以安装在 Mac 系统和 Linux 系统上。本书只对常规版本的 Windows 操作系统下所需要的安装环境要求做说明，具体如下。

1. 操作系统

对于 Windows 操作系统，LabVIEW 2018 运行引擎和开发环境均支持 Windows 10/8/7 SP1、Windows Server 2012 R2 和 Windows Server 2008 R2 操作系统。

2. 处理器

LabVIEW 2018 运行引擎支持 Pentium III/Celeron 866 MHz(或同等处理器)或更高版本、Pentium 4 G1(或同等处理器)或更高版本。LabVIEW 2018 开发环境支持 Pentium 4M(或同等处理器)或更高版本、Pentium 4 G1(或同等处理器)或更高版本。当前计算机配置均能很好地支持 LabVIEW 2018。

3. 分辨率和 RAM

LabVIEW 2018 运行引擎对分辨率和 RAM 的要求分别是 1024×768 像素及 256MB。LabVIEW 2018 开发环境对分辨率和 RAM 的要求分别是 1024×768 像素及 1GB。

2.2.2 LabVIEW 2018 的安装过程

LabVIEW 2018 安装包的获取可以通过购买安装光盘或通过访问 NI 官网直接下载。安装 LabVIEW 2018 之前最好先关闭杀毒软件，否则杀毒软件有可能会干扰 LabVIEW 2018 的安装。这里建议安装 LabVIEW 2018 32 位的中文版软件。具体安装步骤如下：

步骤一：双击 LabVIEW 2018 安装包中的可执行文件“2018LV-WinChn.exe”，弹出如图 2-1 所示的界面。

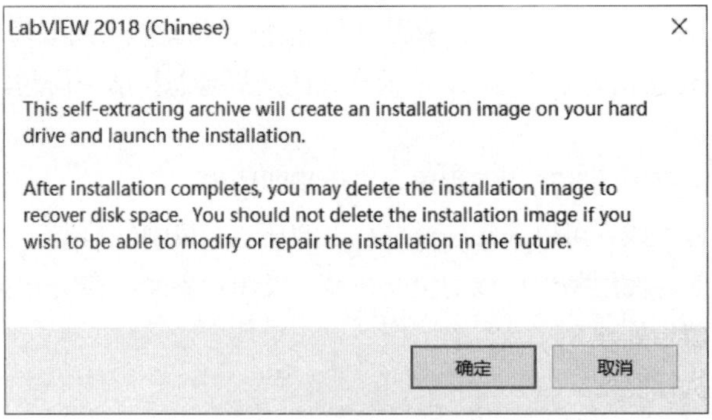

图 2-1　启动安装程序

步骤二：单击“确定”按钮，弹出如图 2-2 所示的安装包解压界面。

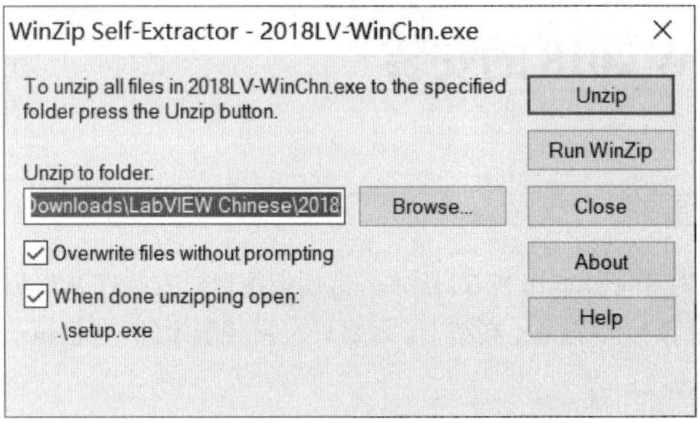

图 2-2　安装包解压界面

步骤三：单击 Browse 按钮，选择希望解压到哪个文件夹，选择 Unzip 或 Run WinZip 将文件解压到选择位置(默认亦可，但要找到该位置以便后边的操作)。接下来软件进入解压进度界面，解压完成后单击“确认”按钮，到解压文件夹里可以看到如图 2-3 所示的解压后的文件。

名称
修改日期
类型
大小
Bin
2019/5/18 11:30
文件夹
Licenses
2019/5/18 11:30
文件夹
Products
2019/5/18 11:31
文件夹
autorun.exe
2018/4/2 1:12
应用程序
2,093 KB
autorun.inf
2018/4/2 1:12
安装信息
1 KB
buildInfo.txt
2018/3/9 5:00
文本文档
1 KB
nidist.id
2018/4/2 1:13
ID 文件
1 KB
patents.txt
2017/11/10 15:46
文本文档
24 KB
readme.html
2018/2/23 3:39
HTML 文件
31 KB
setup.exe
2018/4/2 1:07
应用程序
1,445 KB
setup.ini
2018/4/2 1:13
配置设置
72 KB

图 2-3　查看解压后的文件

步骤四：双击 autorun.exe 文件，弹出安装程序初始化界面，如图 2-4 所示。单击“LabVIEW 2018”进入如图 2-5 所示界面。

步骤五：安装程序初始化完成以后，单击“下一步”按钮，进入用户信息输入界面，如图 2-6 所示。直接单击“下一步”按钮，进入序列号输入界面，如图 2-7 所示。直接单击“下一步”按钮，暂时不输入序列号。

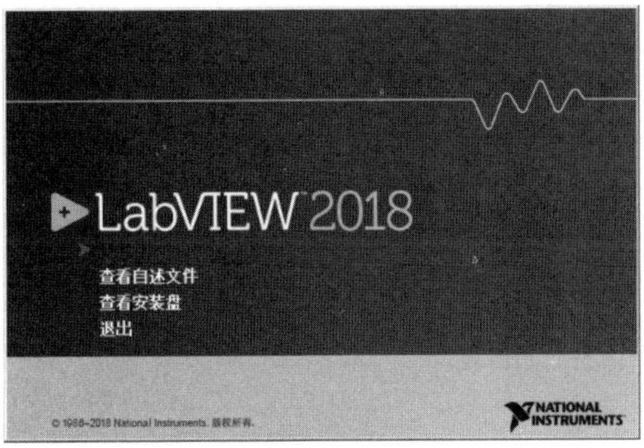

图 2-4　安装程序初始化界面

图 2-5　LabVIEW 初始化界面

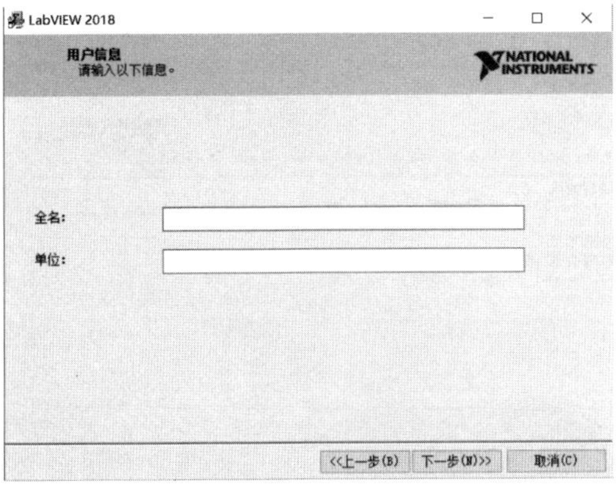

图 2-6　用户信息输入界面

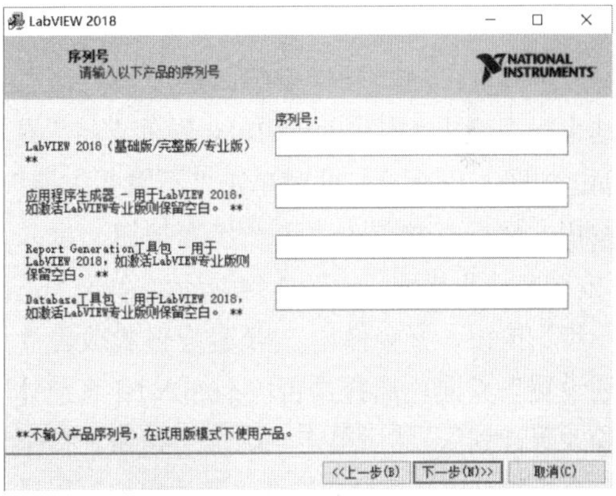

图 2-7　产品序列号输入界面

步骤六：现在进入了软件安装的路径设置界面，用户可以选择软件安装的路径(也可以使用默认)，如图 2-8 所示，然后单击“下一步”按钮。单击后弹出安装组件选择界面，如图 2-9 所示，默认不用更改，直接单击“下一步”按钮。

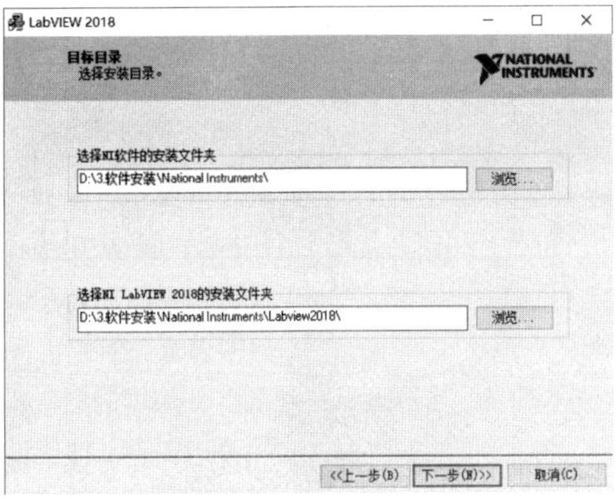

图 2-8　选择安装路径

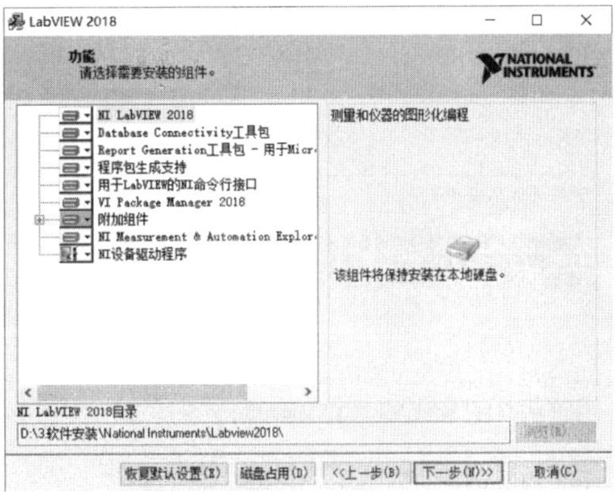

图 2-9　安装组件选择界面

步骤七：进入选择产品通知界面，如图 2-10 所示。不要选择产品更新，取消复选框的勾选，单击“下一步”按钮。弹出许可协议界面，如图 2-11 所示，选中“我接受该许可协议”单选按钮和单击“下一部”按钮，进入如图 2-12 所示的摘要信息核对界面，单击“下一步”按钮。

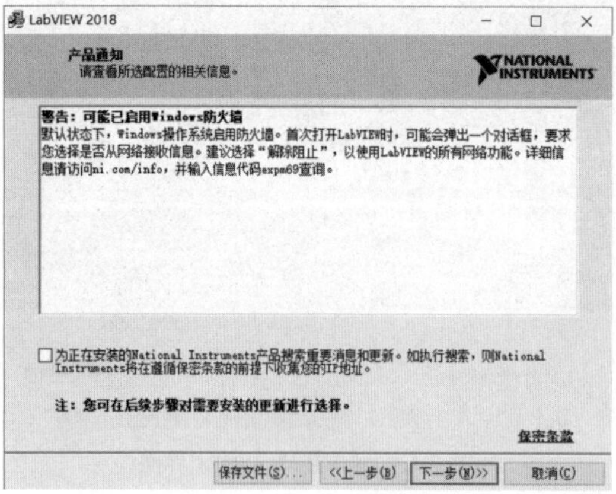

图 2-10　选择产品通知

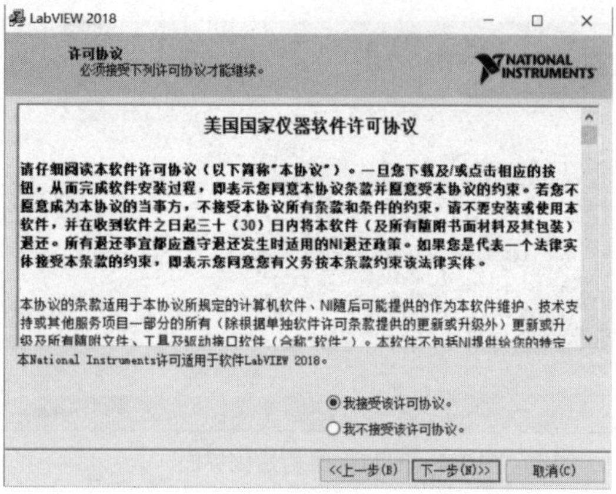

图 2-11　LabVIEW 2018 许可协议

步骤八：等待软件安装，进度条在接近结束时会弹出“安装 LabVIEW 硬件支持”界面，如图 2-13 所示，此时单击“不需要支持”按钮。然后直接单击“下一步”按钮，进入“安装完成”界面，如图 2-14 所示。单击“下一步”按钮，又会弹出“NI 客户体验改善计划设置”界面，选择“否，不加入 NI 客户体验改善计划”，然后单击“确定”按钮。接下来会提醒重启计算机，选择“稍后重启”以进行后面的操作。

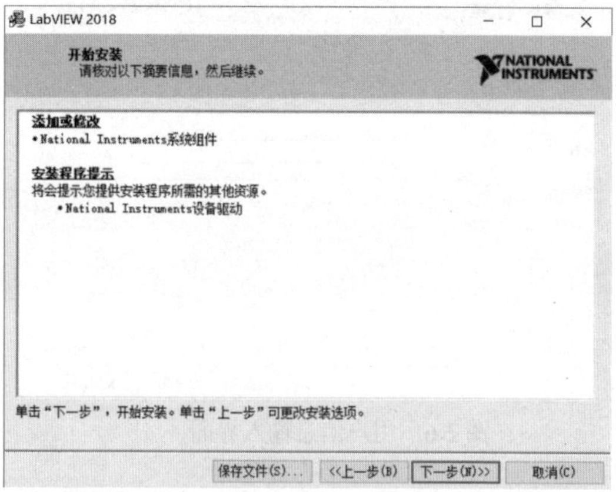

图 2-12　摘要信息核对

步骤九：接着双击 NI_License Activator 1.1.exe 应用程序，运行该程序出现 NI License Activator 界面，右键单击这个方框图标，然后选择 Activate，界面中的九个方框将变为绿色。这样软件就安装完成了，重启计算机之后，就可以正常使用 LabVIEW 2018 集成开发环境了。

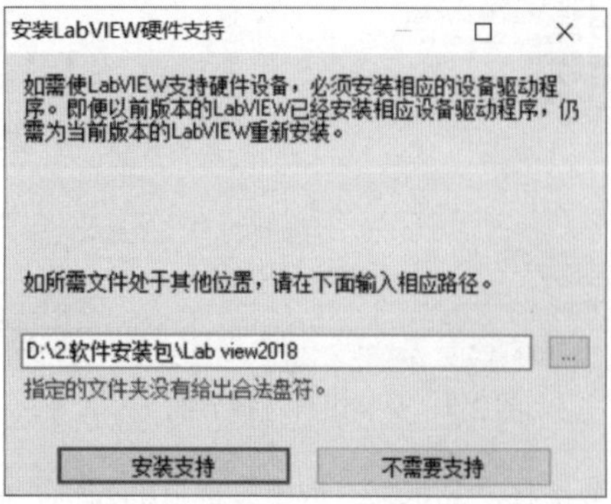

图 2-13　安装 LabVIEW 硬件支持

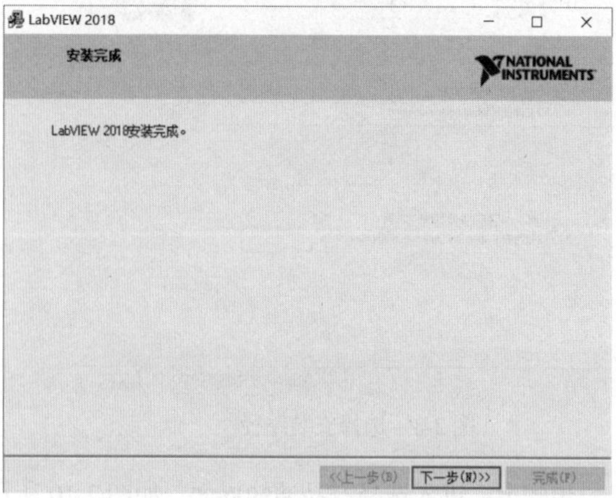

图 2-14　LabVIEW 2018 安装完成界面

2.3 LabVIEW 2018 编程环境

2.3.1 LabVIEW 2018 的启动

安装 LabVIEW 2018 后，在“开始”菜单中将自动创建启动 LabVIEW 2018 的快捷方式——“所有程序/National Instruments/NI LabVIEW 2018(32 位)”，单击该快捷方式，便开始启动 LabVIEW 2018 程序，随后屏幕上出现如图 2-15 所示的启动初始化界面，几秒钟后跳转到如图 2-16 所示的启动界面。

图 2-15　LabVIEW 2018 启动初始化界面

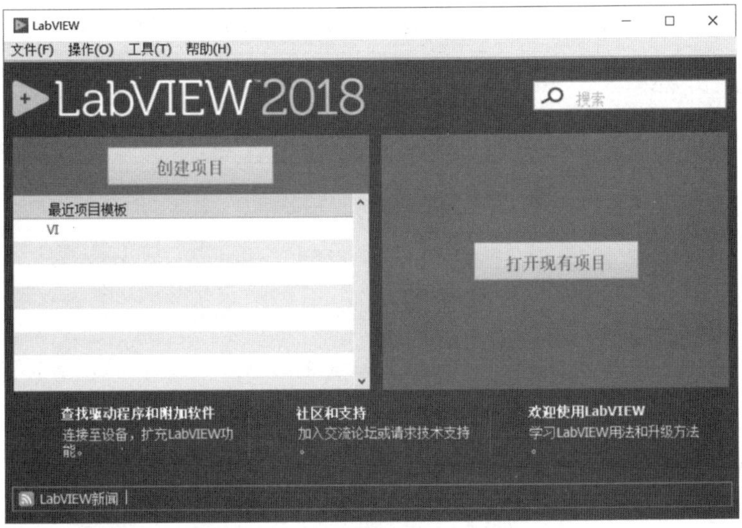

图 2-16　LabVIEW 2018 启动界面

在这个窗口中可创建新 VI、选择最近打开的 LabVIEW 文件、查找范例以及打开 LabVIEW 帮助。同时还可查看各种信息和资源，如用户手册、帮助主题以及 National Instruments 网站 www.ni.com 上的各种资源等。

选择“文件”→“新建”菜单，弹出的窗口如图 2-17 所示，选项栏提供 VI、“项目”“基于模板的 VI”等创建选项。其中 VI 选项用于创建一个新的 VI 程序；“项目”选项用于集合 LabVIEW 文件和非 LabVIEW 文件、创建程序、生成规范，以及在终端部署或下载文件；“基于模板的 VI”选项列出了 LabVIEW 系统提供的程序模板，用户可以基于这些模板创建自己的应用；“更多”选项中除了包含上述文档类型外，还列出了其他类型，如库、类、全局变量、运行时菜单等。

图 2-17　LabVIEW 2018 的“新建”窗口

也可以单击窗口左上方的“创建项目”选项来新建项目，如图 2-18 所示。

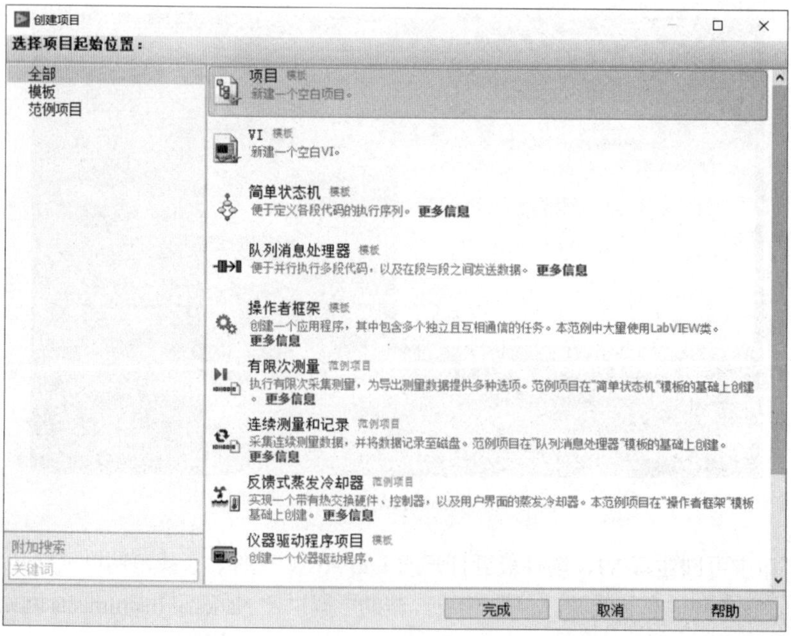

图 2-18　LabVIEW 2018“创建项目”窗口

通过启动菜单栏的“文件”→“打开”命令可以打开已存在的各种 LabVIEW 文件，同时，最近编辑的 LabVIEW 文件将在窗口右侧的“打开现有项目”选项栏中列出，如要打开，则直接单击该文件。

打开现有文件或创建新文件后启动窗口将消失，关闭所有已打开的前面板和程序框图后启动窗口会再次出现。可通过选择前面板或程序框图的“查看”→“启动窗口”命令显示该窗口。

2.3.2 LabVIEW 2018 菜单栏和工具栏

1. LabVIEW 2018 菜单栏

要熟练地使用 LabVIEW 2018 工具编写程序，首先需要了解其编程环境。在 LabVIEW 2018 中，菜单是编程环境的重要组成部分，LabVIEW 有两种类型的菜单：主菜单和快捷菜单。

快捷菜单也称为右键菜单，用鼠标右键单击前面板或程序框图中的任何对象都可以弹出对应于该对象的快捷菜单。快捷菜单中的选项取决于对象的类型，同一对象在前面板和程序框图中的快捷菜单选项也不一样。图 2-19 所示为数值输入控件在前面板和程序框图中的快捷菜单，其中左侧的为前面板中的菜单，右侧的为程序框图中的菜单。在 LabVIEW 2018 菜单中，菜单项后有“▶”符号的表示有下级菜单，有“…”符号的表示选择此类选项将出现对话框。

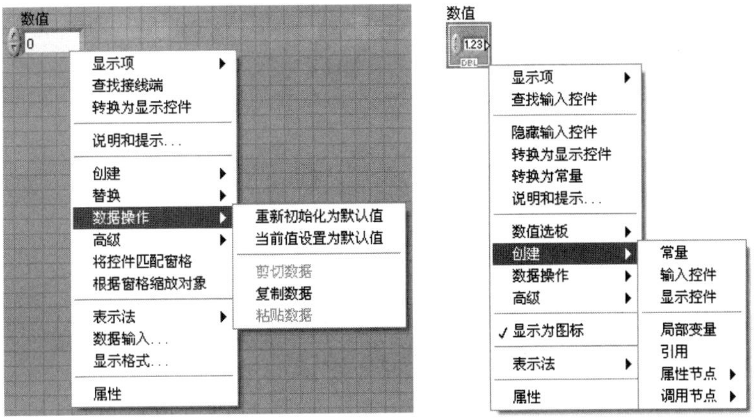

图 2-19 数值输入控件快捷菜单

主菜单是 LabVIEW 2018 编程环境界面的主要操作及命令菜单，提供一系列丰富的操作命令，主要包括文件、编辑、查看、项目、操作、工具、窗口和帮助，如图 2-20 所示。

图 2-20 LabVIEW 2018 菜单栏

(1) “文件”菜单

“文件”菜单用于执行基本的文件操作(如打开、关闭、保存和打印文档等)，也可用于打开、关闭、保存和创建 LabVIEW 项目。下面对文件菜单的全部选项及功能进行说明。

- 新建 VI：新建一个 VI。
- 新建：显示“新建”对话框，在 LabVIEW 中为生成应用程序创建不同的组件。“新建”对话框也可用于创建基于模板的组件。

- 打开：显示标准文件对话框，用于打开文件。
- 关闭：关闭当前文件。弹出的对话框用于确认是否保存改动。
- 关闭全部：关闭所有打开的文件。弹出的对话框用于确认是否保存改动。
- 保存：保存当前文件。第一次保存文件时，弹出的对话框用于确认文件名和保存地址。
- 另存为：保存当前文件的副本，为文件重命名，或将 VI 层次结构复制到新地址。
- 保存全部：保存所有打开的文件(包括项目和库文件)。
- 保存为前期版本：使 VI 保存为适用于 LabVIEW 前期版本的文件。
- 还原：放弃自上次保存以来的所有改动。也可用恢复 VI 的方法，通过编程恢复最近保存的 VI。
- 创建项目：创建一个项目。
- 打开项目：显示标准文件对话框，用于打开项目文件。
- 保存项目：保存当前项目。第一次保存项目时，弹出的对话框用于确认文件名和保存地址。
- 关闭项目：关闭当前项目及其项目文件。弹出的对话框用于确认是否保存对项目或文件的改动。
- 页面设置：显示页面设置对话框，用于设置 VI、模板或对象文件的打印选项。
- 打印：显示打印对话框，用于打印 VI、模板或对象的说明信息，或者生成 HTML、RTF 和文本说明信息。
- 打印窗口：显示用于打印前面板或程序框图的对话框。选择前面板上的菜单选项可打印前面板；选择程序框图上的菜单选项可打印程序框图。选择这些选项可打印前面板或程序框图，但不包括条件结构、事件结构或层叠式顺序结构中隐藏的子程序框图。
- VI 属性：显示 VI 属性对话框，用于自定义 VI。
- 近期项目：打开近期打开过的项目文件。
- 近期文件：打开近期打开过的文件。
- 退出：退出 LabVIEW。程序结束前弹出的对话框用于确认是否保存改动。

(2)“编辑”菜单

“编辑”菜单用于查找和修改 LabVIEW 文件及其组件。

- 撤销：取消上次操作。
- 重做：取消上次的撤销操作。
- 剪切：删除所选对象并将其复制到剪贴板。
- 复制：复制所选对象并将其复制到剪贴板。
- 粘贴：将剪贴板中的内容置于活动窗口。
- 删除：删除所选项，且不保存到剪贴板。
- 选择全部：选择前面板或程序框图中的所有对象。
- 当前值设置为默认值：将控件和常量的当前值设置为默认值。设当前值为默认值的方法是通过编程将当前值设为默认值。
- 重新初始化为默认值：将控件和常量重新设置为其默认值。全部控件重新初始化为默认值的方法是通过编程将控件和常量重新设为默认值。
- 自定义控件：修改当前的前面板控件对象并以 ctl 为扩展名保存。
- 导入图片至剪贴板：导入图片至剪贴板以供 VI 使用。
- 设置 Tab 键顺序：设置前面板对象的顺序。

- 删除断线：删除当前 VI 中的所有断线。
- 整理程序框图：重新整理程序框图上的已有连线和对象，获得更清晰的布局。
- 从层次结构中删除断点：删除所有 VI 层次结构中的断点。该选项仅对 VI 的“编辑”菜单有效。
- 从所选项创建 VI 片段：显示“将 VI 片段另存为”对话框，用于指定保存程序框图代码片断的目录。选择菜单项前应选择要保存的代码片断。
- 创建子 VI：从所选对象创建新的子 VI。
- 启用前面板/程序框图网格对齐：启用前面板或程序框图的网格对齐功能。启用网格对齐功能后，该选项将变为“禁用前面板/程序框图网格对齐”。
- 对齐所选项：对齐前面板上的选中对象。
- 分布所选项：均匀分布前面板上的选中对象。
- VI 修订历史：显示修订历史记录窗口，用于查看当前 VI 的历史记录和文档修订记录。
- 运行时菜单：显示菜单编辑器对话框，可创建并编辑运行时菜单(Run Time Menu，RTM)文件并将其应用于 VI。
- 查找和替换：显示查找对话框，可查找和替换 VI、对象或文本。
- 显示搜索结果：LabVIEW 搜索所有所需的对象或文本并显示在搜索结果窗口中，可用于替换其他对象或文本。

(3)“查看”菜单

“查看”菜单包含用于显示 LabVIEW 开发环境窗口的选项(包括错误列表窗口、启动窗口和导航窗口)，还可显示选板以及与项目相关的工具栏。浏览关系选项用于查看当前 VI 及其层次结构。

- 控件选板：显示控件选板。
- 函数选板：显示函数选板。
- 工具选板：显示工具选板。
- 快速放置：显示快速放置对话框。
- 断点管理器：显示断点管理器窗口，启用、禁用或清理 VI 层次结构中的断点。
- 探针查看窗口：显示探针查看窗口，查看流经探针连线的数据。
- 错误列表：显示错误列表窗口(包含当前 VI 的错误信息)。
- 加载并保存警告列表：显示加载并保存警告列表对话框。
- VI 层次结构：显示 VI 层次结构窗口，用于查看内存中 VI 的子 VI 和其他节点，并搜索 VI 的层次结构。
- LabVIEW 类层次结构：显示 LabVIEW 类层次结构窗口，用于查看内存中 LabVIEW 类的层次结构并搜索 LabVIEW 类的层次结构。
- 浏览关系：查看当前 VI 及其层次结构。
- 项目中的本 VI：显示项目浏览器窗口(包含当前选定的 VI)。
- 类浏览器：显示类浏览器窗口，用于选择可用的对象库并查看该库中的类、属性和方法。
- ActiveX 属性浏览器：显示 ActiveX 属性浏览器，用于查看和设置与 ActiveX 容器中的 ActiveX 控件或文档相关的所有属性。
- 启动窗口：显示启动窗口。
- 导航窗口：显示导航窗口。

- 工具栏：用于显示或隐藏标准、项目、生成和源代码控制工具栏。该工具栏仅出现在项目浏览器窗口。

(4)“项目”菜单

“项目”菜单用于执行基本的文件操作(如打开、关闭、保存项目、根据程序生成规范创建程序以及查看项目信息)。只有在加载项目后，“项目”菜单选项才可用。

- 新建项目：新建一个项目。
- 打开项目：显示标准文件对话框，用于打开项目文件。
- 保存项目：保存当前项目。第一次保存项目时，弹出的对话框用于确认文件名和保存地址。
- 关闭项目：关闭当前项目及其项目文件。弹出的对话框用于确认是否保存对项目或文件的改动。
- 添加至项目：提供可添加至项目的选项。
- 筛选视图：显示或隐藏项目浏览器中的依赖关系和程序生成规范。
- 显示项目路径：显示项目浏览器中的路径栏。
- 文件信息：显示项目文件信息对话框。
- 解决冲突：显示解决项目冲突对话框。只有在项目中存在冲突时 LabVIEW 才启用该选项。
- 属性：显示项目属性对话框。

(5)“操作”菜单

“操作”菜单包含控制 VI 操作的各类选项，也可用于调试 VI。

- 运行：运行 VI。也可使用工具栏上的“运行”按钮实现相同功能。
- 停止：在执行结束前停止 VI 的运行。该操作可使系统处于不稳定状态，应避免使用“停止”选项退出 VI。建议使用布尔开关或类似方式停止连续运行的 VI。
- 单步步入：打开节点然后暂停。再次选择“单步步入”，将执行第一个操作，然后在子 VI 或结构的下一个动作前暂停。该选项类似于程序框图中的“单步步入”按钮。
- 单步步过：执行节点并在下一个节点前暂停。该选项类似于程序框图中的“单步步过”按钮。
- 单步步出：结束当前节点的操作并暂停。VI 结束操作时，“单步步出”选项为灰色。该选项类似于程序框图中的“单步步出”按钮。
- 调用时挂起：在 VI 作为子 VI 被调用时挂起。也可使用调用时挂起属性，通过编程挂起 VI。
- 结束时打印：在 VI 运行后打印前面板。该选项类似于 VI 属性对话框打印选项页中的“每次 VI 执行结束时自动打印前面板”选项。也可使用结束后打印属性，通过编程方式打印前面板。
- 结束时记录：在 VI 结束操作时进行数据记录。也可使用结束后记录属性，通过编程记录数据。
- 数据记录：打开数据记录功能。
- 切换至运行模式：切换 VI 至运行模式，使 VI 运行或处于预留运行状态。VI 处于运行模式时，所有的前面板对象都有简化的快捷菜单项集合。用户无法对运行模式下的 VI 进行编辑，但是可以改变前面板控件的值、运行或停止 VI，并在菜单栏上进行选择操作。处于运行模式时，菜单选项将变为“切换至编辑模式”。
- 连接远程前面板：连接并控制运行于远程计算机上的前面板。
- 调试应用程序或共享库：显示调试应用程序或共享库对话框，调试独立应用程序或共享库(已启用应用程序生成器进行调试)。

(6)“工具”菜单

“工具”菜单用于配置 LabVIEW、项目或 VI。

- Measurement & Automation Explore：用于配置连接在系统上的仪器和数据采集硬件。只有在安装 Measurement & Automation Explore 后，Measurement & Automation Explore 选项才可用。
- 仪器：包含用于查找或创建仪器驱动程序的工具。
- 比较：包含比较函数。LabVIEW 专业版开发系统支持该选项。
- 合并：访问合并函数。LabVIEW 专业版开发系统支持该选项。
- 性能分析：包含性能分析函数。
- VI 统计：显示 VI 统计窗口，用于大致了解程序的复杂程度。
- 安全：包含用于安全保护的功能。
- 用户名：显示用户登录对话框，用于设置或更改 LabVIEW 用户名。
- 通过 VI 生成应用程序：显示通过 VI 生成应用程序对话框，可在创建的独立生成规范中添加应用程序属性对话框源文件页的 VI 目录树中打开的 VI。LabVIEW 专业版开发系统和应用程序生成器支持该项。
- 转换程序生成脚本：显示转换程序生成脚本对话框，用于将程序生成脚本文件(.bld)的设置由前期 LabVIEW 版本转换为新项目中的程序生成规范。LabVIEW 专业版开发系统和应用程序生成器支持该项。
- 源代码控制：包含源代码控制操作。LabVIEW 专业版开发系统支持该选项。
- LLB 管理器：显示 LLB 管理器窗口，用于复制、更名、删除 VI 库中的文件。也可将 VI 标记为库中的顶层 VI。在 LLB 管理器窗口中所做的改动不能被撤销。
- 导入：包含用于管理.NET 和 ActiveX 对象、共享库和 Web 服务的功能。
- 共享变量：包含共享变量函数。
- 分步式系统管理器：显示 NI 分布式系统管理器对话框，用于在项目环境之外编辑、创建和监控共享变量。
- 在磁盘上查找 VI：显示“在磁盘上查找 VI”窗口，用于在目录中根据文件名查找 VI。
- NI 范例管理器：显示 NI 范例管理器对话框，配置在 NI 范例查找器中显示的范例 VI。
- 远程前面板连接管理器：管理所有通向服务器的客户流量。
- Web 发布工具：显示 Web 发布工具对话框，用于创建 HTML 文件并嵌入 VI 前面板图像。
- 高级：包含 LabVIEW 高级功能。
- 选项：显示选项对话框，以便自定义 LabVIEW 环境以及 LabVIEW 应用程序的外观和操作。

(7)“窗口”菜单

“窗口”菜单用于设置当前窗口的外观。“窗口”菜单最多可显示 10 个打开的窗口。单击某窗口即可使该窗口处于活动状态。

- 显示前面板/显示程序框图：显示当前 VI 的前面板或程序框图。
- 显示项目：显示项目浏览器窗口，其中的项目包含当前 VI。
- 左右两栏显示：分左右两栏显示打开的窗口。
- 上下两栏显示：分上下两栏显示打开的窗口。
- 最大化窗口：最大化显示当前窗口。
- 全部窗口：显示“全部窗口”对话框。“全部窗口”对话框用于管理所有打开的窗口。

(8) “帮助”菜单

“帮助”菜单包含对 LabVIEW 功能和组件的介绍、全部的 LabVIEW 文档，以及 NI 技术支持网站的链接。

➢ 显示即时帮助：显示即时帮助窗口。
➢ 锁定即时帮助：锁定或解除锁定即时帮助窗口的显示内容。
➢ 搜索 LabVIEW 帮助：显示 LabVIEW 帮助。帮助文件包含 LabVIEW 选板、菜单、工具、VI 和函数的参考信息。LabVIEW 帮助还提供使用 LabVIEW 功能的分步指导信息。
➢ 解释错误：提供关于 VI 错误的完整参考信息。
➢ 本 VI 帮助：直接查看 LabVIEW 帮助中关于 VI 的完整参考信息。
➢ 查找范例：查找范例 VI。用户可根据需要修改的范例，或者通过复制、粘贴在所创建的 VI 中使用范例 VI。
➢ 查找仪器驱动：显示 NI 仪器驱动查找器，查找和安装 LabVIEW 即插即用仪器驱动。
➢ 网络资源：可直接链接至 NI 技术支持网站、知识库、NI 开发者园地以及其他 NI 在线信息。
➢ 激活 LabVIEW 组件：显示 NI 激活向导，用于激活 LabVIEW 许可证。该选项仅在 LabVIEW 试用模式下出现。
➢ 专利信息：显示 LabVIEW 当前版本(包括工具包和模块)的专利权信息。如需查看产品的最新专利权信息，请访问 NI 网站。
➢ 关于 LabVIEW：显示 LabVIEW 当前版本的概况信息(包括版本号和序列号等)。

需要说明的是，以上菜单中有些菜单还有二级菜单选项，本书未对二级菜单做详细介绍，读者可以查阅相关手册。另外，某些菜单项仅出现在特定的操作系统或特定的 LabVIEW 开发系统中，只有在“项目浏览器”中选择某个选项或某个 VI 后，才显示该菜单项。

2. LabVIEW 2018 工具栏

在 LabVIEW 2018 前面板窗口和程序框图窗口中各有一个用于控制 VI 的命令按钮和状态指示器的工具栏，通过工具栏上的按钮可以快速访问一些常用的程序功能，如运行、中断、终止、调试 VI、修改字体、对齐、组合、分布对象等。尽管前面板和程序框图工具栏各包含一些相同的按钮和指示器，但它们是不完全相同的。图 2-21 列出了前面板工具栏；图 2-22 列出了程序框图工具栏。

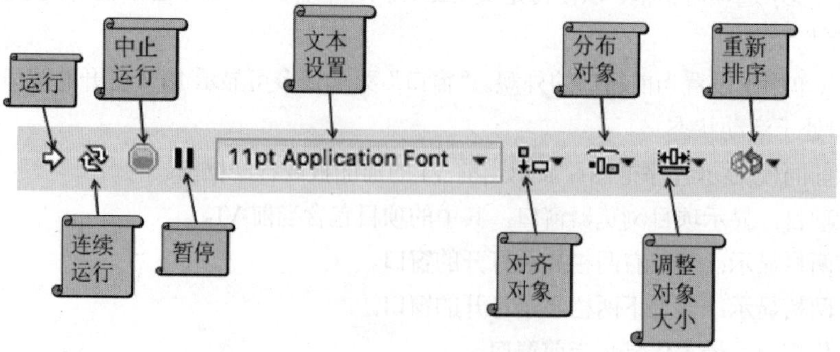

图 2-21　LabVIEW 2018 前面板工具栏

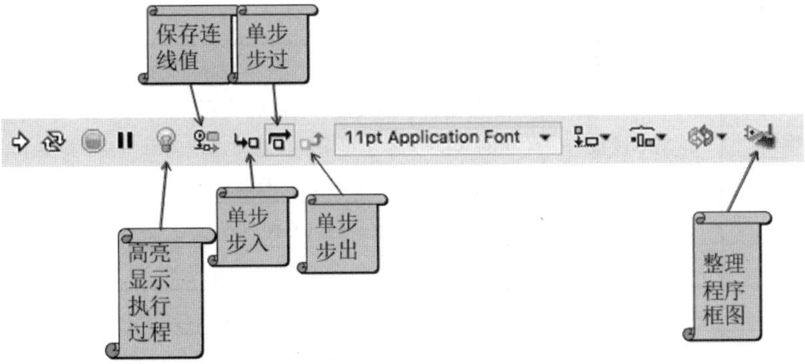

图 2-22 LabVIEW 2018 程序框图工具栏

表 2-1 列出了工具栏中一些主要按钮和指示器的图标、名称和功能。

表 2-1 工具栏按钮功能说明

图标	按钮名称	功能说明
	运行	运行 VI。如有需要，LabVIEW 对 VI 进行编译。工具栏上的“运行”按钮为白色实心箭头时表示 VI 可以运行。白色实心箭头也表示为 VI 创建连线板后可将其作为子 VI 使用
	正在运行	VI 运行时，如果是顶层 VI，“运行”按钮将如左列图标所示，表明没有调用方，因此不是子 VI
	正在运行	如果运行的是子 VI，“运行”按钮将如左列图标所示
	列出错误	创建或编辑 VI 时，如果 VI 存在错误，“运行”按钮将显示为断开，如左列图标所示。如果程序框图完成连线后，“运行”按钮仍显示为断开，则 VI 是断开的，无法运行
	连续运行	连续运行 VI 直至中止或暂停操作
	中止执行	中止顶层 VI 的运行。多个运行中的顶层 VI 使用当前 VI 时，按钮显示为灰色。也可使用中止 VI 方法通过编程中止 VI 运行。注：按钮在 VI 完成当前循环前立即停止 VI 运行。中止使用外部资源(如外部硬件)的 VI 可能导致外部资源无法恰当复位或释放并停留在一个未知状态。VI 设计了一个“停止”按钮，可防此类问题的发生
	暂停	暂停或恢复执行。单击“暂停”按钮，程序框图中暂停执行的位置将高亮显示。再按一次可继续运行 VI。运行暂停时，“暂停”按钮为红色
	高亮显示执行过程	单击“运行”按钮后可动态显示程序框图的执行过程。高亮显示执行过程按钮为黄色时，表示高亮显示执行过程已被启用
	保存连线值	保存数据值。单击“保存连线值”按钮，LabVIEW 将保存运行过程中的每个数据值，将探针放在连线上时，可立即获得流经连线的最新数据值
	单步步入	打开节点然后暂停。再次单击“单步步入”按钮时，将执行第一个操作，然后在子 VI 或结构的下一个操作前暂停。也可按 Ctrl 键和向下箭头键
	单步步过	执行节点并在下一个节点前暂停。也可按 Ctrl 键和向右箭头键
	单步步出	结束当前节点的操作并暂停。VI 结束操作时，“单步步出”按钮将变为灰色。也可按 Ctrl 键和向上箭头键

(续表)

图标	按钮名称	功能说明
17pt 应用程序字体 ▾	文本设置	为 VI 修改字体设置。注：VI 在断点处停止时，如果其他 VI 调用该停止的 VI，文本字符串的位置将出现调用列表下拉菜单。在调用列表下拉菜单中选择一个 VI，可查看该 VI 的程序框图
	对齐对象	根据轴对齐对象，包含 6 种对齐方式
	分布对象	均匀分布对象，包含 10 种分布方式
	调整对象大小	调整多个前面板对象的大小，使其大小统一，包含 7 种调整方式
	重新排序	移动对象，调整其相对顺序。有多个对象相互重叠时，可选择重新排序下拉菜单，将某个对象置前或置后
	整理程序框图	自动将程序框图上的对象重新连线以及重新安排位置
	显示即时帮助	显示即时帮助窗口
	确定输入	如果输入新值，将显示该按钮，确认是否替换旧值。单击“确定输入”按钮、按 Enter 键或单击前面板或程序框图工作区，按钮将消失
	警告	如果 VI 中包含警告信息且在错误列表窗口中已勾选显示警告选项，则将显示警告信息
	同步其他应用程序实例	对 VI 的改动应用至所有的程序实例。单击按钮后不能撤销对 VI 所做的改动。只有在一个多应用程序实例中编辑 VI 时，才可用该按钮

实例 2-1 求平均数并且运用整理功能将其排列整齐，在高亮显示状态下观察数据流向。

步骤一：在装有 LabVIEW 2018 编程语言的计算机(台式机、工控机、笔记本电脑、平板电脑)屏幕上，双击 LabVIEW 2018 的图标，选择“文件”→“新建 VI”，就会弹出两个界面，一个是前面板；另一个是程序框图面板(即后面板)。如此，就已进入了 LabVIEW 2018 的编程环境。

步骤二：进行前面板设计。将鼠标指针放到前面板上，选择“控件”选板→“新式”→“数值”→“数值输入控件”，将“数值输入控件”拖曳到前面板上，再将鼠标指针放到该控件图标的标签处，选中标签，将其改写为“A”。

步骤三：重复步骤二，创建第二个“数值输入控件”，并将其标签改写为“B”。

步骤四：选择“控件”选板→“新式”→“数值”→“数值显示控件”，选中“数值显示控件”，将其拖曳到前面板上，再将鼠标指针放到该控件图标的标签处，选中标签，将其改写为“Result”。

步骤五：经过上述操作，就已设计好了前面板，接下来设计程序框图。将鼠标指针放到程序框图面板(即后面板)上，选择“函数”选板→“编程”→“数值”→“加函数”，将“加函数”图标拖曳到框图面板上。

步骤六：重复步骤五，在“函数”选板中，选择“编程”→“数值”→“除函数”，将“除函数”图标拖曳到程序框图面板上。

步骤七：选择“函数”选板→“编程”→“数值”→“数值常量”(注意选择橙色的浮点数类型的“数值常量”)，将“数值常量”图标拖曳到程序框图面板上。

步骤八：用连线将各功能函数的图标连接起来。在程序框图面板上，将鼠标指针放到控件 A 的输出端处，当鼠标指针自动变成连线轴的形状时，单击，拉出一根线，一直连到“加函数”图标的一个输入端口上，然后释放鼠标左键，如此，就用一根连线实现了两个节点之间的数据传输。

步骤九：用步骤八的操作方法，按图 2-23 所示，连接好其他所有的连线。

步骤十：连接好所有连线后，VI 即程序就已编写好并可以运行了。返回到前面板，单击工具条中的运行按钮即可运行，如图 2-24 所示。在前面板中，可以改变控件 A 和 B 中的数值，再运行该 VI，观察并验证 Result 输出的运算结果是否正确。

步骤十一：保存该 VI，并将其命名为“求平均数”。

在这个 VI 中，A 和 B 是输入控件，用于输入参数；Result 是显示控件，用于输出结果；除数 2 是数值常量。

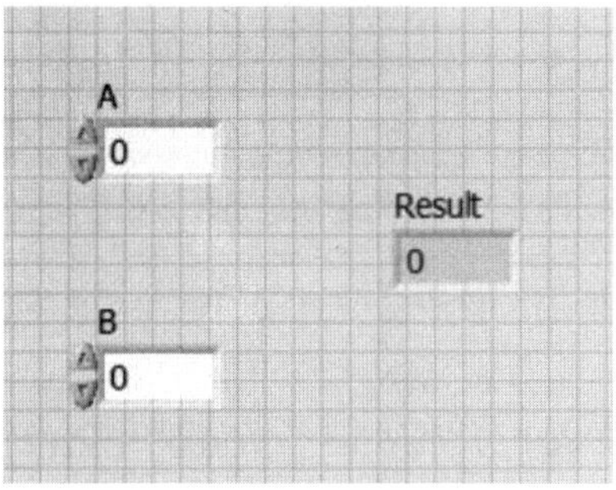

图 2-23　求平均数的 VI 前面板

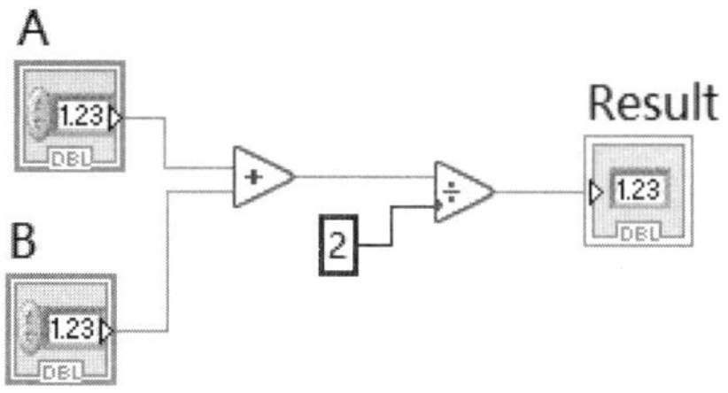

图 2-24　求平均数的程序框图

步骤十二：调试程序。当运行结果不正确且暂时不能找到原因时，可单击“高亮显示”按钮，灯泡会变成点亮状态。此条件下，再单击运行按钮，程序的运行会变慢，并且会显示出程序运行时实际发生的数据流过程。这样就可以帮助我们查找存在的问题，如图 2-25 所示。

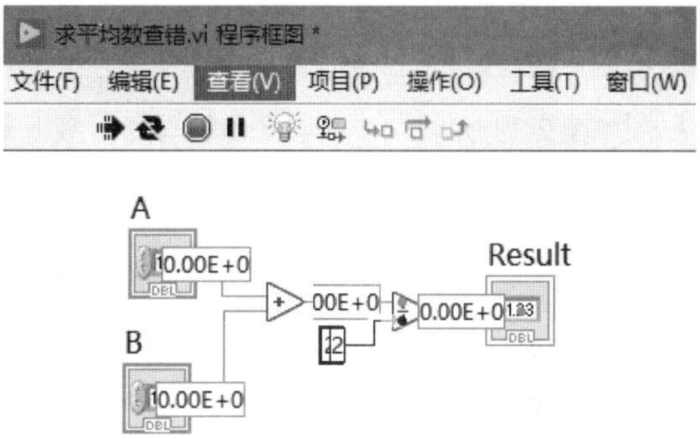

图 2-25　“高亮显示”执行过程

实例 2-2　贮液罐状态监控系统面板。

步骤一：打开 LabVIEW 2018，新建一个 VI。

步骤二：依次在“控件”选板→Express→“数值输入控件”选择旋钮控件、垂直指针滑动杆、液罐、量表和温度计，并将它们拖至前面板上。

步骤三：依次用右键单击垂直指针滑动杆、液罐、量表和温度计，选择“显示项”→“数字显示”，出现一个联动的数值显示控件，可将垂直指针滑动杆中的具体数值显示在该数值显示控件中。默认显示的数字范围为 6 位有效数字，可通过右键菜单的“显示格式”命令来调整精度类型和位数。右键单击量表，选择“添加指针”来添加一个指针，再通过右键菜单“属性”修改第二根指针的颜色为蓝色。

步骤四：依次在“控件”选板→“新式”→“布尔”子选板上选择方形指示灯、滑动开关和停止按钮并将它们拖到前面板上；在“控件”选板→“新式”→“图形”子选板上选择波形图，将它拖到前面板上。

步骤五：所有控件都添加完毕后，通过“对齐对象”和“分布对象”分别调整前面板控件和程序框图函数位置，使其排列整齐美观，如图 2-26 和图 2-27 所示。

步骤六：在“控件”选板中，选择“新式”→“修饰”→“水平平滑盒”用于装饰，通过选择“重新排序”→“移至后面”将其置于控件之下。

通过该程序，练习拖动控件、设置、排列等操作。

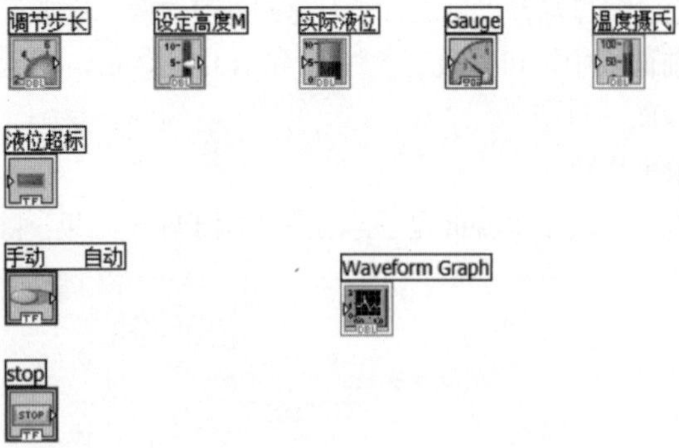

图 2-26　贮液罐状态监控系统程序框图

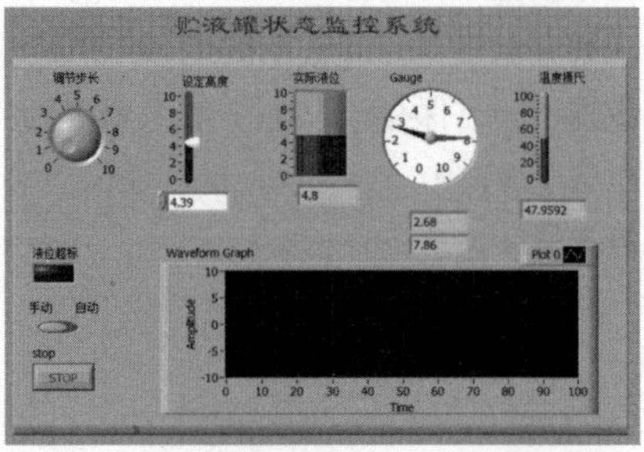

图 2-27　贮液罐状态监控系统前面板

实例2-3　请设计一个程序使得完成计算(数值 1+数值 2)×数值 3，并且运用对齐工具将其对齐，然后修改其图标。

步骤一：打开 LabVIEW 2018，新建一个 VI。在前面板中分别添加三个数值输入控件，分别命名为“数值 1”“数值 2”“数值 3”。选择数值显示控件将其拖到前面板上，修改标签名为“结果”。所有控件都添加完毕后的效果如图 2-28 所示。

步骤二：打开程序框图，添加一个 while 循环，它位于“函数”选板→“编程”→“结构”子选板上，然后在 while 循环中添加一个数值常量，设等待时间为 1000ms，连接好所有连线后的程序框图如图 2-29 所示，VI 即程序已编写好，接下来就可以运行这个 VI 了。

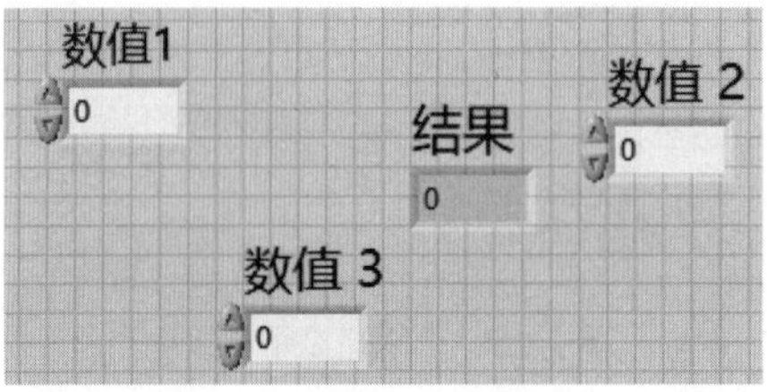

图 2-28　数值运算前面板

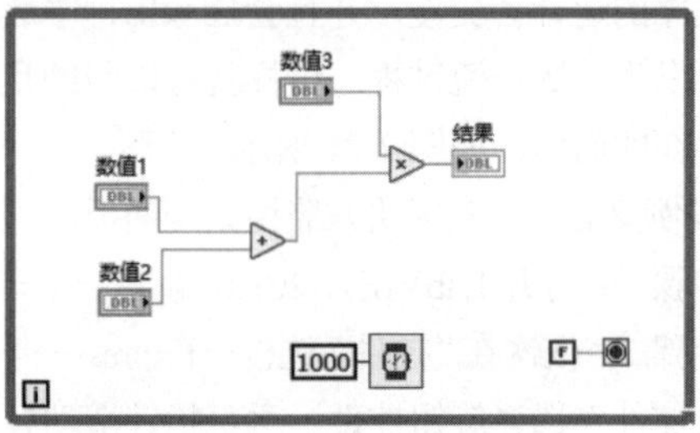

图 2-29　数值运算程序框图

图 2-28 所示控件的排列杂乱无章，使人不适。此时可拖动控件，使其位置顺序符合逻辑，并通过“对齐对象”和“分布对象”(图 2-30)，使控件排列整齐美观。图 2-31 所示为使用对齐工具让控件对齐后的样式。

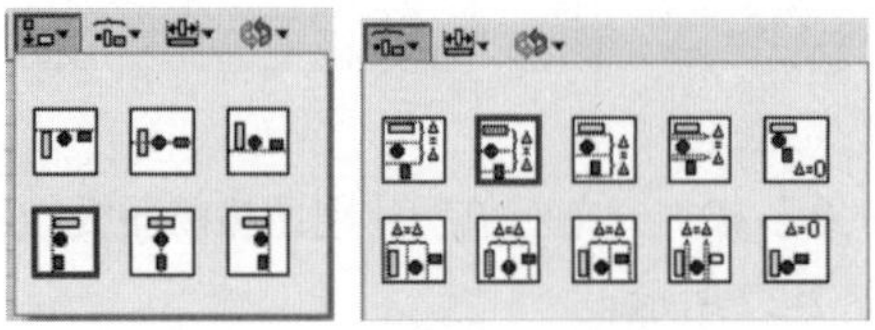

图 2-30　使用对齐工具

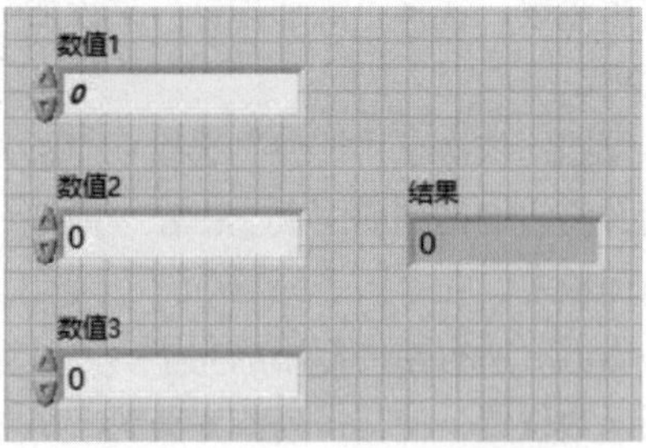

图 2-31　使用对齐工具后的效果图

2.3.3 LabVIEW 2018 选板

LabVIEW 2018 选板有“工具”选板、“控件”选板和“函数”选板。

1. “工具”选板

在 LabVIEW 主菜单中选择“查看”→“工具选板”即可打开“工具”选板，如图 2-32 所示。在 LabVIEW 中，“工具”选板的位置将被保留，从而使选板在 LabVIEW 被再次打开时仍出现在同一位置。在前面板和程序框图中都可看到“工具”选板，“工具”选板上的每一个工具都对应于鼠标的一个操作模式，指针对应于选板上所选择的工具图标，可选择合适的工具对前面板和程序框图上的对象进行操作和修改。当从选板中选择一种工具后，鼠标指针会变成与该工具相对应的形状；当鼠标指针在工具图标上停留一定时间后，会自动弹出该工具的提示框。表 2-2 列出了“工具”选板中的各种工具及对应的功能。

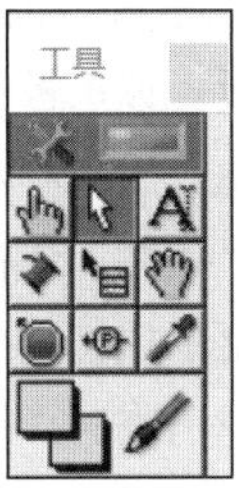

图 2-32 “工具”选板

表 2-2 “工具”选板功能列表

图标	名称	功能
	自动选择工具	如果已打开自动选择工具，当鼠标指针移到前面板或程序框图的对象上时，LabVIEW 将从“工具”选板中自动选择相应的工具。也可禁用自动选择工具，手动来选择工具
	操作值	改变控件值
	定位/调整大小/选择	定位、选择或改变对象大小
	编辑文本	创建自由标签和标题、编辑标签和标题或在控件中选择文本，也称标签工具
	连线	在程序框图中为对象连线
	对象快捷菜单	打开对象的快捷菜单
	滚动窗口	在不使用滚动条的情况下滚动窗口
	断点工具	在 VI、函数、节点、连线、结构或 MathScript 节点的代码行上设置断点，使执行在断点处停止，也可清除断点
	探针	在连线或 MathScript 节点上创建探针。使用探针工具可查看产生问题或意外结果的 VI 中的即时值
	获取颜色	通过上色工具复制用于粘贴的颜色
	设置颜色	设置前景色和背景色，也称为上色工具

如果取消自动选择工具功能，则单击“工具”选板上的“自动选择工具”按钮。此时，“自动选择工具”指示灯呈灰黑色，表明自动选择工具功能已关闭。自动选择工具关闭后，用户可使用 Tab 键，按其在选板上出现的顺序轮选最常用的工具，也可以单击所需工具来使用某一工具。无须通过单击来禁用自动选择工具，完成后，按 Tab 键或单击“自动工具选择”按钮，重

新启用自动选择工具。

另外，在前面板或程序框图空白区域按 Shift 键并单击右键，鼠标指针所在位置将出现临时工具选板。

2. “控件”选板

“控件”选板在前面板中显示，只有打开前面板时才能调用该选板。该选板用来给前面板放置各种所需的输出显示对象和输入控制对象，如图 2-33 所示。

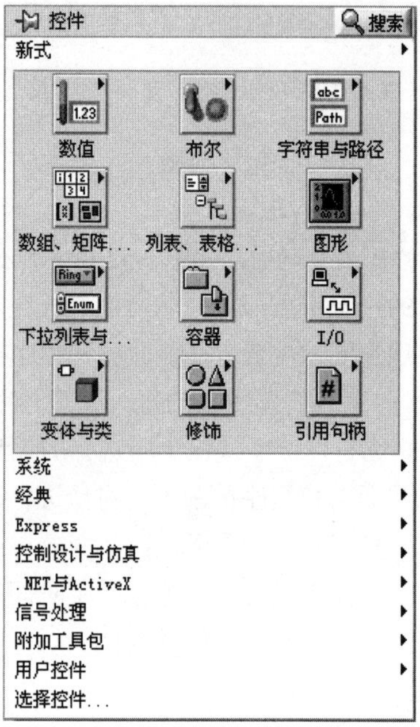

图 2-33 “控件”选板

如果“控件”选板不可见，可以选择“查看”→“控件选板”菜单项使其显示出来，也可以在前面板上单击鼠标右键，弹出临时“控件”选板。单击临时“控件”选板左上角的图钉可将选板锁定在当前位置，LabVIEW 将记住“控件”选板的位置和大小，当 LabVIEW 重启时选板的位置和大小保持不变。

在默认状态下，各种输入控件对象和输出显示控件对象按照不同类型归为若干子选板，每个图标代表一类子选板。图标中右上角图标表明该图标将打开一个子选板，其中还需要展开子选板再进一步选择具体控件。另外，控件提供多种可见类别和样式(如“新式”“系统”“经典”等)，用户可以根据自己的需要来选择。表 2-3 列出了新式控件选板中各控件子选板及其功能。

表 2-3 新式控件选板功能表

图标	子选板名称	功能
	数值	数值的控制和显示，包含数字式、指针式显示表盘及各种输入框
	布尔	逻辑数值的控制和显示，包含各种布尔开关、按钮及指示灯等
	字符串与路径	用于创建文本输入框和标签、输入和返回文件或目录的地址
	数组、矩阵与簇	用于创建数组、矩阵和簇的输入和显示控件
	列表、表格和树	创建各种列表、表格和树的控制和显示
	图形	创建显示数据结果的趋势图和曲线图
	下拉列表与枚举	用来创建可循环浏览的字符串列表。下拉列表控件是将数值与字符串或图片建立关联的数值对象。枚举控件用于向用户提供一个可供选择的项列表
	容器	组合输入控件和显示控件或显示当前 VI 之外的其他 VI 的前面板

(续表)

图标	子选板名称	功能
	I/O	可将所配置的 DAQ 通道名称、VISA 资源名称和 IVI 逻辑名称传递至 I/O VI，与仪器或 DAQ 设备进行通信
	变体与类	用来与变体和类数据进行交互
	修饰	用于修饰和定制前面板的图形对象
	引用句柄	可用于对文件、目录、设备和网络连接进行操作

新式选板上的对象具有高彩外观。为了获取对象的最佳外观，显示器最低应设置为 16 位色。位于新式选板上的控件也有相应的低彩对象，经典选板上的控件就适于创建低彩显示器上显示的 VI。

系统控件专为在对话框中使用而特别设计，包括下拉列表和旋转控件、数值滑动杆、进度条、滚动条、列表框、表格、字符串和路径控件、选项卡控件、树形控件、按钮、复选框、单选按钮和自动匹配父对象背景色的不透明标签。这些控件仅在外观上与前面板控件不同，其颜色与为系统设置的颜色相同。

在不同的 VI 运行平台上，系统控件的外观也不同。在不同的平台上运行 VI 时，系统控件将改变颜色和外观，与该平台的标准对话框控件匹配。

在 LabVIEW 的不同选板中可找到相似的控件。例如，系统选板布尔子选板上的“取消”按钮类似于新式选板布尔子选板上的“取消”按钮。

3. “函数”选板

“函数”选板在程序框图中显示，只有打开程序框图时才能调用该选板，该选板是创建流程图程序的工具，如图 2-34 所示。

如果“函数”选板不可见，可以选择“查看”→“函数选板”菜单项使其显示出来，如图 2-34 所示；也可以在程序框图上单击鼠标右键，弹出临时函数选板。单击临时函数选板左上角的图钉可将选板锁定在当前位置，LabVIEW 同样将记住“函数”选板的位置和大小，当 LabVIEW 重启时选板的位置和大小保持不变。

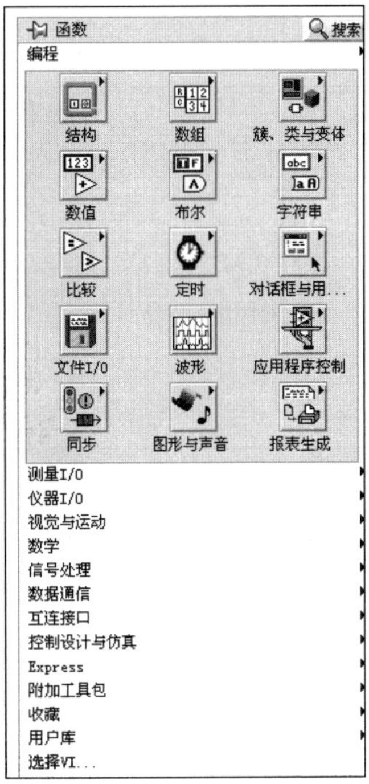

图 2-34　“函数”选板

“函数”选板中包含创建程序框图所需的 VI 和函数。和“控件”选板类似，在“函数”选板中可按 VI 和函数的类型，将 VI 和函数归入不同的子选板中。同样，“函数”选板根据显示类别显示不同的 VI 和函数，并划分为基本编程选板和其他共 13 个特殊功能的选板。

表 2-4 列出了“函数”选板中各子选板及其功能。

表 2-4 “函数”选板功能表

图标	子选板名称	功能
	结构	包括程序控制结构命令，如循环控制、全局变量和局部变量等
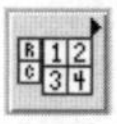	数组	用于数组的创建和操作，包括数组运算函数、数组转换函数，以及数组常量等
	簇、类与变体	创建、操作簇和 LabVIEW 类，将 LabVIEW 数据转换为独立于数据类型的格式、为数据添加属性，以及将变体数据转换为 LabVIEW 数据
	数值	可对数值创建和执行算术及复杂的数学运算，或将数从一种数据类型转换为另一种数据类型。初等与特殊函数选板上的VI 和函数用于执行三角函数和对数函数
	布尔	用于对单个布尔值或布尔数组进行逻辑操作
	字符串	用于合并两个或两个以上字符串、从字符串中提取子字符串、将数据转换为字符串、将字符串格式化用于文字处理或电子表格应用程序
	比较	用于对布尔值、字符串、数值、数组和簇进行比较
	定时	用于控制运算的执行速度并获取基于计算机时钟的时间和日期
	对话框与用户界面	用于创建提示用户操作的对话框
	文件 I/O	用于打开和关闭文件、读/写文件、在路径控件中创建指定的目录和文件、获取目录信息，将字符串、数字、数组和簇写入文件
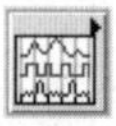	波形	用于生成波形(包括波形值、通道、定时以及设置和获取波形的属性和成分)
	应用程序控制	用于通过编程控制位于本地计算机或网络上的 VI 和 LabVIEW 应用程序。此类 VI 和函数可同时配置多个 VI
	同步	用于同步并行执行任务并在并行任务间传递数据
	图形与声音	用于创建自定义的显示、从图片文件导入/导出数据以及播放声音
	报表生成	用于 LabVIEW 应用程序中报表的创建及相关操作。也可使用该选板中的 VI 在书签位置插入文本、标签和图形

2.3.4 LabVIEW 2018 帮助系统

LabVIEW 2018 的帮助系统非常强大，能够让初学者更快地掌握 LabVIEW，更好地理解 LabVIEW 的编程机制，并使用 LabVIEW 编写出优秀的应用程序。有效地利用这些帮助信息是快速掌握 LabVIEW 的一条捷径。LabVIEW 帮助包括即时帮助、使用目录、索引和查找的在线帮助、LabVIEW 范例及网络资源等，内容涵盖 LabVIEW 编程理论、编程分步指导，以及 VI、函数、选板、菜单和工具的参考信息等。

1. 使用即时帮助

选择“帮助”→“显示即时帮助”菜单或按快捷键 Ctrl+H 都可以弹出“即时帮助”对话框，如图 2-35 所示。

在“即时帮助”对话框弹出的情况下，将指针移至一个对象上，“即时帮助”对话框将显示该 LabVIEW 对象的基本信息。VI、函数、常数、结构、选板、属性、方式、事件、对话框和项目浏览器中的项均有即时帮助信息。“即时帮助”对话框还可帮助确定某个 VI 或函数需要连线的接线端。

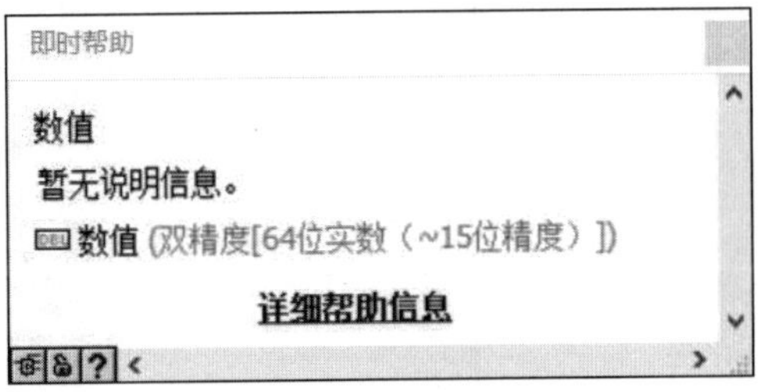

图 2-35　“即时帮助”对话框

单击“即时帮助”对话框上的“显示/隐藏可选接线端和完整路径”按钮将显示/隐藏连线板的可选接线端和 VI 的完整路径。

单击“即时帮助”对话框上的“锁定”按钮或按快捷键 Ctrl+Shift+L 都可锁定或解锁“即时帮助”对话框的当前内容。

单击“即时帮助”对话框中的 LabVIEW 图标，可获取更多关于对话框中的对象的信息。

2. 使用 LabVIEW 帮助

即时帮助可以实时显示帮助信息，但是它的帮助不够详细，有些时候不能满足编程的需要，这时就需要通过帮助文件的目录和索引来查找帮助。单击菜单“帮助”→“搜索 LabVIEW 帮助”或按快捷键 Ctrl+?，可以打开“LabVIEW 帮助”窗口，如图 2-36 所示。在这里用户可以使用目录、索引和搜索来查找帮助。

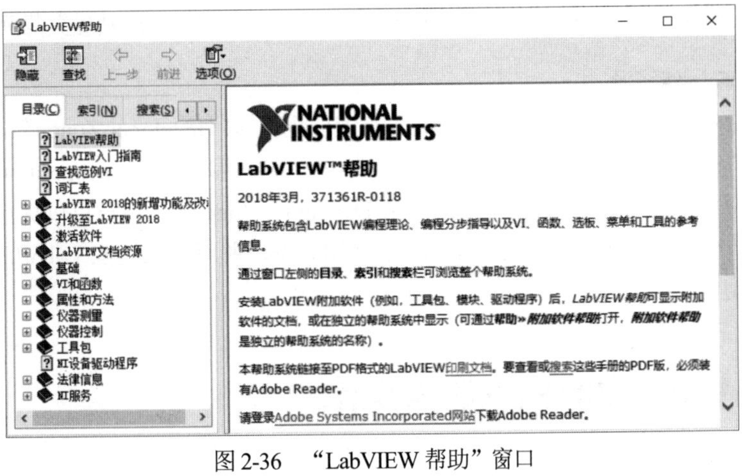

图 2-36　“LabVIEW 帮助”窗口

用户可以根据索引查看自己感兴趣的对象的帮助信息，也可以打开搜索页，直接用关键词搜索帮助信息。同时，在这里用户可以找到最为详尽的关于 LabVIEW 中每个对象的使用说明及其相关对象说明的链接。LabVIEW 帮助文件可以说是学习 LabVIEW 最为有力的工具之一。

3. 范例查找

LabVIEW 编程范例包含了 LabVIEW 各个功能模块的应用实例，学习和借鉴 LabVIEW 中的范例不失为一种快速、深入学习 LabVIEW 的好方法。通过菜单“帮助”→“查找范例”可以打开 LabVIEW 的 NI 范例查找器，如图 2-37 所示。

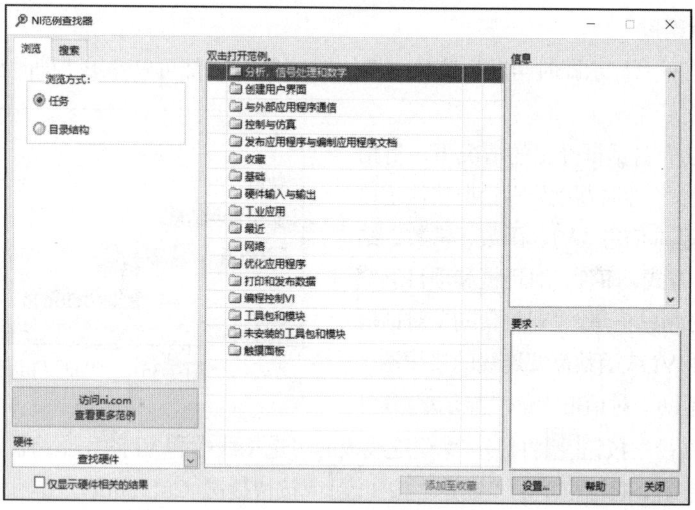

图 2-37　NI 范例查找器

LabVIEW 中包含了数百个 VI 范例，用户可使用这些 VI 并将其整合到自己创建的 VI 中。除 LabVIEW 内置的范例 VI 之外，在 NI Developer Zone 中可查看到更多的范例 VI。用户可根据应用程序的需要对范例进行修改，也可复制并粘贴一个或多个范例到自行创建的 VI 中。

范例在浏览方式下按照任务和目录结构分门别类地显示出来，方便用户按照各自的需求查找和借鉴。另外，也可以利用搜索功能用关键字来查找范例，甚至还可以向 NI Developer Zone 提交自己编写的程序作为范例。如果想向 NI Developer Zone 提交自己编写的程序，可以在 NI 范例查找器中单击“提交”选项卡，单击“提交范例”按钮即可以连接到 NI 的官方网站提交范例。

4. LabVIEW 网络资源

LabVIEW 网络资源包括 LabVIEW 论坛、培训课程及 NI Developer Zone 等丰富的资源。通过菜单“帮助”→“网络资源”即可连接到 NI 公司的官方网站 www.ni.com/labview，该网站提供了大量的网络资源和相关链接。特别是在 NI Developer Zone 中，用户可以提问、发表看法、与全世界的 LabVIEW 编程人员交流 LabVIEW 使用心得，并可以在这些 LabVIEW 网络资源中寻找所需的帮助信息。

2.4　LabVIEW 2018 的基本操作

在前面的章节中已经介绍了 LabVIEW 2018 的编程环境，包括菜单、各种选板和帮助系统。在了解了 LabVIEW 编程环境的相关知识后，即可开始创建 VI 和子 VI、将 VI 归类或创建独立的应用程序和共享库。本节将重点介绍如何创建 VI，如何实现 VI 的编辑、运行与调试。

2.4.1　VI 的创建

本节将以一个具体的实例来详细介绍 VI 的创建过程。

实例 2-4　创建一个 VI 用于实现如下功能：①计算两个输入的数字的和，并显示结果；②比较输入的两个数字的大小，并用指示灯显示比较结果。

1. 创建一个新 VI

启动 LabVIEW 2018，在启动窗口左边“新建”选项栏中单击 VI 选项，出现如图 2-38 所示的 VI 编程窗口。前面是 VI 前面板窗口，后面是 VI 的程序框图窗口。

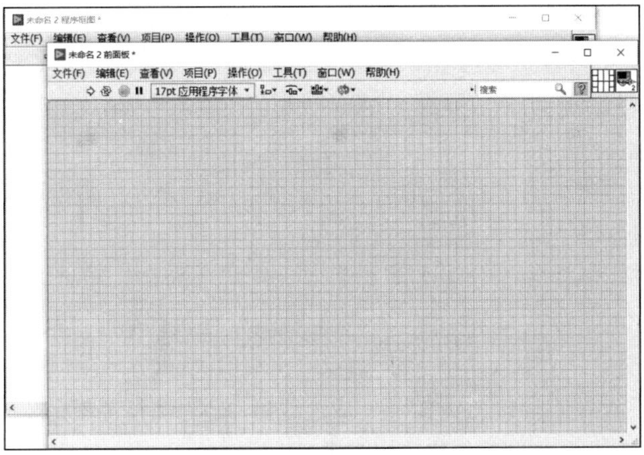

图 2-38　VI 编程窗口

2. 创建 VI 前面板

在本例中，需要计算两个数的和、比较两个数的大小并显示计算结果和比较结果，因此，在前面板上需要放置两个数值输入控件、一个显示和值的数值显示控件，对两个数进行比较，比较结果有 3 种情况，故需要 3 个显示比较结果的指示灯(布尔型控件)。

若控件选板不可见，选择“查看”→“控件选板”菜单或在前面板空白处单击鼠标右键，弹出控件选板。在控件选板上选择“新式”→“数值”→“数值输入控件”菜单并将数值输入控件放置在前面板窗口的适当位置，将其标签名称改为 A。以同样的方式创建数值输入控件 B。在控件选板中，选择“新式”→“数值”→“数值显示控件”并将数值显示控件放置在前面板窗口适当位置，将其标签名称改为 SUM。在控件选板中，选择“新式”→“布尔”→“方形指示灯”并将指示灯放置在前面板窗口适当位置处，将其标签名称改为“A>B”，用来显示比较结果“A 大于 B”。用同样的方法创建指示灯“A<B”和“A=B”，分别用来显示比较结果“A 小于 B”和“A 等于 B”。至此，完成前面板的创建，结果如图 2-39 所示。

3. 创建 VI 程序框图

将编辑窗口从前面板切换到程序框图窗口，可以看到在程序框图中有 6 个端口图标，如图 2-40 所示。这 6 个端口图标与前面板上刚创建的 6 个对象一一对应。

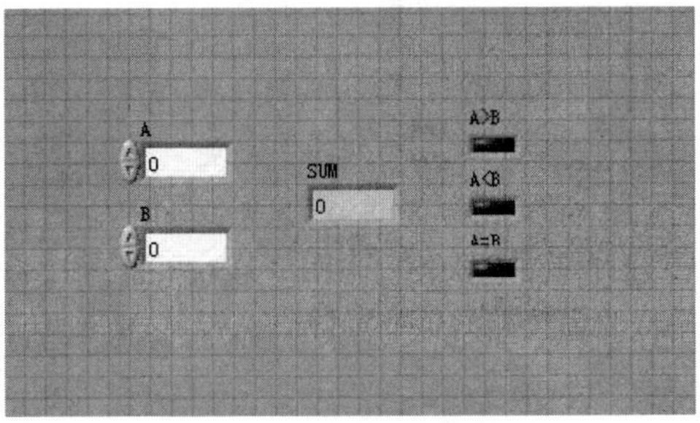

图 2-39　VI 前面板创建结果

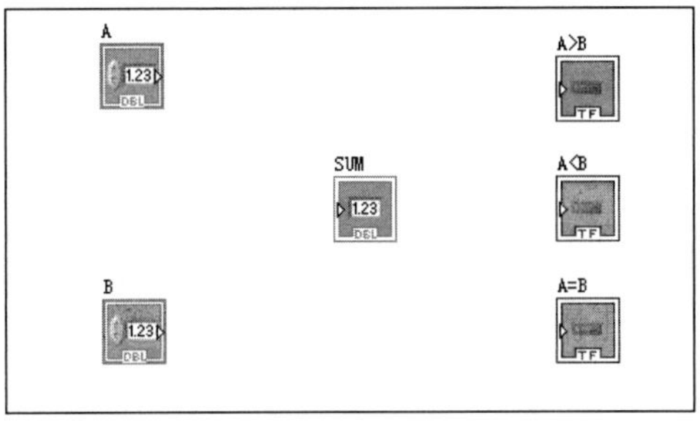

图 2-40　VI 程序框图

实例 2-5 本例需要求两个数的和，因此需要放置一个实现求和的“加”函数；需要对两个数的大小进行比较，因此需要放置“大于?”“小于?”和“等于?”3 个比较函数。

(1) 放置函数节点

在程序框图窗口的函数选板中，选择“编程”→“数值”子选板中的“加”函数节点并将其图标放置到程序框图窗口的适当位置处。分别选择“编程”→“比较”子选板中的“大于?”“小于?”和“等于?”3 个比较函数节点，并将其图标分别放置到程序框图的适当位置，完成函数节点的放置，如图 2-41 所示。

(2) 连接函数节点与端口

完成程序框图所需的端口和节点的创建之后，下面的工作就是用数据连线将这些端口和节点图标按实现的功能连接起来，形成一个完整的框图程序。

用连线工具将端口“A”“B”分别连到“加”“大于?”“小于?”和“等于?”4 个函数节点的两个输入端口“x”“y”上，将“加”节点输出端口“x+y”连接到端口“SUM”，“大于?”节点输出端口“x>y?”连接到端口“A>B”，“小于?”节点输出端口“x<y?”连接到端口“A<B”，“等于?”节点输出端口“x=y?”连接到端口“A=B”。完成连线后，适当调整各图标及连线的位置，使其整洁美观。至此，完成了 VI 程序框图的创建，如图 2-42 所示。

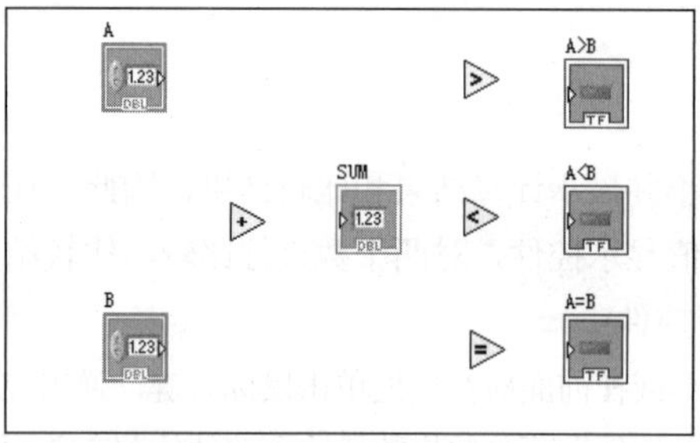

图 2-41 放置函数节点

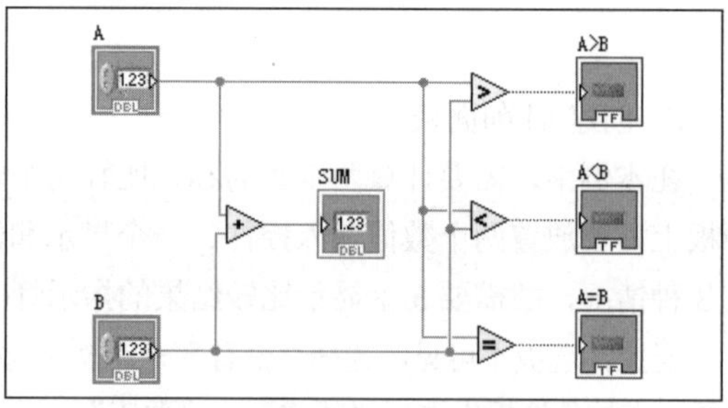

图 2-42 连线完成后的程序框图

4. 创建 VI 图标

VI 具有层次化和结构化的特征，图标是 VI 或项目库的图形化表示，每个 VI 在前面板和程序框图的右上角都有一个图标。在创建一个新的 VI 时，系统会给定一个默认的图标，用户可以根据需要自己创建一个新的图标。

双击前面板或程序框图右上角的 VI 图标，或在图标处单击鼠标右键并在弹出菜单中选择“编辑图标”，会弹出“图标编辑器”，如图 2-43 所示。

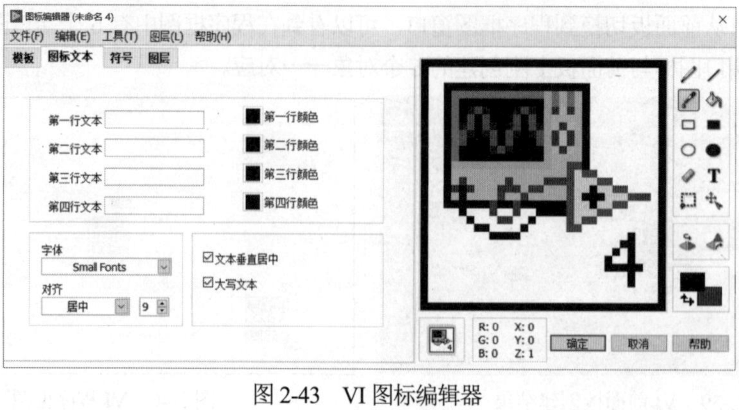

图 2-43 VI 图标编辑器

在“图标编辑器”中用户可以编辑自己的图标，“图标编辑器”的用法与 Windows 操作系统中的画图工具软件类似。

5. 保存 VI

在前面板或程序框图窗口主菜单中选择“文件”→“保存”命令，在弹出的“保存文件”对话框中选择适当的路径和文件名保存该 VI。如果在创建或修改 VI 后没有保存，则在 VI 前面板和程序框图窗口的标题栏就会出现一个表示未保存的“*”符号，提示用户存盘。

至此，完成了一个 VI 的创建。打开该 VI 的前面板，在数值输入控件 A、B 中各输入一个数字，然后单击前面板工具栏上的运行按钮，就可以显示求和及比较结果，如图 2-44 所示。

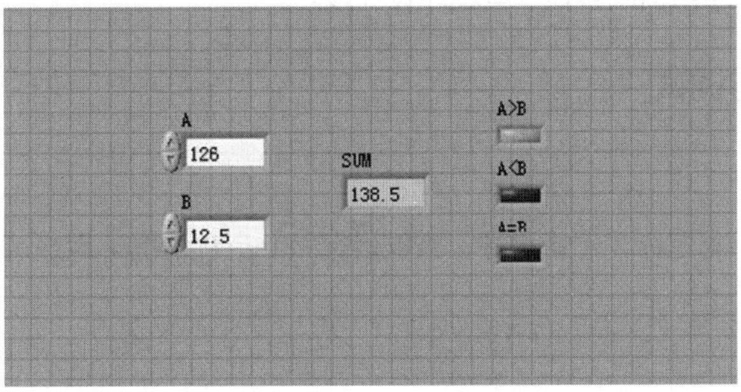

图 2-44　VI 运行结果

通过以上的实例，我们已经基本掌握了创建一个比较完整的 VI 的方法及步骤。

2.4.2　数据流的编程机制

学习 LabVIEW 这种图形化编程语言，首先就要理解数据流的编程机制。

对于文本式的传统编程语言，比如 C、Fortran 等，默认的程序执行机制是程序语句按照排列顺序逐句执行。而对于图形化的数据流式编程语言，其执行的规则是，任何一个节点只有在所有输入数据均有效时才会执行。如图 2-45 所示，对节点 D 而言，只有当输入端子 A、B、C 的输入数据都有效时，D 才会执行。

在 LabVIEW 的程序框图中，各节点是靠连线连接起来的。连线是不同节点之间的数据通道。数据是单向流动的，即从源端口流向一个或多个目的端口。在 LabVIEW 中，是通过连线的粗细、形状以及颜色来表征所传输的数据是不同类型的。例如，如图 2-46 所示，蓝色连线代表传输的是整型数；橙色连线代表传输的是浮点数；绿色连线代表传输的是逻辑量；粉色连线代表传输的是字符串；青色代表传输的是文件路径。

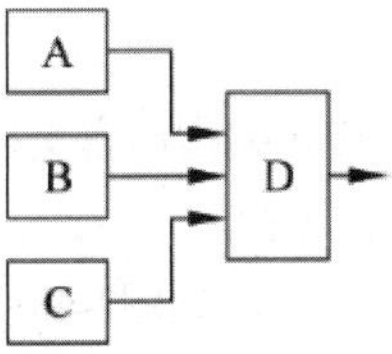

图 2-45　数据流机制

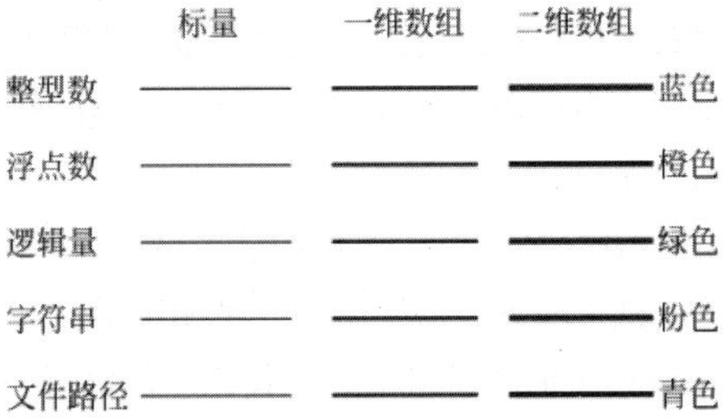

图 2-46　LabVIEW 中的各种连线

实例 2-6 某 VI 的程序框图如图 2-47 所示，观察它后回答下面两个问题：

(1) 其中的加函数和减函数，哪个先执行？(2)加函数和除函数哪个先执行？

解：(1)加函数先执行，因为只有当加函数的运算结果传给减函数时，它才能执行。

(2) 答案是未知，因为加函数与除函数之间没有任何关联，是并行运行的，其运行顺序是随机的。如果要控制它们的执行顺序，可以使用第 4 章中介绍的顺序结构或其他一些程序设计技巧。

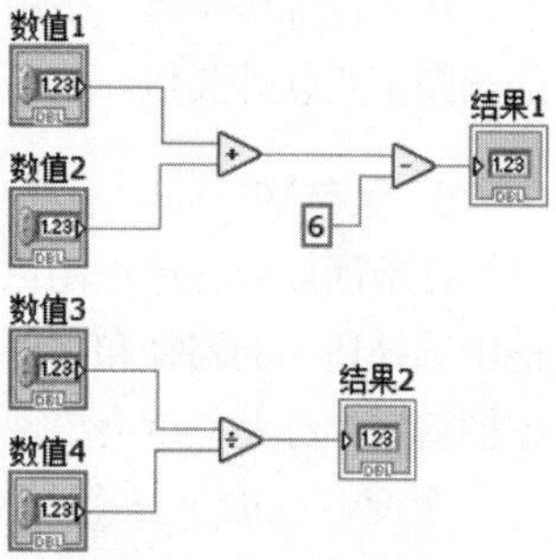

图 2-47 数据流机制举例

2.4.3 VI 的运行与调试

1. VI 运行

在 LabVIEW 中，有运行、停止运行、暂停运行 VI 三种情况。用户可以通过两种方式来运行 VI，即运行和连续运行。

(1) 运行 VI

在前面板或程序框图窗口的工具栏上单击“运行”按钮，可以运行 VI。VI 运行时，“运行”按钮变为。使用这种方式运行 VI，VI 只运行一次。

(2) 连续运行 VI

在工具栏上单击“连续运行”按钮，可以连续运行 VI。连续运行是指 VI 运行一次结束后，继续重新运行。当 VI 正在连续运行时，“连续运行”按钮变为，再次单击该按钮可停止 VI 的连续运行。

(3) 停止运行 VI

当 VI 处于运行状态时，工具栏上的“中止执行”按钮将由不可操作状态变为可操作状态。此时单击该按钮，可强行终止 VI 的运行。中止执行在程序调试过程中非常有用，当不小心使程序处于死循环时，用该按钮可以安全地终止程序的运行。当 VI 处于非运行状态时，“中止执行”按钮处于不可操作状态。

(4) 暂停运行 VI

在工具栏上单击“暂停”按钮。可暂停 VI 的运行，此时 VI 将暂停在单击按钮时执行到的位置，同时按钮变为红色，再次单击该按钮，可恢复 VI 的运行。

2. VI 调试

调试程序对任何一种编程语言而言都是非常重要的，通过调试程序，编程者可以跟踪程序的运行情况，查找程序中存在的各种错误，并根据这些错误和运行结果修改、优化程序，最终得到一个正确、可靠的程序。

LabVIEW 编译环境提供了多种调试 VI 程序的手段，除了具有传统编程语言支持的单步执行、断点和探针等调试手段外，还提供了一种调试手段——高亮显示执行过程。

在LabVIEW程序框图窗口中，工具栏上提供了与VI调试相关的工具，如图2-48所示，通过使用这些工具就可以执行相应的调试过程。下面分别介绍LabVIEW提供的这几种调试方法。

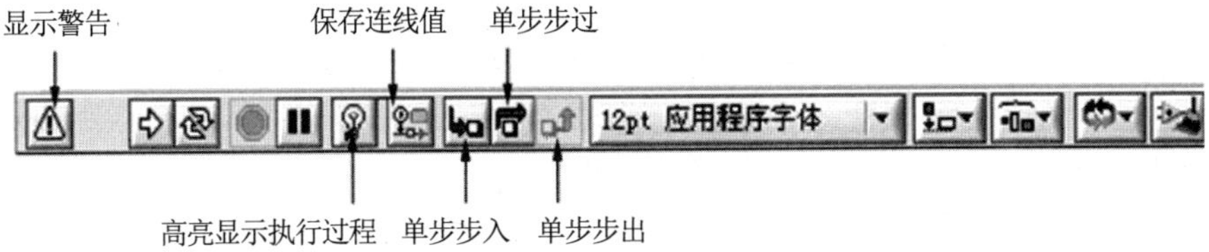

图 2-48　LabVIEW 程序框图工具栏调试工具

1) 单步执行

单步执行 VI 与传统编程语言中的单步执行程序类似，所不同的是，传统编程语言中的单步执行是指按照程序中语句的逻辑顺序逐条语句地执行程序，而单步执行 VI 则是在框图程序中，按照节点之间的逻辑关系，沿数据连线逐个节点地执行 VI。单步执行用于观察 VI 运行时的每一个动作，包括“单步步入”“单步步过”和“单步步出”3 种操作。

(1) 单步步入

单击工具条上的“单步步入”按钮，就可进入单步执行 VI 状态。单击一次该按钮，程序按节点顺序执行一步。当遇到循环或子 VI 时，跳入循环或子 VI 内部继续逐步运行程序。

(2) 单步步过

单击工具条上的“单步步过”按钮，就可进入单步步过 VI 状态，单击一次该按钮，程序按节点顺序执行一步。和单步步入不同的是，当遇到循环或子 VI 时，不跳入其内部逐条执行其中的内容，而是将其作为一个整体节点执行。

(3) 单步步出

在框图程序的工具条中选择“单步步出”按钮，可跳出单步执行 VI 的状态，进入暂停运行状态。

在单步执行过程中，把鼠标指针移动到“单步步入”“单步步过”和“单步步出”按钮上稍微停留，将会弹出提示框，指示单击该按钮将会执行何种动作。同时，在单步执行 VI 过程中，当前执行到的节点将闪烁以表示此时执行到该节点。

2) 设置高亮显示执行过程

高亮显示执行过程可以实时显示数据流动画，使用户清楚地观察程序运行的每一个细节，为查找错误、修改和优化程序提供有效的手段和依据。

单击工具栏上的“高亮显示执行过程”按钮，即可打开高亮显示执行功能。在该功能打开的前提下运行VI，LabVIEW 会在程序框图上实时地显示程序执行过程，同时实时地用连线上移动的气泡来显示每一条数据连线和每一个端口的数据流动。使用该功能运行 VI，程序运行速度将变慢，从而方便用户观察程序执行过程中的细节。

3) 使用探针工具

探针用来检查 VI 运行时的即时数据。在需要查看即时数据的连线上单击鼠标右键，在弹出的快捷菜单上选择“探针”或使用工具选板上的探针工具单击数据连线，都可以为数据线添加探针。添加探针后，在探针处将出现一个内含探针编号的小方框，并同时弹出一个探针监视窗口。当程序运行时，监视窗口将显示即时数据及相关的更新信息。

4) 设置断点

在需要设置断点的连线或节点上单击鼠标右键，在弹出的快捷菜单上选择“断点”→“设置断点”，或使用工具选板上的断点工具单击数据连线或节点都可以设置断点。当断点位于某一个节点时，该节点图标的边框就会变红；当断点位于某一条数据连线时，数据连线的中央就会出现一个红点。

当程序运行到某断点时，VI会自动暂停，此时断点处的节点会处于闪烁状态，提示用户程序暂停的位置。单击“暂停”按钮 ⏸，可以恢复程序运行。用断点工具再次单击断点处或在右键快捷菜单中选择“断点”→“清除断点”，就会取消该断点。

5) 查找错误

利用任何一种编程语言进行程序设计时，在编程过程中出现各种错误是在所难免的，LabVIEW也不例外。在 LabVIEW 中，程序错误一般分为两种。

一种错误为程序编辑错误或编辑结果不符合语法，这种错误会导致程序无法正常运行，此时工具栏上的“运行”按钮将由原来的白色箭头图标变为灰色的折断箭头图标，即“列出错误”图标。这种错误的处理方法是先定位错误位置，然后再根据正确的语法修改代码。

典型的编辑和语法错误有以下几种。

① 由于框图连线一端悬空或连线两端数据类型不匹配造成断线，如图 2-49 所示。

② 必须要连接的函数端子没有连线。

③ 子 VI 不能执行或在框图中放置子 VI 后又编辑了该子 VI 的连线板等。

单击“列出错误”图标即可得到程序的错误列表，如图 2-50 所示。通过程序的错误列表，可以清楚地看到系统给用户的警告信息与错误提示。当运行 VI 时，警告信息让用户了解潜在的问题，但不会禁止程序的执行。如果想知道有哪些警告信息，可以选中“显示警告”复选框，这样，每当出现警告的时候，工具条上就会出现“警告”按钮，如图 2-48 所示。

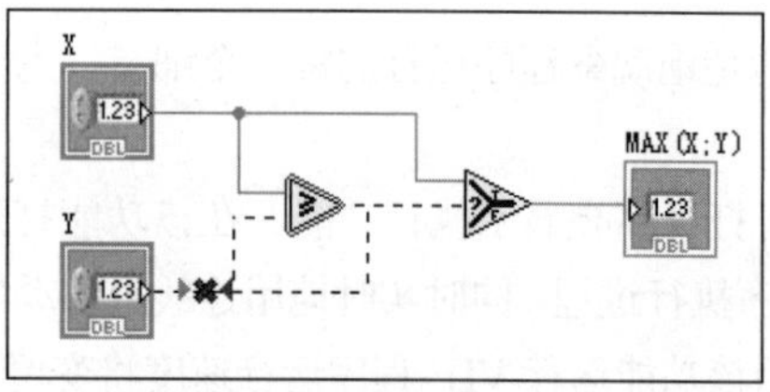

图 2-49　程序断线

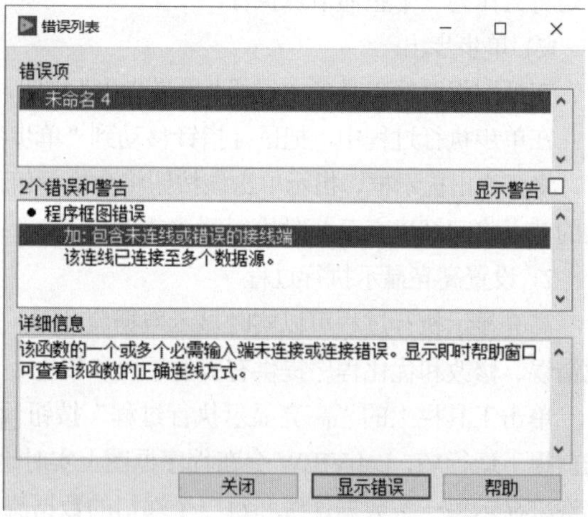

图 2-50　显示错误列表

另一种错误为语义和逻辑上的错误，或者是程序运行时某种外部条件得不到满足引起的运行错误，这种错误很难被排除。LabVIEW 无法指出语义错误的位置，必须由程序员对程序进行充分测试并仔细分析运行结果来发现错误。一旦发现程序运行逻辑有问题，可以借助前面介绍的调试工具来查找错误的具体位置和出错原因。

2.4.4　LabVIEW 的初步操作

具备了上述 LabVIEW 的基础知识后，就可以开始编写简单的 VI 了。

1. 创建第一个 VI

实例 2-7　输入两个参数 A 和 B，求其平均数(简单起见，仅以求两个数的平均数为例)，并将求得的结果显示在输出控件 Result 中。

解：按照下面的步骤，建立一个求平均数的 VI。

步骤一：在装有 LabVIEW 编程语言的计算机(台式机、工控机、笔记本电脑、平板电脑)屏幕上，双击 LabVIEW 的图标，选择“文件”→“新建 VI”，就会弹出两层界面，一个是前面板，另一个就是程序框图面板(即后面板)。如此，就进入了 LabVIEW 的编程环境。

步骤二：首先进行前面板的设计，为此，将鼠标指针放到前面板上，选择“控件”选板→“新式”→“数值”→“数值输入控件”，将“数值输入控件”拖曳到前面板上，再将鼠标指针放到该控件图标的标签处，选中标签，将其改写为“A”。

步骤三：重复第二步，创建第二个“数值输入控件”，将其标签改写为“B”。

步骤四：选择“控件”选板→“新式”→“数值”→“数值显示控件”，将“数值显示控件”拖曳到前面板上，再将鼠标指针放到该控件图标的标签处，选中标签，将其改写为“Result”。

步骤五：经过上述操作，前面板就已设计好了，接下来设计程序框图。将鼠标指针放到程序框图面板(即后面板)上，选择“函数”选板→“编程”→“数值”→“加函数”，并将“加函数”拖曳到框图面板上。

步骤六：重复第五步，选择“函数”选板→“编程”→“数值”→“除函数”，并将“除函数”图标拖曳到程序框图面板上。

步骤七：选择“函数”选板→“编程”→“数值”→“数值常量”(注意选择橙色的浮点数类型的“值常量”)，将“数值常量”图标拖曳到程序框图面板上。

步骤八：用连线将各功能函数的图标连接起来。在程序框图面板上，将鼠标指针放到控件 A 的输出端处，当鼠标指针自动变成连线轴的形状时，单击，拉出一根线，一直连到“加函数”图标的一个输入端口上，然后释放鼠标左键，如此，就用一根连线实现了两个节点之间的数据传输。

步骤九：同第八步的操作方法，按图 2-51 所示，连接好其他所有的连线。

步骤十：连接好所有连线后，VI 即程序就已编写好并可以运行了。返回到前面板，单击工具条中的运行按钮。在前面板，可以改变控件 A 和 B 中的数值，再运行该 VI，观察并验证 Result 输出的运算结果是否正确，如图 2-52 所示。

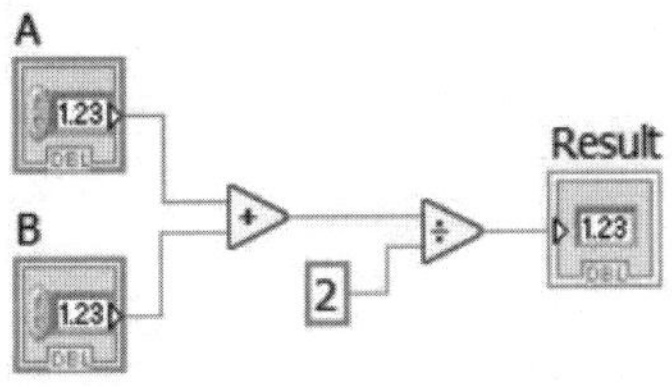

图 2-51　求平均数的程序框图

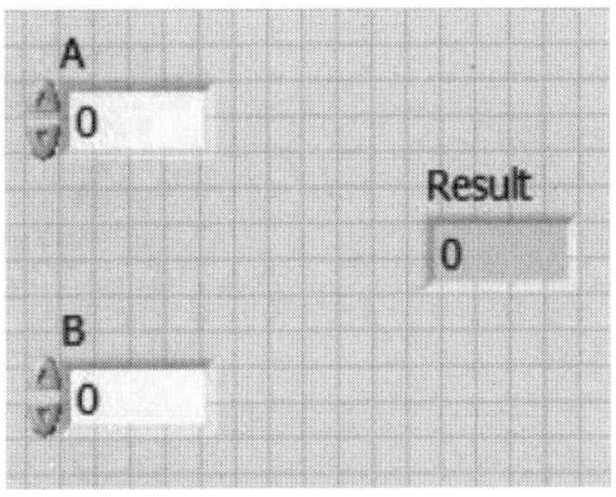

图 2-52　求平均数的 VI 前面板

步骤十一：保存该 VI，并将其命名为“求平均数”。

在这个 VI 中，A 和 B 是输入控件，用于输入参数；Result 是显示控件，用于输出结果；除数 2 是数值常量。

2. 建立并调用子 VI

在 LabVIEW 中，建立子 VI 有两个步骤：修改图标和建立连接器。下面以“求平均数”为例(即将“求平均数”作为某个 VI 中的一个子 VI)，介绍如何建立子 VI。

(1) 修改默认的 VI 图标

双击前面板或程序框图面板右上角的默认图标，在弹出的界面中，利用选择工具选中默认的图标将其删掉，然后在“图标文本”中输入“平均数”，即对求平均数这个 VI 赋予专有的名称。如图 2-53 所示，单击“确定”按钮，退出该界面。

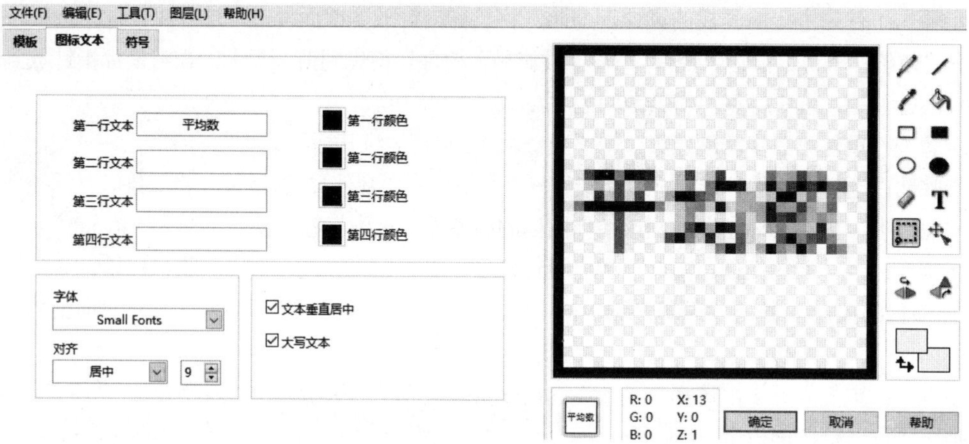

图 2-53　修改图标

(2) 建立连接器

右击前面板右上角的连接器，从快捷菜单中选择合适的模式。此处，可根据 VI 的输入输出参数个数来选择合适的逻辑连接模式，例如，对“求平均数”这个子 VI，就应选择有 3 个端口的逻辑连接模式，如图 2-54(a)所示；然后，选中连接器的各个端子，让其与前面板上的控件依次建立连接。具体方法是：单击连接器的某个端子，此时鼠标指针变成连线轴状态，再将鼠标指针在前面板的某个控件上单击一下，就完成了两者的连接，如图 2-54(b)所示。按照上述方法将前面板上的其他控件与连接器的端子关联起来，最后完成情况如图 2-54(c)所示。

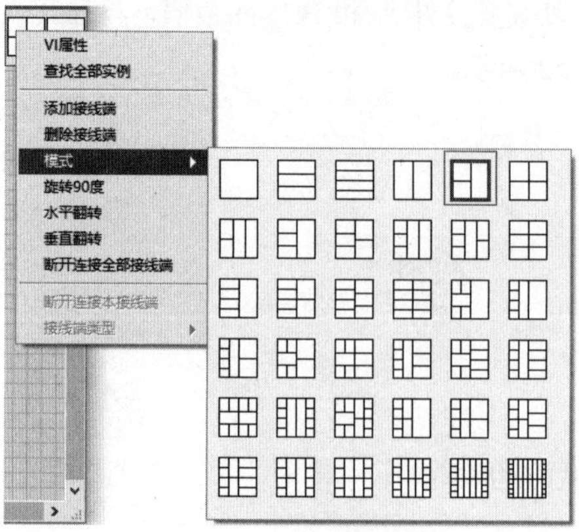

(a) 选择适合的逻辑连接模式

图 2-54　建立连接器

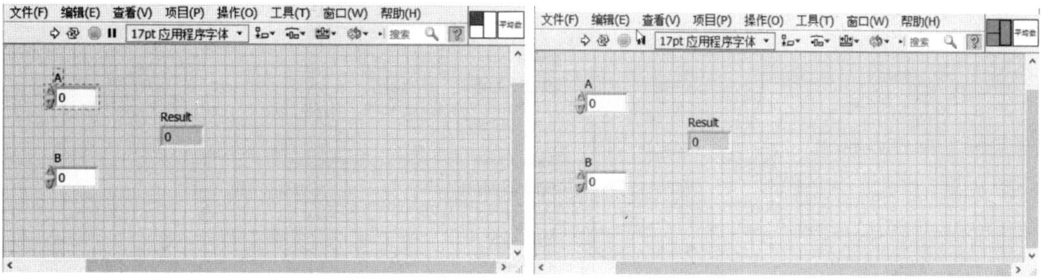

(b) 将端口与前面板的控件关联　　　　(c) 将所有端子关联后的情况

图 2-54　建立连接器(续)

完成上述步骤，一个子 VI 就建立好了。随后在新构建的 VI 中，就可以调用这个之前编写好的“求平均数”的子 VI 了。

那么，如何在一个新的 VI 中调用子 VI 呢？方法很简单，在新建 VI 的程序框图面板中，选择“函数”→“选择 VI”，这时，LabVIEW 会弹出对话框，找到保存在计算机中的“求平均数”VI，单击“确定”按钮后，就可在新建 VI 中调用“求平均数”这个子 VI 了。

如图 2-55 所示，将鼠标指针移至“求平均数”子 VI 的输入端子 A 处，当鼠标指针自动变成连线轴的形状时，右击，在弹出的快捷菜单中选择“创建”→“输入控件”，如此，LabVIEW 就会自动生成一个名称为 A 的数值输入控件，并且已经将连线接好了。注意，这是一个非常实用的方法，其好处是快捷，而另一个好处是当对所连接的端子能接受哪种类型的数据没有把握时，可通过这种方式先生成输入控件或显示控件，然后，再由所生成的输入控件或显示控件来确定端子的数据类型。

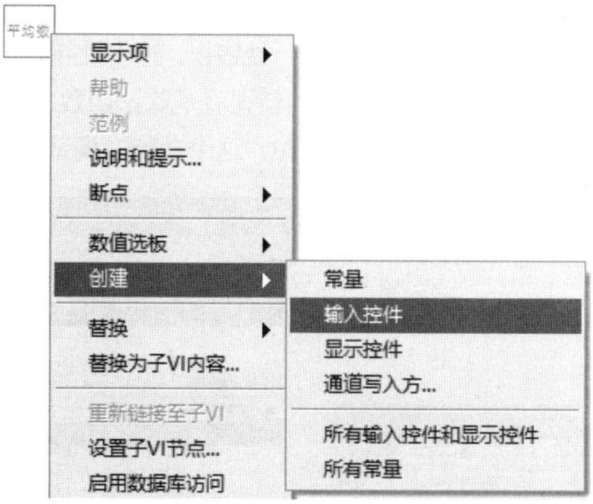

图 2-55　为子 VI 生成输入控件

按照相同的操作生成输入控件 B 和显示控件 Result。调用子 VI 后的情况如图 2-56 所示。另外，当 VI 规模逐渐变大后，有时为了让 VI 的图形化程序代码在程序框图面板上显示得更加紧凑，可选择将某控件的图标显示为外形尺寸更小的简化形式的图标。仍以“求平均数”VI 为例，如图 2-57 左图所示，选中控件 A，右击，弹出快捷菜单，将菜单中的“显示为图标”取消勾选，对控件 B 和 Result 也执行相同的操作。该 VI 的程序框图显示效果如图 2-57 右图所示。

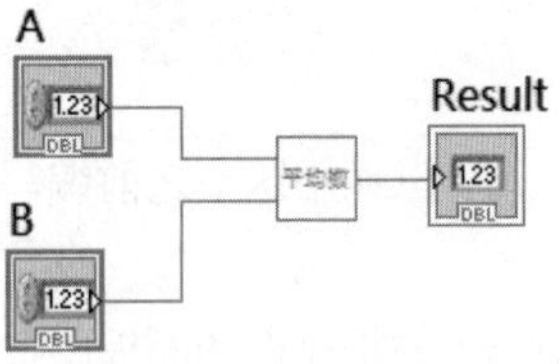

图 2-56　调用子 VI

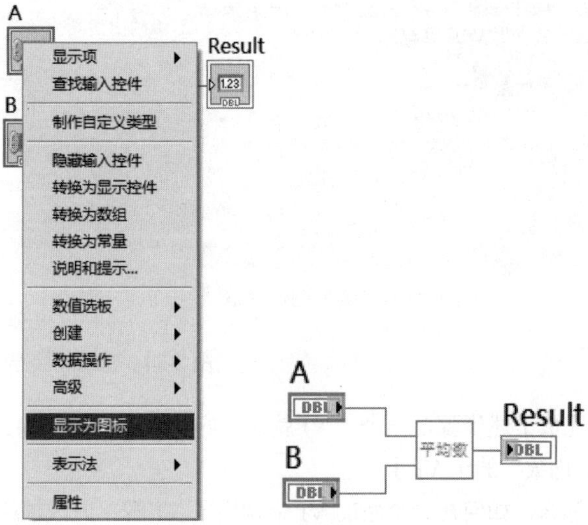

图 2-57　“显示为图标”取消勾选

3. 程序调试技术

有过编程经历的人，一定体会过查错的感受。当所编写的程序规模越来越大时，如何找到出错的原因，有时是非常令人苦恼的。下面，将以上述建好的“求平均数”VI 为例，简单介绍在 LabVIEW 中如何进行程序即 VI 的调试。

如图 2-58 所示，将“2”与除法函数端子之间的连线删掉，随后便可以看到，程序框图面板上方工具条中的运行按钮会变成断裂的形状。当自认为已编好程序时，如果发现运行按钮处在断裂的状态，就说明程序中仍存在语法错误。这时，可以双击运行按钮(此时呈断裂状态)，随即会弹出错误列表界面，如图 2-59 所示。可以看出，程序中有一处错误，选中此错误，下面会提供有关该错误的详细说明，有助于对程序进行修改。例如，现存的错误就是除法函数的一个输入端子未连上。另外，双击此处错误，LabVIEW 会自动对此错误进行定位，这个功能在调试规模大的程序时尤其有用。

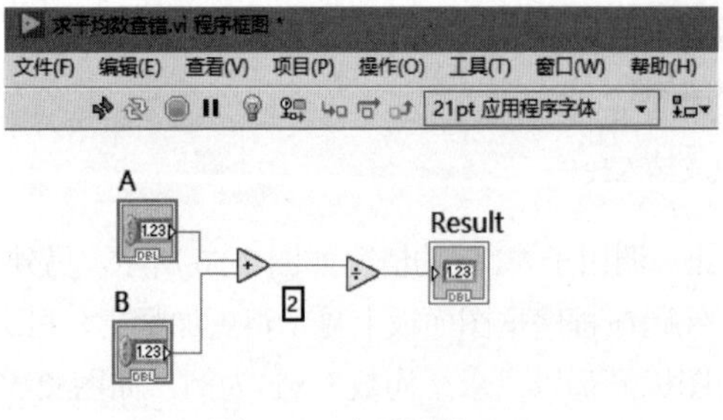

图 2-58　有错误的 VI

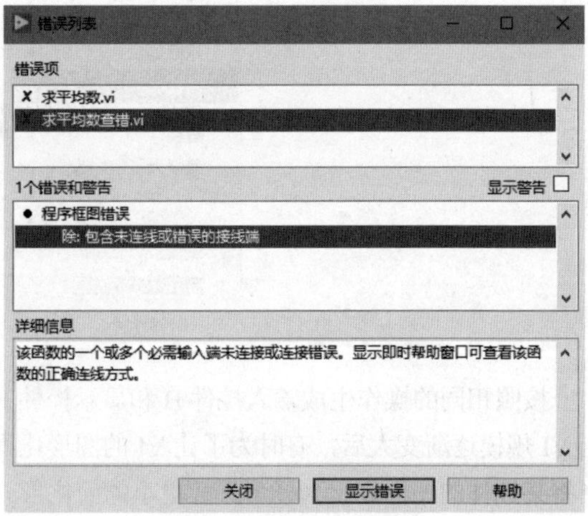

图 2-59　错误列表界面

上面提到的错误属于程序语法错误。还有一类错误，是程序已经通过了编译，可以运行，但运行的结果并不是所期望的，也就是说，所编写 VI 的算法存在问题。对这类编程错误又该如何查找呢?

就此，程序调试工具可提供帮助，即可以利用在 2.3 节中介绍的程序调试工具进行查找。

程序调试工具是位于程序框图面板工具条中的“高亮显示”按钮，其外表像个灯泡；“高亮显示”按钮的默认状态为灯灭。单击“高亮显示”按钮，灯泡会变成点亮状态，此条件下，再单击运行按钮，程序的运行会变慢，并且会显示出程序运行时实际发生的数据流过程，如此，可以帮助查找存在的问题，如图 2-60 所示。

“高亮显示”通常可以与探针工具配合使用。如图 2-61 所示，将鼠标指针放置在需要观察的连线上，右击，在弹出的快捷菜单中选择探针，生成的探针如图 2-62 所示。就可以观察加法函数的输出结果，也就实现了对程序中某段算法结果的监测，帮助找到出错的地方。

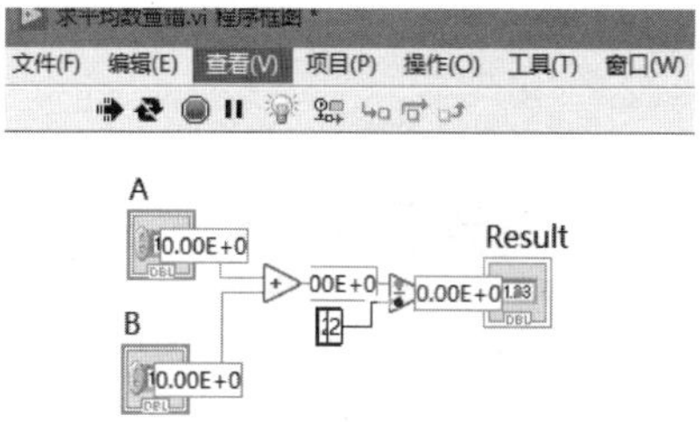

图 2-60　“高亮显示”执行过程

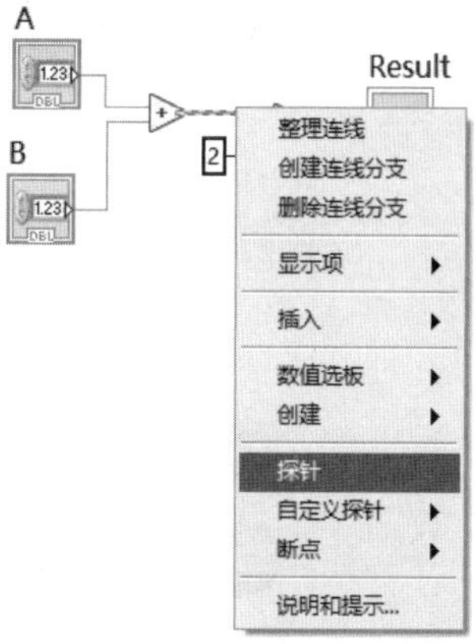

图 2-61　在程序框图中创建探针

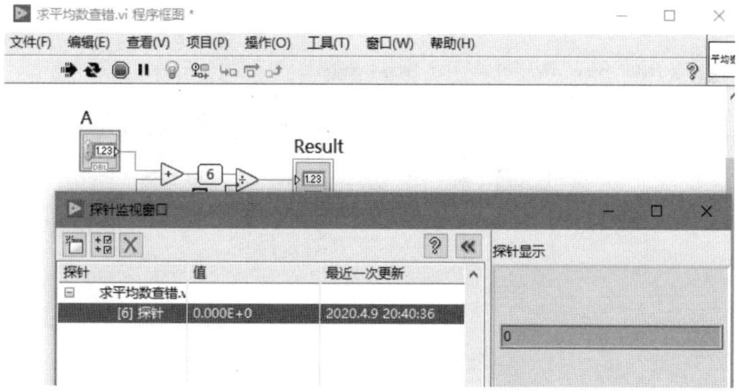

图 2-62　在程序框图中生成的探针

另外，可以将“断点”和“探针”工具配合使用(此时，可将“高亮显示”关掉，使灯泡处在熄灭的状态)。如图 2-63 所示，在所关注的连线处右击，在弹出的快捷菜单中选择“断点”→“设置断点”，生成的断点如图 2-64 所示；然后再创建“探针”，如图 2-65 所示。随后，单击程序框图面板上的运行按钮，程序会在断点处暂停，探针中会显示当前连线中变量的数值，如图 2-66 所示，然后，可以利用程序框图面板工具条中的“单步执行”工具使程序继续运行。

程序调试完成后，可以清除断点，程序就会跳出调试模式，回到正常的运行状态。清除断点的方式如图 2-67 所示，将鼠标放置在断点处，右击，在弹出的菜单中选择“断点”→“清除断点”，即可将断点清除掉。也可以在工具选板中，如图 2-68 所示，将鼠标的状态变为“断点”的状态，然后在有断点的连线处单击，即可将断点清除掉。

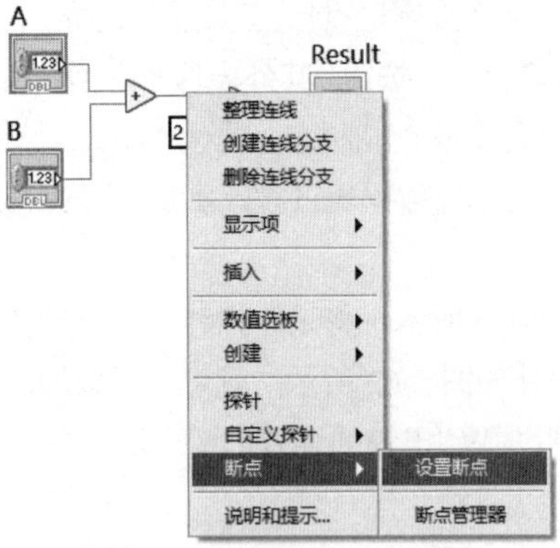

图 2-63　在程序框图中创建断点

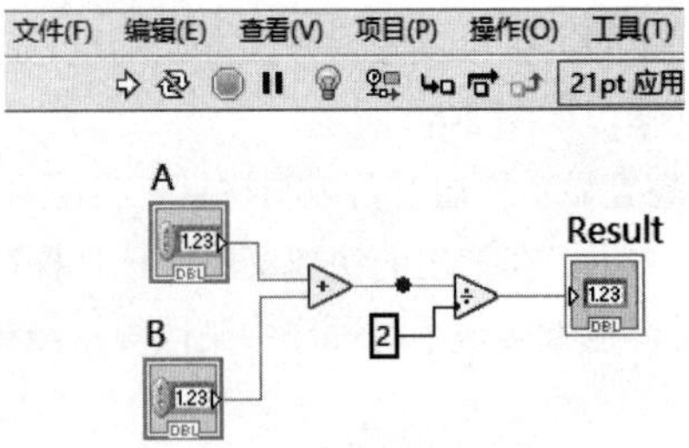

图 2-64　在程序框图中生成断点

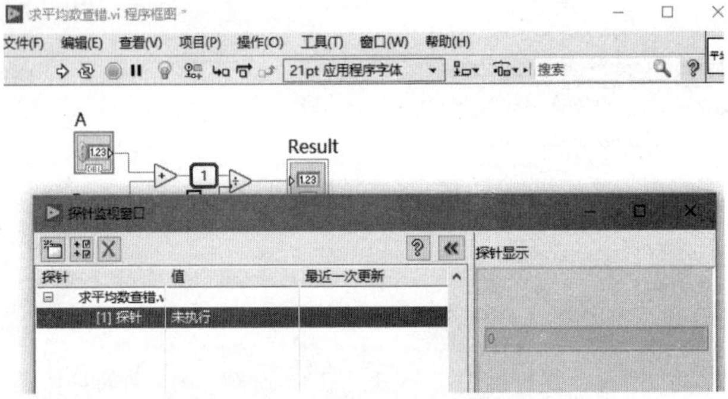

图 2-65　在断点处创建探针

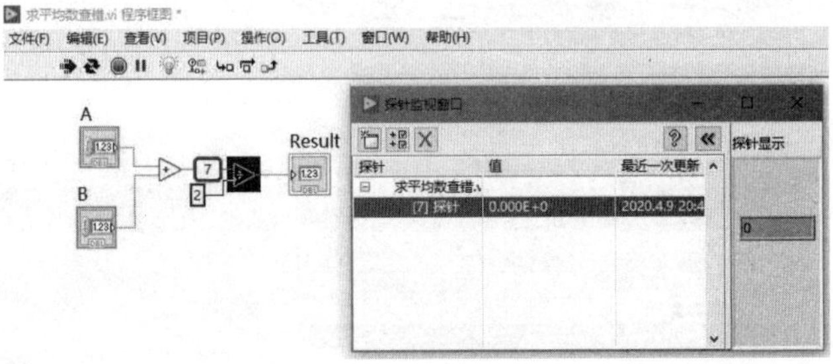

图 2-66　运行程序情况

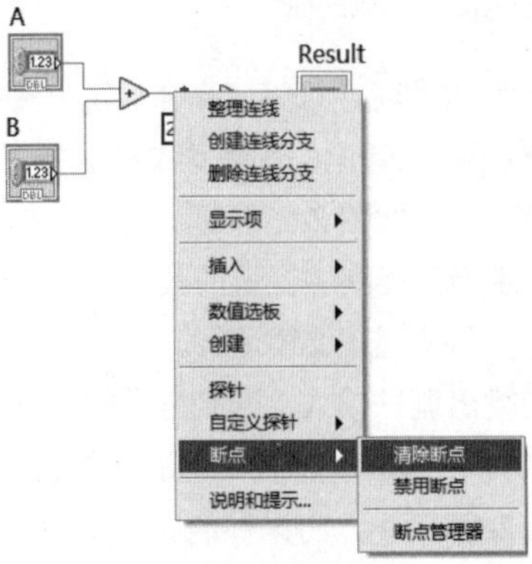

图 2-67　清除断点

图 2-68　设置/清除断点

习题

1. 简述 LabVIEW 2018 的优势。

2. VI 包括哪两个部分？各自的功能是什么？怎样在两者之间进行切换？

3. LabVIEW 帮助系统提供了哪些获取帮助的方式？说明如何进行范例查找。

4. 创建一个 VI，求两个数的加、减、乘、除，并将结果显示出来。

5. 创建一个 VI，放置两个“旋钮”控件实现程序运行时对信号频率和幅度的调节，幅度调节范围为 0～10V，频率范围为 0～100Hz。

6. 在前面板中放置 6 个数值输入控件，并将其整齐排成 2 行 3 列的图形，同时将它们在程序框图中对应的接线端也整齐地排成 2 行 3 列的图形。

7. 求三个数的平均值，如图 2-69 所示。

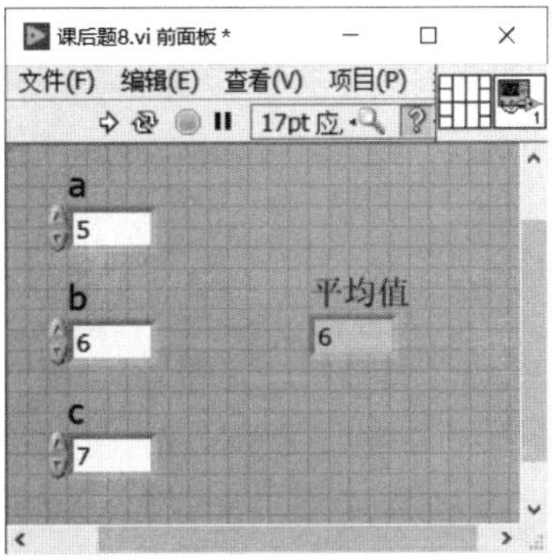

图 2-69　求三个数的平均值

要求对三个输入控件等间隔并右对齐，对应的程序框图控件对象也要求如此对齐。

(1) 给每个控件重新命名。

(2) 分别用高亮和普通方式运行，体会数据流向。

(3) 单步执行一遍。

8. 写一个类似于图 2-70 的正弦波发生器，要求赋值可调。

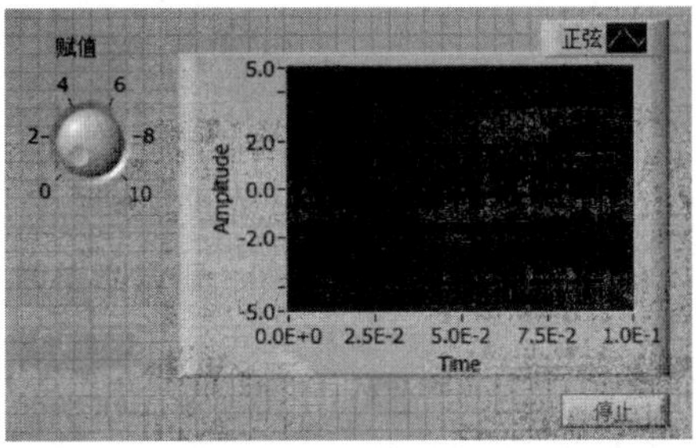

图 2-70　正弦发生器

第3章 数据类型与运算

作为一种通用的编程语言，LabVIEW 的数学特性与其他文本编程语言一样，掌握其数据类型和运算是对用户最基本的要求。LabVIEW 支持几乎所有的数据类型，同时还拥有一些特殊的数据类型。本章主要介绍一些常用的数据类型，以及与这些数据类型相关的前面板对象及函数选板中与之相关的数据运算，常用的数据运算包括数学运算、布尔运算、比较运算及字符串运算等。

3.1 基本数据类型

数据结构是程序设计的基础，不同的数据类型和数据结构在 LabVIEW 中存储的方式是不一样的。选择合适的数据类型不但能提高程序的执行效率，而且还能减少占用的内存空间。本节将介绍一些常用的基本数据类型：数值型、布尔型、字符串与路径。基本数据类型是 LabVIEW 编程的基础，同时也是复合数据类型的基石。

3.1.1 数值型

数值型是 LabVIEW 中的一种基本的数据类型，LabVIEW 以浮点数、定点数、整型数、不带符号的整型数以及复数表示数值型数据。不同数据类型的差别在于存储数据使用的位数和表示的值的范围不同。在 LabVIEW 前面板中放置一个数值显示控件，右键单击该控件，从弹出的快捷菜单中选择“属性”菜单项，弹出“数值类的属性：数值”对话框。在对话框中选择“数据类型”选项卡，并单击“表示法”图标，则弹出数值型数据的详细分类，如图 3-1 所示。表 3-1 对数值型中的各种数据类型进行了说明。LabVIEW 数值型数据的使用涉及前面板的数值输入控件和显示控件及数值常量，因此有必要介绍一下这些对象。图 3-2 所示为控件选板中不同可见类别和样式中数值控件子选板中的数值控件，图 3-3 所示为“函数”选板中的数值常量。

图 3-1 数值型数据的详细分类

表 3-1　数值类型表

数据类型	图标	接线端口图标	存储位数	近似十进制数位数	数值范围
单精度浮点型	SGL	SGL	32	6	最小正数：1.40E-45，最大正数：3.40E+38最小负数：−1.40E-45，最大负数：−3.40E+38
双精度浮点型	DBL	DBL	64	15	最小正数：4.94E-324，最大正数：1.79E+308最小负数：−4.94E-324，最大负数：−1.79E+308
扩展精度浮点型	EXT	EXT	128	因平台而异，15～20不等	最小正数：6.48E-4966，最大正数：1.19E+4932 最小负数：−4.94E-4966，最大负数：−1.19E+4932
单精度浮点复数	CSG	CSG	64	6	与单精度浮点数相同，实部虚部均为浮点
双精度浮点复数	CDB	CDB	128	15	与双精度浮点数相同，实部虚部均为浮点
扩展精度浮点复数	CXT	CXT	256	因平台而异，15～20不等	与扩展精度浮点数相同，实部虚部均为浮点
定点型	FXP	FXP	64或72(包括上溢状态)	因用户配置而异	因用户配置而异
单字节整型	I8	I8	8	2	−128～127
双字节整型	I16	I16	16	4	−32 768～32 767
有符号长整型	I32	I32	32	9	−2 147 483 648～2 147 483 647
64位整型	I64	I64	64	18	−1E19～1E19
无符号单字节整型	U8	U8	8	2	0～255
无符号双字节整型	U16	U16	16	4	0～65 535
无符号长整型	U32	U32	32	9	0～4 294 967 295
无符号64位整型	U64	U64	64	19	0～2E19

在传统编程语言中，数据通常分为变量和常量。从某种意义上讲 LabVIEW 中的数据也分为常量和变量。LabVIEW 前面板控件选板中的控件相当于传统编程语言中的变量，这些控件在前面板和程序框图中以不同的形式出现。在前面板中放置的控件中的数据可以在程序运行时由用户通过键盘或鼠标改变(输入控件)或由程序动态赋值(显示控件)，如图 3-2 所示。而程序框图“函数”选板中的常量相当于传统编程语言中的常量，如图 3-3 所示，LabVIEW 中的常量只出现在程序框图中，不出现在前面板中，常量只能在编程时设定，一旦程序运行，其值就是一个常数，不能改变，对于所有数据类型的常量都是如此。

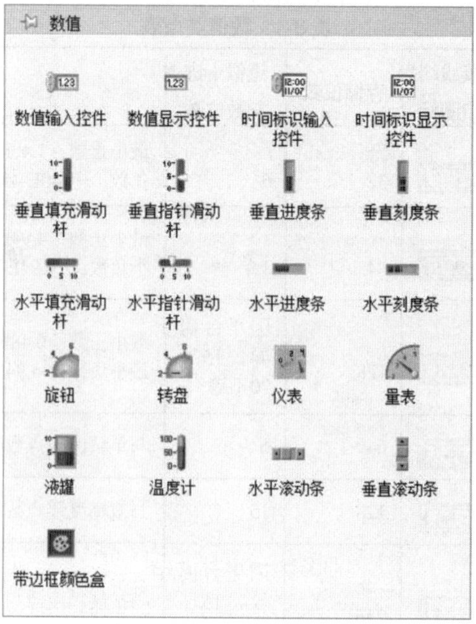

图 3-2 “控件”选板中的“数值”子选板

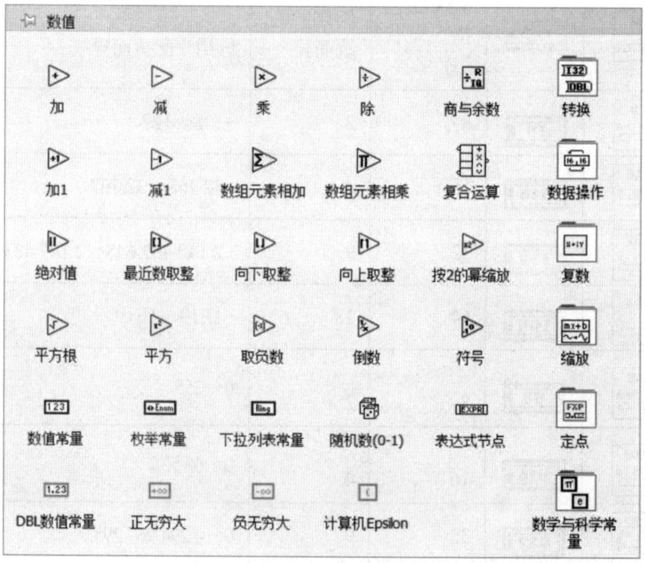

图 3-3 “函数”选板中的数值常量

从图 3-2 中可以看出，在“控件”选板的“数值”子选板中包含了多种不同形式的“数值输入”控件和“数值”显示控件，它们的外观各不相同，有数字输入框、滚动条、滑动杆、进度条、旋钮、转盘、仪表、量表、液罐、温度计、颜色盒等。这些对象在本质上是完全相同的，都是数值型，只是外观不同。

LabVIEW 提供的这些控件的外观都非常形象，某些控件的外观和实际仪器的控制按钮和旋钮十分相似，这为创建虚拟仪器的前面板提供了很大的方便。由于对象有不同的外观，因此这些对象的属性相互之间有一定的差异，但由于在本质上都是数值型的，大部分属性都相同，因此在 VI 程序设计过程中，只要理解并掌握了其中的一个用法，就可以举一反三，掌握其他数值控件的用法。

下面以数值输入控件为例，介绍该对象属性的设置方法。首先在 VI 前面板窗口中创建一个数值输入控件，在控件上单击鼠标右键，弹出如图3-4 所示的右键快捷菜单，通过该菜单可以对控件的多数属性和功能进行定义。

➢ “显示项”子菜单用于设定控件的“标签”“标题”“单位标签”“基数”和“增量/减量”按钮是否显示。

➢ “查找接线端”子菜单用于从前面板窗口定位该控件在程序框图中的接线端子。在程序框图接线端上弹出的快捷菜单中，该选项为“查找输入控件”，可以用来从程序框图定位前面板上的控件。

➢ “转换为显示控件”子菜单把输入控件变为显示控件，对于显示控件来说，该选项为“转换为输入控件”，可以将显示控件转换为输入控件。

➢ 选择“说明和提示”子菜单则打开“说明和提示”对话框，在这里可以定义输入控件的“说明”(该说明会出现在“即时帮助”窗口中)和“提示”(在运行时出现在鼠标移动到该控件上时显示的提示框中)。

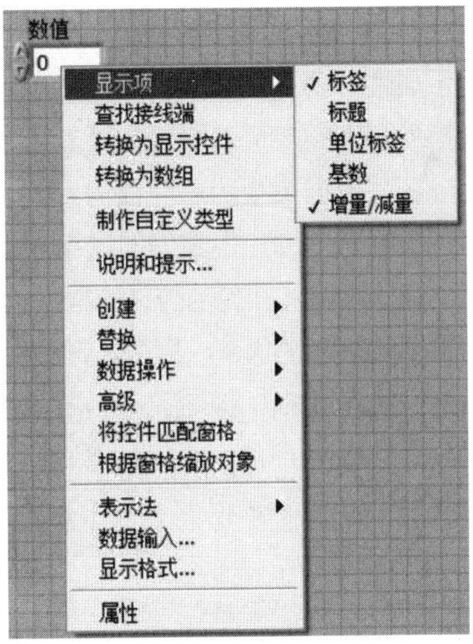

图 3-4 数值输入控件的右键快捷菜单

➢ “创建”子菜单给出了可以为数值输入控件建立的几种特殊程序对象，包括局部变量、属性节点、引用和调用节点。这些特殊对象的用法将在后面章节进行介绍。对于输入控件的框图端子，该子菜单下还有“常量”选项，用于建立以输入控件当前值为初始值的同类型数值常量。

➢ “替换”子菜单是一个临时控件选板，可以在该临时选板中选择其他控件，以代替当前数值输入控件。

➢ “数据操作”子菜单中，“重新初始化为默认值”选项把数值输入控件还原为默认值；“当前值设为默认值”选项把当前值设置为默认值；“剪切数据”“复制数据”和“粘贴数据”选项则用于在数值控件之间对数据进行操作。

➢ “高级”子菜单下的“快捷键”选项用于打开属性设置对话框的“快捷键”选项卡，在打开的选项卡中能为输入控件指定快捷键。“同步显示”选项用于显示每一次更新。“自定义”选项用于在当前输入控件的基础上自定义控件。“运行时快捷菜单”包括两个选项：“禁用”选项表示禁止运行时显示快捷菜单，“编辑”选项可以自定义运行时的快捷菜单。“隐藏输入控件”用于隐藏当前控件。“启用状态”子菜单下的 3 个选项用于定义控件的启用状态。

➢ “将控件匹配窗格”选项用来调整控件大小以匹配所属窗格，并设置为按窗格大小缩放控件。“根据窗格缩放对象”可以开启或关闭前面板对象根据窗格自动缩放的功能。

➢ “表示法”子菜单是一个包含数值具体类型图标的菜单，通过图标菜单可以为该控件设定具体的数值类型，如“单精度浮点型” “双精度浮点型”等。

➢ “属性”子菜单用于打开对象的属性设置对话框，如图 3-5 所示。每个前面板输入控件和显示控件都具有与之关联的属性对话框。属性对话框是按照选项卡方式组织的，例如，对于数值输入控件对应的如图 3-5 所示的属性对话框中有“外观”“数据类型”“数据输入”“显示格式”“说明信息”“数据绑定”和“快捷键”共 7 个选项卡。前面介绍过的很多快捷菜单选项功能都能在这里找到，在快捷菜单中和在属性对话框中定制这些控件属性和参数没有任何区别。例如“外观”选项卡中，“标签”选项区域的“可见”复选框定义标签的可见状态，等同于快捷菜单的“显示项”子菜单下的“标签”选项。

选择数值输入控件快捷菜单中的“数据输入”和“显示格式”选项，将分别对应打开如图3-5所示属性对话框的“数据输入”和“显示格式”选项卡。在“数据输入”选项卡中可以定义数值输入控件允许的数值范围，在“显示格式”选项卡中可以定义和修改数值的表示格式。

各种数据类型的前面板输入控件和显示控件都有各自的属性对话框，尽管这些属性对话框的内容可能略有不同，但它们的组织方式和使用方法都相同。

在输入控件和显示控件的程序框图接线端上单击右键，打开其快捷菜单，其中的“显示为图标”选项默认为选中状态，也就是说，向前面板添加输入控件和显示控件时，在框图上生成的端子显示为包含控件外形的方形图标。取消该选项的选中状态，将使得端子恢复为传统的显示方式，在这种方式下，只能从端子了解到控件的数据类型，而无法了解控件的具体种类和外形。例如在图3-6中，左图为选中“显示为图标”选项后的数值输入控件端子；右图为取消选中该选项后的数值输入控件端子。

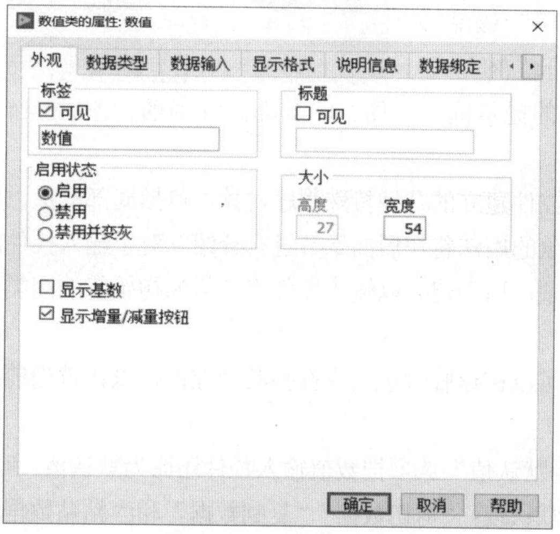

图3-5　数值输入控件属性设置对话框

图3-6　程序框图中控件接线端的两种显示方式

另外，前面板上的各种输入控件和显示控件也都有各自的快捷菜单，这些菜单项的内容根据控件的类别略有不同，用户可以查阅帮助或通过练习来了解它们的具体使用方法及功能。

实例3-1　求平均数。

在第2章中，已经编写出了求平均数的VI。对于求平均数这个命题，有的初学者编写的VI如图3-7和图3-8所示。可以看到，其中的Result显示控件是蓝色的(请对照软件，本书中不显示)，表明它当中的数据是整型的。而且，在除数即数值常量2与除法函数相连处出现了一个红点，表示这里发生了数据类型的强制转换，即整型数被转换成了浮点数。同样，在Result显示控件的输入端子上也出现了一个红点，这是因为橙色的连线代表传输的是浮点数，而蓝色的Result显示控件代表接收到的应是整型数据，所以，在此处也发生了数据类型的强制转换。

这个VI通过了程序编译，并没有语法上的错误，但是当它运行完毕后，就会出现错误。如图3-7所示，当输入1和2，结果本应该是1.5，但此VI的计算结果却为2。问题就出在Result控件的数据类型上。回到该VI的程序框图上，将Result显示控件的数据类型改为“DBL”(即双精度浮点数)，然后再运行 VI，就会得到正确的结果了。

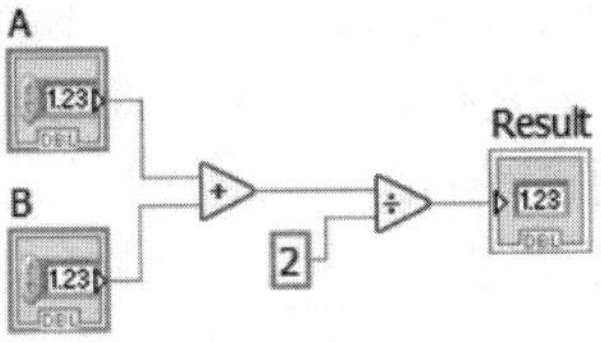

图 3-7　求平均数的 VI

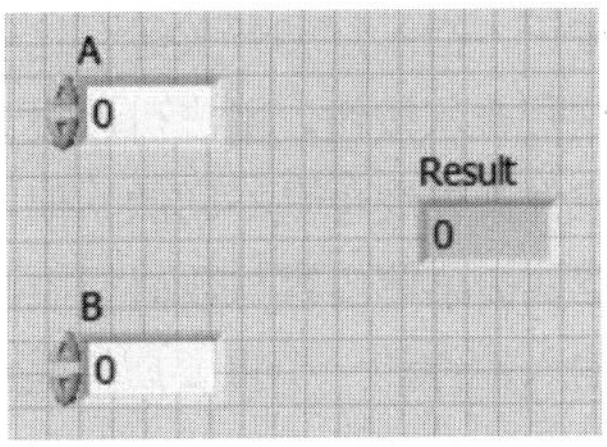

图 3-8　求平均数的前面板

实例 3-2　“随机数函数”和“表达式节点”的使用。

为实例 3-2 编写好的 VI 如图 3-9 所示，其中调用了“表达式节点”。“表达式节点”用于计算含有单个变量的表达式。使用“表达式节点”时，要注意采用正确的语法、运算符和函数，具体内容请参考 LabVIEW 的帮助文件。

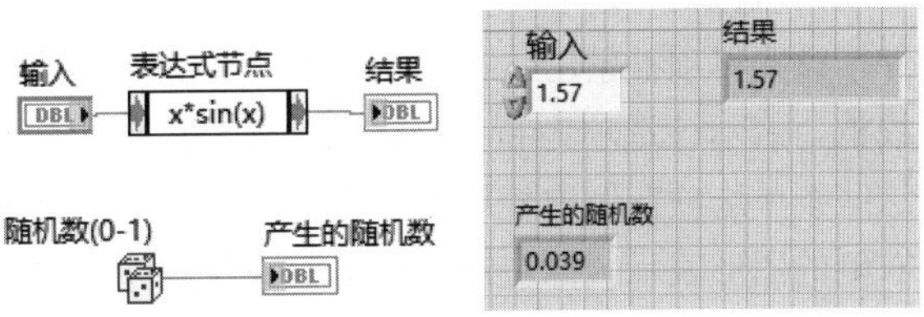

图 3-9　VI 的程序框图和前面板

“随机数”函数的图标，外观看起来像两个错落放置在一起的骰子，调用它可以生成数值范围在 0 至 1 的随机数，在需要生成随机信号的编程场合经常会用到它。

3.1.2　布尔型

布尔型数据类型比较简单，只有“真(True)”和“假(False)”，或者“1”和“0”两种取值，也叫逻辑型数据类型。

在 LabVIEW 中，布尔型控件主要包含在“控件”选板的“布尔”子选板中，图 3-10 所示为“控件”选板中不同可见类别和样式“布尔”子选板中的布尔控件。同数值型类似，布尔常量存在于“函数”选板的“布尔”子选板中，包括“真常量”和“假常量”，图 3-11 所示为“函数”选板中“布尔”子选板下的布尔常量。

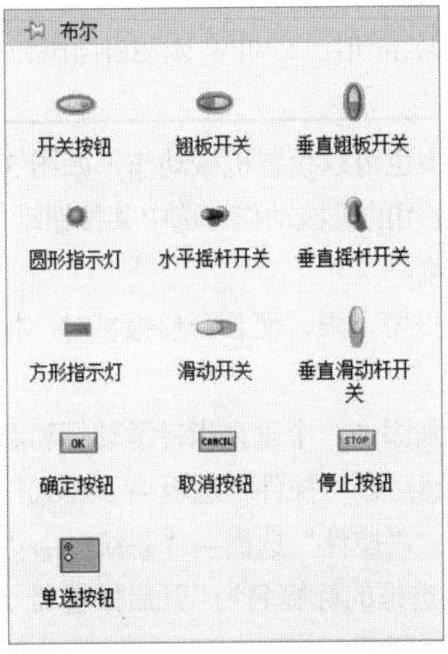

图 3-10　“控件”选板中的布尔型控件

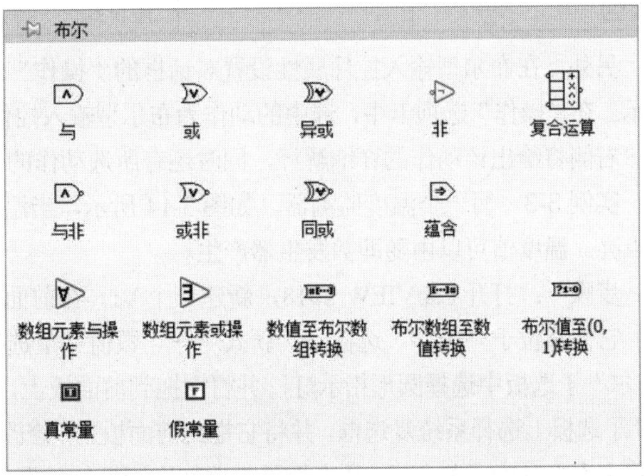

图 3-11　“函数”选板中的布尔型常量

从图 3-10 中可以看出，“控件”选板的“布尔”子选板中有各种不同的布尔型前面板对象，如不同形状的按钮、指示灯和开关等，这些都是从实际仪器的开关、按钮、指示灯演化而来的，十分形象。利用这些布尔按钮，用户可以设计出很逼真的虚拟仪器前面板。同数值型控件类似，这些不同的布尔型控件其外观也是不同的，但内涵及本质相同，都是布尔型。另外，布尔型输入控件和显示控件的右键快捷菜单内容与数值型控件基本相同，不再详细介绍。

布尔型输入控件的一个重要属性是机械动作，正确配置这一属性将有助于更精确地模拟物理仪器上的开关器件。在布尔型输入控件的快捷菜单里，“机械动作”子菜单中给出了所有可用的机械动作选项，如图 3-12 所示，但对于布尔型显示控件，该菜单项被禁用。在图 3-12 中，在选项方框边缘出现粗线框，表示该选项为布尔型输入控件当前使用的机械动作。这些菜单选项图例中使用了特殊的标记，其中 m(Motion)及其右侧的图形表示鼠标左键在布尔型输入控件上的操作动作；v(Value)及其右侧的图形表示输入控件包含的布尔值变化情况；第二行的机械动作图例中的 RD(Read)及其右侧图形表示 VI 读取布尔型输入控件的时间点。

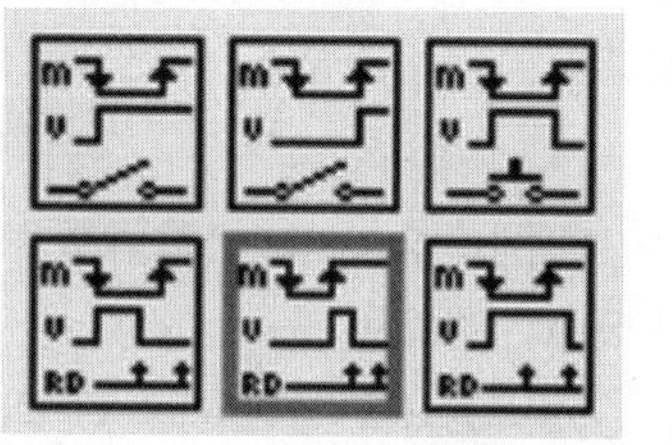

图 3-12　布尔型输入控件的机械动作

表 3-2 给出了布尔型输入控件 6 种机械动作的说明。

表 3-2　布尔型输入控件的 6 种机械动作

动作图例	动作名称	动作说明
	单击时转换	单击按钮时改变状态，再次单击按钮之前保持当前状态
	释放时转换	释放按钮时改变状态，再次释放按钮之前保持当前状态
	保持转换直到释放	单击按钮时改变状态，释放按钮时返回原状态
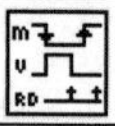	单击时触发	单击按钮时改变状态，LabVIEW 读取控件值后返回原状态
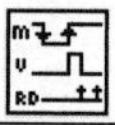	释放时触发	释放按钮时改变状态，LabVIEW 读取控件值后返回原状态
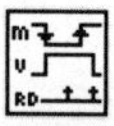	保持触发直到释放	单击按钮时改变状态，释放按钮且 LabVIEW 读取控件值后返回原状态

另外，在布尔型输入控件属性设置对话框的“操作”选项卡中也可以设置机械动作，如图 3-13 所示。在“操作”选项卡中，选中的动作为布尔型输入控件当前使用的机械动作。选中某按钮动作，窗口右侧将给出该动作的详细解释，同时还有所选动作的效果预览。

实例 3-3　写一个温度监测器，如图 3-14 所示，当温度超过报警上限，而且开启报警时，报警灯点亮。温度值可以由随即数发生器产生。

步骤一：打开 LabVIEW 2018，新建一个 VI。在前面板中分别添加一个垂直指针滑动杆和温度计，它们都位于“控件”选板→“新式”→“数值”子选板上，然后在“控件”选板→“新式”→“布尔”子选板中选择圆形指示灯，并将它拖到前面板上，最后在 “控件”选板→“系统”→“布尔”子选板上选择系统复选框，并将它拖到前面板上，修改系统复选框的标签名为“开启报警器 2”，布尔文本内容为“关/开”。所有控件都添加完毕后的效果如图 3-14 所示。

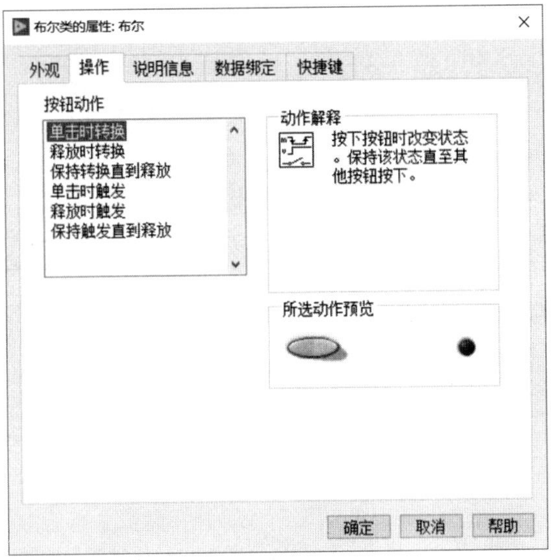

图 3-13　布尔输入控件属性设置对话框“操作”选项卡

步骤二：打开程序框图，添加一个 while 循环，它位于“函数”选板→“编程”→“结构”子选板上，然后在 while 循环中添加一个数值常量，设等待时间为 1000，此实例可以由随机数产生，所以还需要添加一个随机数控件(因为产生的是 0～1 的随机数，这里需要用随机产生的数×100)。最后将所有的控件及属性连接好，如图 3-15 所示为程序框图。

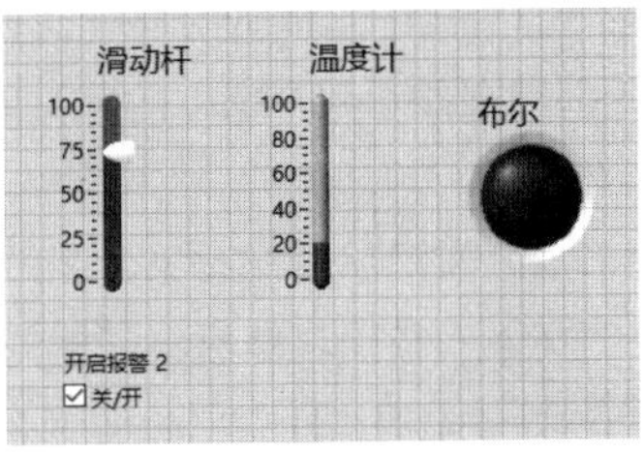

图 3-14　温度监测前面板

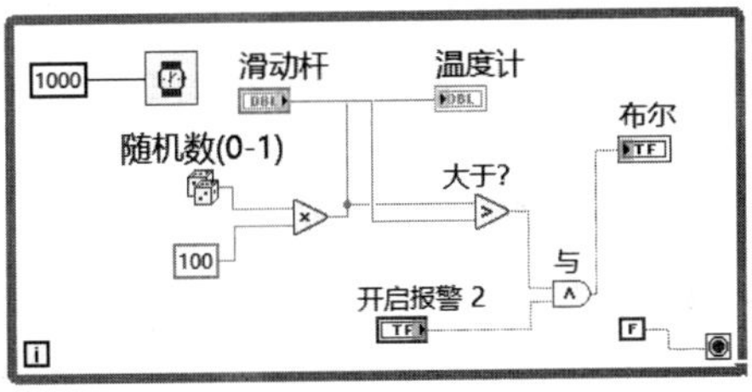

图 3-15　温度监测程序框图

3.1.3　枚举

1. 基本功能

LabVIEW 中的枚举类型和 C 语言中的枚举类型定义相同，它提供了一个选项列表，其中每一项都包含一个字符串标识和数字标识。数字标识与每一选项在列表中的顺序一一对应。枚举类型包含在“控件”选板的“下拉列表与枚举”子选板中，而枚举常量包含在“函数”选板的“数值”子选板中，如图 3-16 所示。

枚举类型可以用 8 位、16 位、32 位无符号整型数据表示。这三种表示方式之间的转换可以通过右键快捷菜单中的“属性”子菜单实现，其属性的修改与数值对象基本相同。下面主要讲解如何实现枚举类型：首先在前面板中添加一个枚举类型控件，然后右键单击该控件，从快捷菜单中选择“编辑项”选项，即可弹出枚举类型的属性设置对话框，如图 3-17 所示。在该图中通过“插入”按钮可以往枚举控件添加字符串数据。

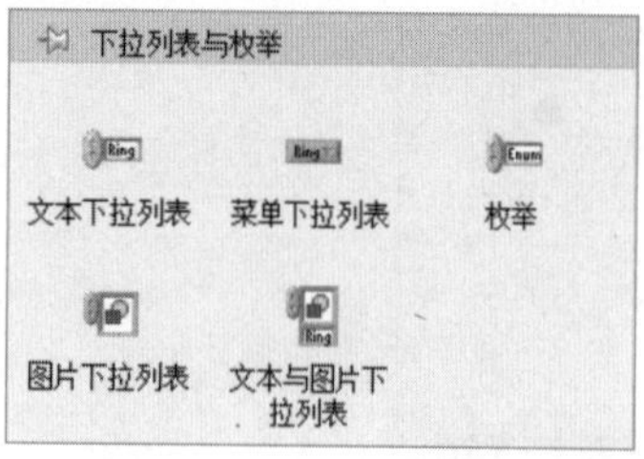

图 3-16　枚举类型控件

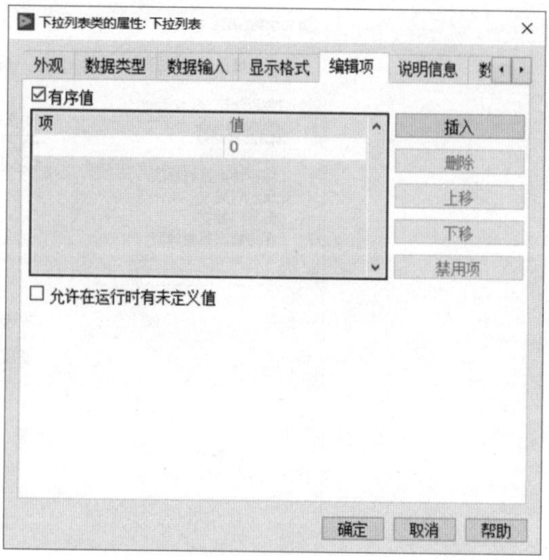

图 3-17　枚举类型的属性设置对话框

2. 枚举控件信息的获取

如何获取枚举控件里面的相关信息呢？下面我们通过一个简单的实例来实现。

实例 3-4　从枚举控件中获取用户选择的星期几信息，并显示在字符串显示控件中。

步骤一：打开 LabVIEW 2018，新建一个 VI。在前面板添加一个枚举型控件，右键单击该对象，在弹出的快捷菜单中选择“编辑项”选项，然后往枚举空间中添加星期日到星期六的七个选项信息。继续在前面板添加一个数值型显示控件和字符串显示控件，分别用来显示用户选中的字符串标识(项)和数字标识(值)。

步骤二：打开程序框图，为枚举类型控件创建一个属性节点。右键单击该对象，在弹出的快捷菜单中选择“创建”→“属性节点”→“下拉列表文本”→“文本”节点，然后将创建的节点添加到程序框图中。连接相关对象连接端子，如图 3-18 所示。

图 3-18　枚举类型实例

实例 3-5　设计一个简易计算器，当在其前面板上选择不同的功能时，它会给出相应的计算结果。

选中一个枚举控件，将其拖曳到前面板上，如图 3-19 所示，选中此控件并右击，在弹出的快捷菜单中选择“编辑项”，弹出如图 3-20 所示的界面，随后，在项的表格中，输入项的名称，比如在此例中输入“相加”，单击右侧的插入按钮，便可以添加新的项。以与上述相同的操作，再创建另外两项“相乘”和“相减”，如图 3-21 所示。

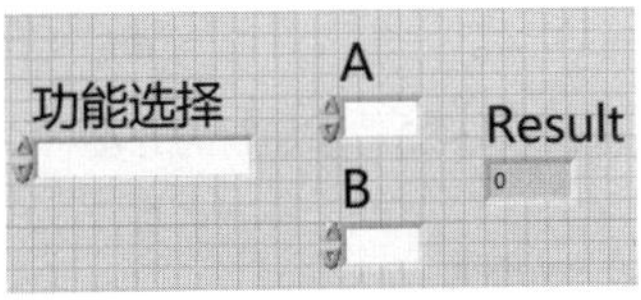

图 3-19　前面板

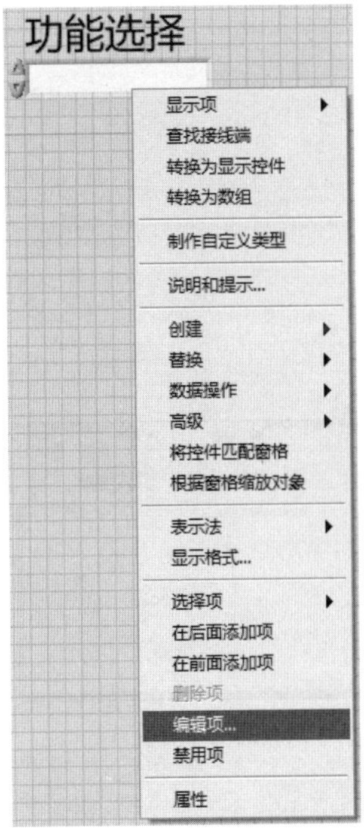

图 3-20　枚举控件的快捷键

图 3-21　“编辑项”界面

在为此例编写的 VI 的程序框图中，调用了一个条件结构，它位于“函数”选板→“编程”→“结构”子选板。将“枚举”控件连至条件结构的选择器端子上，这样条件结构会自动辨识出其中的两个分支，如图 3-22 所示。剩余的分支，需要手动添加上去。如图 3-23 所示，具体地，选中条件分支，右击，在弹出的快捷菜单中选择“在后面添加分支”，如此就将后一分支设置好了。条件结构是按照这些分支在枚举控件中的值属性依次添加的。例如，默认的分支是值为 0 和 1，对于本例而言，是“相乘”和“相减”。这样，继续添加的分支是值为 2 的“相加”。最后三个分支如图 3-24 所示。然后，再在条件结构的各个分支中加入相应的代码，如图 3-25 所示。

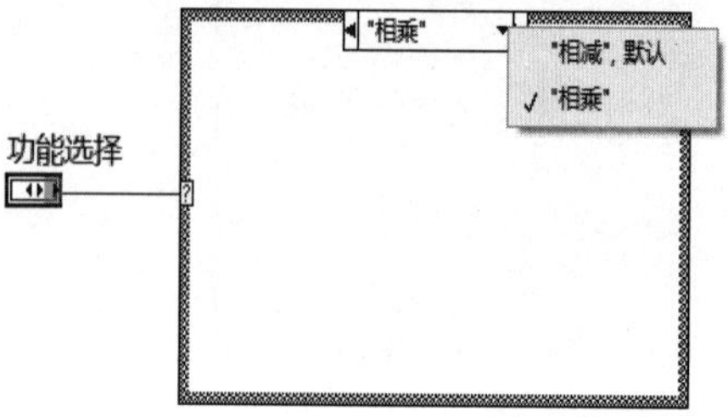

图 3-22　默认的两个分支

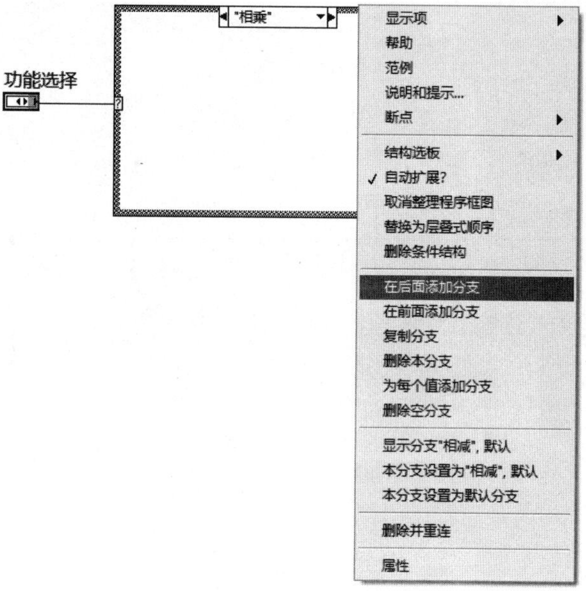

图 3-23　添加新的分支

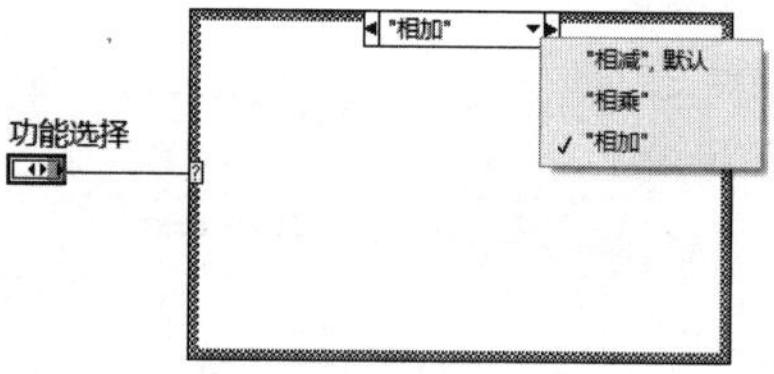

图 3-24　最终的三个分支

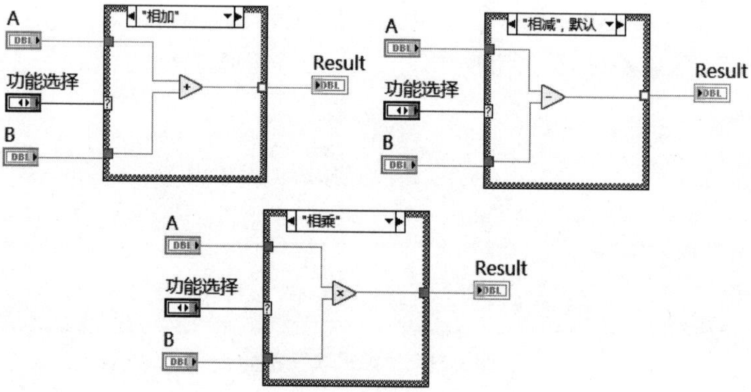

图 3-25　简易计算器 VI 的程序框图

3.1.4　时间类型

1. 基本功能

时间类型是 LabVIEW 中特有的数据类型，用于输入与输出时间和日期。时间标识“控件”位于“控件”选板的“数值”子选板中，时间常量位于“函数”选板的“定时”子选板中。

右键单击时间标识控件，在弹出的快捷菜单中选择“显示格式”选项，或者选择“属性”选项，再选择“显示格式”选项卡，在对话框中都可以设置时间和日期的显示格式和显示精度，与数值属性的修改类似。单击时间日期控件旁边的时间与日期选择按钮可以打开如图 3-26 所示的“设置时间和日期”对话框。

图 3-26　“设置时间和日期”对话框

在事件类型中，有几个比较重要的常用函数：

(1)“获取日期/时间(秒)”函数

该函数的实现功能是返回一个系统当前时间的时间戳。LabVIEW 计算该时间时采用的是自 1904 年 1 月 1 日星期五 0 时 0 分 0 秒起至当前的秒数差，并利用“转换为双精度浮点数”函数将该时间戳的值转为浮点数类型，其调用路径为“编程”→“定时”→“获取日期/时间(秒)”，如图 3-27 所示。

(2)“格式化日期/时间字符串”函数

该函数的功能是使用时间格式代码指定格式，并按照该格式将时间标识的值或数值显示出来。图 3-28 给出了该函数的接线端子。只要在“格式化日期/时间字符串(%c)”输入端输入不同的时间格式代码，该函数就会按照指定的显示格式输出不同的日期/时间值。“时间标识”输入端通常连接在“获取日期/时间(秒)”函数上。“UTC 格式”输入端可以输入一个布尔值，当其输入为 True 时，输出为格林尼治标准时间，其默认值为 False，输出为本机系统时间。

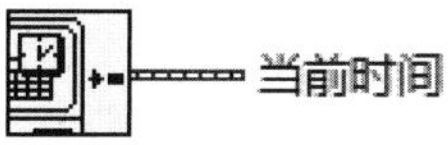

图 3-27　“获取日期/时间(秒)”函数

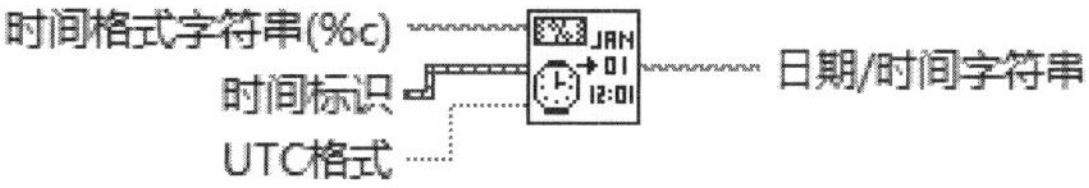

图 3-28　“格式化日期/时间字符串”函数

输入的时间格式化字符串不同，可以提取不同的时间标识信息，如输入字符串为“%a”将显示星期几，其他的输入格式与对应的显示信息请参照“详细帮助”中的时间格式字符串的格式码。

(3)“获取日期/时间字符串”函数

该函数的功能是使时间标识的值或数值转换为计算机配置的时区的日期和时间字符串。其端子如图 3-29 所示。“时间标识”输入端通常连接在“获取日期/时间(秒)”函数上，也可以不输入信息；“日期格式”选择日期字符串的格式，一般有 short、long 和 abbreviated 三种；“需要秒？(F)”端子控制时间字符串中是否显示秒数；“日期字符串”是函数依据制定的日期格式返回的字符串；“时间字符串”是依据计算机上配置的时区返回的格式化字符串。

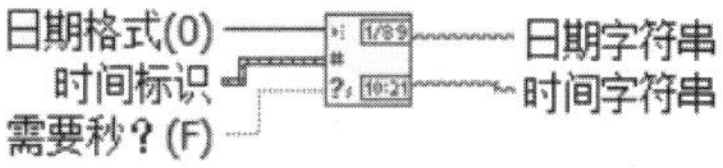

图 3-29　“获取日期/时间字符串”函数

2. 设计实例

实例 3-6　请设计一个 VI，实现从计算机系统时钟获取日期和时间。

通过一个获得系统当前时间的实例，将获得的系统当前日期和时间按照指定的格式显示出来，从而为读者提供一个从计算机时钟获取日期和时间的综合运用范例。

步骤一：打开 LabVIEW 2018，创建一个 VI，命名为“获取系统当前时间.vi”。

步骤二：前面板设计。在空间面板中，选择“新式”→“字符串与路径”→“字符串显示控件”，添加三个字符串显示控件，依次作为输出星期、当前日期和当前时间的字符串文本框。选择“新式”

→“数值”→“时间标识显示控件”，将显示系统当前的日期/时间文本框。

步骤三：主程序设计。选择“函数”选板→“编程”→“定时”→“获取日期/时间(ms)”函数和“格式化日期/时间字符串”函数到程序框图中，在“格式化日期/时间字符串”函数的“时间格式化字符串”端子上，创建字符串常量，分别输入“%a”“%x”“%X”等字符。将各函数输出端与相应的函数节点连接起来，如图3-30所示。运行程序，查看结果，如图3-31所示。

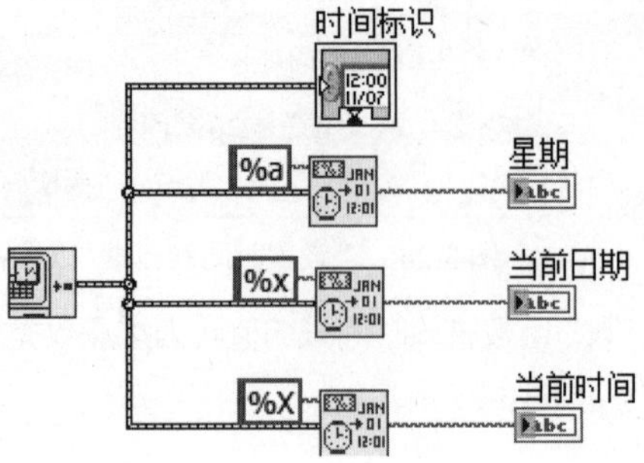

图3-30　获得系统时间程序框图

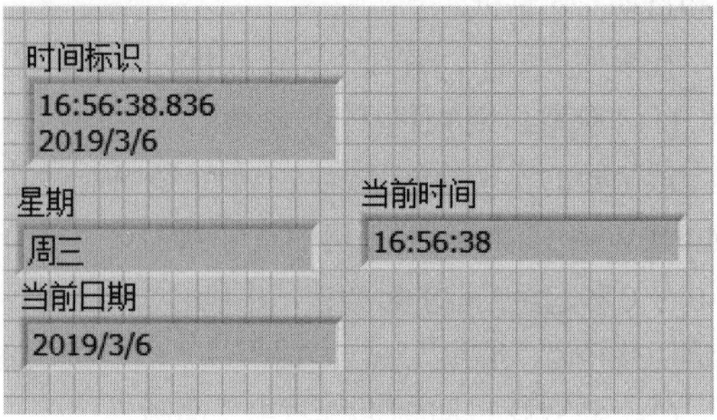

图3-31　获得系统时间效果图

3.1.5　路径

路径控件位于“控件”选板→“新式”→“字符串与路径”子选板上，如图3-32所示。路径常量及函数位于“函数”选板→“编程”→“文件I/O”→“文件常量”子选板上，如图3-33所示。在LabVIEW中，路径用绿色表示。下面通过实例3-7来介绍LabVIEW中的路径操作。

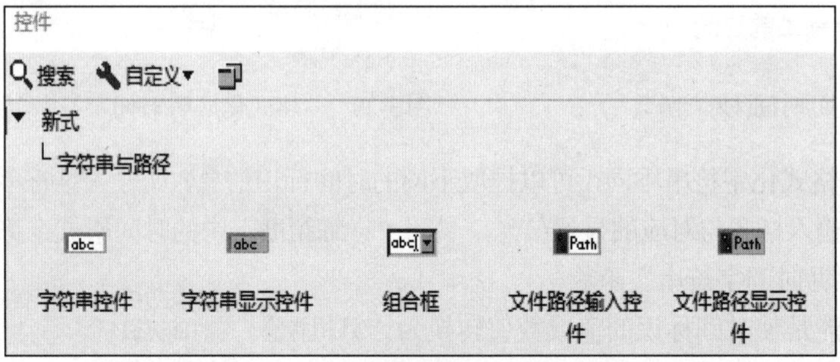

图3-32　前面板控件路径控件选板

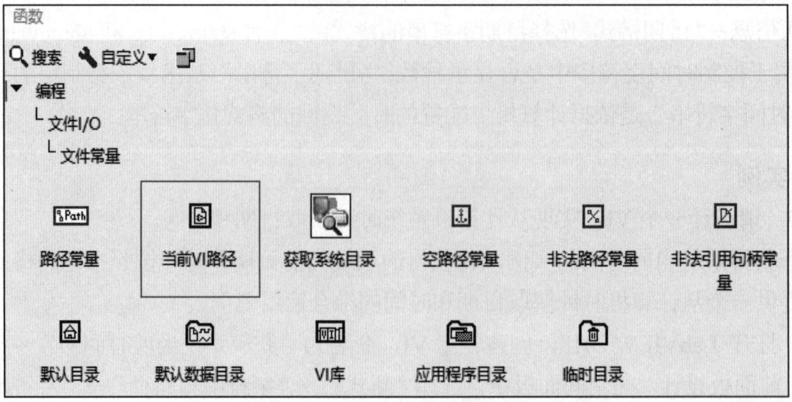

图3-33　后面板函数控件选板

实例 3-7　提取当前 VI 的路径。

这是进行 LabVIEW 编程中经常会用到的一个小功能，即如何获得当前 VI 的路径，一个编写好的实现其功能的 VI 的程序框图如图 3-34(a)所示。其中，调用了“当前 VI 路径”函数，该函数位于“函数”选板→“编程”→“文件 1/O”→“文件常量”子选板上。从其前面板的运行结果(见图 3-34(b))，即控件“当前 VI 路径”的值可以看出，调用该函数得到的路径包含了当前 VI 的名称。而实际中，更希望得到此 VI 的位置，即要去掉 VI 名称之后剩下前面的“D:\DSP”。这个功能可以通到调用“拆分路径”函数实现，此函数位于“函数”选板→“编程”→“文件 I/O”子选板上。如此，如果想在此目录下写入一个新的文件，文件名称取名为“data. txt”，再调用“创建路径”函数，就可以得到新文件“data. txt”在 LabVIEW 中的路径了。

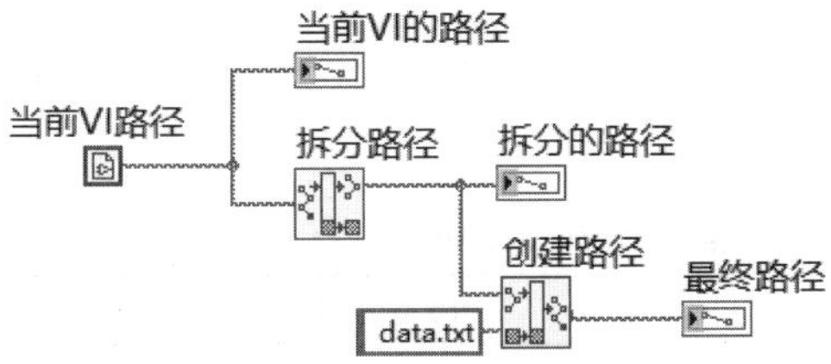

(a)

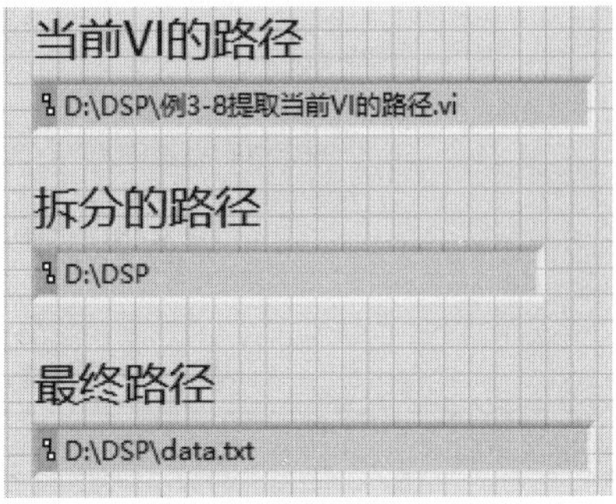

(b)

图 3-34　提取当前 VI 的程序框图和前面板

3.2 数据运算

LabVIEW 提供了丰富的数据运算功能，除了基本的数据运算符外，还有许多功能强大的函数节点，并且还支持通过一些简单的文本脚本进行数据运算。与文本语言编程不同的是，文本语言编程具有运算符优先级和结合性的概念，而 LabVIEW 是图形化编程，运算是按照从左到右沿数据流的方向顺序执行的，不具有优先级和结合性的概念。

上一节介绍了 LabVIEW 中的 4 种基本数据类型，本节将结合这 4 种基本数据类型，介绍一些基本的数据运算方法。另外还有一些数据运算方法将在后续章节介绍，用户也可以直接参考联机帮助文档来了解这些运算方法。

3.2.1　“数值”函数选板

数值运算是编程语言中最基本的运算之一。在 LabVIEW 中，数值运算符包含在程序框图“函数”选板的“数值”子选板中，如图 3-35 所示。“数值”子选板中除一些实现基本数值运算的函数节点外，还包含了几个子选板和一些常量。

基本数值运算节点主要实现加、减、乘、除等基本数值运算，表 3-3 列出了“数值”子选板中基本数值运算节点功能及使用说明。

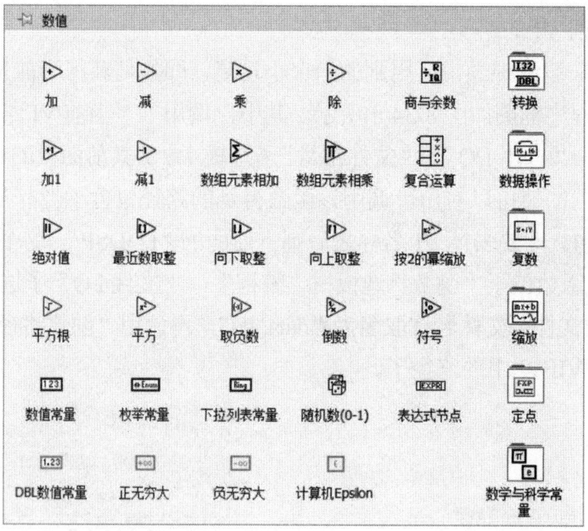

图 3-35 “函数”选板的“数值”子选板

表 3-3 基本数值运算节点功能及使用说明

图标及端口	功 能	说 明
x, y → x+y	加	计算输入的和
x, y → x-y	减	计算输入的差
x, y → x*y	乘	计算输入的积
x, y → x/y	除	计算输入的商
x, y → x-y*floor(x/y), floor(x/y)	商与余数	计算输入的整数商和余数
x → x+1	加 1	输入值加 1
x → x-1	减 1	输入值减 1
数值数组 → 和	数组元素相加	返回数值数组中所有元素的和
数值数组 → 乘积	数组元素相乘	返回数值数组中所有元素的积。如数值数组为空数组，则函数返回值 1；如数值数组只有一个元素，函数则返回该元素
值0, 值1, …, 值n-1 → 结果	复合运算	执行对一个或多个数值、数组、簇或布尔输入的运算。右键单击函数，从快捷菜单中选择运算(加、乘、与、或、异或)。从数值选板中拖曳该函数至程序框图时，默认模式为“加”；从布尔选板拖放该函数时，默认模式为“或(OR)”
x → abs(x)	绝对值	返回输入的绝对值
数字 → 最接近的整数值	最近数取整	输入值向最近的整数取整
x → floor(x)：最大整数<=x	向下取整	输入值向最近的最小整数取整
x → ceil(x)：最小整数>=x	向上取整	输入值向最近的最大整数取整
n, x → x*2^n	按 2 的幂缩放	x 乘以 2 的 n 次幂
x → sqrt(x)	平方根	计算输入值的平方根
x → x^2	平方	计算输入值的平方

(续表)

图标及端口	功 能	说 明
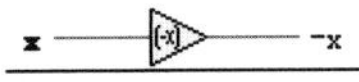	取负数	输入值取负数
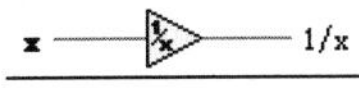	倒数	用 1 除以输入值
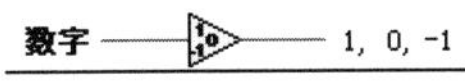	符号	返回数字的符号
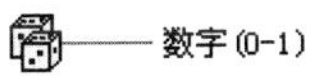	随机数(0～1)	产生 0～1 之间的双精度浮点数。产生的数字大于等于 0 小于 1，呈均匀分布
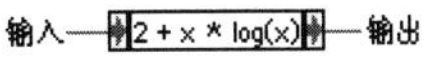	表达式节点	表达式节点用于计算含有单个变量的表达式。下列内置函数可在公式中使用：abs、acos、acosh、asin、asinh、atan、atanh、ceil、cos、cosh、cot、csc、exp、expm1、floor、getexp、getman、int、intrz、ln、lnp1、log、log2、max、min、mod、rand、rem、sec、sign、sin、sinc、sinh、sizeOfDim、sqrt、tan 和 tanh

除了表中列出基本数值运算函数节点外，“数值”子选板中还包括“转换”“数据操作”“复数”“缩放”“定点”“数学与科学常量”6 个子选板。表 3-4 列出了对上述各子选板功能的说明，对于各子选板中具体函数的功能及用法，在此不一一介绍。

表 3-4 “数值”子选板中的各控件及功能

图 标	子选板	说 明
	转换 VI 和函数	该控件用于数据类型的转换，包括转换为长整型、转换为单精度浮点数、转换为单精度复数、单位转换、布尔值至(0，1)转换、RGB 至颜色转换等 25 个实现数据类型转换的函数节点
	数据操作函数	该控件用于改变 LabVIEW 使用的数据类型，包括强制类型转换、平化至字符串、从字符串还原等 9 个函数节点
	复数函数	该控件用于根据两个直角坐标或极坐标的值创建复数或将复数分为直角坐标或极坐标两个分量，包括复共轭、极坐标至复数转换、复数至极坐标转换等 7 个函数节点
	缩放 VI	该控件可将电压读数转换为温度或其他应变单位，包括转换 RTD 读数、转换应变计读数、转换热敏电阻读数和转换热电偶读数 4 个函数节点
	定点函数	该控件可对定点数字的溢出状态进行操作，包括定点转换为整型、整型转换为定点、清除定点溢出状态等 5 个函数节点
	数学与科学常量	该控件包括一些常用的由科学数据委员会(CODATA)制定的常量，直接用于创建 LabVIEW 应用程序，该子选板共包含 17 个常量

数值运算函数输入的都是数值型数据。除了函数说明中所指明的一些特例以外，默认的输出数据通常和输入数据保持相同的数值表示方法，如果输入数据包含多种不同的数值表示方法，那么默认输出数据的类型是输入数据的类型中数值较大的那种类型。例如，将一个 8 位整数和一个 16 位整数相加，默认的输出将是一个 16 位整数。如配置了数值函数的输出，则指定的设置将覆盖原有的默认设置。

数值运算函数是对数值、数值数组、数值簇、数值簇数组，以及复数等数据对象的操作。对以上函数允许的输入类型进行归纳，得到以下定义。

数值型＝数值标量 OR 数值型数组 OR 各种数值型簇

数值标量可以是浮点型数值、整型数值或实部和虚部都为浮点数的复数。在 LabVIEW 中，元素为数组的数组是非法的。数组的维数和大小是任意的，簇中元素的数量也是任意的。函数输出和输入的数值表示法一致。

对于只有一个输入端的函数，函数将处理数组或簇中的每一个元素。对于有两个输入的函数，用户可以使用如下方式组合。

(1) 两个输入类似：当两个输入结构相同时，输出的结构与输入相同。

(2) 两个输入中有一个标量：当两个输入中有一个数值标量，而另一个是数组或簇时，输出为数组或簇。

(3) 两个输入指定了某种类型的数组：当两个输入中有一个数值数组(如簇数组)，另一个是数值类型(如簇)时，输出为数组(簇数组)。

对于两个输入结构类似的情况，LabVIEW 将处理两个输入结构中的每一个元素。例如将两个数组中的元素一一相加，此时必须保证两个数组维数相同。两个维数不同的数组作为输入相加时，输出的结果数组的维数和输入数组中维数较小的一致。两个簇相加的时候，两个簇必须拥有相同的元素个数，并且每对相应元素的类型必须相同。

对于两个输入包含一个标量和一个数组(或簇)的情况，LabVIEW 的函数将处理输入标量和输入数组(或簇)中的每一个元素。例如，LabVIEW 可以将数组中的每个元素减去一个特定的数，而无论数组的维数有多大。

对于两个输入中一个是数值类型，另一个是指定类型元素构成的数组的情况，LabVIEW 函数将处理指定数组的每个元素。例如，每张图都可以看作是以点为元素的数组，每个点又可以看作是一个簇，簇中包含两个数值型的元素 x 和 y。如果要将一张图在 x 方向上移动 5 个单位，在 y 方向上移动 8 个单位，那么可以将这张图中的每个点加上点(5，8)。

这就是 LabVIEW 的数据多态性表现之一。图 3-36 以“加”函数为例列出各种输入可能的组合。

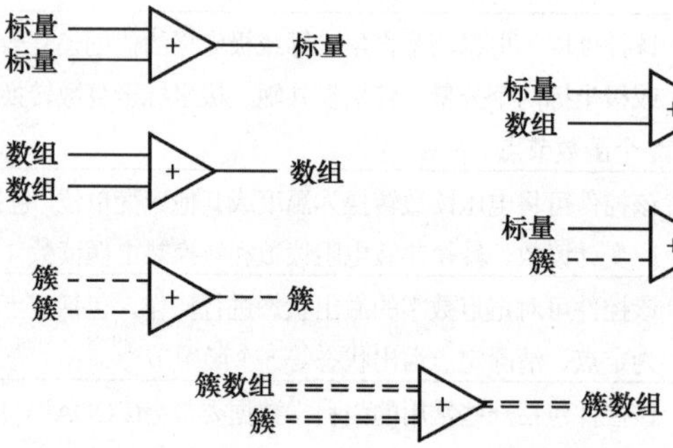

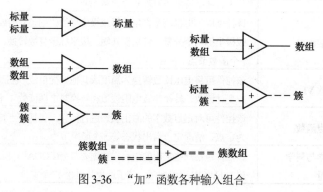

图 3-36 “加”函数各种输入组合

3.2.2 “布尔”函数选板

逻辑运算又称为布尔运算，传统编程语言使用逻辑运算符将关系表达式或逻辑量连接起来，形成逻辑表达式。逻辑运算函数节点包含在“函数”选板的“布尔”子选板中，LabVIEW 中逻辑运算函数节点的图标与数字电路中的逻辑运算符的图标相似，如图 3-37 所示。

表 3-5 列出了“布尔”子选板中布尔函数节点的功能及使用说明。

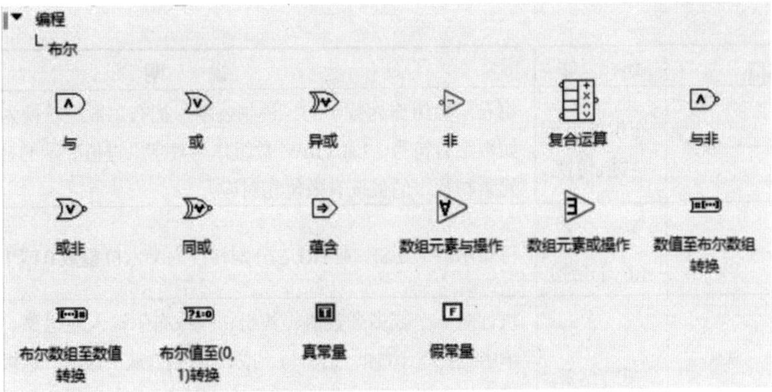

图 3-37 “布尔”子选板中的逻辑运算函数节点

表 3-5 “布尔”函数节点功能及说明

图标及端口	功 能	说 明
x, y → x与y?	与	计算输入的逻辑与。两个输入必须为布尔或数值。如两个输入都为TRUE，函数返回 TRUE；否则，返回 FALSE
x, y → x或y?	或	计算输入的逻辑或。两个输入必须为布尔或数值。如两个输入都为FALSE，则函数返回 FALSE；否则，返回 TRUE
x, y → x异或y?	异或	计算输入的逻辑异或(XOR)。两个输入必须为布尔或数值。如两个输入都为 TRUE 或都为 FALSE，函数返回 FALSE；否则，返回 TRUE
x → 非x?	非	计算输入的逻辑非。如 *x* 为 FALSE，则函数返回 TRUE；如 *x* 为 TRUE，则函数返回 FALSE
x, y → 非 (x与y)?	与非	计算输入的逻辑与非。两个输入必须为布尔或数值。如两个输入都为TRUE，则函数返回 FALSE；否则，返回 TRUE
x, y → 非 (x或y)?	或非	计算输入的逻辑或非。两个输入必须为布尔或数值。如两个输入都为FALSE，则函数返回 TRUE；否则，返回 FALSE
x, y → 非 (x异或y)?	异或	计算输入的逻辑异或(XOR)的非。两个输入必须为布尔或数值。如两个输入都为 TRUE 或都为 FALSE，函数返回 TRUE；否则，返回 FALSE
x, y → x蕴含y?	蕴含	将 *x* 取反，然后计算 *y* 和取反后的 *x* 的逻辑或。两个输入必须为布尔或数值。如 *x* 为 TRUE 且 *y* 为 FALSE，则函数返回 FALSE；否则，返回 TRUE
布尔数组 → 逻辑与	数组元素与操作	如布尔数组中的所有元素为 TRUE，或布尔数组为空，则返回 TRUE；否则，函数返回 FALSE。该函数接受任何大小的数组，并对布尔数组中的所有元素进行与操作，最后返回值
布尔数组 → 逻辑或	数组元素或操作	如布尔数组中的所有元素为 FALSE，或布尔数组为空，则返回 FALSE；否则，函数返回 TRUE。该函数接受任何大小的数组，并对布尔数组中的所有元素进行或操作，最后返回值
数字 → 布尔数组	数值至布尔数组转换	将整数或定点数转换为布尔数组。如将整数连线至数字接线端，根据整数位数的不同，布尔数组将返回含有 8 个、16 个、32 个或 64 个元素的布尔数组。如将定点数连线至数字接线端，则布尔数组所返回数组的大小等于该定点数的字长。数组第 0 个元素对应于整数二进制表示的补数的最低有效位

(续表)

图标及端口	功　能	说　明
	布尔数组至数值转换	将布尔数组作为数字的二进制表示，把布尔数组转换为整数或定点数。如数字有符号，LabVIEW 数组作为数字二进值表示的补。数组的第一个元素与数字的最低有效位相对应
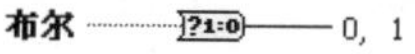	布尔值至(0，1)转换	将布尔值 FALSE 或 TRUE 分别转换为十六位整数 0 或 1
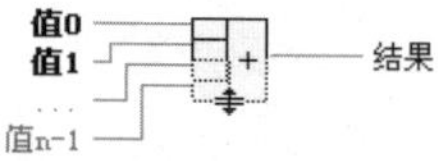	复合运算	执行对一个或多个数值、数组、簇或布尔输入的运算。可从右键快捷菜单中选择运算(加、乘、与、或、异或)。从“数值”选板中拖放该函数至程序框图时，默认模式为“加”；从“布尔”选板拖放该函数时，默认模式为“或(OR)”

与数值运算函数节点类似，逻辑函数节点支持的数据也具有多态性。

逻辑函数节点的输入是布尔型或数值型数据。如果输入的是数值型，那么 LabVIEW 将对输入数据进行位运算操作；如果输入的是整型，那么输出数据是和输入相同表示的整型；如果输入是浮点型，LabVIEW 会将它舍入为一个 32 位整型数字，而输出结果也将是 32 位整型。

逻辑函数节点可以处理数值或布尔型的数组、数值或布尔型的簇、数值簇或布尔簇构成的数组等类型的数据。

对以上函数允许的输入类型进行归纳，得到以下定义。

逻辑型＝布尔标量 OR 数值标量 OR 逻辑型数组 OR 多个逻辑型簇

复数和以数组为元素的数组除外。

如果一个逻辑函数节点有两个输入，那么可以用和算术函数相同的方式组合这两个输入。但是，逻辑函数还受到一个更为严格的限制：只能对两个布尔值或两个数值进行基本操作。例如，不能在布尔值和数值之间进行“与(AND)”运算。

图 3-38 所示为以“与”函数为例列举两个布尔值输入的函数节点。

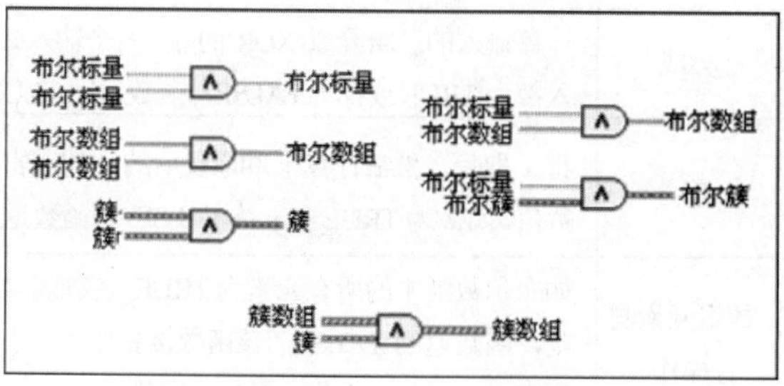

图 3-38　“与”函数节点

3.2.3　“比较”函数选板

比较运算也称为关系运算。比较运算函数节点包含在“函数”选板的“比较”子选板中，如图 3-39 所示。

在 LabVIEW 中，比较函数可用来比较数值、字符串、布尔值、数组和簇，某些比较函数的比较模式还可以改变。不同数据类型的数据进行比较时，比较的规则是不同的，简单介绍如下。

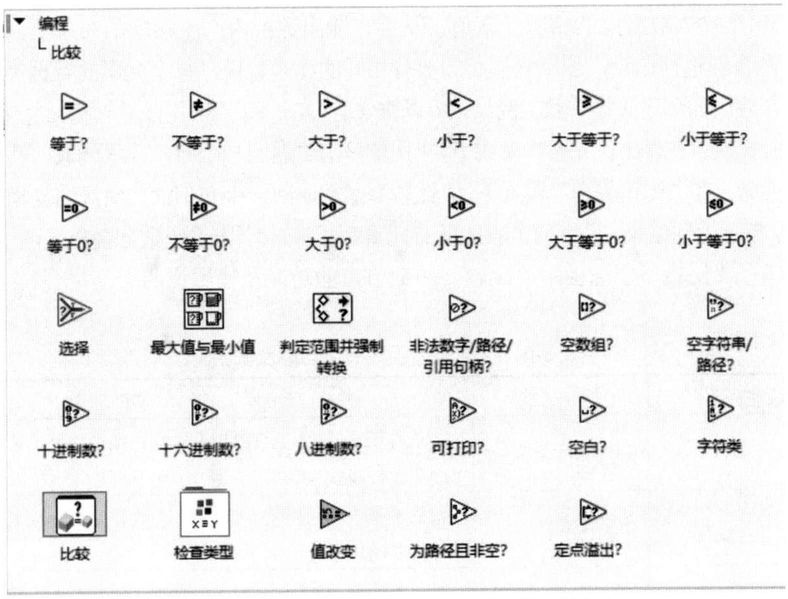

图 3-39　“比较”子选板中的关系运算函数节点

(1) 数值比较

数值比较先将数字转换为相同的表示法后再进行比较。为了进行准确的比较，比较函数节点将每个输入转换为其最大化表示。对于带有非法数值(NaN)的一个或两个输入，其比较将返回不相等的结果。不是所有数都可表示为 ANSI/IEEE 标准浮点数，因此，使用浮点数的比较可能会由于舍入误差导致非预期的错误。

(2) 字符串比较

比较函数依据 ASCII 字符码的值对字符串进行比较。在比较时，从字符串的第 0 个元素开始，一次比较一个元素，直至函数发现不相等或直至一个字符串的末尾才结束比较。若前面的字符都一样，“比较”函数认为长的字符串比短的字符串大。

例如，字符 a(其十进制值为 97)比字符 A(65)大，而后者又比数字 0(48)大，数字 0(48)又比空格符(32)大。LabVIEW 从字符串的开始处逐个比较字符串，直至发现不相等字符时才停止比较。例如，LabVIEW 在发现比字符 e 小的字符 c 前，会一直对字符串 abcd 和 abef 作比较。有字符比没有字符大，因此，字符串 abcd 比 abc 大，因为前者含有更多的字符。

(3) 布尔比较

在布尔比较中，布尔值 TRUE 比布尔值 FALSE 大。

(4) 数组和簇比较

某些比较函数节点有两种比较数组或簇的模式。在“比较集合”模式下，比较两个数组或簇时，函数返回的是一个布尔值。在“比较元素”模式下，函数将逐个比较数组或簇的元素，并返回所有比较结果的相应布尔值构成的数组或簇。

比较多维数组时，每个连接至函数的数组必须要有相同的维数。仅在“比较集合”模式下运行的“比较”函数比较数组时的方式与比较字符串相同，即从第一个元素开始逐一比较每个元素直至发现不相等时才停止比较。在“比较元素”模式下，“比较”函数返回与输入数组具有相同维数的一个布尔值数组。输出数组中的每一维为该维中较短的那个输入数组。在每一维内(如一行、一列或一页)，函数比较每个输入数组内的相应元素值，从而在输出数组内产生相应的布尔值。

如果要对两个簇进行比较，那么它们必须要有相同的元素数目，每个元素的数据类型必须兼容，并且各个元素在簇内的顺序必须一致。例如，可以将含有DBL和字符串的一个簇与含有I32和字符串的另一个簇进行比较。在“比较元素”模式下，“比较”函数返回一个布尔元素的簇，其中每个元素对应于输入的簇元素。在“比较集合”模式下，“比较”函数返回一个布尔值。函数比较相对应的元素直至发现不相等，然后返回结果。只有两个簇的所有元素都相等，“比较”函数才会将这两个簇视为相等。

表3-6列出了“比较”子选板中“比较”函数节点的功能及使用说明。

表3-6 “比较”函数节点功能及说明

图标及端口	功　能	说　明
x, y → x = y?	等于？	如x等于y，则返回TRUE；否则，函数返回FALSE。该函数可改变比较模式
x, y → x != y?	不等于？	如x不等于y，则返回TRUE；否则，函数返回FALSE。该函数可改变比较模式
x, y → x > y?	大于？	如x大于y，则返回TRUE；否则，函数返回FALSE。该函数可改变比较模式
x, y → x < y?	小于？	如x小于y，则返回TRUE；否则，函数返回FALSE。该函数可改变比较模式
x, y → x ≥ y?	大于等于？	如x大于等于y，则返回TRUE；否则，函数返回FALSE。该函数可改变比较模式
x, y → x ≤ y?	小于等于？	如x小于等于y，则返回TRUE；否则，函数返回FALSE。该函数可改变比较模式
x → x = 0?	等于0？	x等于0时返回TRUE；否则，函数返回FALSE
x → x != 0?	不等于0？	x不等于0时返回TRUE；否则，函数返回FALSE
x → x > 0?	大于0？	x大于0时返回TRUE；否则，函数返回FALSE
x → x < 0?	小于0？	x小于0时返回TRUE；否则，函数返回FALSE
x → x ≥ 0?	大于等于0？	x大于等于0时返回TRUE；否则，函数返回FALSE
x → x ≤ 0?	小于等于0？	x小于等于0时返回TRUE；否则，函数返回FALSE
t, s, f → s? t:f	选择	根据s的值，返回连接至t输入或f输入的值。s为TRUE时，函数返回连接到t的值；s为FALSE时，函数返回连接到f的值
x, y → max(x, y), min(x, y)	最大值与最小值	比较x和y的大小，在顶部的输出端中返回较大值，在底部的输出端中返回较小值。如所有输入都是时间标识值，那么该函数接受时间标识。如输入为时间标识，则函数在顶部输出中返回离当前较近的值，在底部输出中返回离当前较远的值。如输入的数据类型不一致，将出现断线。该函数可改变比较模式
上限, x, 下限 → 已强制转换(x), 范围内？	判定范围并强制转换	根据上限和下限，确定x是否在指定的范围内，还可选择将值强制转换到指定范围之内。该函数只在比较元素模式下进行强制转换。如所有输入都是时间标识值，那么该函数接受时间标识。该函数可改变比较模式

(续表)

图标及端口	功　能	说　明
数字/路径/引用句柄 → 非法数字/路径/引用句柄?	非法数字/路径/引用句柄?	如数字/路径/引用句柄为非法数字(NaN)、非法路径或非法引用句柄，则返回 TRUE；否则，函数返回 FALSE
数组 → 为空?	空数组?	如数组为空，则函数返回 TRUE；否则，函数返回 FALSE
字符串/路径 → 为空?	空字符串/路径?	如字符串/路径为空字符串或空路径，则返回 TRUE；否则，函数返回 FALSE
char → 数字?	十进制数?	如 char 代表 0～9 之间的十进制数，则返回 TRUE；如 char 为字符串，则函数使用字符串中的第一个字符；如 char 为数值，函数将其解析为该数的 ASCII 值；如 char 是浮点数，则该函数将 char 四舍五入为最近的整数；否则，函数返回 FALSE
char → 十六进制?	十六进制数?	如 char 代表 0～9、A～F 之间的十六进制数，则返回 TRUE；如 char 为字符串，则函数使用字符串中的第一个字符；如 char 为数值，函数将其解析为该数的 ASCII 值；如 char 是浮点数，该函数将其四舍五入为最近的整数；否则，函数返回 FALSE
char → 八进制?	八进制数?	如 char 代表 0～7 之间的八进制数，则返回 TRUE；如 char 为字符串，则函数使用字符串中的第一个字符；如 char 为数值，函数将其解析为该数的 ASCII 值；如 char 是浮点数，该函数将其四舍五入为最近的整数；否则，函数返回 FALSE
char → 可打印 ASCII码?	可打印 ASCII码?	如 char 代表可打印的 ASCII 字符，则返回 TRUE；如 char 为字符串，该函数使用字符串中的第一个字符；如 char 为数值，函数将其解析为该数的 ASCII 值；如 char 是浮点数，该函数将其四舍五入为最近的整数；否则，函数返回 FALSE
char → space, h/v tab, cr, lf, ff?	空白字符?	如 char 代表空白字符(例如空格、制表位、换行、回车符、换页或垂直制表符)，则返回 TRUE；如 char 为字符串，该函数使用字符串中的第一个字符；如 char 为数值，函数将其解析为该数的 ASCII 值；如 char 是浮点数，该函数将其四舍五入为最近的整数；否则，函数返回 FALSE
char → 类编号	返回类编号	返回 char 的类编号。如 char 为字符串，该函数使用字符串中的第一个字符；如 char 为数值，函数将其解析为该数的 ASCII 值
操作数1、错误输入(无错误) → 结果、错误输出	比较	比较指定的输入项，比较这些值之间的等于、大于或小于的关系
FXP → 溢出?	定点溢出	如 FXP 包含溢出状态且 FXP 是溢出运算的结果，该值为 TRUE；否则，函数返回 FALSE

3.3 数组

数组是相同类型元素的集合，由元素和维度组成。元素是组成数组的数据，维度是数组的长度、高度或深度。数组可以是一维或多维的，在内存允许的情况下每一维度可有多达 2311 个元素。

对一组相似的数据进行操作并重复计算时，可考虑使用数组。在 LabVIEW 中，数组最适于存储从波形采集而来的数据或循环中生成的数据(每次循环生成数组中的一个元素)。

定位数组中的某个特定元素需为每一维度建一个索引。在 LabVIEW 中，通过索引可浏览整个数组，也可从程序框图数组中提取元素、行、列和页。LabVIEW 中的数组索引从 0 开始，无论数组有几个维度，第一个元素的索引均为 0。

3.3.1 数组的创建

1. 前面板数组对象的创建

实例 3-8 通过以下两个步骤可以完成一个简单前面板数组对象的创建。

(1) 创建一个数组框架

要创建一个数组输入控件或显示控件，首先必须在前面板上放置一个数组框架。数组框架位于“控件”选板的“新式”→“数组、矩阵与簇”子选板和“经典”→“经典数组、矩阵与簇”子选板中，如图 3-40 所示。

单击“数组”控件后移动鼠标到前面板窗口，在前面板上再次单击鼠标左键则在前面板上创建了一个数组控件。此时创建的仅仅是一个数组框架，不包含任何内容，对应于程序框图中的接线端口为一个黑色边框的矩形图标，如图 3-41 所示。

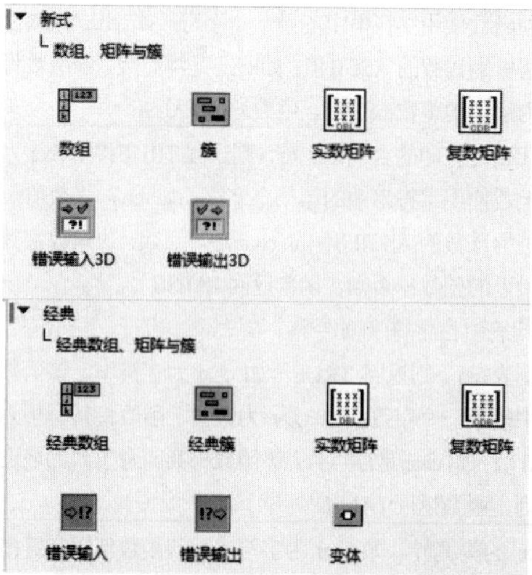

图 3-40 “控件”选板中的数组控件

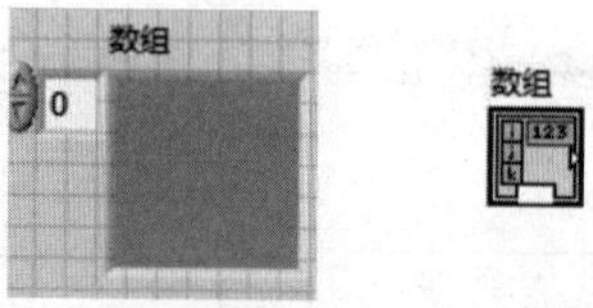

图 3-41 前面板及程序框图上的数组框架

(2) 将一个数据对象或元素拖曳到该数组框架中

当创建好一个数组框架之后，根据实际情况将相应数据类型的前面板输入控件或显示控件拖曳到该数组框架中，即完成数组的创建，如图 3-42 所示。

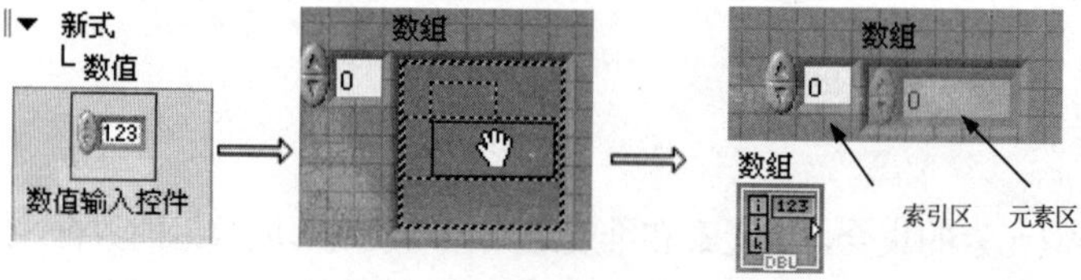

图 3-42 创建数值类型数组

在图 3-42 中，通过将一个数值输入控件拖曳放入一个数组框架中，可以创建一个数值类型的数组输入控件。将数值控件放入数组框架后，程序框图中的接线端由黑色边框变为与置入控件数据类型一致的颜色。图 3-42 创建的数组在程序框图中的颜色为橙色，表明创建的数组中元素的数据类型为双精度浮点型。

放入数组框架中的数据对象或元素可以是数值、布尔、字符串、路径、引用句柄、簇输入控件或显示控件，因此数组根据元素的数据类型可以创建数值、布尔、路径、字符串、波形和簇等数据类型的数组。当放入的对象为输入控件时，所创建的数组将为数组输入控件；当放入显示控件时，所创建的数组将为数组显示控件。图 3-43 所示为创建的几种不同数据类型数组的前面板对象及数组框架。

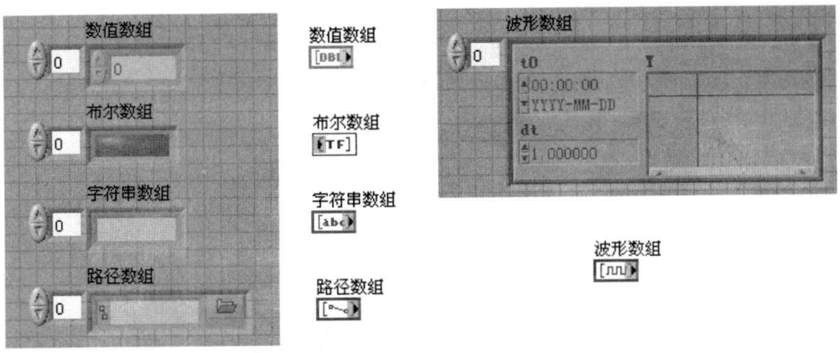

图 3-43　不同数据类型的数组框架

2. 数组对象的组成及配置操作

在前面板中，创建完成后的数组是由索引区域和元素区域两部分构成的。在默认情况下，数组只显示一个元素，该元素的索引值在数组索引区域中显示，使用鼠标单击“操作值”工具索引区域的“增量/减量”按钮可以浏览数组元素，即元素区域中显示的元素随着索引值的变化而变化。

数组的索引都是从 0 开始的，即含有 n 个元素的数组的索引值是从 0 到 $n-1$ 的非负整数。在数组索引区域单击鼠标右键弹出的快捷菜单中，选择“显示项”→“索引框”选项可以关闭索引的显示。这是一个开关选项，再次选择该选项可以恢复索引的显示。

刚创建的数组的元素区域为灰色的初始状态，这表明整个数组仍然为空，向数组框架元素区域中放入一个控件仅仅提供了数组元素的类型信息，还没有生成任何具体的数组元素，此时数组的大小为 0。使用“操作值”工具可以向数组添加元素。例如在图 3-42 所示的示例中，建立空的数值输入控件之后，使用“操作值”工具单击空数组的元素区域，将光标定位在数值框中并输入一个数字，输入数字后可以看到元素区域的数值输入框的颜色变成了白色，表明已经成功添加了元素。

只显示一个元素的默认形式称为单元素形式，同时显示多个元素的形式称为表格形式。在鼠标指针处于“自动选择工具”或“定位/调整大小/选择”状态时，移动鼠标指针到数组元素区域外围框架上，此时，数组元素区域外围框架将显示尺寸控制点，按下鼠标左键拖动尺寸控制点可以将数组由单元素形式变为表格形式，同时也可以将表格形式变为单元素形式。在一维数组单元素显示形式下或多维数组中，移动鼠标指针到数组元素外围框架的右下角时，鼠标指针可变为网格形状，此时按下鼠标左键并拖动鼠标，可将单元素形式改变为表格形式显示方式。图 3-44 给出了几种操作的例子。对于一维数组，有水平和垂直两种显示多个元素的方式。按下鼠标左键并在水平方向拖曳鼠标指针，可使一维数组在水平方向显示；按下鼠标左键并在垂直方向拖曳鼠标指针，则能使一维数组在垂直方向显示。水平方向显示时，最左侧的元素对应于索引区域的索引值；垂直方向显示时，最上面的元素对于应索引区域的索引值。

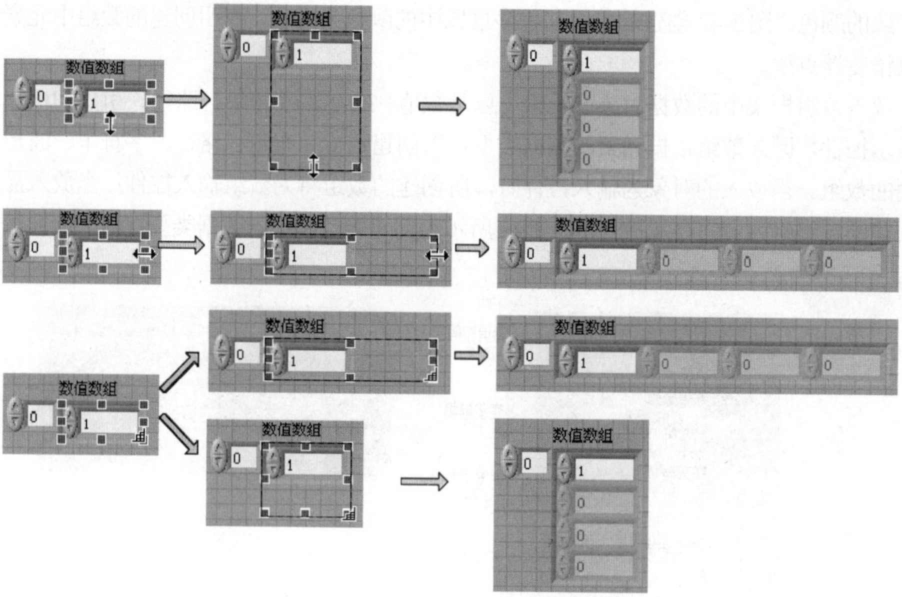

图 3-44　改变数组显示元素的形式

数组中元素控件的大小也是可以改变的，改变已经建立好的数组中某个元素控件尺寸的大小后，数组里的其他元素的尺寸会变为同样大小。改变尺寸大小的操作仍要遵守元素数据类型本身的限制，比如数值类型元素只能在水平方向改变尺寸大小，而字符串可以在垂直和水平两个方向上改变大小。在鼠标指针处于“自动选择工具”状态时，移动鼠标指针到数组元素区域的元素控件对象上时，指针自动变为“定位/调整大小/选择”状态，此时元素控件外围将显示出尺寸控制点，按下鼠标左键并拖动尺寸控制点，可以调整元素的尺寸。图 3-45 所示为改变元素控件尺寸的一个示例。

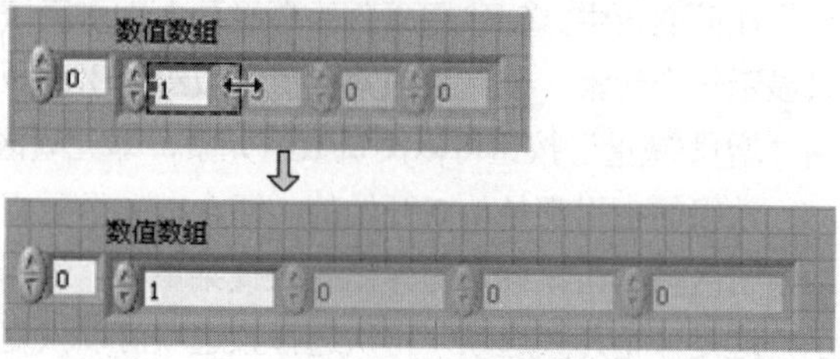

图 3-45　改变数组元素大小

为数组空元素赋值时，比当前元素的索引值小的所有空元素都自动被赋予该元素数据类型的默认值。图 3-46 中给出了一个示例，数值型数组采用表格形式显示，同时可见的元素数为 5，索引值为 0 的元素赋值 2，其他元素为空元素。当为索引值是 3 的空元素指定数值 1 之后，较低索引值(1 和 2)的空元素自动被赋予数值类型的默认值 0。

可以改变前面板上数组输入控件和显示控件元素的默认值。在图 3-46 所示的示例中，第一个元素赋值为数值 2，用鼠标右键单击该元素对象，在弹出的快捷菜单中选择“数据操作”→“当前值设置为默认值”选项，该元素后面的空元素内的加灰默认值都变成数值2。当后面的某个元素赋值时，其前面的空元素将自动以新的默认值赋值，如图 3-47 所示。

3. 程序框图数组常量的创建

数组常量只能在程序框图中出现，其创建方法与在前面板创建数组输入控件和数组显示控件的方法类似。

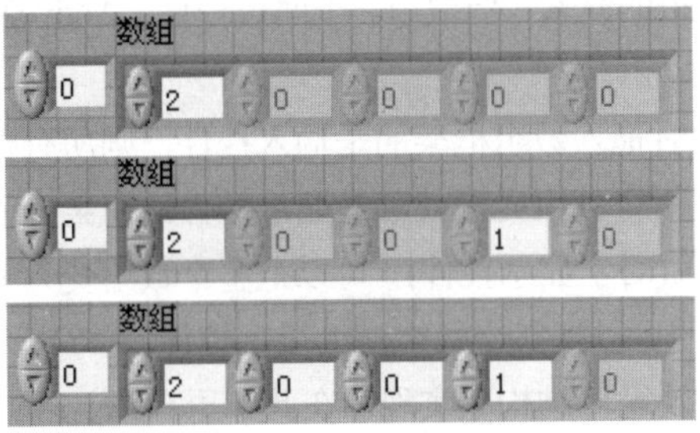

图 3-46　数组元素赋值

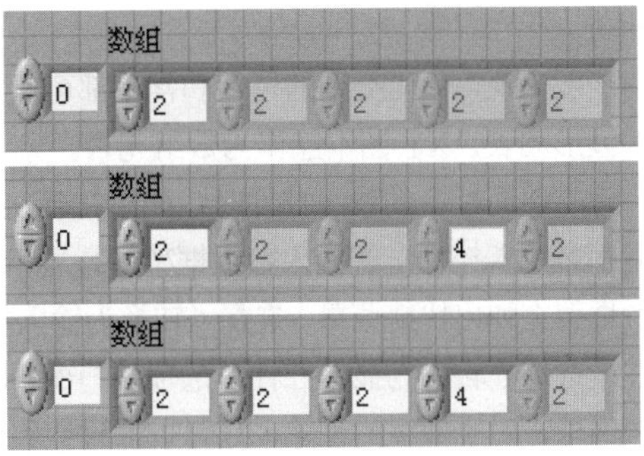

图 3-47　改变数组元素的默认值

在程序框图“函数”选板→“编程”→“数组”子选板中选中“数组常量”并将其放置到程序框图中，即创建一个数组常量框架。根据实际情况用鼠标将“常量”(如数值常量、布尔常量、字符串常量等)拖入数组常量框架中，即完成一个数组常量的创建。数组常量的相关配置操作与前面介绍的前面板中的数组对象是相同的，在此不再介绍。

在某个数组常量的索引区和边框上弹出的快捷菜单中，“转换为输入控件”和“转换为显示控件”选项可分别把数组常量变为前面板上的输入控件和显示控件。

4. 二维数组及多维数组的创建

实际上，通过前面的方法所创建的数组是一维的。在创建完成一个一维数组之后，在此基础上，可以实现二维数组及多维数组的创建。

通过以下两种方式可以实现多维数组的创建：一是在一维数组的索引区或边框上单击鼠标右键，在弹出的快捷菜单中选择“添加维度”选项，可将数组的维数增加一维；相反，选择“删除维度”选项，可将数组的维度减小一维；另一种方法是，在鼠标指针处于“自动选择工具”状态时，移动鼠标指针至数组索引区，此时索引区外围将显示出尺寸控制点，用鼠标在垂直方向拖动尺寸控制点，可以改变数组的维度。

图 3-48 中分别给出了一个二维数组、一个三维数组及索引显示与元素显示之间的关系。

二维数组的索引区有两个索引输入控件，上面的为行索引，下面的为列索引。与一维数组一样，二维数组及多维数组的索引值也是以 0 为基数的。

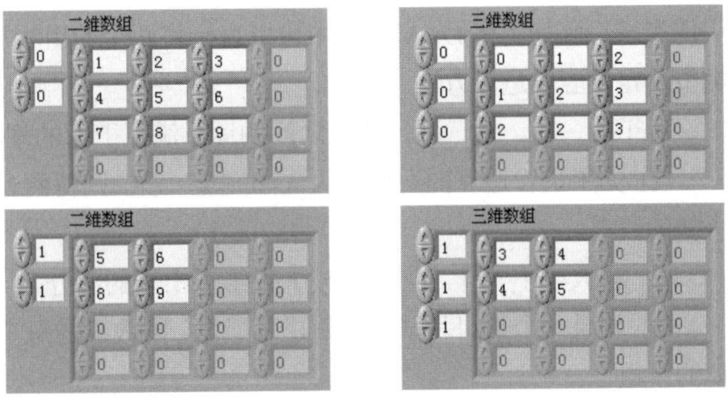

图 3-48　二维数组、三维数组及索引显示与元素显示之间的关系

数组索引区域的显示值永远为元素区域左上角元素的索引值，在图 3-48 中同时也给出了数组索引值显示与数组元素显示的关系。对于图 3-48 中的二维数组，上面给出了一个 3 行 3 列的数组输入控件，元素值 6 的索引为(1，2)，7 的索引为(2，0)，其左上角第一个元素 1 的索引为(0，0)。当改变索引区两个索引输入控件中的值为(1，1)后，元素显示区域自动调整，使得索引值为(1，1)的元素 5 显示在左上角，结果如图 3-48 左下图所示。

三维数组的索引由页、行和列组成，每一页都可以认为是一个二维数组，其操作方式与低维数组相仿。

一般来说，任何类型的控件和常量都可以定义为数组的元素，但数组、子面板控件、ActiveX 控件、波形图表、XY 图不能作为数组元素。

建立前面板上的数组控件时，如果在确立数组类型时拖入数组框架的是输入控件，则所有数组元素都是输入控件；若拖入数组框架的是显示控件，则所有数组元素就都是显示控件。在某个元素或者框架上弹出快捷菜单，选择“转换为输入控件”选项(对于显示控件)，可以把整个数组变为输入控件；选择“转换为显示控件”选项(对于输入控件)，便可以把整个数组变为显示控件。

另外，对于数组的创建，还可以通过数组创建函数及循环结构来实现，在此不再介绍。

实例 3-9 利用循环结构创建一个一维数组，数组元素从 1 到 5。

实例 3-9 的 VI 的程序框图和前面板如图 3-49 所示。可见，该 VI 调用了一个 For 循环，其循环计数端子接入常量 5，并将其计数端子 i 进行+1 的运算，然后将其运算结果连至右边框上，设置自动索引打开，即 For 循环右边框上的隧道呈空心状态，然后将经隧道传送的值连至一个一维数组的显示控件上。运行此 VI，结果如图 3-49 右图所示(for 循环自动索引的相关内容详见 4.2 节)。

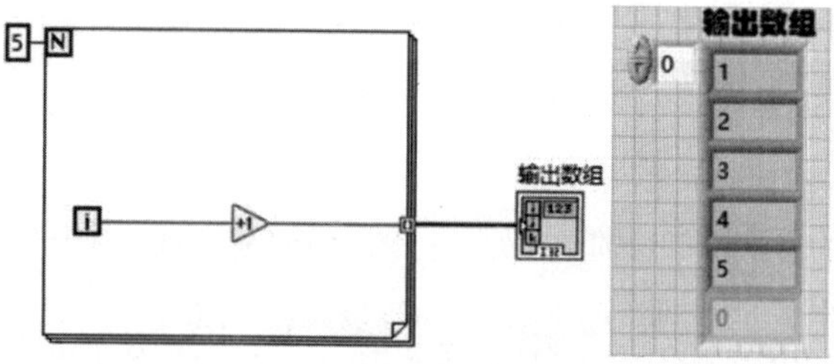

图 3-49 利用循环结构创建数组

3.3.2 数组的算术运算

LabVIEW 的一个非常大的优势在于它可以根据输入数据的类型判断数组的运算方法，即自动地实现多态。比如，在 LabVIEW 中可以直接将两个数组相加，LabVIEW 会自动根据数组大小、数据类型决定相应的运算方法。

对于加、减、乘、除，数组之间的运算满足下面的规则。

(1) 如果进行运算的两个数组大小完全一样，则将两个数组中索引相同的元素进行运算，形成一个新的数组。

(2) 若大小不一样，则忽略较大数组多出来的部分。

(3) 如果一个数组和一个数值进行运算，则数组的每个元素都和该数值进行运算，从而输出一个新的数组。

除了加、减、乘、除，还有专门针对数组的求和、求积运算的函数，它们位于“函数”选板的“编程”→“数值”子选板中。

3.3.3 “数组”函数及操作

对于一个数组可以进行很多操作，比如求数组的长度、对数组进行排序、查找数组中的某一元素、替换数组中的元素等。传统编程语言主要依靠各种数组函数来实现这些运算操作，而在 LabVIEW

中，这些函数以功能函数节点的形式表现出来。LabVIEW 中用于处理数组数据的函数位于“函数”选板→“编程”→“数组”子选板中，如图 3-50 所示。

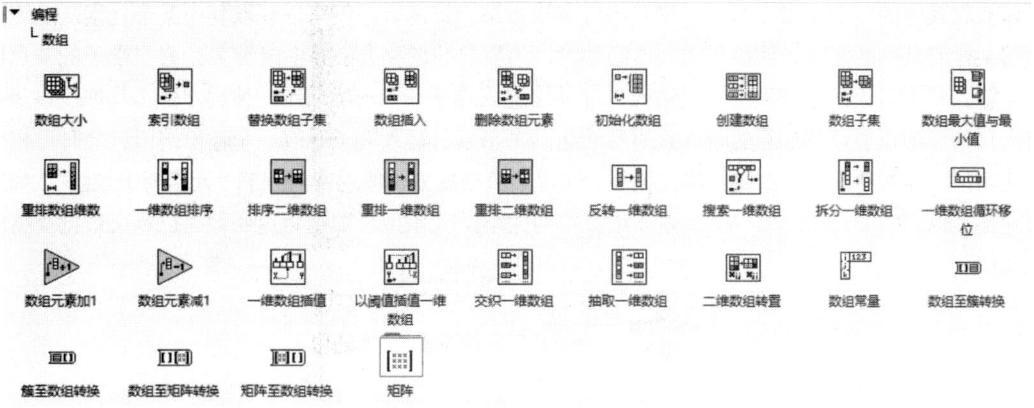

图 3-50 “数组”子选板

下面对其中常用的数组函数进行举例说明。

1. “数组大小”函数

如图 3-51 所示的“数组大小”函数，返回输入数组每个维度中元素的个数。如数组为一维数组，则输出值为 32 位整数。如数组是多维的，则返回值为一维数组，每个元素都是 32 位整数，表示数组对应维度中的元素数。例如，将一个三维 2×4×4 数组连接至数组函数，函数将返回包含 3 个元素的数组[2，4，4]。图 3-52 所示为利用“数组大小”函数求数组大小的示例。

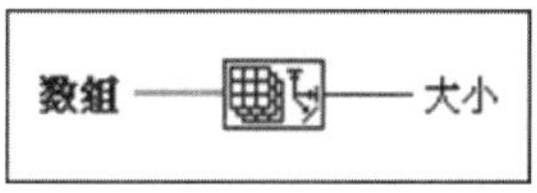

图 3-51 “数组大小”函数

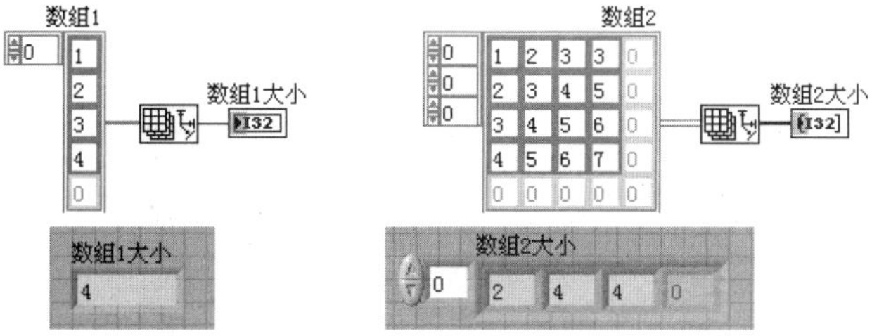

图 3-52 “数组大小”函数示例

实例 3-10 “数组大小”函数。

实例 3-10 的 VI 的程序框图和前面板如图 3-53 所示。它完成的是将一个三维数组常量连至“数组大小”函数，然后将此函数的输出结果提供给“大小”显示控件。运行此 VI，从前面板上“大小”显示控件的结果可以看出，这个数组的大小为 2 页、3 行和 4 列。

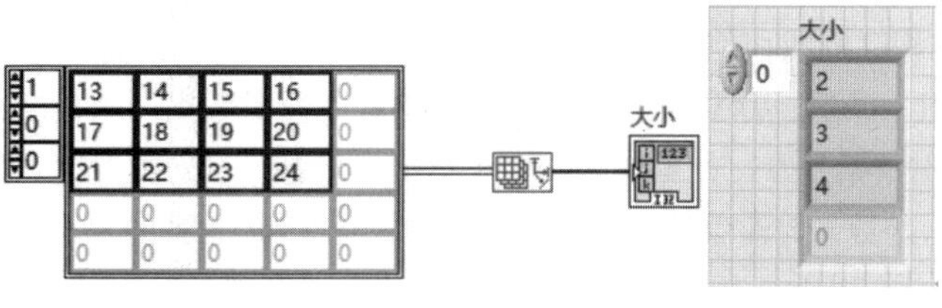

图 3-53 “数组大小”函数使用示例

2. “索引数组”函数

通过该函数(图 3-54)可以获取输入“*n* 维数组”在索引位置的元素或子数组。如输入为一维数组，可以获取其中的一个元素；对于二维数组或多维数组，该函数不仅可以获取其中某个元素，还可以获得某行或某列的元素。连接数组到该函数时，函数自动调整大小并生成带 *n* 个索引端子的节点以保证输入 *n* 维数组各个维度的索引输入，这 *n* 个输入端子作为一组使用。使用定位工具拖曳该函数节点尺寸控制点可以增加新的输入索引端子组，每组索引输入端子对应一个输出端口。此时，相当于使用同一输入数组对函数进行多次调用。输出端口根据索引值返回对应的“元素或子数组”。如索引超出了范围(小于 0 或大于 *N*，*N* 是 *n* 维数组的大小)，元素或子数组将返回数组已定义数据类型的默认值。

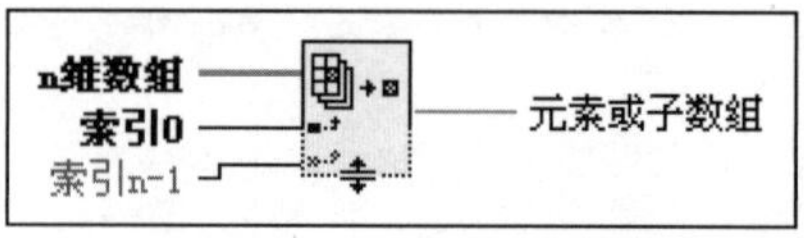

图 3-54 “索引数组”函数

不连接相应的索引，可禁用一个维度。一维数组不可禁用任何维度。默认状态下，第一个维度的索引处于启用状态，其他的则处于禁用状态。如处于禁用状态，输入接线端的外围有一个黑色矩形框；如启用，黑框被填充。可将常量或输入控件连接至要启用的索引输入。

图 3-55 所示为两个索引数组函数应用示例。

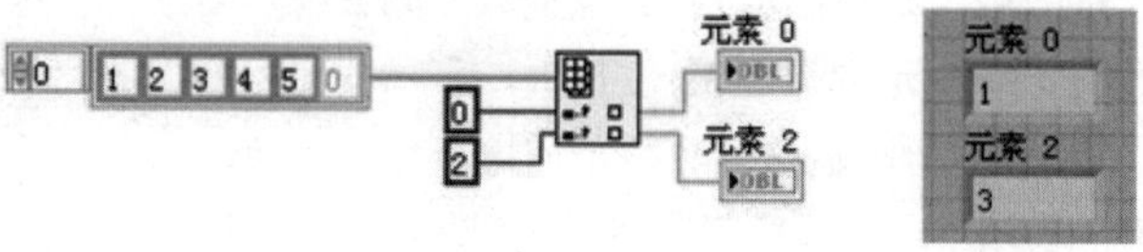

(a) 索引一维数组

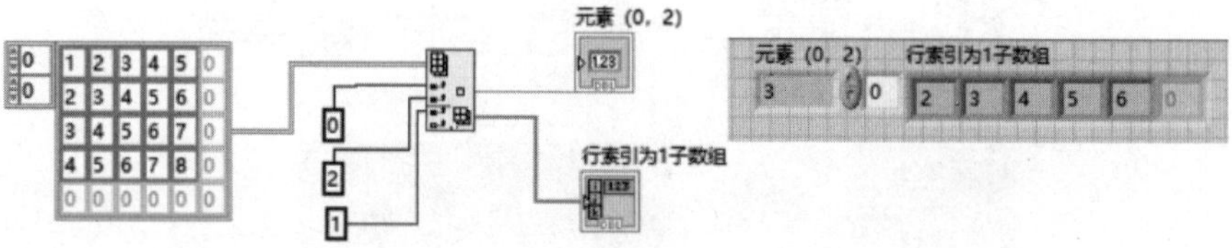

(b) 索引二维数组

图 3-55 “索引数组”函数示例

其中，图 3-55(a)显示获取一维数组索引分别为 0 和 2 的元素，图 3-55(b)显示了获取二维数组索引为(0，2)即第 0 行第 2 列的元素和获取数组行索引为 1 即第 1 行元素构成的子数组。

实例 3-11 “索引数组”函数。

实例 3-11 的 VI 程序框图和前面板如图 3-56 所示。它所实现的是将一个 5 行 3 列的二维数组常量连至“索引数组”函数。摆放位置在上的被调用的“索引数组”函数，索引的是原二维数组第 1 行的元素，输出结果是原二维数组的一个子数组，且是一个一维数组。而摆放位置在下的被调用的“索引数组”函数，其索引的是原二维数组中第 1 行第 2 列的那个元素，输出的是一个数值常量。

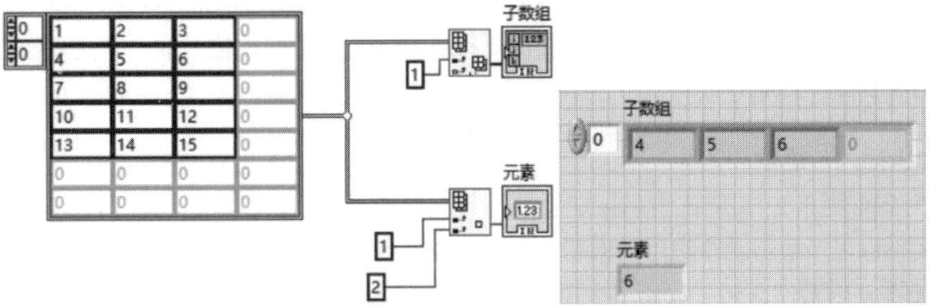

图 3-56　“索引数组”函数使用示例

3. “替换数组子集”函数

通过该函数(图 3-57)从索引中指定的位置开始替换数组中的某个元素或子数组。连接数组至该函数时，函数将自动根据输入数组的维度调整大小以显示连接数组各个维度的索引参数。这些索引参数和“新元素/子数组”一起构成一组输入参数，所完成的功能是用“新元素/子数组”内容替换索引值的索引目标。拖曳函数节点的尺寸控制点可以添加更多组的输入参数，每组对应一个输出，输出返回替换之后的数组。图 3-58 所示为“替换数组子集”函数的应用示例。

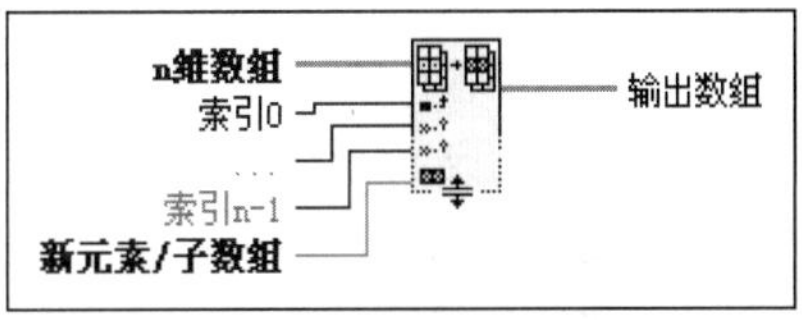

图 3-57　“替换数组子集”函数

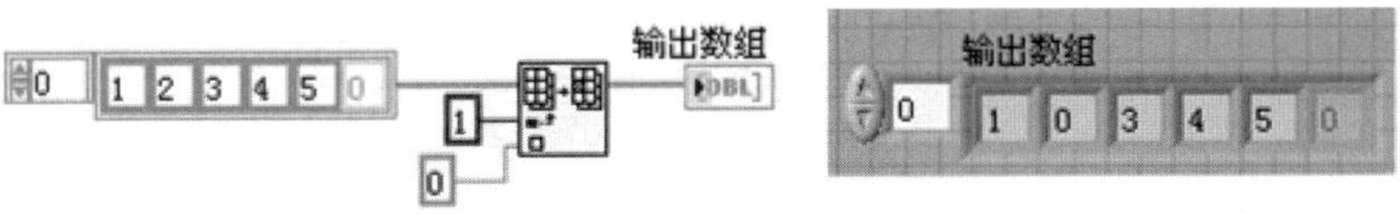

(a) 一维数组替换子集

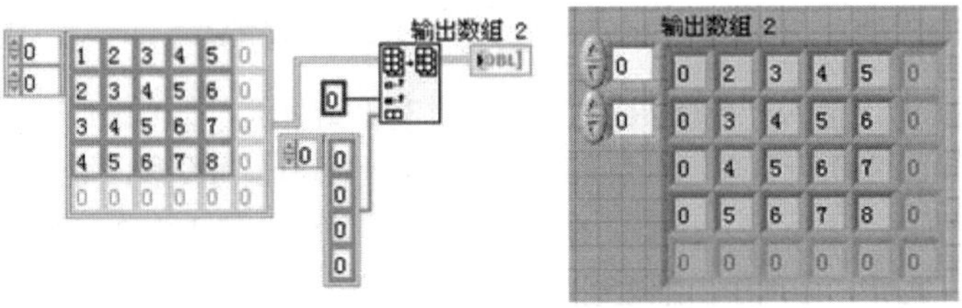

(b) 二维数组替换子集

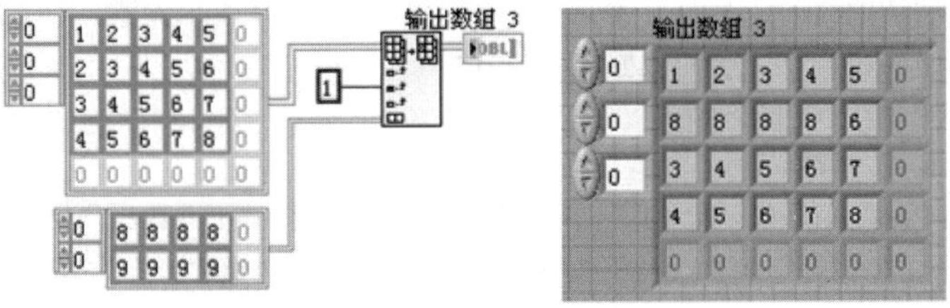

(c) 三维数组替换子集

图 3-58　“替换数组子集”函数应用示例

在示例中，图 3-58(a)所示的功能为将一维数组索引为 1 的元素替换为“0”；图 3-58(b)所示的功能为将二维数组列索引为 0 的元素全部替换为“0”；图 3-58(c)所示的功能为替换 3 维数组行索引为 1 的前 4 个元素，其中输入的三维数组为 3 页 4 行 5 列的三维数组，输入的“新元素/子数组”为 2 行 4 列，因此只能替换第 0 页和第 1 页中行索引为 1 的前 4 个元素。

4. “数组插入”函数

通过该函数(图 3-59)实现在索引指定位置插入元素或子数组。将数组连接到该函数时，函数将自动调整大小以显示数组各个维度的索引。如未连接任何索引输入，该函数将把新的元素或子数组添加到输入的 n 维数组之后。如索引大于数组大小，函数将不对输入数组进行插入。当接入一个 n 维数组时，索引输入端有 n 个。该函数只在一个维度上调整数组的大小，因此，只能连接一个索引输入。例如，如需将一维数组作为第 4 行插入二维数组，可将 3 连线至第一个索引输入端，第二个索引输入端将被禁用。如需将一维数组作为第 4 列插入二维数组，可将 3 连线至第二个索引输入端，第一个索引输入端将被禁用。连接的索引确定数组中可以插入元素的维度。例如，要插入行，连接行索引；要插入列，则连接列索引。连接至“n 或 n−1 维数组”(“新元素/子数组”)的数组的维数必须等于或小于连接至 n 维数组的数组维数。不能在二维数组中插入单个元素，也不能在三维数组中插入一行(视为一维数组)。可以在三维数组中插入只有一行的二维数组，如有需要，LabVIEW 将对结果数组进行填充。

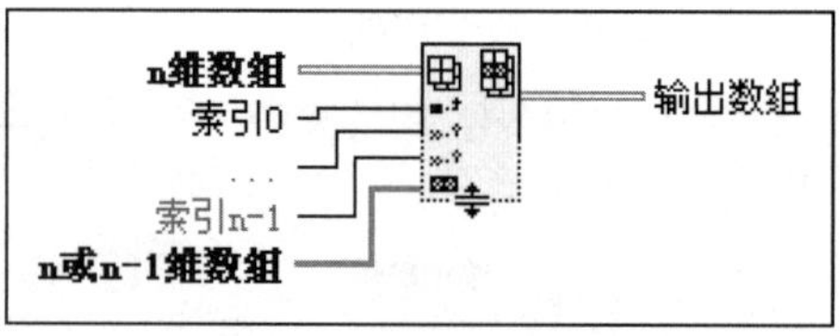

图 3-59 “数组插入”函数

新元素或数组的基本数据类型必须和输入数组的类型一致。例如，在输入数组包含布尔控件引用时，新元素必须为布尔控件引用。如需在数组中插入更通用的元素，可使用“转换为通用的类”函数创建输入数组。

图 3-60 所示为“数组插入”函数的应用示例。图 3-60(a)所示为在一维数组中索引值为 1 处插入一个元素“0”。图 3-60(b)所示为在二维数组列索引为 1 处插入一列数据。图 3-60(c)所示为输入数组为一个 3 页 4 行 5 列的三维数组，待插入的“n 或 n−1 维数组”接入为 2 行 4 列的二维数组，插入位置的行索引为 1。因此，插入的二维数组中的两行分别插入到三维数组的第 0 页和第 1 页中行索引为 1 的位置，第 3 页行索引的位置也插入了一行，由于插入的二维数组只有两行，故第 3 页插入的行的元素全部为默认值“0”。另外，插入的二维数组每行只有 4 个元素，而原数组每行有 5 个元素，因此插入的行的最后一个元素也是默认值“0”。

5. “删除数组元素”函数

该函数(图 3-61)从输入的“n 维数组”中删除元素或子数组。“n 维数组”接入将要删除元素、行、列或页的数组，可以是任意类型的 n 维数组。“长度”为确定要删除元素、行、列或页的数量或长度。

“索引 0”至“索引 n−1”指定数组中要删除的元素、行、列或页。将数组连接到该函数时，函数将自动调整大小以显示数组各个维度的索引。不连接任何索引，默认值为数组中最后一个元素处于启用状态的索引。“已删除元素的数组子集”返回数组中已经删除元素、行、列或页后的数组。“已删除的部分”是已删除的元素或数组。

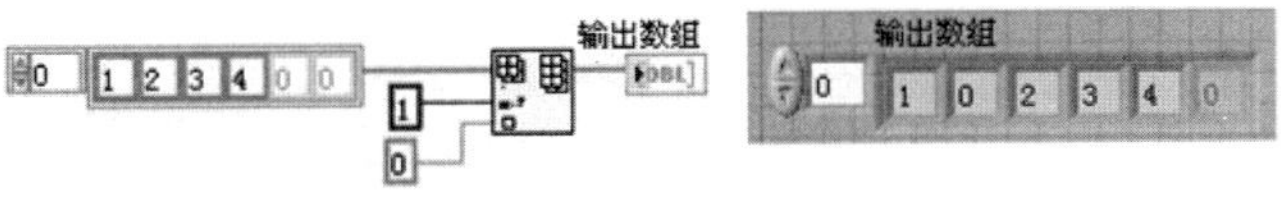

(a) 一维数组插入

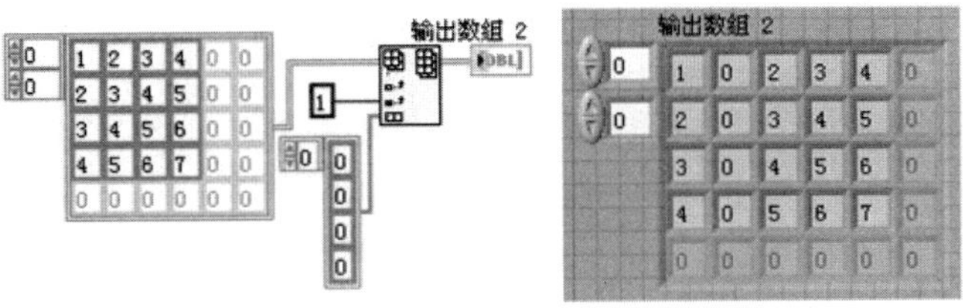

(b) 二维数组插入

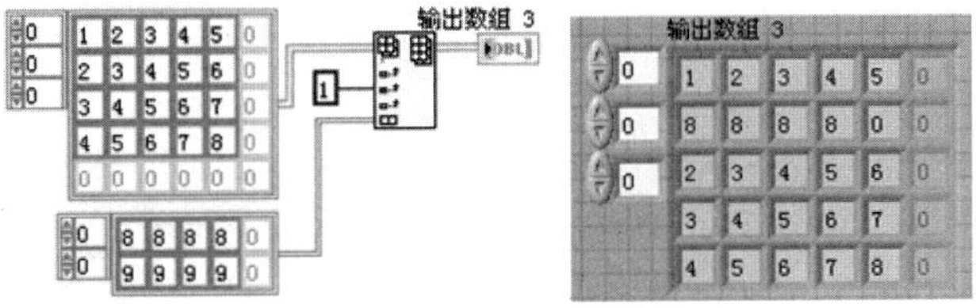

(c) 三维数组插入

图 3-60　数组插入函数应用示例

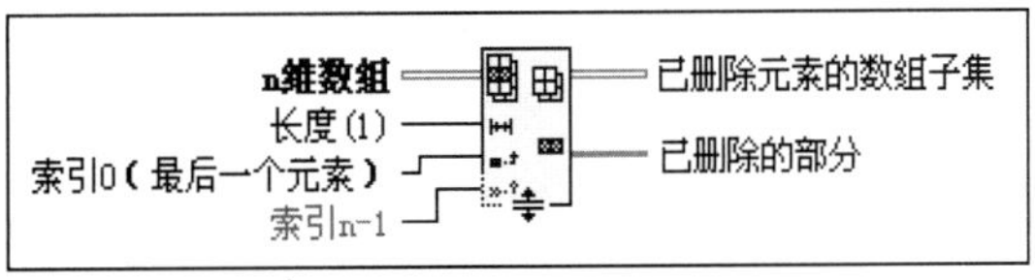

图 3-61　“删除数组元素”函数

如将某个值连接至“长度”，则“已删除的部分”是维数与 *n* 维数组维数相同的数组(包含 *n* 维数组中所有删除的元素)。如“已删除的部分”的第一个维度是长度，则第二个维度与 *n* 维数组一致。例如，如连线三维数组 10×4×6 至 *n* 维数组，连线“长度”为 2，未连线“索引”输入，则“已删除的部分”是 2×4×6 的三维数组(包含 *n* 维数组的最后 2 页)。如将某个值连接至“长度”，连线负数至“索引”，则“已删除的部分”是外部维度为“长度”减去“索引”的数组。如未连线“长度”，则“已删除的部分”是维度为 *n* 维的数组维度减 1 的数组，其中包含 *n* 维数组中删除的部分。例如，如连线二维数组 8×5 至 *n* 维数组，未连线“长度”，连接 3 至“索引 0”(行)，则“已删除的部分”是包含 *n* 维数组第 3 行的一维数组。

该函数只在一个维度上删除数组元素，所以只需连接一个索引输入即可。例如，如需在二维数组中删除一行，只需连接行索引；如需删除一列，只连接列索引。连接“长度”可一次删除多个连续的子数组。

图 3-62 所示为删除数组元素函数的应用示例。图 3-62(a)为删除一维数组从索引为 1 开始的两个元素。图 3-62(b)为删除二维数组从行索引为 1 开始的两行元素。图 3-62(c)连线“长度”为 1，未连线“索引”，故删除三维数组最后一页数据，“已删除元素的数组子集”和“已删除的部分”均为三维数组，只不过已删除元素的数组子集比输入数组少 1 页，已删除部分只有 1 页。

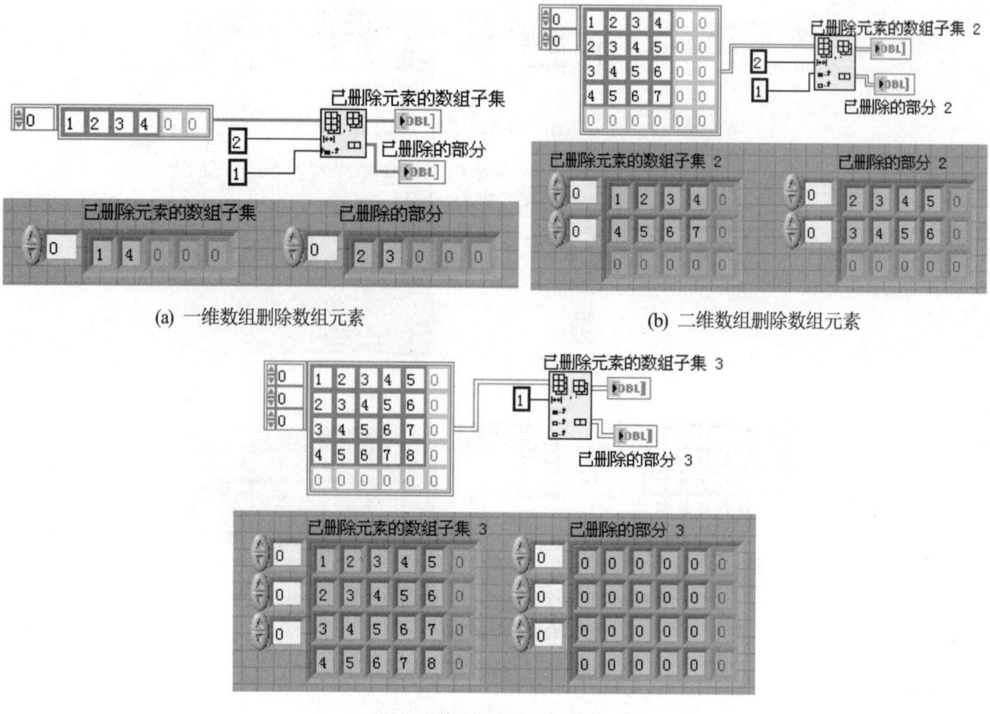

(a) 一维数组删除数组元素

(b) 二维数组删除数组元素

(c) 三维数组删除数组元素

图 3-62　删除数组元素函数应用示例

实例 3-12　“删除数组元素”函数使用示例。

实例 3-12 的 VI 的程序框图和前面板如图 3-63 所示。输入的数组是一维的，共有 5 个元素，分别是(1，2，3，4，5)。该 VI 调用了“删除数组元素”函数，将输入数组中的索引号为 2、长度为 1 的元素删除掉。结果如图 3-63 所示，即元素 3 被删掉了。

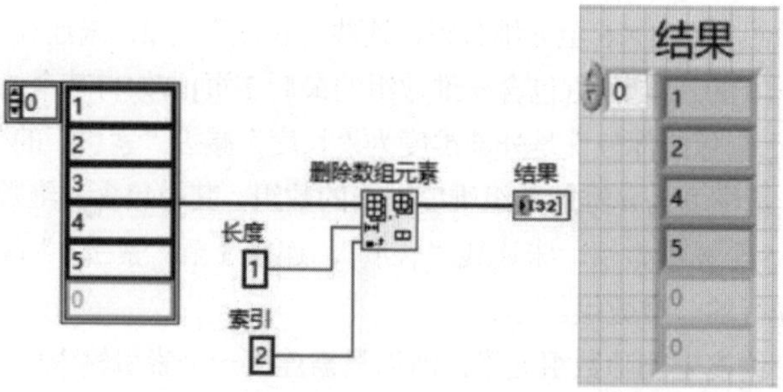

图 3-63　“删除数组元素”函数使用示例

6. “初始化数组”函数

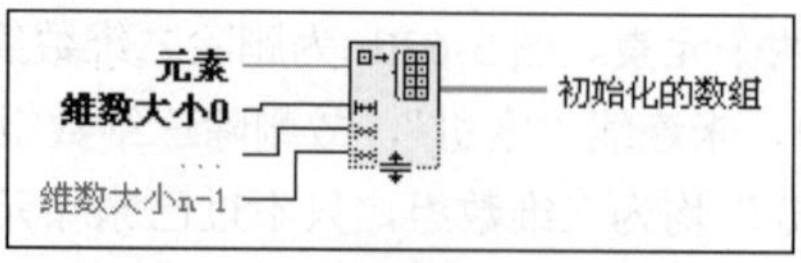

图 3-64　“初始化数组”函数

通过该函数(图 3-64)可以创建一个数组，其中的每个元素都被初始化为“元素”输入端子连接的值。通过定位工具可调整函数的大小，增加输出数组的维数。如维数大小为 0，函数将创建空数组。*n* 维数组的“维数大小”接线端

数量必须为 *n*。初始化的数组的数据类型与元素一。

图 3-65 所示为初始化数组函数。

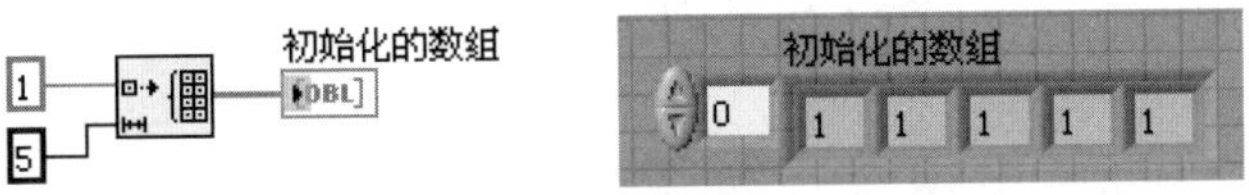

(a) 初始化创建含 5 个元素的一维数组

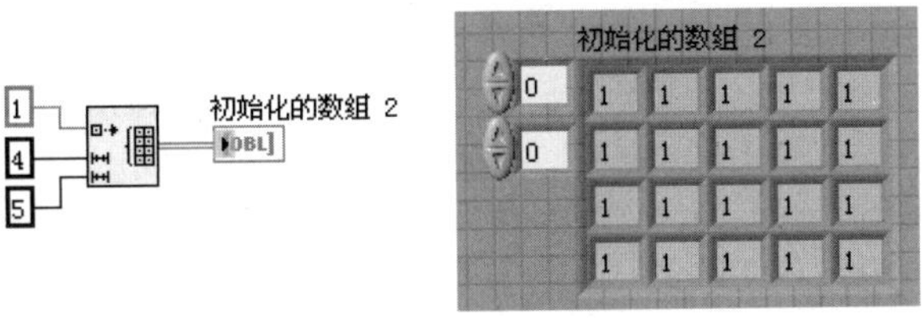

(b) 初始化创建 4 行 5 列的二维数组

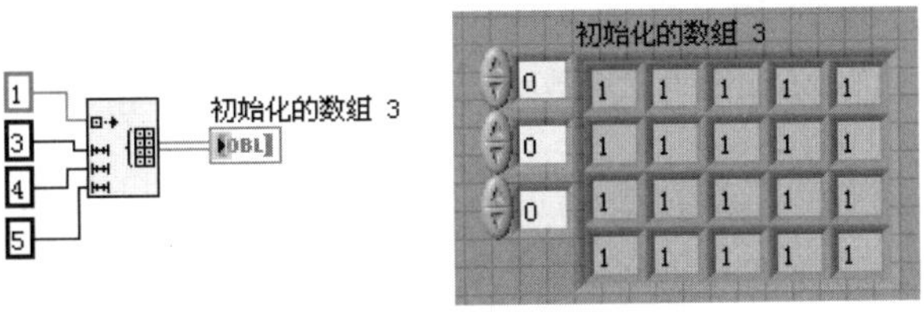

(c) 初始化创建 3 页 4 行 5 列的三维数

图 3-65　初始化数组函数应用示例

实例 3-13　“初始化数组”函数。

实例 3-13 的 VI 的程序框图和前面板如图 3-66 所示。其中，第 1 个“初始化数组”函数(摆放位置在上的)创建了一个长度(大小)为 5 的一维数组，且其中的每个元素都是 1；第 2 个“初始化数组”函数创建了一个 5 行 3 列的二维数组，且其中的每个元素都是 2。

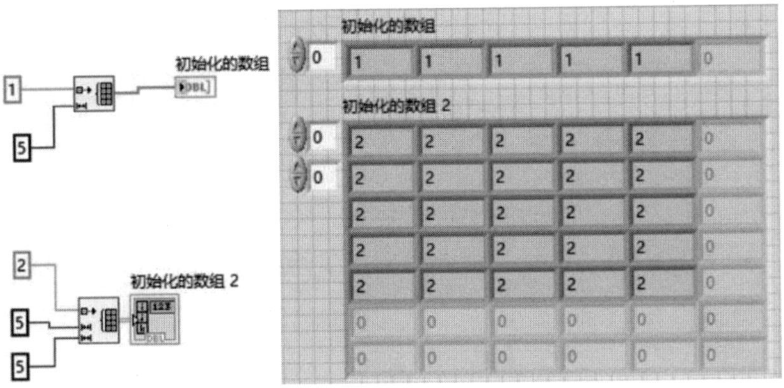

图 3-66　“初始化数组”函数使用示例

7. “创建数组”函数

该函数(图 3-67)实现连接多个数组或向数组添加元素的功能。其中输入的“数组”和“元素”可以是任意的 *n* 维数组或标量元素。所有的输入值必须是元素、一维数组，或者是 *n* 维、*n*−1 维数组，并且具有相同的基本类型。“添加的数组”是作为结果的数组。

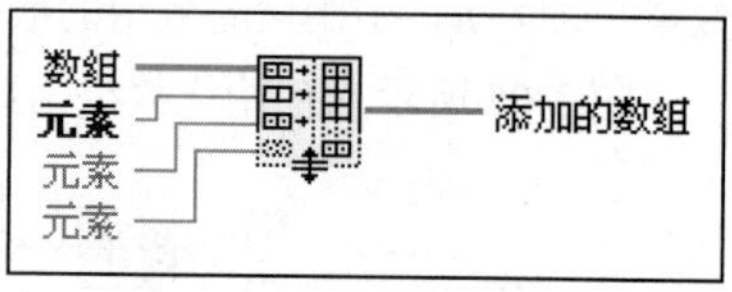

图 3-67　“创建数组”函数

在程序框图上放置该函数时，只有输入端可用。右键单击该函数，在快捷菜单中选择“添加输入”，或调整函数大小，均可向函数增加输入端。

如连线不同类的控件引用至该函数，该函数将把引用强制转换为更通用的类，继承层次结构中最低的类。该函数返回该类的“添加的数组”。

“创建数组”函数可在两种模式中操作，采用的模式取决于是否在快捷菜单中选择“连接输入”。如选择“连接输入”，函数将按顺序拼接所有输入，形成输出数组，该输出数组的维度与连接的最大输入数组的维度相同。如没有选择“连接输入”，函数创建比输入数组多出一个维度的数组。例如，如连线一维数组至“创建数组”函数，即使输入值为一维空数组，输出值仍为二维数组。该函数将按顺序拼接各个数组，形成输出数组的子数组、元素、行或页。如有需要，填充输入以匹配最大输入的大小。

例如，如将两个一维数组[1，2]和[3，4，5]连接到“创建数组”函数，然后在快捷菜单中选择“连接输入”，则输出为一维数组[1，2，3，4，5]。如连接两个数组至“创建数组”函数，但未在快捷菜单中选择“连接输入”，则输出为二维数组[[1，2，0]，[3，4，5]]，第一个输出被填充为匹配第二个输入的长度。

如输入数组的维度相等，右键单击函数，取消勾选或勾选“连接输入”快捷菜单项。如输入数组的维度不相等，“连接输入”会被自动勾选，而且不可取消。如所有的输入为标量元素，“连接输入”被自动取消勾选，且不能选择。输出的一维数组按顺序包含这些元素。在快捷菜单中选择“连接输入”时，“创建数组”图标上的符号会发生变化，以区别两个不同的输入类型。如输入与输出的维度一致，则输入的符号和输出一致；如输入比输出少 1 个维度，则输入的符号为元素符号。

图 3-68 所示为“创建数组”函数的应用示例。

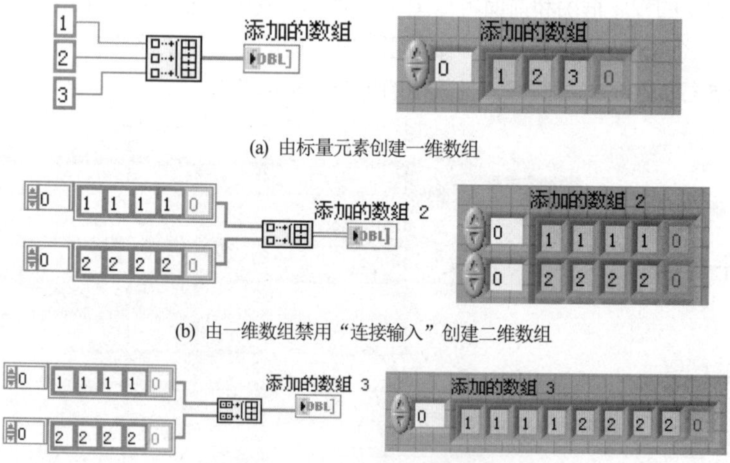

(a) 由标量元素创建一维数组

(b) 由一维数组禁用“连接输入”创建二维数组

(c) 由一维数组启用“连接输入”创建一维数组

图 3-68　“创建数组”函数应用示例

实例 3-14　“创建数组”函数。

在图 3-69 所示 VI 的程序框图面板上，基于两个一维数组常量，利用“创建数组”函数生成了一个新数组。其中，摆放位置在上的“创建数组”函数的“连接输入”选项是勾选的，可实现将两个一维数组串接起来，生成一个新的一维数组。而摆放位置在下的“创建数组”函数的“连接输入”

选项是未选择的，其实现的是将两个一维数组作为元素，生成另一个新的二维数组，并以原最长的一维数组的大小作为新建的二维数组相应维的大小，且对缺少的部位进行自动补 0。

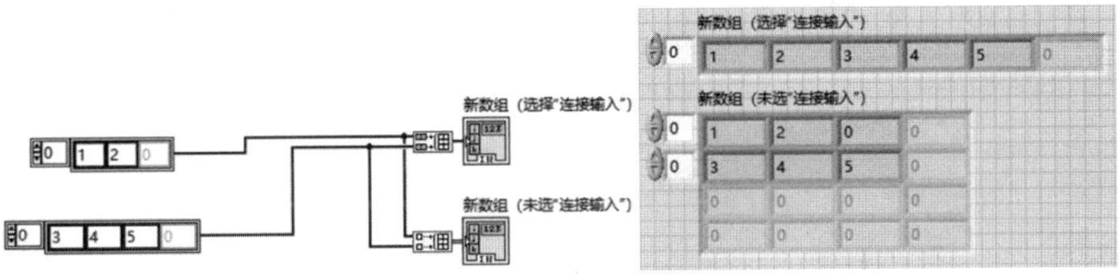

图 3-69 “创建数组”函数使用示例

8. “数组子集”函数

该函数(图 3-70)用于返回输入数组从“索引”位置开始包含“长度”数值个元素的一部分。其中“数组”可以是任意类型的 *n* 维数组。“索引”指定要返回的部分数组中包含的第一个元素、行、列或页。若“索引”小于 0，函数将其视为 0。若“索引”大于等于数组大小，函数将返回空数组。“长度”指定要返回的部分数组中包含的元素、行、列或页的数量。如“索引”与“长度”的和大于数组大小，函数将返回尽可能多的数组，默认值是从索引至数组结尾的长度。返回的“子数组”与“数组”的类型相同。

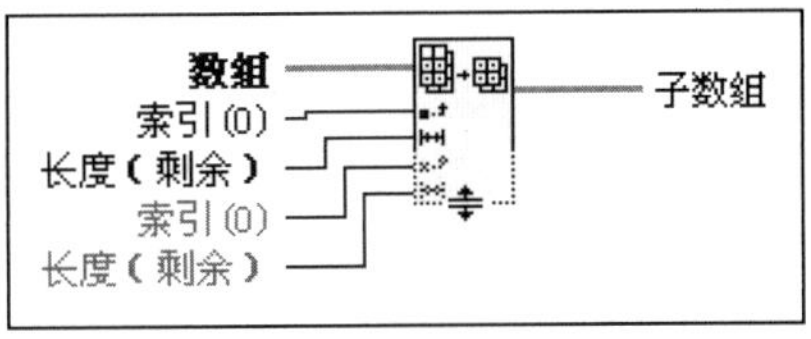

图 3-70 “数组子集”函数

将数组连接到该函数时，函数将自动调整大小以显示数组各个维度的索引。如连线一维数组至该函数，函数可显示元素的索引输入端。如连线二维数组至该函数，函数将显示行和列的索引输入。如将三维数组通过数组连线至该函数，函数可显示页的索引输入端。

图 3-71 所示为数组子集函数应用示例。

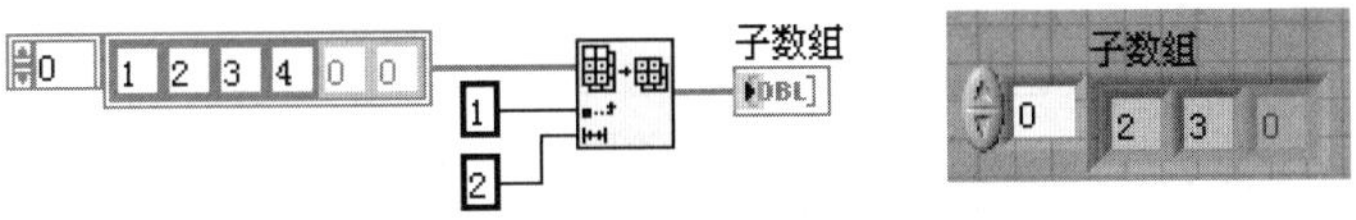

(a) 获取一维数组从索引 1 开始长度为 2 的子集

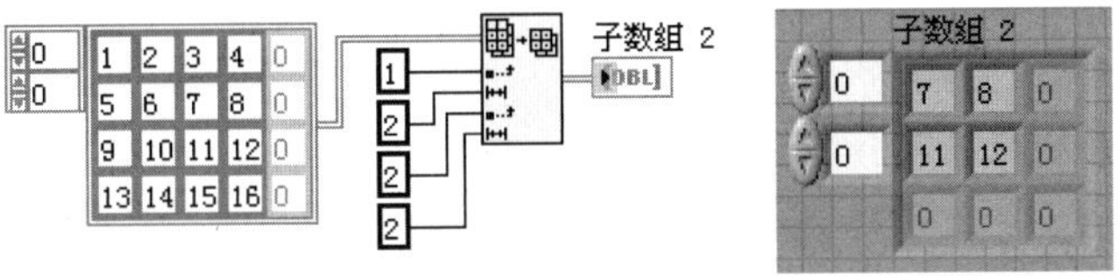

(b) 获取二维数组从行索引 1 开始长度为 2、列索引 2 开始长度为 2 的子集

图 3-71 “数组子集”函数应用示例

实例 3-15 “数组子集”函数。

实例 3-15 的 VI 的程序框图和前面板如图 3-72 所示。它完成的是将一个 5 行 3 列的二维数组常量连至“数组子集”函数。其中，“数组子集”函数索引的是原二维数组从第 1 行开始、长度为 3 的一个子二维数组，具体输出的子二维数组有 3 行 3 列。

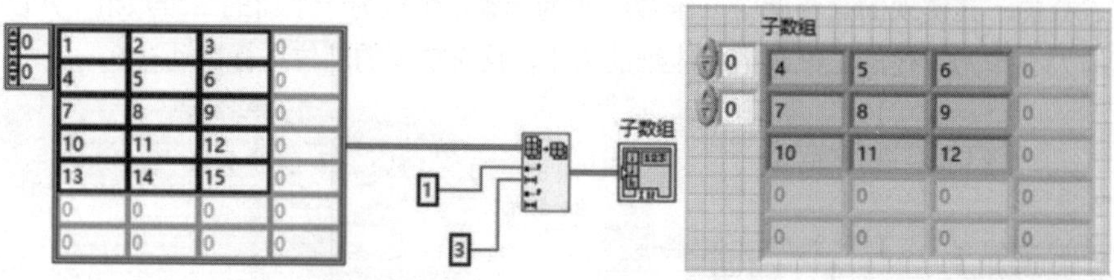

图 3-72 “数组子集”函数使用示例

9. “数组最大值与最小值”函数

该函数(图 3-73)用于返回数组中的最大值和最小值及其索引。其中“数组”可以是任意类型的 *n* 维数组。“最大值”和“最小值”的数据类型和结构与“数组”中的元素一致。“最大索引”和“最小索引”分别是第一个最大值和最小值的索引。如数值“数组”只有一个维度，

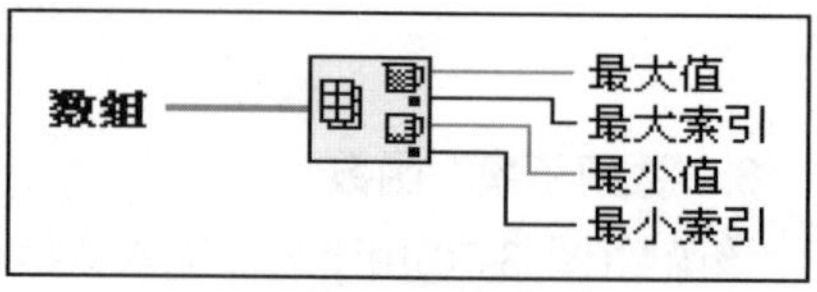

图 3-73 “数组最大值与最小值”函数

“最大索引”和“最小索引”输出为整数标量。如数值“数组”的维数多于 1，“最大索引”和“最小索引”为包含最大值和最小值索引的一维数组。如输入“数组”为空，“最大索引”和“最小索引”均为-1。

图 3-74 所示为“数组最大值和最小值”函数应用示例。

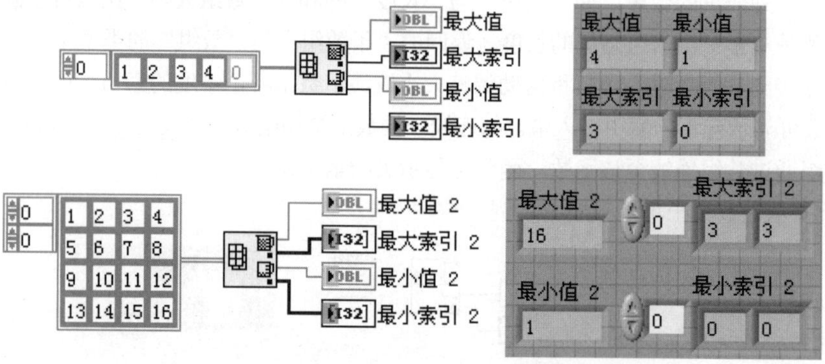

图 3-74 “数组最大值和最小值”函数应用示例

10. “重排数组维数”函数

该函数(图 3-75)根据维数大小 0 至 *m*-1 的值，改变数组的维数。函数从左至右按行读取内存中数据数组的值，并显示重新排序后的数组。其中“n 维数组”可以是任何类型的 *n* 维数组。“维数大小 0”至“维数大小 m-1”指定“m 维数组”的维数，必须为数字。如维数大小为 0，函数将创建空字符串。*m* 维数组的维数大小接线端数量必须为 *m*。如“m 维数组”维数大小的乘积大于输入数组元素的数量，函数将用“n 维数组”的默认数据类型填充新数组；如维数的乘积小于输入数组元素的数量，函数将对数组进行剪切。例如，传递包含 9 个元素的一维数组[0，1，2，3，4，5，6，7，8]至该函数，维数大小分别定义为 2 和 3，函数将返回二维数组[[0，1，2]，[3，4，5]]。该函数

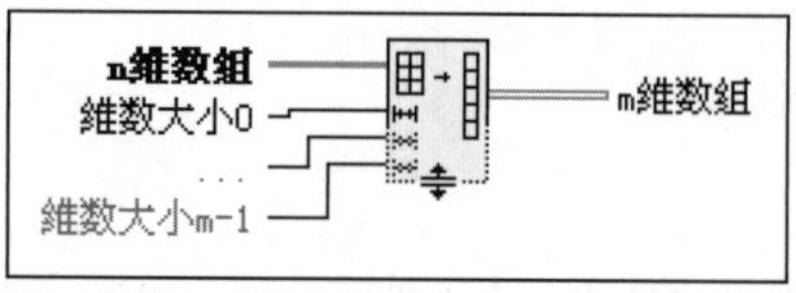

图 3-75 “重排数组维数”函数

截去最后 3 个输入元素，因为输出数组只有 6 个元素的位置。

调整该函数大小，增加维数大小参数的数量，*m* 维数组对每个维数大小输入都有相应的维度。例如，可使用该函数将一维数组转变为二维数组，反之亦可；也可用于增加或减小一维数组的大小。

图 3-76 所示为“重排数组维数”函数应用示例。图 3-76(a)中，输入一维数组有 8 个元素，而重排数组为 2 行 3 列，共需 6 个元素，因此输入数组最后两个元素被剪切了。图 3-76(b)中，输入的二维数组共有 16 个元素，重排数组需 18 个元素，因此最后两个元素以默认值填充。

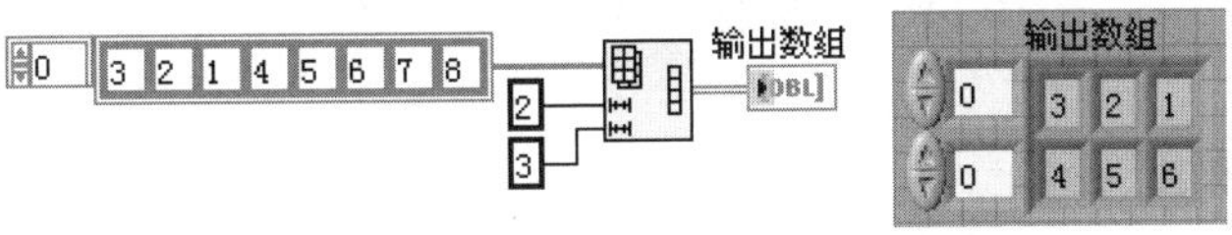

(a) 一维数组重排成 2 行 3 列的二维数组

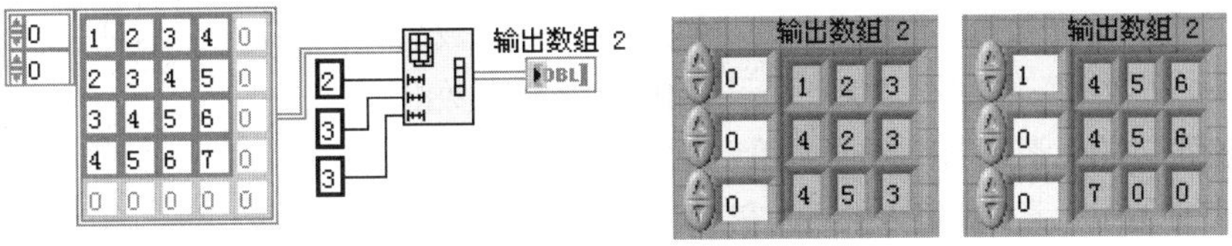

(b) 二维数组重排成 2 页 3 行 3 列的三维数组

图 3-76　“重排数组维数”函数应用示例

11.“一维数组排序”函数

该函数(图 3-77)实现将“数组”输入数组元素按照升序排列后输出。如数组的元素是簇，该函数将按照第一个元素的比较结果对元素进行排序，如第一个元素匹配，函数将比较第二个和其后的元素。

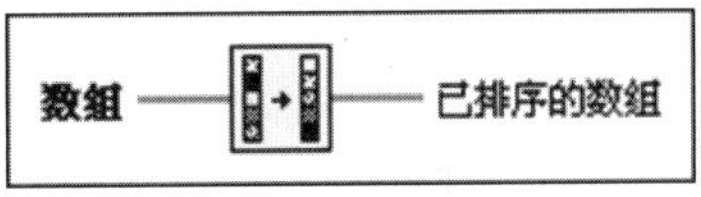

图 3-77　“一维数组排序”函数

图 3-78 所示为“一维数组排序”函数应用示例。

图 3-78　“一维数组排序”函数应用示例

12.“搜索一维数组”函数

该函数(图 3-79)实现在输入的“一维数组”中从“开始索引”位置开始搜索“元素”并返回该“元素索引”。因为搜索是线性的，所以调用该函数前不必对数组排序。找到“元素”后，LabVIEW 会立即停止搜索。其中“元素”是要在输入数组中搜索的值，其表示法必须与一维数组的表示法一致；“开始索引”必须为数值，默认值为 0；“元素索引”是元素所在的位置，如函数没有找到“元素”，“元素索引”将为−1。

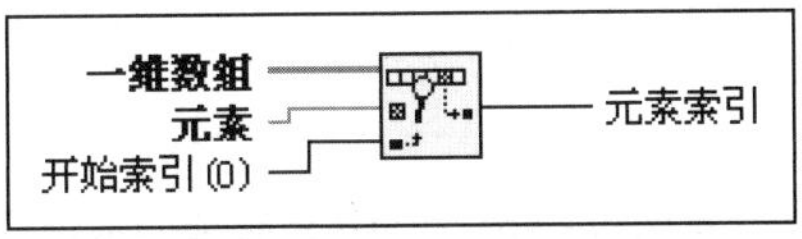

图 3-79　“搜索一维数组”函数

不能使用该函数获取非数组元素的索引。例如，如数组中有两个元素(0.0，1.0)，因为值 0.5 不是数组中的元素，因此函数将无法找到对应的索引。指定的元素与某个数组元素精确匹配，该函数只查找字符串。例如，数组中有两个元素(upperlimit 和 lowerlimit)，因为 limit 无法与数组中的元素精确匹配，函数将无法找到 limit 的索引。以上例子，可使用匹配正则表达式函数在字符串中搜索正则表达式。

图 3-80 所示为“搜索一维数组”函数的应用示例。

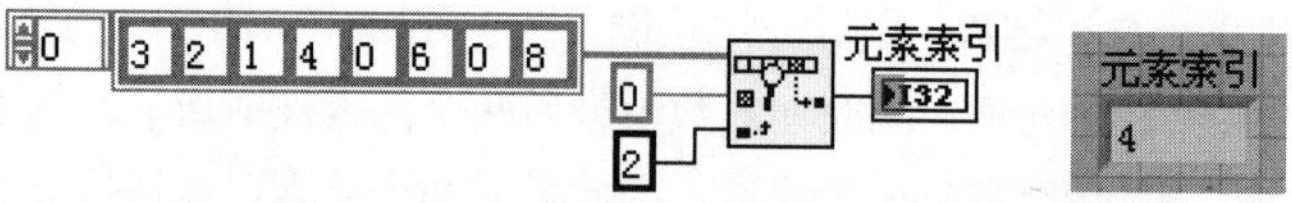

图 3-80　“搜索一维数组”函数的应用示例

13.“拆分一维数组”函数

该函数(图 3-81)实现从“索引”位置将输入“数组”分为两部分，返回两个数组。其中“数组”可以是任意类型的一维数组，“索引”必须为数值。如“索引”为负数或 0，“第一个子数组”将为空。如“索引”大于等于数组大小，“第二个子数组”将为空。“第一个子数组”包含输入数组[0]至数组[索引−1]的元素。“第二个子数组”包含不在“第一个子数组”中的其他数组元素。如输入数组为空，则输出数组也为空。输入空数组时，函数不会产生错误。

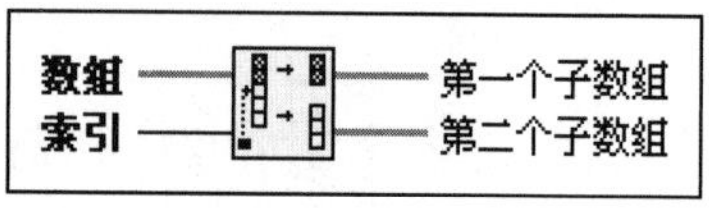

图 3-81　“拆分一维数组”函数

图 3-82 所示为“拆分一维数组”函数应用示例。

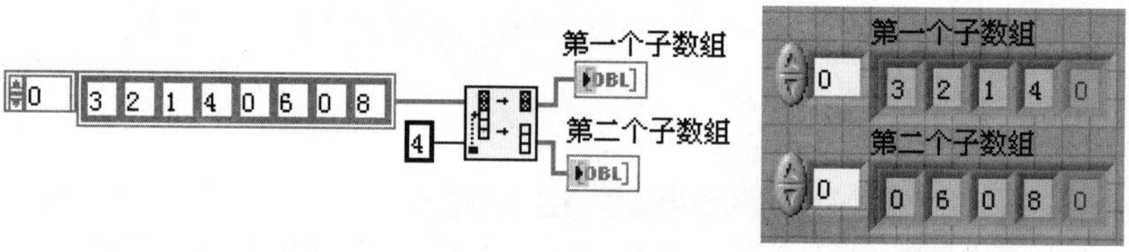

图 3-82　“拆分一维数组”函数应用示例

14.“反转一维数组”函数

该函数(图 3-83)实现反转数组中元素顺序的功能，其中“数组”是任意类型的一维数组。如数组有 n 个元素，数组[0]将变为反转的数组[n−1]，数组[1]将变为反转的数组[n−2]，以此类推。

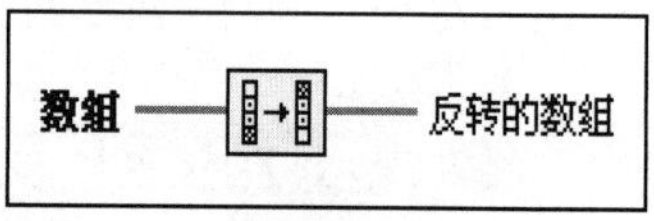

图 3-83　“反转一维数组”函数

图 3-84 所示为“反转一维数组”函数应用示例。

图 3-84　“反转一维数组”函数应用示例

15.“一维数组循环移位”函数

该函数(图 3-85)将数组中的元素移动多个位置，方向及移位位置由 n 指定。其中 n 必须为数值数据类型，如将其他表示法连接至函数，n 将被强制转换为 32 位整型。“数组”可以是任意类型的一维数组。“数组(最后 n 个元素置于前端)”是输出数组。例如，如 n 是 1，输入数组[0]将变为输出数组[1]，输入数组[1]将变为输出数组[2]，以此类推，输入数组[m−1]将变为输出数组[0]，m 是数组元素的数量，这相当于数字电路中移位寄存器循环右移操作。如 n 为−2，输入数组[0]将变为输出数组[m−2]，输入数组[1]将变为输出数组[$m-1$]，以此类推，输入数组[$m-1$]将变为输出数组[$m-3$]，m 是数组元素的数量，这相当于数字电路中移位寄存器循环左移操作。

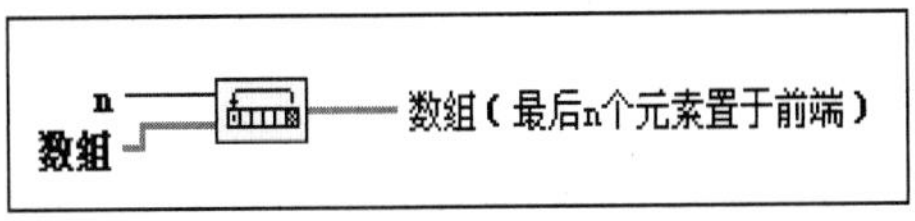

图 3-85　“一维数组循环移位”函数

图 3-86 所示为“一维数组循环移位”函数应用示例。

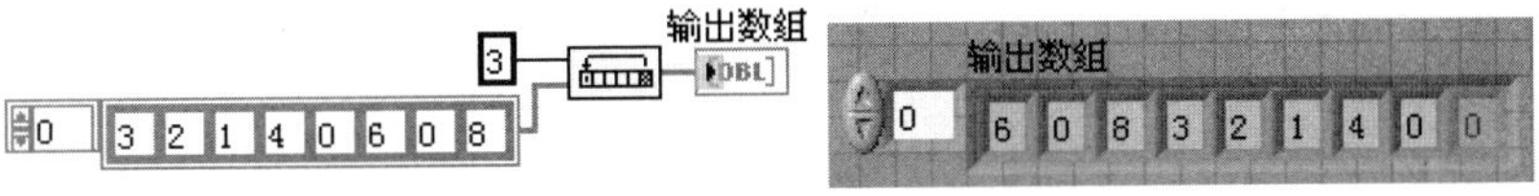

图 3-86　“一维数组循环移位”函数应用示例

16.“一维数组插值”函数

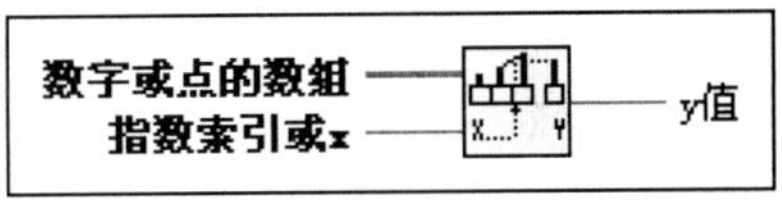

图 3-87　“一维数组插值”函数

该函数(图 3-87)实现通过“指数索引或 x”值，线性插入“数字或点的数组”中的“y 值”。其中，“数字或点的数组”可以是数字数组或点数组，每个点是由 x 坐标和 y 坐标组成的簇。如该输入为点数组，函数将使用簇的第一个元素(x)通过线性插值获取指数索引，然后，函数使用该指数索引通过第二个簇元素(y)计算输出 y 值。

“分数索引或 x”是索引或 x 值，函数应在该位置返回一个 y 值。例如，数字或点的数组包含双精度浮点数 5 和 7，“分数索引或 x”被设置为 0.5，函数将返回 6.0，该值是第 0 个元素和第 1 个元素的中间值。如“数字或点的数组”包含数据点数组，函数将在“分数索引或 x”对应的 x 值上线性插入 y 值。例如，数组包含两个点(3，7)和(5，9)，且“分数索引或 x”被设置为 3.5，函数将返回 7.5。“分数索引或 x”不会在数组或数据点集合外进行插值。例如，设定参数小于数组的第一个元素或 x 值，函数将返回第一个元素的值或第一个数据点的 y 值。同样，如设定参数过大，函数将返回最后一个元素的值或最后的 y 值。“分数索引或 x”必须为固定的一个点或介于两点之间，函数才能正常运行。

“y 值”是“数字或点的数组”中，位于分数索引处的元素的插值，或位于分数数据点处的 y 插值。

可将数值数组或数据点集合数组连接到该函数。如连接数值数组，函数将“分数索引或 x”解析为数据元素的引用。如连接数据点集合数组，函数将“分数索引或 x”解析为每个数据点集合中的 x 值元素。如连接数据点数组至该函数，数据点必须按照 x 值升序排列。

图 3-88 所示为“一维数组插值”函数应用示例。

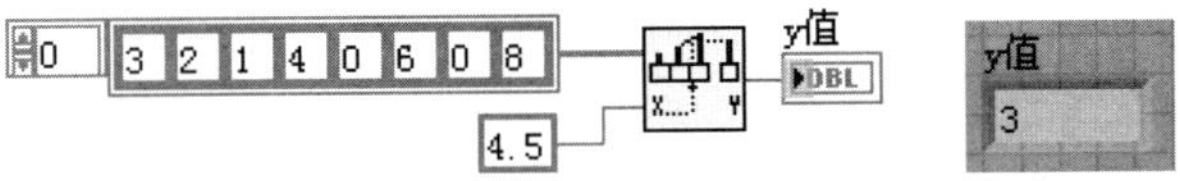

图 3-88　“一维数组插值”函数应用示例

17.“以阈值插值一维数组”函数

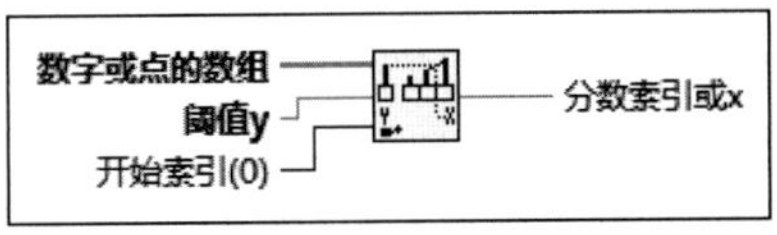

图 3-89　“以阈值插值一维数组”函数

该函数(图 3-89)实现在表示二维非降序排列图形的一维数组中插入点，该函数相当于“一维数组插值函数”的反函数。该函数将“阈值 y”与“数字或点的数组”中“开始索引”位置以后的值相比较，直到找到一对连续的元素，“阈值 y”比第一个元素大，或等于第二个元素。

“数字或点的数组”可以是数字数组或点数组，每个点是由 x 坐标和 y 坐标组成的簇。如为点数组，函数将使用簇中的第二个元素(y 坐标)获取分数指数，并用该分数指数插入相应的 x 值。

“阈值 y”是函数的阈值。如“阈值 y”小于等于“开始索引”处的数组值，函数将返回“分数索引或 x”的起始索引。如“阈值 y”大于数组中的任意值，函数将返回最后一个值的索引。如数组为空，函数将返回 NaN。

“开始索引”必须为数值，默认值为 0，数组将返回通过整个数组计算的结果，而不是数组的某个部分。

“分数索引或 x”是 LabVIEW 为一维输入数组“数字或点的数组”计算的插值结果。例如，“数字或点的数组”是由 4 个元素组成的数组[4，5，5，6]，“开始索引”为 0，“阈值 y”为 5，则“分数索引或 x”为 1，与函数找到的第一个值为 5 的元素的索引一致。如数组元素为[2.3，5.2，7.8，7.9，10.0，9.1，10.3，12.9，15.5]，“开始索引”为 0，“阈值 y”将为 6.5。因为 6.5 是 5.2(索引为 1)与 7.8(索引为 2)和的一半，所以输出为 1.5。对于相同的数组，如“阈值 y”为 7，输出将为 1.69。如“阈值 y”为 14.2，“开始索引”为 5，数组中从索引 5 开始的元素为 9.1、10.3、12.9 和 15.5，因为 14.2 是 12.9 和 15.5 的一半，所以“阈值 y”介于元素 7 和 8 之间，“分数索引或 x”的值为 7.5，即 7 和 8 的一半。

如输入数组是点数组，其中每个点由 x、y 坐标组成的簇表示，输出将为 x 值的插值，它对应于“阈值 y”在 y 坐标的插值位置，而不是数组的分数索引。如“阈值 y”的插值位置介于索引为 4 和 5 的 y 值之间，且对应的 x 值分别为−2.5 和 0，输出将不是索引值为 4.5 的数值数组，而是 x 值−1.25。换句话说，如果用图形显示点，函数将返回与给定 y 值相关的插值 x。

该函数将用同样的方式处理数值数组和点数组。如果是数值数组，函数将假定 x 坐标是数组的索引。换句话说，函数假定点是均匀分布的。

该函数计算第一个元素和“阈值 y”之间的小数距离，返回索引，“阈值 y”可置于“数字或点的数组”的该位置上，作为线性插值。

只能在非降序排列的数组中使用该函数。该函数不识别斜率为负的索引，如“阈值 y”比开始索引位置的值小，函数可能会返回错误数据。通过阈值的峰检测 VI，可以进行更高级的数组分析。

图 3-90 所示为“以阈值插值一维数组”函数的应用示例。

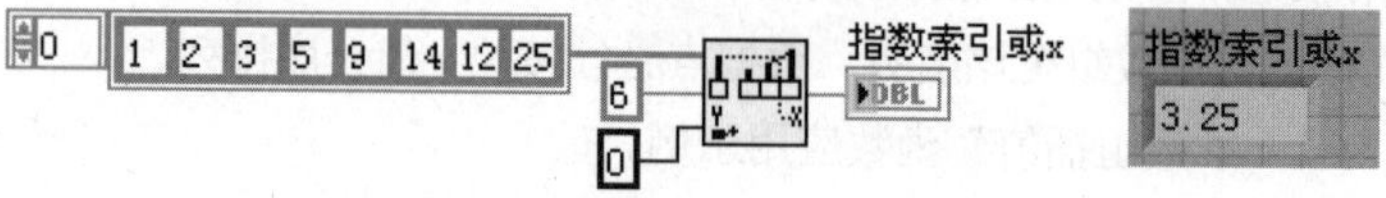

图 3-90　“以阈值插值一维数组”函数应用示例

18. “交织一维数组”函数

该函数(图 3-91)实现交织输入数组中的相应元素，形成输出数组。其中“数组 0”至“数组 n−1”必须为一维。如输入数组的大小不同，“交织的数组”的元素数等于最小输入数组的元素数乘以输入数组数。交织的数组[0]包含数组 0[0]，交织的数组[1]包含数组 1[0]，交织的数组[n-1]包含数组 n-1[0]，交织的数组[n]包含数组 0[1]，依此类推。n 是输入接线端的数量。

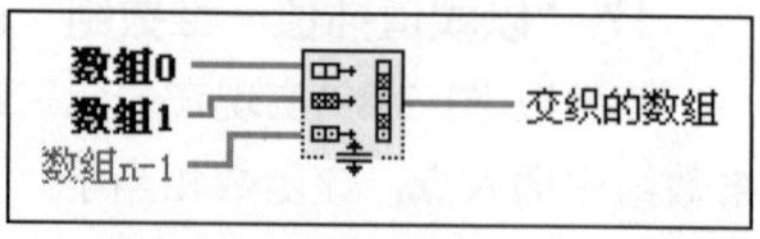

图 3-91　“交织一维数组”函数

图 3-92 所示为“交织一维数组”函数应用示例。

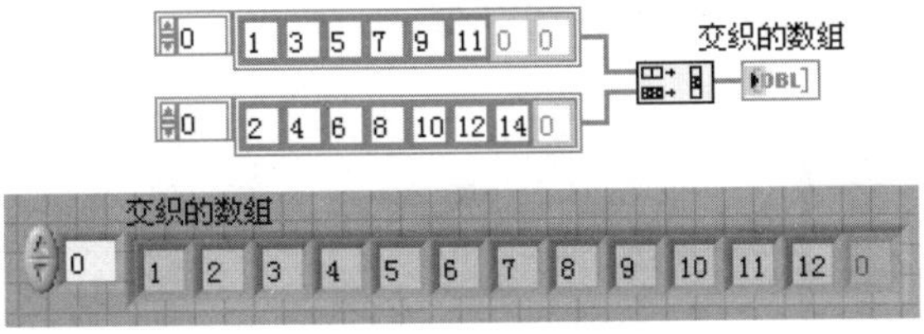

图 3-92　“交织一维数组”函数应用示例

19. “抽取一维数组”函数

该函数(图 3-93)的功能是将数组的元素分成若干输出数组，依次输出元素。可通过调整函数大小，添加更多输出接线端。

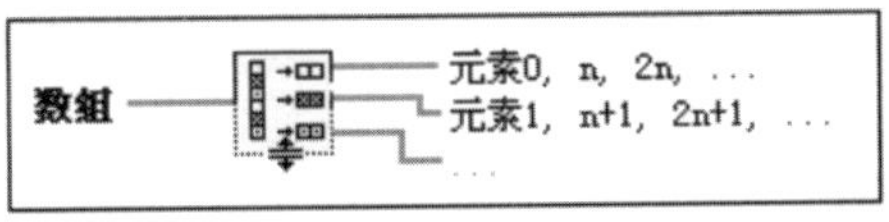

图 3-93　“抽取一维数组”函数

其中“数组”可以是任意类型的一维数组。“元素 0，n，2n，...”是第一个输出数组，“元素 1，n+1，2n+1，…”是第二个输出数组，以此类推。函数将数组[0]存储在第一个输出数组的索引 0 位置，数组[1]存储在第二个输出数组的索引 0 位置，数组[*n*−1]存储在最后一个输出数组的索引 0 位置，数组[*n*]存储在第一个输出数组的索引 1 位置，以此类推。*n* 是函数的输出接线端数目。例如，假设数组有 16 个元素，连接的输出数组为 4 个，则第一个输出数组接收索引为 0、4、8 和 12 的元素，第二个输出数组接收索引为 1、5、9 和 13 的元素，第三个输出数组接收索引为 2、6、10 和 14 的元素，最后一个输出数组接收索引为 3、7、11 和 15 的元素。如删除输入数组中的一个元素，将只剩下 15 个元素。最后的输出数组将只有 3 个元素 3、7 和 11，元素 15 已被删除。由于函数只能返回同样大小的数组，其他 3 个数组将失去最后一个元素，这样每个数组都只有 3 个元素。

图 3-94 所示为“抽取一维数组”函数应用示例。

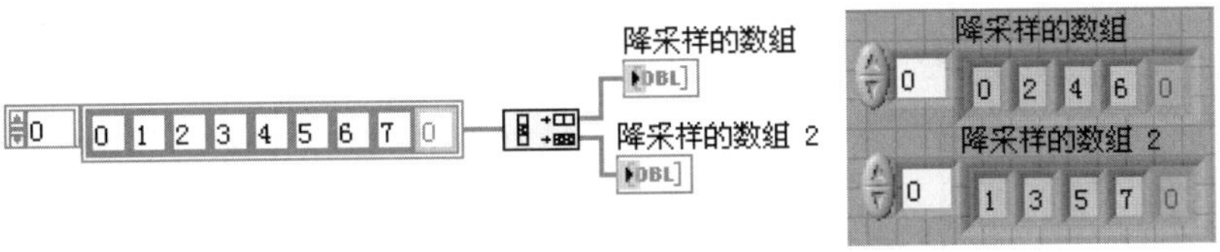

图 3-94　“抽取一维数组”函数应用示例

20. “二维数组转置”函数

该函数(图 3-95)的功能是重新排列二维数组的元素，使二维数组[*i*，*j*]变为已转置的数组[*j*，*i*]。其中“二维数组”可以是任意类型的二维数组，“转置的数组”是输出数组。

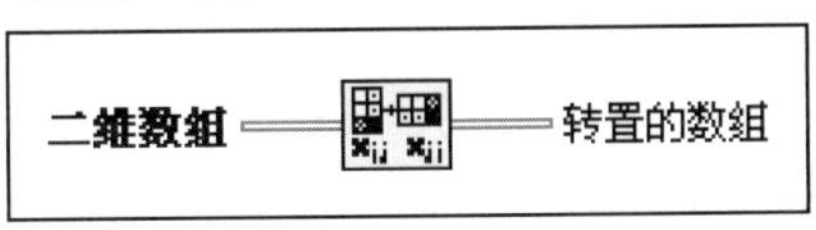

图 3-95　“二维数组转置”函数

图 3-96 所示为“二维数组转置”函数应用示例。

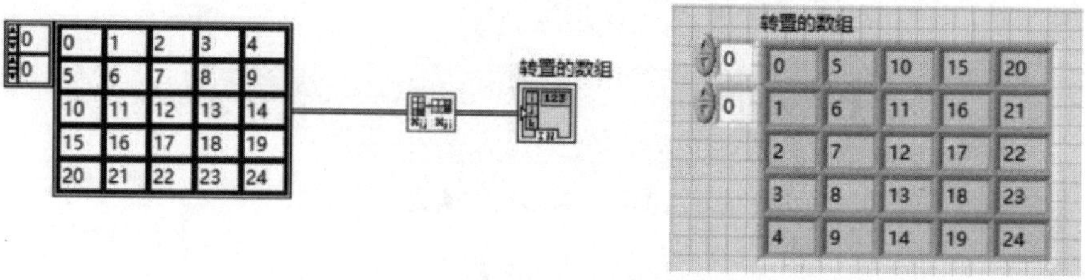

图 3-96　“二维数组转置”函数应用示例

在数组函数节点中，与数组相关的还有“数组至簇转换”“簇至数组转换”“数组至矩阵转换”“矩阵至数组转换”4 个节点，这 4 个函数节点的功能可参考后面的内容及 LabVIEW 的联机帮助。

3.4 字符串与路径

字符串是 LabVIEW 中的一种基本数据类型。LabVIEW 为用户提供了功能强大的字符串控件和字符串运算功能函数。路径也是一种特殊的字符串，专门用于对文件路径的处理。

在 LabVIEW 中，字符串与路径主要包含在“控件”选板的“字符串与路径”子选板中(在 Express 中为“文本输入控件”)，图 3-97 所示为“控件”选板中不同可见类别和样式中“字符串与路径”子选板中的字符串与路径控件。同其他类型类似，常量存在于函数选板的“字符串”子选板中，图 3-98 列出了“函数”选板中“字符串”子选板下的字符串常量。

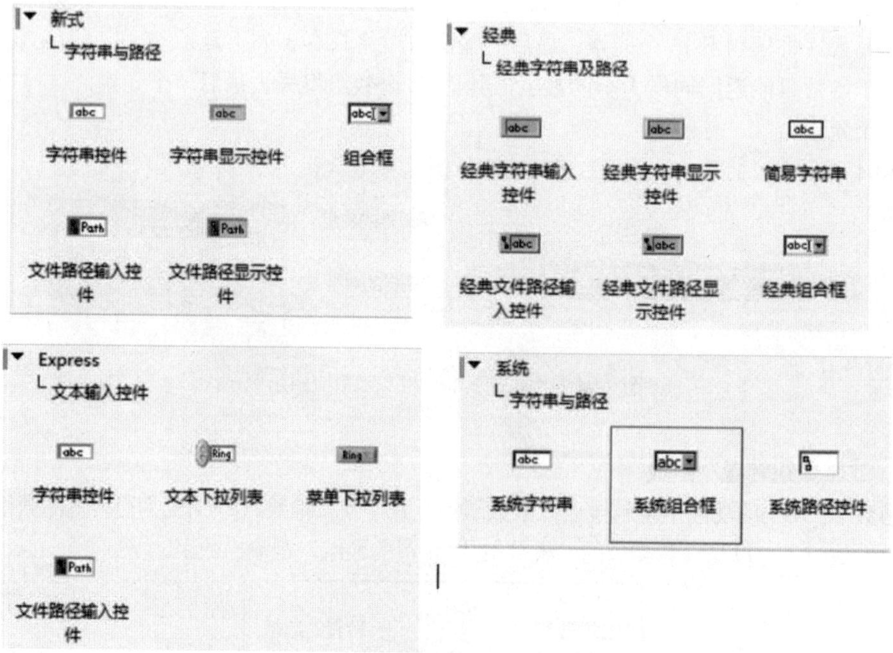

图 3-97　“控件”选板中的“字符串与路径”控件

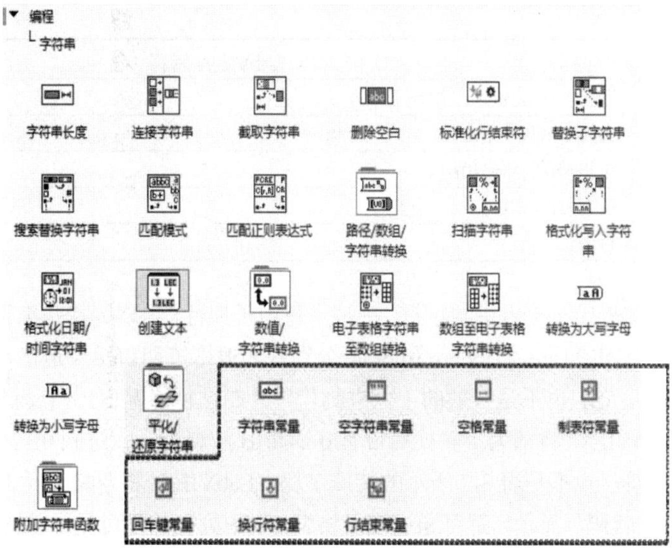

图 3-98　“函数”选板中的字符串常量

从图 3-97 中可以看出，“字符串与路径”子选板中共有 3 种对象：字符串控件(输入/显示)、组合框控件和文件路径控件(输入/显示)。

3.4.1　字符串控件

1. 字符串控件

字符串对象用于处理和显示各种字符串，用数据操作工具或文本编辑工具单击字符串对象的显示区，即可在对象显示区的光标位置进行字符串的输入和修改。字符串的输入和修改操作与常见显示选项如图 3-99 所示。

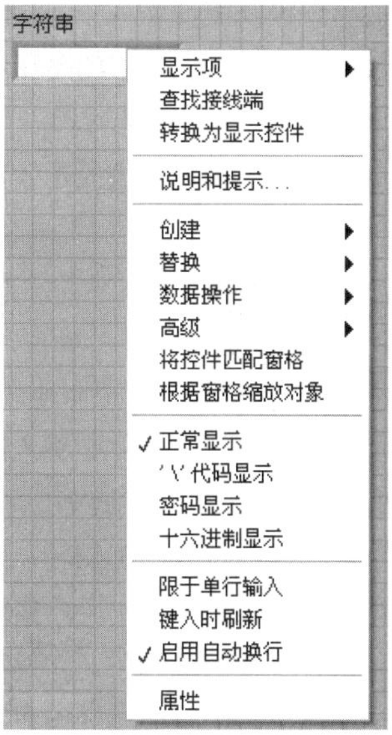

图 3-99　“字符串”控件快捷菜单

(1) 正常显示

在该显示模式下，除了一些不可显示的字符，如制表符、Esc 等，字符串控件显示输入的所有字符。

(2) '\'代码显示

在这种显示模式下，字符串控件除了显示普通字符外，用'\'形式还可以显示一些特殊的控制字符。该模式适用于调试 VI 及把不可显示字符发送至仪器、串口及其他设备。表 3-7 列出了 LabVIEW 对不同代码的解释。

表 3-7　特殊代码及释义

代码	LabVIEW 解释
\00～\FF	8位字符的16进制值，必须大写
\b	退格符(ASCIIBS，相当于\08)
\f	换页符(ASCIIFF，相当于\0C)
\n	换行符(ASCIILF，相当于\0A)。格式化写入文件函数自动将此代码转换为独立于平台的行结束字符

(续表)

代码	LabVIEW 解释
\r	回车符(ASCIICR，相当于\0D)
\t	Tab制表符(ASCIIHT，相当于\09)
\s	空格符(相当于\20)
\\	反斜杠(ASCII\，相当于\5C)
%%	百分比

反斜杠后的大写字母用于十六进制字符，小写字母用于换行、退格等特殊字符。例如，LabVIEW将\BFare视为十六进制BF和are，将\bFare和\bfare分别视为退格符和Fare及退格符和fare。而在\Bfare中，\B 不是退格代码，\Bf 也不是有效的十六进制代码，在这种情况下，当反斜杠后仅有部分有效十六进制字符时，LabVIEW 将认为反斜杠后带有 0 而将\B 解释为十六进制 0B。如果反斜杠后既不是合法的十六进制字符，也不是表 3-7 所示的特殊字符，LabVIEW 将忽略该反斜杠字符。

不论是否选中“'\'代码”显示，都可通过键盘将表 3-7 中列出的不可显示字符输入到一个字符串输入控件中。但是，如在显示窗口含有文本的情况下启用反斜杠模式，则 LabVIEW 将重绘显示窗口，显示不可显示字符在反斜杠模式下的表示法及 '\' 字符本身。

(3) 密码显示

该模式将使输入字符串控件的每个字符(包括空格)都显示为星号(*)。从程序框图中读取字符串数据时，实际上读取的是用户输入的数据。如从控件复制数据，LabVIEW 将只复制“*”字符。

(4) 十六进制显示

十六进制显示将显示字符的 ASCII 值，而不是字符本身。调试或与仪器通信时，可使用十六进制显示。

图 3-100 给出了一个字符串在 4 种不同显示模式下的显示结果，该字符串共包括“LabVIEW”、一个空格、“String”、一个空格、“Display”和一个换行符共 23 个字符。

在快捷菜单中，“限于单行输入”用于配置在字符串常量和控件中仅限于单行输入，该选项可防止用户在字符串控件中输入回车符。在复制一个多行字符串并将多行字符串粘贴至只限于单行输入的字符串对象时，LabVIEW 仅粘贴多行字符串的第一行。“键入时刷新”选项设定后，控件值将在用户输入字符时同步刷新，而不是等待用户输入 Enter 键或者文本输入结束才刷新。该选项可用于检查输入的正确性或向用户提供反馈。“启用自动换行”选项用于设定使控件中的文本根据控件大小自动换行。取消该选项，字符串将只在遇到一个换行符时换行。另外，如果文本较多而在控件中无法全部浏览，可以在属性设置对话框中设置控件的滚动条，通过滚动条浏览文本。

2. 组合框控件

组合框是一种特殊的字符串对象，除了具有字符串对象的功能外，还添加了一个字符串列表。在字符串列表中，可以预先设定几个预定的字符串，供用户选择，如图 3-101 所示。单击组合框右侧的“下拉”按钮，会出现一个下拉列表，列表中列出了预先设定的字符串选项，用户可以任意选择来设定组合框当前字符串选项。当组合框没有预设字符串选项时，“下拉”按钮将不可用。

在组合框对象的快捷菜单中选择“编辑项”，将弹出属性设置对话框并打开“编辑项”选项卡。在该选项卡中，可以编辑、预设组合框对象中可选择的字符串条目，如图 3-102 所示。

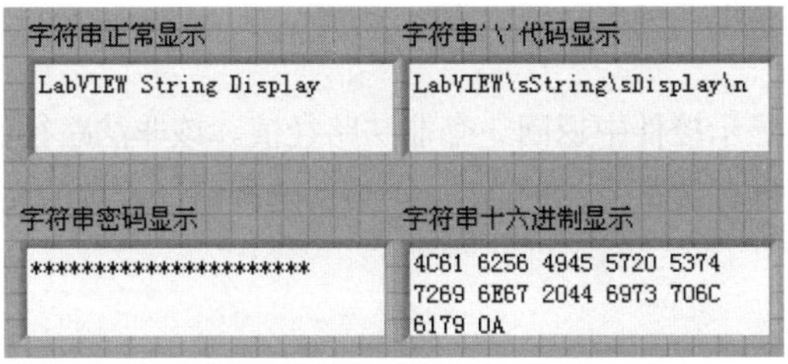

图 3-100　一个字符串在 4 种不同显示模式下的显示结果

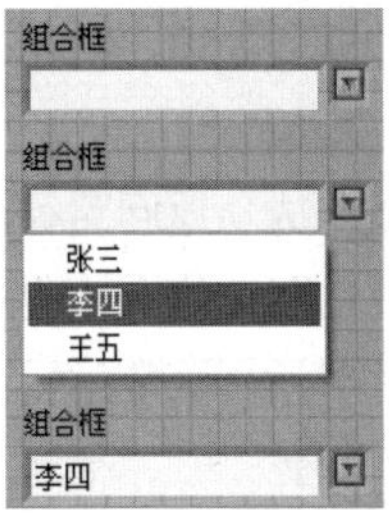

图 3-101　组合框对象

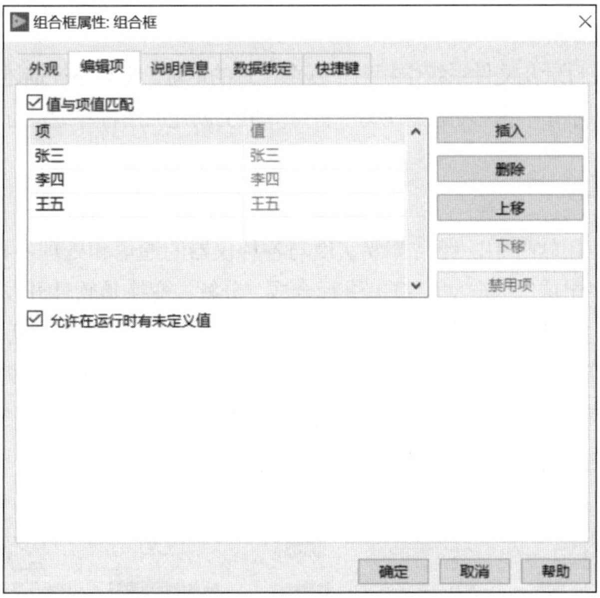

图 3-102　组合框对象“编辑项”选项卡

在编辑区域中，左边的“项”为在组合框中显示的字符串，右边的“值”为组合框实际存储的值。当选中“值与项值匹配”时，“值”中的字符串选项与“项”中的内容保持一致。另外，快捷菜单中的“允许未定义字符串”处于勾选状态或“编辑项”选项卡中的“允许在运行时有未定义值”被选中时，在组合框控件中输入字符串值时，可输入的字符串并不局限于已在该控件的字符串列表中定义的字符串，用户可以在运行时直接输入新的字符串。右键单击组合框控件，取消勾选快捷菜单中的“允许未定义字符串”，则禁止用户输入未定义字符串。

3. 文件路径控件

文件路径对象也是一种特殊的字符串对象，专门用于处理文件的路径。文件路径控件用于输入或返回文件或目录的地址，可与文件 I/O 节点配合使用，如图 3-103 所示。用户可以直接在“文件路径输入控件”中输入文件的路径，也可以通过单击右侧的“浏览”按钮打开一个 Windows 标准文件对话框，在对话框中查找需要的文件，“文件路径显示控件”不能输入，也没有浏览按钮。

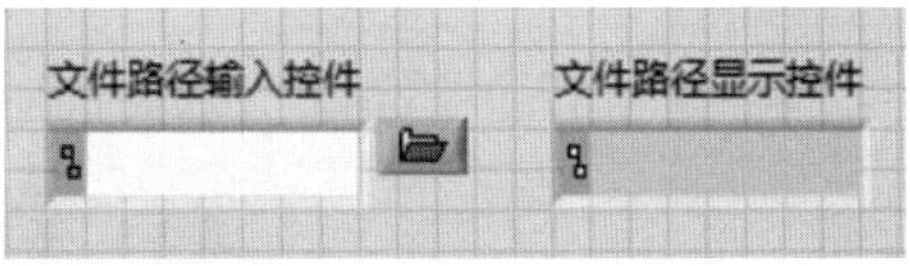

图 3-103　文件路径控件

路径控件与字符串控件的工作原理类似，但 LabVIEW 会根据用户所用操作平台的标准句法将路径按一定的格式处理。路径通常分为以下 3 种类型。

(1) 非法路径

如函数未成功返回路径，该函数将在显示控件中返回一个非法路径值。该非法路径值可作为一个路径控件的默认值来检测用户何时未提供有效路径，并显示一个带有选择路径选项的文件对话框。可使用文件对话框函数显示文件对话框。

(2) 空路径

空路径可用于提示用户指定一个路径。将一个空路径与文件 I/O 函数相连时，空路径将指向映射到计算机的驱动器列表。

(3) 绝对路径和相对路径

相对路径是文件或目录在文件系统中相对于任意位置的地址。绝对路径描述从文件系统根目录开始的文件或目录地址。使用相对路径可避免在另一台计算机上创建应用程序或运行 VI 时重新指定路径。

3.4.2 字符串运算

在虚拟仪器控制应用软件中，经常需要实现与各种仪器的通信和处理各种不同的文本命令，而这些命令通常由字符串组成，因此对字符串进行合成、分解、变换是软件开发人员经常遇到的问题。LabVIEW 为用户提供了丰富的字符串运算函数，这些字符串函数提供合并两个或两个以上字符串、从字符串中提取子字符串、将数据转换为字符串、将字符串格式化用于处理文字或电子表格等功能。

字符串运算函数节点包含在“函数”选板的“字符串”子选板中，如图 3-104 所示。

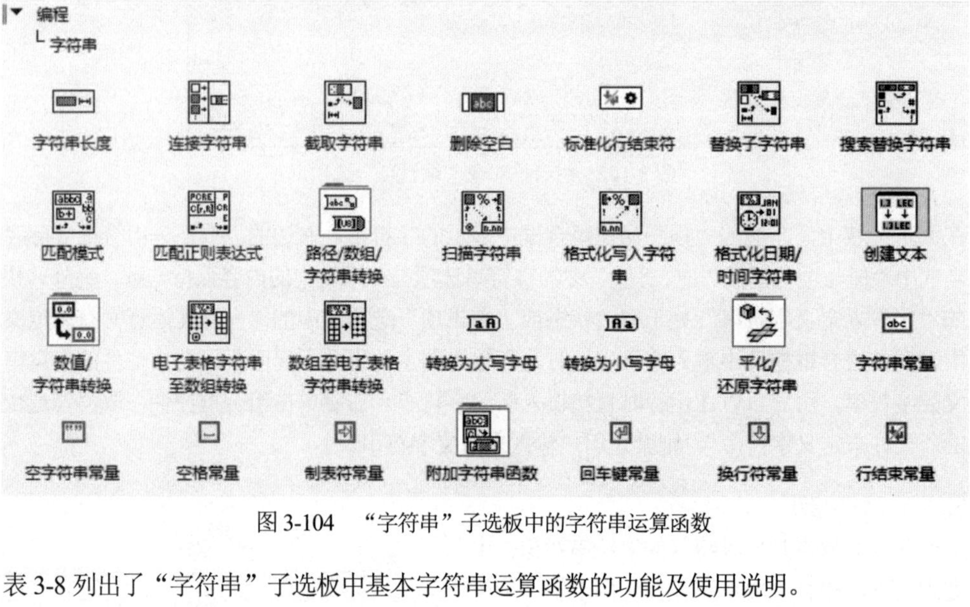

图 3-104 “字符串”子选板中的字符串运算函数

表 3-8 列出了“字符串”子选板中基本字符串运算函数的功能及使用说明。

表 3-8 基本字符串运算函数功能及说明

图标及端口	功能	说明
字符串 —— 长度	字符串长度	在长度中返回字符串的字符长度(字节)
字符串0 字符串1 … 字符串n-1 —— 连接的字符串	连接字符串	连接输入字符串和一维字符串数组作为输出字符串。对于数组输入，该函数连接数组中的每个元素

(续表)

图标及端口	功能	说明
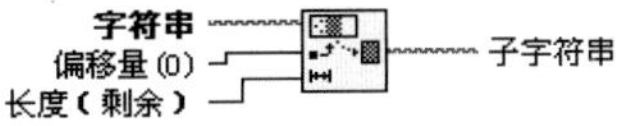	截取字符串	返回输入字符串的子字符串，从偏移量位置开始，包含“长度”数值个字符
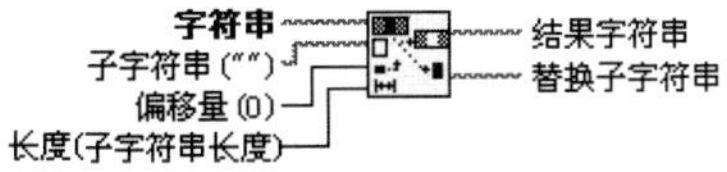	替换子字符串	插入、删除或替换子字符串，偏移量在字符串中指定
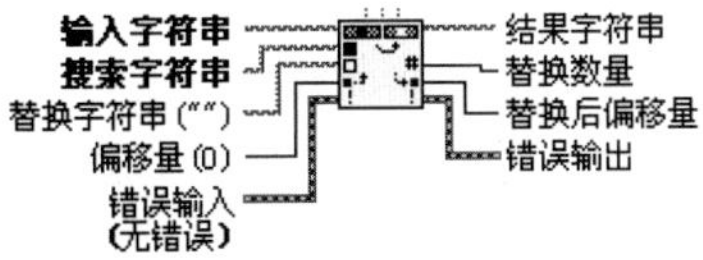	搜索替换字符串	将一个或所有子字符串替换为另一子字符串。如需使用“多行？”布尔输入端，右键单击函数并选择正则表达式
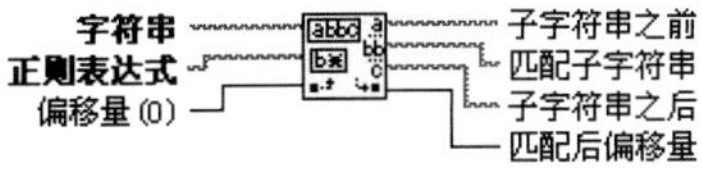	匹配模式	在字符串的偏移量位置开始搜索正则表达式，如找到匹配的表达式，将字符串分解为 3 个子字符串。正则表达式为特定的字符的组合，用于模式匹配。关于正则表达式中特殊字符的更多信息，可参考帮助文件中正则表达式输入的说明

从图 3-104“字符串”子选板可以看出，子选板除列出了表 3-8 给出的字符串运算函数外，还包括 3 个子选板和一些字符串常量。表 3-9 列出了 3 个子选板的主要功能，其中各子选板中具体控件的功能不再详细介绍。

表 3-9 “字符串”子选板中的控件及功能说明

图标	子选板	说明
	附加字符串函数	用于字符串内扫描和搜索、模式匹配以及字符串的相关操作。包括反转字符串、匹配真/假字符串、匹配字符串、搜索/拆分字符串、搜索替换模式、索引字符串数组、添加真/假字符串、选行并添加至字符串、在字符串中搜索标记、字符串移位 10 个函数节点
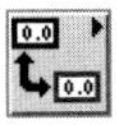	字符串/数值转换函数	用于转换字符串。包括八进制字符串至数值转换、十进制数字符串至数值转换、格式化值、扫描值、十六进制数字符串至数值转换、十六进制数字符串至数值转换、数值至八进制字符串转换、数值至工程字符串转换、数值至十进制数字符串转换、数值至十六进制字符串转换、数值至小数字符串转换、数值至指数字符串转换 12 个函数节点
	字符串/数组/路径转换函数	用于转换字符串、数组和路径。包括路径至字符串数组转换、路径至字符串转换、字符串数组至路径转换、字符串至路径转换、字符串至字节数组转换、字节数组至字符串转换 6 个函数节点

实例 3-16 “格式化写入字符串”函数的使用。

编写好的 VI 的程序框图如图 3-105 左图所示，其中调用了“格式化写入字符串”函数，将字符串“头”、数值和字符串“尾”连接在一起，生成新的字符串；并调用了“字符串长度”函数。该 VI 的前面板如图 3-105 右图所示，可见，在前面板上是将字符串“头”设置为“SET”，将数值设为“5.5”，将字符串“尾”设为“VOLTS”。运行此 VI 可以看到连接后的字符串为“SET 5.50 VOLTS”，且计算出了此字符串的长度为 14。

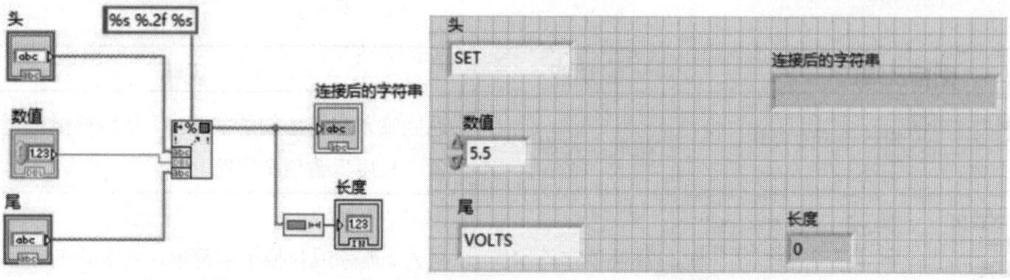

图 3-105　格式化写入字符串函数 VI 的程序框图和前面板

注意：“格式化写入字符串”函数图标边框上沿的中间处是进行字符串连接的格式输入端口，双击该函数图标，可以弹出对话框，如图 3-106 所示，在该对话框内，可对连接字符串的格式进行设置。

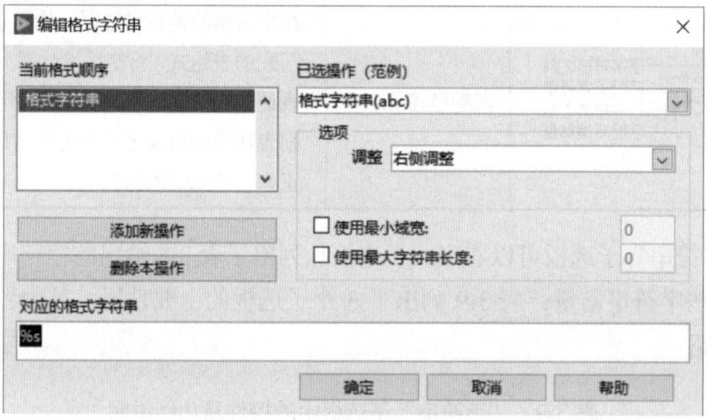

图 3-106　编辑字符串格式的界面

实例 3-17　字符串的分解。

为例 3-17 编写的 VI 中调用了“截取字符串”和“扫描字符串”两个函数，具体是要将输入字符串“VOL TS DC+1.345E+02”中的“DC”和数值“1.345E+02”分解出来。该例题 VI 的程序框图和前面板如图 3-107 所示。

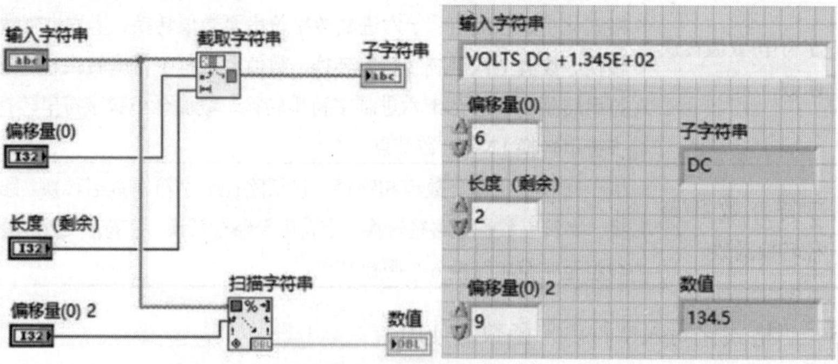

图 3-107　字符串分解示例 VI 的程序框图和前面板

在实际应用中，例如，计算机从下位机(单片机)接收到的数据都是字符串类型的，那经常要做的一项工作就是要从一段字符串中提取出实际感兴趣的信息。例 3-17 就实现了类似的功能，如提取出的“DC”，就表明是直流电压；提取出的“1.345E+02”，意味着获得了当前直流电压数值的大小。

例 3-17 的实现方法是已知要提取的元素在整个字符串中的位置，以此为根据将所感兴趣的元素提取出来。那么，如果不知道感兴趣元素的具体位置，又该如何实现上述目标呢？对此，例 3-18 给出了另外一种实现思路。

实例 3-18　利用“匹配正则表达式”函数进行字符串的分解。

为本例编写的 VI 中，调用了“匹配正则表达式”函数，用以实现字符串的分解。该 VI 的前面板和程序框图如图 3-108 所示，其中[Dd]表示字符串第一个字符是大写或小写的 D，[Cc]表示字符串第二个字符是大写或小写的 C，如此就将源字符串中的子字符串“DC”找到了，并将源字符串从“DC”处分解成了三段，匹配之前为 VOLTS，匹配之后为字符串“+1.345E+02”，再将其转换成数值类型，即输出数字“134.5”。

正则表达式的功能非常强大，例 3-18 只给出了一个简单应用。有关正则表达式的语法，请参看 LabVIEW 的帮助文件。比较例 3-17 和例 3-18 的 VI 实现方式可以看出，为实现相同的功能，LabVIEW 可能有很多种方法，故在实际进行编程时，要根据已知条件来设计自己的 VI。

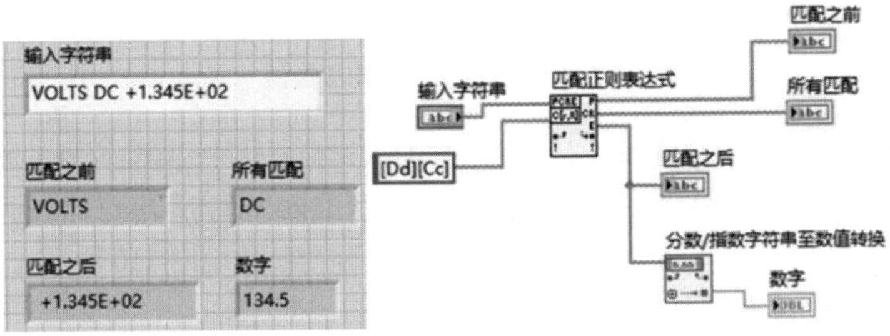

图 3-108　“匹配正则表达式”函数使用示例的前面板和程序框图

3.5 簇

与数组类似，“簇”也是 LabVIEW 中的一种复合数据类型。与数组不同的是，数组中元素的类型都是相同的，而簇中元素的数据类型可以相同，也可以不同。簇是 LabVIEW 中的一个独特概念，实际上它与 C 语言等文本编程语言中的结构体变量是等同的。在 LabVIEW 中，簇通常可将程序框图中的多个相关数据元素集中在一起，这样只需要一条连线就可以把多个节点连接到一起，不仅减少了数据连线的数量，还可以减少 VI 连接端口的数量。另外，当前面板中显示的控件繁多而又单一的时候，利用簇来排版界面也能使程序简洁漂亮。

3.5.1 簇的创建

和数组的创建方法类似，创建一个簇首先也需要建立一个簇框架，然后将所需要的控件对象拖入框架中，即可完成一个簇的创建。与创建数组不同的是，由于构成数组的元素必须是同类型的，因此在拖入控件确定数组的元素类型时，只拖入一个控件即可，而簇中的元素的数据类型可以相同，也可以不同，因此通过拖入控件确定簇所包含的元素时，可以根据实际需要拖入不同类型的控件。

1. 前面板中簇对象的创建

通过以下两个步骤可以完成一个简单前面板簇对象的创建。

(1) 创建一个簇框架

要创建一个簇输入控件或显示控件，首先必须在前面板上放置一个簇框架。簇框架位于“控件”选板的“新式”→“数组、矩阵与簇”子选板和“经典”→“经典数组、矩阵与簇”子选板中，如图3-109所示。

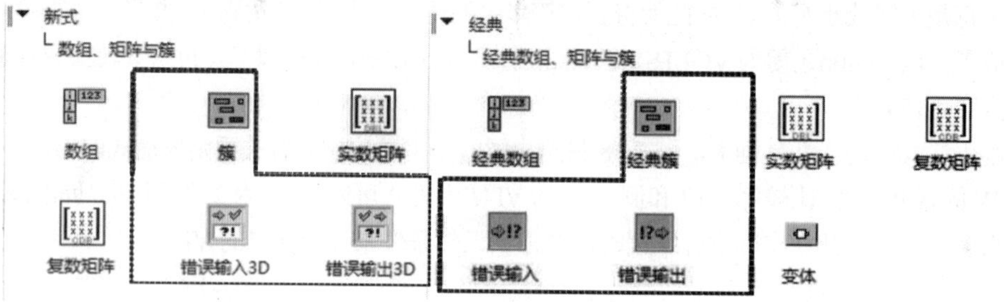

图3-109　控件选板中的簇控件

在控件选板中，“错误输入3D”和“错误输出3D”其实是一种已经定义好的簇。

单击簇控件后移动鼠标指针到前面板窗口，在前面板上再次单击鼠标左键，即可在前面板上创建一个簇控件。此时创建的仅仅是一个框架，不包含任何内容，如图3-110所示。

(2) 将数据对象或元素拖曳到簇框架中

从控件选板上拖曳一个控件(数值输入控件)到簇框架内，当簇框架内边沿出现虚线框时，释放鼠标左键，便可把数值输入控件作为元素添加到簇中。放置数值输入控件后，默认“数值”标签被选中，也可以对其编辑修改。根据需要，重复前述步骤可以为簇添加任何类型的对象。需要说明的是，放置到前面板上的簇框架默认是输入控件，当首次拖入的控件是一个输入控件时，则簇为输入控件，如其后拖入的不是输入控件，也将自动转换为输入控件。反之，如果首次拖入的控件是一个显示控件，则簇自动变为显示控件，其后如拖入的不是显示控件，都将自动转换为显示控件。也就是说，一个簇只能为输入控件或只能为显示控件，簇中的所有元素必须同时为输入控件或者同时为显示控件。通过簇的快捷菜单选项“转换为输入控件/转换为显示控件”可以实现输入控件和显示控件的转换，转换后其内部的控件也将随之改变。图3-111所示为一个创建好的簇对象。

图3-111中的簇为一个簇输入控件，其中包含一个数值输入控件、一个布尔输入控件、一个字符串输入控件和一个空的数组输入控件。

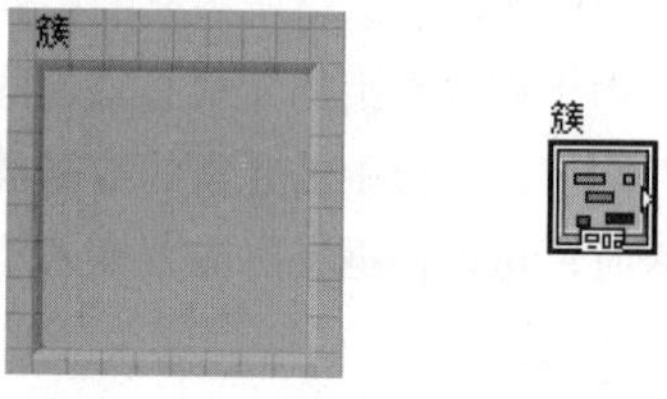

图3-110　前面板及程序框图上的簇框架

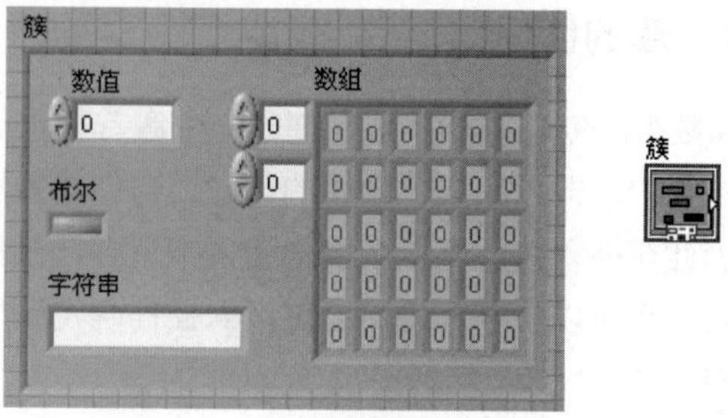

图3-111　创建好的簇输入控件

2. 簇的配置操作

在簇框架上单击鼠标右键，弹出快捷菜单，通过快捷菜单中的选项可以实现簇的一些配置操作，下面介绍快捷菜单中的两个重要的配置操作。

(1) 调整框架大小及元素布局

快捷菜单的子菜单“自动调整大小”中的 4 个选项可以调整簇框架的大小以及簇元素的布局。选择“无”选项将不对簇框架做出调整；选择“调整为匹配大小”选项将调整簇框架的大小，以适合所包含的所有元素；选择“水平排列”选项将在水平方向压缩排列所有元素；选择“垂直排列”选项则在垂直方向压缩排列所有元素。

(2) 对簇中元素进行排序

簇的元素有一定的排列顺序，即为创建簇时添加这些元素的顺序。簇元素的排列顺序很重要，因为对簇的很多操作都需要用到。在采用“水平排列”和“垂直排列”方式调整簇元素布局时，也是分别按顺序号从左到右和从上到下排列簇元素的。在为簇显示控件赋值时，也必须考虑簇元素的顺序。作为数据源的簇数据的元素类型排序，必须与簇显示控件的元素类型排序相同。

例如图 3-112 中给出的簇输入控件，添加元素的先后顺序是数值控件、布尔控件、字符串控件、数组控件，单击快捷菜单“重新排序簇中对象…”选项，打开簇元素顺序编辑状态，可以看到它们的序号分别是 0、1、2 和 3。

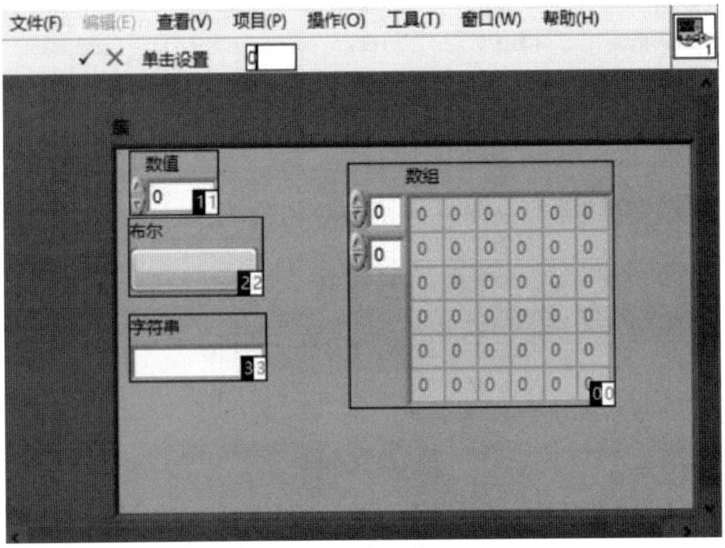

图 3-112　簇元素顺序编辑图

3. 程序框图簇常量的创建

在簇元素顺序编辑状态下，可以改变已有簇中元素排列的顺序。在如图 3-112 所示的元素顺序编辑状态下，鼠标指针变为“![]”形状，同时每个簇元素上有两个序号，左边反显(黑底白字)的为新序号，右边加灰的为修改之前的旧序号。最初在工具栏提示“单击设置 0”，这时移动鼠标指针单击 4 个簇元素之一，将把当前被单击元素设置为第 0 个元素，设置完第 0 个元素后，工具栏提示信息变为“单击设置 1”，单击另一个元素将把其设置为第 1 个元素。重复此过程，直到改好所有元素的顺序。在编辑元素顺序号的过程中，随时可以单击工具栏的“ √ ”按钮，以确认所做的修改并回到普通状态；或者单击“×”按钮取消所做的修改。

簇常量只能在程序框图中出现，其创建方法与在前面板创建簇输入控件和簇显示控件的方法类似。

在程序框图的“函数”选板→“编程”→“簇、类与变体”子选板中选中“簇常量”并将其放置到程序框图中，即创建一个“簇常量”框架。根据实际情况将“常量”(如数值常量、布尔常量、字符串常量等)拖入簇常量框架中，即完成一个簇常量的创建。簇常量的相关配置操作与前面介绍的前面板中的簇对象相同，在此不再介绍。

在某个簇常量的边框上单击右键弹出的快捷菜单中，选择“转换为输入控件”和“转换为显示控件”选项，可分别把簇常量变为前面板上的输入控件和显示控件。

3.5.2 簇函数及操作

和数组一样，对于一个簇也可以进行很多操作，这些操作在 LabVIEW 中以功能函数节点的形式表现。LabVIEW 中用于处理簇数据的函数节点位于“函数”选板→“编程”→“簇、类与变体”子选板中，如图 3-113 所示。

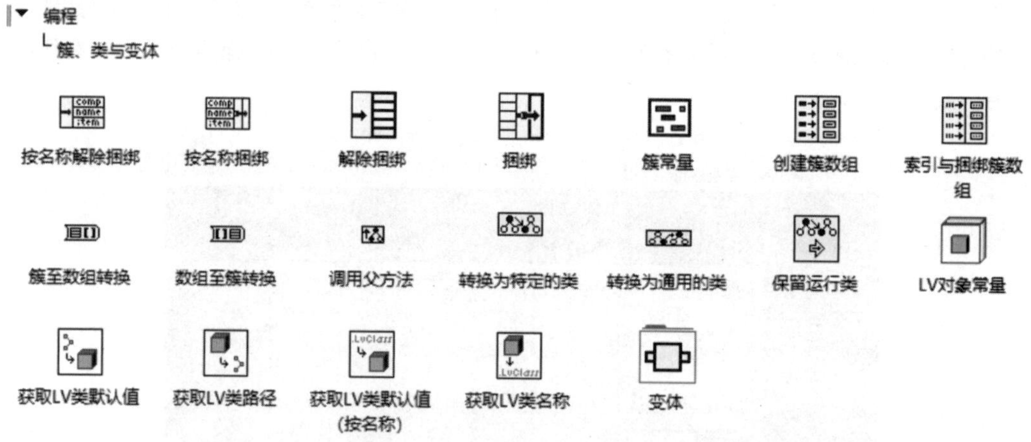

图 3-113　“簇、类与变体”子选板

下面对其中常用的簇函数进行举例说明。

1. “捆绑”函数

该函数(图 3-114)的功能是将输入的独立“元素”组合为“簇”。另外，也可使用该函数改变现有簇中独立元素的值，而无须为所有元素指定新值。要实现这种操作，可将一个簇连接到该函数节点中间的“簇”接线端。连接一个簇到该函数时，函数将自动调整大小以显示簇中的各个元素输入。

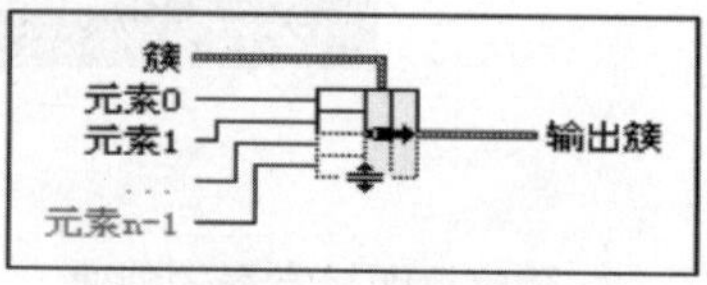

图 3-114　“捆绑”函数

在函数节点中“簇”是要改变值的簇。如该输入端没有连线，函数将返回新簇。连线簇接线端时，捆绑函数将用“元素 0”至“元素 n−1”替换簇。输入接线端的数量必须匹配输入簇中元素的数量。“元素 0”至“元素 n−1”可接收任意类型的数据。“输出簇”是作为结果的簇。

可以调整函数的大小，确定新簇中的元素个数。如已有簇连接到簇输入端，则不能调整该函数的大小。创建新簇时，必须连接所有的输入，输出簇中的元素顺序与输入元素一致。将现有簇连接到函数中间的接线端时，输入为可选，LabVIEW 仅替换连接的簇元素。

图 3-115 所示为“捆绑”函数的应用。

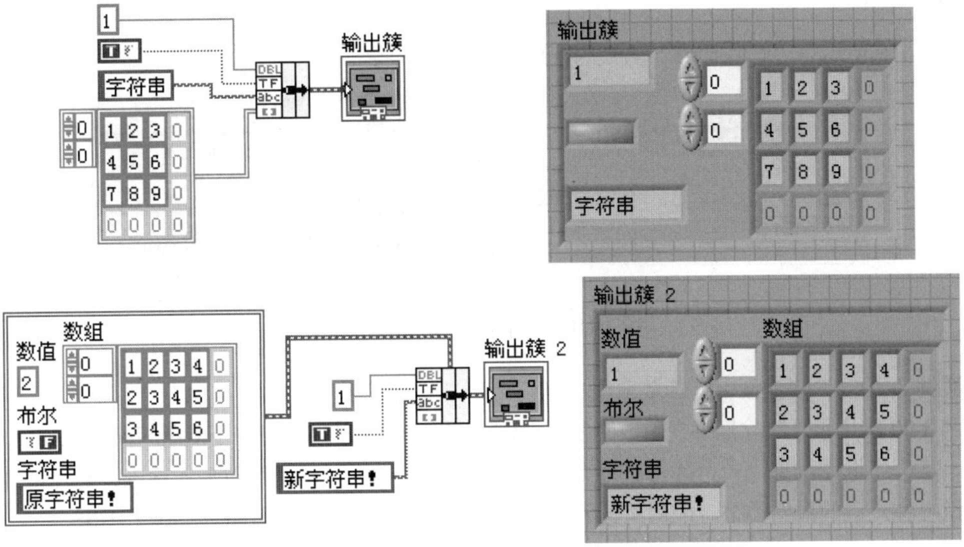

图 3-115 “捆绑”函数应用

实例 3-19 “捆绑”函数。

例 3-19 的 VI 的程序框图和前面板如图 3-116 和图 3-117 所示。从图 3-116 所示的程序框图可见，该 VI 利用“捆绑”函数将 3 个常量(字符串常量 abc、数值常量 1 和布尔常量 True)打包成一个簇，其结果经前面板的“输出簇”控件显示出来。

“捆绑”函数的另一个功能是替换成新簇，图 3-117 所示的 VI 展示了这一用法。已知一个簇，其中的元素为字符串常量 ABC、数值常量 2 和布尔常量 False，将这个簇提供给“捆绑”函数，该函数就会自动识别输入簇中各元素的数据类型，并在输入端口给出标示。比如“捆绑”函数的第一个连线输入口上有 abc 的标示，表示簇中的第一个元素为字符串常量。然后，将一个新字符串常量 abe 连至“捆绑”函数的第 1 个输入端口上，布尔常量 True 连至第 3 个输入端口上，再将“捆绑”函数的输出结果赋给“输出簇”控件。运行此 VI 可以看到，初始簇中的大写 ABC 被小写 abc 所替换，同时，布尔常量也由 False 变为了 True。

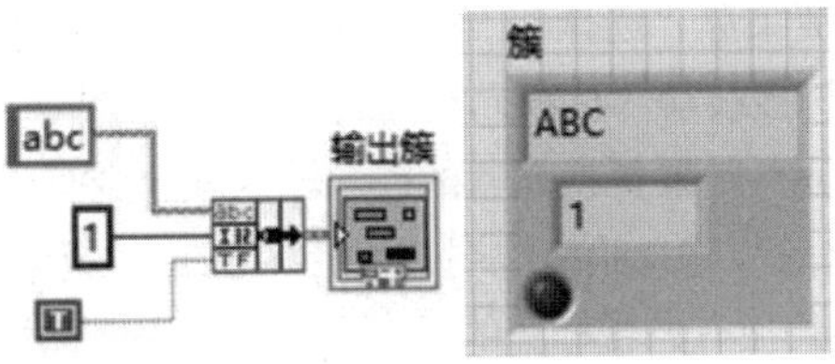

图 3-116 “捆绑”函数应用示例 1

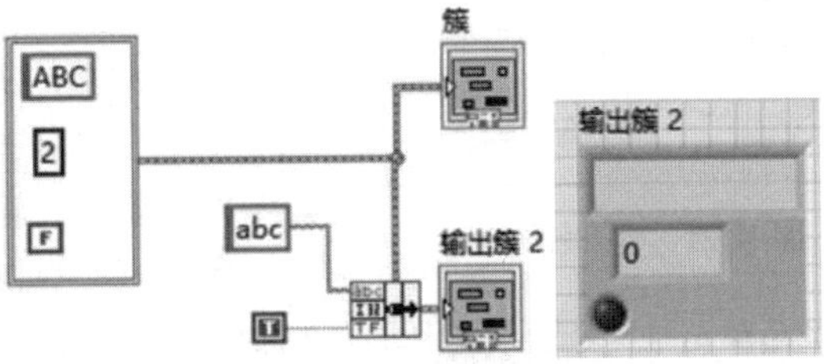

图 3-117 “捆绑”函数应用示例 2

2. “解除捆绑”函数

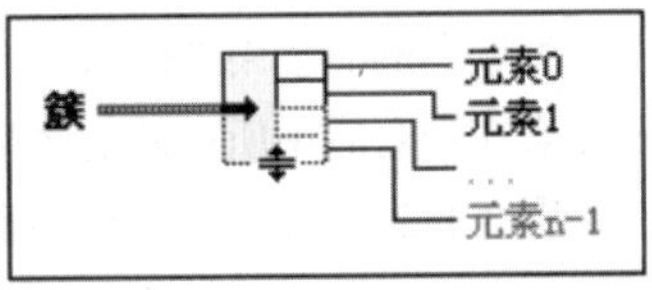

图 3-118 “解除捆绑”函数

该函数(图 3-118)的功能是将输入的“簇”分割为独立的“元素”。连接簇到该函数时，函数将自动调整大小，以显示簇中的各个元素输出。其中输入的“簇”是要访问的元素所在的簇。输出“元素 0”

至“元素 n−1”是该簇的元素。该函数按照在簇中出现的顺序输出元素，输出的个数与簇中元素的个数匹配。

图 3-119 所示为“解除捆绑”函数的应用。

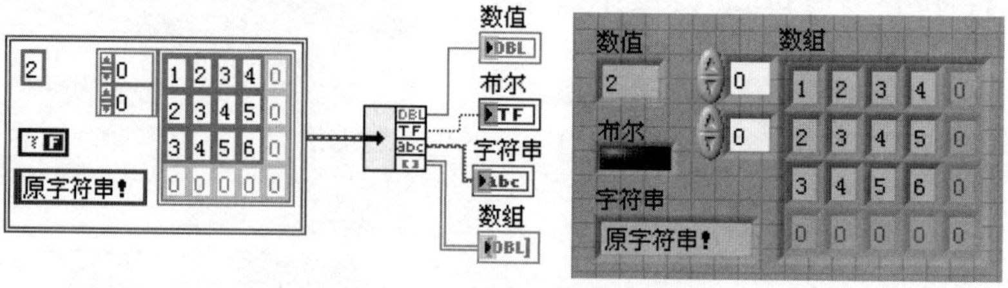

图 3-119　“解除捆绑”函数应用

实例 3-20　“解除捆绑”函数应用示例。

例 3-20 给出了“解除捆绑”函数的使用示例，实现该示例的 VI 的程序框图和前面板如图 3-120 所示。从程序框图可见，一个簇常量连至“解除捆绑”函数上，该函数对输入簇进行解包，并会自动辨识出各元素的数据类型，最后将各元素连至相应的显示控件，在前面板上显示出来。

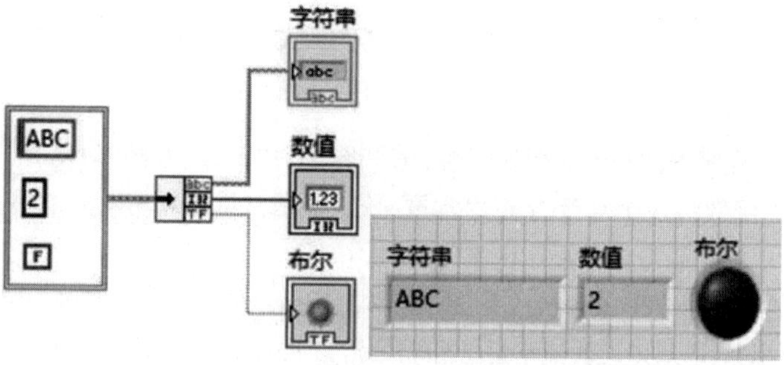

图 3-120　“解除捆绑”函数应用示例

3. “按名称捆绑”函数

该函数(图 3-121)的功能是替换一个或多个簇元素，其功能类似于“捆绑”函数。与“捆绑”函数不同的是，该函数根据名称而不是根据簇中元素的位置引用簇元素。方法是将函数连接到“输入簇”后，右键单击名称接线端，从快捷菜单“选择项”中选择元素。也可使用操作值工具单击名称接线端，从簇元素列表中选择。

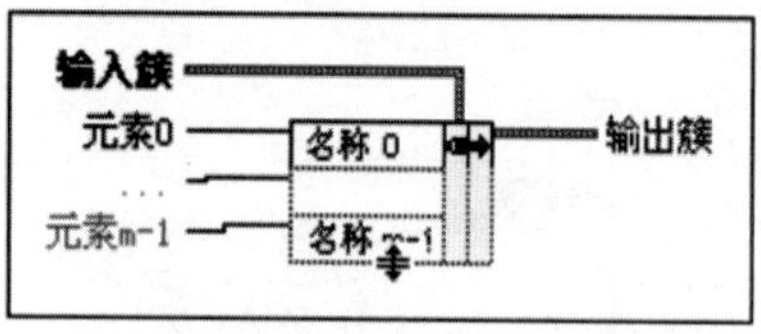

图 3-121　“按名称捆绑”函数

其中“输入簇”是要替换元素的簇。输入簇至少有一个元素必须有自带标签，输入簇接线端必须始终连线。“元素 0”至“元素 m−1”是输入簇中要按名称替换的元素。只能替换有自带标签的元素。通过单击名称接线端，从快捷菜单中选择名称，选择“元素 0”至“元素 m−1”即可完成替换。“输出簇”是作为结果的簇。

为嵌套的簇使用“按名称捆绑”函数时，右键单击函数并选择“显示完整名称”，可显示元素名及元素在嵌套簇中所在簇的名称。该函数在嵌套簇中各元素名十分相似时尤为有用。

图 3-122 所示为“按名称捆绑”函数的应用。

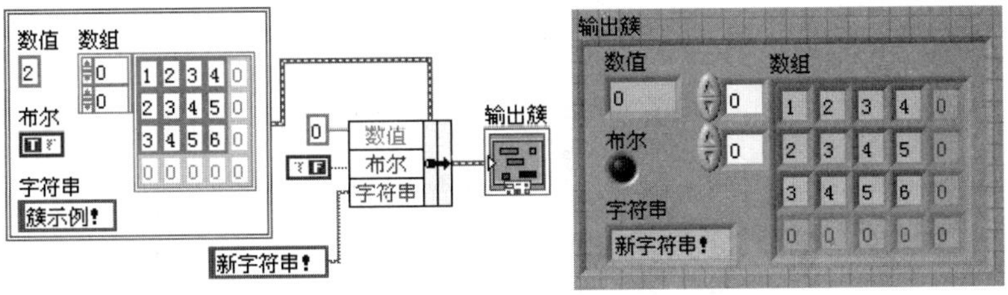

图 3-122　“按名称捆绑”函数的应用

实例 3-21　“按名称捆绑”函数应用示例。

例 3-21 给出了“按名称捆绑”函数使用示例的 VI，其程序框图和前面板如图 3-123 所示。从程序框图可看出，一个簇常量连至“按名称捆绑”函数，该函数会自动辨识出输入簇中有标签的元素；将新元素连至“按名称捆绑”函数的输入端口上，替换生成的新簇会通过输出簇控件在前面板显示出来。运行此 VI 可以看出，新元素(abc 和 true)已经替换了原簇常量中的相应元素(ABC 和 false)。

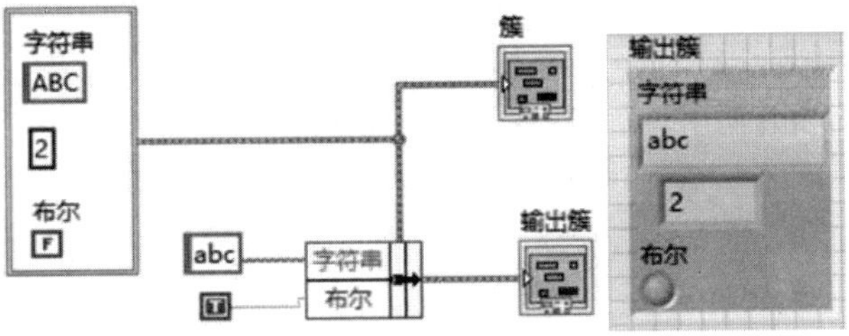

图 3-123　“按名称捆绑”函数应用示例

4. “按名称解除捆绑”函数

该函数(图 3-124)返回指定名称的簇元素，与“解除捆绑”函数功能类似。与“解除捆绑”函数不同的是，该函数不必在簇中记录元素的顺序，同时不要求元素的个数和簇中元素的个数匹配。将簇连接到该函数后，可从函数中选择单独的元素。“已命名簇”为输入簇，是要访问的元素所在的簇。“元素 0”至“元素 m−1”是输入簇中“名称 0”至“名称 m−1”的元素。只能根据自带标签对元素进行访问。单击名称接线端并从快捷菜单中选择名称，可选择已经命名的元素。

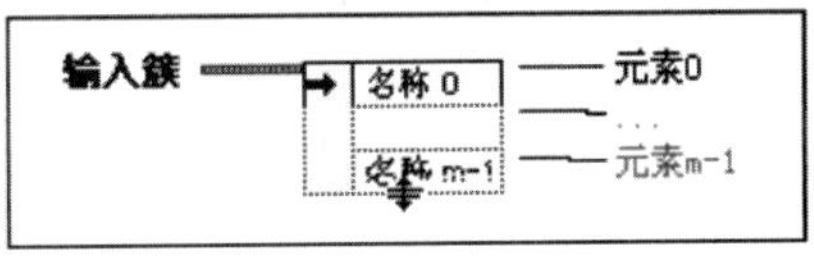

图 3-124　“按名称解除捆绑”函数

图 3-125 所示为“按名称解除捆绑”函数的应用。

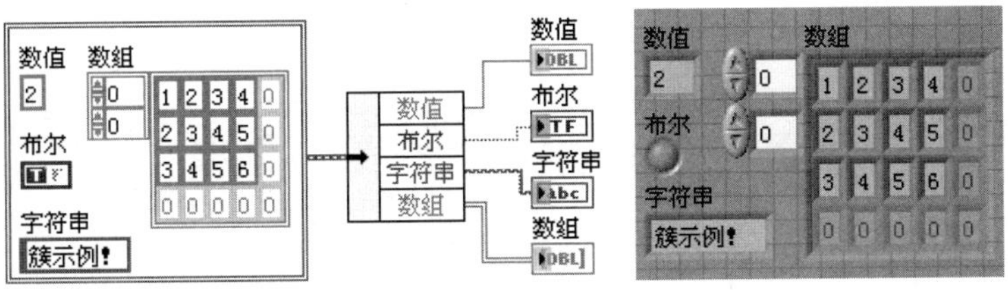

图 3-125　“按名称解除捆绑”函数的应用

实例 3-22　“按名称解除捆绑”函数应用示例。

例 3-22 给出了“按名称解除捆绑”函数使用示例的 VI，它的程序框图和前面板如图 3-126 所示。在它的程序框图上，将一个簇常量连至“按名称解除捆绑”函数，该函数会自动辨识出输入簇中带有标签的元素，然后，再将解包出的元素连至相应的显示控件上。

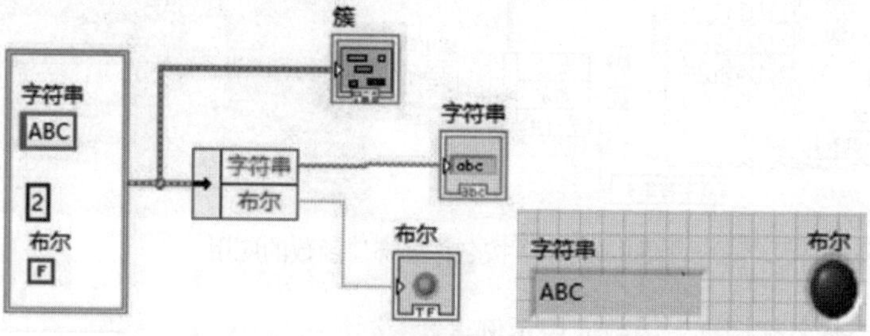

图 3-126　“按名称解除捆绑”函数使用示例

与“按名称捆绑”函数一样，“按名称解除捆绑”函数初建时也只有一个输出端子。单击其标签域，可弹出带有标签的簇元素列表；为看到这些带有不同标签的簇元素，必须对其分别建立相应的显示控件。

5.“创建簇数组”函数

该函数(图 3-127)的功能是将每个“元素”输入捆绑为簇，然后将所有元素簇组成以簇为元素的数组。其中“元素 0”至“元素 n−1”输入端的类型必须与最顶端的元素接线端的值一致。“簇数组”是作为结果的数组，每个簇都有一个元素。数组中不能再创建数组的数组，但是，使用该函数可以创建以簇为元素的数组，簇中可以含有数组。

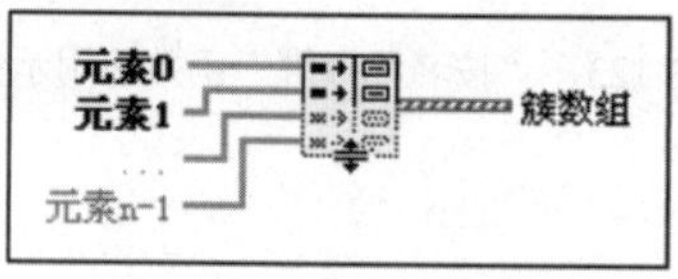

图 3-127　“创建簇数组”函数

图 3-128 所示的示例介绍了建立簇数组的两种方式，其中后面一种是使用“创建簇数组”函数方法建立，这种方法可提高执行的效率。

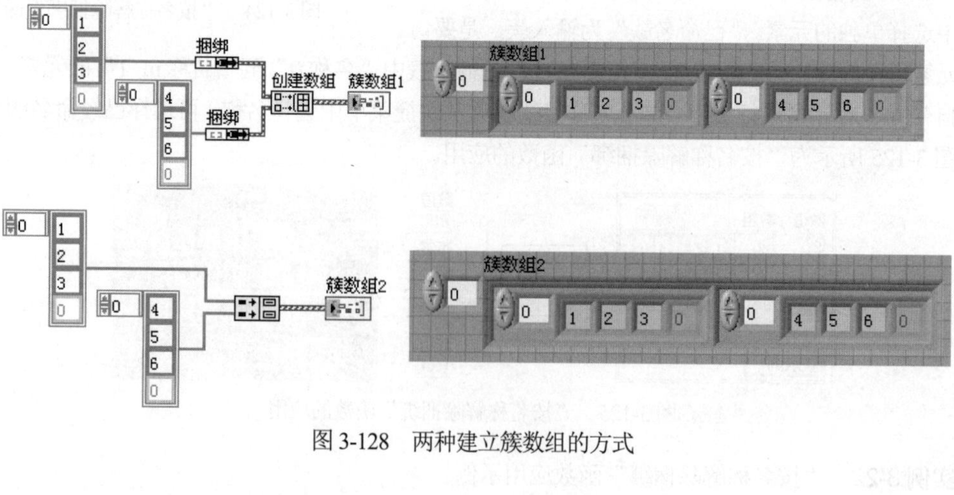

图 3-128　两种建立簇数组的方式

6.“索引与捆绑簇数组”函数

该函数(图 3-129)实现对多个数组建立索引，并创建一个簇数组的功能，其中簇数组的第 i 个元素包含每个输入数组的第 i 个元素。其中“x 数组”至“z 数组”可以是任意类型的一维数组。数组输入无须为同一类型。“簇数组”是由簇组成的数组，其中包含每个输入数组的元素。输出数组中的元素数等于最短输入数组的元素数。

图 3-129 “索引与捆绑簇数组”函数

图 3-130 的示例介绍了两种通过为多个数组建立索引得到簇数组的方式。其中，通过“索引与捆绑簇数组”函数可提高时间和内存的使用效率。

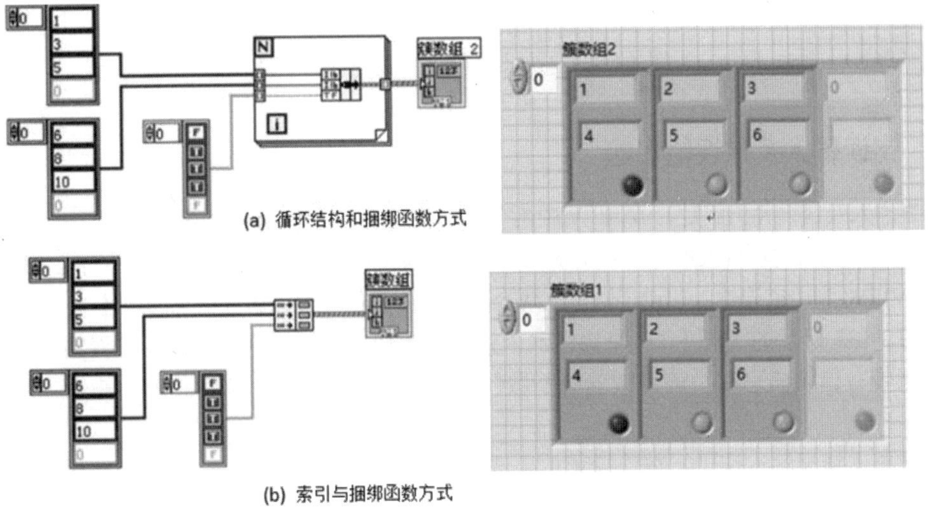

图 3-130 通过为多个数组建立索引得到簇数组的两种方式示例

7. “簇至数组转换”函数

图 3-131 “簇至数组转换”函数

该函数(图 3-131)实现的功能是将相同数据类型元素组成的簇转换为数据类型相同的一维数组。其中输入“簇”的组成元素不能是数组，输出“数组”中的元素与“簇”中的元素数据类型相同。“数组”中的元素与“簇”中的元素顺序一致。

图 3-132 所示为“簇至数组转换”函数的应用示例。

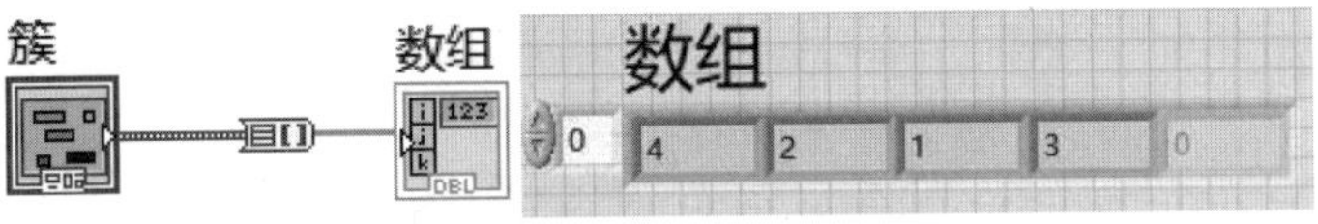

图 3-132 “簇至数组转换”函数应用示例

8. “数组至簇转换”函数

图 3-133 “数组至簇转换”函数

该函数(图 3-133)的功能是转换一维数组为簇，簇元素和一维数组元素的类型相同。其中输入“数组”是任意型的一维数组；

输出的“簇”中的每个元素与“数组”中的对应元素相同，“簇”的阶数与“数组”元素的阶数一致。右键单击该函数，在快捷菜单中选择簇大小，然后设置簇中元素的数量，默认值为 9。该函数最大的簇可包含 256 个元素。

如需在前面板簇显示控件中相同类型的元素，但又要在程序框图上按照元素的索引值对元素进行操作，可使用该函数。

图 3-134 所示为“数组至簇转换”函数的应用示例(簇大小设为 5)。

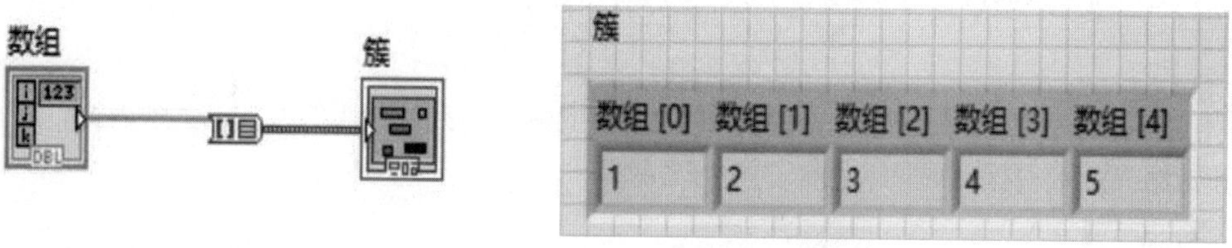

图 3-134　“数组至簇转换”函数应用示例

3.5.3　错误输入及错误输出簇

错误输入及错误输出簇是 LabVIEW 中两个预定义的簇。在用 LabVIEW 编写大型项目时经常会调用子 VI，因此大型项目表现为一种层状结构，为了将底层发生的错误信息原封不动地传递到顶层 VI，LabVIEW 利用错误输入和错误输出这两个预定义簇来作为传递错误信息的载体。

如图 3-135 所示的 VI 包含一个错误输入作为错误输入端，错误输出作为错误输出端，当错误输入携带有错误信息时，该函数就会不做任何操作，而是直接将错误传递给错误输出端进行输出。

右键单击错误输入端子，在快捷菜单中选择“创建”→“输入控件”，就能创建一个错误输入簇控件，同样，在错误输出端子选择“创建”→“显示控件”，可以为错误输出创建一个显示控件。当然也可以在控件选板上选择这两个控件，直接在前面板上创建。错误输入和错误输出簇的格式如图 3-136 所示，它包含一个状态布尔量用来指示是否有错，代码代表错误代码，源包含了错误的具体信息。

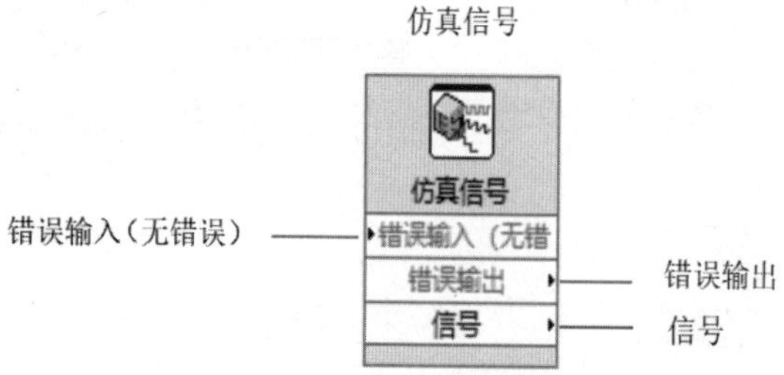

图 3-135　VI 的错误输入与输出

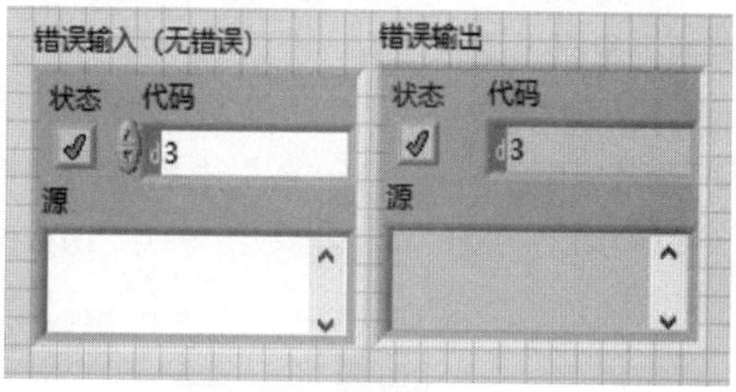

图 3-136　错误输入和错误输出簇

对于系统错误，代码都有预先定义的错误信息，选择控件快捷菜单中的“解释警告/解释错误”，可以打开解释框来查找该警告/错误代码的详细解释，如图 3-137 所示。

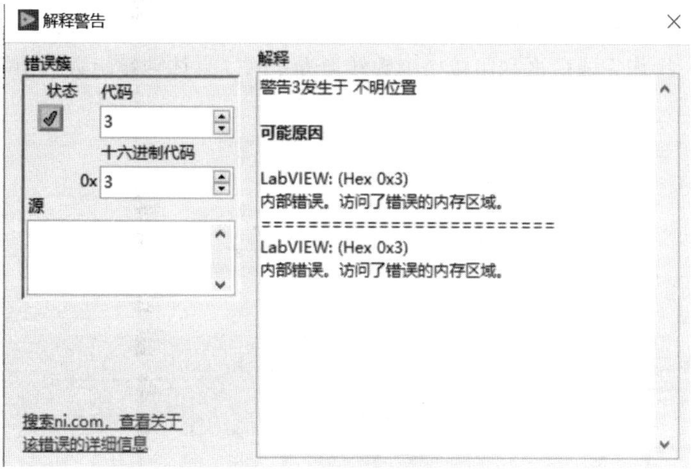

图 3-137　警告/错误代码解释框

3.6 矩阵

矩阵可按行或列对数学运算中的实数或复数标量数据分组，如线性代数运算。一个实数矩阵包含双精度元素，而一个复数矩阵包含由双精度数组成的复数元素，因此，在 LabVIEW 中，矩阵分为两种：实数矩阵和复数矩阵。在 LabVIEW 中，矩阵位于“控件”选板的“新式”→“数组、矩阵与簇”子选板和“经典”→“经典数组、矩阵与簇”子选板中，如图 3-138 所示。

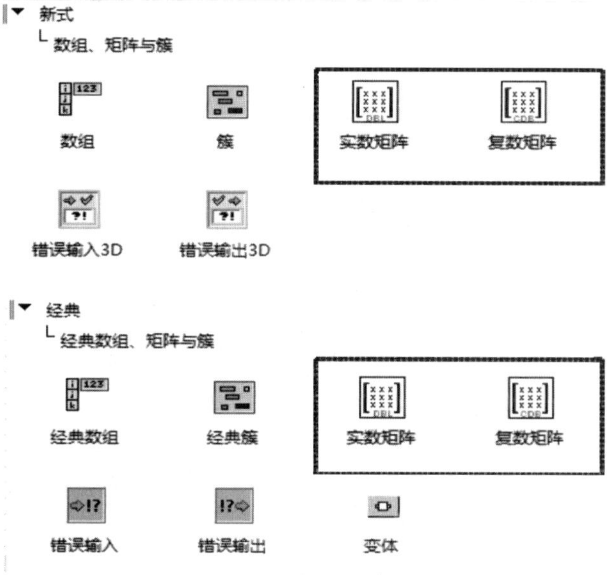

图 3-138　新式选板和经典选板

如果直接将两个矩阵相乘，LabVIEW 会自动按照矩阵乘法相乘，输出也是矩阵。如果两个矩阵不满足乘法要求，则输出为空矩阵。图 3-139 所示为一个矩阵相乘的示例。

在图 3-139 所示的例子中，一个 3×3 的矩阵乘以 3×4 的矩阵其结果为 3×4 的矩阵。通过这个例子可以看出，矩阵和数组的运算是不同的。但是矩阵可以转换为二维数组，从而利用数组函数对矩阵进行操作，操作完成后再利用转换函数转换为矩阵。具体转换函数的功能及用法可参考联机帮助。

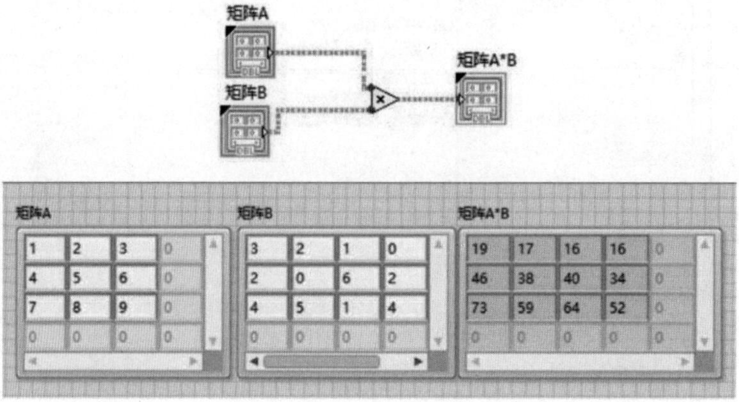

图 3-139　矩阵乘法

在 LabVIEW 中，对矩阵的运算和操作除提供简单的加、减、乘、除等基本运算外，还提供了丰富的与矩阵运算及操作密切相关的操作函数，这些操作函数位于“函数”选板的“编程”→“数组”→“矩阵”子选板及“数学”→“线性代数”子选板中，如图 3-140 所示。有关这些函数的具体含义和用法，在此不详细介绍，读者可以参考 LabVIEW 的联机帮助来学习和了解这些函数的使用方法。

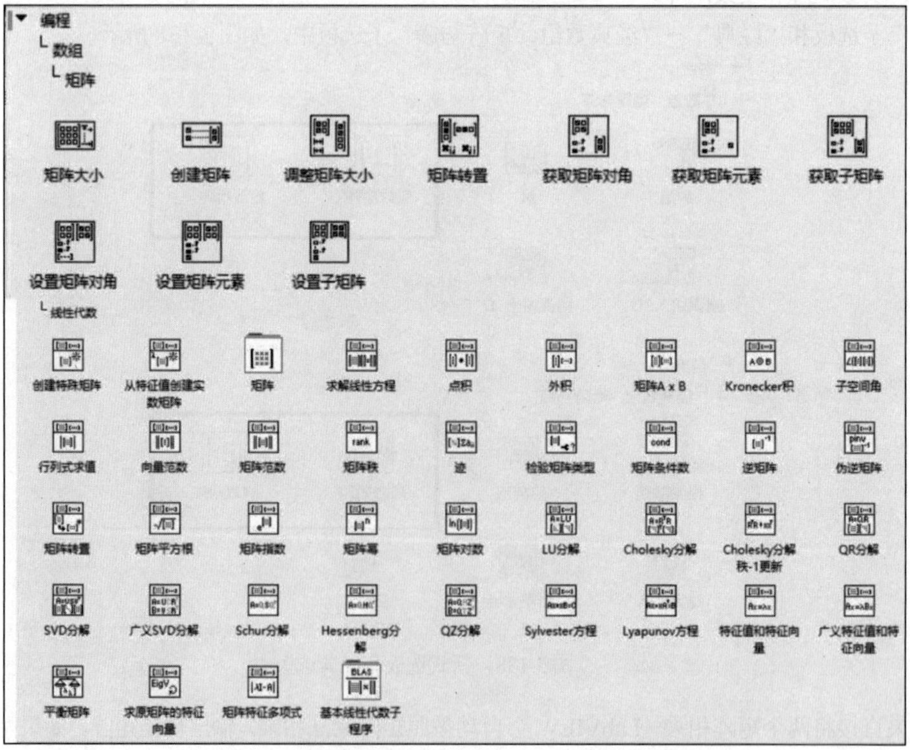

图 3-140　“函数”选板中的“矩阵”及“线性代数”子选板

习题

1. 在前面板中放置 3 个数值输入控件，将它们的表示法分别设置为“单精度”“双字节整型”和“无符号双字节整型”，并比较它们在程序框图中对应接线端边框的颜色。

2. 在前面板放置一个量表控件，将其指针颜色设置为绿色，主刻度颜色设置为红色，标记文本颜色设置为蓝色，显示梯度，并将主刻度设为反转。

3. 创建一个数值输入控件，将其改为数值显示控件，并在程序框图中的接线端取消选中“显示为图标”，改变其显示方式。

4. 在前面板中放置一个转盘控件和温度计控件，数值范围都设置为 0～150，要求温度计指示值随转盘指针转动而改变。

5. 在前面板中创建一个 5 行 5 列的数值型数组并为其赋值，求该数组元素中的最大值和最小值及各自所在位置的索引。

6. 创建一个 VI，产生一个包含 20 个随机数的一维数组，从该一维数组每次顺序取下 5 个元素构成一行，并最终构成一个 4 行 5 列的二维数组。

7. 创建一个 VI，产生一个包含 10 个随机数的一维数组，将该一维数组的元素顺序颠倒，再将数组最后的 5 个元素移到数组的最前端，形成新的数组。

8. 创建一个 2 行 3 列的数组，数组元素赋值如下。

1.002.003.00

4.005.006.00

9. 利用数组函数将该二维数组改为一维数组，元素为 1.00、2.00、3.00、4.00、5.00、6.00，并将该数组设置为如下形式。

1.004.00

2.005.00

3.006.00

10. 用数组函数创建一个二维数组，并自动为其元素赋如下值。

1.002.003.004.005.006.00

2.003.004.005.006.001.00

3.004.005.006.001.002.00

4.005.006.001.002.003.00

5.006.001.002.003.004.00

6.001.002.003.004.005.00

然后用数组函数将行索引和列索引都大于 2 的元素取出构成新的数组。

11. 创建一个 VI，比较 3 个数的大小，并输出其中的最大值和最小值。

12. 输入一个数，判断其能否同时被 3 和 5 整除。

13. 创建一个组合框和字符串显示控件，在组合框中用 5 个条目显示 5 名学生的姓名，选定姓名后，在字符串显示控件中显示选定姓名对应的学生的学号。

14. 创建一个 VI，产生 5 个范围为 0～100 的随机数并转换为一个字符串，然后显示在前面板中，要求每个随机数保留两位小数，每个数之间用空格分隔。

第4章

LabVIEW的程序结构

程序结构对计算机编程语言十分重要，它控制整个程序语言的执行过程。一个好的程序结构，可以大大提高程序的执行效率。LabVIEW 作为一种图形化的高级程序开发语言，执行的是数据流驱动机制，在程序结构方面除支持循环、顺序、条件等通用编程语言支持的结构外，还包含一些特殊的程序结构，如事件结构、禁用结构、公式节点等。由于 LabVIEW 是图形化编程语言，它的代码以图形形式表现，因此各种结构的实现也是图形化的。每种结构都含有一个大小可调整的清晰边框，用于包围根据结构规则执行的程序框图部分。结构边框中的程序框图部分被称为子程序框图，从结构外接收数据和将数据输出结构的接线端称为隧道，隧道是结构边框上的连接点。同其他编程语言一样，程序结构是 LabVIEW 编程的核心，掌握好 LabVIEW 中的程序结构，才能编写出功能完整、执行高效的应用程序。本章将详细介绍 LabVIEW 为用户提供的各种程序结构及其使用方法，包括顺序结构、循环结构、条件结构、事件结构、禁用结构和公式节点等。

4.1 顺序结构

4.1.1 LabVIEW 程序数据流编程

传统的编程语言大都遵循控制流程序执行模式，如 Visual Basic、C++、Java 以及其他多数文本编程语言。在控制流中，程序元素的先后顺序决定了程序的执行顺序，即程序按照程序代码编写的顺序自上而下地逐条语句顺序执行，且每个时刻只执行一步。LabVIEW 作为一种图形化的编程语言，有其独特的程序执行顺序，那就是数据流执行方式。在数据流执行方式下，只有当节点所有输入点的数据都流到该节点时，才会执行该节点。节点在执行时产生输出数据，并将该数据传送给数据流路径中的下一个节点。数据流经节点的动作决定了程序框图上 VI 和函数的执行顺序。

实例 4-1 实现 Result=(A+B)/C 的控制流编程和数据流编程。

图 4-1 给出了实现 Result=(A+B)/C 的控制流编程和数据流编程的流程图。

在图 4-1(a)所示的控制流编程中，程序强制“获取数据 A”在“获取数据 B”之前执行，若数据 B 在数据 A 准备好之前已经准备好，在程序中也必须在等待数据 A 准备好并获取后才获取数据 B。而在数据流编程中，“获取数据 A”和“获取数据 B”没有先后之分，两个任务根据需要在时间上相互交叠，不仅如此，对于“获取数据 A”“获取数据 B”“执行 A+B”的过程与“获取数据 C”这个过程之间也没有先后之分。图4-2所示为实现 Result=(A+B)/C 的LabVIEW 程序框图中的 LabVIEW 程序。

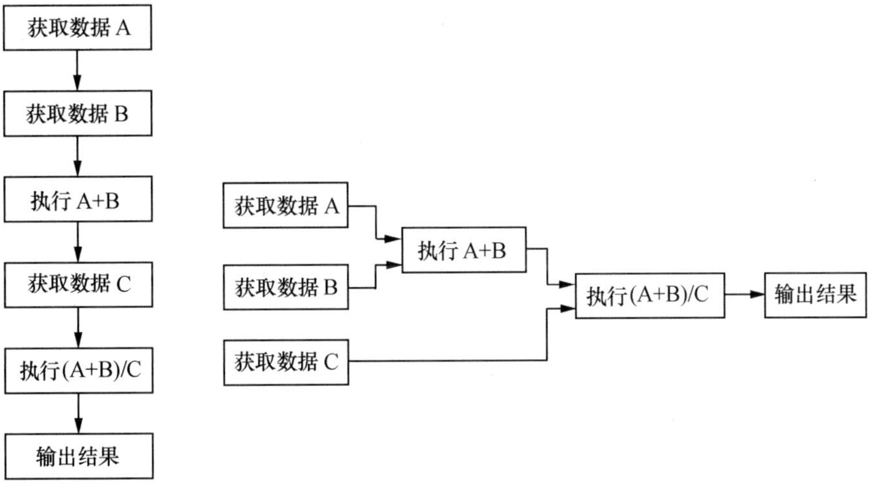

(a) 控制流编程　　　　(b) 数据流编程

图4-1　控制流和数据流编程流程图

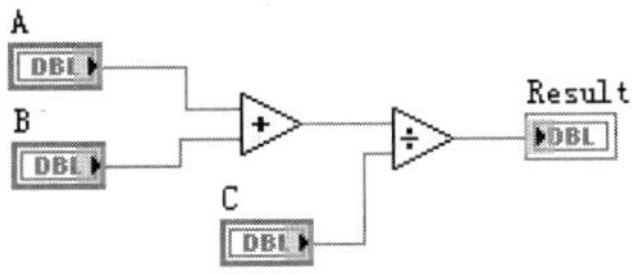

图 4-2　实现 Result=(A+B)/C 的 LabVIEW 程序

LabVIEW 以数据流而不是命令的先后顺序决定程序框图元素的执行顺序，因此可创建具有并行执行的程序框图。

实例 4-2　创建具有并行执行的程序框图。

如图 4-3 所示，同一个程序框图中有两段类似的代码，这两段代码是如何执行的呢？在 LabVIEW 中，这两段代码的实际执行过程并不是按照从左到右的顺序，先执行第一段代码再执行第二段代码，这两段代码是并行独立执行的。正是因为在 LabVIEW 中自动实现了多线程，使得代码的执行效率大大提高。而对于传统的文本编程语言，要实现多线程编程必须进行人为的设计，而且实现起来也比较费力。

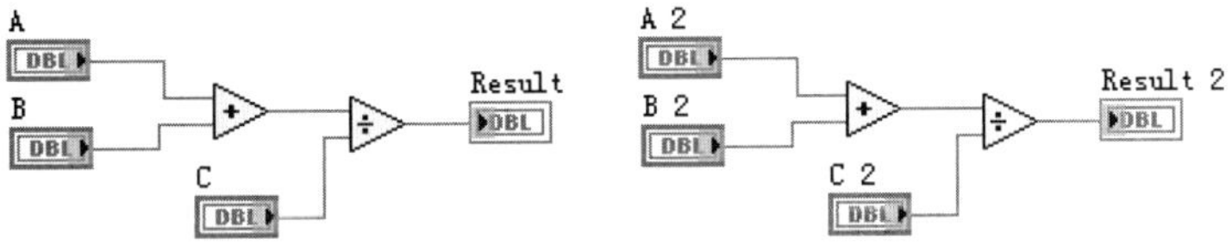

图 4-3　多段代码执行情况

数据流编程能够提高程序代码的执行效率，但也存在某些方面的不足。例如，当程序框图中两个或两个以上的节点都满足节点执行条件时，这些节点将独立并行执行，用户无法知道到底哪个节点先执行，哪个节点后执行。在很多情况下，程序员需要这些节点按照设定的先后顺序执行，此时数据流控制就无法满足要求，而必须引入特殊的程序结构。在此结构内程序严格按预先设定的顺序执行，这个结构就是 LabVIEW 的顺序结构。

4.1.2　顺序结构的组成

在 LabVIEW 中，顺序结构一般由多个框架组成。从框架 0 到框架 n，首先执行框架 0 中的程序，然后执行框架 1 中的程序，这样依次执行下去。类似于放映机中的电影胶片按照顺序一幅图像接一幅图像地放映，LabVIEW 顺序结构按照顺序一帧(框架)接一帧地顺序执行。

LabVIEW 有两种顺序结构，分别是平铺式顺序结构和层叠式顺序结构，这两种顺序结构的功能相同，只是外观和用法上稍有差别。这两种顺序结构都位于“函数”→“编程”→“结构”子选板中，如图 4-4 所示。

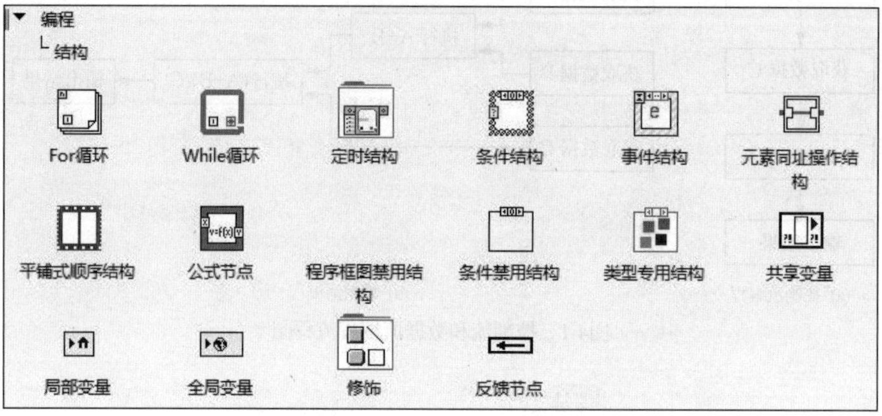

图4-4　“函数”选板中的“结构”子选板

1. 层叠式顺序结构

层叠式顺序结构允许在程序框图窗口的同一位置堆叠多个子框图。每个子框图(被称为一帧)有各自的序号，执行顺序结构时，按照序号由小到大逐个执行，最小的序号为0。最初建立的顺序结构只有一帧，在顺序结构边框上单击右键弹出快捷菜单，通过菜单选项可为顺序结构添加帧。图4-5 左图所示为顺序结构边框上的弹出快捷菜单，其中选择“添加顺序局部变量”选项，将按顺序结构添加局部变量；选择“删除顺序”选项将移除顺序结构，同时保留当前帧代码；选择“在后面添加帧”选项，将在当前帧后面(下面)添加一个空白帧；选择“在前面添加帧”选项，将在当前帧前面(上面)添加一个空白帧；“复制帧”选项是对当前帧进行复制，并把复制的结果作为新一帧放到当前帧的后面；选择“删除本帧”选项，将删除当前帧，只有一帧时该选项不可用。

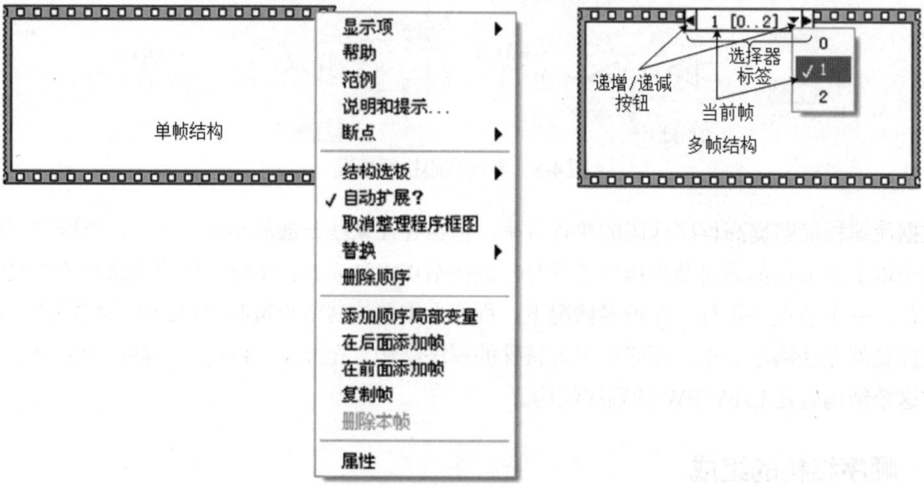

图 4-5　层叠式顺序结构及快捷菜单

在图 4-5 中，左图为刚刚建立的顺序结构，只有一个框架，即只有一帧。选择“在后面添加帧”或“在前面添加帧”选项生成新帧之后，在结构的上边框将出现选择器标签。此处标签内容为“1[0..2]”，表示该顺序结构含有序号为 0～2 的 3 个帧，并且第 1 帧为当前帧。选择器标签左右的两个箭头按钮分别为“减量”按钮和“增量”按钮，用于在层叠式顺序结构的各帧之间切换。

单击标签右侧的向下黑色箭头按钮，将打开帧列表，利用该列表可以实现在多个帧之间快速跳转。

在具有多个帧的顺序结构的边框上单击右键，弹出其快捷菜单，利用菜单中的“显示帧”和“本帧设置为”子菜单，可以实现帧的快速切换和帧代码之间的互换。

2. 平铺式顺序结构

平铺式顺序结构和层叠式顺序结构实现的功能一样，其区别仅为表现形式不同，如图 4-6 所示。

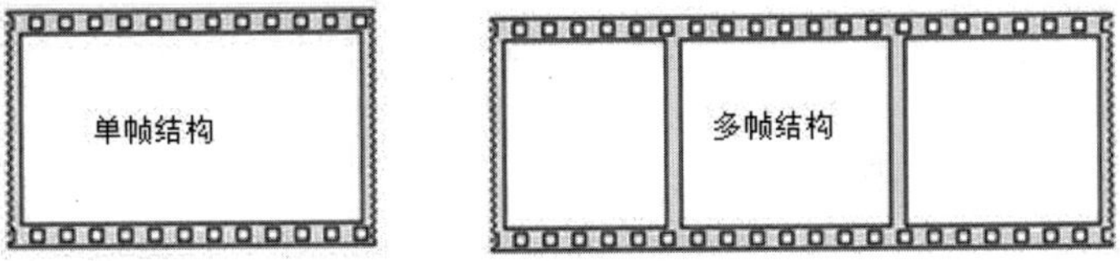

图 4-6　平铺式顺序结构

和层叠式顺序结构一样，新建的平铺式顺序结构同样只有一帧，在结构边框上单击右键而弹出的快捷菜单中，选择“在后面添加帧”选项，可在当前帧后面(右侧)添加一个空白帧，选择“在前面添加帧”选项，则在当前帧前面(左侧)添加一个空白帧。新添加的帧的宽度可以通过鼠标拖曳帧的边框进行调整。在层叠式顺序结构中，程序是按照帧的序号由小到大的顺序执行的，而在平铺式顺序结构中，程序是按照从左到右的顺序逐帧执行的。

层叠式顺序结构的优点是节省程序框图窗口空间，但用户在某一时刻只能看到一帧代码，这会给阅读和理解程序代码带来一定的难度。平铺式顺序结构比较直观，方便阅读代码，但它占用的窗口空间较大。两种顺序结构可以通过快捷菜单中的“替换为平铺式/层叠式顺序”选项相互转换，另外层叠式顺序结构还可以通过“替换为分支结构”选项转换为分支结构，平铺式顺序结构可以通过“替换为定时结构”选项转换为定时结构。

对于图4-7 所示的同一程序框图窗口中的两段代码，如要求按先后顺序执行两段代码，分别用层叠式顺序结构和平铺式顺序结构实现的情况如图 4-7 所示(其中为了便于阅读，将层叠式结构各帧分别截图后按顺序平铺排放)。

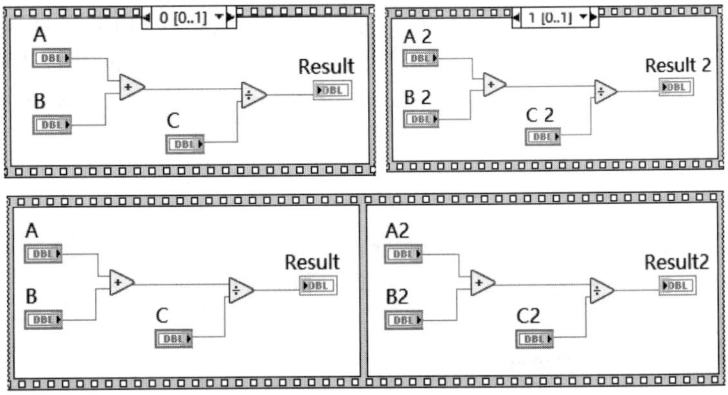

图 4-7　两段代码用两种顺序结构实现

4.1.3 顺序结构中的数据传递

在顺序结构的编程过程中，不同的帧之间可能需要传递数据，顺序结构的外部和内部也可能存在数据传递。顺序结构有层叠式和平铺式两种，这两种结构中不同帧之间的数据传递方式是不同的，但这两种结构内部与外部之间的数据传递方式是相同的。

1. 层叠式顺序结构中的数据传递

层叠式顺序结构是通过局部变量的机制来实现不同帧之间的数据传递。在层叠式顺序结构的边框上单击右键弹出快捷菜单，选择“添加顺序局部变量”选项，在顺序结构边框上出现一个小方块(所有帧程序框的同一位置都有该方块)，表示添加了一个局部变量。小方块可以沿框四周移动，颜色随传输数据类型的系统颜色发生变化。

添加局部变量后，若在某帧为该局部变量接入数据(相当于赋值)，则在其后各帧中局部变量的数据可以作为输入数据使用，而在其前面的帧的该局部变量不能使用。

实例4-3 应用顺序结构局部变量如图4-8所示。

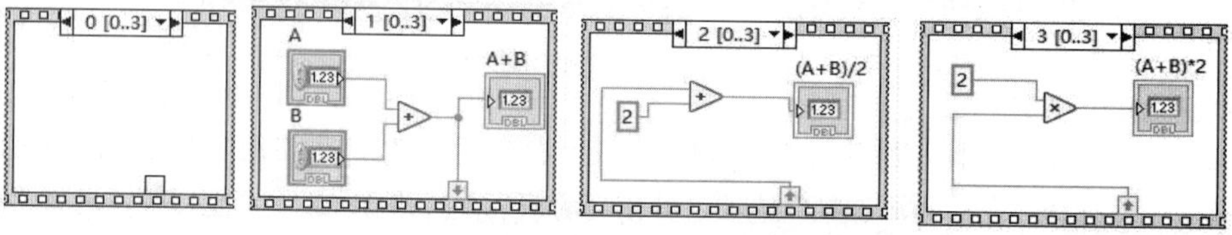

图 4-8 层叠式顺序结构局部变量的应用

图 4-8 所示的顺序结构有 4 帧，添加了一个局部变量，在第 1 帧为局部变量接入了数据。

在为局部变量接入数据帧的前面的帧(在此为第 0 帧)中，局部变量用阴影方块占位，表示局部变量不能使用。在第 1 帧中，求两个数 A、B 的和并将和输入到下边框上的局部变量中，此时第 1 帧后面的各帧均可使用该局部变量，局部变量小方块中的箭头表明数据的流动方向。在本例中，通过局部变量将 A、B 的和传递到后面的帧，在第 2 帧中实现(A+B)/2，在第 3 帧中实现(A+B)*2。

可以为顺序结构添加多个局部变量，这些局部变量以在结构边框上的位置来标识。通过局部变量快捷菜单中的“删除”选项可以删除局部变量。

2. 平铺式顺序结构中的数据传递

在平铺式顺序结构中，由于每个帧都是可见的，不需要借助局部变量这种方式来实现帧间的数据传递，故在平铺式顺序结构中，不能添加局部变量。平铺式顺序结构中的数据通过连线直接穿过帧壁进行传递。图 4-9 给出了与图 4-8 所示层叠式顺序结构功能完全相同的平铺式顺序结构。

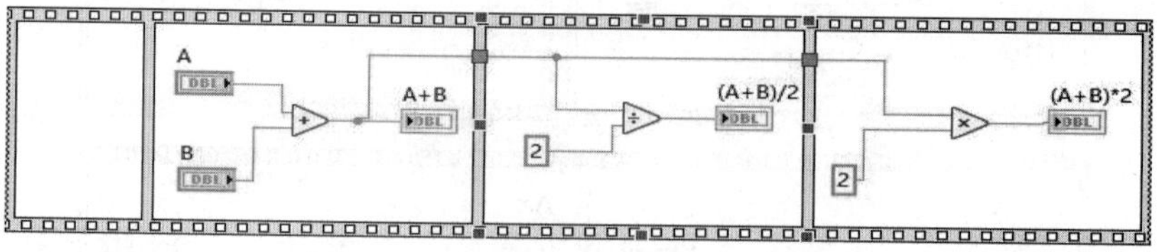

图 4-9 平铺式顺序结构局部变量的应用

3. 顺序结构外部与内部的数据交换

顺序结构外部与内部之间的数据传递是通过在结构边框上建立隧道来实现的。隧道有输入隧道和输出隧道两种，输入隧道用于从外部向内部传递数据，输出隧道用于从内部向外部传递数据。在顺序结构执行前，输入隧道得到输入值，在执行结构的过程中，这个值保持不变，且每帧都能读取该值。只能在某一帧中向输出隧道写入数据，如在超过一个帧中对同一输出隧道赋值，则会引起多个数据源错误，输出隧道上的值只能在整个顺序结构执行完后才会输出。

实例 4-4 两种顺序结构外部数据与内部数据交换。

图 4-10 所示为两种顺序结构外部数据与内部数据交换的实例。

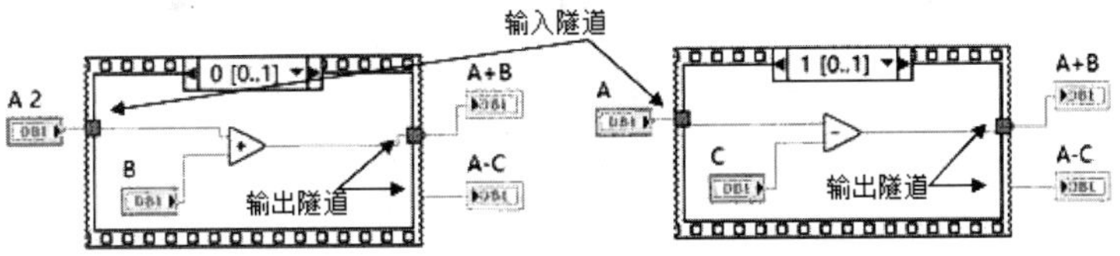

(a) 层叠式顺序结构

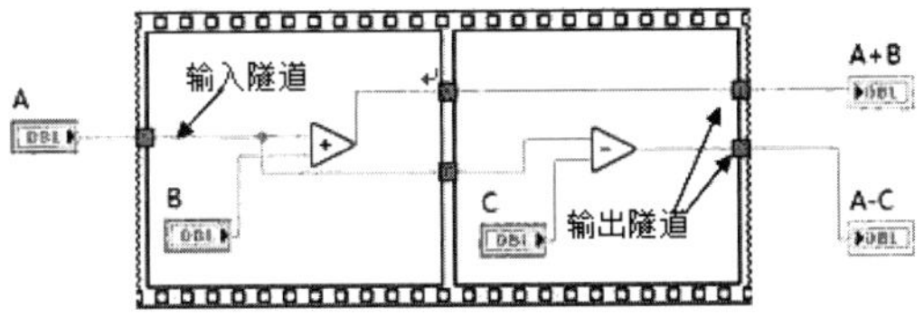

(b) 平铺式顺序结构

图 4-10 顺序结构外部与内部数据交换应用

在图 4-10 中，结构外的数值数据 A 通过输入隧道传递到结构内，与顺序结构第一帧的数值 B 进行加运算，与第二帧中的数值 C 做减运算，最后将结果通过输出隧道输出到结构外的数值显示控件。

4.1.4 顺序结构应用举例

实例 4-5 典型的顺序结构应用实例：计算程序运行时间的例程。

程序具有以下功能：输入 0～10 000 之间的一个整数，测量计算机利用随机数产生器产生与之相等的数所需的时间。在给定一个整数后，程序开始运行，记下开始运行时间并开始产生随机数，产生的随机数与给定的数值相比较，当两者相等时，程序停止运行并记下程序停止运行的时间，最后计算时间差便得到题目需要计算的时间。由于需要用到前后两个时刻的差，即用到了先后次序，故可用顺序结构来解决此类问题。

在实例 4-5 中，随机数产生器产生的数在 0～1 之间，将其乘以 10 000 并转换为整型后再与输入的数值进行比较，同时还利用了一个 While 循环来控制程序的运行。由层叠式顺序结构实现该例子的具体程序框图和前面板分别如图 4-11 和图 4-12 所示。

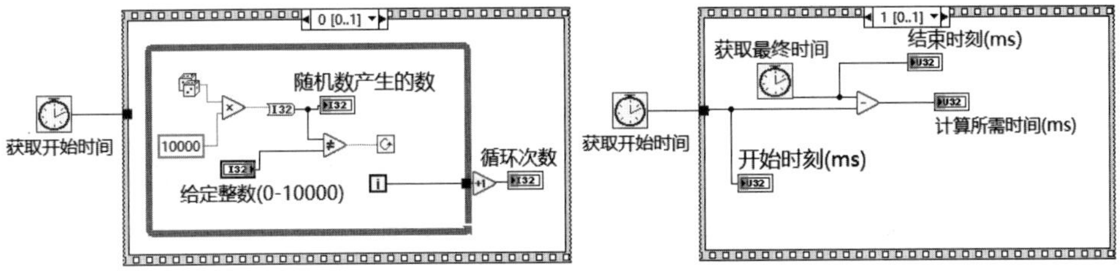

图 4-11 顺序结构外部与内部数据交换应用

顺序结构虽然可以保证执行顺序，对编写代码有一定的帮助，但同时也阻止了程序的并行执行，因此在编程时应充分利用 LabVIEW 固有的并行机制，避免使用太多顺序结构。在编程不太复杂的情况下，可以通过建立节点间的数据依赖性来实现简单的顺序执行过程，这样既达到顺序控制执行的目的，同时也提高了运行效率。

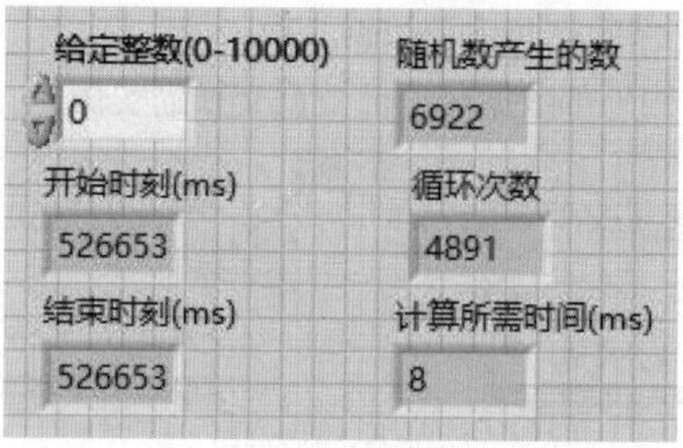

图 4-12　计算运行时间实例前面板

4.2 循环结构

循环是用来控制重复性操作的结构，有两种循环结构，分别是 For 循环和 While 循环。这两种循环结构位于“函数”选板→“编程”→“结构”子选板中。

4.2.1 For 循环

1. For 循环的构成

For 循环是按预先设定的次数执行循环结构内子程序的一种结构，在“结构”子选板中单击“For 循环”后，将鼠标指针移到程序框图上，此时鼠标指针变为缩小的 For 循环的样子，在适当的位置单击鼠标左键并拖曳到适当的大小后再次单击鼠标左键，则在程序框图中创建一个空的 For 循环结构，如图 4-13 所示。

最基本的 For 循环由循环框架、总数接线端 N 和计数接线端 i 组成，等效的 C 语言程序代码如图 4-13 右图所示。

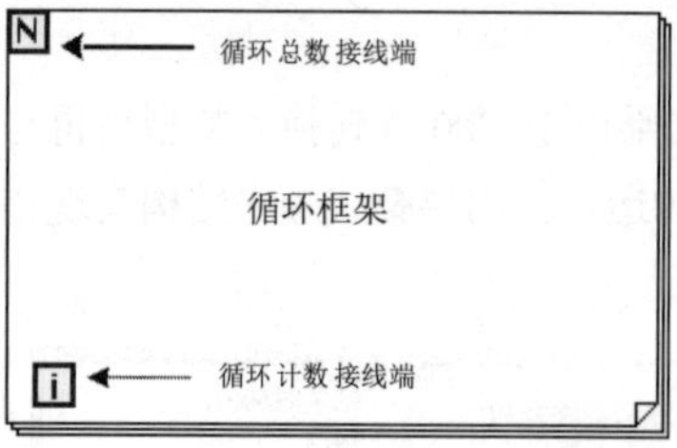

程序代码：

```
for(i=0;i<N;i++)
{
循环体
}
```

图 4-13　For 循环的结构

和其他程序语言一样，LabVIEW 中的 For 循环执行的是包含在循环框架中的程序。在循环框架中添加程序的方法有两种：一种是将对象拖曳到循环结构内；另一种是将循环结构包围在已存在的对象周围，如图 4-14 所示。

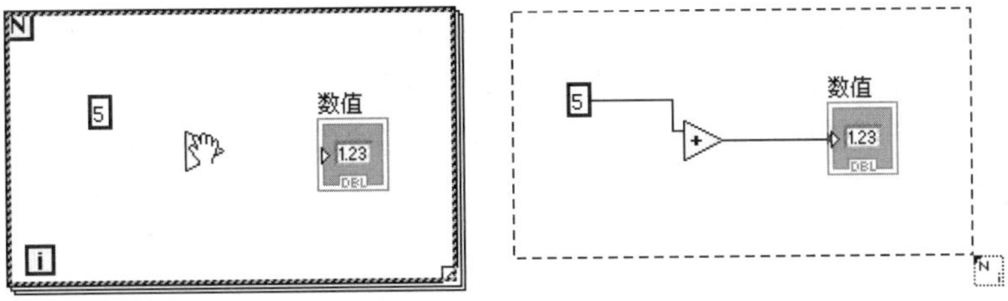

图 4-14　For 循环中对象的两种添加方法

循环总数接线端为输入接线端，相当于 C 语言 For 循环中的计数变量 *N*，用于控制循环执行的总次数。总数接线端在程序运行前必须进行赋值，通常情况下该值为整型，若将其他数据类型接入该端口，For 循环会自动转换为整型。计数接线端相当于 C 语言中的当前执行的循环次数 *i*，该接线端为一个输出接线端，*i* 从 0 开始计数，一直计到 *N*−1，循环计数接线端每次循环的递增步长为 1。

2. For 循环的执行过程

For 循环的执行流程：在开始执行前，从循环总数接线端子读入循环执行次数，然后循环计数接线端子输出当前已经执行循环次数的数值(从 0 开始)，接着执行循环框架中的程序代码，循环框架中的程序执行完后，如果执行循环次数未达到设定次数，则继续执行，否则退出循环。如果循环总数接线端子的初始值为 0，则 For 循环内的程序一次都不执行。需要注意的是，在循环执行过程中，改变循环总数接线端的值将不改变循环执行次数，循环按执行前读入的循环总数接线端所确定的次数执行。另外，For 循环的执行次数除了可以由循环总数接线端设定外，还可以由其他方式确定，后面将对此进行介绍。

实例 4-6　利用 For 循环绘制正弦波曲线，如图 4-15 所示。

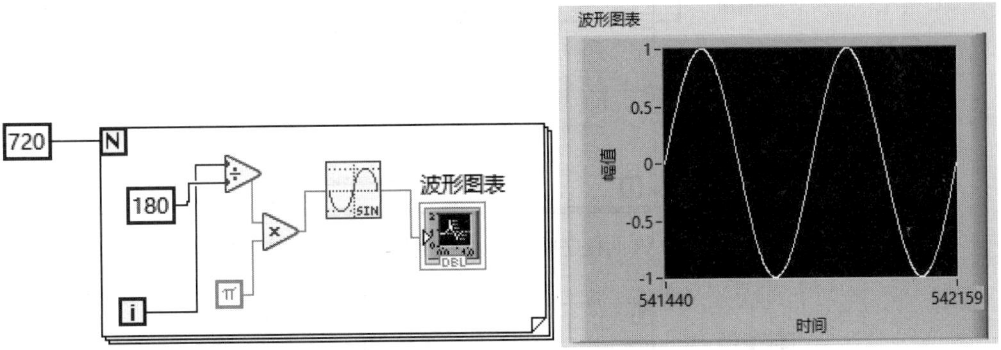

图 4-15　利用 For 循环画正弦曲线

实例 4-7　循环结构内外数据交换。

程序框图如图 4-16 所示，运行此 VI，可体会循环结构内外的数据是如何进行交换的。

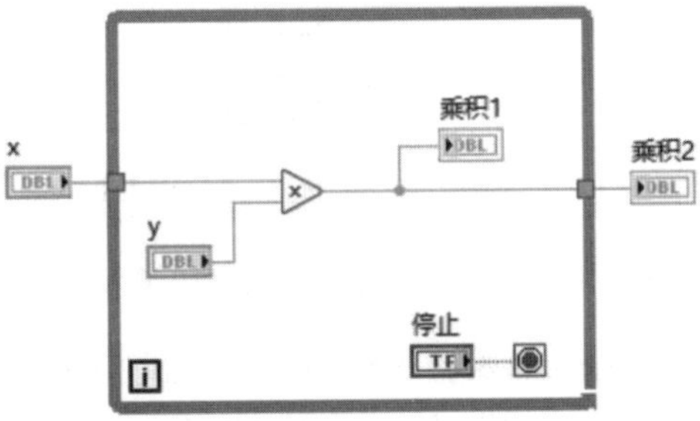

图 4-16　例 4-7 的程序框图

在 LabVIEW 环境下，首先在前面板上对控件“x”和控件“y”进行赋值，比如为它们都输入数值 1，然后运行此 VI，在前面板上观察“乘积 1”和“乘积 2”的值。

在前面板上改变控件“x”的值，会发现“乘积

1”的值并未改变。这是因为控件“x”在循环外，该 VI 运行时，只会在刚开始读取一次控件“x”的值；而进入到循环体后，就不会再读取控件“x”中的值了。所以，控件“x”值的改变，对后面的乘法计算结果不会产生任何影响。但改变控件“y”的值会发现，“乘积 1”的值也会跟着改变，而“乘积 2”的值并未改变。这是因为，控件“y”位于循环体内，每次执行循环，都会读取控件“y”中的值，而“乘积 1”也位于循环内，所以“乘积 1”的值会随着控件“y”值的改变而改变；但由于“乘积 2”位于循环体外，只有在前面板按下 VI 的停止按钮，VI 才会将循环边框上隧道输出的值赋给“乘积 2”控件。

实例 4-8 已知一个由 5 个元素组成的一维数组(2，0，-1，-2，3)，要求编写一个 VI，将该数组中小于 0 的元素去掉，用剩下的元素组成新的数组，并在前面板上显示出来。

看到这个题目，我们产生的一个解决思路，就是对数组中的每个元素进行逐一判断，如果该元素大于等于 0，则保存下来；否则，不进行处理。在这个算法中，有重复过程，应该利用循环结构；而且数组元素的个数是确定的，所以使用 For 循环即可。而由于还需要对每个元素进行判断，所以还应该利用条件结构。另外，要对符合条件(大于或等于 0)的元素进行保存，故还要用到移位寄存器。

根据上述思路，编写出的 VI 的程序框图如图 4-17 和图 4-18 所示。其中，用到了 For 循环结构与条件结构的配合。具体地，在 For 循环结构外向 For 循环输入一个数组常量，共有 5 个元素，分别是 2、0、-1、-2 和 3，将其连接到 For 循环结构上，并且打开 For 循环输入隧道的自动索引。在 For 循环的边框上创建移位寄存器，用以保存上次循环的值。同时利用条件结构，进行元素是否大于或等于 0 的判断。当为“真”时利用“创建数组”函数，将当前元素与移位寄存器里的历史元素连接起来，形成新的数组并赋给移位寄存器的右边端子。

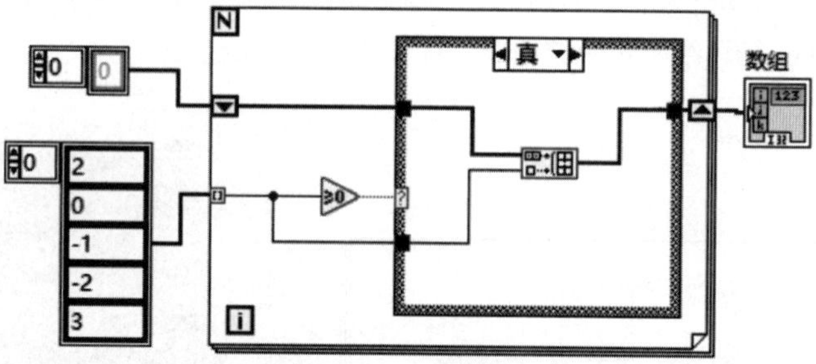

图 4-17 例 4-8 中 VI 的程序框图(For 循环结构+“真”分支条件结构)

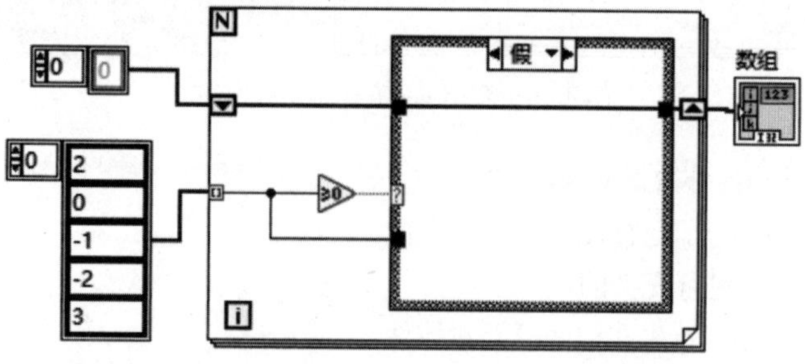

图 4-18 例 4-8 中 VI 的程序框图(For 循环结构+“假”分支条件结构)

根据以往经验，不少初学者在编写条件结构的“假”分支程序段时，会出现困惑。对于条件判断，当为“假”时，应该不对相关元素做任何处理。如果利用 C 语言进行编程，用一个不带 else 的 if 语句就可以实现。而利用 LabVIEW 中的条件结构，却要求每一个分支都要为输出隧道赋值，也就是无须做任何处理的“假”分支，也要为输出隧道赋值。但对这个题目而言，判断为“假”时，应该不用做任何处理。那么，在 LabVIEW 中如何实现上述功能呢？

对这类问题，解决思路是，当为“假”时，直接将移位寄存器左边端子的值赋给条件结构的输出隧道。如图 4-18 所示，即当条件为“假”时，将移位寄存器的历史数据再输出一遍，如此，既可实现不对当前小于 0 的元素进行保存，又能保证条件结构的输出隧道有确定的输入值。

细心的读者会发现，这个例子有自己特殊的地方，即与循环结构搭配用到了位移寄存器，如此，就可以将移位寄存器的值赋给“假”分支的输出隧道。而如果有的问题不需要位移寄存器，即仅需要实现图 4-19 所示的代码的功能，那么利用 LabVIEW 进行编程，又该如何实现呢？

```
main()
{
   int x,y;
   if(x>0)
   {
      y=3;
      printf("%d",y);
   }
}
```

图 4-19　C 语言中无 else 的 if 语句示例

此外，在 LabVIEW 2012 以后的版本中，对循环结构的隧道模式又增加了新的功能，即利用 LabVIEW 2012 以后的版本，对实例 4-8 所希望实现的功能的 VI 编写更为简单了。具体地，如图 4-20 所示，无须再调用条件结构，而是将数组常量连至 For 循环结构的右边框上，选中生成的隧道(自动索引默认打开)，右击，在弹出的快捷菜单中选择“隧道模式”→“条件”，可以看到，在隧道下端就出现了一个“问号”的条件端子，将大于或等于 0 的输出端连至此条件端子上，如此编写的 VI 的程序框图如图 4-21 所示。运行此 VI，在前面板上观察结果，会发现也得到了正确结果，即数组中小于 0 的元素被去除掉了。

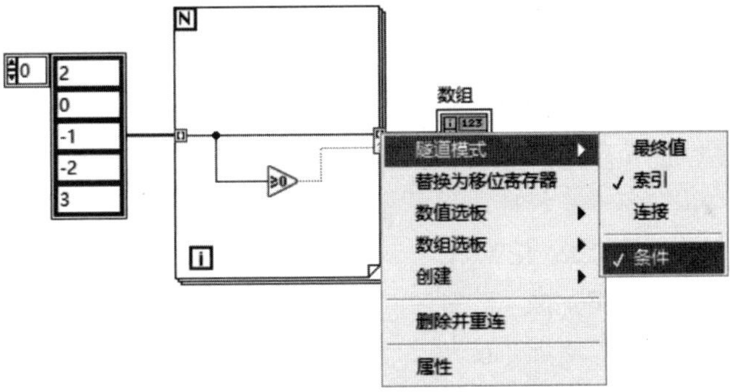

图 4-20　for 循环结构的隧道模式设置

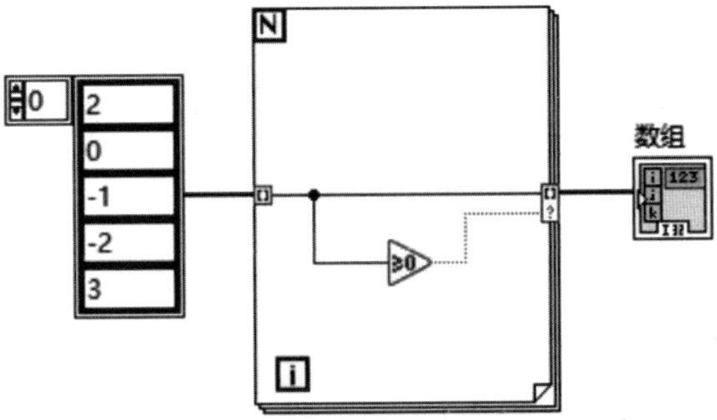

图 4-21　例 4-8 中 VI 的程序框图(for 循环结构)

3. For 循环的执行中止

在一些文本编程语言中，可以使用 Goto 或 Exit 语句使程序从循环体内跳转到循环体外，从而中止循环的执行。而在 LabVIEW 早期版本，对 For 循环不提供中止循环的机制，如果要实现这个功能，必须采用 While 循环。但是从 LabVIEW 8.5 开始，For 循环增加了条件接线端，同 While 循环一样可在满足条件时停止循环。在 For 循环结构边框单击右键弹出快捷菜单，从快捷菜单中选择“条件接线端”，循环中将出现一个条件接线端，总数接线端的外观变为。将停止循环的布尔数据(如布尔控件或比较函数的输出值)连至条件接线端，则可以通过输入条件接线端中止循环的执行。在 For 循环中使用条件接线端时，必须连接布尔数据或错误簇至条件接线端，连接数值到总数接线端或对输入数组建立自动索引。有关自动索引的内容将在后面介绍。

实例 4-9　For 循环使用条件接线端中止循环执行。

图 4-22 给出了一个 For 循环使用条件接线端中止循环执行的实例。本实例中，当输入数组的元素和给定的字符串相同时，停止循环执行。

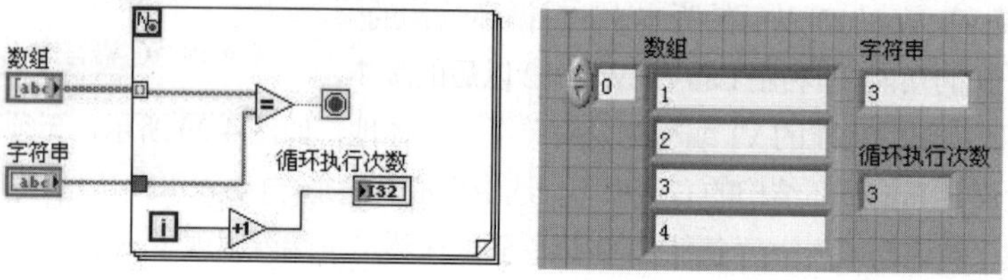

图 4-22　For 循环条件接线端的应用

4. 并行 For 循环

LabVIEW 是自动多线程编程语言，只要 VI 的代码可以并行执行，LabVIEW 就将自动把它们分配到多个线程上并发执行，以提高程序的执行效率。当前多核处理器已成为大多数计算机的主流配置，为了强化 LabVIEW 的并行处理能力，在 LabVIEW 2018 中引入了并行 For 循环。在 LabVIEW 前面的版本中，一个 For 循环在执行时只为其分配一个线程进行执行，故 LabVIEW 按照顺序执行 For 循环。而并行 For 循环是为一个 For 循环分配多个线程，以实现并发执行一个 For 循环。通过并行 For 循环利用多个处理器可以提高 For 循环的执行速度，特别是在处理大量计算的应用时，能大大提高执行效率。

右键单击 For 循环外框，在弹出的快捷菜单中选择“配置循环并行…”，打开“For 循环并行迭代”对话框，启用并行循环，如图 4-23 所示。图中“生成的并行循环实例数量”可以理解为该循环配置的最大并发运行的实例数。

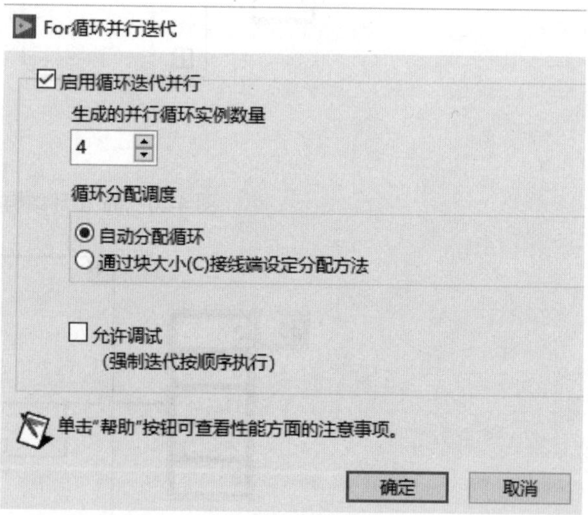

图 4-23　“For 循环并行迭代”对话框

启用并行循环执行后，总数接线端下方将出现一个并行接线端。并行接线端是一个输入接线端，其值指定了 LabVIEW 并行运行循环的数量。

实例 4-10　数组求和。在图 4-24 所示的实例中，数组的长度为 10 000，为了测试并行 For 循环的执行效率，可以采用顺序结构对循环执行的过程进行计时。由于对一个长度为 10 000 的数组利用

For 循环进行求和所需要的时间极短，为了更清楚地体现循环执行的效果，在每次循环中都人为添加了一个 1ms 的延时以增加循环的执行时间。同时，为了在 For 循环中实现求和运算，使用了移位寄存器，有关移位寄存器的内容将在后面介绍。

从图 4-24 所示的前面板可以看出，当设定并行 For 循环的并行数量不同时，程序的执行时间是不同的。当设定并行数量为 1 时，实际上只有一个线程在执行 For 循环，此时运行时间约为 20s。当设定并行数量为 4 时，实际的工作线程有 4 个，相当于将数组元素分为 4 部分，每部分独立并行求和，再将 4 部分的和加起来即得到总和。此时由于是多线程并发执行，因此大大缩短了执行时间。

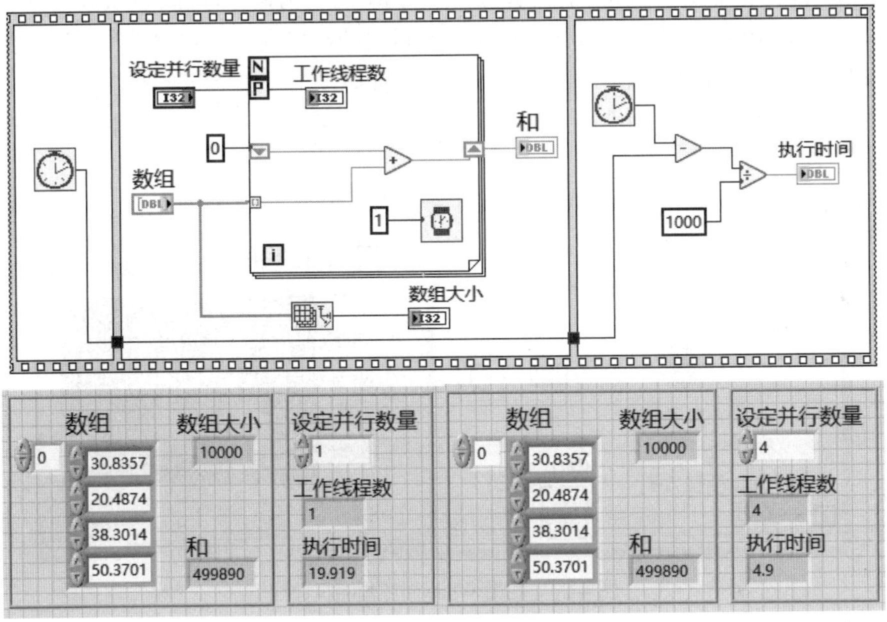

图 4-24　用并行 For 循环实现数组求和

4.2.2　While 循环

While 循环是循环次数不固定的一种循环结构，类似于文本编程语言中的 Do 循环或 Repeat-Until 循环。While 循环执行子程序框图直到满足某个条件。在“结构”子选板中单击“While 循环”后，将鼠标指针移到程序框图上，此时鼠标指针变为缩小的 While 循环的样子，在适当的位置单击并拖曳到适当大小后再次单击鼠标左键，则在程序框图中创建一个空的 While 循环结构，如图 4-25 所示。

在 VI 中创建 While 循环的方法和创建 For 循环的方法相同，最基本的 While 循环由循环框架、计数接线端 i 和条件接线端组成。和 For 循环类似，While 循环执行的同样是包含在循环框架中的程序，计数接线端为当前执行循环的次数 *i*，该接线端为一个输出接线端，*i* 从 0 开始计数，一直计到循环结束。条件接线端是一个布尔变量，需要接入一个布尔值，用于控制循环是否继续执行。条件接线端有两种使用状态：默认的状态如图 4-25 所示，接线端图标为一个绿色方框包围的红色实心圆点，其含义为“真(True)时停止”，它表示当接入的布尔值为“真(True)”时，循环停止，否则循环继续执行；在条件接线端的右键快捷菜单中选择“真(True)时继续”，则切换到另外一种使用状态，接线端图标变为一个绿色方框包围的带箭头的圆弧，如图 4-26 所示，它表示当接入的布尔值为“真(True)”时，循环继续执行，否则循环停止。

图 4-25　While 循环的结构

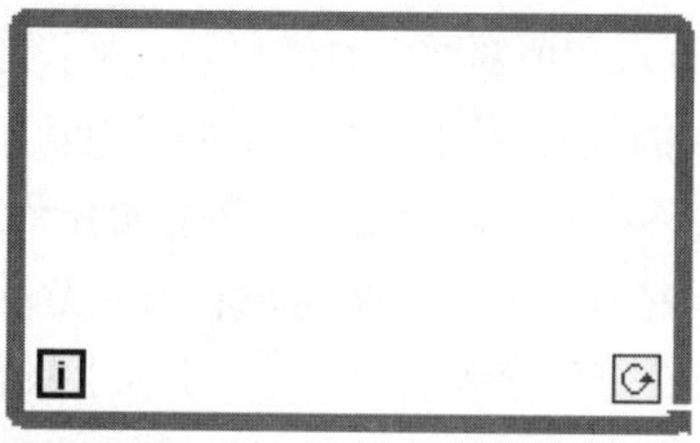

图 4-26　布尔值为 True 时继续的 While 循环

While 循环的执行流程：首先“循环计数”接线端输出当前执行的循环的次数，循环框架内的程序开始执行，框架内的所有代码执行完成后，循环计数器的值加 1，根据流入“条件接线端”的布尔型数据判断是否继续执行循环。若条件为“真(True)时停止”，如流入的布尔数据为真，则停止循环，否则继续循环；若条件为“真(True)时继续”，情况相反。在 While 循环中，循环框架中的代码至少执行一次。

实例 4-11　利用 While 循环画随机曲线，其设置及效果图如图 4-27 所示。

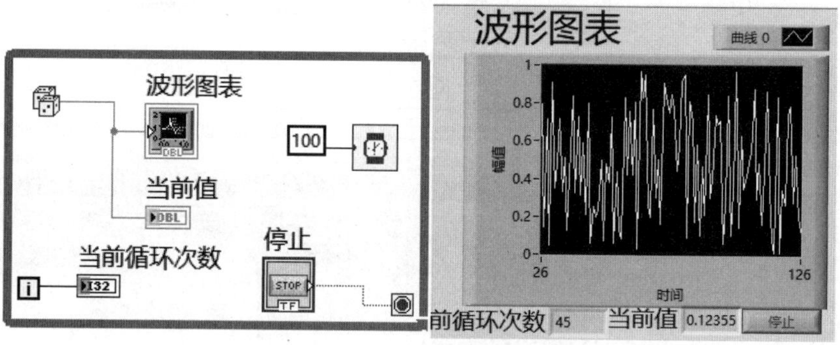

图 4-27　利用 While 循环画随机曲线

4.2.3　循环结构外部与内部数据交换

在顺序结构中，结构外部和内部之间的数据传递是通过隧道来实现的。与顺序结构相同，循环结构(包括 For 循环和 While 循环)外部和内部之间的数据交换也是通过隧道进行的。

实例 4-12　循环结构外部与内部数据交换实例。

直接将循环结构外部对象与内部对象用线连接起来，这时，连线在循环结构边框上将出现一个小方格，这就是实现结构内外数据交换的隧道，小方格的颜色代表了流过其中的数据类型，如图 4-28 所示。

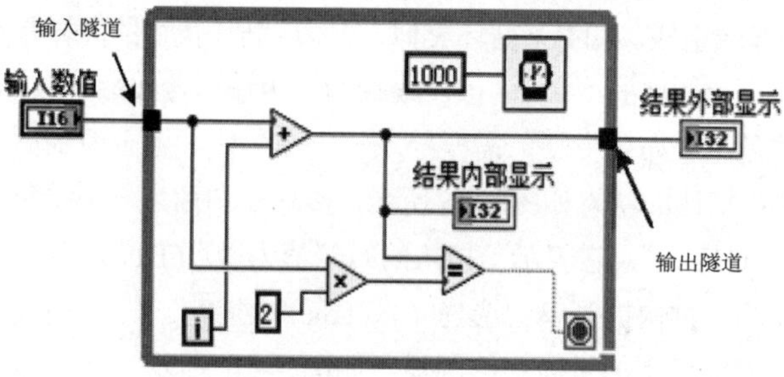

图 4-28　循环结构外部与内部数据交换

数值输入控件输入的数值通过 While 循环边框上的隧道传入循环中，在每次循环时，这个数值与循环计数端子输出的循环计数值进行求和，并在循环内部显示每次的求和结果。当求和结果等于输入数值的 2 倍时，循环停止，同时通过边框上的隧道将最后的结果传递到循环结构外进行输出显示。

循环的所有输入端子都是在进入循环之前读取完毕的，即循环开始之后，就不再读取输入端子值，输出数据只有在循环完全退出后才输出。例如图 4-28 中“输入数值”的数据只在循环运行前读入一次，在执行循环时，即使该控件中的值发生改变，也不影响程序的运行结果，每一次与循环计数值求和的都是最初读入的那个值。所以如果想在每一次循环中都检查某个端子的 While 循环边框上的数据隧道数据，就必须把这个端子放在循环内部，即作为子框图的一部分。在图 4-28 中，“结果内部显示”数值显示控件在循环内部，它将显示每一次循环执行的输入数值与循环计数值二者之和，而“结果外部显示”控件中显示的数据需要通过隧道从循环结构内部流到外部，该数据只有在循环完全退出时向外输出，因此“结果外部显示”只显示最后一次循环的求和结果。

4.2.4　自动索引

For 循环和 While 循环均具有一种特殊的自动索引功能。当把一个数组连接到循环结构的边框上生成隧道后，可以选择是否打开自动索引功能。如果自动索引功能被打开，则数组将在每次循环中按顺序流过一个值，该值在原数组中的索引与当次循环的循环计数端子值相同，就是说数组在循环内部将会降低一维，比如二维数组变为一维数组，一维数组变为标量元素等。

对于 For 循环，自动索引被默认打开，此时用户不需要为循环总数接线端 N 赋值来指定循环执行的次数，而会自动根据数组的大小决定循环执行的次数。当然，如果用户一定要给 N 指定一个值，则循环按照 N 和数组确定的最小的执行次数执行。即如果数组有 5 个元素，指定的 N 为 10，则最后的循环次数为 5 次。

实例 4-13　利用 For 循环自动索引功能输入和输出一维数组。

如图 4-29 所示，当打开 For 循环自动索引功能后，隧道小方格中间会出现“[]”标志，表明将在这个隧道上打开或者生成数组数据；而关闭索引功能的隧道小方格是实心的。在图 4-29 中，For 循环的循环总数接线端子 *N* 没有接入任何数据，因为循环次数可以根据输入隧道接入的数组元素个数确定。

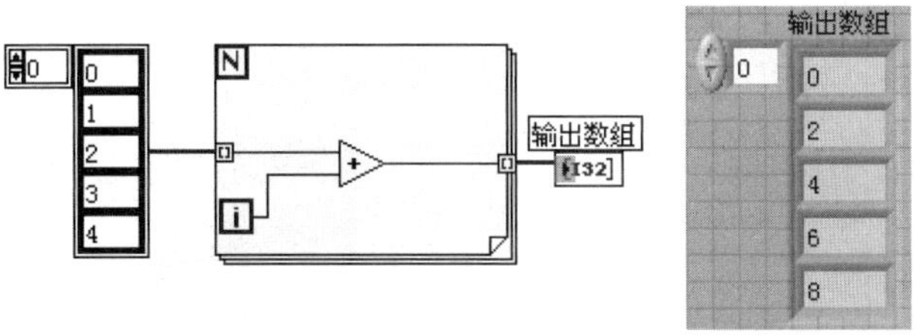

图 4-29　利用 For 循环自动索引输入和输出一维数组

本例中，循环次数为输入的整型数组的长度 5，每次循环，顺序取出该数组的一个元素与循环计数值做求和运算，求和结果在输出隧道上累积生成数组，当循环结束后，在输出隧道上累积生成的数组一次性传递到输出数组中显示。对于图 4-30 给出的实例 4-14，如果不打开自动索引功能，则必须为循环总数接线端指定循环执行的总次数。在每次循环时，数组整体传入循环框架进行运算，而不是在循环过程中依次取出一个元素进行运算。

实例 4-14 禁用自动索引功能的循环执行情况如图 4-30 所示。

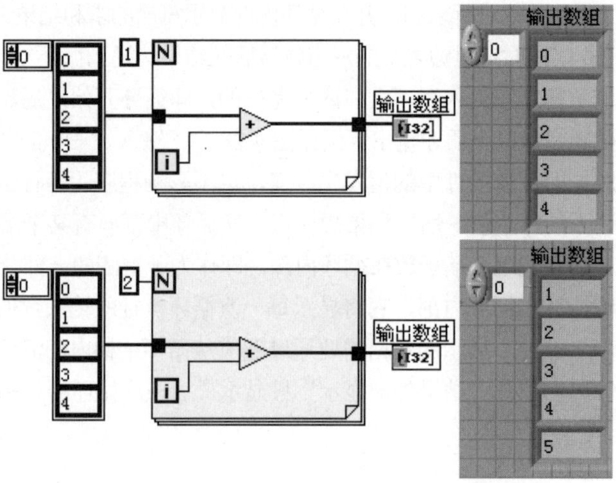

图 4-30 For 循环禁用自动索引输入和输出一维数组

实例 4-15 For 循环输入和输出隧道分别启用和禁用自动索引。

当循环结构输入隧道禁用自动索引功能后，循环执行次数由循环总数端子接入数据决定，在图 4-31 中，给出了执行 1 次循环和 2 次循环的情况。对于执行 1 次循环，数组一次性完整地输入循环框架内，各元素分别与循环计数值(循环一次为 0)求和，执行完后一次性输出。对于执行 2 次循环，循环执行前，数组一次性完整地输入循环内，每次循环，输入数组中的各元素与循环计数值求和，循环执行完后，将最后一次性输出循环执行结果。另外，从图 4-31 和图 4-32 所示的内部连线也可以看出在启用和禁用自动索引时数据的传递方式，输入的数组均为一维数组，当启用自动索引功能后，循环内部数组降低一维，变为标量。当禁用自动索引功能时，循环内部与外部一样，数组的维数不变。另外，前面介绍的均为 For 循环输入、输出同时启用/禁用自动索引的情况。如果，For 循环输入和输出一个启用自动索引、一个禁用自动索引，其执行情况又会如何呢？对此，用户可以参考如图 4-31 所示的实例来学习并体会，此处不再详细介绍。

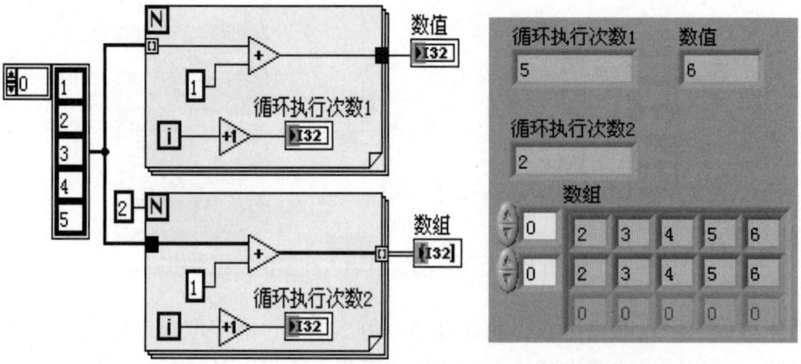

图 4-31 For 循环输入和输出隧道分别启用和禁用自动索引

对于二维数组或多维数组，方法也是一样的。图 4-32 所示为利用索引输入、输出一个二维数组的例子。

实例 4-16　利用索引输入、输出一个二维数组。

在图 4-32 中，最外层循环按行输入，二维数组变为一维数组，内层循环按输入行的元素逐个输入，一维数组变为标量。多维数组以此类推。

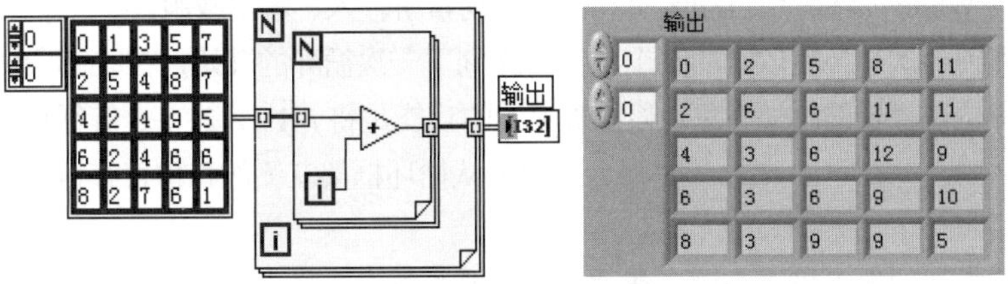

图 4-32　For 循环在索引方式下二维数组的输入与输出

实例 4-17　For 循环多个数组同时按索引方式输入的情况。

当有多个数组同时按照索引方式输入时，循环的次数以元素最少的数组为准，如图4-33 所示，循环次数为3。

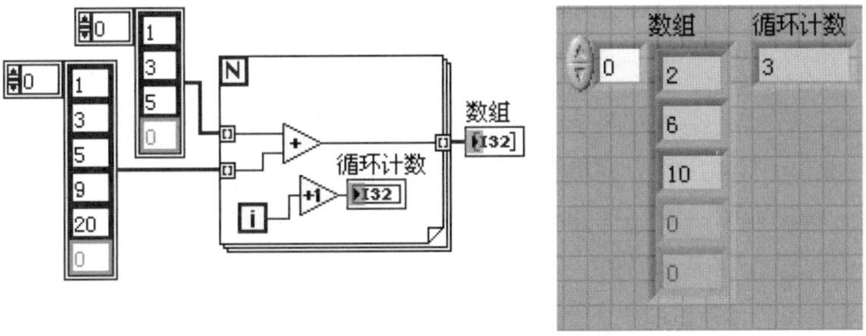

图 4-33　For 循环多个数组同时按索引方式输入的情况

对于 While 循环，自动索引被默认关闭。在 While 循环中，循环的执行次数由“条件接线端”的输入决定，与输入数组是否启用自动索引无关。在禁用自动索引的情况下，数组一次性地整体输入到循环内，每次循环，数组与循环体的其他数据整体进行运算，循环停止后输出。在启用自动索引的情况下，数组按元素依次输入循环内，每次循环，顺序取出该数组的一个元素与循环内其他数据进行运算，在数组中元素取完而循环还没有停止的情况下，接入数组的连线取“默认值”作为数组元素，每次循环结果在输出隧道上累积生成数组，当循环停止后，在输出隧道上累积生成的数组一次传递到输出数组中显示。图 4-34 所示为 While 循环禁用自动索引和开启自动索引输入、输出数组的实例。

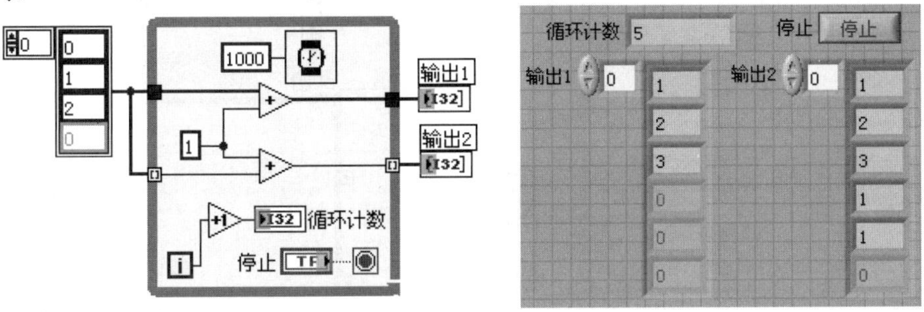

图 4-34　While 循环自动索引的使用

4.2.5 移位寄存器及反馈节点

1. 移位寄存器

实例 4-18 While 循环禁用自动索引和开启自动索引输入、输出数组。

为了实现将前一次循环完成时的某个数据传递到下一次循环的开始，在 LabVIEW 循环结构中引入了被称为移位寄存器的附加对象。移位寄存器的功能是将 *i*−1、*i*−2、*i*−3 等循环的计算结果保存在循环的缓冲区中，并在第 *i* 次循环时将这些数据从循环框架左侧的移位寄存器中送出，供循环框架内的节点使用。

在循环结构框架边框上单击右键，在弹出的快捷菜单中选择“添加移位寄存器”选项，可以为循环结构创建一个移位寄存器，如图 4-35 所示。如果需要，可以为循环结构添加多个移位寄存器。

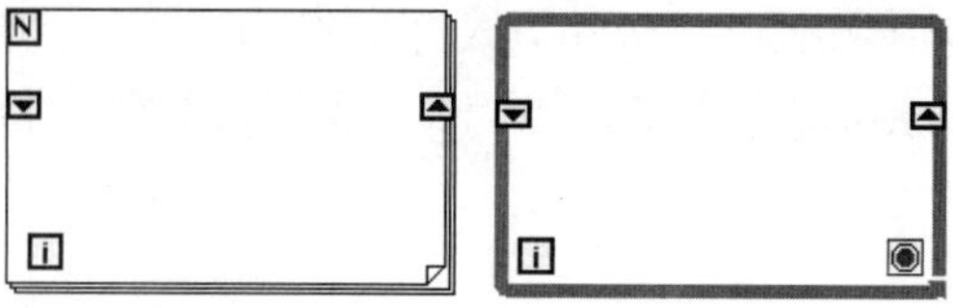

图 4-35 循环结构移位寄存器

新添加的移位寄存器有左、右两个端子，而且左、右两个端子分别有一个向下和向上的箭头，移位寄存器端子的颜色由接入的数据类型决定。其中带向上箭头的右端子在每一次循环结束时传入数据，然后将这一数据在下一次循环开始前传给带向下箭头的左端子，这样就可以从左端子得到前一次循环结束时保存在右端子中的值。

可以为移位寄存器的左端子指定初始值，该值将在循环开始前读入一次，循环执行后就不再读取该初始值。一般情况下，为了避免错误，建议为移位寄存器左端子明确提供一个初始值。移位寄存器的值也可以通过右端子输出到循环结构外，输出发生在循环结束后，因此，输出的值是移位寄存器右端子的最终值。

一个移位寄存器可以有多个左端子，但只有一个右端子。在移位寄存器左端子或右端子的右键快捷菜单中选择“添加元素”或向下、向上拖曳左端子的尺寸控制点，均可创建多个左端子，如图 4-36 所示。

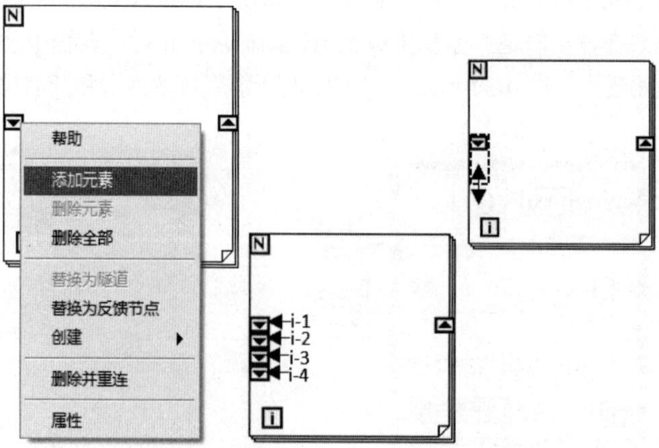

图 4-36 为移位寄存器添加左端子

在移位寄存器有多个左端子的情况下，多个左端子中将保留前面多次循环的数据，从上到下依次为 i–1、i–2、i–3、i–4 次循环的数据值。通过快捷菜单中的“删除元素”项可以删除左端子，也可以反方向拖曳左端子，删除从拖曳边沿开始没有接入连线的左端子；选择快捷菜单中的“删除全部”项也可以删除该移位寄存器。

实例 4-19　利用移位寄存器求 100 以内能被 3 整除的整数个数。

图 4-37 所示为利用移位寄存器求 100 以内能被 3 整除的整数个数的实例，运行该实例得到的结果为 34。

2. 反馈节点

在循环结构中，反馈节点和只有一个左端子的移位寄存器的功能相同，用于将数据从一次循环传递到下一次循环。和移位寄存器相比，反馈节点是在两次循环之间传递数据更简洁的一种表示形式。

在程序框图的“函数”选板→“编程”→“结构”子选板中选中“反馈节点”图标，移动鼠标指针到程序框图的合适位置，单击鼠标左键即可在程序框图中放置一个“反馈节点”，然后根据数据流建立连线。另外，在需要建立反馈节点的输出和输入端，利用连线工具直接将输出和输入相连，则自动建立一个“反馈节点”。

实例 4-20　图 4-38 所示为建立反馈节点的两种方法。

反馈节点一般是配合循环结构使用的，因此反馈节点应在循环结构内创建。

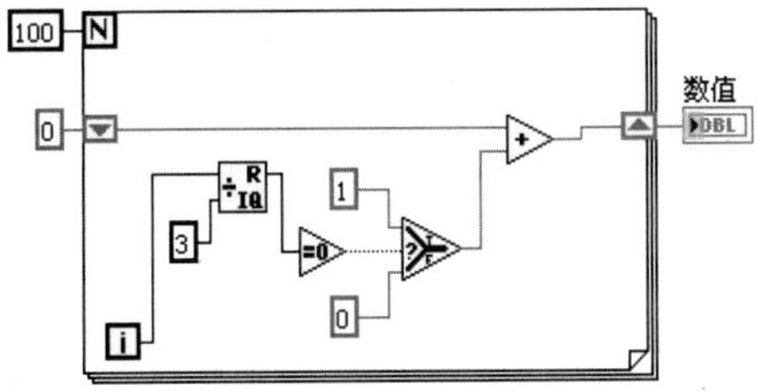

图 4-37　移位寄存器应用举例

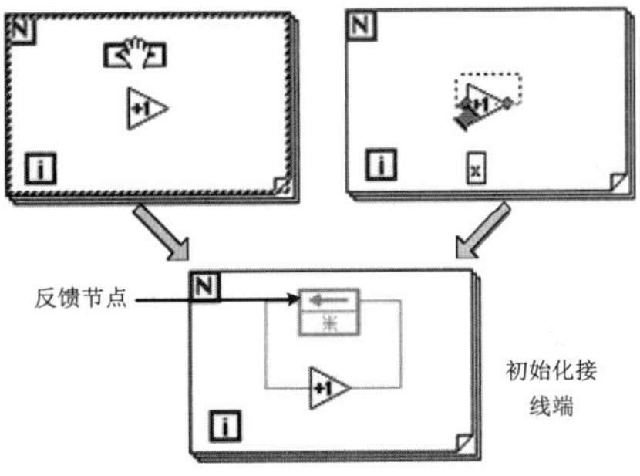

图 4-38　创建反馈节点

反馈节点由两部分组成，分别为反馈节点和初始化接线端。反馈节点在没有连线的时候是黑色的，连线后其颜色由接入数据的数据类型决定，如图 4-38 所示。反馈节点有两个接线端子，输入接线端在每次循环结束时将值存入，输出接线端在每次循环开始时把上一次循环存入的值输出，反馈节点箭头的方向表示数据流的方向。

同移位寄存器一样，反馈节点也需要初始化，初始化接线端可以位于循环框架内部，也可以位于循环框架外部，默认位于循环框架内。如果需要将初始化接线端移动到循环框架外，可以在初始化接线端的快捷菜单中选择“将初始化器移出一个循环”选项，初始化接线端则移到循环结构的左边框上。在反馈节点的快捷菜单选择“全局初始化”→“编译或加载时初始化”，初始化接线端位于循环框架内，表示在编译或加载 VI 时，节点即会被全局初始化，此时无需为其指定初始值。若在循环框架内为初始化器接入了一个初始值，则该菜单选项变为“全局初始化”→“首次调用时初始化”。初始化接线端在框架外部，若在循环框架外部对初始化接线端赋值，则在循环执行时初始化。

实例4-21　在循环框架内和循环框架外初始化赋值。

如图4-39所示为两种情况的示例。

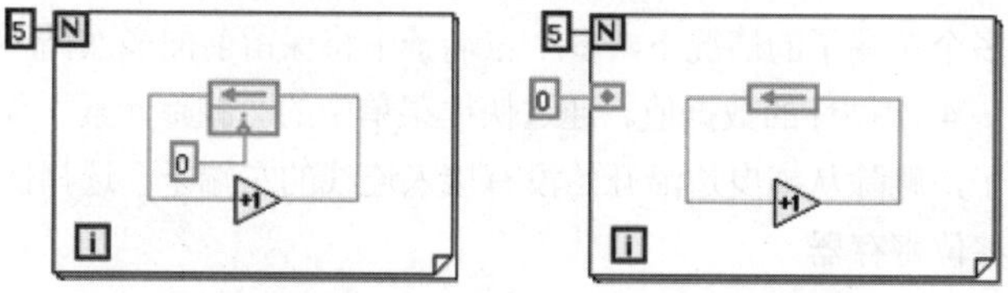

图 4-39　反馈节点在循环框架内和循环框架外初始化

实例4-22　利用反馈节点对小于5的正整数叠加求和。

图 4-40 所示为利用反馈节点对小于 5 的正整数叠加求和的实例。为了清楚了解程序的工作过程，在该例中，每次叠加的结果累积在输出隧道以形成数组，当累加完成后，输出到数组中，数组最后一个元素的值即为最后的结果。

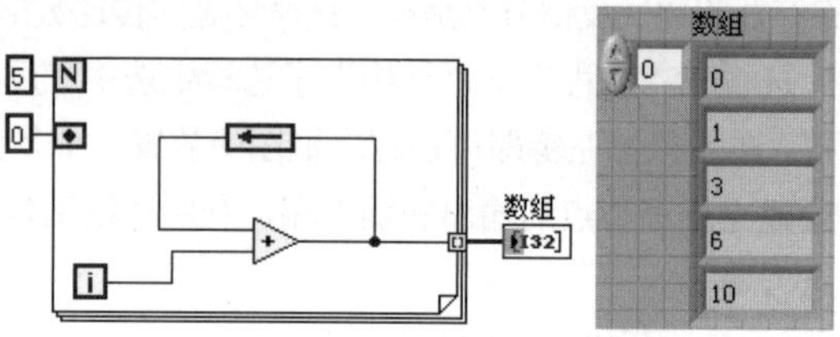

图 4-40　反馈节点应用举例

在移位寄存器中，可以通过创建多个左端子来获取前面多次循环的值，如 $i-1$、$i-2$、$i-3$ 次循环的值，在反馈节点中，要实现该功能，可以通过设定反馈节点的“延迟”属性来实现。在反馈节点快捷菜单中，选择“属性”菜单项，打开“对象属性”对话框，在对话框中选择“配置”选项卡，如图 4-41 所示。

图 4-41　“对象属性”对话框

在“配置”选项卡中，通过设定不同的延迟，可以设定在某次循环开始时从反馈节点输出端读出的是前面第几次循环的值，默认设置为 1，表示为前一次循环的值(即 $i-1$ 次的值)，如设置为 2，表示 $i-2$ 次的值，以此类推。当设定延迟的值大于 1 时，程序框图上的反馈节点图标将显示所设定的延迟值。

实例 4-23 反馈节点的延迟设置。

图 4-42 所示为将反馈节点的延迟设置为 2 的情况。

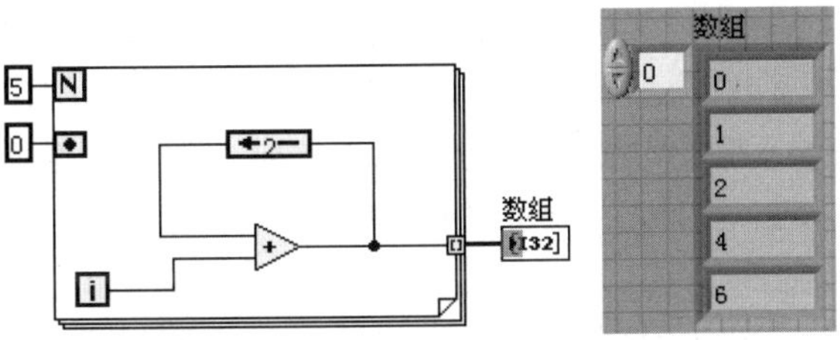

图 4-42 反馈节点设置延迟值的情况

图 4-42 程序的运行结果和图 4-40 不同，读者可以自行分析其工作过程。为了同时获得某次循环前面多次循环的值，可以创建多个反馈节点，并设置不同的延迟值。

另外，通过选择反馈节点快捷菜单中的“显示启用接线端”菜单项，反馈节点将显示启用接线端。该接线端为一个布尔输入接线端，通过接入该接线端的布尔值可以控制是否启用反馈节点。

前面介绍了移位寄存器和反馈节点及其使用方法，作为循环结构中的两个重要的附加对象，反馈节点和移位寄存器之间是可以互相转换的。在“反馈节点/移位寄存器”的快捷菜单中选择“替换为移位寄存器/替换为反馈节点”，即可实现二者的转换。但是对于有多个左端子的移位寄存器，不能转换为反馈节点；对延迟值大于 1 的反馈节点转换为移位寄存器，将自动替换为延迟值为 1 的反馈节点对应的移位寄存器。如要不改变原来程序的功能，则需要为替换后的移位寄存器创建多个左端子，并根据原来反馈节点实现的功能重新建立正确的连线。

4.3 条件结构

4.3.1 条件结构的组成

条件结构也是 LabVIEW 的基本结构之一，它相当于 C 语言中的 ifelse 语句或 Switch 语句，用来控制在不同条件下执行不同程序块的功能。

条件结构位于“函数”选板→“编程”→“结构”子选板中，把它放置到程序框图上的方法与循环结构相同。条件结构的组成如图 4-43 所示。

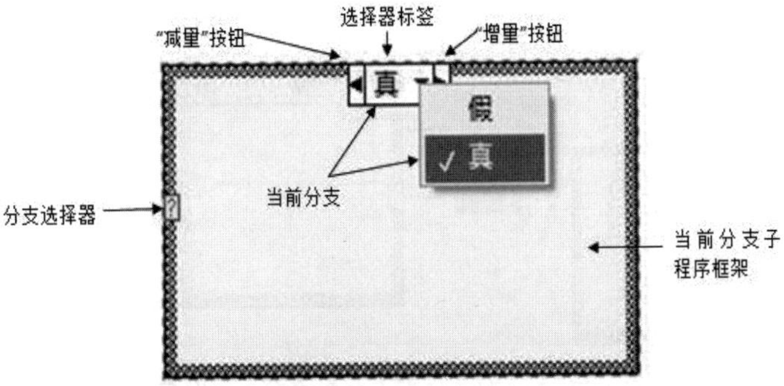

图 4-43 条件结构的组成

从图 4-43 可以看出，最基本的条件结构由条件结构分支子程序框架、分支选择器端子、选择器标签及“减量”“增量”按钮组成。

通过将条件结构拖动到框图上的方法创建条件结构时，默认的分支选择器为布尔数据类型，同时自动生成两个选择器标签分别为“真”和“假”的子框图。在分支选择器的快捷菜单中，可以看到有“创建常量”“创建输入控件”“创建显示控件”等选项。选择“创建常量”“创建输入控件”将分别创建布尔常量或布尔输入控件，且创建的布尔常量或布尔输入控件自动和分支选择器的输入端子相连；选择“创建显示控件”将创建布尔显示控件，该控件将自动和分支选择器的输出端子相连。分支选择器用于控制条件结构中子框架中程序的执行，执行条件结构时，与接入分支选择器数据相匹配的标签对应的子框图中的程序得到执行。

类似于层叠式顺序结构，条件结构的子框架是堆叠在一起的，单击选择器标签左侧和右侧的“减量”“增量”按钮，可以向前、向后切换当前显示分支子框架，单击选择器标签右端的黑色向下的箭头按钮，将弹出所有已定义的标签列表，可以利用这个列表在多个分支子框图之间实现快速切换。

4.3.2 条件结构的配置及操作

条件结构根据不同的使用情况有一个或者多个子框图，每个子框图都是一个执行分支，每一个执行分支都有自己的选择器标签。分支选择器的值可以是布尔型、字符串型、整型或者枚举类型，其颜色会随连接的数据类型而改变，同时根据分支选择器接入的数据类型不同，选择器标签的设置也有差异，下面对此分别进行介绍。

1. 布尔型

如选择器接线端的数据类型是布尔型，其选择器标签就只能设置为“真”和“假”，该结构只包含“真”和“假”分支，如图 4-44 所示。

2. 整型

如果分支选择器接线端是一个整数，则图 4-45 分支选择器接布尔型数据时，选择器标签的设置结构可以包括任意个分支。对于每个分支，可使用标签工具在条件结构上部的条件选择器标签中输入值、值列表或值范围。如使用列表，数值之间用逗号隔开。如使用数值范围，指定一个类似“10…20”的范围可用于表示 10～20 之间的所有数字(包括 10 和 20)。也可以使用开集范围，例如，“..100”表示所有小于等于 100 的数，“100..”表示所有大于等于 100 的数。图 4-45 所示为分支选择器接整型数据时选择器标签的设置情况。

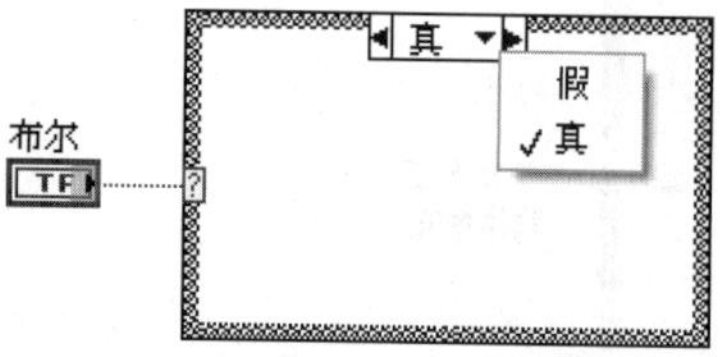

图 4-44　布尔型

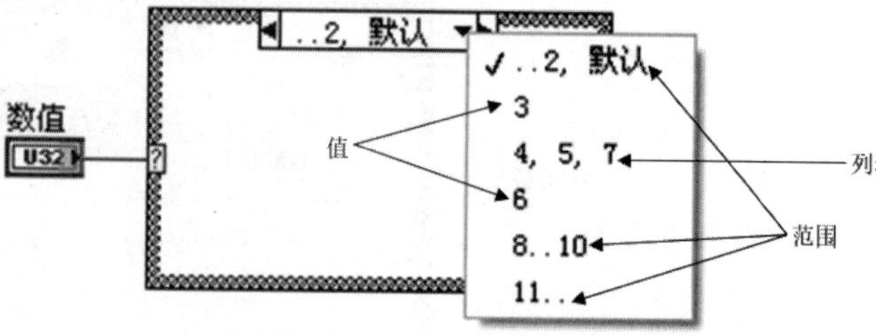

图 4-45　分支选择器接整型数据时选择器标签的设置

3. 字符串型

如果分支选择器接线端是一个字符串，则该结构同样包括任意个分支。对于每个分支，也可使用标签工具在条件结构上部的条件选择器标签中输入值、值列表或值范围。对于字符串，“..a”和“a..”都是开集范围，表示以小于 a 和大于 a 开头的字符串，其中“..a”不包括字符 a 和以 a 开头的字符串，“a..”包含以 a 开头的字符串。“a..c”表示范围，包括所有 a 或 b 开头的字符串，但不包括以 c 开头的字符串。a 仅表示单个字符 a，但不能表示以 a 开头的字符串，如要表示以 a 开头的字符串，需定义标签为“a..b”，“abc”和“bcd”均仅表示字符串 abc 和 bcd。在使用开集和范围时，LabVIEW 通过 ASCII 值确定字符串的范围。一般情况下，需要注意的是字符串范围区分大小写，例如“A..c”和“a..c”表示不同的范围，若在选择器快捷菜单中选择“不区分大小写选项”，则将在不区分大小写的情况下，将所有小写字母转换为大写后再进行范围比较。如果分支接线端是字符串，在选择器标签中输入的值将自动加上双引号。图 4-46 给出了分支选择器接字符串数据类型时选择器标签的设置情况。

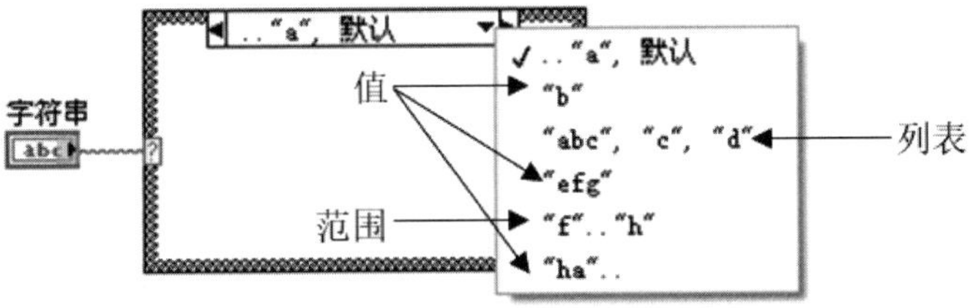

图 4-46　分支选择器接字符串类型数据时选择器标签的设置

4. 枚举型

对于分支选择器接线端接入枚举型数据的情况，选择器标签应根据枚举型数据选项列表中的选项值进行设定。当接入枚举型数据时，如枚举型数据选项列表中的某些选项值没有与其对应的分支子框图的话，则在选择结构框架的快捷菜单中将出现“为每个值添加分支”选项。选择该选项，将自动根据枚举数据的选项列表中的值创建对应的分支子框图。和接入字符串数据类型一样，接入枚举型数据时，选择器标签中输入的值会自动加上双引号。图 4-47 所示为分支选择器接枚举数据类型时选择器标签的设置情况。

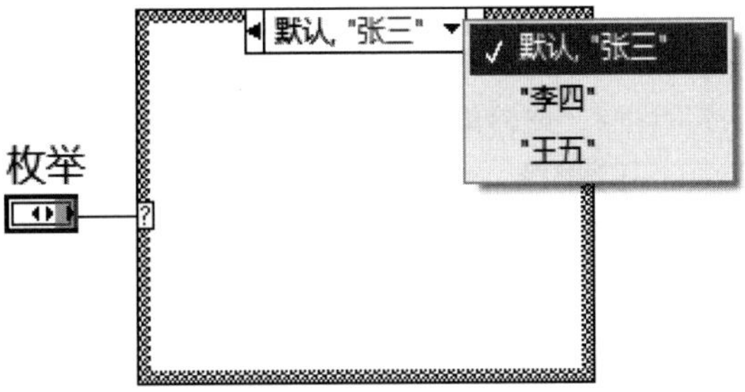

图 4-47　分支选择器接枚举型数据时选择器标签的设置

对于 LabVIEW 条件结构，要么在选择器标签中列出所有可能的输入情况，要么必须给出一种默认值情况。错误的条件选择器标签值将自动用红色显示，表示该标签值设置有错。

在条件结构程序框架上单击右键，弹出相应的快捷菜单。通过其中的菜单选项可以完成对条件结构的相关操作。下面就一些关键菜单项进行详细介绍。

“在后面添加分支”选项用于在当前分支后面增加一个空白分支并自动生成合适的标签。“在前面添加分支”选项的功能是在当前分支前面增加一个空白分支。“复制分支”选项用于复制当前框图的分支并把新生成的分支置于当前分支的后面。“删除本分支”选项用于删除当前分支。“删除空分支”选项用于删除所有不包含代码的空白分支。

“显示分支”子菜单用于列出所有分支的标签，可以实现分支之间的快速跳转，这与单击选择器标签右侧向下箭头的作用相同。

“将子程序框图交换至分支”子菜单把当前分支内容和目标分支内容对换，其他分支不受任何影响。

“将子程序框图移位至分支”子菜单把当前分支内容移动到目标分支图之后，两者之间的所有分支顺序移动。

“删除默认”选项去除当前分支的默认标记，只对带有默认标记的分支起作用。对于不带默认标记的分支，这一命令将被“本分支设置为默认分支”命令代替。

“重排分支”子菜单对所有分支进行重排序，选择该选项打开的“重排分支”对话框，如图4-48所示。在“分支列表”列表框中，每个分支标签占据一行。重排序时，在“分支列表”列表框中把想要改变位置的标签拖动到目标位置即可。“分支选择器全名”列表框总是显示选中标签的完整内容。利用“排序”按钮可以对标签实现自动排序，排序的依据是每个标签的第一个数字值。

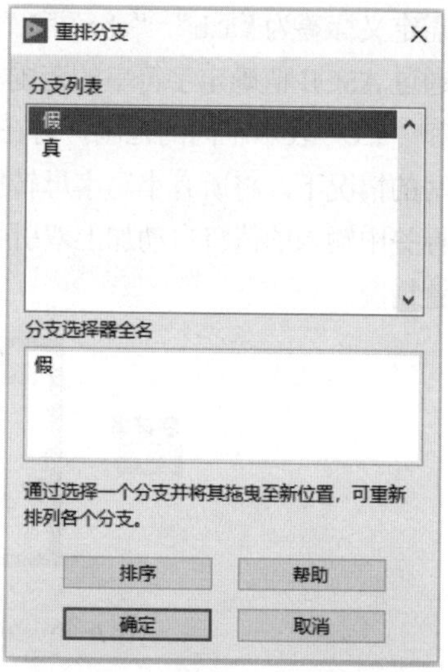

图4-48 “重排分支”对话框

4.3.3 条件结构内部与外部的数据交换

和前面介绍的几种结构类似，条件结构内部与外部之间的数据也是通过隧道来交换传递的。向条件结构边框内输入数据时，各个子程序框图可以连接这个数据的隧道，也可以不连接。但是从条件结构边框向外输出数据时，各个子程序框图都必须为这个隧道连接数据，否则隧道图标是空的，程序“运行”按钮也是断开的。当各个子程序框图都为这个隧道连接好数据后，隧道图标才成为实心的，程序才可以运行，如图4-49所示。如果允许没有连线的子程序框图输出默认值，可以在数据隧道上右击，在弹出的快捷菜单中选择“未连线时使用默认”命令。在这种情况下，程序执行到没有为输出隧道连线的子程序框图时，就输出相应数据类型的默认值。

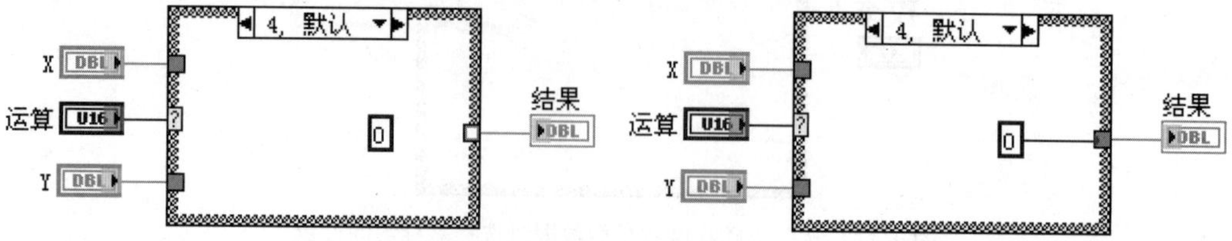

图4-49 条件结构的输出隧道要求所有分支都有输入值

4.3.4 条件结构应用举例

实例4-24 用条件结构实现两个数之间加、减、乘、除等4种不同的运算。

为了更好地理解条件结构的应用，下面给出条件结构的应用实例：用条件结构来实现两个数之间加、减、乘、除等 4 种不同的运算。

为了实现该实例，在前面板放置两个数值输入控件，用于输入待运算的两个数，其中一个数值显示控件显示运算结果，另一个菜单式下拉列表控件用于控制运算操作。菜单式下拉列表控件的选项列表设定为“加”“减”“乘”“除”，分别对应的数值为“0”“1”“2”“3”。对应于 4 种不同的运算，程序框图中的选择结构共有 4 个分支子框图，其选择器标签分别为“0”“1”“2”“3”。其中“0”分支为默认分支，表明默认运算操作为“加”。程序框图及前面板如图 4-50 所示。为了便于阅读，将堆叠在一起的各分支子框架及各自前面板运行结果分别截图后按顺序平铺排放。

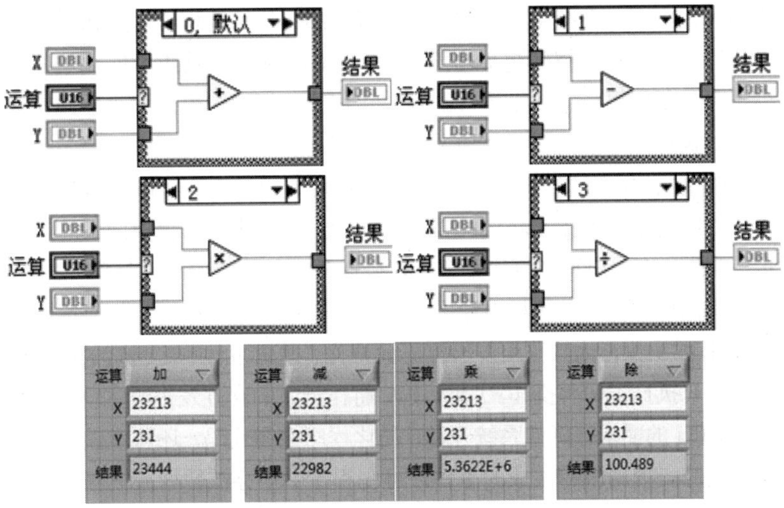

图 4-50　利用条件结构实现不同数学运算

4.4 事件结构

4.4.1 事件驱动概念

实例 4-25　编写一个单击计数器的VI：当用户单击一次按钮时，计数器加1。

到目前为止，用前面介绍的知识来实现这个 VI 的唯一办法就是通过 While 循环和条件结构不断地去查询这个按钮是否被单击，如果被单击的话，计数器加1，否则计数器的值不变，该 VI 的程序框图如图4-51 所示。

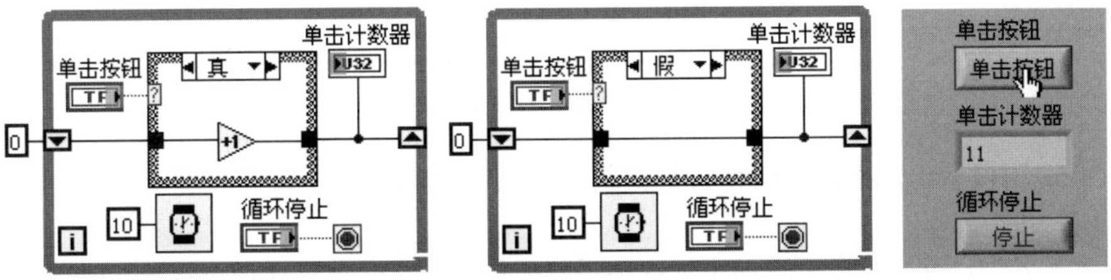

图 4-51　基于 While 循环和条件结构的单击计数器

分析该程序可以看出，程序在没有用户单击时完全都是在“空转”，这样就浪费了大量的CPU资源，而且当单击“事件”发生太快时可能被忽略。为了解决这个问题，LabVIEW 提供了事件结构。在事件结构中，LabVIEW 采用事件驱动来控制程序的执行。

在介绍事件结构前，先介绍事件的有关概念。首先，什么是事件？事件是对活动发生的异步通知。事件可以来自于用户界面、外部 I/O 或程序的其他部分。用户界面事件包括鼠标单击、键盘按键等动作。外部 I/O 事件则是诸如数据采集完毕或发生错误时硬件定时器或触发器发出的信号。其他类型的事件可通过编程生成并与程序的不同部分通信。LabVIEW 支持用户界面事件和通过编程生成的事件，但不支持外部 I/O 事件。

在由事件驱动的程序中，系统中发生的事件将直接影响执行流程。与此相反，过程式程序只按预定的自然顺序执行。事件驱动程序通常包含一个循环，该循环等待事件的发生并通过执行代码来响应事件，然后不断重复以等待下一个事件的发生。程序如何响应事件取决于为该事件所编写的代码。事件驱动程序的执行顺序取决于具体所发生的事件及事件发生的顺序。程序的某些部分可能因其所处理的事件的频繁发生而频繁执行，而其他部分也可能由于相应事件从未发生而根本不执行。

另外，使用事件结构是因为在 LabVIEW 中使用用户界面事件可使前面板的用户操作与程序框图执行保持同步。事件允许用户每当执行某个特定操作时执行特定的事件处理分支。如果没有事件，程序框图必须在一个循环中轮询前面板对象的状态以检查是否发生任何变化。轮询前面板对象需要较多的 CPU 时间，且如果执行太快则可能检测不到变化。通过事件响应特定的用户操作，则不必轮询前面板即可确定用户执行了何种操作。LabVIEW 将在指定的交互发生时主动通知程序框图。事件不仅可减少程序对 CPU 的需求、降低系统开销、简化程序框图代码，还可以保证程序框图对用户的所有交互都能作出响应。使用编程生成的事件，可在程序中不存在数据流依赖关系的不同部分间进行通信。通过编程产生的事件具有许多与用户界面事件相同的优点，并且可共享相同的事件处理代码，从而更易于实现高级结构，如使用事件的队列式状态机等。

4.4.2 事件结构的组成

事件结构位于“函数”→“编程”→“结构”子选板上。向框图添加事件结构的方法和添加其他程序结构相似。新添加到框图上的事件结构如图 4-52 所示。

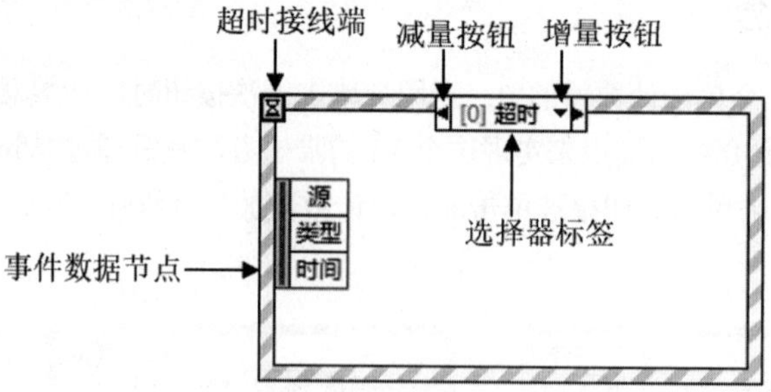

图 4-52　事件结构

从图 4-52 可以看出，事件结构有如下 3 个基本的组成部分。

(1) 事件超时端子

隶属于整个事件结构，用于设定事件结构在等待指定事件发生时的超时时间，以 ms 为单位。当值为−1 时，事件结构处于永远等待状态，直到指定的事件发生为止。当值为一个大于 0 的整数时，事件结构会等待相应的时间，当事件在指定的时间内发生时，接受事件并响应该事件，若超过指定的时间，事件没发生，则事件会停止执行，并返回一个超时事件。通常情况下，应当为事件结构指定一个超时时间，否则事件结构将一直处于等待状态。

(2) 事件数据节点

为子框图提供所处理事件的相关数据。事件数据节点由若干个事件数据端子组成，使用操作值工具单击事件数据节点的某个端子将打开数据列表，可以在其中选择所要访问的数据。使用定位工具拖曳事件数据节点的上下边沿，可以增减数据端子。

(3) 选择器标签

用于标识当前显示的子框图所处理事件的事件源，其增减与层叠式顺序结构和选择结构中的增减类似。

事件结构是一种多选择结构，能同时响应多个事件，其工作原理就像具有内置等待通知函数的条件结构一样。事件结构可包含多个分支，一个分支即是一个独立的事件处理程序。一个分支配置可处理一个或多个事件，但每次只能处理这些事件中的一个事件。事件结构执行时，将等待一个之前指定的事件发生，待该事件发生后即执行事件相应的条件分支。一个事件处理完毕后，事件结构的执行亦告完成。事件结构并不通过循环来处理多个事件。与“等待通知”函数相同，事件结构也会在等待事件通知的过程中超时，发生这种情况时，将执行特定的超时分支。

4.4.3 事件结构的配置与操作

事件结构的组织方式是把多个子框图堆叠在一起，根据所发生事件的不同，每次只有一个子框图得到执行，并且该子框图执行完后，事件结构随之退出。虽然事件结构每次只能运行一个框图，但可以同时响应几个事件。当向程序框图中添加一个事件结构后，默认的只有一个超时事件分支子框图。通常，在构建用户界面时，需要处理任意多的事件，这就导致了事件结构往往被放置在 While 循环内部，与循环结构搭配使用。

在事件结构程序框架上单击右键，将弹出相应的快捷菜单，如图 4-53 所示。通过这些菜单选项可以完成对事件结构的配置及相关操作。

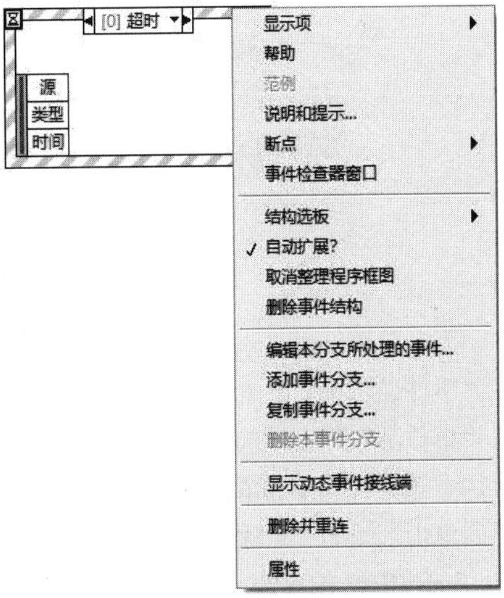

图 4-53 事件结构快捷菜单

“删除事件结构”选项用于删除事件结构，仅仅保留当前事件分支的代码；“编辑本分支所处理的事件”选项用于编辑当前事件分支的事件源和事件类型；“添加事件分支”选项用于在当前事件分支后面增加新的事件分支；“复制事件分支”选项用于复制当前事件分支，并且把复制结果放置在当前分支后面；“删除本事件分支”选项用于删除当前分支；“显示动态事件接线端”选项则用于显示动态事件端子。

对于事件结构，无论是执行编辑、添加还是复制等操作，都会打开如图 4-54 所示的“编辑事件”对话框。每个事件分支都可以配置为处理多个事件，当这些事件中的任何一个发生时，对应事件分支的代码都会得到执行。在“编辑事件”对话框中，“事件分支”下拉列表中列出所有事件分支的序号和名称。在这里选择某个分支时，“事件说明符”列表框会列出为这个分支配置好的所有事件。“事件说明符”列表框的组成结构如下：每一行是一个配置好的事件，每行都分为左右两部分，左边列出事件源(应用程序、本VI、动态、窗格、分隔栏和控件这6个可能值之一)，右边给出该事件源产生的事件名称。图4-54中为分支1指定了一个事件，事件源是“单击按钮”，事件名称是“值改变”，即它是由单击按钮产生的值改变事件。

在“事件说明符”列表框中选中某一个已经配置好的事件之后，“事件源”列表框在6种可能的事件源里自动选中对应的事件源，“事件”列表框在选中事件源可能产生的所有事件列表中自动选中对应的事件。图4-54中，在“事件说明符”列表框选中了“单击按钮”产生的“值改变”事件后，“事件源”列表框中自动选中事件源“单击按钮”，“事件”列表框中显示应用程序事件源的所有可能事件，并且“值改变”事件被选中。改变已有事件的方法是先在“事件说明符”列表框中选中该事件，然后在“事件源”列表框中选择新的事件源，这时“事件”列表框给出该事件源可能产生的所有事件列表，在其中选择所要处理的事件，即可完成对已有事件的修改操作。

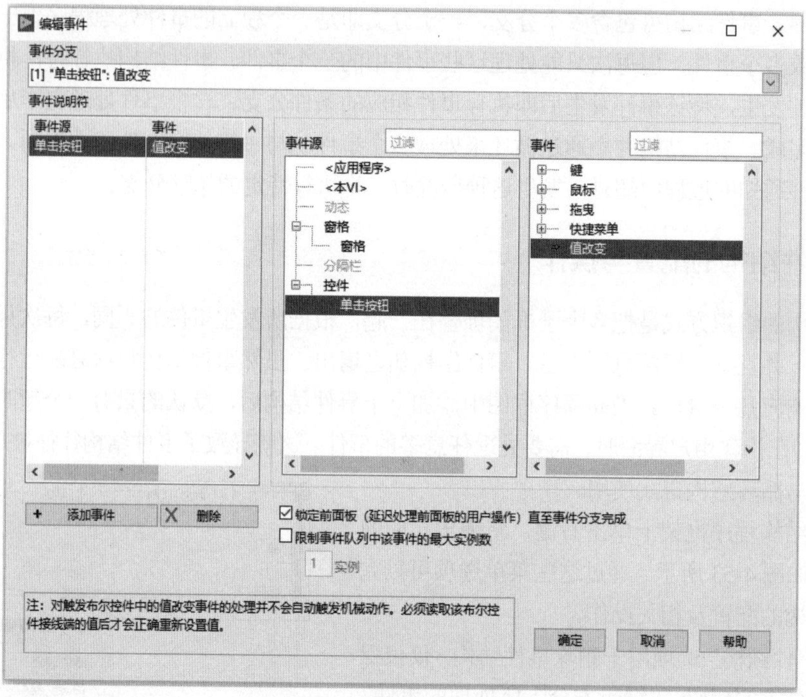

图4-54 “编辑事件”对话框

为当前事件分支添加事件的方法是单击“事件说明符”列表框下侧的“添加事件”按钮，这时在“事件说明符”的事件列表的最下面将出现新的一行，事件源和事件名都为待定，用“–”表示。在“事件源”列表框选择合适的事件源，然后在“事件”列表框给出的该事件源所能够产生的所有事件中选择所需要的事件，即可完成添加事件的操作。选中“事件说明符”列表框中的某个事件，然后单击下侧的“删除”按钮，将删除这个事件。

LabVIEW的事件分为通知事件和过滤器事件。在“编辑事件”对话框的“事件”列表框中，通知事件左边为绿色箭头，过滤器事件左边为红色箭头。

通知事件用于通知程序代码某个用户界面事件已经发生，并且LabVIEW已经进行了最基本的处理。例如，修改一个数值控件的数值时，LabVIEW会先进行默认的处理，即把新数值显示在数值控件中，此后，如果已经为这个控件注册了“值改变”事件，该事件的代码将得到执行。可以为多个事件结构都配置成响应某个控件的某个通知事件，当这个事件发生时，所有的事件结构都得到了该事件的一份拷贝。

过滤器事件用于告诉程序代码某个事件已经发生，LabVIEW 还未对其进行任何处理，从而便于用户就程序如何与用户界面的交互作出相应的定制。使用过滤事件参与事件处理可能会覆盖事件的默认行为。在过滤事件的事件结构分支中，可在 LabVIEW 结束处理该事件之前验证或改变事件数据，或完全放弃该事件以防止数据的改变影响到 VI。例如，将一个事件结构配置为放弃前面板关闭事件可防止用户关闭 VI 的前面板。过滤事件的名称以问号结束，如“前面板关闭？”，以便与通知事件区分。

同通知事件一样，对于一个对象的同一个过滤事件，可配置任意数量与其响应的事件结构，但 LabVIEW 将按自然顺序将过滤事件发送给为该事件所配置的每个事件结构。LabVIEW 向每个事件结构发送该事件的顺序取决于这些事件的注册顺序。在 LabVIEW 能够通知下一个事件结构之前，每个事件结构必须执行完该事件的所有事件分支。如果某个事件结构改变了事件数据，LabVIEW 会将改变后的值传递到整个过程中的每个事件结构。如果某个事件结构放弃了事件，LabVIEW 便不把该事件传递给其他事件结构。只有当所有已配置的事件结构处理完事件，且未放弃任何事件时，LabVIEW 才能完成对触发事件的用户操作的处理。

建议仅在希望参与处理用户操作时使用过滤事件，过滤事件可以是放弃事件，也可以是修改事件数据。如果仅需知道用户执行的某一特定操作，则应使用通知事件。处理过滤事件的事件结构分支有一个事件过滤节点，如图 4-55 所示，可将新的数据值连接至这些接线端以改变事件数据。如果不对某一数据项连线，那么该数据项将保持不变。还可将真值连接至“放弃？”接线端以完全放弃某个事件。

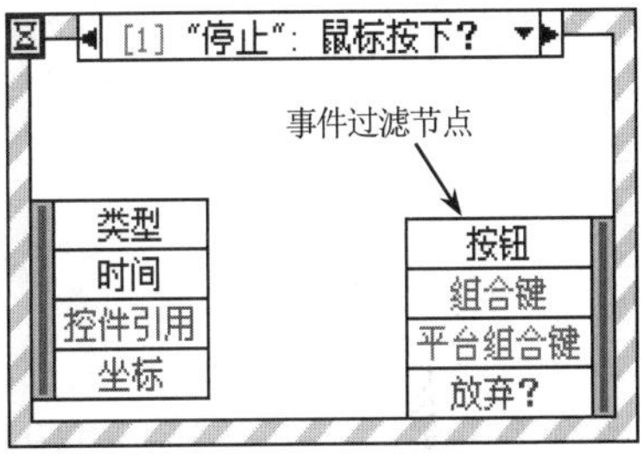

图 4-55　事件结构

事件结构中的单个分支不能同时处理通知事件和过滤事件。一个分支可处理多个通知事件，但仅当所有事件数据项完全相同时才能处理多个过滤事件。

与条件结构一样，事件结构也支持隧道。但在默认状态下，无须为每个分支中的事件结构输出隧道连线。所有未连线的隧道的数据类型将使用默认值。用鼠标右键单击隧道，从快捷菜单中取消选择“未连线时使用默认”，恢复至默认的事件结构行为，即所有事件结构的隧道必须要连线。

4.4.4　事件结构的应用举例

实例 4-26　利用事件结构实现类似图 4-56 所示的单击计数器功能实例的程序框图和前面板。

此实例包含两种事件处理的代码实例，通过该实例可以进一步加深对事件结构的理解与掌握。

在图 4-56 中，对于分支0，在编辑事件结构对话框内，响应了“按钮1”控件上“鼠标按下”的通知事件，因此当用鼠标单击按钮1时，计数器1将加1，实现对单击操作进行计数。

对于分支 1，同时响应了“按钮1”和“按钮2”控件的“值改变”的通知事件，即分支 1 同时处理了两个事件，因此当用鼠标单击这两个按钮中的任何一个以改变按钮的取值，则计数器 2 将加 1 以实现计数。

对于分支 2，在编辑事件结构对话框中，响应了“停止”按钮控件的“鼠标按下？”过滤事件。在该分支中，放置了一个双按钮对话框，并将对话框的输出取反接入事件过滤节点中的“放弃？”。

对于分支3，响应了“停止”按钮控件的“鼠标按下”通知事件。在该分支中，放入了一个真常量，并将其连接至 While 循环条件接线端。当程序运行时，单击“停止”按钮，则弹出对话框，如果选择“是”，“鼠标按下”事件得以发生，分支 3 中的程序得以执行，循环结束，VI 停止运行；若选择“否”，“鼠标按下”事件被屏蔽，分支 3 中的程序不运行，VI 继续执行。

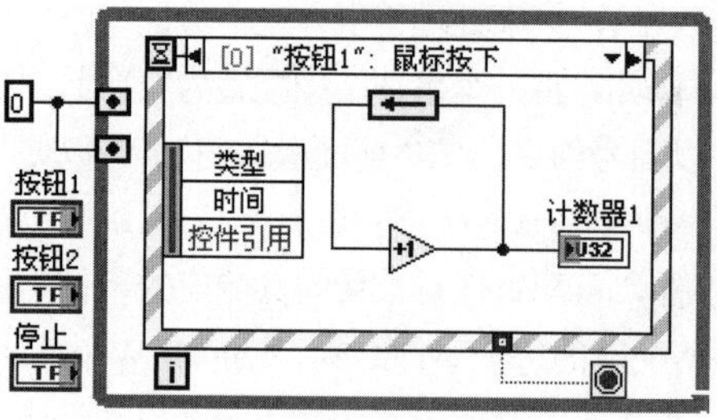

(a) 按钮 1 鼠标按下通知事件

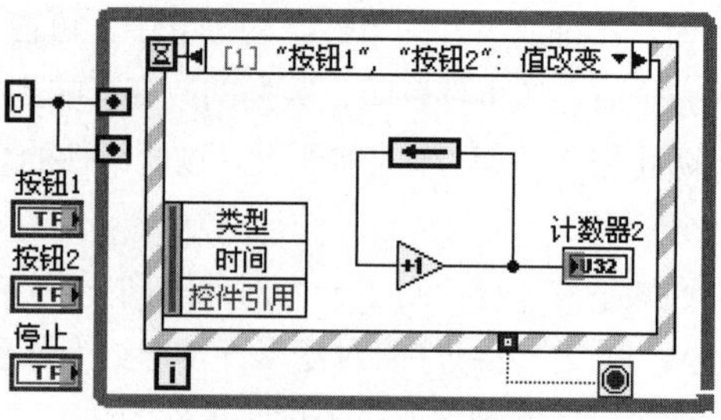

(b) 按钮 1、按钮 2 值改变通知事件

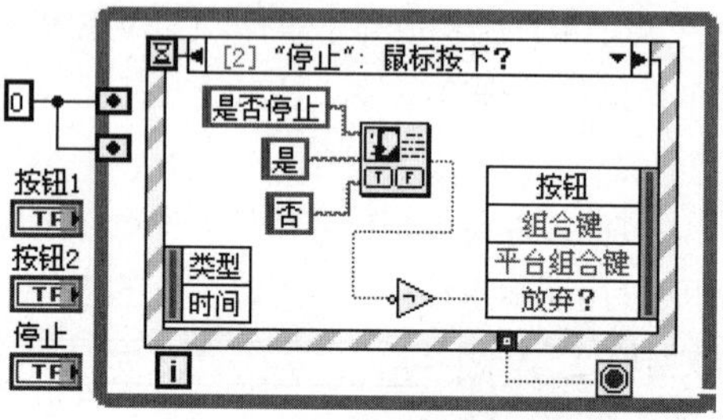

(c) 停止按钮鼠标按下过滤事件

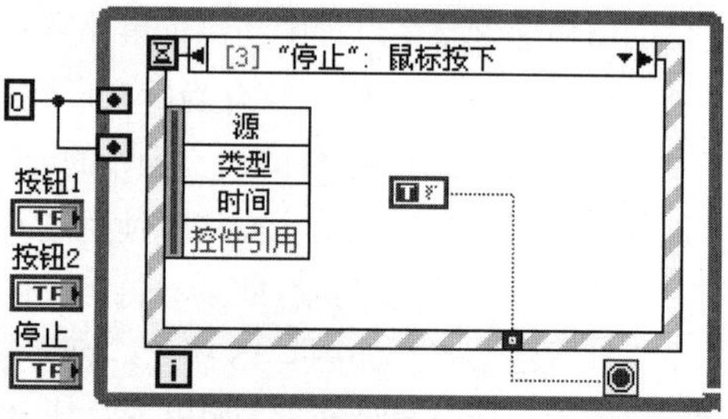

(d) 停止按钮鼠标按下通知事件

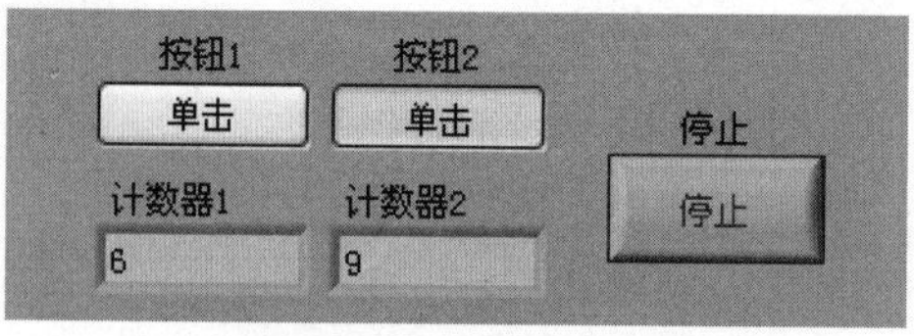

(e) 利用事件结构实现的单击计数器

图 4-56　利用事件结构实现单击计数器的过程及界面

4.5 变量

4.5.1 局部变量

当无法访问某前面板对象或需要在程序框图节点之间传递数据时，可创建局部变量。局部变量被创建后，仅仅出现在程序框图上，而不出现在前面板上。

局部变量可对前面板上的输入控件或显示控件进行数据读/写。写入一个局部变量相当于将数据传递给其他接线端。而且，局部变量还可向输入控件写入数据和从显示控件读取数据。事实上，通过局部变量，前面板对象既可作为输入访问也可作为输出访问。

1. 创建局部变量

创建局部变量的方法有两种：一种方法是用鼠标右键单击一个前面板对象或程序框图接线端，并从快捷菜单中选择“创建”→“局部变量”，该对象的局部变量的图标将出现在程序框图上；另一种方法是从“函数”选板上选择一个局部变量并将其放置在程序框图上，此时局部变量节点尚未与输入控件或显示控件相关联，其显示为一个图标“ ”。如需使局部变量与输入控件或显示控件相关联，可用鼠标右键单击该局部变量节点，从快捷菜单中选择“选择项”，展开的快捷菜单将列出所有带有自带标签的前面板对象(利用鼠标“操作值”工具直接单击图标，也将弹出所有自带标签的前面板对象)，单击菜单中列出的对象，即建立了局部变量与对象的关联。两种建立局部变量的方法分别如图 4-57、图 4-58 所示。LabVIEW 通过自带标签关联局部变量和前面板对象，为了使程序有较强的可读性并便于分辨，前面板控件的自带标签应具有一定的描述性。

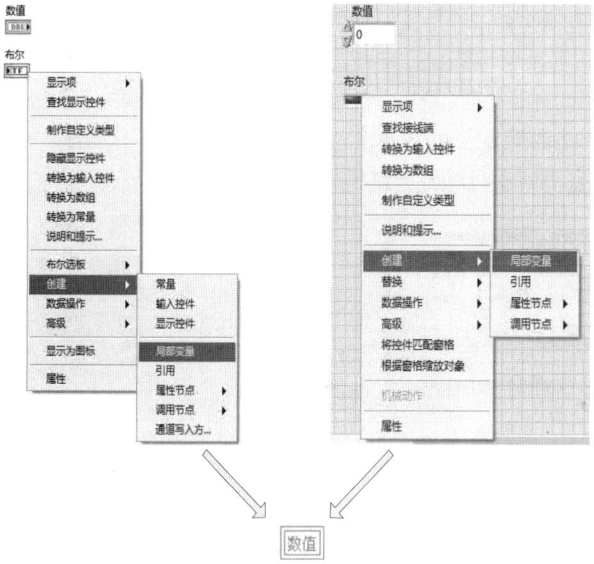

图 4-57　建立局部变量的第一种方法

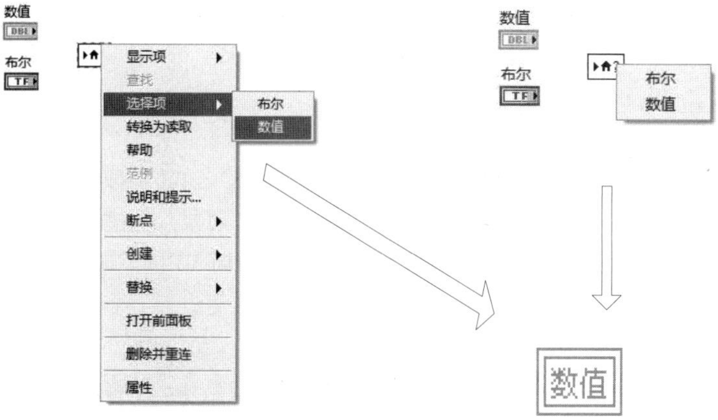

图 4-58　建立局部变量的第二种方法

2. 局部变量的读/写

创建局部变量后，就可从变量读/写数据了。默认状态下，新变量将接收数据，变量就像一个显示控件，同时也是一个写入局部变量。将新数据写入该局部变量，与之相关联的前面板输入控件或显示控件将根据新数据的写入而更新。

变量可配置为数据源，读取局部变量。用鼠标右键单击变量，从快捷菜单中选择“转换为读取”，便可将该变量配置为一个输入控件。节点执行时，VI 将读取相关联前面板输入控件或显示控件中的数据。

如需使变量从程序框图接收数据而不是提供数据，可用鼠标右键单击该变量并从快捷菜单中选择“转换为写入”。

在程序框图上，读取局部变量与写入局部变量的区别相当于输入控件和显示控件间的区别。与输入控件类似，读取局部变量的边框较粗；写入局部变量的边框则较细，类似于显示控件。

3. 局部变量应用举例

实例 4-27　利用局部变量实现一个布尔开关，并可以同时控制两个 While 循环。

该实例通过典型的并行循环结构，使用布尔开关局部变量读取开关的值，可同时停止两个循环。由于布尔控件的“单击时触发”机械动作与局部变量不兼容，因此通过另一个局部写入变量将开关值重置为“开”，仿真“单击时触发”机械动作，如图 4-59 所示。

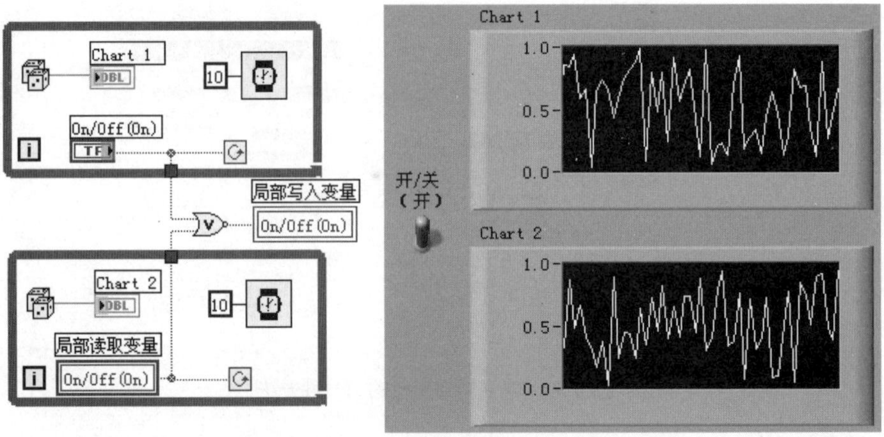

图 4-59　利用局部变量控制两个 While 循环

4.5.2　全局变量

局部变量主要用于在程序内部传递数据，但不能实现程序之间的数据传递。全局变量则可在同时运行的多个 VI 之间访问和传递数据，是内置的 LabVIEW 对象。创建全局变量时，LabVIEW 将自动创建一个有前面板但无程序框图的特殊全局 VI。向该全局 VI 的前面板添加不同的输入控件和显示控件可定义其中所含全局变量的数据类型。该前面板实际便成为一个可供多个 VI 进行数据访问的容器。

假设现有两个同时运行的 VI，每个 VI 都含有一个 While 循环，并将数据点写入一个波形图表。第一个 VI 含有一个布尔控件来终止这两个 VI，此时需用全局变量通过一个布尔控件将这两个循环终止。如这两个循环在同一个 VI 的同一张程序框图上，可用一个局部变量来终止这两个循环。

1. 全局变量的创建

全局变量的创建比局部变量的创建稍复杂一点，在“函数”选板中选择“编程”→“结构”→“全局变量”，将其放置到程序框图中，可以在程序框图中得到一个全局变量图标 。双击该图标，将打开一个与前面板相似的全局变量的前面板，可在该前面板中放置需要创建为全局变量的输入控件和显示控件。LabVIEW 以自带标签区分全局变量，因此前面板控件的自带标签应具有一定的描述性。可创建多个仅含有一个前面板对象的全局VI，也可创建一个含有多个前面板对象的全局 VI，从而将相似的变量归为一组。在全局变量的前面板中创建控件，如图 4-60 所示。

所有对象在全局 VI 前面板上放置完毕后，保存该全局 VI 并返回到原始 VI 的程序框图。要使用全局变量，必须选择全局 VI 中想要访问的对象，即建立程序框图中全局变量节点与全局变量前面板中对象之间的关联，如图 4-61 所示。用鼠标右键单击程序框图中的全局变量节点，并从快捷菜单项“选择项”的下拉子菜单列出的全局 VI 中所有带自带标签的前面板对象中选中一个前面板对象，即建立了节点与全局变量前面板对象之间的关联。也可以直接利用鼠标“操作值”工具单击图标，在弹出的自带标签的前面板对象中进行选择。

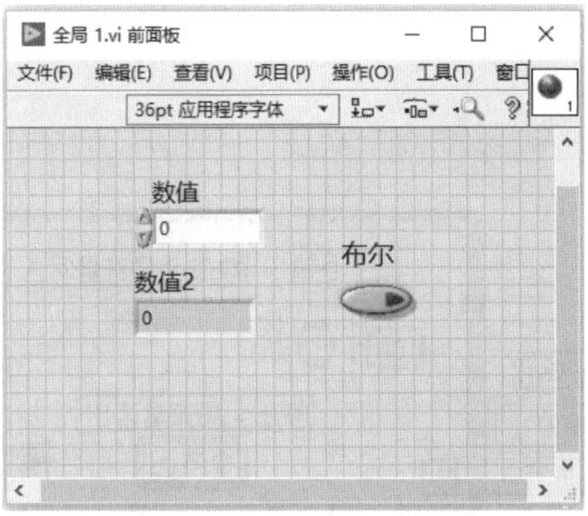

图 4-60　全局变量前面板

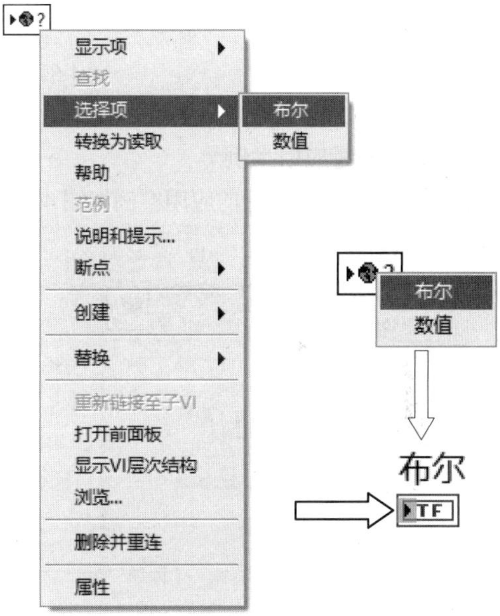

图 4-61　建立全局变量节点与对象之间的关联

如为全局变量节点创建了一个副本，则 LabVIEW 将把这个新的全局变量节点与原始变量节点的全局 VI 相关联。具体创建及关联的方法为：在程序框图“函数”选板中单击“选择 VI…”选项，弹出“选择需打开的文件”对话框，如图 4-62 所示。利用该对话框，打开保存全局变量的 VI，则在鼠标指针上悬浮一个全局变量节点，在程序框图上单击鼠标左键，即可将节点放置到程序图 4-60 布尔型逻辑变量控件框图上。放置到程序框图上的全局变量节点默认和全局变量前面板中的一个自带标签对象关联，若要改变节点与对象之间的关联关系，可以通过图 4-62 给出的方法重新建立关联关系。

全局变量的读/写与局部变量类似，读者可以参考局部变量的读/写方法，在此不再介绍。

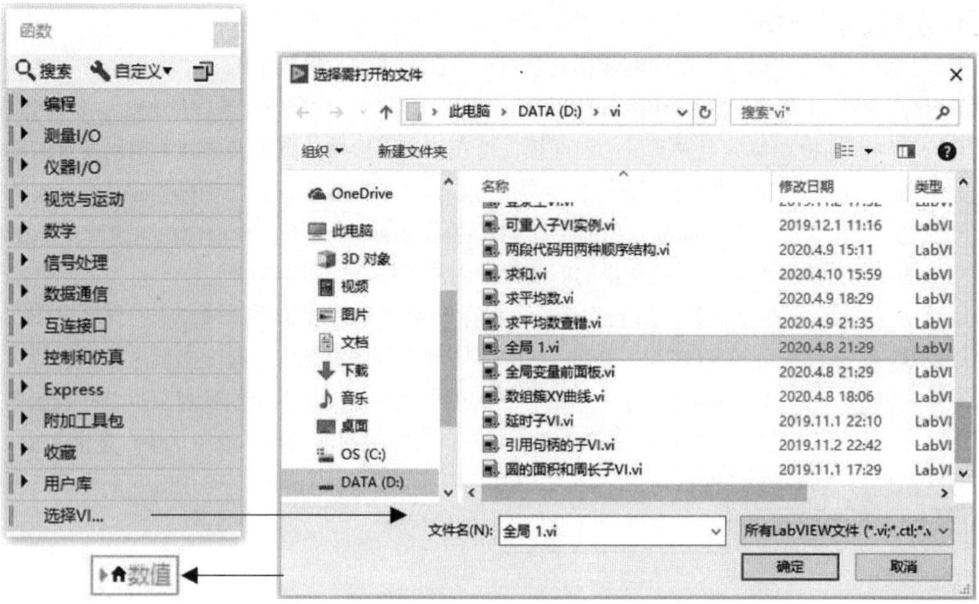

图 4-62　创建全局变量节点

2. 全局变量应用举例

实例 4-28　全局变量的应用实例如图 4-63～图 4-65 所示。

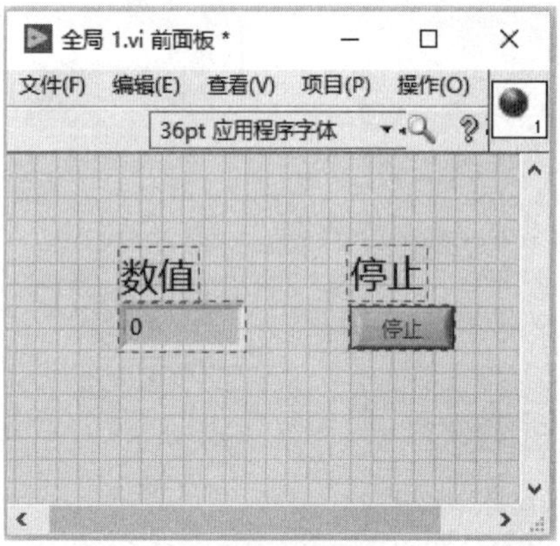

图 4-63　全局变量前面板对象

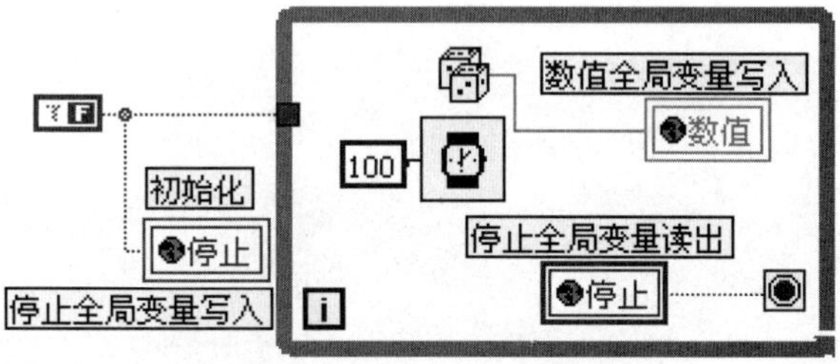

图 4-64　第一个 VI 的程序框图

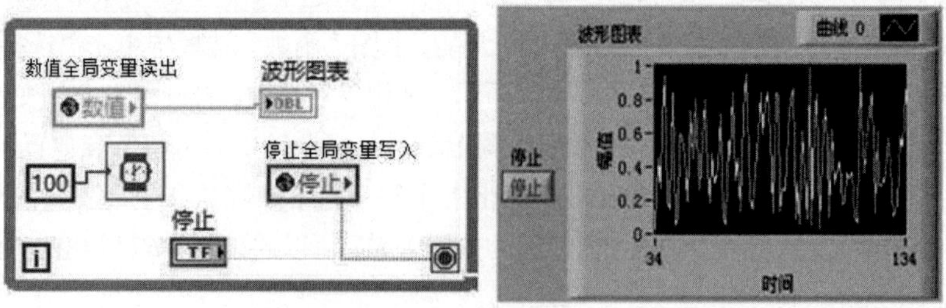

图 4-65　第二个 VI 的程序框图及前面板

其中，图 4-63 给出了全局 VI 中的全局变量，包括两个对象，一个是“数值”显示控件，另一个是“停止”按钮控件，分别代表两个全局变量，用来在不同的 VI 之间传递数据。

第一个 VI 用来产生随机数据，并将产生的数据写入全局变量“数值”中。同时第一个 VI 的循环受全局变量“停止”的控制，如图 4-63 所示。

第二个 VI 显示数据，数据来自于全局变量“数值”，并通过波形图表显示。同时第二个 VI 的“停止”按钮用来控制两个 VI 循环的运行，控制第一个 VI 的执行是通过全局变量“停止”来实现的。

同时运行两个 VI，则第一个 VI 产生数据，通过全局变量传递给第二个 VI 并显示出来。单击第二个 VI 的“停止”按钮，则两个 VI 均退出循环，停止执行。

4.5.3　使用局部变量和全局变量的注意事项

局部和全局变量是 LabVIEW 的高级功能，它们不是 LabVIEW 数据流执行模型中固有的部分。使用局部变量和全局变量时，程序框图可能会变得难以阅读，因此需谨慎使用。错误地使用局部变量和全局变量，如将其取代连线板或用其访问顺序结构中每一帧中的数值，则可能在 VI 中导致不可预期的行为。滥用局部变量和全局变量，如用来避免程序框图间的过长连线或取代数据流，将会降低执行速度。

(1) 局部变量和全局变量的初始化

如果需对一个局部变量或全局变量进行初始化，应在 VI 运行前确认变量包含的是已知的数据值，否则变量可能含有导致 VI 发生错误行为的数据。如果变量的初始值基于一个计算结果，则应确保 LabVIEW 在读取该变量前先将初始值写入变量。将写入操作与 VI 的其他部分并行可能导致竞争状态。

要使写入操作率先执行，可把初始值写入变量的这部分代码单独放在顺序结构的首帧，也可将这部分代码放在一个子 VI 中，通过连线使该子 VI 在程序框图的数据流中第一个被执行。

如果在 VI 第一次读取变量之前，没有将变量初始化，则变量含有的是相应的前面板对象的默认值。

(2) 竞争状态

两段或两段以上代码并行改变一个共享资源的值时，就发生了竞争状态。VI 的运行结果取决于共享变量先执行哪个动作，竞争状态会引起不可预见性。当不止一个操作对同样数据的值进行更新时可能导致竞争状态的出现，但竞争状态经常在使用局部变量、全局变量或外部文件时发生。

实例 4-29　局部变量造成竞争状态，如图 4-66 所示。

该 VI 的输出，即本地变量 x 的值取决于首先执行的运算。因为每个运算都把不同的值写入 x，所以无法确定结果是 3，还是 7。在一些编程语言中，由上至下的数据流模式保证了执行顺序。在 LabVIEW 中，可使用连线实现变量的多种运算，从而避免竞争状态。

图 4-67 所示为程序框图通过连线而不是局部变量执行了加运算。

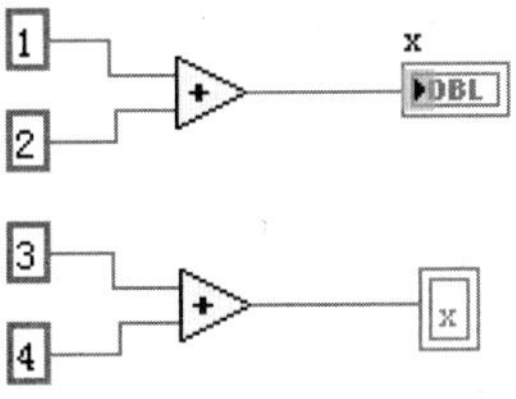

图 4-66　局部变量造成竞争状态的范例

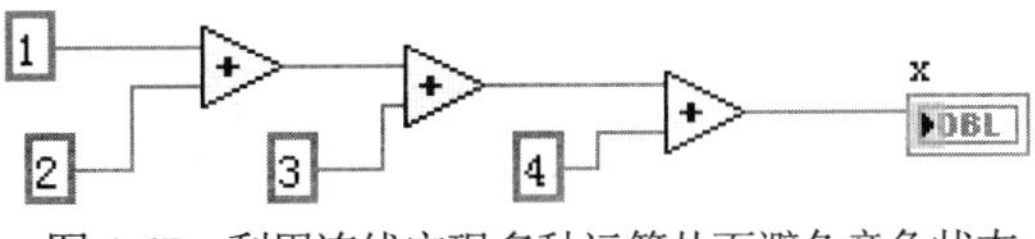

图 4-67　利用连线实现多种运算从而避免竞争状态

如果必须在一个局部或全局变量上执行一个以上操作，则应确保以合适的顺序执行。

如果两个操作同时更新一个全局变量，也会出现竞争状态。如果要更新全局变量，则需先读取值，然后修改，再将其写回原来的位置。当第一个操作进行了读取–修改–写入操作，然后才开始第二个操作时，输出结果是正确的，可预知的。如果第一个操作写入值，然后第二个操作再写入值，则两个操作都修改和写入了一个值，这样操作就造成了读取–修改–写入竞争状态，会产生非法值或丢失值。

使用功能性全局变量可避免与全局变量相关的竞争状态。功能性全局变量是使用未进行初始化的移位寄存器的循环来保持数据的 VI。功能性全局变量通常有一个动作输入参数，用于指定 VI 执行的任务。VI 在 While 循环中使用一个未初始化移位寄存器，保存操作的结果。使用一个功能全局变量而不是多个局部或全局变量可确保每次只执行一个运算，从而避免运算冲突或数据赋值冲突。

(3) 使用局部变量和全局变量时应考虑内存

局部变量会复制数据缓冲区。从一个局部变量读取数据时，便为相关控件的数据创建了一个新的缓冲区。如使用局部变量将大量数据从程序框图上的某个地方传递到另一个地方，通常会使用更多的内存，最终导致执行速度比使用连线来传递数据更慢。如果在执行期间需要存储数据，则可考虑用移位寄存器。

全局变量读取数据时，LabVIEW 将创建一份该全局变量的数据副本，保存于该全局变量中。这样，当操作大型数组和字符串时，将占用相当多的时间和内存来操作全局变量。操作数组时使用全局变量尤为低效，原因在于即使只修改数组中的某个元素，LabVIEW 仍对整个数组进行保存和修改。如果一个应用程序中的不同位置同时读取某个全局变量，则将为该变量创建多个内存缓冲区，从而导致执行效率和性能降低。

4.6 禁用结构

禁用结构是自 LabVIEW 8 后新增加的功能，主要用来控制程序是否被执行。禁用结构有两种，最常用的是程序框图禁用结构，其功能类似于 C 语言中的注释语句/*...*/，用于大段地注释程序。另一种是条件禁用结构，用于通过外部环境变量来控制是否执行代码，类似于在 C 语言中通过宏定义来实现条件编译。在禁用结构中，其注释屏蔽掉的代码不仅不执行，而且不被编译，这对程序调试很有用。这两种禁用结构都在“函数”选板→“编程”→“结构”子选板中，其使用方法与条件结构类似。

4.6.1 程序框图禁用结构

在 C 语言中，如果不想让一段程序被执行，可以通过/*...*/的方法注释掉。在 LabVIEW 7 及之前版本中只能通过条件结构来避免程序的执行，使用起来很不方便，而且是伪注释，因此，LabVIEW 增加了程序框图禁用结构来实现真正的注释功能。程序框图禁用结构如图 4-68 所示。

图 4-68　程序框图禁用结构

程序框图禁用结构从形式上看与条件结构有些相似，但它是否执行每一个子程序框图，是由选择器标签中的文本(禁用/启用)来决定的。

程序框图禁用结构最初放置在程序框图中时有两个子程序框图，默认显示禁用状态。此时，程序框图禁用结构边框内的代码都是灰色的，但可以编辑。运行这个程序时，边框内的代码不编译，也不执行，有数据输出隧道时输出默认值。可以通过快捷菜单“启用本程序子框图”命令启用禁用的子程序框图，还可以通过“禁用本程序子框图”再次禁用。再次禁用以后必须设置一个处于启用状态的子程序框图，程序才能运行。

4.6.2　条件禁用结构

在 C 语言中，程序员可以利用宏定义的方法来通过外部条件控制是否执行某段程序，而 LabVIEW 的条件禁用结构也提供了类似的功能。通过定义外部环境变量为真或假来控制代码是否执行。此外，还可以通过判断当前操作系统的类型来选择执行哪段代码。条件禁用结构如图 4-69 所示，其选择标签列出了执行该子程序框图代码的条件。

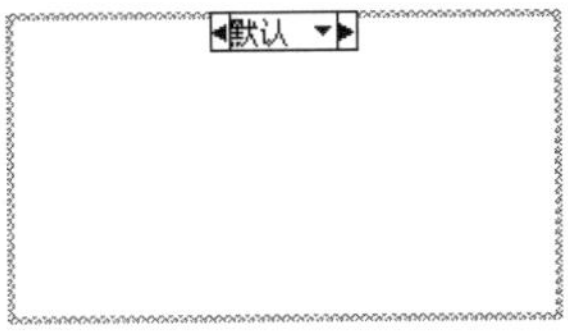

图 4-69　条件禁用结构

条件禁用结构最初放置在程序框图中时只有一个子程序框图，并设置为默认状态，表示当所有条件都不满足时也执行该子程序框图中的代码。可以通过条件禁用结构的快捷菜单项“添加”“删除”“复制”子程序框图，同时还可以编辑某一子程序框图的条件。对于条件禁用结构，执行编辑、添加或复制等操作，都将打开条件禁用结构“配置条件”对话框，如图 4-70 所示。

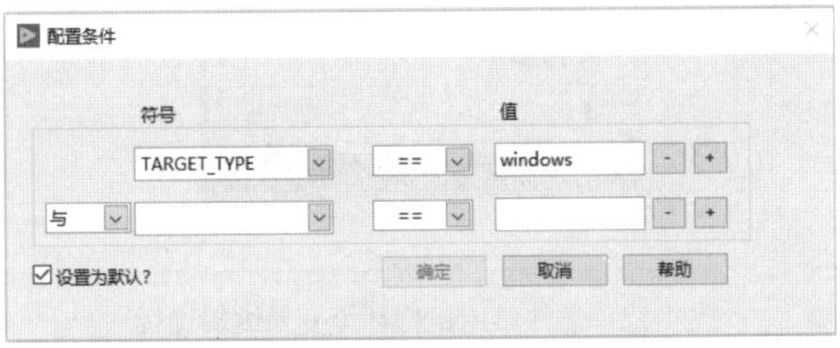

图 4-70　“配置条件”对话框

在“配置条件”对话框中，下拉式列表框中列出了一些环境变量，因此可以方便地编辑条件。其中，“设置为默认?”复选框表示当所有条件都不满足时也执行该代码。同条件结构一样，必须指定默认情况下执行的代码，否则程序不可执行。在“配置条件”对话框中配置的条件如果成立，其对应的程序框图就是正常的；如果不成立，其对应的程序框图会变成灰色，代表该段代码不会被执行。

实例 4-30　条件禁用结构。

图 4-71 所示为一个条件禁用结构的实例。在图 4-71 中，条件禁用结构有两个子程序框图，第一个为默认执行框图，第二个子程序框图的条件为“TARGET==Windows”，表示当运行平台为 Windows 时，执行该子程序框图。如果运行该 VI 的平台的操作系统为 Windows，那么运行该实例后，在字符串显示控件中将显示“执行平台为 Windows!”，否则为“执行默认!”。

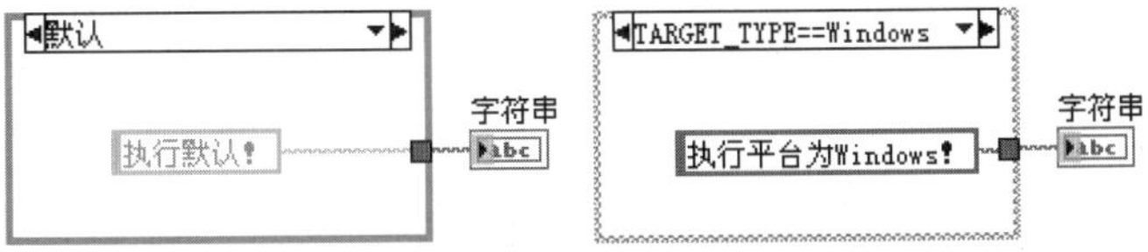

图 4-71　条件禁用结构实例

图 4-72 列出了几个常用的环境变量，而大部分环境变量只有在项目中才能使用。通过定义整个项目的环境变量，该项目下所有的 VI 都可以被这些环境变量控制。如果该项目下的 VI 脱离项目单独运行的话，将不受环境变量的控制。下面简单介绍在项目中定义环境变量的方法。首先，新建一个项目，保存该项目后，用鼠标右键单击该项目，在弹出的快捷菜单中选择“属性”选项，如图 4-72 所示。

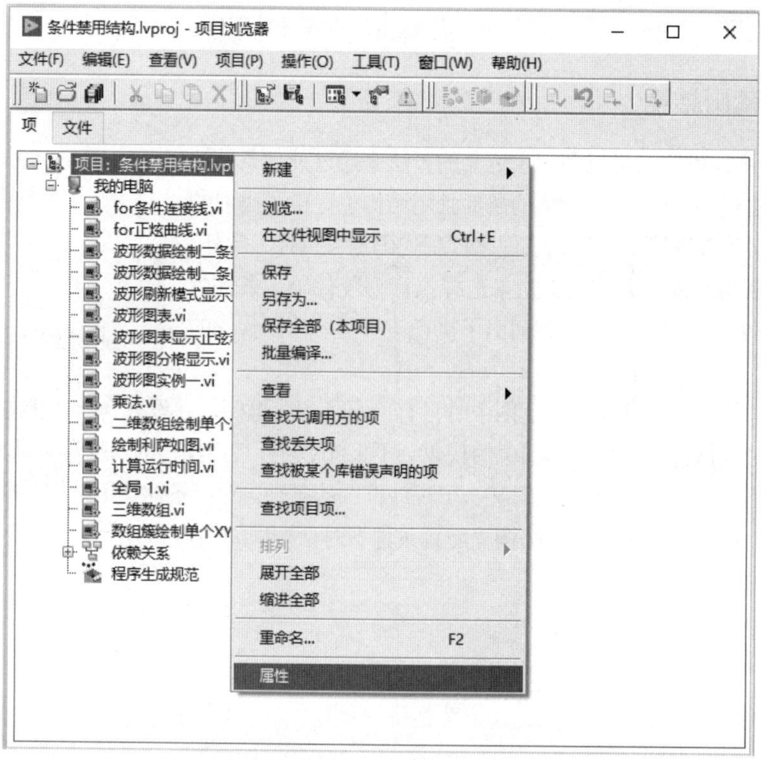

图 4-72　条件禁用结构环境变量编辑途径

在选择“属性”选项后弹出的“项目属性”对话框中选择“条件禁用符号”，并添加两个条件禁用符号 Varialble_1 和 Varialble_2，值分别为 True 和 False，如图 4-73 所示。

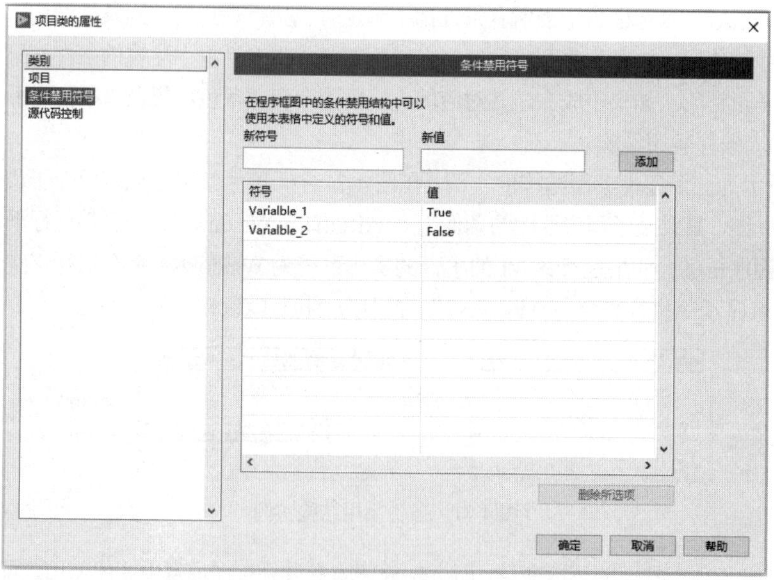

图 4-73　“项目类的属性”对话框

下面就可以利用这两个环境变量来控制该项目下的 VI 代码的执行了。打开该工程下任何一个 VI，将需要被外部环境变量控制的程序代码放置在条件禁用结构框中，在编辑子程序框图的条件时打开“配置条件”对话框。此时，在项目中定义的环境变量将出现在“配置条件”对话框中的下拉列表框中，供编辑条件使用。

在条件禁用结构中，如果配置了多个子程序框图，当多个子程序框图中有两个或两个以上的子程序框图满足执行条件时，将会执行排在最前面的子程序框图中的程序，但可以通过结构快捷菜单中的“重排子程序框图…”选项，打开“重排分支”对话框对子程序框图重新排序。

4.7 公式节点

公式节点也是一种程序结构，是便于在程序框图上执行数学运算的文本节点。使用时，用户不必使用任何外部代码或应用程序，且创建方程时不必连接任何基本的算术函数。公式节点除接收文本方程表达式外，还接收文本形式以及为 C 语言编程者所熟悉的 if 语句、while 循环、for 循环和 do 循环。这些程序的组成元素与 C 语言程序中的元素相似，但并不完全相同。

公式节点尤其适用于含有多个变量或较为复杂的方程，以及对已有文本代码的利用。可通过复制、粘贴的方式将已有的文本代码移植到公式节点中，不必通过图形化编程的方式再次创建相同的代码。

在 LabVIEW 中公式节点类似于其他结构，本身也是一个可以调整大小的矩形框。当需要输入、输出变量时，可在边框上单击鼠标右键，在弹出的快捷菜单中选择添加输入或添加输出并输入相应的变量名即可。输入变量和输出变量的数目可以根据具体情况而定，设定的变量名称要区分大小写，如图 4-74 所示。

使用标签工具或操作工具，输入要在公式节点中计算的方程。每个赋值中赋值运算符(=)的左侧仅可有一个变量，每个赋值必须以分号(;)结束，注释内容可通过/*…*/封闭起来。在公式节点中输入公式时必须确保使用正确的公式节点语法。

实例 4-31 图 4-75 所示为一个实现 $y=x^2+x+1$，$z=2y+1$ 的实例。

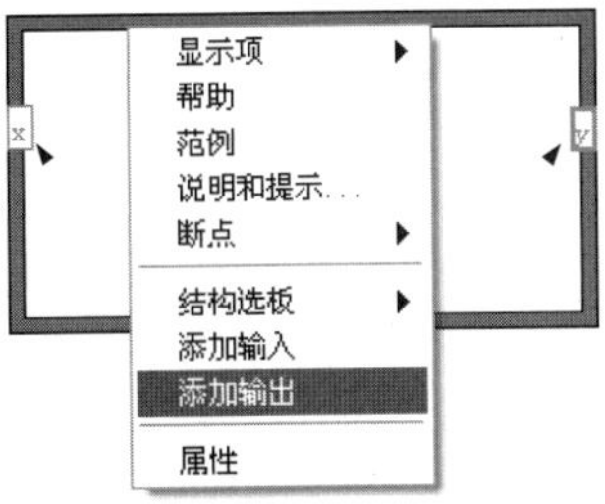

图 4-74 添加输入、输出变量

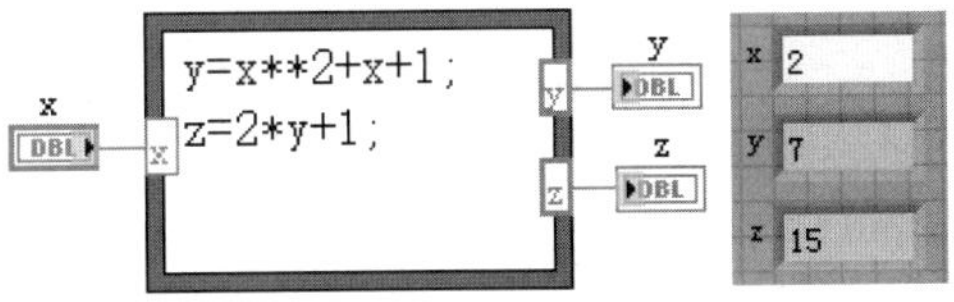

图 4-75 公式节点简单应用举例

公式节点的文本编程语言的语法与 C 语言非常接近，但是只能实现基本的逻辑流程和运算，不能对文件或设备进行操作或通信，没有输入、输出语句。LabVIEW 公式节点主要有以下几种语句：变量声明与赋值语句、条件语句、循环语句、Switch 语句等控制语句。下面对它们逐个进行简要介绍。

(1) 变量声明

公式节点支持的数据类型有：float、float32、float64、int、int8、int16、int32、uint8、uint16、uint32。变量声明的方法和 C 语言一样。

```
Floata;                    //声明浮点型数据
uint32y[10];               //声明数组
```

(2) 赋值语句

赋值符号有：=、+=、-=、*=、/=、>>=、<<=、&=、⟨=、|=、%=、**=。具体含义和C语言一致，例如："a=b;"。

```
a&=b;                          //等价于 a=a&b;
```

(3) 条件语句

If 语句举例如下。

```
if(a>0)
b=a;
```

If……else 语句举例如下。

```
if(a>0)
{
b=a;
c=2*a;
}
else
b=2*a;
```

(4) 循环语句

Do……while 语句举例如下。

```
do
{
a++;
b--;
}While(b>=0);
```

While 语句举例如下。

```
While(b>=0)
{
a++;
b--;
}
```

For 语句举例如下。

```
For(i=0;i<10;i++)
{
y[i]=i;
b+=i;
}
```

Break、Continue 语句用于当某种条件满足时终止循环或让循环立即重新从头运行。Break 语句还能用在 Switch 语句中，含义仍然一样。

Break 语句举例如下。

```
for(i=0: i<10;i++)
```

```
{
y[i]=i;
if(y[i]>5)
Break;                                //当 y[i]>5 的时候，终止循环
b+=i;
}
```

(5) Switch 语句

Switch 语句举例如下：

```
Switch(a)
{
Case0：b=a+1;
break;
Case1：b=a+2;
break;
Case11：b=a+7;
break;
Default：b=0;
}
```

Break 语句是必需的，如果没有 Break 语句，程序将按顺序执行，Switch 语句将没有任何意义。

公式节点可以使用 LabVIEW 预定义的函数：abs、acos、acosh、asin、asinh、atan、atan2、atanh、ceil、cos、cosh、cot、csc、exp、expm1、floor、getexp、getman、int、intz、ln、lnp1、log、log2、max、min、mod、pow、rand、rem、sec、sign、sin、sinc、sinh、sizeOfDim、sqrt、tan、tadh。有关这些函数的具体含义，读者可以查询 LabVIEW 帮助系统。

4.8 定时结构

定时结构的用法要相对复杂一些，其位于“函数”选板的“编程”→“结构”→“定时结构”子面板中，如图 4-76 所示。定时结构主要有定时循环和定时顺序。

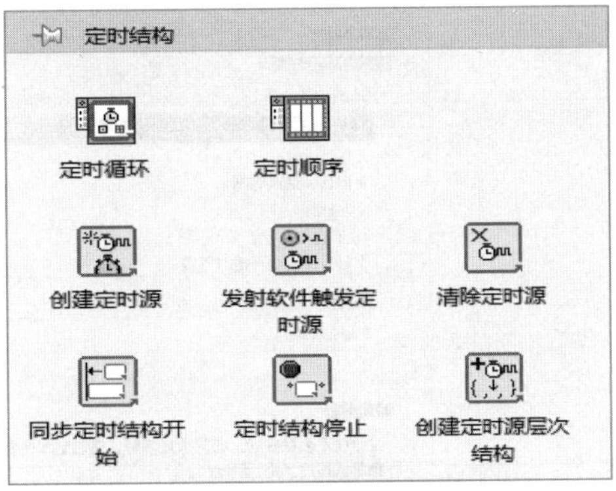

图 4-76　“定时结构”子面板

4.8.1　定时循环

定时循环根据指定的循环周期顺序执行一个或多个子程序框图或帧。在以下情况中可以使用定时循环结构：开发支持多种定时功能的VI、精确定时、循环执行时返回计算值、动态改变定时功能或者多种执行优先级。用鼠标右键单击结构边框可添加、删除、插入及合并帧。在“编程”→“结构”→“定时结构”子面板中选择“定时循环”对象，在程序框图上拖动鼠标指针即可建立定时循环，如图 4-77 所示。

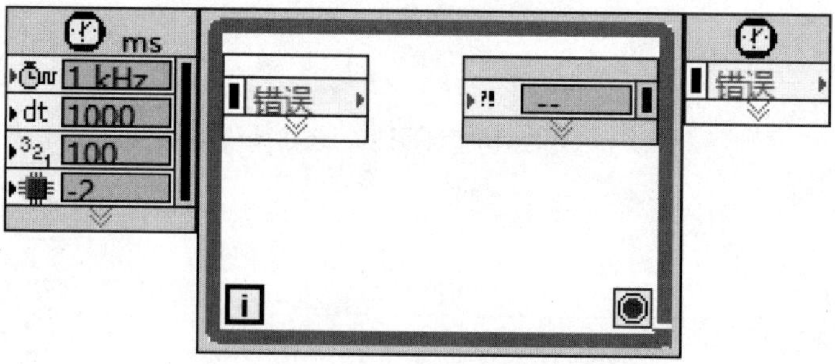

图 4-77　定时循环框图

定时循环结构主要包含五部分内容，分别为输入节点、左数据节点、右数据节点、输出节点和循环体。下面对这五部分功能进行具体介绍。

(1) 输入节点：用于设置定时循环的初始化参数，确定定时循环的循环时序、循环优先级和循环名称等参数。

(2) 左数据节点：用于返回配置信息以及运行状态信息等，提供上一次循环的时间和状态信息，例如上一次循环是否延迟执行、上一次循环的实际执行时间等。

(3) 右数据节点：用于配置下一轮及以后循环的时间参数，从而实现循环参数的动态改变。

(4) 输出节点：返回时间状态信息以及错误信息，参数含义与左端数据节点的同名参数一致。

(5) 循环体：与While 循环类似，定时循环的循环体包括循环计数端口和循环条件输入端口。前者用于指示当前的循环次数；后者连接布尔型变量，指示循环退出或者继续的条件。

定时循环结构是在While 循环的基础上发展起来的，其循环体的使用规则与While 循环一样，包括“自动索引”功能和移位寄存器。不同之处在于对循环时间和状态进行设定和输出的 4 个节点，While 循环中的循环时间间隔在这里不再适用。下面对定时循环中循环时间和状态的设定进行重点介绍。

在定时循环结构的输入节点上双击，或者单击鼠标右键，在弹出的快捷菜单中选择“配置输入节点”选项，即可打开如图 4-78 所示的“配置定时循环”对话框。

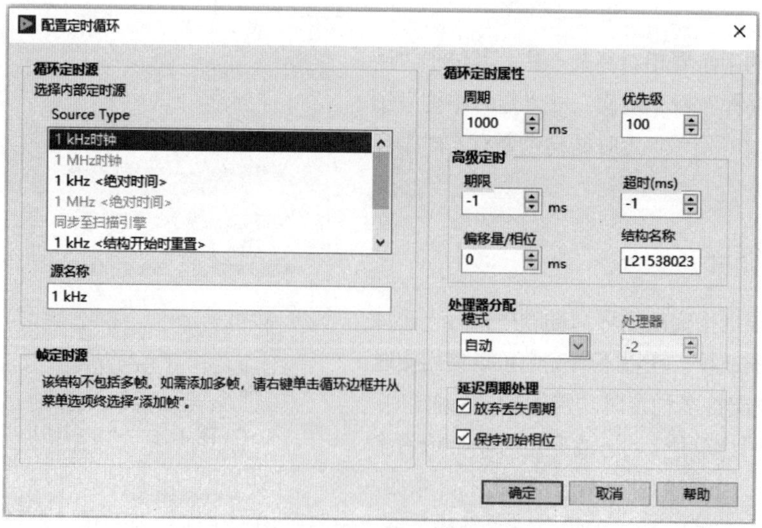

图 4-78　“配置定时循环”对话框

对输入节点参数的设定可以在配置对话框中完成，也可以直接在框图输入端完成。默认情况下框图只显示部分参数，用户可以通过拉伸输入节点以显示更多的参数。表 4-1 列出了输入节点框图中的图标和配置对话框中对应参数的含义。

表 4-1　定时循环输入节点图标和对应参数的含义

图标	参数	含义
	源名称	指定用于控制结构的定时源的名称。定时源必须通过创建定时源 VI 在程序框图上创建，或从“配置定时循环”对话框中选择
	期限	指定定时源的周期、单位，与源名称指定的定时源一致
	结构名称	指定定时循环的名称
	偏移量	指定定时循环开始执行前的等待时间。偏移量的值对应于定时循环的开始时间，单位由定时源指定
	周期	定时循环的时间
	优先级	指定定时循环的执行优先级。定时结构的优先级用于指定定时结构相对于程序框图上其他对象的执行开始时间。优先级的输入值必须为 1 到 65 535 之间的正整数
	模式	指定定时循环处理执行延迟的方式。共有五种模式：无改变、根据初始状态处理错过的周期、忽略初始状态处理错过的周期、放弃错过的周期维持初始状态、忽略初始状态放弃错过的周期
	处理器	指定用于执行任务的处理器。默认值为-2，即 LabVIEW 自动分配处理器。如需手动分配处理器，可以输入 0～255 的任意值，0 代表第一个处理器。如果输入的数量超过可用处理器的数量，将导致运行时错误且定时结构停止执行
	超时	指定定时循环开始执行前的最长等待时间。默认值为-1，表示未给下一帧指定超时时间。超时的值对应于定时循环的开始时间和上一次循环的结束时间，单位由帧定时源指定
	错误	在结构中传递错误。接收到错误状态时，定时循环将不执行

对其他节点更详细的说明，读者可参考 LabVIEW 相应的说明和帮助文档。

实例 4-32　一个简单的定时循环实例。

该实例设置定时循环的初始周期为 0ms，每循环一次，周期时间增加 100ms，共循环 5 次结束，因此整个循环结束共耗时 0+100+200+300+400=1000ms。程序的程序框图和运行效果如图 4-79 所示。

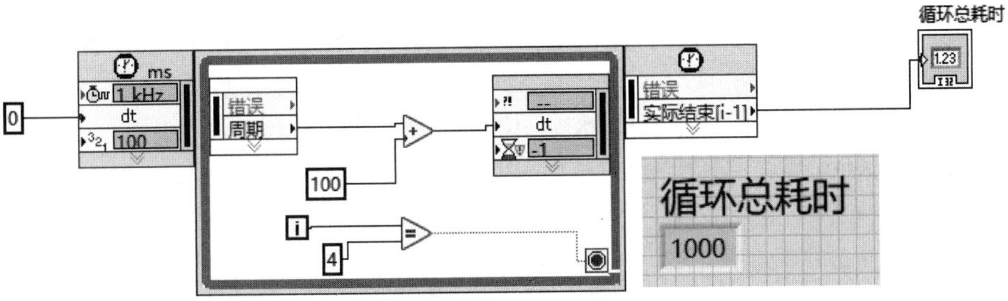

图 4-79　定时循环实例

4.8.2　定时顺序

定时顺序结构由一个或多个子程序框图(也称帧)组成，在内部或外部定时源控制下按顺序执行。

与定时循环不同，定时顺序结构的每个帧只执行一次，不重复执行。定时顺序结构适于开发只执行一次的精确定时、执行反馈、定时特征等动态改变或有多层执行优先级的VI。用鼠标右键单击定时顺序结构的边框，可添加、删除、插入及合并帧。定时顺序框图如图4-80所示。

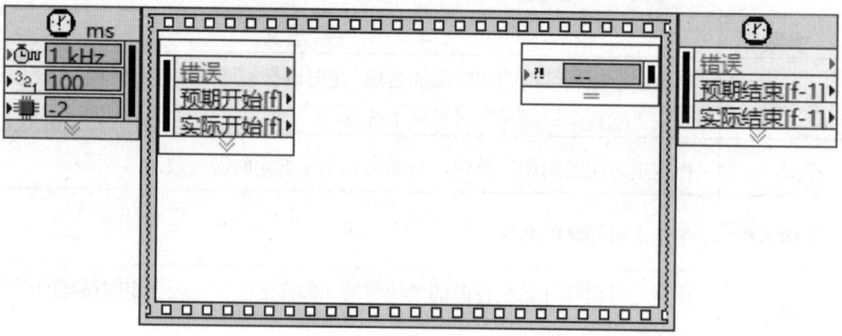

图4-80　定时顺序框图

定时顺序结构也包括输入节点、左数据节点、右数据节点、输出节点。它们的作用与定时循环中的节点一样，设定方法和功能也与其类似。

While循环结构、顺序结构、定时结构、条件结构之间可以互相转换，具体方法是在结构体的代码框上单击鼠标右键，从菜单中选择相应的结构进行替换，替换后要注意更改各个结构运行的参数。

习题

1. 产生10 000个随机数，求其中的最大值、最小值和这10 000个数的平均值，并求出程序执行所需的时间。

2. 用For和While循环分别实现100以内奇数的和，即1+3+5+……+99的值。

3. 用For循环产生100个随机数并存放在数组里，然后利用移位寄存器求出数组中的最大值及对应的数组索引。

4. 创建一个温度报警程序，产生范围为0～100的随机数来模拟温度值，当温度大于60时，提示温度过高，当温度小于30时提示温度过低，若温度大于90或小于10时则退出运行状态。

5. 产生100个范围在0～100的随机整数来模拟100个学生的考试成绩，成绩小于60分为不及格，成绩在60～69分为及格，成绩在70～79分为中，成绩在80～89分为良，成绩大于等于90分为优，编写程序统计“优”“良”“中”“及格”“不及格”学生的人数并显示出来。

6. 利用LabVIEW编写一个简单的计算器程序，前面板按钮及布局如图4-81所示。

图4-81　简单的计算器程序

7. 创建一个 VI，测试在程序前面板的字符输入控件中输入“这是一个测试输入特定字符串所用时间的 LabVIEW 程序”字符串所用的时间，并将时间显示在前面板中。

8. 利用公式节点判断一个数是否是素数。

9. 分别用公式节点和图形代码实现运算：$z=x^2+3xy-y^2+2x$。

10. 编程求 10 000 以内的所有“水仙花数”，并用数组显示出来。“水仙花数”是指一个 $n(n\geqslant3)$ 位数，它的每一位数字的 n 次幂之和等于它本身。(例如 3 位数：$153=1^3+5^3+3^3$)。

11. 编程求解 Josophus 问题：M 个小孩围成一圈，从第 1 个小孩开始顺时针方向数数，每数到第 n 个小孩，则该小孩离开，最后剩下的一个小孩为胜利者，求第几个小孩是胜利者。

12. 利用 While 循环结构产生两个随机数，画出这两个随机数当前值的波形及两个随机数当前平均值的波形。

13. 建立一个 VI，模拟投掷骰子游戏(骰子可能取值为 1～6，分别对应六面的点数)，跟踪骰子投掷滚动后各面取值出现的次数。在程序中输入投掷骰子的次数，输出投掷后骰子各边出现的次数，用数组显示。要求只用一个移位寄存器实现。

第 5 章

图形显示

图形化显示具有直观明了的优点，能够增强数据的表达能力。许多实际仪器和示波器都提供了丰富的图形显示功能，在虚拟仪器程序设计过程中，也秉承了这一优点，LabVIEW 对图形化显示提供了强大的支持。

LabVEW 提供了两个基本的图形显示工具：图和图表。图采集所有需要显示的数据，并对数据进行处理后一次性显示结果；图表将采集的数据逐点地显示为图形，以反映数据的变化趋势，类似于传统的模拟示波器、波形记录仪。图显示的类型包括波形图、XY 图、强度图和 3D 图，图表显示的类型包括波形图表和强度图表。图形显示控件位于前面板控件选板中“新式”下的“图形”子面板中，如图 5-1 所示。本章的主要内容包括如何显示波形图和波形图表、XY 图、强度图和强度图表、三维曲面图、三维参数图及三维曲线图。

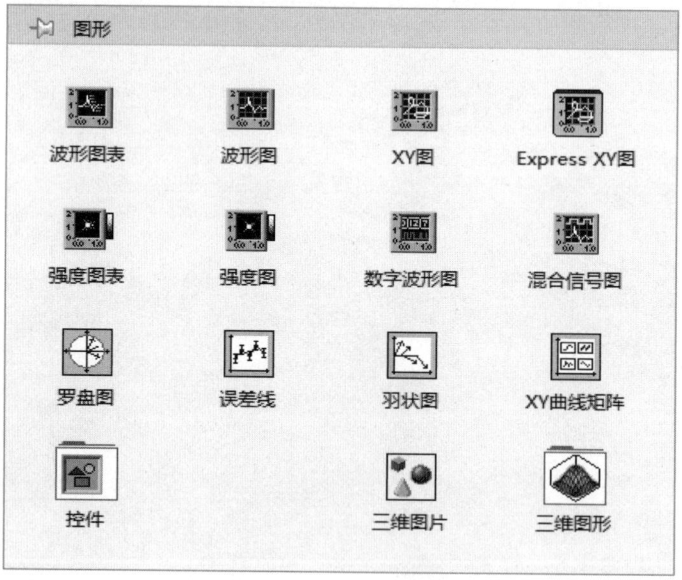

图 5-1 “图形”子选板

5.1 波形显示

波形显示分为波形图显示和波形图表显示。波形图和波形图表是在数据显示中用得最多的两个控件。波形图表是趋势图的一种，它将新的数据添加到旧数据尾端后再显示出来，可以反映数据的实时变化。它与波形图的主要区别在于，波形图是将原数据清空后重新画一张图，而趋势图保留了旧数据，保留数据的缓冲区长度可以通过右键单击控件并选择“图表历史长度”选项来设定。

5.1.1　波形图

波形图用于显示测量值为均匀采集的条或多条曲线。波形图仅绘制单值函数，波形图接收所有需要显示的数据后一次性显示在前面板窗口中，其显示的图形是稳定的波形。在下一次接收数据时，波形图不保存上一次的历史数据，数据全部更新，在前面板窗口中只显示当前接收的数据。

“波形图”控件图标位于前面板“控件”选板中“新式”下的“图形”子面板。波形图窗口默认显示的内容包括图形区、标签、图例和刻度(X 刻度和 Y 刻度)。还有一些元素没有显示在前面板窗口中，选择“波形图”右键菜单的“显示项”，就可以显示这些元素，如图 5-2 所示，完全显示结果如图 5-3 所示；或者右键单击，在弹出的快捷菜单中选择属性选项，弹出图形属性对话框，在“外观”选项卡里选择要显示的项目，如图 5-4 所示。

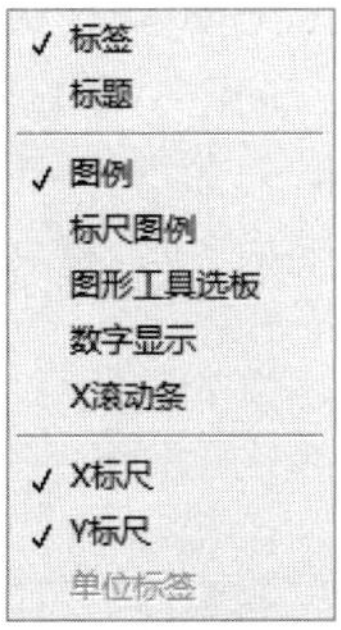

图 5-2　波形图快捷菜单

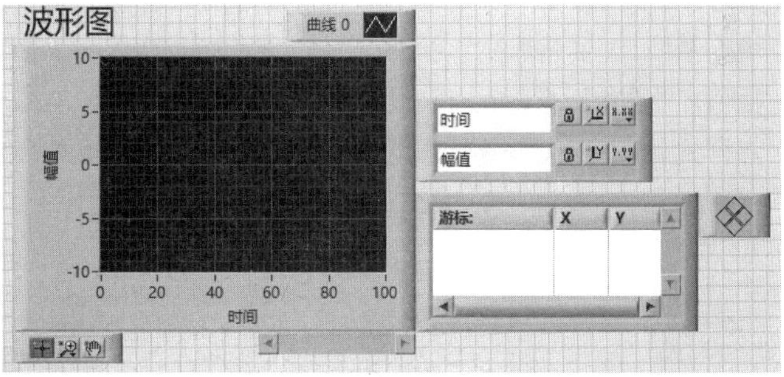

图 5-3　波形图完整显示项

图 5-4　图形属性对话框

1. 图例

图例位于波形图的右上角，用来定义途中曲线的颜色和样式。默认情况下图例只显示一条曲线，若想显示多条曲线的图例，将鼠标放在图例的合适位置，直接下拉即可。右键单击图例，弹出如图 5-5 所示的右键快捷菜单，在弹出的菜单中可以对曲线的颜色、线型和显示风格等进行设置，双击图例文字可以改变曲线名称。下面对图例的快捷菜单中的选项进行详细说明。

(1) 常用曲线。“常用曲线”子菜单用来设置曲线的显示方式，如图 5-6 所示。其中上排显示的方式依次为平滑曲线、数据点方格、曲线同时数据点方格；下排显示的方式依次为填充曲线和坐标轴包围的区域、直线图、直方图。

(2) 颜色。“颜色”子菜单用来设置线条的颜色。设置时可以从系统颜色选择器中选择颜色作为线条颜色，如图 5-7 所示。

(3) 线条样式和线条宽度。“线条样式”子菜单用来设置曲线的线条样式，有连续直线、断线直线、虚线、点画线等；“线条宽度”子菜单用来设置曲线的线条粗细。

(4) 平滑。利用“平滑”选项可以设置是否启用防锯齿功能，启用可使线条变得更光滑。

(5) 直方图。“直方图”子菜单用来设置直方图的绘制方式，分为直线式、填充式、柱状式等。

(6) 填充基线。“填充基线”子菜单用来设置曲线的填充参考线，分为零、负无穷大和无穷大。

(7) 插值。“插值”子菜单用来设置曲线中绘图点的插值方式。

(8) 点样式。“点样式”子菜单用来设置图中经图点的样式，包括圆点、方块、叉、星号等。

图 5-5　图例快捷菜单

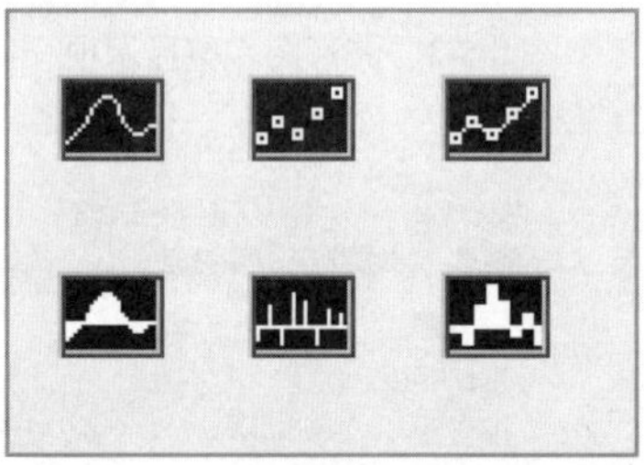

图 5-6　“常用曲线”菜单

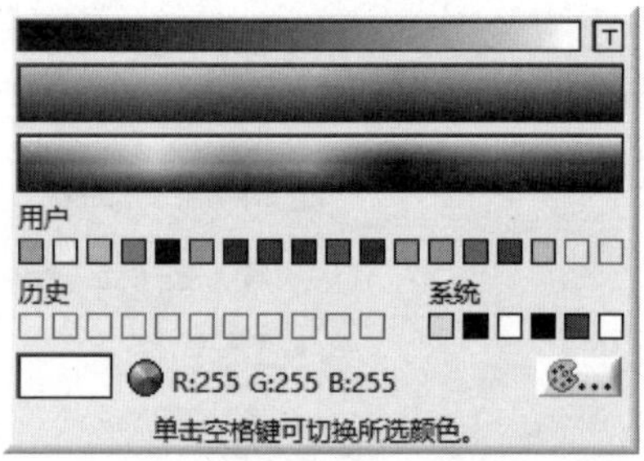

图 5-7　“颜色”菜单

2. 标尺图例

标尺图例用来定义标尺标签和配置标尺属性。标尺图例的第一行对应水平坐标参数，第二行对应垂直坐标参数。

(1) 图标：用来锁定刻度，单击该图标可在刻度锁定和解锁状态之间切换。

(2) 图标：用来标识刻度锁定状态，绿灯亮表示为刻度锁定状态。

(3) 图标：用来设置坐标刻度数据的属性，包括格式精度、映射模式、网格颜色和显示标尺选项等。

3. 图形工具选板

通过图形工具选板可进行游标移动、缩放、平移显示图像等操作。图形工具选板还包括信号信息的各种属性，其中的按钮从左到右依次为游标移动工具、缩放工具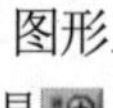、平移工具。

(1) 游标移动工具用来移动所显示图形上的游标。

(2) 缩放工具用来放大或缩小图形。单击出现下拉列表，其中包括 6 种缩放方式，如图 5-8 所示。上排从左到右依次为放大选择的矩形框、放大选择的水平范围、放大选择的垂直范围；下排从左到右依次为取消上一次缩放操作、按光标所在的位置放大、按光标所在的位置缩小。

(3) 平移工具用来在显示区域内选中并移动曲线。

4. 游标图例

游标图例用来显示图形中的游标。在图形上用游标可读取绘图区域上某个点的确切值，游标值会显示在游标图例中。

选择游标图例右键快捷菜单的“创建游标”，即可在图形中添加游标。创建游标时，游标模式定义了游标的位置，共有自由、单曲线和多曲线三种模式，如图5-9 所示。在同一个图形中可创建多个游标。

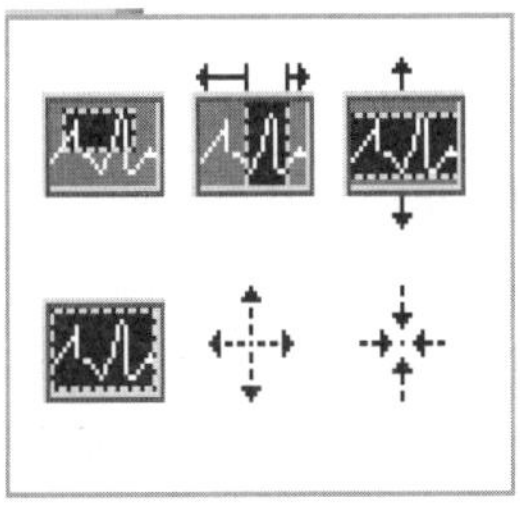

图 5-8　图形缩放方式

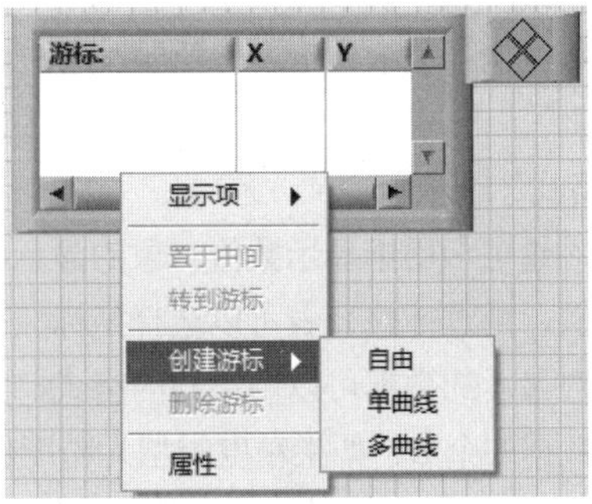

图 5-9　创建游标

(1) 自由模式不考虑曲线的位置，游标可以在整个图形区域自由移动。

(2) 单曲线模式表示仅将游标置于与其关联的曲线上，游标可在曲线上移动。右键单击单曲线游标图例，从弹出的快捷菜单中选择“关联至”，可将游标与一个或所有曲线实现关联。多曲线模式将游标置于绘图区域内的特定数据点上。

(3) 多曲线游标可显示与游标相关的所有曲线在指定 X 值处的值。游标可置于绘图区域内的任意曲线上。右键单击多曲线游标图例，从弹出的快捷菜单中选择“关联至”，可将游标与一个或所有曲线实现关联。该模式只对混合信号图有效。

5. X 滚动条

X 滚动条用来滚动显示图形或图表中的数据，使用滚动条可查看图形或图表当前未显示的数据。

6. 属性对话框

图形属性对话框包括 7 个选项卡：外观、显示格式、曲线、标尺、说明信息、数据绑定和快捷键。

(1)“外观”选项卡

“外观”选项卡主要用来设置图标签、标题、图形工具选板、游标图例、标尺图例、水平滚动条等对象是否可见。主要包括以下几个选项。

① 标签：显示对象的自带标签并启用“标签”文本框对标签进行编辑。标签用于识别前面板和程序框图上的对象。

② 标题：显示对象的标题，启用“标题”文本框后，用户即可编辑标题。使用标题可对前面板

控件做详细说明，该选项对常量不可用。

③ 启用状态：设置用户可否对对象进行操作。选择“启用”，表示用户可操作该对象。选择“禁用”，表示在前面板窗口中显示该对象，但用户无法对该对象进行操作。选择“禁用并变灰”，表示在前面板窗口中显示该对象并将对象变灰，用户无法对该对象进行操作。

④ 大小：设置对象的大小，以像素为单位。高度是对象的整个显示高度，以像素为单位，不能设置数值对象的高度。宽度是对象的界面宽度，以像素为单位。

⑤ 显示图形工具选板：表示是否在前面板显示图形工具选板，勾选表示显示。

⑥ 显示图例：表示是否显示曲线图例。该图例可用来定义各种曲线，包括曲线样式、线条样式、宽度、点样式等。

⑦ 根据曲线名自动调节大小：表示根据图例中可见的最长曲线名称的宽度自动调节图例大小。

⑧ 曲线显示：可设置在图例中显示的曲线数。

⑨ 显示水平滚动条：表示显示水平滚动条。

⑩ 显示游标图例：表示显示游标图例，用户可自定义各种游标，包括游标样式、线条样式、宽度、端点样式等。

(2)“显示格式”选项卡

“显示格式”选项卡用于显示数值对象的显示格式，主要包括以下几个选项。

① 标轴设置：通过下拉列表可以选择坐标。

② 类型：对显示的数据可以用不同的格式。大体上可以分为数值、进制、时间三类。

③ 位数：数据的个数。如果精度类型为精度位数，该字段表示小数点显示的数字位数。如果精度类型为有效数字，该栏表示显示的有效数字位数。如格式为十六进制、八进制、二进制，则该选项有效。对于单精度浮点数，如精度类型为有效位数，建议为该字段使用1～6范围内的值。对于双精度浮点数和扩展精度浮点数，如精度类型为有效位数，建议为该字段使用1～13范围内的值。

④ 精度类型：设置显示精度位数或者有效数字。如需要位数栏显示小数点后显示的位数，可选择精度位数。如需要位数栏显示小数点后显示的有效位数，可选择有效数字。如格式为十六进制、八进制或二进制，则不用该选项。

⑤ 隐藏无效零：删除数据末尾的无效0。如果数值无小数部分，该选项会将有效数字精度之外的数值强制为0。

⑥ 使用最小域宽：数据实际位数小于用户指定的最小域宽。在数据左端或者右端用空格或者0来填补多余的空间。

(3)“曲线”选项卡

“曲线”选项卡用于配置图形或图标上的曲线外观，主要包括以下几个选项。

① 曲线：设置要配置的曲线。

② 名称：曲线名称，可使用曲线名属性，通过编程命名曲线。

③ 线条样式：曲线线条的样式，该选项对数字波形图不可用，可用线条样式属性通过编程设置线条样式。

④ 线条宽度：曲线线条的宽度，该选项对数字波形图不可用，可用线条宽度属性通过编程设置线条宽度。

⑤ 点样式：曲线的点样式，该选项对数字波形图不可用，可用点样式属性通过编程设置点样式。

⑥ 曲线插值：曲线的插值，该选项对数字波形图不可用，可用曲线插值属性通过编程指定插值。

⑦ 线条颜色：曲线线条的颜色，可用曲线颜色属性通过编程设置颜色。

⑧ 点填充颜色：表示点和填充的颜色，数字波形图不可使用该选项，可用填充点颜色属性通过编程设置颜色。

⑨ Y 标尺：表示设置与曲线相关联的 Y 标尺。数字波形图不可使用该选项。

⑩ X 标尺：表示设置与曲线相关联的 X 标尺。

(4) “标尺”选项卡

“标尺”选项卡用于为图形或图表格式化标尺或网格，主要包括标尺名称、是否显示标尺和标尺标签、调整标尺的最大值和最小值、缩放量和缩放系数、刻度样式与颜色、网格样式与颜色等几个选项。

① 显示标尺标签：显示图形或图表上的标尺标签。

② 自动调整标尺：表示连接到图形或图表的数据。

③ 显示标尺：用于显示图形或图表上的标尺。

④ 对数：使用对数坐标。如取消选择该复选框，则表示取线性标尺。

⑤ 反转：交换标尺上最小值和最大值的位置。

7. 波形图显示实例

波形图可以接收和显示多种类型和格式的数据，数据类型包括数组、簇、波形数据等，数据格式包括一维数组、多维数组、簇数组等。

实例 5-1　根据输入的数组和簇绘制波形图曲线，程序框图如图 5-10 所示。

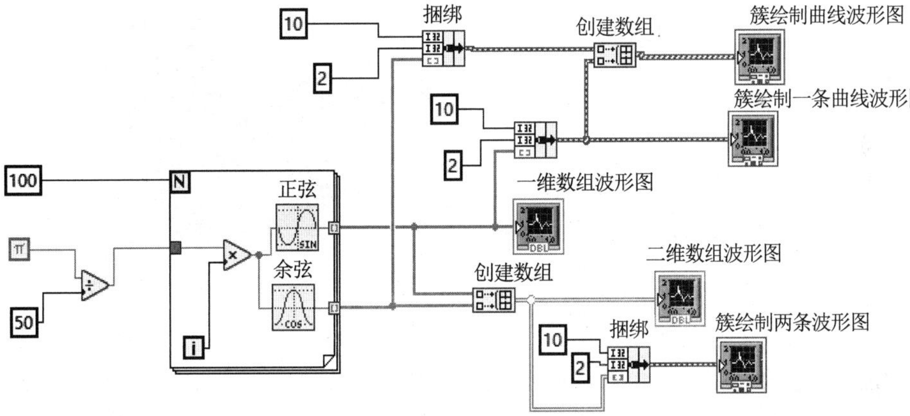

图 5-10　波形图显示实例

首先利用 For 循环分别产生在 0～2π 均匀分布的 100 个正弦曲线数据点和 100 个余弦曲线数据点，作为波形图的基本数据点，然后将这些数据点转换成不同的数据格式分别作为波形图的输入。

(1) 用一维数组绘制一条曲线。将 100 个正弦函数数据点组成一个一维数组直接输入波形图中，运行效果如图 5-11 所示。

(2) 用二维数组绘制两条曲线。将 100 个正弦函数数据点数组和 100 个余弦函数数据点数组构成一个二维数组，作为新的波形图输入，运行效果如图 5-12 所示。

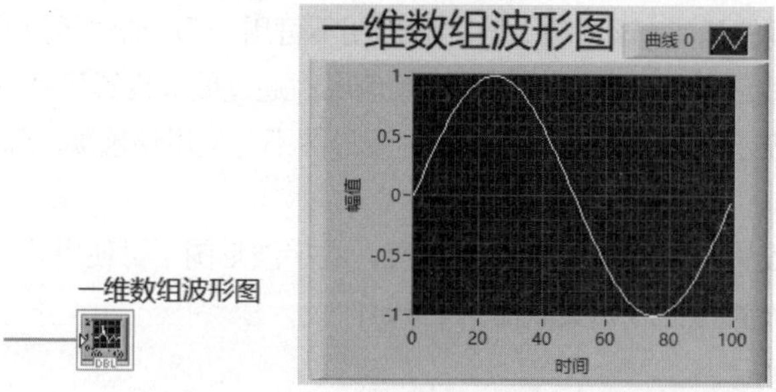

图 5-11　用一维数组绘制一条曲线

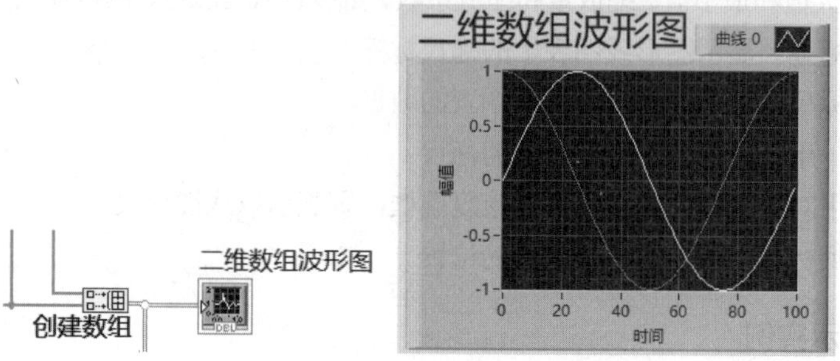

图 5-12　用二维数组绘制两条曲线

(3) 用簇绘制一条曲线。将 x0、dx 和 100 个正弦函数数据点数组构成一个簇，输入新的波形图中，对应效果(x0=10，dx=2，Y)如图 5-13 所示。

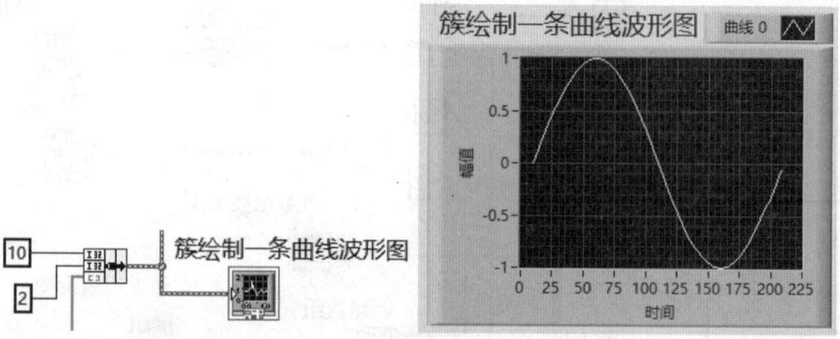

图 5-13　用簇绘制一条曲线

(4) 用簇绘制两条曲线。将 100 个正弦函数数据点数组和 100 个余弦函数数据点数组构成一个二维数组，将 x0、dx 和这个二维数组构成一个簇，输入新的波形图中，对应效果(x0=10，dx=2，Y)如图 5-14 所示。

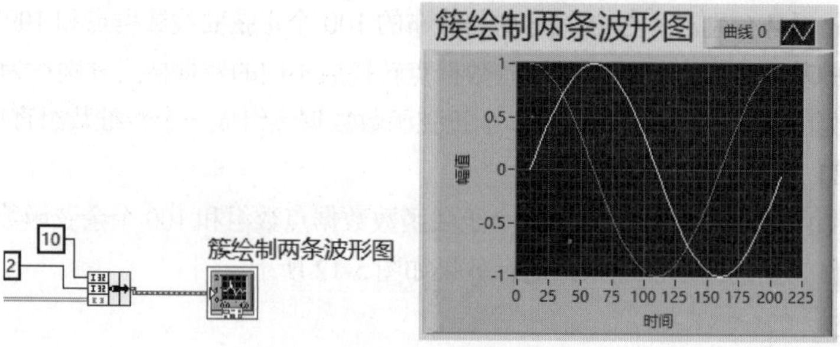

图 5-14　用簇绘制两条波形图

(5) 用簇数组绘制曲线。将 x0、dx 和 100 个正弦函数数据点数组构成一个簇，再将 x0、dx 和 100 个余弦函数数据点数组构成一个簇，将两个簇构成一个二维数组，作为新的波形图输入，运行效果如图 5-15 所示。

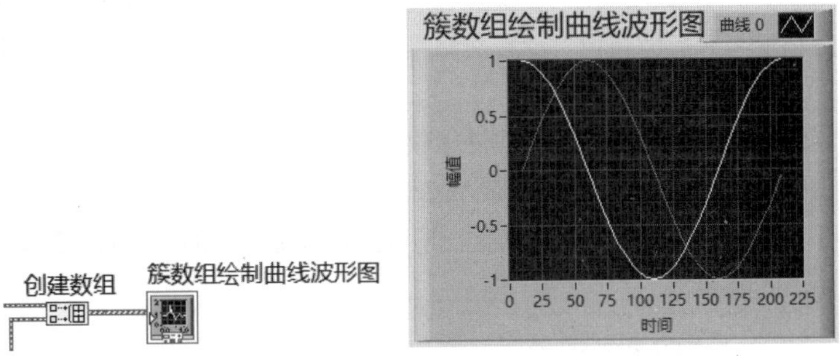

图 5-15　用簇数组绘制曲线

实例 5-2　根据输入的波形数据显示波形图。

首先用波形数据绘制一条曲线，在前面板上添加一个波形图控件，命名为“正弦图”；在程序框图中选择位于“函数”选板中的“信号处理”→“波形生成”→“正弦波形”函数，将函数的“信号输出”端与正弦图接线端连接起来。运行程序，将正弦图的横坐标的最大值更改为0.2(直接双击数字更改即可)，程序框图和运行效果如图 5-16 所示。

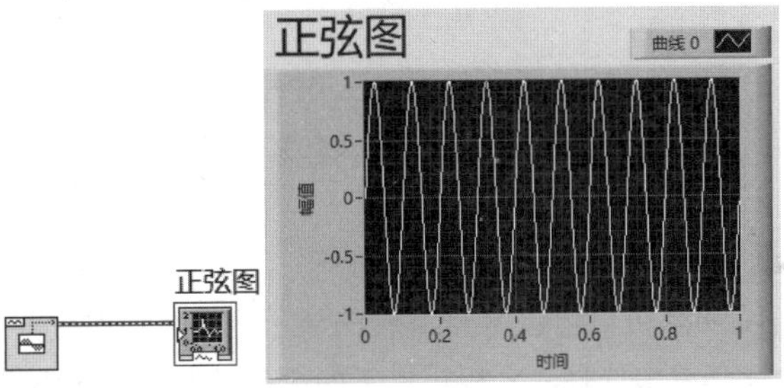

图 5-16　用波形数据绘制一条曲线

再次用波形数据绘制两条曲线。在用波形数据绘制一条曲线的程序基础上，在前面板上添加波形图控件，命名为“混合图”。在程序框图中添加位于“函数”选板中的“信号处理”→“波形生成”→“锯齿波形”函数，选择“编程”→“数组”→“创建数组”，将正弦波和锯齿波的“信号输出”端组合形成数组，并将数组输出和“混合图”接线端连接起来。运行程序，将图中的横坐标的最大值设为 0.2，程序框图和运行效果如图 5-17 所示。

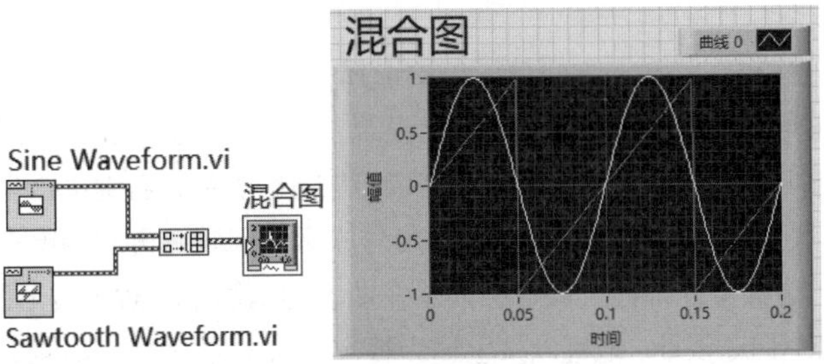

图 5-17　用波形数据绘制两条曲线

5.1.2 波形图表

“波形图表”是显示一条或多条曲线的特殊波形显示控件，一般用来显示以恒定采样率采集得到的数据。波形图表位于前面板“控件”选板的“新式”→“图形”子面板中，如图5-18所示。波形图表窗口、属性对话框与波形图窗口、属性对话框有很多类似的地方，具体设置可以参阅波形图中的相关内容。

与波形图不同的是，波形图表并不一次性接收所有需要显示的数据，而是逐点接收数据，并逐点地在前面板窗口中显示，在保留上一次接收数据的同时显示当前接收的数据。这是因为波形图表有一个缓冲区，可以保存一定数量的历史数据，当数据超过缓冲区的大小时，最早的数据将被舍弃，相当于一个先进先出的队列。

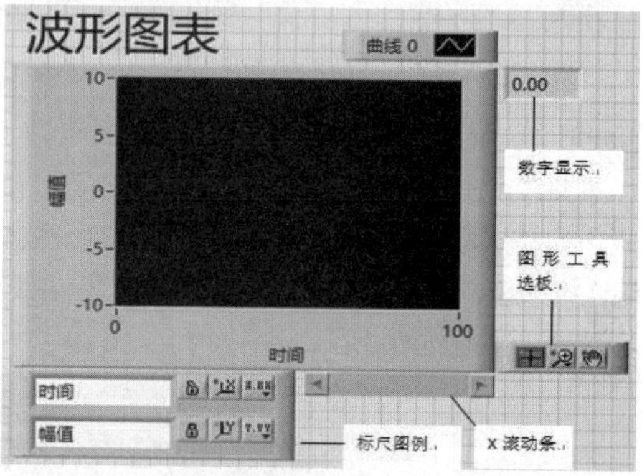

图5-18 “波形图表”完整显示项

1. 设置坐标轴显示

(1) 自动调整坐标轴。如果用户想让Y坐标轴的显示范围随输入数据变化，可以右键单击波形图表控件，在弹出的快捷菜单中选择“Y标尺”下的“自动调整Y标尺”选项。如果取消“自动调整”选项，则用户可任意指定Y轴的显示范围，对X轴的操作与之类似。这个操作也可在属性对话框中的“标尺”选项卡中完成，如图5-19所示，勾选“自动调整标尺”复选框或直接指定最大值和最小值即可。

(2) 缩放坐标轴。在图5-19的“缩放因子”区域内，可以进行坐标轴的缩放设置。坐标轴的缩放一般是对X轴进行操作，主要是使坐标轴按一定的物理意义进行显示。例如，对用采集卡采集到的数据进行显示时，默认情况下X轴是按采样点数显示的，如果要使X轴按时间显示，就要使X轴按采样率进行缩放。

(3) 设置坐标轴刻度样式。在右键快捷菜单中选择“X标尺”下的“样式”，然后进行选择，也可以在图5-19的“刻度样式与颜色”区域中进行设置，同时可对刻度的颜色进行设置。

(4) 显示多坐标轴。默认情况下的坐标轴显示如图5-18所示。右键单击坐标轴，在弹出的快捷菜单中选择“复制标尺”选项，此时的坐标轴标尺与原标尺同侧；再右键单击标尺，在弹出的菜单中选择“两侧交换”，这样坐标轴标尺就对称显示在图表的两侧了。对于波形图表的X轴，不能进行多坐标轴显示；而对于波形图，则可以按上述步骤实现X轴的多坐标显示。如果要删除多坐标显示，在右键弹出的菜单中选择“删除标尺”即可。

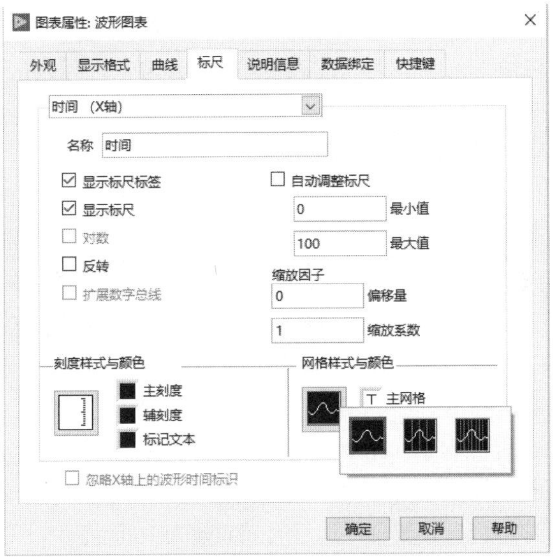

图 5-19　“图表属性”对话框的“标尺”选项卡

2. 更改缓冲区的长度

在用波形图表显示时，数据首先存放在一个缓冲区中，这个缓冲区的大小默认为 1024 个数据，这个数值大小是可以调整的。具体方法为：在波形图表上单击右键，在弹出的快捷菜单中选择“图表历史长度...”选项，在弹出的“图表历史长度”对话框中更改缓冲区的大小，如图 5-20 所示。

3. 刷新模式

数据刷新模式是波形图表特有的，波形图没有这个功能。在波形图表上单击鼠标右键，在弹出的快捷菜单中选择“高级”→“刷新模式”，即可完成对数据刷新模式的设置，如图 5-21 所示。

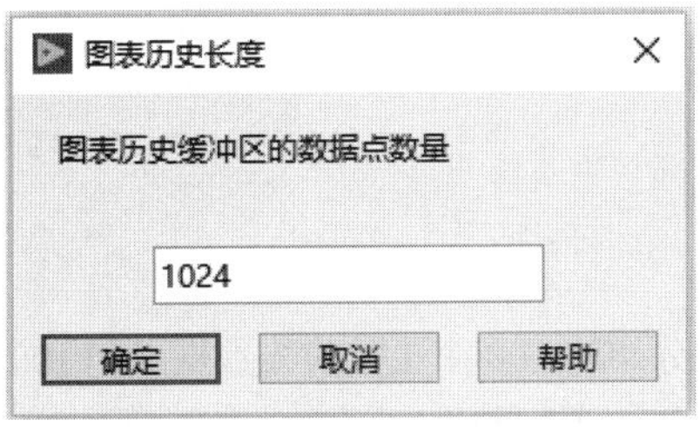

图 5-20　“图表历史长度”对话框

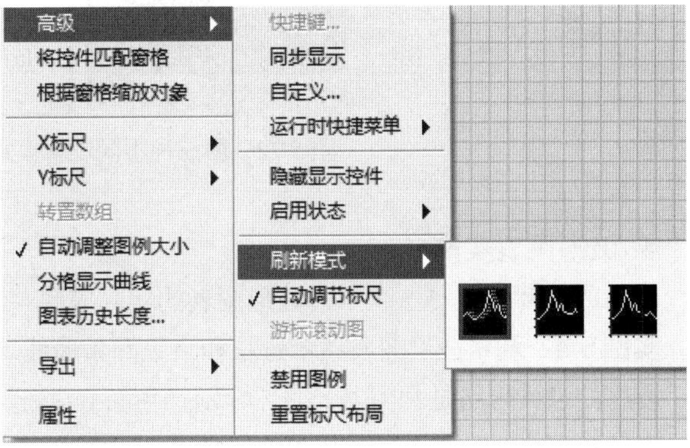

图 5-21　设置波形图表刷新模式

波形图表的刷新模式有 3 种：

(1) 带状图表：类似于纸带式图表记录仪。波形曲线从左到右连线绘制，当新的数据点到达右部边界时，先前的数据点逐次左移，而最新的数据会添加到最右边。

(2) 示波器图表：类似于示波器，波形曲线从左到右连线绘制，当新的数据点到达右部边界时，清屏刷新，然后从左边开始新的绘制。

(3) 扫描图表：与示波器模式类似，不同之处在于当新的数据点到达右部边界时，不清屏，而是在最左边出现一条垂直扫描线，以它为分界线，将原有曲线逐点右推，同时在左边画出新的数据点。

示波器图表模式及扫描图表模式比带状图表模式运行速度快，因为它无需像带状图表那样处理屏幕数据滚动而另外花费时间。

实例 5-3 用三种不同的刷新模式显示波形曲线，程序设计步骤如下。

步骤一：新建一个 VI。打开前面板，选择“控件”→“新式”→“图形”→“波形图表”对象，添加三个到前面板中，分别修改标签名称为“带状图表”“示波器图表”和“扫描图表”。

步骤二：设置刷新模式。在“带状图表”控件上单击鼠标右键，选择“高级”→“刷新模式”→“带状图表”选项，将它设置成带状图表模式的显示形式，按相同的方法分别设置其他两个控件的显示方式为“示波器图表”模式和“扫描图表”模式。

步骤三：编辑程序框图。打开程序框图，在“函数”→“信号处理”→“信号生成”子面板中选择“正弦信号”对象，放置到程序框图中，用它来产生正弦信号。将“正弦信号”输出端分别与“带状图表”→“示波器图表”和“扫描图表”对象的接线端相连。添加一个 While 循环，将程序框图上的对象都置于循环程序框内，设置程序运行时间间隔为 100ms。

步骤四：运行程序。分别用带状图表模式、扫描图模式、示波器图表模式来显示正弦波，其效果和程序框图如图 5-22 所示。

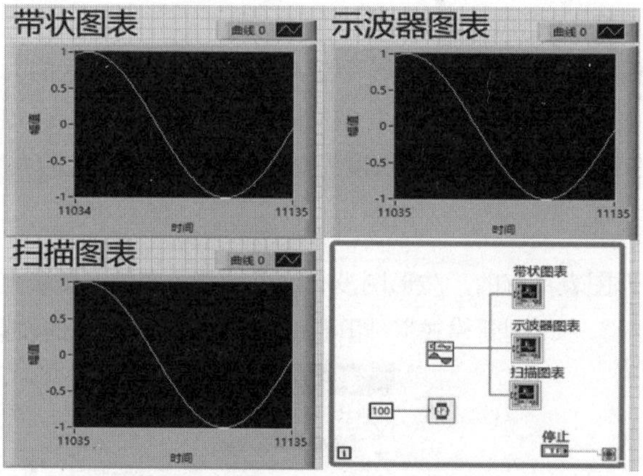

图 5-22 用三种不同刷新模式显示正弦波形

4. 波形图表实例

下面用实例 5-4、5-5 来学习波形图表的实际应用。

实例 5-4 利用波形图表显示正弦和余弦两条曲线。

程序的设计思路是利用 For 循环分别产生在 0～2π 均匀分布的 100 个正弦曲线数据点和 100 个余弦曲线数据点。添加位于“函数”选板中的“编程”→“簇、类与变体”→“捆绑”对象到循环结构框中，将正弦和余弦两组数据捆绑作为波形图表的输入。程序框图和程序运行过程中随时间变化的结果如图 5-23 所示。

从上面的例子可以看出波形图和波形图表的不同之处。单独看显示正弦曲线时，波形图接收 100 个点组成的一维数组后显示一条曲线，波形图表每次接收单个数据，循环 10 次以后显示完整波形。显示正弦和余弦两条曲线时，波形图表每次接收由一个正弦点和一个余弦点组成的簇，循环 100 次以后显示完整波形。

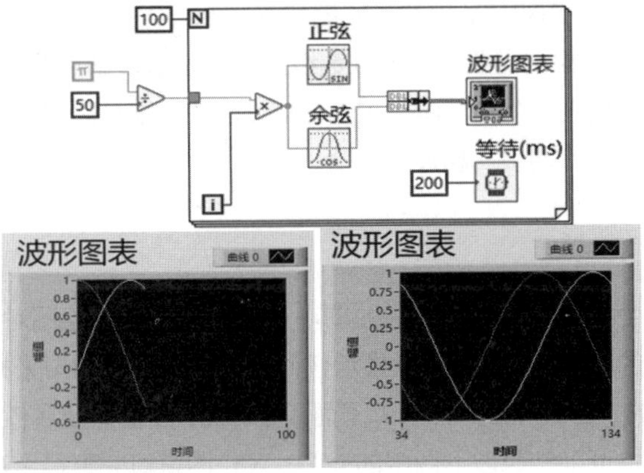

图 5-23　波形图表显示正弦和余弦曲线

实例 5-5　分格显示曲线，每条曲线用不同的样式表示。

分格显示曲线是波形图表特有的功能。右键单击波形图表控件，在弹出的菜单中选择“分格显示曲线”选项即可实现此功能，当然也可以在属性对话框的“外观”选项卡中进行设置。程序设计步骤如下：

步骤一：新建一个 VI。打开前面板，添加一个波形图表控件，修改标签名称为“分格显示”。

步骤二：切换到程序框图，添加一个 While 循环结构，设置程序运行时间间隔为 100ms。

步骤三：在“函数”面板中，选择“数学”→“初等与特殊函数”→“三角函数”子面板中的“正弦”对象，添加到 While 循环体内，将循环次数端子与正弦函数输入端相连。

步骤四：在“函数”面板中，选择“编程”→“簇、类与变体”子面板中的“捆绑”对象，添加到 While 循环体内，拉伸成三个端口，分别与“正弦”对象的输出端相连，形成簇数组，与“分格显示”波形图表控件相连。

步骤五：切换到前面板，在波形图表上单击鼠标右键，在弹出的快捷菜单中选择“分格显示曲线”选项。拉伸波形图表的图例，显示三条曲线图例，单击每一个图例，在弹出的快捷菜单中选择“常用曲线”选项，设置曲线的不同样式。

步骤六：运行程序，显示效果和程序框图如图 5-24 所示。

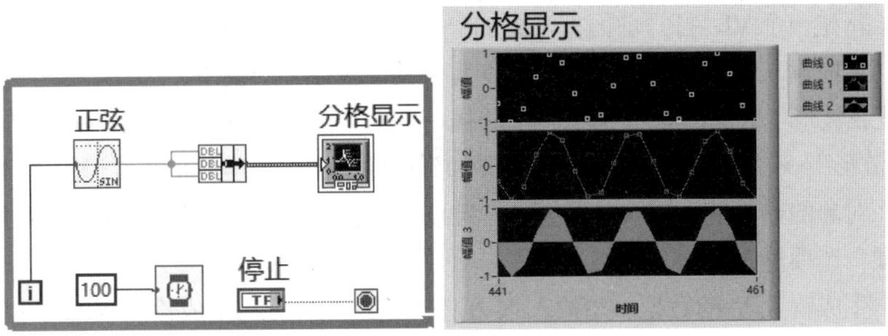

图 5-24　用波形图表分格显示曲线实例

5.2 XY 图与 Express XY 图

由于波形图表与波形图的横坐标都是均匀分布的，因而不能描绘出非均匀采样得到的数据曲线，而坐标图就可以轻松实现。LabVIEW 中的 XY 图和 Express XY 图是用来画坐标图的有效控件。XY 图和 Express XY 图的输入数据需要两个一维数组，分别表示数据点的横坐标和纵坐标的数值。在 XY 图中需要将两个数组合成一个簇，而在 Express XY 图中则只需要将两个一维数组分别与该 VI 的“X 输入端口”和“Y 输入端口”相连。

5.2.1 XY 图

XY 图是反映水平坐标和垂直坐标关系的图，是通用的笛卡儿绘图对象，用于绘制多值函数，如圆形或具有可变时基的波形。XY 图可以显示任何均匀采样或非均匀采样的点的集合。

XY 图位于前面板的“新式”→“图形”子面板中。XY 图窗口及属性对话框与波形图窗口及属性对话框相同，具体设置可以参照波形图中的介绍。XY 图窗口完整显示项如图 5-25 所示。XY 图接收的数据不要求水平坐标等间隔分布，而且数据格式与波形图也有一些区别。

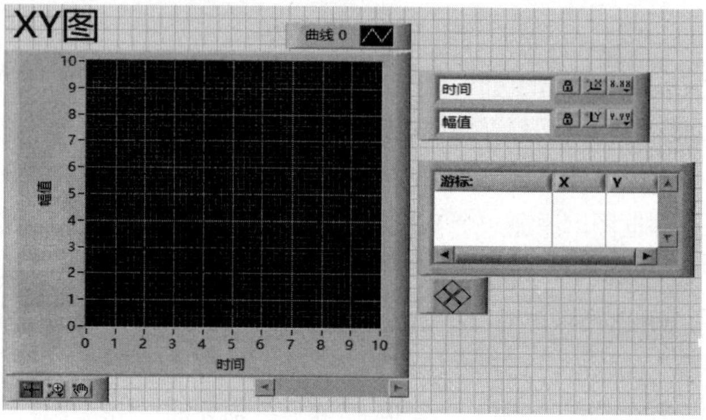

图 5-25　XY 图完整窗口

实例 5-6　在 XY 图中绘制 Lisajious(利萨如)图。

当幅值和频率相同，Lisajious(利萨如)图根据输入的 X 和 Y 按正弦规律发生变化。当 X 和 Y 的相位差为 0 或 180 的整数倍数时，利萨如图为斜率为±1 的直线；当 X 和 Y 的相位差为其他数值时，利萨如图为各种不同形式的椭圆。程序设计的具体步骤如下：

步骤一：新建一个 VI，打开前面板，添加一个 XY 图控件，修改标签名为“利萨如图”。

步骤二：生成输入 X 的数据。在程序框图窗口的“函数”选板中，选择“信号处理”→“波形生成”→“正弦波形”对象，添加到程序框图中，用来产生一个正弦波形(相位默认为 0)。然后选择“编程”→“波形”→“获取波形成分”对象添加到程序框图中，连接正弦波形的信号输出端和“获取波形成分”对象的输入端，提取波形值。右键点击“获取波形成分”对象，在弹出的快捷菜单中选择“选择项”选项里面的 t0、dt 和 Y 值。

步骤三：生成输入 Y 的数据，与输入 X 相差一定的相位。与生成输入 X 的数据相同，只是要在“正弦波形”对象的“相位”输入端创建一个输入控件，命名为“Y 的相位”。

步骤四：添加一个“捆绑”函数，将“捆绑”函数拉伸到两个接线端，输入端口分别连接 X 数据和 Y 数据的“获取波形成分”对象的“Y”输出端，构成一个簇。将“捆绑”函数的输出端与“利萨如图”对象的输入端相连，如图 5-26 所示。

步骤五：设置“Y 的相位”控件的不同数值，运行程序，结果如图 5-27 所示。

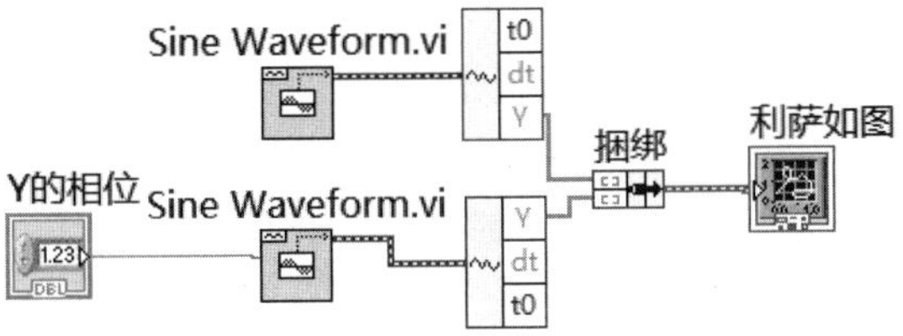

图 5-26 绘制利萨如图程序框图

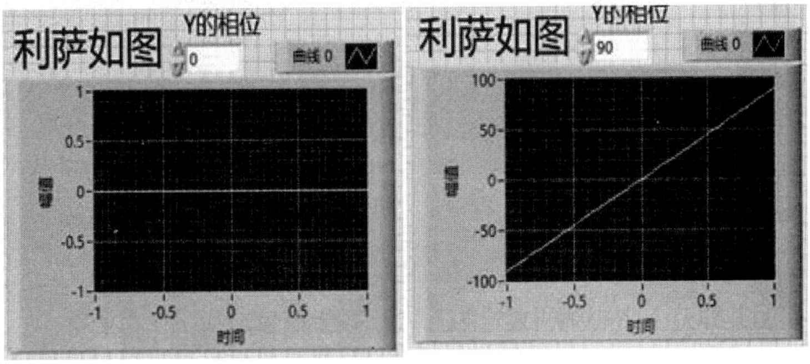

图 5-27 利萨如图的效果图

5.2.2 XY 图实例

XY 图的输入数据类型相对比较简单，一种是直接将 X 数组和 Y 数组绑定为簇作为输入；另一种是把每个点的坐标都绑定为簇，然后作为簇数组输入。对于这两种方式，都可以通过将多个输入合并为一个一维数组输入来实现在一幅图中显示多条曲线。

实例 5-7 利用 For 循环分别产生 100 个在 0～2π 均匀分布的正弦和余弦函数数据点，并产生不等间距的水平坐标刻度(0，1，3，6，10，…)作为 XY 图的基本数据。程序设计步骤如下：

步骤一：For 循环产生数据点。新建一个 VI，保存文件名为“XY 图显示实例 vi”。打开程序框图，添加一个 For 循环结构，在循环总数端子创建一个常量，赋值为 100；在 For 循环结构上添加一个移位寄存器，赋初始值为 0；在“函数”面板中，选择“数学”→“初等与特殊函数”→“三角函数”子面板中的“正弦”和“余弦”函数，添加到 For 循环体内。其他数据连线如图 5-28 所示。

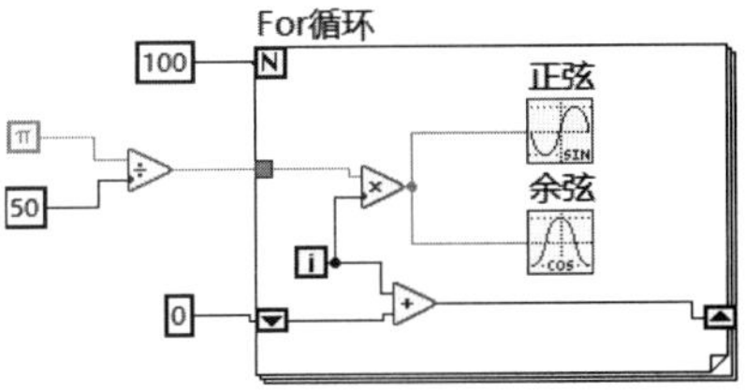

图 5-28 For 循环分别产生 100 个在 0～2π 均匀分布的正弦和余弦函数数据点

步骤二：用一维簇数组绘制单个 XY 曲线。在步骤一的程序框图基础上，在 For 循环体内添加一个“捆绑”函数，将函数拉伸到两个输入端口，一个输入端连接正弦函数的输出端，另一个输入端连接加法运算结果。这样将正弦函数数据点和不等间距的 X 坐标打包形成簇，再经过循环结构就形成了一个簇数组，作为 XY 图的输入。打开前面板，在前面板中添加一个 XY 图，修改标签名为“一维数组绘制单个 XY 曲线”。运行程序，其程序框图和运行效果如图 5-29 所示。

步骤三：用二维簇数组绘制两个 XY 曲线。与步骤二类似，在 For 循环体内再添加一个“捆绑”函数，将函数拉伸到两个输入端口，一个输入端连接余弦函数的输出端，另一个输入端连接加法运算结果。这样将余弦函数数据点和不等间距的 X 坐标打包形成簇，再经过循环结构就形成了一个簇数组。在 For 循环体外添加两个“捆绑”函数，分别将正弦数据点数组和余弦数据点数组打包成簇，添加一个“创建数组”函数，将两个簇新建成一个二维数组，作为 XY 图的输入。打开前面板，在前面板中添加一个 XY 图，修改标签名为“二维数组绘制两个 XY 曲线”。运行程序，其程序框图和运行效果如图 5-30 所示。

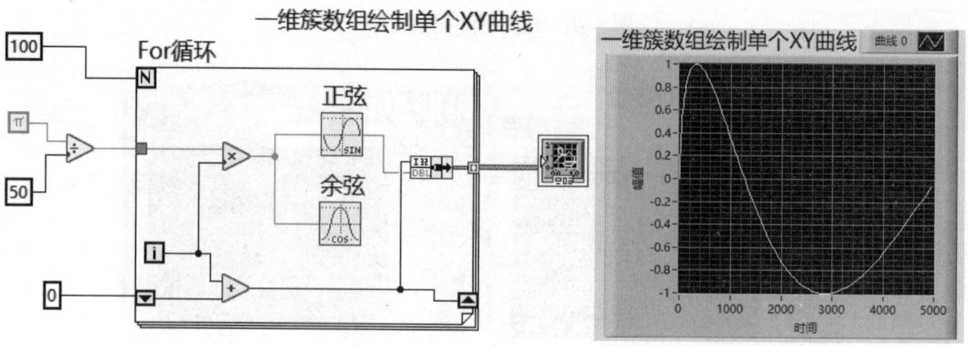

图 5-29　用一维簇数组绘制单个 XY 曲线

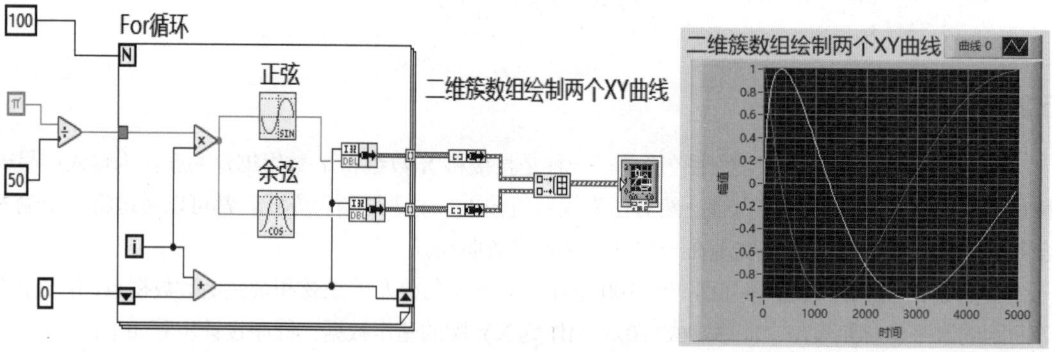

图 5-30　用二维簇数组绘制两个 XY 曲线

步骤四：用数组簇绘制单个 XY 曲线。在步骤一程序框图的基础上，在 For 循环体外添加一个“捆绑”函数，将函数拉伸到两个输入端口，一个输入端连接正弦函数(或余弦函数)的输出端，另一个输入端连接加法运算结果。将 For 循环结果输出的两个数组打包成簇，作为 XY 图的输入。打开前面板，在前面板中添加一个 XY 图，修改标签名为“数组簇绘制单个 XY 曲线”。运行程序，其程序框图和运行效果如图 5-31 所示。

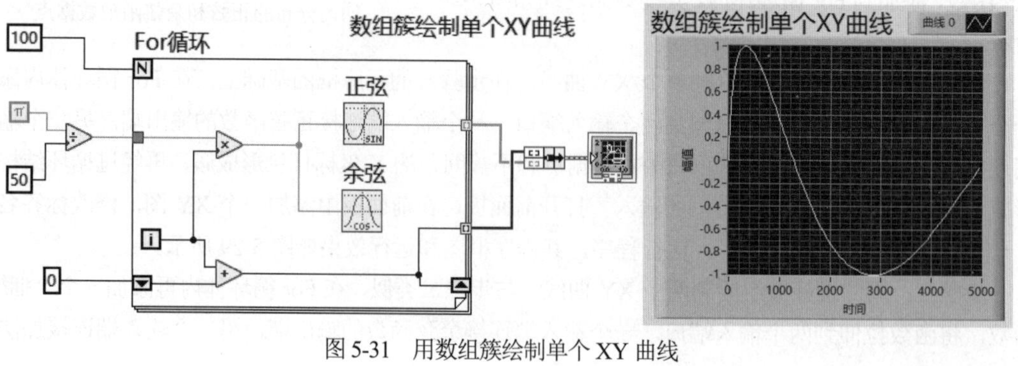

图 5-31　用数组簇绘制单个 XY 曲线

步骤五：用簇数组绘制两个 XY 曲线。在步骤四程序框图的基础上，在 For 循环体外继续添加一个“捆绑”函数，将函数拉伸到两个输入端口，一个输入端连接余弦函数(或正弦函数)的输出端，另一个输入端连接加法运算结果，将 For 循环结果输出的两个数组打包成簇。继续添加一个“创建数组”函数，将两个簇新建成一个二维数组，作为 XY 图的输入。打开前面板，在前面板中添加一个 XY 图，修改标签名为“簇数组绘制两个 XY 曲线”。运行程序，其程序框图和运行效果如图 5-32 所示。

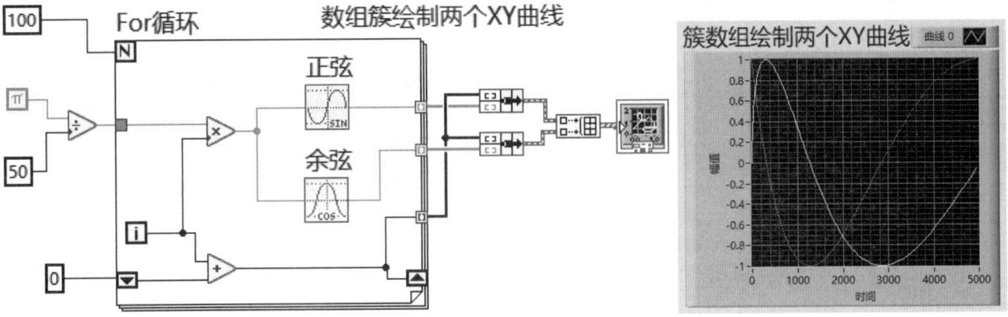

图 5-32　用簇数组绘制 XY 曲线

5.2.3　Express XY 图

Express XY 图采用了 LabVIEW 的 Express 技术，将 Express XY 图放置到前面板上的同时，在程序框图中会自动添加一个 VI，它的 XY 轴数据为动态数据类型。因此只需要将 XY 数组数据与之相连，就会自动添加一个转换函数，并将其转换为动态数据类型。双击该函数可以选择是否在画新图时先清空画面，因此使用起来非常方便。

Express XY 图与 XY 图一样，位于前面板的“新式”→“图形”子选板中。Express XY 图窗口及属性对话框与 XY 图窗口及属性对话框完全相同，只是其程序框图不一样，如图 5-33 所示。

实例 5-8　通过 Express XY 图和 XY 图绘制同心圆的实例，比较和学习 Express XY 图和 XY 图的应用。

两个圆的半径分别为 1 和 2，如前所述，用 XY 图显示的时候对数据要进行簇捆绑，而用 Express XY 图显示时，如果显示的只是一条曲线，则只要将两个一维数组分别输入到 Express XY 的 X 输入端和 Y 输入端即可。本例需显示两个同心圆，所以在将数据接入到 Express XY 的输入端时，要先用“创建数组”将数据连接成一个二维数组。程序设计步骤如下：

步骤一：新建一个 VI，打开前面板，分别添加一个 XY 图和一个 Express XY 图。保存文件名为“XY 图绘制同心圆.vi”。

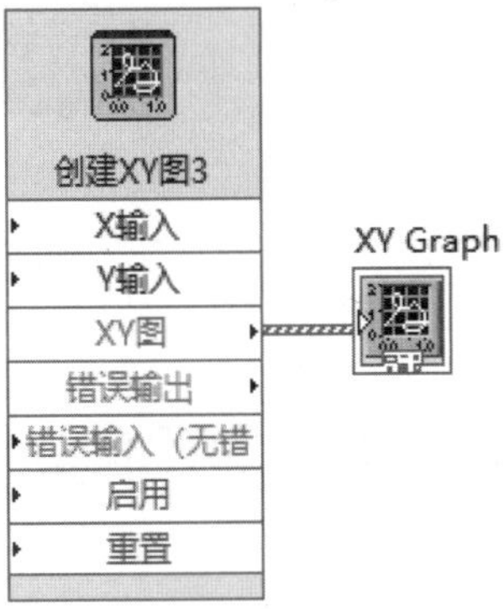

图 5-33　Express XY 图的程序图

步骤二：打开程序框图，选择“函数”面板中的“数学”→“初等与特殊函数”→“三角函数”→“正弦与余弦”，将其添加到程序框图中。

步骤三：添加一个 For 循环结构，用 For 循环产生 360 个数据点，正弦值作为 X 轴，余弦值作为 Y 轴，这样画出来的曲线就是一个圆。在“函数”→“编程”→“簇、类与变体”→“捆绑”，将“正弦与余弦”函数的输出值组成簇数据。

步骤四：在 For 循环体外添加一个“创建簇数组”函数，将其拉伸到两个输入端，将“捆绑”

函数输出的数据一路直接与“创建簇数组”函数的各输入端相连，另一路乘以 2 以后再与“创建簇数组”函数的另一个输入端相连，组成二维数组后与 XY 图相连。

步骤五：在 For 循环体外添加两个“创建数组”函数，将其都拉伸到两个输入端，将“正弦与余弦”的 sin 输出端口连接到“创建数组”函数的一个输入端，将 sin 输出端口乘以 2 连接到“创建数组”函数的另一个输入端。右键单击“创建数组”函数，选择“连接输入”，把组成的数组连接到 Express XY 图的 X 输入端，用同样的方法组成一个二维数组连接到 Express XY 图的 Y 输入端。程序框图如图 5-34 所示。

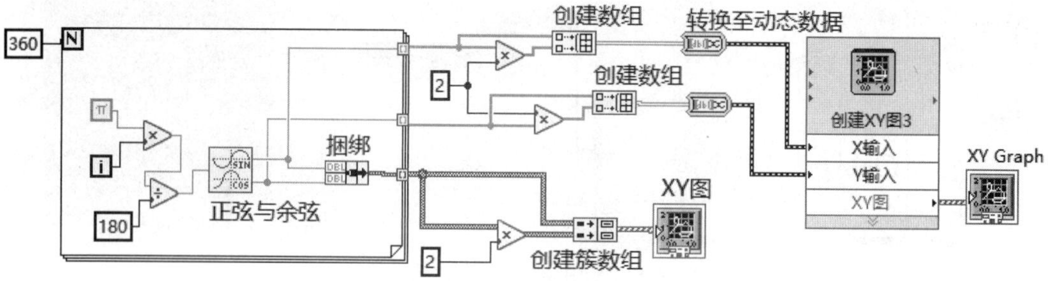

图 5-34　Express XY 图和 XY 图绘制同心圆框图

步骤六：运行程序，前面板运行结果如图 5-35 所示。

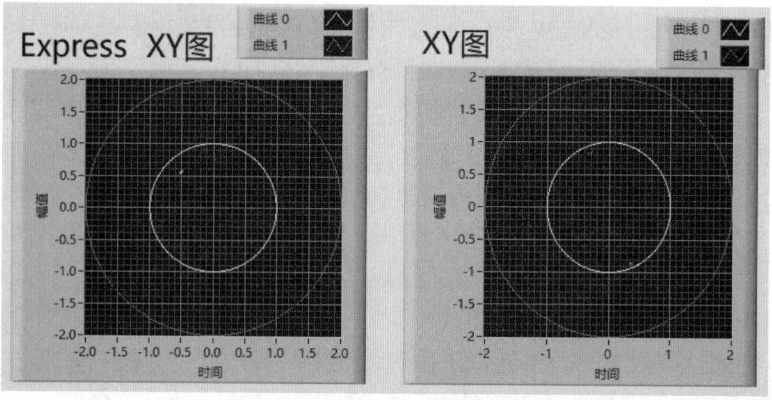

图 5-35　Express XY 图和 XY 图绘制同心圆前面板

5.3 强度图与强度图表

强度图形包括强度图和强度图表。强度图和强度图表通过在笛卡尔平面上放置颜色块的方式在二维图显示三维数据。例如，强度图和强度图表可显示温度图和地形图(以量值代表高度)。

5.3.1 强度图

强度图位于前面板“控件”选板中的“新式”→“图形”子选板中。强度图窗口及属性对话框与波形图相同，如图 5-36 所示，具体设置可以参照波形图中的介绍。强度图窗口用 X 轴和 Y 轴表示坐标，用屏幕色彩的亮度表示该点的值。它的输入是一个二维数组，默认情况下数组的行坐标作为 X 轴坐标，数组的列坐标作为 Y 轴坐标，也可以通过右键单击并选择“转置数组”，将数组的列作为 X 轴，行作为 Y 轴。

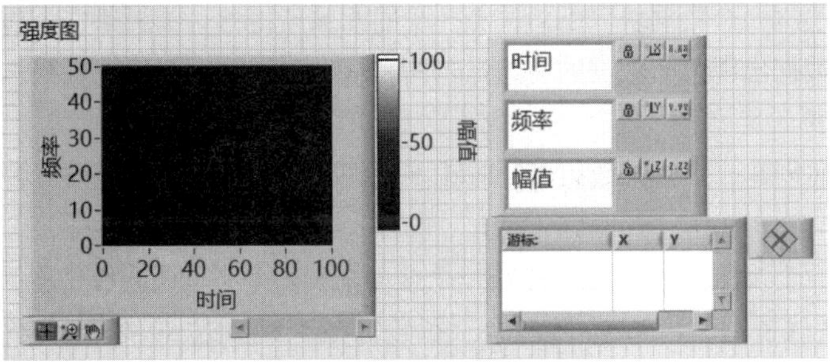

图 5-36　强度图完整窗口图

与波形图相比，强度图多了一个用颜色表示大小的 Z 轴。默认 Z 轴刻度的右键快捷菜单如图 5-37 所示。右键快捷菜单中第一栏用来设置刻度和颜色，对相关知识做如下简单介绍。

(1) 刻度间隔：用来选择刻度间隔“均匀”和“任意”分布。

(2) 添加刻度：如果“刻度间隔”选择“任意”，可以在任意位置添加刻度；如果“刻度间隔”选择“均匀”，则此项不可用，为灰色。

(3) 删除刻度：如果“刻度间隔”选择“任意”，则可以删除在任意位置已经存在的刻度；同样，如果“刻度间隔”选择“均匀”，则此项不可用。

(4) 刻度颜色：表示该刻度大小的颜色，点击打开系统颜色选择器可选择颜色。在图形中选择的颜色就代表该刻度大小的数值。

(5) 插值颜色：选中表示颜色之间有插值。选中表示有过渡颜色；如果不选中，表示没有过渡颜色。

5.3.2　强度图表

强度图表位于前面板“控件”选板中的“新式”→“图形”子选板中，“强度图表”窗口及属性对话框与波形图表的窗口及属性对话框类似，如图 5-38 所示，强度图表中 Z 轴的功能和设置与强度图相同。

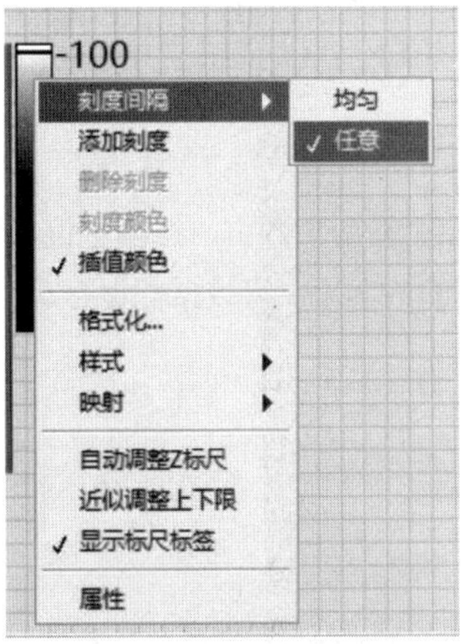

图 5-37　强度图 Z 轴刻度的右键快捷菜单

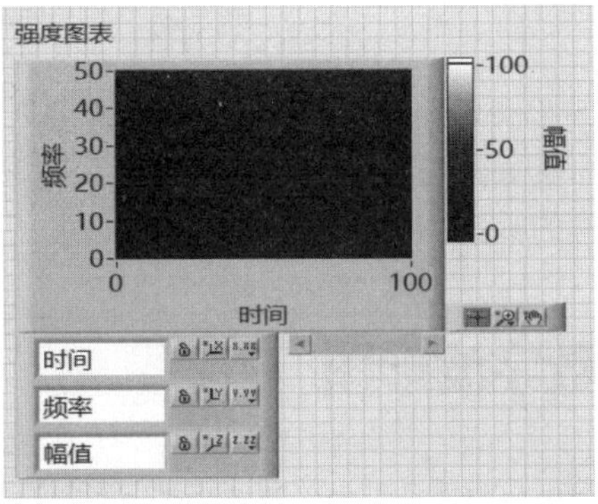

图 5-38　“强度图表”窗口

强度图表和强度图之间的差别与波形图中相似：强度图一次性接收所有需要显示的数据，并全部显示在图形窗口中，不能保存历史数据；强度图表可以逐点地显示数据点，反映数据的变化趋势，可以保存历史数据。

在强度图表上绘制一个数据块以后，笛卡儿平面的原点将移动到最后一个数据块的右边。图表处理新数据时，新数据出现在旧数据的右边；若图表显示已满，则旧数据从图表的左边界移出，这一点类似于带状图表。

实例 5-9 下面创建一个二维数组，同时输入到强度图和强度图表，循环多次以对比结果。程序设计步骤如下：

步骤一：新建一个 VI，在前面板中添加一个强度图和一个强度图表控件。

步骤二：打开程序框图，用 For 循环创建一个 4×5 的二维数组，数组中元素在 0～50 随机产生，将二维数组输入至强度图和强度图表，如图 5-39 所示。

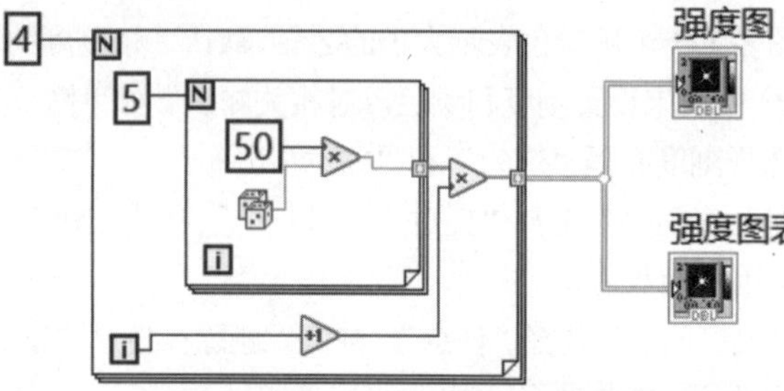

图 5-39 强度图和强度图表实例程序框图

步骤三：为了区别强度图和强度图表，多次运行程序，以观察其动态变化过程，如图 5-40 所示。在前面板中，更改 Z 轴刻度的最大值，运行并观察结果。

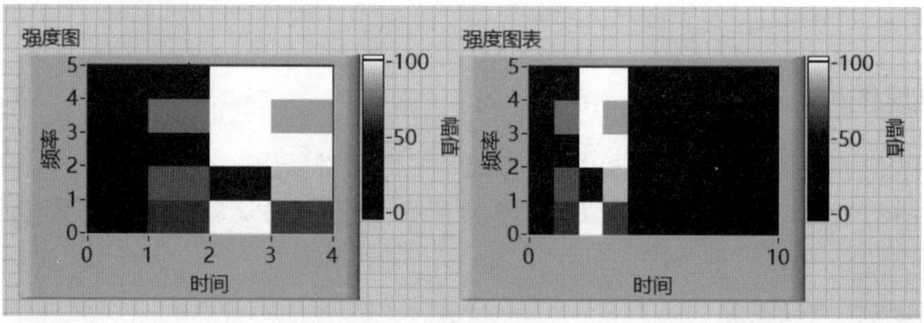

图 5-40 强度图和强度图表显示比较

由图 5-40 可以看出，强度图每次接收新数据以后，一次性刷新历史数据，在图中仅显示新接收的数据；而强度图表接收数据以后，在不超过历史数据缓冲区的情况下，将数据都保存在缓冲区中，可显示保存的所有数据。

5.4 数字波形图

在数字电路设计中我们经常要分析时序图，LabVIEW 提供了数字波形图来显示数字时序。数字波形图位于前面板“控件”选板中的“新式”→“图形”子选板中。数字波形图窗口及属性对话框与波形图相同，如图 5-41 所示，具体设置可以参照波形图中的介绍。

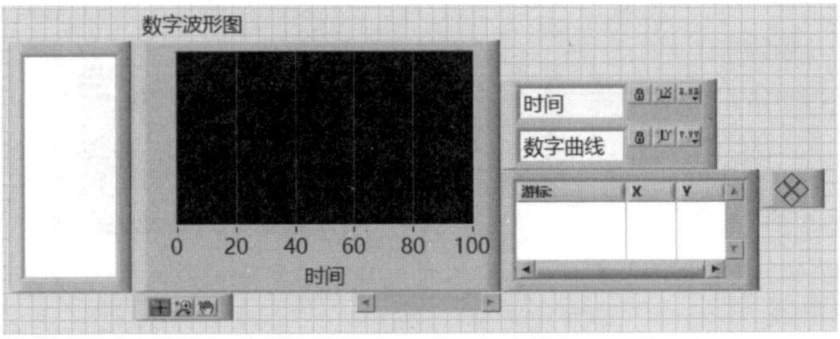

图 5-41　数字波形图完整窗口

5.4.1　数字数据

在学习数字波形图之前，先介绍一下“数字数据”控件，该控件位于“控件”→“新式”→“I/O”中。将它放置到前面板上后可看见一张类似真值表，如图 5-42 所示。用户可以随意地增加和删除数据(数据只能是 0 或者 1)，插入行或者删除行可以通过右键单击控件并选择“在前面插入行/删除行”来操作，对于列的操作则需要用户右键单击控件并选择“在前面插入列/删除列”。

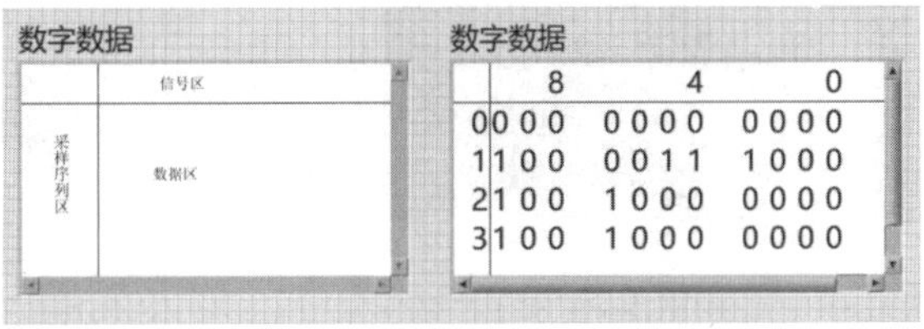

图 5-42　数字数据控件

5.4.2　数字波形图

1. 用数字数据作为输入直接显示

用数字数据作输入直接显示时，横轴代表数据序号，纵轴从上到下表示数字数据从最低位到最高位的电平变化，如图 5-43 所示。

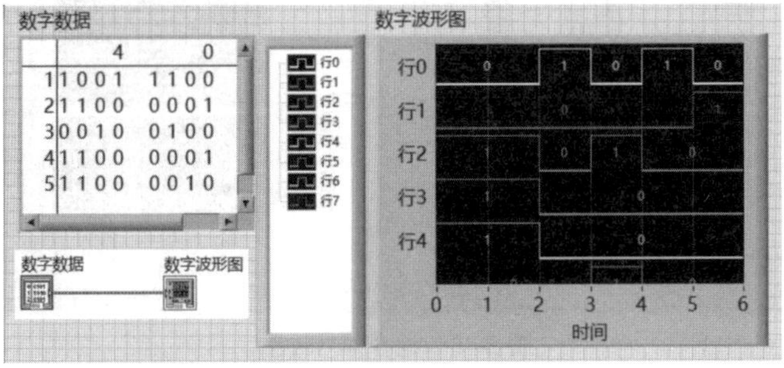

图 5-43　数字数据输入直接显示

2. 组合成数字波形后进行输出

用“创建波形”函数将数字数据与时间或者其他信息组合成数字波形，用数字波形图进行显示，如图 5-44 所示。

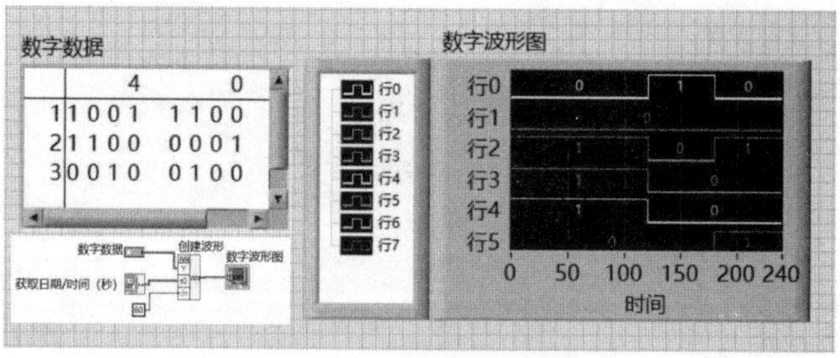

图 5-44　数字波形输出

3. 簇捆绑输出

对于数组输入，可以用“捆绑”控件对数字信号进行打包。数据捆绑的顺序为：X0、Deltax、输入数据、Number of Ports。这里的 Number of Ports 反映了二进制的位数或字长，等于 1 时为 8 位，等于 2 时为 16 位，依此类推。显示结果和程序框图如图 5-45 所示。

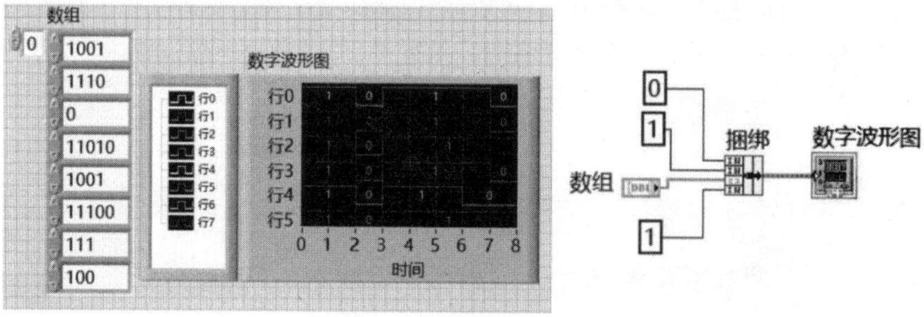

图 5-45　簇捆绑输出

4. 混合信号输出

混合信号图可以将任何波形图、XY 图或数字图接受的数据类型连线到混合图上，不同的数据类型用“捆绑”控件连接。混合信号图在不同的绘图区域绘制模拟和数字数据，如图 5-46 所示。

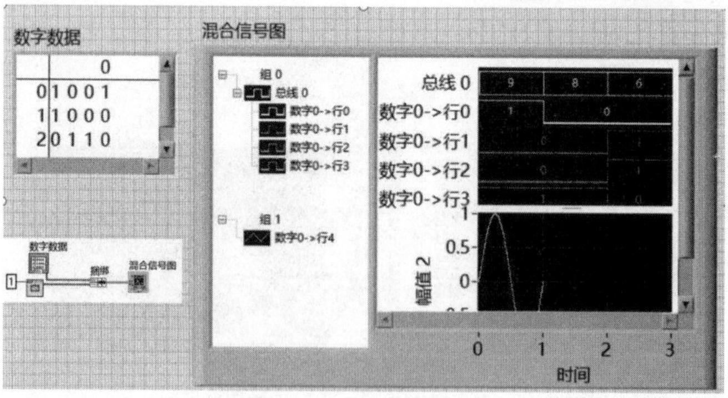

图 5-46　混合信号输出

5.5　三维图形

在实际应用中，大量数据都需要在三维空间中可视化显示，例如某个表面的温度分布、联合时频分析、飞机运动等。三维图形可令三维数据可视化，修改三维图形属性可改变数据的显示方式。为此，LabVIEW 也提供了一些三维图形工具，包括三维曲面图、三维参数图和三维曲线图。

三维图形是一种最直观的数据显示方式，它可以很清楚地描绘出空间轨迹，给出 X、Y、Z 三个方向的依赖关系。三维图形位于“控件”面板的“新式”→“图形”→“三维图形”中，如图 5-47 所示。

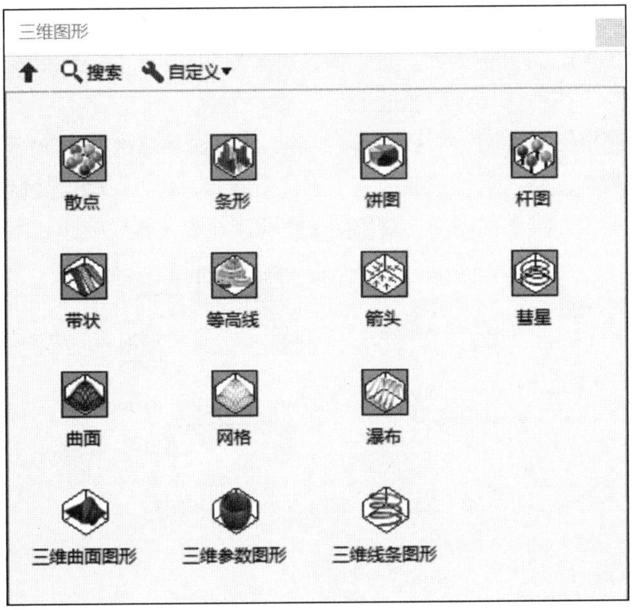

图 5-47　“三维图形”子选板

5.5.1　三维曲面图

“三维曲面图”用来描绘一些简单的曲面，LabVIEW 2016 提供的曲面图形控件可以分为两种类型：曲面和三维曲面图形。曲面和三维曲面图形控件的 X、Y 轴输入的是一维数组，Z 轴输入的是矩阵，其数据接口如图 5-48 所示。

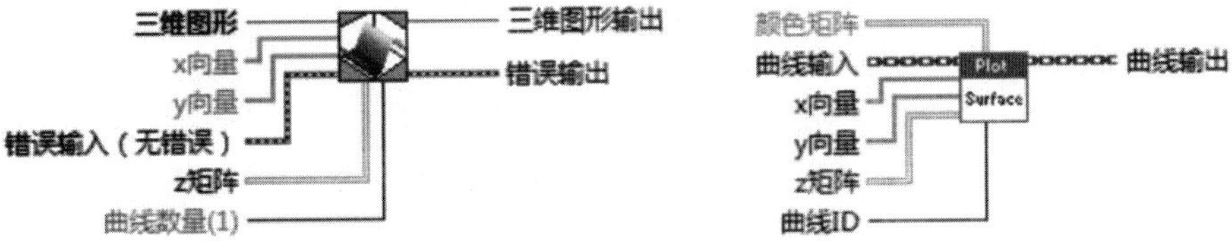

(a) 曲面对象数据输入接口　　(b) 三维曲面图形数据输入接口

图 5-48　曲面和三维曲面图形接线端

其中，“三维曲线类数组输入”和“曲线输入”端是存储三维曲线数据的类的引用；“x 向量”端输入一维数组，表示 XY 平面上 x 的位置，默认为整型数组[0，1，2…]；“y 向量”端输入一维数组，表示 XY 平面上 y 的位置，默认为整型数组[0，1，2…]；“z 矩阵”端是指定要绘制图形的 z 坐标的二维数组，如未连线该输入，LabVIEW 可依据 z 矩阵中的行数绘制 X 轴的元素数，依据 z 矩阵中的列数绘制 Y 轴的元素数；“颜色矩阵”使得 z 矩阵的各个数据点与颜色梯度的索引映射，默认条件下，z 矩阵的值被用作索引；“曲线 ID”端指定要绘制的曲线的 ID，通过选择图形右侧颜色谱下的下拉菜单可查看每条曲线。

实例 5-10 用曲面和三维曲面图形控件绘制正弦曲面实例。

它们在显示方式上没有太大的差别，都可以将鼠标放置到图像显示区上，将图像在 X、Y、Z 方向上任意旋转。两者最大的区别在于，“曲面”控件可以方便地显示三维图形在某个平面上的投影，只要单击控件右下方的“投影选板”相关选项即可。程序设计步骤如下：

步骤一：新建一个 VI，打开前面板，将“新式”→“图形”→“三维图形”子选板中的“曲面”控件和“三维曲面图形”控件添加到前面板上。

步骤二：打开程序框图，添加一个 For 循环结构，设置循环总次数为 50 次；对于循环体内，在函数板中选择“信号处理”→“信号生成”→“正弦信号”，将其添加到循环体内；把“正弦信号”输出端连接“曲面”和“三维曲面图形”对象的 z 矩阵接线端，程序框图如图 5-49 所示。

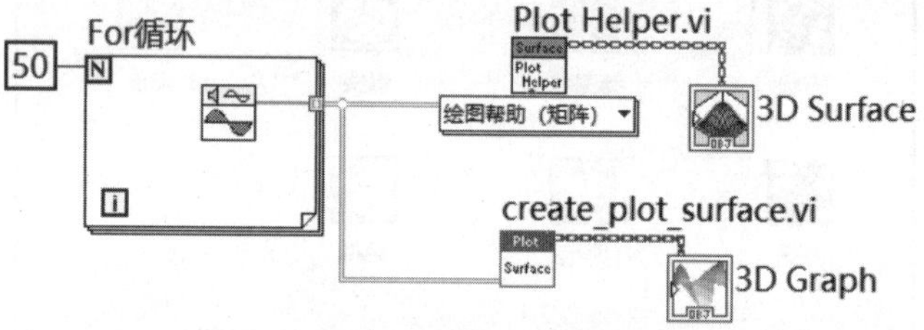

图 5-49 “三维曲面”图程序框图

步骤三：运行程序，前面板效果如图 5-50 所示。

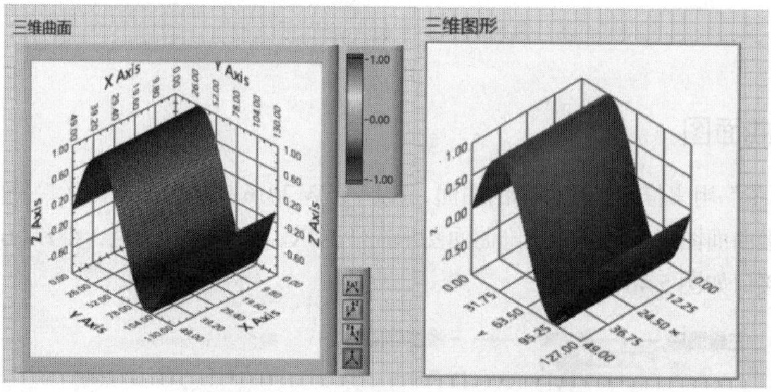

图 5-50 “三维曲面”图效果图

5.5.2 三维参数图

“三维曲面图”只是对于 Z 方向的曲面图而言，而“三维参数图”是三个方向的曲面图。“三维参数图”与曲面图的不同之处在于程序框图中的控件和子 VI，如图 5-51 所示。

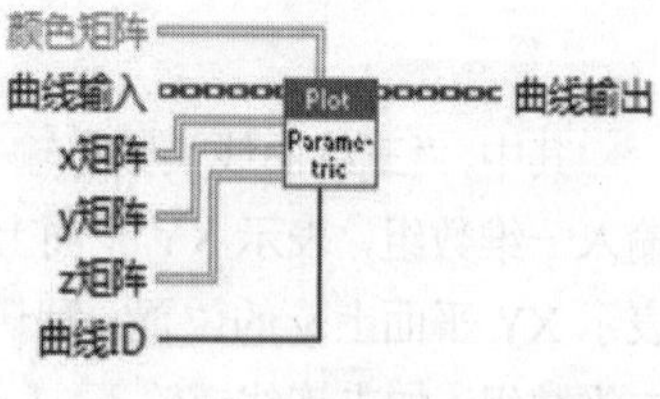

图 5-51 “三维参数图”接线端

其中，“x 矩阵”端是指定曲线数据点的 x 坐标的二维数组，表示投影到 YZ 平面的曲面数据；“y 矩阵”端是指定曲线数据点的 y 坐标的二维数组，表示投影到 XZ 平面的曲面数据；“z 矩阵”端是指定曲线数据点的 Z 坐标的二维数组，表示投影到

XY 平面的曲面数据。由于“三维参数图”是三个方向的曲面图，因此代表三个方向曲面的二维数组数据都是不可减少的。

实例 5-11　利用三维参数图模拟水面波纹的制作。

水面波纹的算法用 z=sin(sqrt(x^2+y^2))/sqrt(x^2+y^2)实现，用户可以改变不同的参数来观察波纹的变化。创建程序的步骤如下：

步骤一：新建一个 VI，打开前面板，添加一个三维参数图形控件，保存文件。

步骤二：打开程序框图，用两个 For 循环嵌套，生成一个二维数组，在循环次数输入端单击鼠标右键，选择“创建输入控件”。

步骤三：选择“函数”→“编程”→“数值”→“乘”运算符并放置在内层 For 循环中。一个输入端与 For 循环的 i 相连，在另一端创建一个输入控件“x”。再选择一个“减”运算符，“被减数端”与“乘”输出端相连，在另一端创建一个输入控件“y”。

步骤四：将 For 循环生成的二维数组连接到“三维参数图形”对象的 x 矩阵输入端，选择“函数”→“编程”→“数组”→“二维数组转置”函数，将生成的二维数组转置后连接到“三维参数图形”对象的 y 矩阵输入端。

步骤五：再创建两个嵌套 For 循环，选择两个“平方”运算符放置到内层 For 循环体内，将其输入端分别与原数组和转置后的数组相连，再将这两个数相加后开方，得到 $(x^2+y^2)^{\frac{1}{2}}$。选择“函数”→“数学”→“初等与特殊函数”→“三角函数”→“sinc 函数”，输入端与“开方”输出端相连，输出连接到“三维参数图形”对象的 z 矩阵输入端。

步骤六：最后选择“函数”→“编程”→“结构”→“While 循环”结构，将程序框图的所有对象放置到循环体内，设置每次循环的间隔时间为 100ms。程序框图如图 5-52 所示。

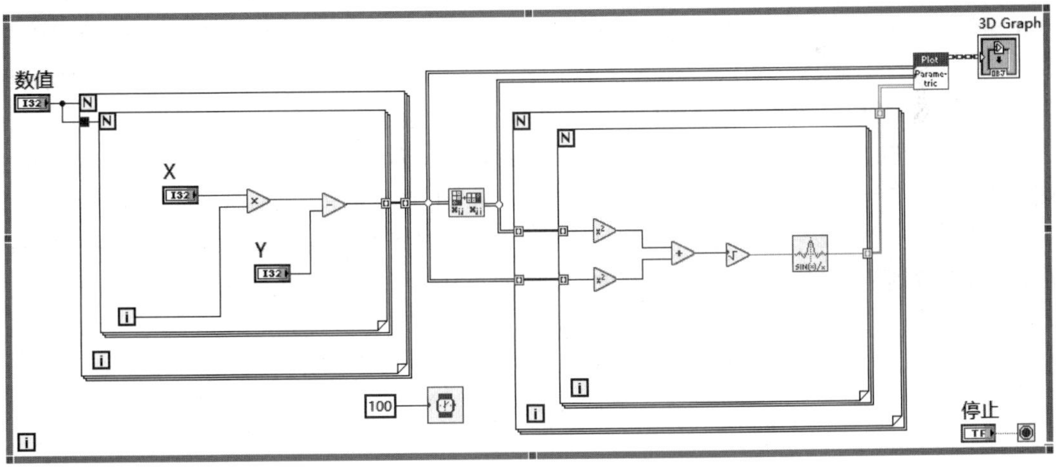

图 5-52　三维参数图模拟水面波纹框图

步骤七：运行程序，在前面板中不断修改 x、y 和数值输入控件的值，观察三维参数图形生成的模拟水波纹结果，如图 5-53 所示。

5.5.3　三维曲线图

“三维曲线图”在三维空间显示的是曲线而不是曲面，它的数据接线端如图 5-54 所示。其中，在“x 向量”接线端输入一维数组，表示曲线在 X 轴上的位置；在“y 向量”接线端输入一维数组，表示曲线在 Y 轴上的位置；在“z 向量”接线端输入一维数组，表示曲线在 Z 轴上的位置。

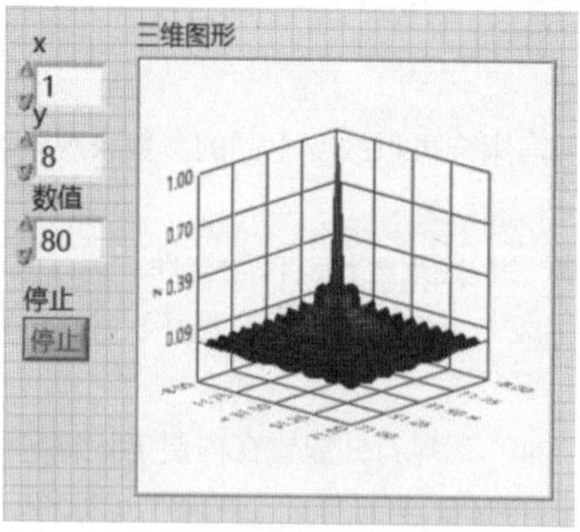

图 5-53　三维参数图模拟水面波纹效果图

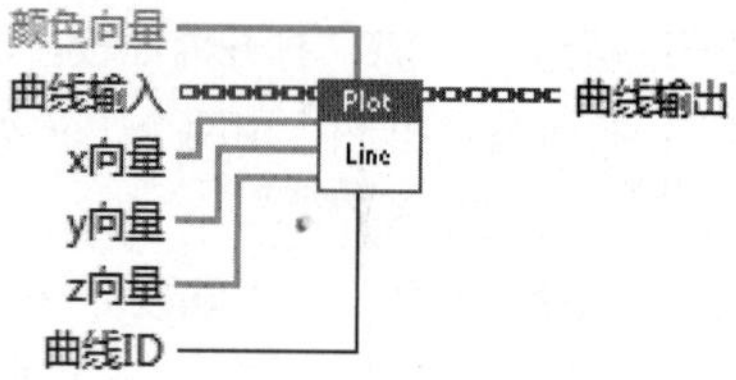

图 5-54　“三维线条图”接线端

在三维曲线图中，三个一维数组长度相等，分别代表 X、Y、Z 三个方向上的向量，是不可缺少的输入参数，由[x(i)，y(i)，z(i)]构成第 i 点的空间坐标。

实例 5-12　用三维曲线控件绘制螺旋曲线，创建程序的步骤如下：

步骤一：新建一个 VI，打开前面板，添加一个三维曲线图控件到前面板上，选择“控件”→“新式”→“数值”子面板中的“旋钮”控件添加到前面板，修改标签为“数据点数”，更改最大值为 10 000。

步骤二：打开程序框图，添加一个 For 循环结构，循环次数输入端与“数据点数”对象输出端相连。

步骤三：从“函数”→“编程”→“数值”子面板中选择“乘”运算符放置在内层 for 循环体中，一个输入端与 For 循环的 *i* 相连，在另一端连接常量 π，再选择一个“除”运算符，“被除数端”与“乘”输出端相连，在另一端创建一个常量 180。选择“函数”选板中的“数学”→“初等与特殊函数”→“三角函数”子选板中的“正弦”和“余弦”函数，添加到循环体中。

步骤四：连接“正弦”函数的输出端和三维曲线图的 x 向量输入端，连接“余弦”函数的输出端和三维曲线图的 y 向量输入端，直接连接“除”运算符的输出端和三维曲线图的 z 向量输入端。

步骤五：从“函数”→“编程”→“结构”子面板中选择“While 循环”结构，将程序框图内所有对象放置到循环体内，设置每次循环的间隔时间为 100ms。程序框图如图 5-55 所示。

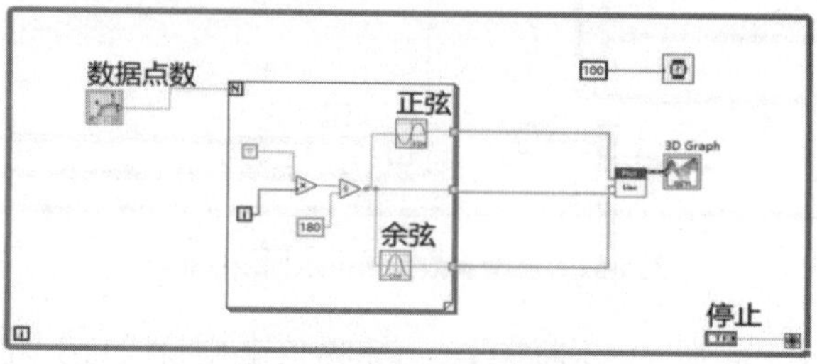

图 5-55　三维曲线绘制螺旋框图

步骤六：运行程序，在前面板中不断调整数据点数控件的值，观察三维曲线图形生成的螺旋曲线结果，如图 5-56 所示。

三维图形子面板中还提供了诸如“散点图”“饼图”“等高线图”等其他控件，这些控件的使用方法与前面所讲的控件类似，此处不再赘述。

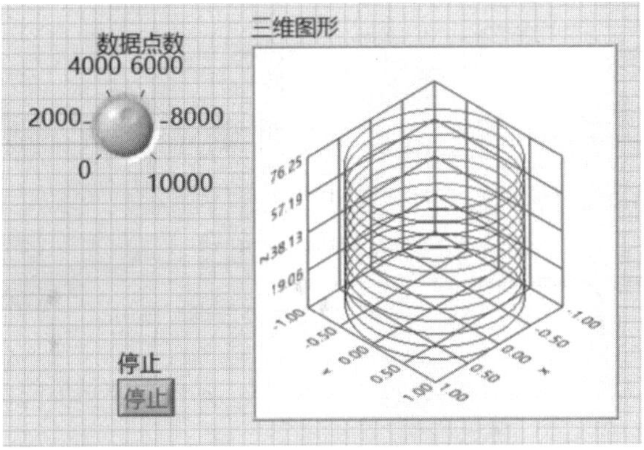

图 5-56　三维曲线绘制螺旋效果图

5.6 混合信号图

混合信号图可同时显示模拟数据及数字数据，且接受所有波形图、XY 图和数字波形图所接受的数据。一个混合信号图中可包含多个绘图区域。但一个绘图区域仅能显示数字曲线或者模拟曲线，无法二者兼有。混合信号图将在必要时自动创建足以容纳所有模拟和数字数据的绘图区域。向一个混合信号图添加多个绘图区域时，每个绘图区域都有各自的 Y 标尺。所有绘图区域共享同一个 X 标尺，以便比较数字数据和模拟数据的多个信号。图 5-57 给出了利用混合信号图同时显示 3 个模拟信号和一个 8 位数字信号的情况。

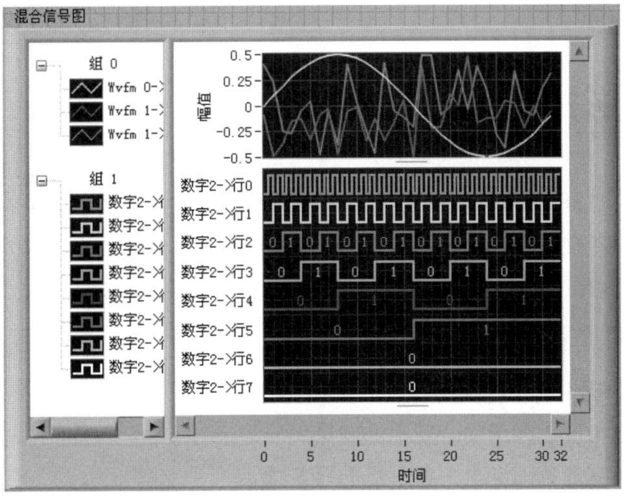

图 5-57　利用混合信号图显示多个信号

混合信号图可以根据输入数据的情况自动添加绘图区域，用户也可根据自身需要添加绘图区域。具体方法是在右键快捷菜单中选择“添加绘图区域”选项。当不需要某一绘图区域时，右键单击该绘图区，在弹出的快捷菜单中选择“删除绘图区域”即可删除绘图区。

使用混合信号图时，一般通过“捆绑”操作将多种不同数据类型连接至混合信号图中，如图 5-58 所示。

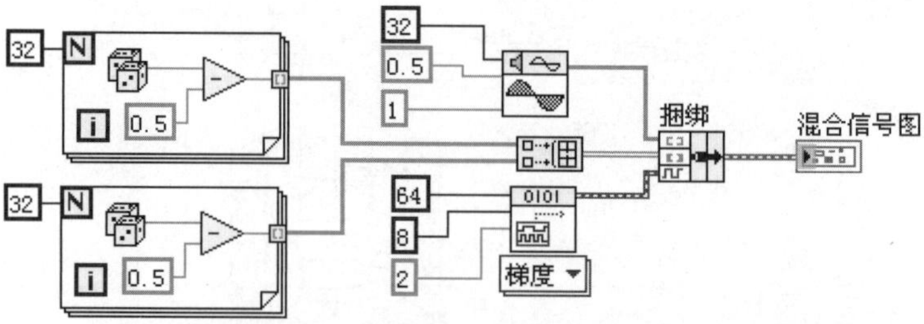

图 5-58　不同数据类型“捆绑”操作

在混合信号图中可以将曲线拖曳至另外的绘图区域，具体操作是拖住要移动的曲线图例，直到目的绘图区域组为止，如图 5-59 所示。

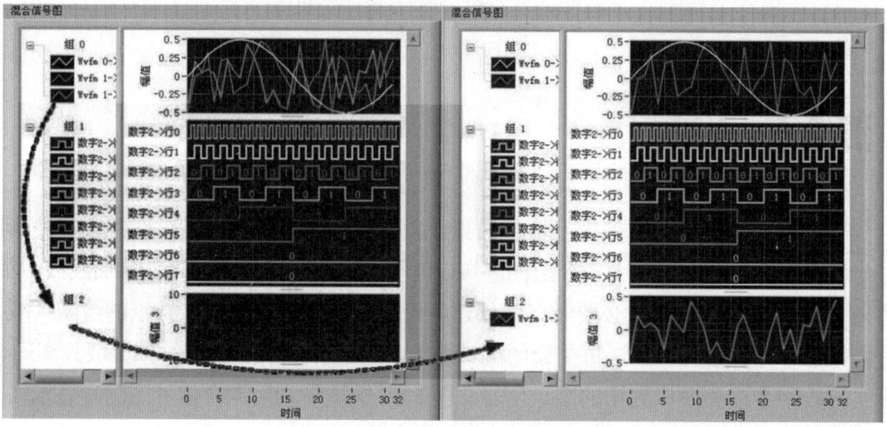

图 5-59　移动曲线至其他绘图区域

5.7 其他图形控件

和早期版本相比，LabVIEW 2009 最大的一个新增功能就是提供了更多的图形图表工具。而在 LabVIEW 2018 中，除了前面介绍的常用图形图表控件外，还包含其他新增的一些图形绘制控件，这些图形控件可以分为二维图形、三维图形。

1. 二维图形

LabVIEW 2018 中提供的二维图形有以下 4 种。

① 罗盘图：绘制由罗盘图形中心发出的向量。

② 误差线图：绘制线条图形上下各个点的误差线。

③ 羽状图：绘制由水平坐标轴上均匀分布的点发出的向量。

④ XY 曲线矩阵：绘制多行和多列曲线图形。

2. 三维图形

除了在前一节介绍的 3 个基本的三维图形控件外，LabVIEW 2018 中新增了大量三维图形控件。目前三维图形控件包括下面 14 种。

① 散点图：显示两组数据的统计趋势和关系。

② 条形图：生成垂直条带组成的条形图。

③ 饼图：生成饼状图。

④ 杆图：显示冲激响应并按分布组织数据。

⑤ 带状图：生成平行线组成的带状图。

⑥ 等高线图：绘制等高线图。

⑦ 箭头图：生成速度曲线。

⑧ 彗星图：创建数据点周围有圆圈环绕的动画图。

⑨ 曲面图：在相互连接的曲面上绘制数据。

⑩ 网格图：绘制有开放空间的网格曲面。

⑪ 瀑布图：绘制数据曲面和 y 轴上低于数据点的区域。

⑫ 三维曲面图：在三维空间绘制一个曲面。

⑬ 三维参数图：在三维空间中绘制一个参数图。

⑭ 三维线条图：在三维空间绘制线条。

在上述三维图形中，前 11 种三维图形均为 LabVIEW 2018 的新增功能，部分功能与后 3 种略有不同。另外，后 3 种的功能与上一节中介绍的 3 个三维图形的功能相同，但使用方法略有不同。

3. 三维图片

三维图片控件用于显示图形化表示的三维场景。三维场景是一个或一组三维对象，可在三维图片控件或一个单独的场景窗口中查看。设计三维场景时，可生成多个三维对象并指定对象的方向、外观及其与场景中其他对象间的关系，也可设置三维场景的特性，如光源的类型及位置、用户控制的视角与场景间的交互等。

4. 其他控件

LabVIEW 还提供了其他图形控件，具体为以下几种。

① 极坐标图显示控件：用于绘制特定的、连续象限的极坐标图。

② Smith 图显示控件：用于观察传输线的特性，可在通信等领域使用。可显示传输线的阻抗，该图形由具有恒定电阻和电抗的圆圈组成。通过定位合适的 r 圆和 x 圆的交集可绘制某个阻抗 r+jx。阻抗绘制完毕后，作为一种可视化工具，可与阻抗进行匹配并计算出传输线的反射系数。

③ 最小–最大曲线显示控件：获取点数组并将其添加到获取的图片中输出，其中曲线类型为 Min-Max Lines。

④ 发布极坐标图显示控件：获取点数组并将其添加到获取的图片中输出，其中曲线类型为 Sized-colored Scatter Plot。

⑤ 雷达图显示控件：用于获取图片和雷达图数组并添加显示数据的雷达图，可以用来比较数据集的性能。

⑥ 二维图片控件：包括一系列绘图指令，用于显示含有线、圆、文本及其他类型图形的图片。使用基于像素的坐标系，其原点(0，0)位于控件的左上角，可实现像素级控制，能用于创建几乎任何图形对象。坐标系的水平 x 分量自左向右递增，垂直 y 分量自上而下递减。使用二维图片显示控件和图形 VI 可在 LabVIEW 中创建、修改和查看图形，无须另外借助任何图形应用程序。

习题

1. 利用随机数发生器产生一个范围为 0～5 的随机信号，分别利用波形图表和波形图进行实时显示并对显示结果进行比较。

2. 创建一个 VI，使用扫描刷新模式将两条随机曲线显示在波形图表中。两条曲线中一条为随机数曲线，另一条曲线中的每个数据点为第一条曲线对应点前 5 个数据值的平均值。

3. 利用仿真信号分别产生一个锯齿波和正弦波，锯齿波作为 XY 图的 X 输入，正弦波作为 XY 图的 Y 输入，调节锯齿波的频率，观察 XY 图的变化。

4. 利用循环生成一个 10 行 10 列的数组，数组元素值为各自行索引和列索引的乘积，将该数组利用强度图显示出来。

5. 利用 XY 图控件绘制两个半径可调整的同心圆。

6. 应用“三维曲面”函数在三维空间中绘制 10 个正弦波曲线，这 10 个正弦波曲线的幅值分别为 1、2、3、4、5、6、7、8、9、10。

第 6 章

子VI属性节点和人机界面设计

在 LabVIEW 图形化编程环境中，图形连线会占据较大的屏幕空间，用户不可能在同一个 VI 的程序框图中实现所有的程序。因此很多情况下，用户需要把程序分割为一个个小的模块去实现，这就是子 VI。在面向对象的编程中，将类中定义的数据称为属性，而将函数称为方法。实际上，LabVIEW 中的控件、VI、甚至应用程序都有自己的属性和方法。例如，一个数值控件的属性包括文字颜色、背景颜色、标题和名称等，它的方法包括设为默认值、与数据源绑定、获取其图像等。通过属性节点和方法节点可以实现软件的很多高级功能，而某些控件必须通过属性节点和方法节点使用，如列表框和树形控件等。

6.1 子 VI

LabVIEW 中的子 VI 类似于文本编程语言中的函数。如果在 LabVIEW 中不使用子 VI，就好比在文本编程语言中不使用函数，根本不可能构建大的程序。前面章节中介绍了 LabVIEW 函数面板中的很多函数，其实这些都是 LabVIEW 自带的标准子 VI。本节将介绍如何创建自定义 VI，并定义相关属性。

6.1.1 创建子 VI

任何 VI 都可以作为子 VI 被其他 VI 调用，只是需要在普通 VI 的基础上多进行两步简单的操作：定义连接端子和图标。

实例 6-1 先以创建一个简单的子 VI 为例来学习如何一步一步创建子 VI。

本实例就是建立一个子 VI，计算圆的面积和周长，要求只需输入圆的半径，即可得到圆的面积和周长。程序设计步骤如下。

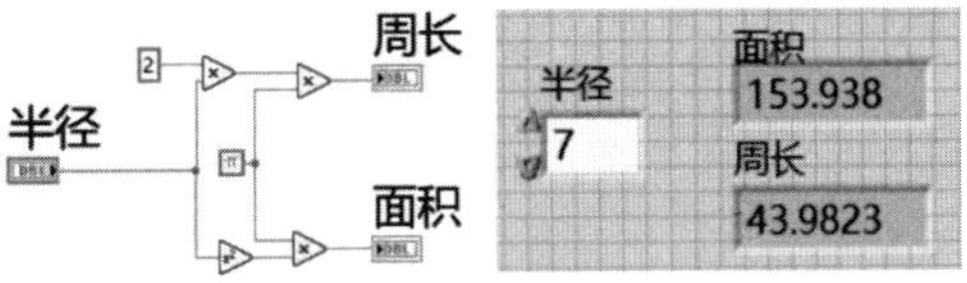

图 6-1　圆的面积和周长子 VI

步骤一：新建一个 VI，在前面板上添加一个数值输入控件，命名为“半径”，添加两个数值显示控件，分别命名为“面积”和“周长”。切换到程序框图，在“函数”选板选择三个“乘”函数、一个常量 π、一个“平方”函数，连接相关接线端子，能够正确实现圆的面积和周长的运算，如图 6-1 所示。

步骤二：编辑子 VI 图标。右击前面板或程序框图右上角的图标标识“”，在弹出的快捷菜单中选择“编辑图标…”选项或直接双击图标标识“”，则会弹出如图 6-2 所示的“图标编辑器”对话框，在对话框中可以对图标进行编辑。编辑子 VI 图标是为了便于在主 VI 的程序框图中辨别子 VI 的功能，因此编辑子 VI 图标的原则是尽量通过该图标就能表明该子 VI 的用途。本实例的图标编辑非常简单，只需选择菜单栏“编辑”→“清空所有”选项，全部清空默认的本 VI 图标。也可以选择对话框中的工具栏的橡皮擦工具对部分或全部进行清除，然后在“图标文本”选项卡中的“第一行文本”填写“圆”，“第二行文本”填写“面积”，“第三行文本”填写“周长”，之后单击“确定”按钮。用户也可以选择“符号”和“图层”选项卡对图标进行更美观的设计，在此不再赘述。

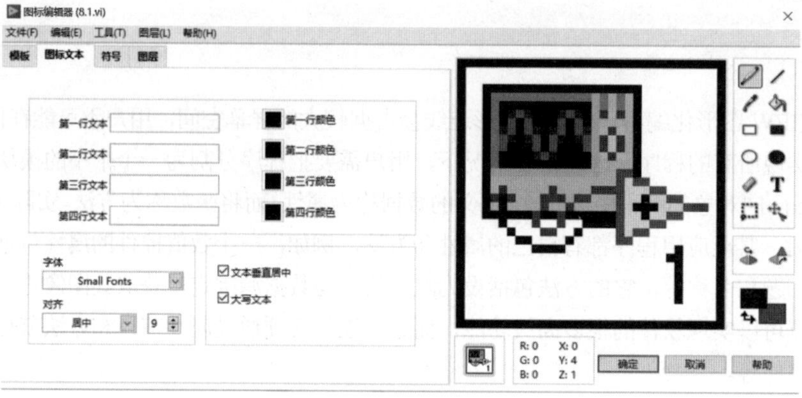

图 6-2　“图标编辑器”对话框

步骤三：建立连接端子。连接端子就好比函数参数，用于子 VI 的数据输入与输出。右击 VI 前面板右上角的图标“”，在弹出的快捷菜单中选择“模式”选项，即可弹出系统默认的各种接线端子形式图集，如图 6-3 所示。初始情况下，连接端子是没有与任何控件连接的，即所有的端子都由空白的小方格组成，每一个小方格代表一个端子。在连接端子图集中选择四端子模式图标“”，单击该图标，这样前面板右上角的图标就修改为用户选择的图标了。单击图标左上角的小方格，当光标变为线轴形状，此时单击输入控件“半径”，就实现了该端子与控件“半径”的连接，且该小方格就会自动更新为该控件所代表的数据类型的颜色。用同样的方法将右边的两个空格分别连接“面积”和“周长”显示控件。

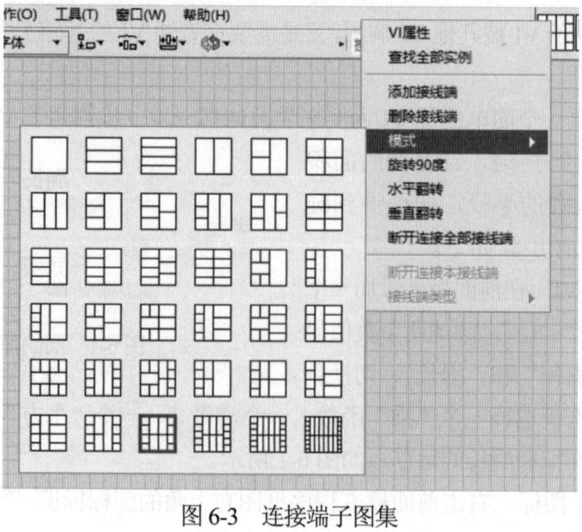

图 6-3　连接端子图集

LabVIEW 会自动根据控件类型判断是输入端子还是输出端子，输入控件对应输入端子，显示控件对应输出端子。一般来说，在连接端子时尽量将输入端子放在图标左边，输出端子放在图标右边。如果端子不够或者过多，可以右击端子并选择“添加接线端”或“删除接线端”选项来改变接线端子的个数，最多可以有 28 个端子。

步骤四：保存该 VI，命名为“圆的面积和周长子 VI.vi”。保存好 VI 后，就可以在其他 VI 中调用该子 VI 了。

其实也可以通过现有的程序框图自动创建子 VI。只需要在主 VI 程序框图中选中希望被创建为子 VI 的代码，然后选择“编辑”下的“创建子 VI(S)”选项，这时 LabVIEW 会自动将这段代码包含到一个新建的子 VI 中去，并根据选中程序框图中的控件自动连接端子。

子 VI 的调用比较简单，跟“函数”面板的其他函数调用一样。创建一个 VI，在前面板上添加 3 个输入和显示控件，分别为“r”“s”和“l”。切换到程序框图，在“函数”面板中选择“选择 VI…”选项，即可在文件选择对话框中选择刚保存的“圆的面积和周长子 VI.vi”，并添加到程序框图中，连接相关的接线端子，如图 6-4 所示，就实现了对该子 VI 的调用。

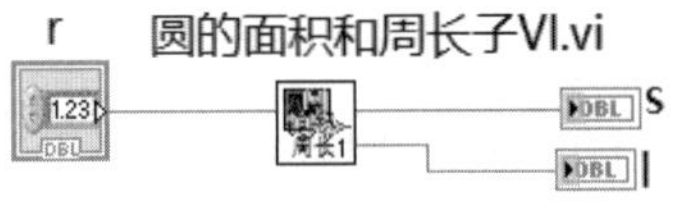

图 6-4　调用子 VI

6.1.2　定义子 VI 属性

默认情况下，如果有两处程序框图都调用同一个子 VI，那么这两处程序框图不能并行运行。即如果该子 VI 正在被调用执行，其他调用就必须等待直到当前调用执行完毕，而在很多情况下，用户都希望不同的调用应该是相互独立的，这时候就需要把子 VI 设为可重入子 VI。在子 VI 的主菜单栏中选择“文件”下的“VI 属性”选项，在“VI 属性”对话框的“类别”中选择“执行”选项，即进入“执行”页面，如图 6-5 所示。选中“共享副本重入执行”单选框后，该子 VI 便是可重入子 VI 了。

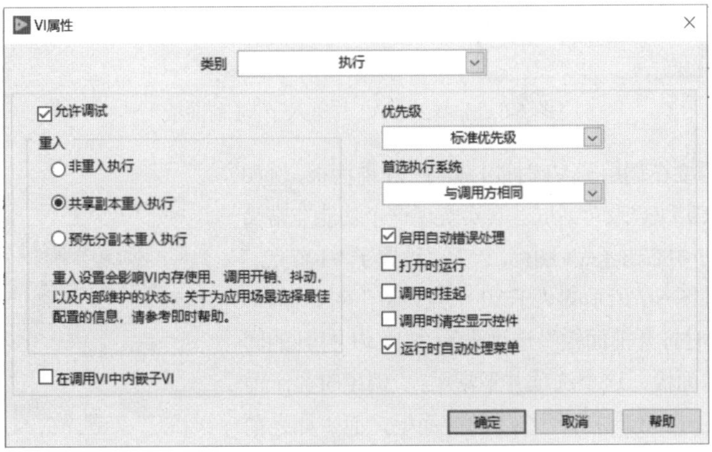

图 6-5　设置 VI 的可重入属性

使用 VI 的可重入属性后，每处对该子 VI 的调用都会在内存中产生该子 VI 的一个副本。副本之间相互独立，因此这样不仅可以保证调用的并行性，还可以让每一处调用都保持自己的状态(在子 VI 中可以通过移位寄存器来保存上次被调用时的状态)。

实例 6-2　理解非重入子 VI 与重入子 VI 之间的区别。

程序设计步骤如下：

步骤一：新建一个 VI，该 VI 作为子 VI，命名为“延时子 VI”，在子 VI 的前面板中添加一个布尔开关控件，在程序框图中添加一个条件结构，在条件结构的真页面设置等待时间为 1000ms，在假页面设置等待时间为 5000ms。

步骤二：新建一个 VI，作为主 VI，命名为“可重入子 VI 实例.vi”。在前面板添加两个布尔开关控件，命名为“真”和“假”；添加一个数值显示控件，命名为“消耗时间”。

步骤三：打开主 VI 的程序框图，添加一个平铺顺序结构，在前后各添加一帧。在中间帧里面调用“延时子 VI”函数，分别用两个布尔开关控件赋值；在第一帧中添加一个时间计数器控件，将创建的“真”“假”“消耗时间”三个控件的局部变量添加到第一帧中；在第三帧中添加一个时间计数器控件和“减”函数，用第三帧的时间计数器值减去第一帧的时间计数器值作为消耗时间值。

步骤四：分别设置子 VI 的可重入性为“非重入执行”和“共享副本重入执行”，运行程序，其程序框图和主 VI 的前面板结果如图 6-6 所示。当设置为“共享副本重入执行”时，消耗时间为 5000ms，表明两处调用是并行执行的；当设置为“非重入执行”时，消耗时间为 6000ms，表明两处调用是按先后顺序执行的。

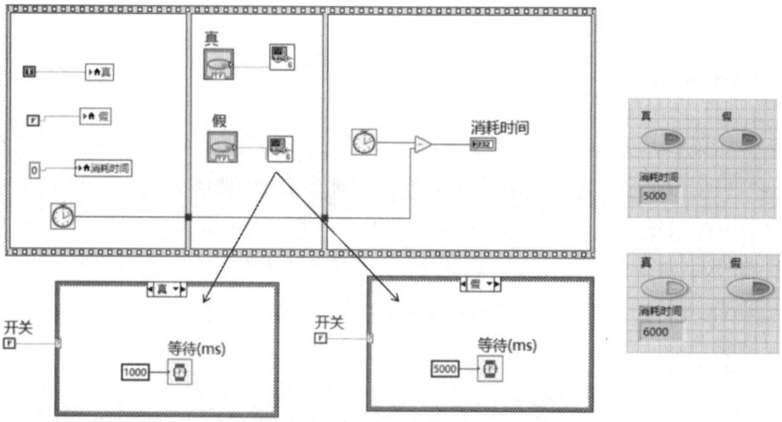

图 6-6　非重入子 VI 与重入子 VI 前面板

有时候可能需要在调用子 VI 时能打开子 VI 前面板，例如利用一个子 VI 来实现登录对话框。其实实现这个功能非常简单，只需要在主 VI 中右击子 VI 图标，选择“设置子 VI 节点..”选项，就会弹出如图 6-7 所示的“子 VI 节点设置”对话框。

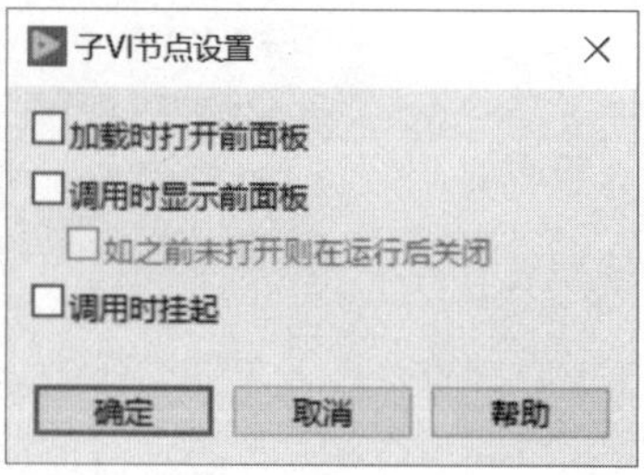

图 6-7　“子 VI 节点设置”对话框

其中，“加载时打开前面板”选项表示在主 VI 打开的同时打开子 VI 的前面板，这个选项并不常用；“调用时显示前面板”表示在调用子 VI 时打开子 VI 的前面板，而“如之前未打开则在运行后关闭”表示在调用完毕后是否自动关闭子 VI 的前面板，选中这两项都可以实现前面所说的对话框功能；最后“调用时挂起”表示当子 VI 被调用时将弹出子 VI 前面板，而此时子 VI 处于“挂起”状态，直到用户点击“返回至调用方”按钮后才返回到主 VI，这个选项在调试时可以用到。

实例 6-3　利用显示子 VI 前面板来实现登录对话框的实例，程序设计步骤如下：

步骤一：新建一个 VI，命名为“登录对话框.vi”，作为子 VI。其前面板设计和程序框图如图 6-8

所示。其中前面板的密码文本框设置为“密码显示”，程序框图主要由 While 循环结构、事件结构和条件结构组成。设置子 VI 的 VI 属性，选择“窗口外观”页面，再选择“自定义”单选按钮并单击“自定义...”按钮，在弹出的“自定义窗口外观”对话框中就可以对 VI 前面板的显示内容进行设置，如图 6-9 所示。

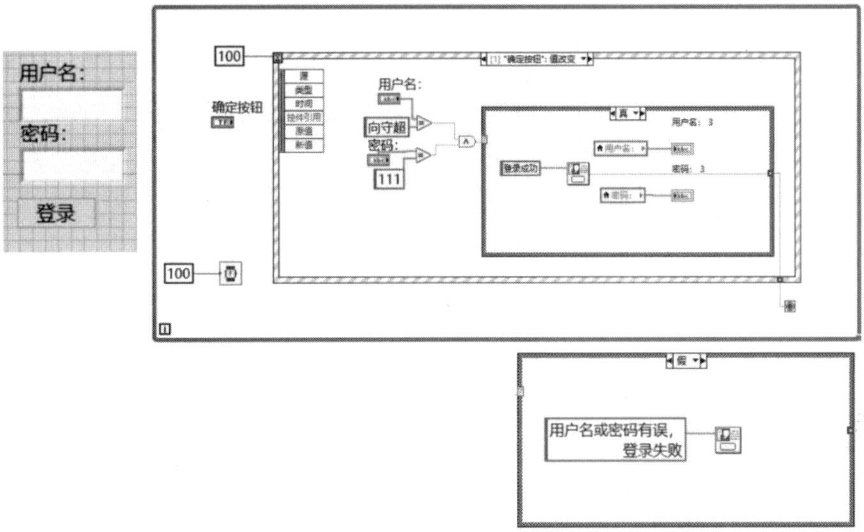

图 6-8　登录对话框 VI 程序框图

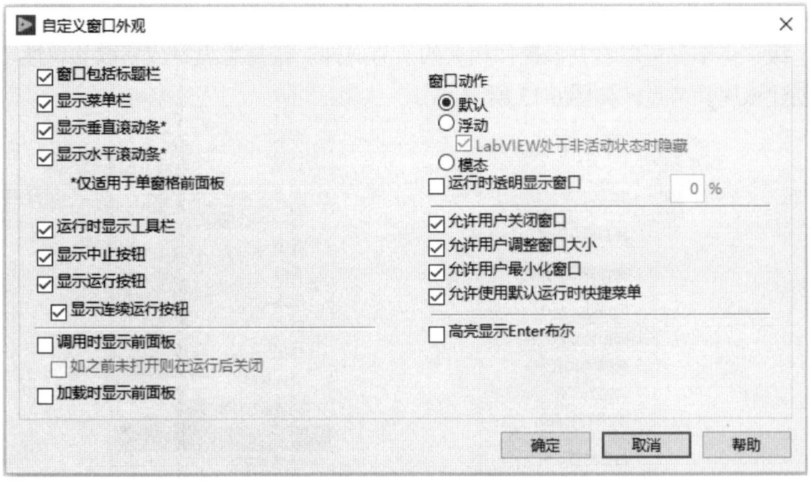

图 6-9　“自定义窗口外观”对话框

步骤二：新建一个 VI，命名为“登录主 VI.vi”，作为主 VI。其前面板设计和程序框图如图 6-10 所示。

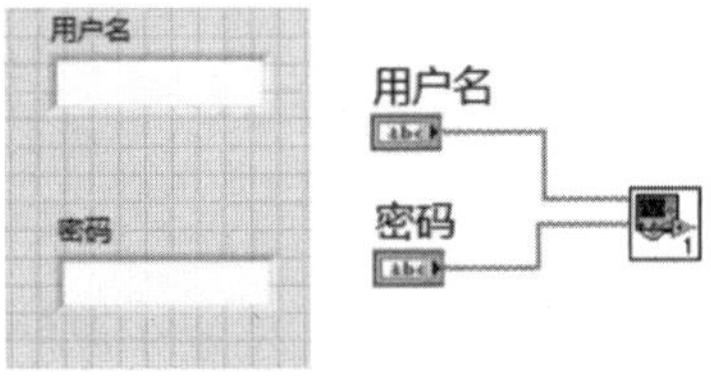

图 6-10　登录界面主 VI 程序图

步骤三：运行程序，效果如图 6-11 所示。输入正确的用户名和密码，验证成功，程序运行结束；输入错误的用户名或密码，验证失败，程序继续等待用户输入。用户可以改变其中的程序代码，查看不同的运行效果。

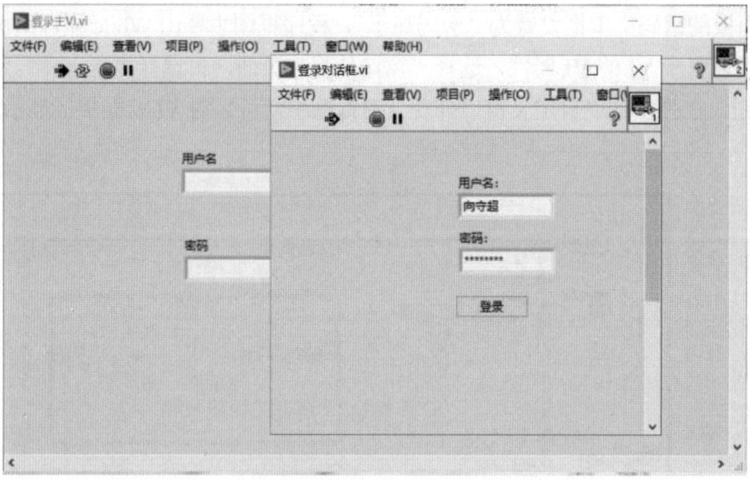

图 6-11　登录界面效果图

6.2 属性节点

属性节点可以用来通过编程设置或获取控件的属性，例如在程序运行过程中，可以通过编程设置数值控件的背景颜色等属性。创建属性节点有两种方法：

(1) 在程序框图中直接右击控件图标，在弹出的快捷菜单中选择“创建”→“属性节点”选项，在弹出的下一级菜单中就可以看到该控件相关的所有属性。选择想设置或获取的属性，就会在绘制程序框图中创建该属性节点，如图 6-12 所示。

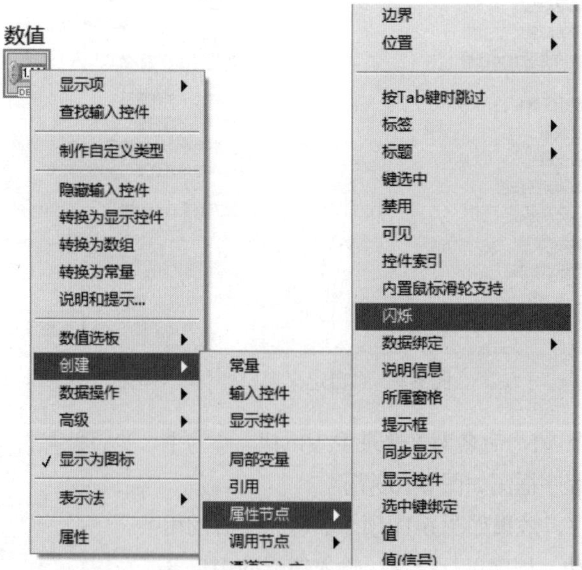

图 6-12　用第一种方法创建数值控件属性节点

(2) 在“函数”选板中选择“编程”→“应用程序控制”→“属性节点”选项，添加到程序框图中，然后右击该属性节点，选择“链接至”选项，与当前 VI 中的任何一个控件关联，关联后就可以选择该控件的任何属性。拉长属性节点可以同时显示或设置多个属性。右击每个属性，在弹出的快捷菜单中选择“选择属性”选项，就可以选择需要设置或读取的具体某一个属性值了，默认情况下是读取该控件的属性。右击属性节点，在弹出的快捷菜单中选择“全部转换为写入”选项，就可以设置该控件的各种属性，如图 6-13 所示。

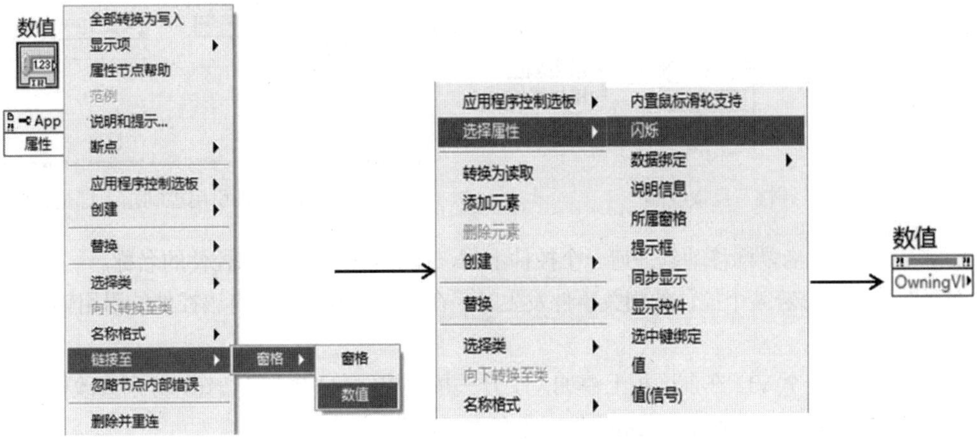

图 6-13　用第二种方法创建数值控件属性节点

实例 6-4　用圆形指示灯的可见属性来控制圆形指示灯是否可见，程序设计步骤如下：

步骤一：新建一个 VI，在前面板上添加一个开关按钮控件和圆形指示灯控件，分别命名为“可见”和“指示灯”。

步骤二：创建指示灯的可见属性节点。切换到程序框图，右击“指示灯”图标，在弹出的快捷菜单中选择“创建”→“属性节点”→“可见”选项，添加到程序框图中，然后再右击该属性节点，选择“全部转换为写入”选项，把属性节点设置为写入状态，将“可见”图标的输出端子与指示灯可见属性节点的输入端子连接。

步骤三：选择“函数”→“编程”→“结构”→“While 循环”结构，将程序框图的所有对象放置到循环体内，设置每次循环的间隔时间为 100ms。

步骤四：运行程序，在前面板中点击“可见”控件，可以看到指示灯根据用户需要可见或不可见。程序框图和效果图如图 6-14 所示。可见不可见是看指标灯，而不是“可见”按钮，“可见”文字仅仅是按钮的名称标签。

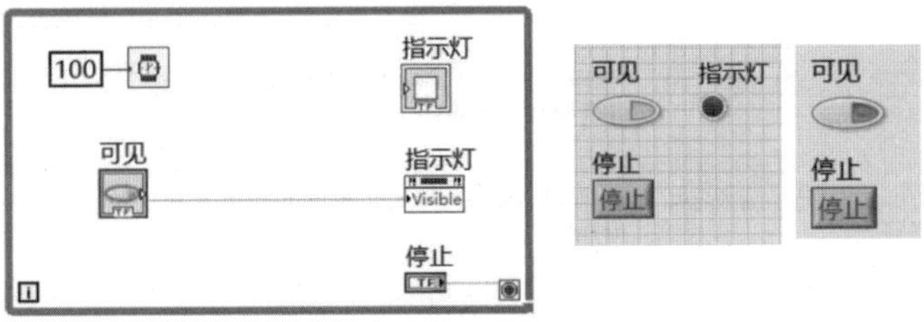

图 6-14　通过可见属性控制指示灯是否可见

通过引用控件同样可以获得和设置控件的相关属性。将应用程序控制面板上的属性节点放到程序框图中后，可以看到它有一个引用输入端，如图 6-15 所示。在程序框图中右击控件图标，在弹出的快捷菜单中选择“创建”→“引用”选项，就可以获得该控件的引用。它就像是该控件的句柄，输入该控件的句柄就可以获得该控件的属性，上一个例题的程序框图可以修改为如图 6-16 所示的框图，通过控件引用控制指示灯是否可见。

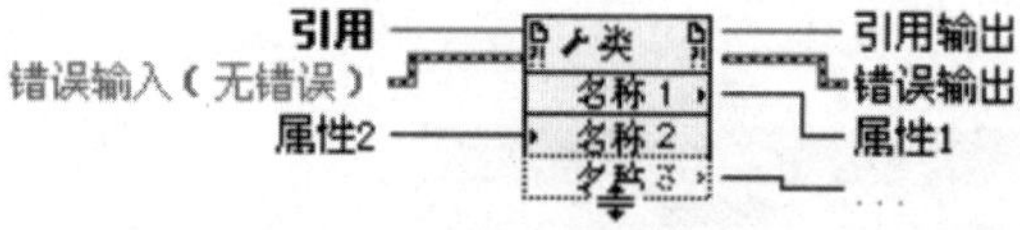

图 6-15　属性节点接线端

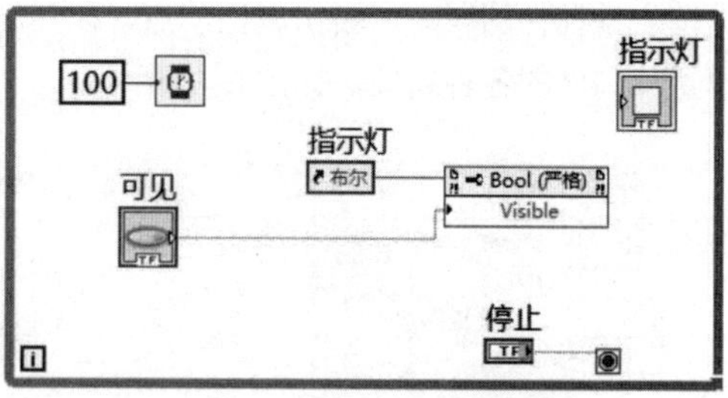

图 6-16　通过控件引用控制指示灯是否可见

实例 6-5　实现当鼠标移动到任何一个控件上时，在文本框中显示该控件的名称。

在事件结构中，若某个控件的相关事件发生时，在事件结构中就会有该控件的引用输出。程序设计步骤如下：

步骤一：新建一个 VI，在前面板上添加一个开关按钮控件和“确定”按钮，分别修改标签为“可见”和“确定”，添加一个字符串显示控件，命名为“标签_文件”。

步骤二：切换到程序框图，添加一个事件结构，右击事件结构边框，在弹出的快捷菜单中选择“添加事件分支..”选项，即可弹出“编辑事件”对话框。在对话框的“事件源”中选择每个控件，在“事件”栏里面选择“鼠标”→“鼠标进入”，如图 6-17 所示。

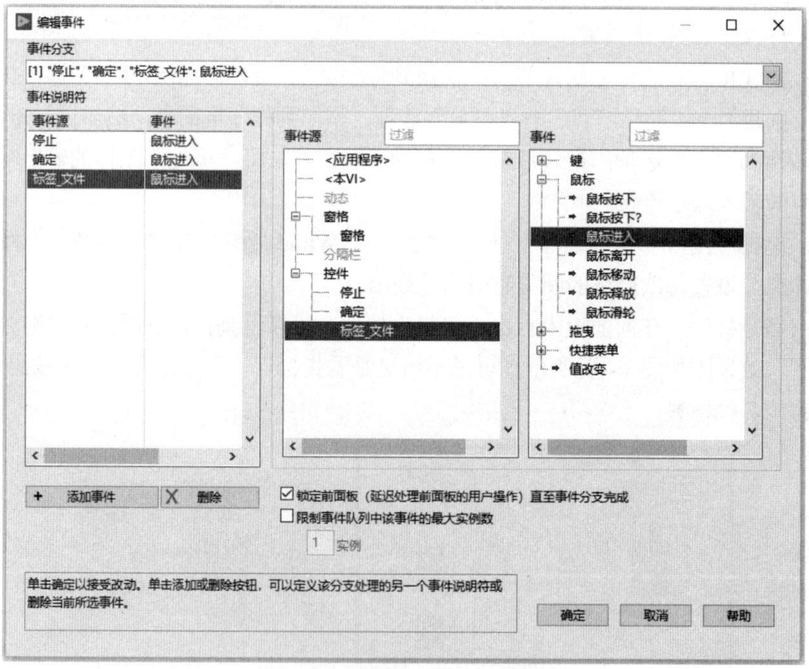

图 6-17　“编辑事件”对话框

步骤三：在“鼠标进入”事件分支中，选择“编程”→“应用程序控制”→“属性节点”选项添加到事件分支中，将“引用”输入端与“控件引用”输出端连接。右击属性节点，在弹出的快捷菜单中选择“选择属性”→“标签”→“文本”选项，将该属性节点的输出端与“标签_文件”图标的输入端连接。

步骤四：选择“函数”→“编程”→“结构”→“While 循环”结构，将程序框图的所有对象放置到循环体内，设置每次循环的间隔时间为 1000ms。

步骤五：运行程序。在前面板中，当鼠标指针移动到某个控件时，可以看到该控件的标签名称显示在文本框中。程序框图和运行效果如图 6-18 所示。

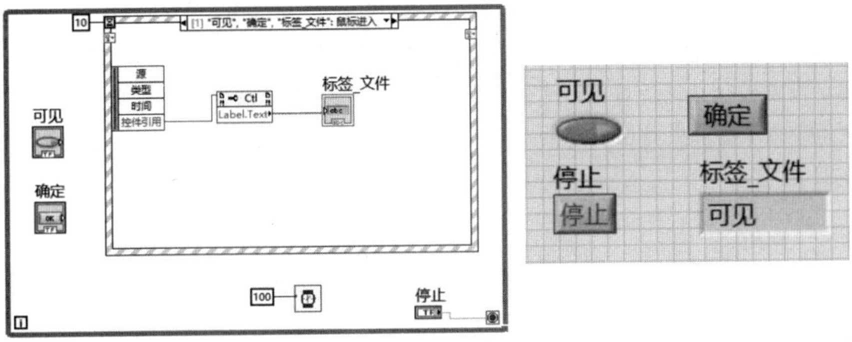

图 6-18　在事件结构中使用属性节点

6.3 调用节点和引用句柄

调用节点又称方法节点。与属性节点非常类似，调用节点就好比控件的一个函数，它会执行一定的动作，有时候还需要输入参数和返回数据。

调用节点的创建方法与属性节点一样，也有两种方法。一种是在程序框图中右击控件图标，在弹出的快捷菜单中选择“创建”→“调用节点”选项，如图 6-19 所示；另一种方法是在“函数”选板中选择“编程”→“应用程序控制”→“调用节点”选项，添加到程序框图中，其接线端如图 6-20 所示。

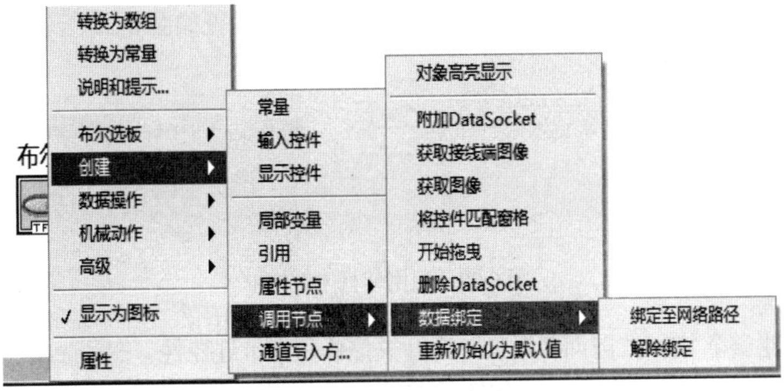

图 6-19　创建调用节点

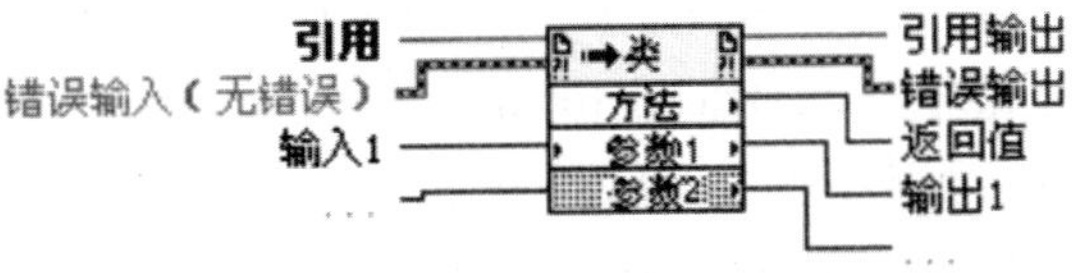

图 6-20　调用节点的接线端

调用节点同属性节点一样，也可以通过调用节点与控件引用连线的方法获得该控件的调用节点。

一般情况下，将控件作为子 VI 的输入端时只能传递控件的值，而不能传递控件的属性，类似于 C 语言中的传值调用。那么如何才能在子 VI 中调用上层 VI 中控件的属性和方法呢?这就需要使用引用句柄控件作为子 VI 的输入端子，在调用时将控件的引用与引用句柄端子连线即可。此时传递的是控件的引用，因此可以在子 VI 中调用输入控件的属性和方法节点。

引用句柄参考的创建是在“控件”面板中选择“新式”→“引用句柄”→“控件引用句柄”函数，将其放置在前面板上即可。此时该参考只是代表一般控件，因此它的属性节点只包含控件的一般属性。需要控制某种控件的特有属性时，与数组的创建类似，若要将其与这种控件相关联，只需要将关联控件类型放置到引用句柄控件中，此时引用句柄控件就自动变成关联控件的特定参考了，如图 6-21 所示。

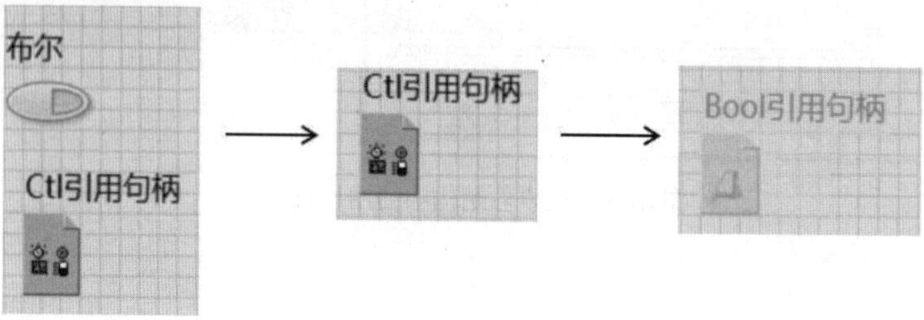

图 6-21　创建布尔引用句柄

创建好控件的参考后，在程序框图中将其与属性节点或调用节点连接，就能获得该控件的各种属性和方法。

实例 6-6　用引用句柄的方式实现指示灯控件的可见性。程序设计步骤如下：

步骤一：新建一个 VI，作为引用句柄的子 VI。在前面板添加两个开关控件和一个引用句柄控件，然后把其中一个开关控件关联到引用句柄控件中。切换到程序框图，添加一个属性节点，连接引用输入端到 Bool 引用句柄，转换为全部写入状态，选择属性为可见性，连接开关输出端和可见属性输入端。然后添加接线端子和修改子 VI 图标。其程序框图和前面板如图 6-22 所示。

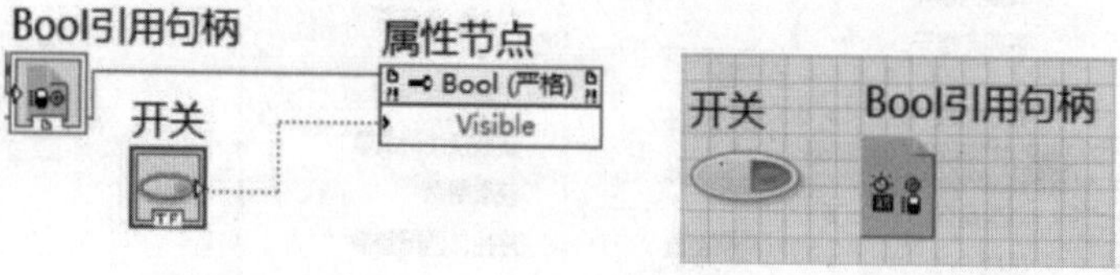

图 6-22　引用句柄子 VI 图

步骤二：新建一个 VI，在前面板添加一个开关控件和指示灯控件。在程序框图中，创建一个指示灯控件的引用；添加自定义的“引用句柄子 VI”对象到框图中，“Bool 引用”端子指示接线端连接指示灯的引用对象，“开关”端子连接开关控件输出端。

步骤三：选择“函数”→“编程”→“结构”→“While 循环”结构，将程序框图的所有对象放置到循环体内，设置每次循环的间隔时间为 100ms。

步骤四：运行程序，在前面板中点击“开关”按钮控件，可以看到指示灯根据用户需要可见/可不见。程序框图和运行效果如图 6-23 所示。第一个图中的指示灯绿色可见，第二个图中的指示灯看不见，用开关按钮来控制。

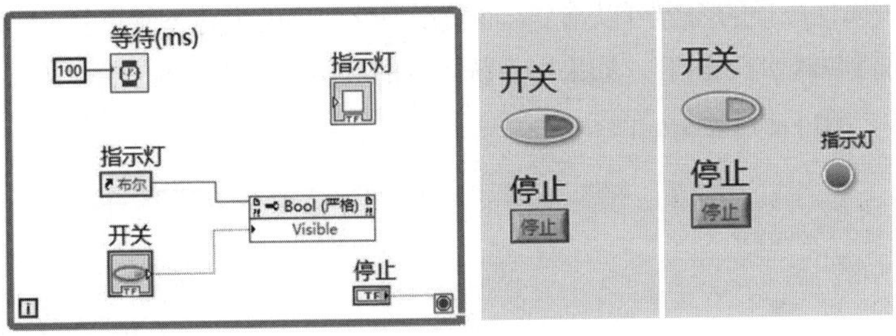

图 6-23　引用句柄控制指示灯可见性

6.4 人机界面设计

人机界面是人与机器进行交互的界面。虽然程序的内部逻辑是程序运行的关键所在，但是人机界面的美观性和人性化更是不可忽视的重点。人性化的人机界面可以让用户乐于使用，减少用户的操作时间，甚至在某些情况下能避免故障的发生。因此，一个好的程序应该把足够多的时间和精力用在人机界面的设计上。

6.4.1　下拉列表控件和枚举控件

下拉列表控件(Ring)和枚举控件(Enum)是最常用的人机界面设计控件，一般用来从多个选项中选择其中的一个，例如对出生日期的选择，对居住城市的选择等。每种风格样式面板都有这两个控件，且位于各种风格面板的“下拉列表与枚举”面板中。这里以新式风格为例进行说明，如图 6-24 所示。

一般情况下，可以通过两种方式为控件赋值：一是在前面板设计控件时，直接为控件赋值，在设计比较固定的界面时使用；二是通过代码运行，动态产生控件的项目内容，一般在动态生成界面时使用。

实例 6-7　实现控件附值功能。

直接通过前面板为下拉列表控件和枚举控件赋值的步骤如下：

步骤一：打开 LabVIEW 2018，新建一个 VI，在前面板添加一个下拉列表控件或枚举控件，如图 6-25 所示。

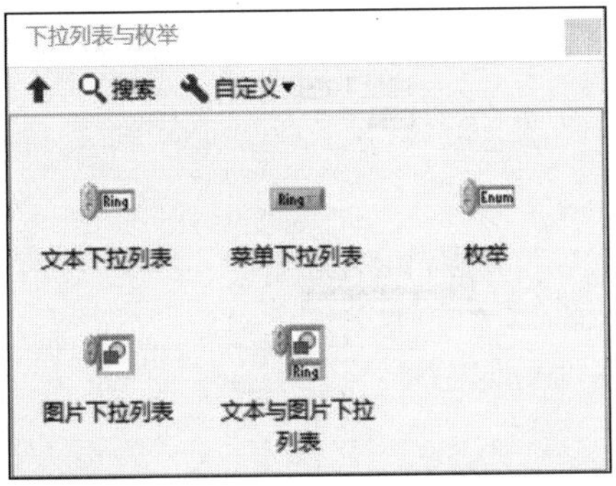

图 6-24　“下拉列表与枚举”控件面板

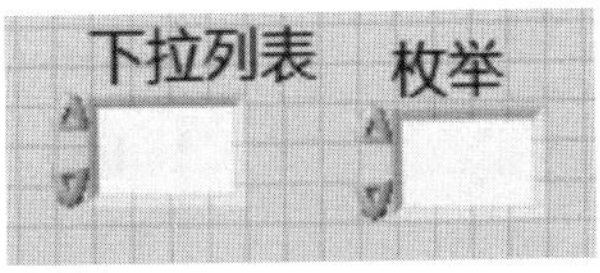

图 6-25　下拉列表与枚举控件

步骤二：用鼠标右击控件，弹出其快捷菜单，选择“编辑项”，弹出如图 6-26 所示的编辑属性对话框，单击“插入”按钮，依次向其中添加信息。我们会发现这里的信息都是以“项值对”的形式存在，下拉列表属性中项的内容可以重复，而枚举属性中项的内容不能重复。编辑完后运行程序，就可以在控件中看到编辑的项内容。如果用系统风格的这两种控件，效果会更好。

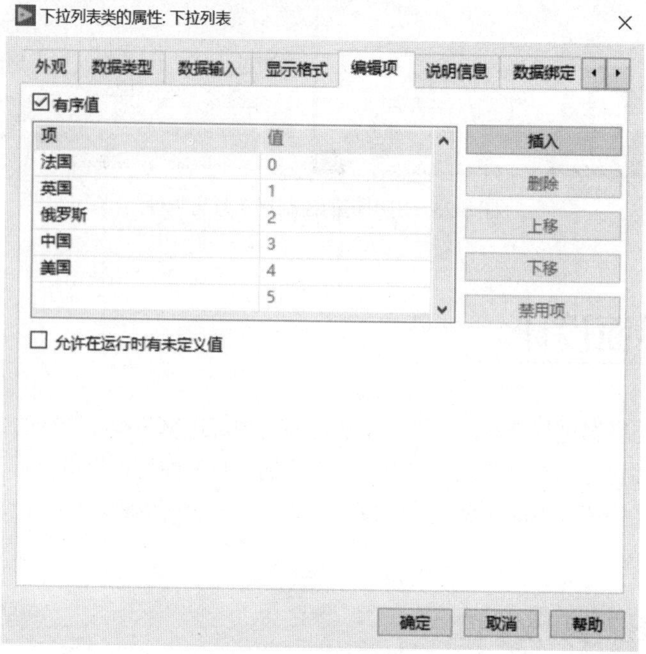

图 6-26　下拉列表属性对话框

接下来我们进一步通过程序设计为下拉列表控件设置项内容，虽然步骤复杂一些，但在项目开发中却很适用。注意这种方法不能为枚举控件设置项内容。

步骤一：首先在前面板创建一个下拉列表控件。

步骤二：打开程序框图，右击控件图标，选择“创建”→“属性节点”→“字符串与值[]”选项，创建一个下拉列表控件的“字符串与值[]”属性节点，并转换为写入模式。

步骤三：创建一个数组常量。向数组常量中添加一个簇常量，然后再向簇常量中添加一个字符串常量作为控件显示项内容，添加一个数值常量作为控件值内容，数值常量不得重复。依次向数组的其他元素中添加类似信息，如图 6-27 所示。运行程序，会发现下拉列表控件内容设置完成。

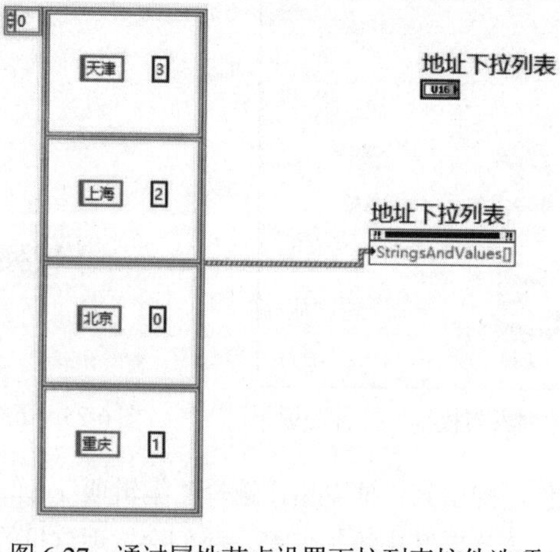

图 6-27　通过属性节点设置下拉列表控件选项

下面讨论怎样获取下拉列表控件和枚举控件当前选定项目的项内容和值内容，当然要实现这些功能必须通过相关的属性节点来完成。使用这两种控件时，用户都是一次只能选择其中一个项目，控件输出值都是数字，这个数字就是该选项的值内容，可以通过数值显示控件直接读取出来。获取控件项内容的方法为右击控件，选择“创建”→“属性节点”→“下拉列表文本” →“文本”属性节点，转换为读取模式，通过字符串输出控件就可以获取项内容。如果要获取控件的总项数，可以右击控件，选择“创建”→“属性节点”→“项数”属性节点，转换为读取模式，也可以通过数值显示控件直接读取出来。这里不再一一赘述其他属性节点，基本程序如图 6-28 所示。运行程序，就能实现所需要的功能。

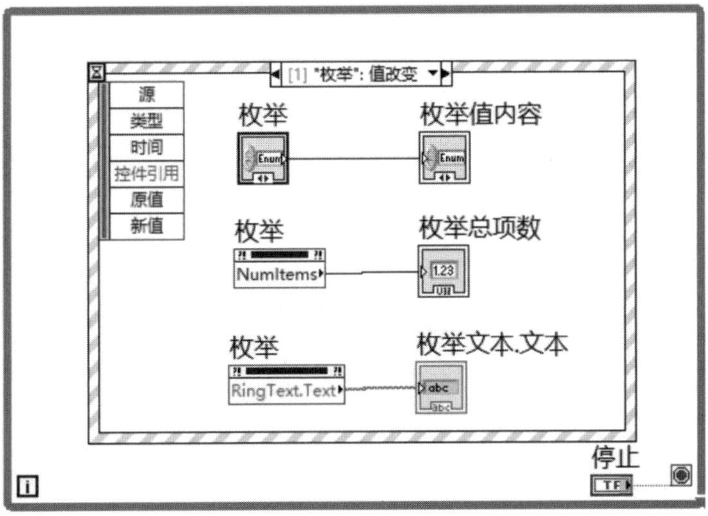

图 6-28　获取枚举控件的相关内容

6.4.2　列表框控件

相对于下拉列表控件和枚举控件而言，列表框控件可以使用户选择一个或多个选项，也可以不选择选项(选择多个选项时，用户需要按住 Ctrl 键或者 Shift 键，这点根据计算机而定)，列表框有单列列表框和多列列表框之分，使用较多的是单列列表框。它们在控件风格面板的“列表、表格和树”面板下，如图 6-29 所示。

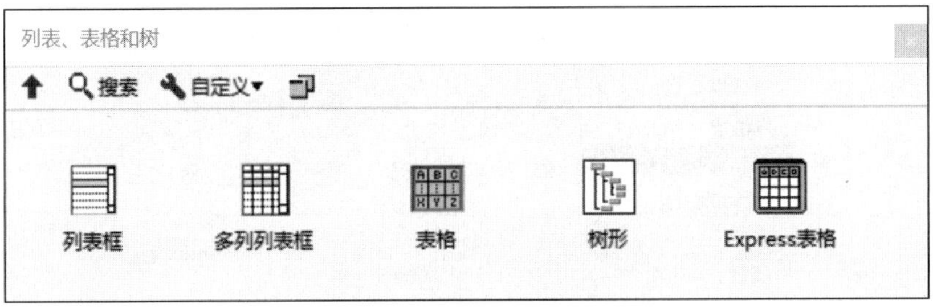

图 6-29　列表框控件面板

1. 单列列表框

通常情况下，列表框就是指单列列表框。列表框里面的内容可以直接在前面板的编辑状态下编辑，这里将不详细介绍。在编辑过程中，如果需要添加项符号，可以采用两种添加方式中的一种，右击列表框，选择“显示项”下的“符号”，或是选择“属性”对话框中的“外观”，勾选“显示符号”复选框。如果还想显示列表框里面的水平线，就勾选“显示水平线”复选框，如图6-30所示，之后点击“确定”按钮。然后在需要设置项符号的选项上右击，选择“项符号”，弹出如图6-31所示的用户界面，默认为空。用户可以根据需要选择图标，也可以使用自定义图标，具体内容将在后面进行讲解。

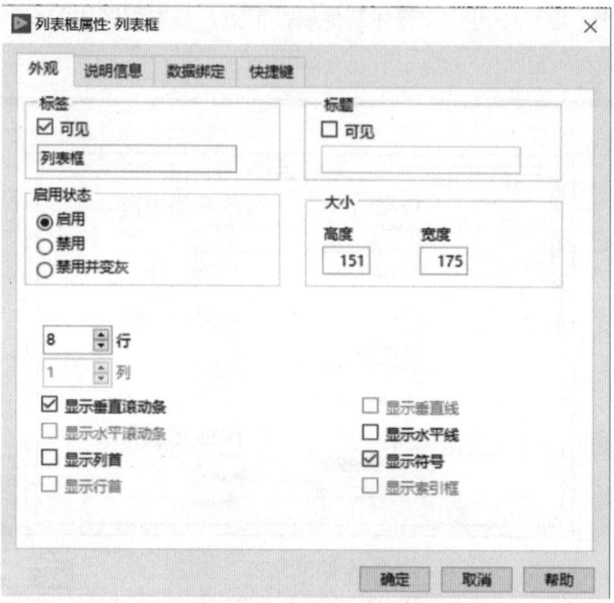

图6-30　项符号设置选项

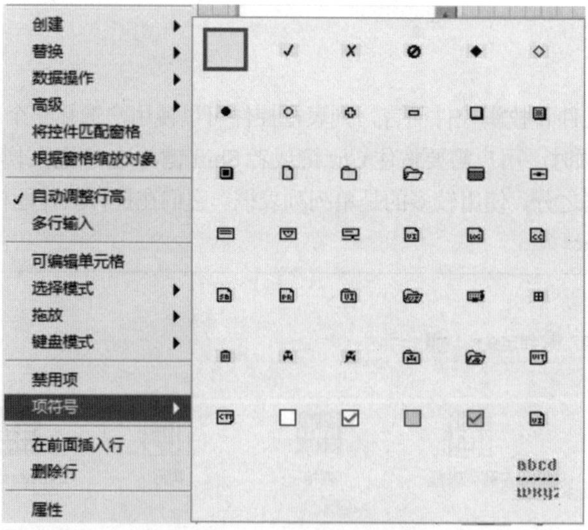

图6-31　项符号选择界面

实例6-8　通过程序设计实现对列表框内容的编辑。

步骤一：在前面板创建一个列表框控件。

步骤二：设定“SymsVis”属性为真，这样在列表框中就可以看到项符号了。具体方法为右击列表框控件，选择“创建”→“属性节点”→“显示项”→“显示符号”属性节点，然后设置布尔常量为真。

步骤三：设定列表框的选择模式。右击列表框控件，设置“创建”→“属性节点”→“选择模式”属性节点。选择模式为 2。在 LabVIEW 中用户可选定的项的选择模式有效值包括 0(0 或 1 项)、1(1 项)、2(0 或多项)、3(1 或多项)四种。

步骤四：设定列表框的项符号。首先右击列表框控件，选择“创建”→“属性节点”→“项符号”属性节点；接着创建一个数组常量，选择“编程”→“对话框与用户界面”　→“列表框符号”控件，将其添加到数组常量中。之后单击每个列表框符号，弹出项符号选择界面，根据需要设置相应的符号即可。

步骤五：设定列表框的项名。首先用鼠标右击列表框控件，选择“创建”→“属性节点”→“项名”属性节点。接着创建一个数组常量，往数组常量添加字符串常量，并输入相应的字符串信息即可。

步骤六：运行程序，就可以看到相应的列表框内容了。整个程序框图和操作效果如图 6-32 所示。

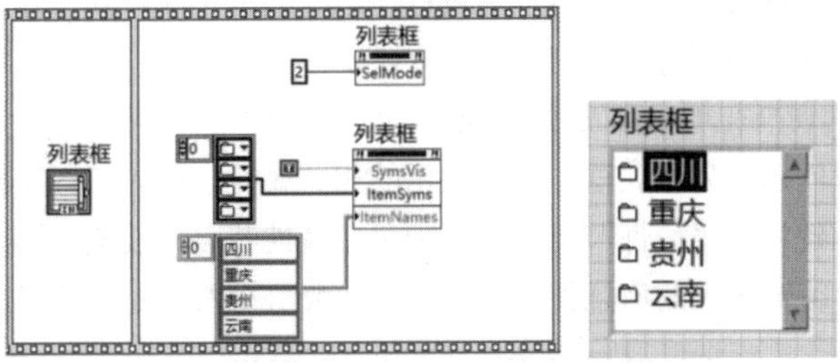

图 6-32　通过编程编辑列表框内容

列表框中输出的是当前选中选项索引的整数数组，但在实际项目开发中，需要获取当前选中选项的字符串名称，这就需要我们通过循环结构来获取相应的内容。

实例 6-9　通过程序获取列表框中用户所选择的选项内容。

步骤一：直接读取列表框的局部变量，就可以显示用户所选择的选项的值内容，为一个整型数组。

步骤二：运用一个 For 循环，循环次数由用户在列表框中选择的选项个数决定。在循环体中创建一个列表框的列名属性节点，通过索引数组函数，以用户选择的选项值内容作为索引，获取出列表框中被选择选项的字符串项内容，循环结束，输出一个新的字符串数组。最后把输出的字符串数组通过一个 For 循环遍历，通过连接字符串函数构成一个新的字符串信息输出，如图 6-33 所示。

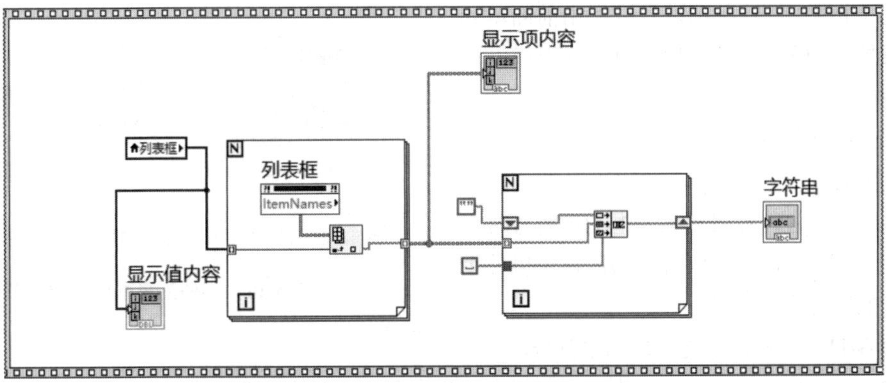

图 6-33　获取列表框选中项目名称程序框图

步骤三：运行程序，可以看到我们所选择的信息以字符串的形式输出到字符串输出控件中，如图 6-34 所示。

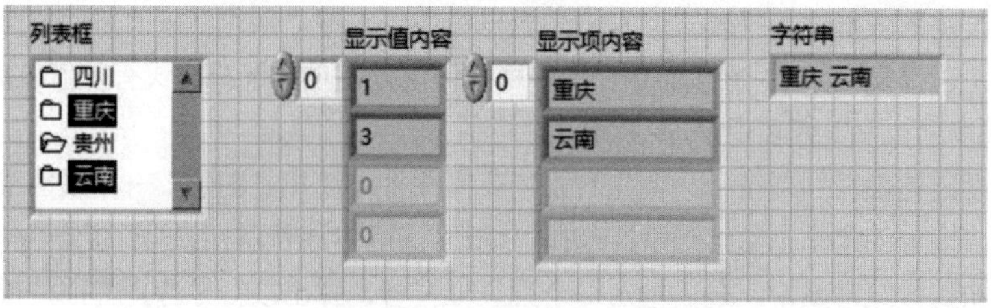

图 6-34　获取列表框选中项目名称的效果图

2. 多列列表框

在项目开发中多列列表框的应用也比较广泛，一般用于显示在数据库中查询出来的数据信息，它的内容既可以在前面板直接编辑，也可以通过程序运行动态生成，其操作过程与单列列表框基本相同。这里就动态生成项名和项符号的内容加以叙述。

实例 6-10　多列列表框在项目开发中的实例，动态生成项名和项符号。

步骤一：在前面板创建多列列表框，设定显示的相关属性。首先在程序框图中，右击多列列表框控件图标，选择“创建”→“属性节点”→“项名”属性节点，设置为写入模式。接着创建一个字符串二维数组常量，编辑相应的信息到数组中，并把数组写入到属性节点，如图 6-35 所示。

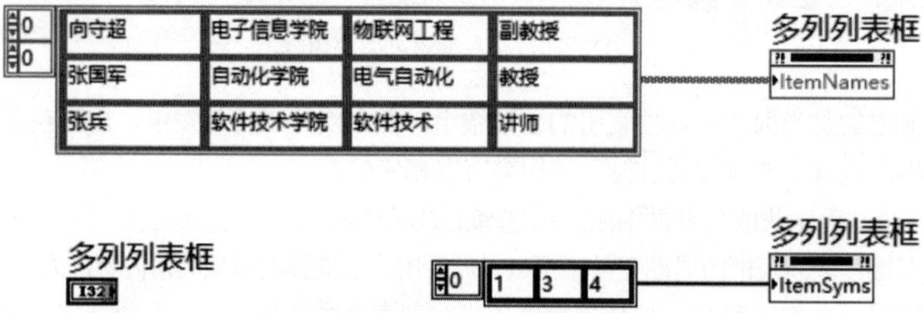

图 6-35　编辑多列列表框的项目和项符号

步骤二：设定多列列表框的项符号。右击多列列表框控件图标，选择“创建”→“属性节点”→“项符号”属性节点，设置为写入模式。接着创建一个整型一维数组常量，在数值常量中输入项符号的下标数字。这个项符号数组由前面单列列表框设置项符号的 40 多种项目符号组成，如图 6-35 所示。

步骤三：运行程序，可以看到相关信息已被写入多列列表框中，如图 6-36 所示。

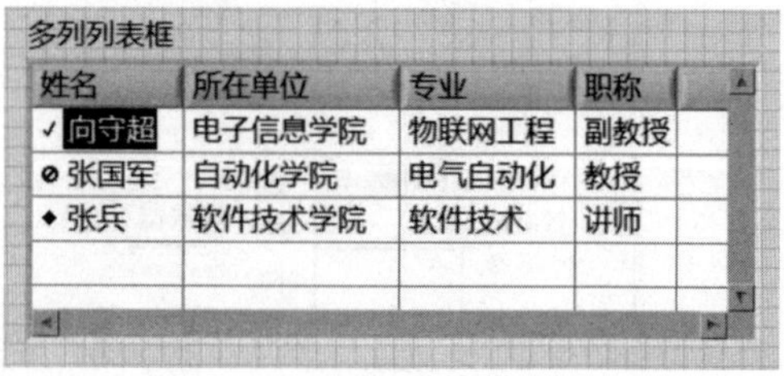

图 6-36　多列列表框运行效果图

前面已经说过，在设置列表框的项符号时，除了使用系统提供的 40 多种符号外，还可以使用自己定义的图标作为符号。

实例 6-11　设置自定义图标为项符号。

步骤一：调用自定义符号节点。用鼠标右击列表框控件图标，选择“创建”→“调用节点”→“自定义项符号”→“设置为自定义符号”属性节点，如图 6-37 所示。

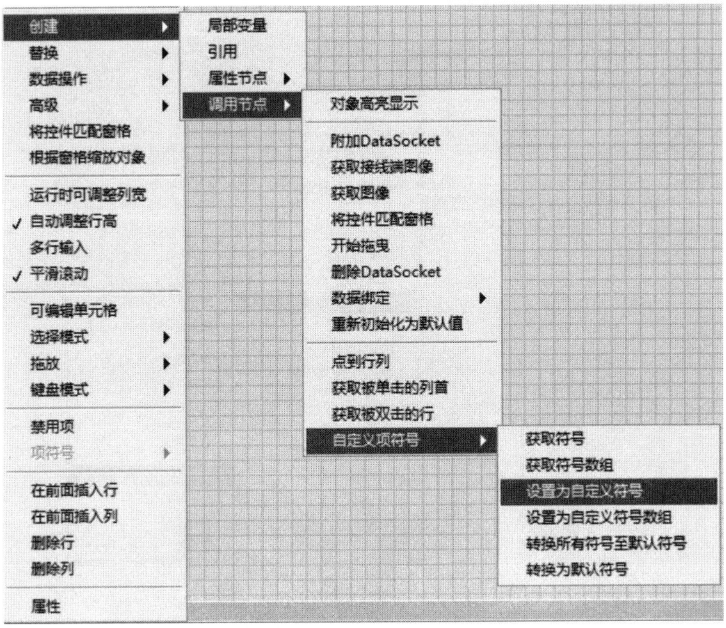

图 6-37　设置自定义符号节点图

步骤二：设置索引和图像。自定义符号节点有两个属性：索引和图像。索引号与前面多列列表框选择的项符号数组下标一样，由于系统已经有 40 多个项符号，这里的索引号可以设置大一点；图像就是需要设置为项符号的图标。选择“编程”→“图形与声音”→“图形格式”→“读取 PNG 文件”函数，这里的“读取 PNG 文件”函数根据图片的后缀名具体确定。在“PNG 文件路径”端子创建一个常量，然后把需要设定的图标拖到这个常量中即可，如图 6-38 所示。

步骤三：运行程序，可以看到自定义的图标显示在列表框中了。

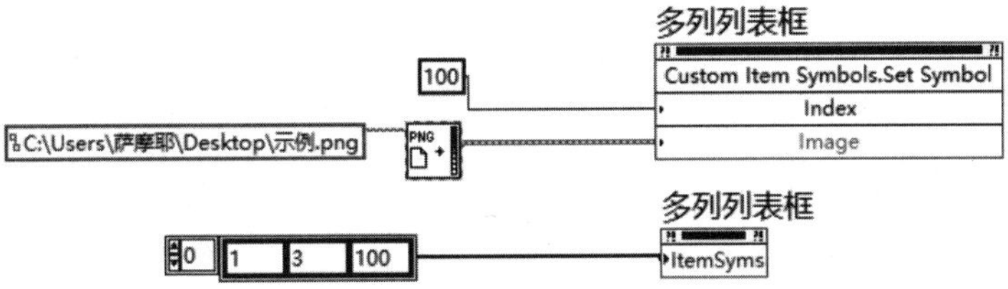

图 6-38　设置自定义项符号

6.4.3　表格与树形控件

表格和树形控件在控件面板的“列表、表格和树”面板下，与前面的列表框在同一个面板中。

1. 表格控件

表格实际上就是一个字符串组成的二维数组，在前面板添加表格控件后，直接右击该控件就可以编辑它的各种属性。方法是右击控件，在“显示项”菜单里面设置各种属性；也可以选择“属性”下的“外观”对话框，设置相应的可选项，方法与设置列表框相同。表格的编辑也非常简单，单击对应的空格就能直接编辑内容了。右击该控件，选择“数据操作”菜单，就可以对表格进行插入或删除行、列操作了，如图 6-39 所示。表格数组的大小由输入内容所占的范围决定。

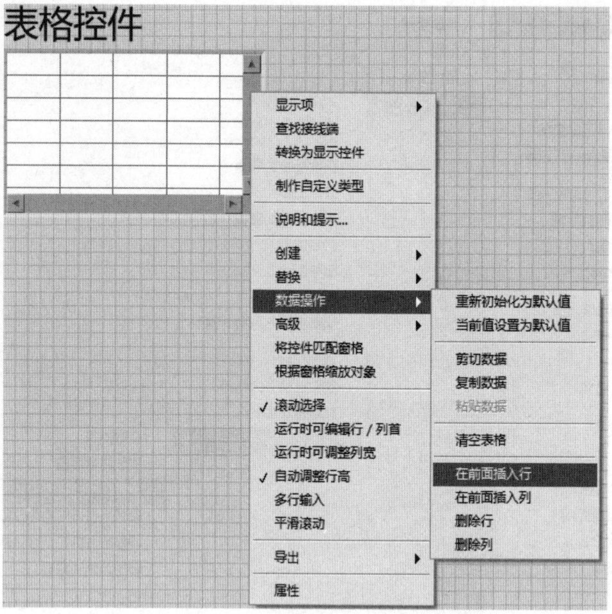

图 6-39　对表格控件插入或删除行列操作

此外，在紧靠树形控件旁边还有一个“Express 表格”。放置该控件在前面板时，在 LabVIEW 程序框图中将自动生成相应的程序代码，用来将数据快捷地转换为表格。

实例 6-12　生成一个 5×5 的 100 以内随机整数并放入 Express 表格，以熟悉该控件的应用。

步骤一：在创建的 VI 前面板中添加“Express 表格”控件。

步骤二：打开程序框图，编写一个双重 For 循环结构，循环总次数均设为 5，循环体中添加一个生成 100 以内随机整数程序的代码。

步骤三：连接创建表格的信号端子，代码会自动添加一个“转换至动态数据”函数，程序编写完成，如图 6-40 所示。

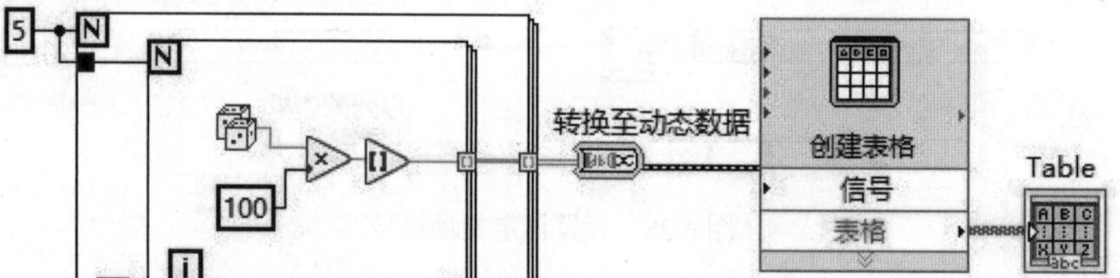

图 6-40　Express 表格使用程序框图

步骤四：运行该程序，就会看到在表格中添加了 5×5 的 25 个 100 以内整数，如图 6-41 所示。

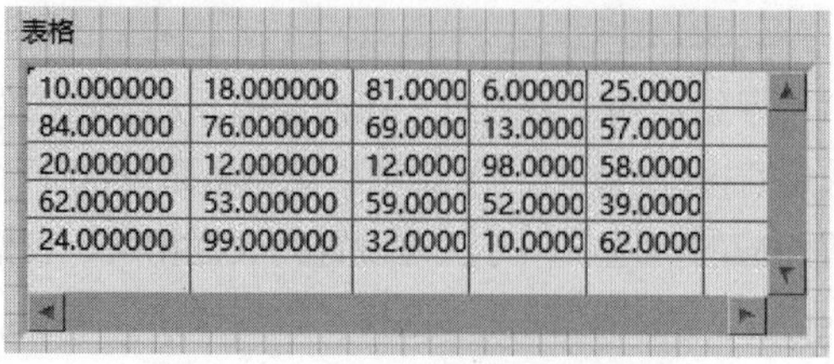

10.000000	18.000000	81.0000	6.00000	25.0000
84.000000	76.000000	69.0000	13.0000	57.0000
20.000000	12.000000	12.0000	98.0000	58.0000
62.000000	53.000000	59.0000	52.0000	39.0000
24.000000	99.000000	32.0000	10.0000	62.0000

图 6-41　Express 表格使用效果图

6.4.4　树形控件

树形控件以树的形式显示多层内容，Windows 的资源管理器用树形控件来显示文件目录。该控件默认放置在前面板上时，该控件有多列输入，一般来说只有第一列有用，后面的列只是起文字说明的作用，如图 6-42 所示。

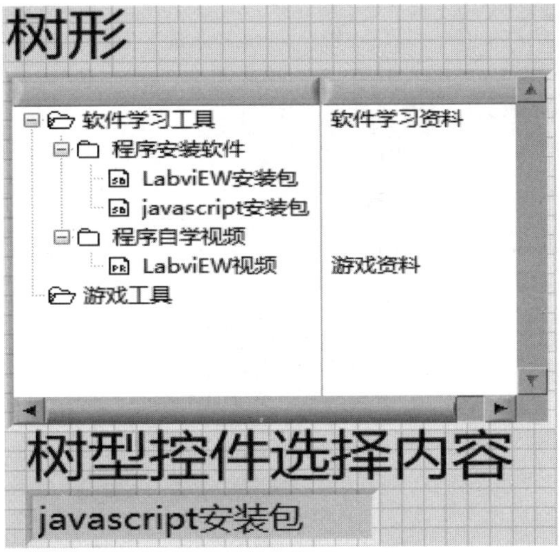

图 6-42　前面板编辑树形控件实例

在前面板中编辑树形控件，直接在需要输入内容的地方单击就可以输入数据。更多的操作则需要右击该控件，并选择相应的快捷菜单。其中右击控件快捷菜单中的“选择模式”表示树形控件的选择模式，使用方法与前面的列表框一样，这里就不再赘述。

实例 6-13　演示树形控件前面板操作过程。

步骤一：右击该控件，通过“显示项”菜单或“属性”菜单设置相关属性，如水平线显示、垂直线显示、滚动条显示等。

步骤二：单击树形控件编辑内容的位置，从上到下依次把内容全部添加进去。

步骤三：设定项符号。用鼠标右键单击需要显示项符号的项内容，在弹出的快捷菜单中选择“项符号”菜单，然后在系统提供的符号库中选择需要的项符号。

步骤四：编辑缩进层次。右击需要缩进的项内容，在快捷菜单中选择“缩进项”。

步骤五：获取选定内容。在前面板添加一个字符串输出控件，打开程序框图，把树形控件图标和字符串控件图标。

步骤六：运行程序，就可以看到已成功编辑树形控件，获取的选定内容了。

接下来介绍如何通过编程来设置树形控件的选项。树形控件的编辑必须通过属性节点和方法节点才能实现。

步骤一：在程序框图中创建一个树形控件图标，右击该图标，选择“创建”→“调用节点”→“编辑树形控件项”→“删除项”方法，将树形控件全部清空，接着通过“添加项”方法来添加项目内容，如图 6-43 所示。其中，添加项方法的各参数含义如表 6-1 所示。

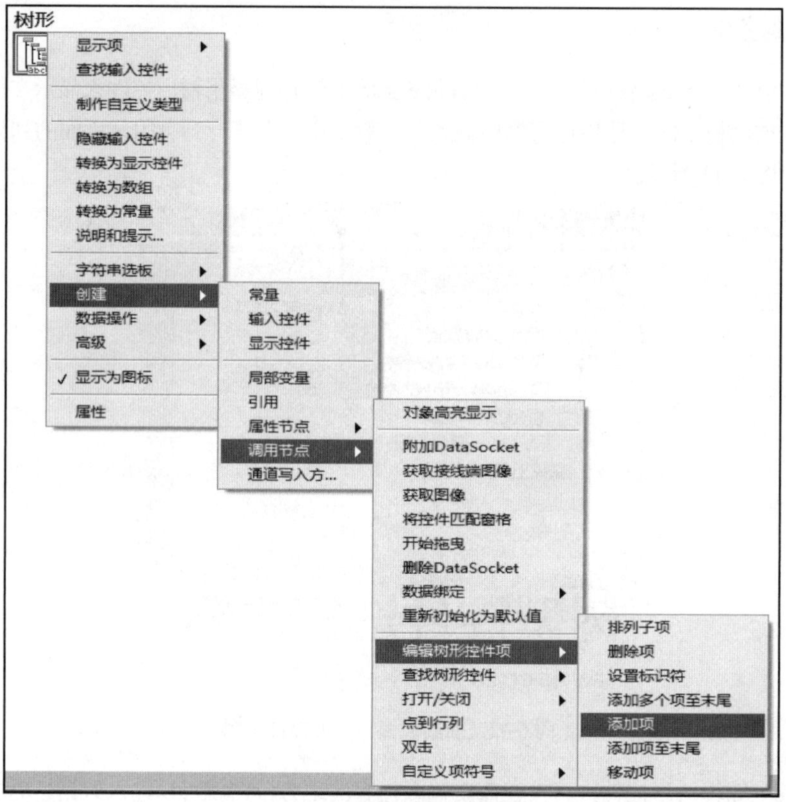

图 6-43　树形控件添加项的选项

表 6-1　树形控件添加项方法各参数的含义表

名称	含义
Parent Tag	新添加的项目将作为 ParentTag 的下一级项目。默认为空字符串，此时将新项目添加到第一级
Child Position	设置新添加的项目相对于 ParentTag 的位置。默认为 0，此时将该项目直接添加到 ParentTag 的下面；若为 1，则添加到该 ParentTag 的第一个 ChildItem 下面；若为 2，则添加到第二个 ChildItem 下面；以此类推，若为-1，则添加到最后一个 ChildItem 下面
Left Cell String	该项目的名称
Child Text	在该项目右边其他列中显示的说明性文字内容
Child Tag	该项目的 Tag，默认情况下与 LeftCellString 相同
Child Only	如果为真，该项目下将不能再有 ChildItem
Output	该项目的 Tag

步骤二：添加内容。在添加项方法中，依次按层次添加不同的数据信息，如图 6-44 所示。

步骤三：设置项符号。首先通过树形控件图标创建一个“All Tags”属性节点，方法为选择“创建”→“属性节点”→“所有标识符[]”；其次创建一个数组常量，添加列表框符号到数组中，并根据层次结构选择相应的项符号到数组中；最后创建一个 For 循环结构，在结构体中添加 3 个树形控件的属性节点，分别是 ActiveItemTag、Symbol 和 SymsVis，即“活动项”里面的“标识符”“符号索引”与“显示项”里面的“显示符号”，如图 6-44 所示。

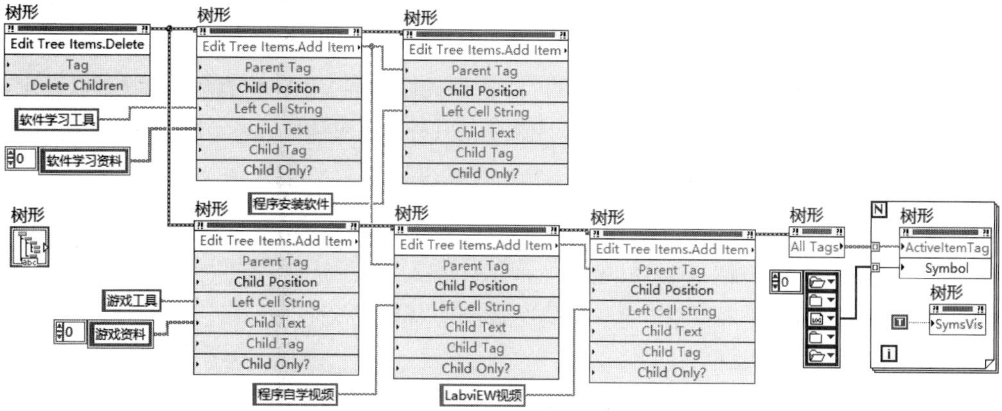

图 6-44　编辑树形控件程序框图

步骤四：运行程序，看到的树形控件效果如图 6-45 所示。

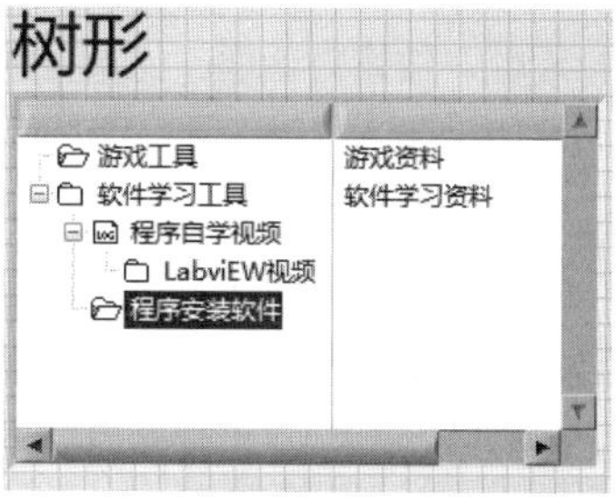

图 6-45　树形控件运行效果图

从前面编辑树形控件的程序可以看出，如果一个一个地添加项目内容会使程序非常烦琐，不利于维护和检查程序。下面通过 For 循环来自动添加项目，这样只需给定项目数组就会自动生成包含所有项目内容的树形控件，但要求每一个项目必须有完整路径，路径层次用“\”符号作为分隔符。下面是一个例子，这里不详细赘述，希望大家通过如图 6-46 所示的程序框图能完成编程。运行效果如图 6-47 所示。

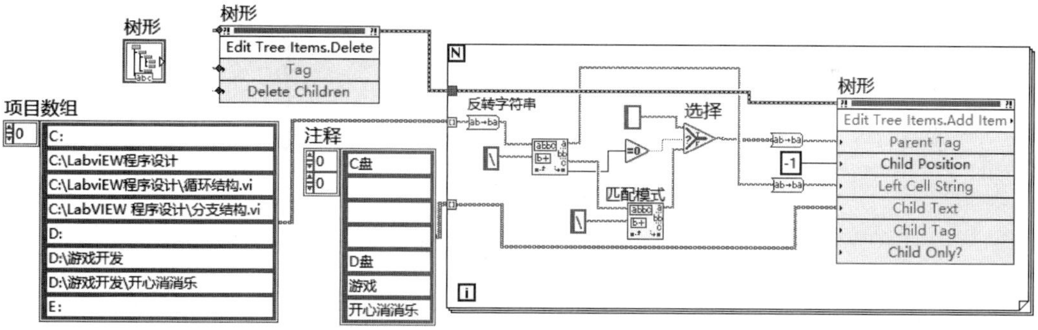

图 6-46　For 循环生成树形控件内容程序图

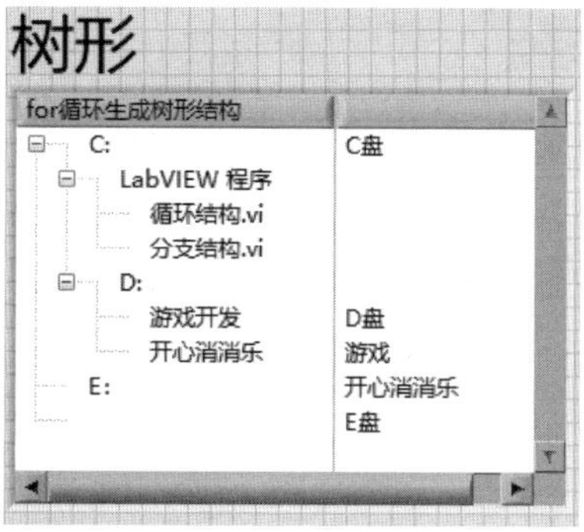

图 6-47　For 循环生成树形控件内容效果图

6.4.5 对话框控件

在程序设计中，对话框是人机交互界面的一个重要控件。LabVIEW 中有两种方法可以设计对话框：一种是直接使用 LabVIEW“函数”面板中提供的几种简单对话框，另一种是通过子 VI 实现用户自定义的功能较为复杂的对话框。

1. 普通对话框

对话框 VI 函数在“函数”面板的“编程”→“对话框与用户界面”面板下。按类型分为两类对话框：一种是“信息显示”对话框，另一种是“提示用户输入”对话框。

其中，“信息显示”对话框有四种：

① 单按钮对话框。它有 3 个连接端子，其中“按钮名称”是对话框按钮的名称，默认值为“确定”；“消息”是对话框中显示的文本，消息文本较长时，显示的对话框会相应变大，函数会根据对话框的大小自动为消息文本换行；“真”是单击按钮，将返回“True”。

② 双按钮对话框。比单按钮对话框多一个“F 按钮名称连接”端子，默认值为“取消”，如单击“F 按钮名称”对话框，可返回“False”。

③ 三按钮对话框。如图 6-48 所示，其中较前面两个对话框多了一个窗口标题端子，在该端子输入的字符串信息显示为对话框标题，如图 6-49 所示。如果连线空字符串至按钮文本输入，则该 VI 可隐藏该按钮，可使三按钮对话框转换为单按钮或双按钮对话框；如连线空字符串至对话框的每个按钮，则该 VI 可显示默认的确认按钮。

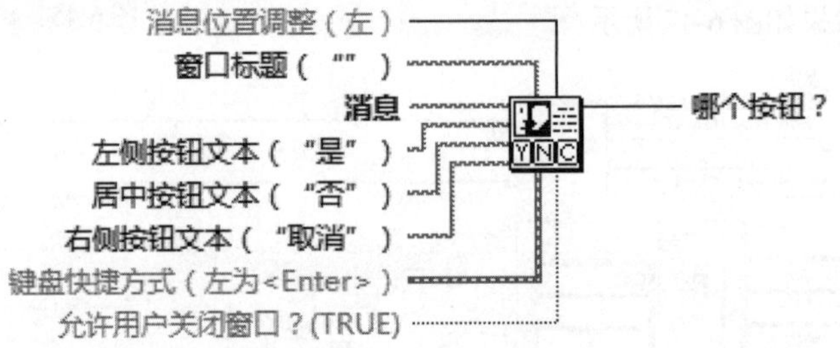

图 6-48　三按钮对话框

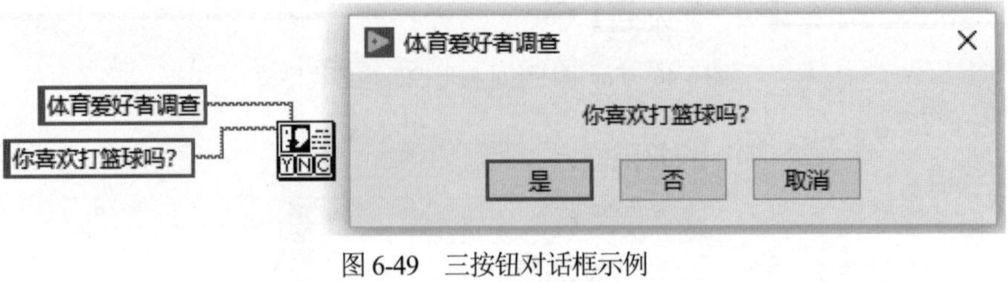

图 6-49　三按钮对话框示例

④ 显示对话框信息。创建含有警告或用户消息的标准对话框，可以配置对话框的内容和按钮个数，其配置界面和运行效果如图 6-50 所示。

在“提示用户输入”对话框中可以输入简单的字符串、数字和布尔值，其配置界面和运行效果如图 6-51 所示。

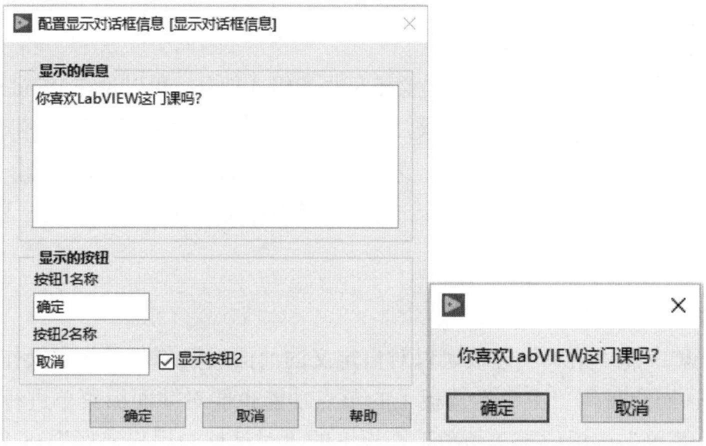

图 6-50　显示对话框示例

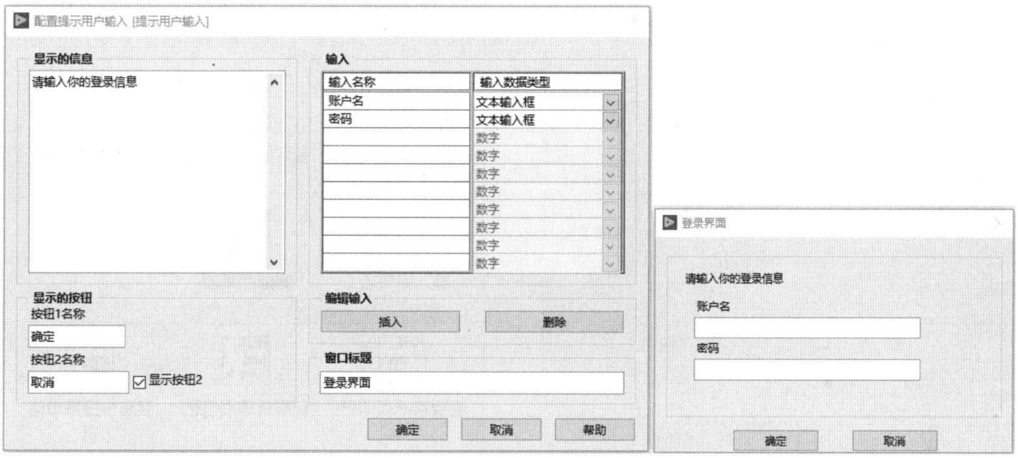

图 6-51　“提示用户输入”对话框

2. 自定义对话框

除了前面提到的 LabVIEW 系统提供的 4 种简单对话框以外，用户还能通过子 VI 实现自定义对话框。默认情况下调用子 VI 时不弹出子 VI 的运行界面，如果在调用子 VI 的程序框图中右击子 VI 图标，选择“子 VI 节点设置”选项，将弹出如图 6-52 所示的对话框，以设置子 VI 的调用方式。选择“调用时显示前面板”即表示调用子 VI 时会弹出子 VI 的前面板，在编辑子 VI 时需要对子 VI 前面板进行相应设置。例如，将 VI 属性窗口外观设置为对话框形式或者设置不显示菜单栏、工具栏、滚动条、总放置最前面等，就可以作为系统载入对话框，运行程序如图 6-53 所示。

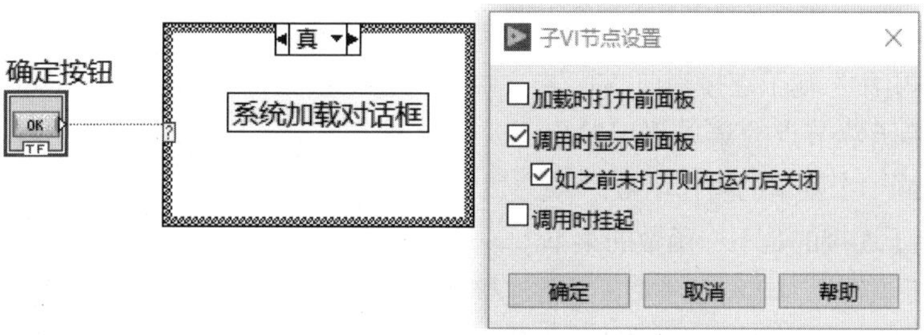

图 6-52　“子 VI 节点设置”图

6.4.6 菜单控件

对一个良好的人机界面而言，菜单项是必不可少的组成部分，可以说在 Windows 程序中菜单无处不在。它的好处是将所有的操作隐藏起来，只有用到的时候才被激活，因此相对于把所有的操作都作为按钮放在面板上，节省了大量控件。菜单有两种：一种是运行主菜单；另一种是右键快捷菜单。LabVIEW 提供了创造菜单的两种方法：一是在菜单编辑器中完成设计，另一种方法是使用菜单函数选板进行菜单设计。

1. 菜单函数

通过 LabVIEW 中的“菜单”选板可以对自定义的前面板菜单赋予指定操作，实现前面板菜单的功能。同时，用户使用“菜单”选板上的节点功能也能对前面板菜单进行定义，实现自定义菜单的设计。“菜单”选板位于“函数”面板下的“对话框与用户界面”→“菜单”面板下。常用的“菜单”控件如图 6-54 所示。

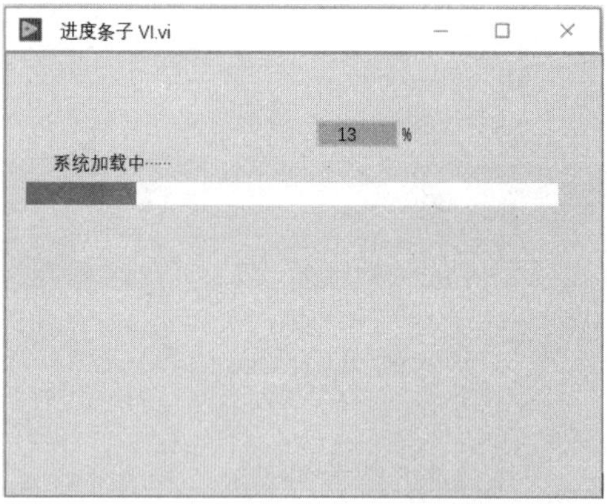

图 6-53 自定义对话框运行效果

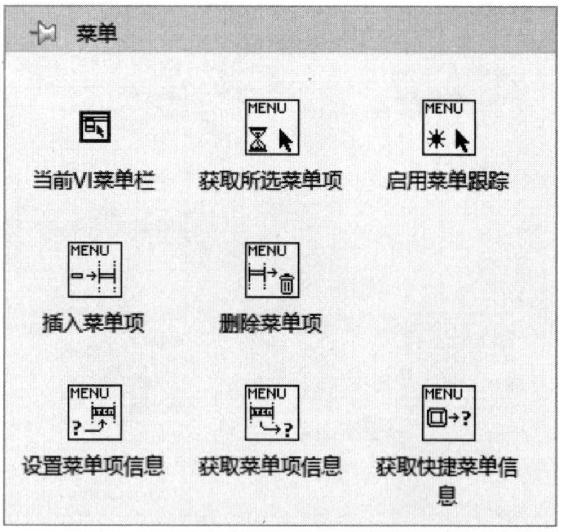

图 6-54 “菜单”选板中的控件

(1) 当前 VI 菜单栏

选择“当前 VI 菜单栏”的接线端子将返回当前 VI 的菜单引用句柄，用于连接其他菜单操作节点。LabVIEW 中使用菜单引用作为某个对象的唯一标识符，它是指向某一对象的临时指针，因此仅在对象被打开时生效，且当对象被关闭，LabVIEW 会自动断开连接。

(2) 获取所选菜单项

“获取所选菜单项”控件的接线端子如图 6-55 所示。它通常用于设置等待时间，并获取菜单项标识，用于对菜单功能进行编辑。其中“菜单引用”端子连接当前 VI 菜单栏或其他菜单函数节点的菜单引用输出端子，用于传递同一个菜单的操作函数；“菜单引用输出”端子连接的是下一函数的菜单引用输入；“项标识符”为字符串类型，通常连接条件结构的分支选择器端子，处理被选中菜单项的动作；“项路径”描述了所选菜单项在菜单中的层次位置，形式为用冒号(：)分隔的菜单标识符列表。

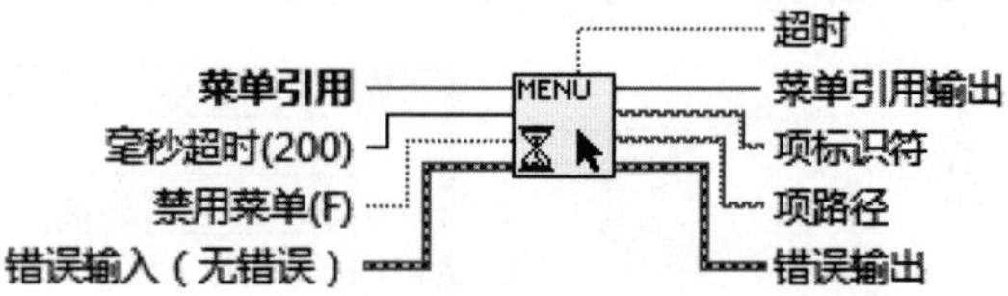

图 6-55 “获取所选菜单项”接线端子

例如，如选择文件菜单中的打开菜单项，项的路径为“File：Open”。

(3) 插入菜单项

“插入菜单项”通常用于在指定菜单或子菜单中插入新的菜单项。菜单项标识符输入的是插入位置的上一级菜单名称字符串，如果不指定菜单标识符，则插入菜单项为顶层菜单项。项名称确定要插入菜单的项，是在菜单上显示的字符串，可连线项名称或项标识行，名称和标识符必须相同。如只需插入项，可连线字符串至项名称。“项之后”端子可以直接输入要插入菜单项的项标识符字符串，也可以输入要插入菜单项的位置索引，位置索引默认从 0 开始。“项标识符输出”端子用于返回和输出插入项的项标识，如果“插入菜单项”控件没有找到项标识符或项之后，则返回错误信息。

(4) 删除菜单项

“删除菜单项”控件通常用于删除指定的菜单项，可以输入菜单标识符，也可以输入删除项的字符串或位置。如果没有指定菜单项标识符，则删除所有的菜单项。项输入端子可以是项标识字符串或字符串数组，也可以是位置索引，只有使用位置索引的方法才可以删除分隔符。

(5) 启用菜单追踪

“启用菜单追踪”控件通常与获取所选菜单项配合使用。“启用”端子输入的是布尔型数据，当启用端子输入为真时，则打开追踪，否则关闭追踪，默认为打开追踪。

(6) 获取菜单项信息

“获取菜单项信息”控件通常用于返回与项标识符一致的菜单项属性。其中常用的返回属性是快捷方式，其他各端子含义与设置菜单项信息函数相同。

(7) 设置菜单项信息

“设置菜单项信息”控件通常用于改变菜单属性，没有重新设置的属性不会改变。项标识符指定用户想要设置属性的菜单项或菜单数组。快捷方式用于设置菜单项的快捷方式，输入的为簇类型的数据，每个菜单在簇中有两个布尔类型和一个字符串。第一个布尔类型定义快捷键中是否包含 Shift 键，第二个布尔类型定义快捷键中是否包含 Ctrl 键，字符串中设置菜单快捷键，以配合 Shift 键或 Ctrl 键使用。已启用端子输入布尔型参数，默认为启用状态。

(8) 获取快捷菜单信息

“获取快捷菜单信息”控件通常用于返回与所输入的快捷方式相同的菜单项标识符和项路径。

2. 运行主菜单

运行主菜单是指前面板在运行时菜单栏所显示的主菜单。运行主菜单有三种类型可供选择，分别为：默认，即 LabVIEW 的默认菜单；最小化，即只显示最常用的菜单选项；自定义，用户可以在这里编辑自己喜欢和需要的菜单。接下来主要讲解如何自定义运行主菜单。

(1) 自定义运行主菜单的编辑

自定义运行主菜单在前面板编辑，操作方法也比较简单。

实例 6-14　通过自定义运行主菜单实现登录系统，详细解读在前面板编辑运行主菜单的过程。

步骤一：打开 LabVIEW 工具，创建一个新 VI，选择“编辑”→“运行时菜单…”选项，即可弹出“菜单编辑器”对话框，如图 6-56 所示。

步骤二：选择图 6-56 中下拉列表的自定义选项，弹出如图 6-57 所示的自定义菜单编辑对话框。开始编写菜单内容，“菜单项类型”选择“用户项”，在“菜单项名称”文本框输入菜单内容，选择左上角的加号，添加新的菜单内容；通过左上角的上、下、左、右键，进行等级缩进和上下移动，以调整菜单项内容的位置。“菜单项类型”选择“分隔符”，可以添加水平线等。编写完成后如图 6-58

所示。然后选择“文件”→“保存”，将其内容保存为扩展名为“.rtm”的菜单文件，最好将它与VI存放在同一个路径下。

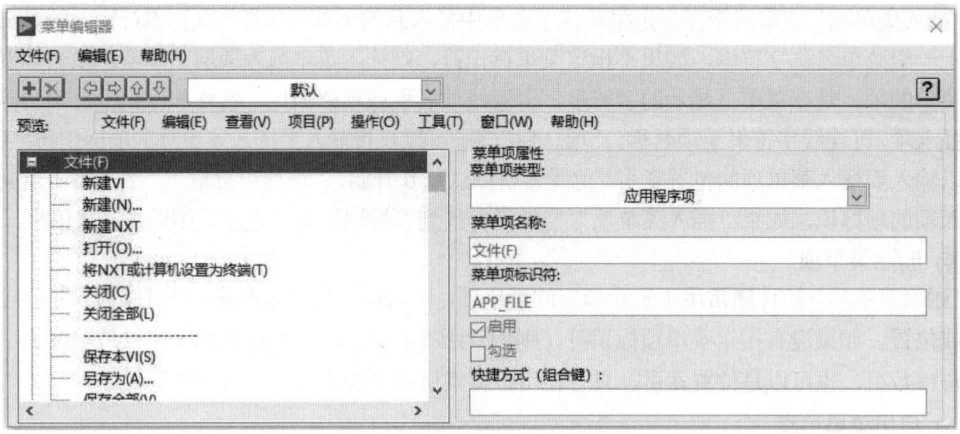

图 6-56 “菜单编辑器”对话框

步骤三：通过前面板设计一个登录系统的子VI，编写好程序框图，定义好连接端子，设置窗口外观为对话框。

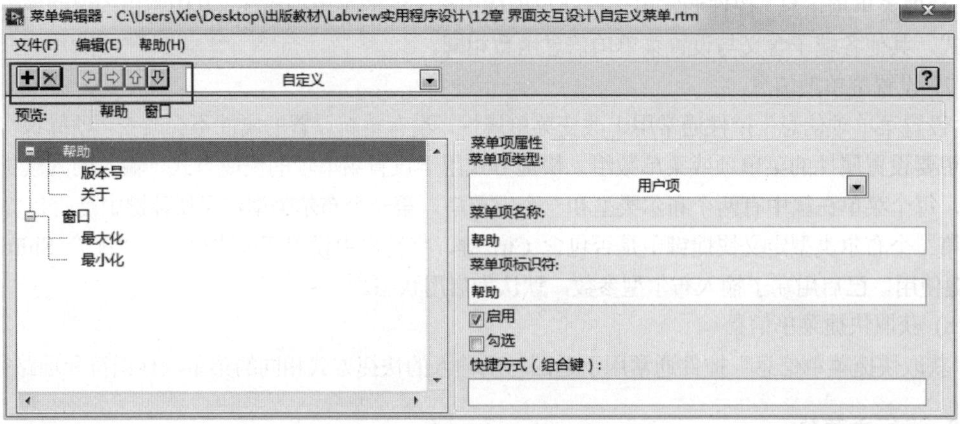

图 6-57 自定义菜单编辑对话框

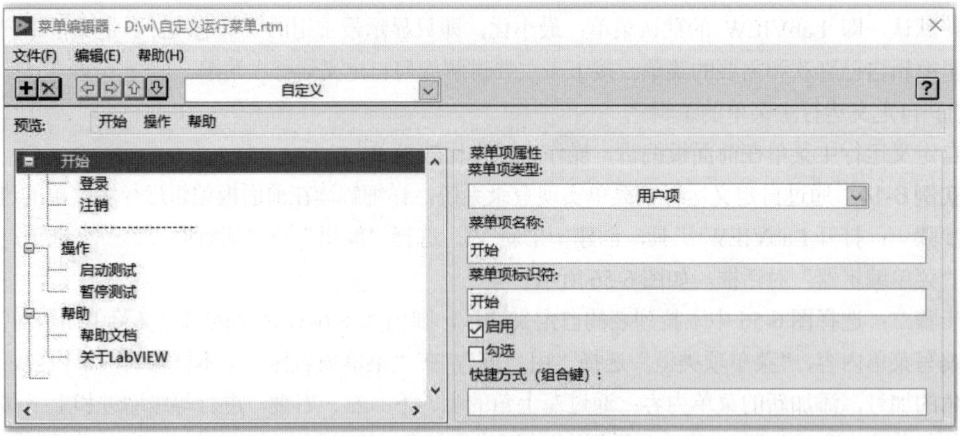

图 6-58 自定义菜单编写内容

步骤四：通过菜单编辑器编辑好菜单后，除了系统提供的系统功能之外，用户项菜单还不具备任何功能，如图 6-59 所示，还需要通过编程才能实现其对应的逻辑功能。

步骤五：在程序框图中，打开“函数”面板，首先选择“当前 VI 菜单栏”获得当前前面板的主菜单，然后在 While 循环中通过“获得所选菜单项”控件获得用户单击的菜单项选项，再通过条件结构对相应的菜单项进行编程，如图 6-60 所示。在程序框图中添加四个条件分支：其中一个是空字符串分支，这是一个避免死循环的空分支；“登录”分支用于调用登录对话框子 VI，并把登录界面的输入信息传给当前界面；“注销”分支用于清空两个文本框内容；“退出系统”分支用于关闭当前系统。

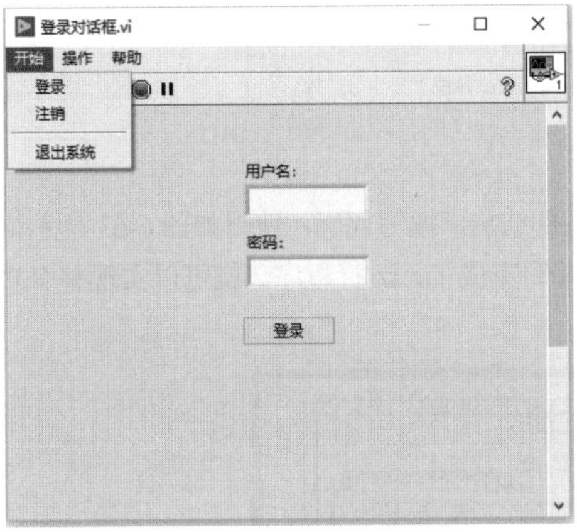

图 6-59　自定义运行菜单界面

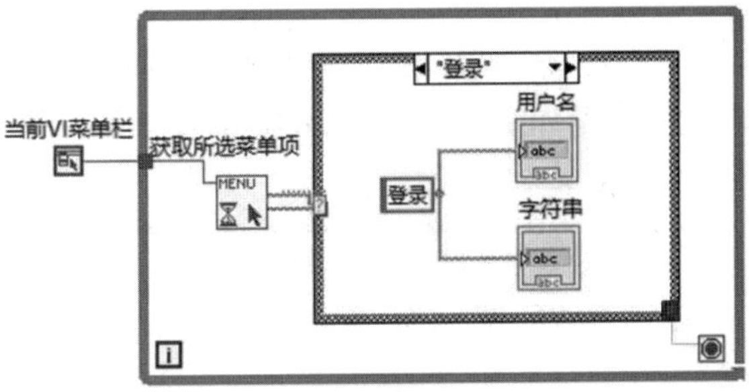

图 6-60　自定义菜单响应程序框图

(2) 事件结构实现菜单响应

自定义运行主菜单的响应程序还可以通过事件结构实现，它比通过获得所选菜单项函数实现更简洁明了。在项目开发中，一般推荐使用事件结构。

实例 6-15　用前面完成的登录界面子 VI 和菜单文件，完成通过事件结构实现菜单响应功能。

步骤一：加载菜单文件。新建 VI，选择“编辑”下的“运行时菜单”，进入“菜单编辑器”对话框，如图 6-56 所示。选择“自定义”，进入如图 6-57 所示的对话框。选择“文件”下的“打开”选项，选择前面编辑好的菜单文件，点击右上角的“关闭”按钮，出现如图 6-61 所示的对话框，选择“是”按钮。

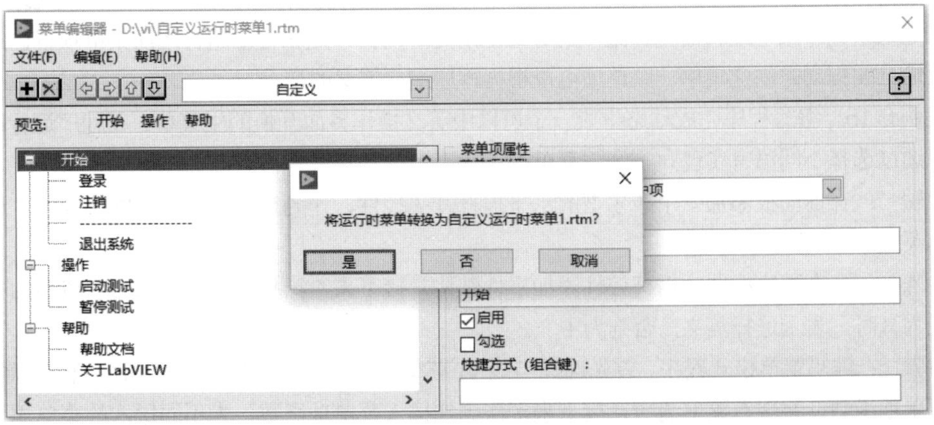

图 6-61　加载自定义菜单文件示例

步骤二：添加菜单选择(用户)事件。在 While 循环中添加一个事件结构，选择“添加事件分支”选项，在弹出的编辑事件对话框中，选择事件源为“<本 VI>”及事件为“菜单选择(用户)”，如图 6-62 所示。

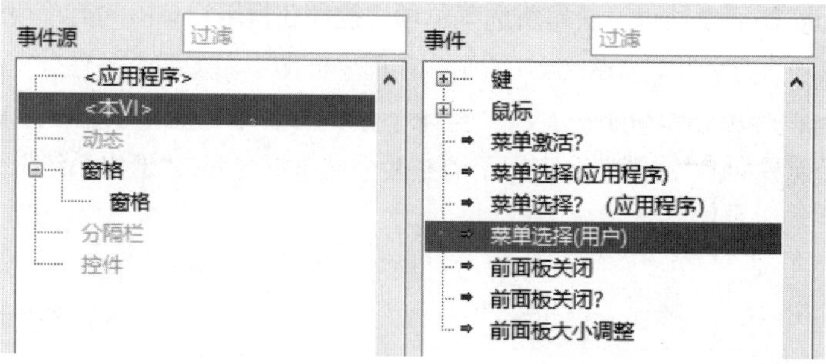

图 6-62　添加菜单选择(用户)

步骤三：编写程序框图。在菜单选择事件中，添加条件结构，编写代码，使得如图 6-63 所示框里面的内容与如图 6-60 所示的内容相同。至此，程序就编写完成了，运行程序，就可以实现整个功能了。

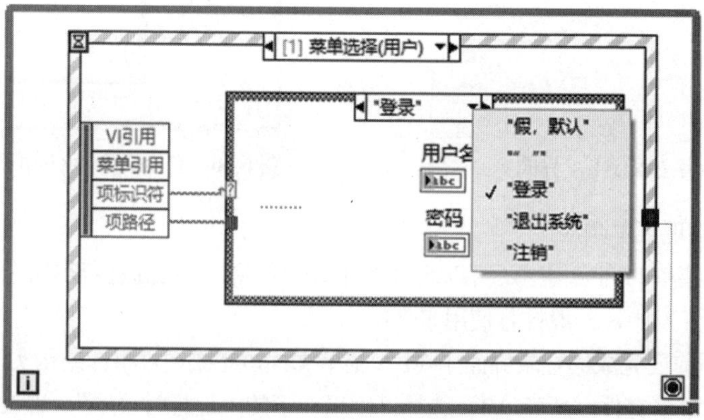

图 6-63　事件结构实现菜单文件对话框

(3) 动态创建菜单

除了可以通过菜单编辑器来编辑运行主菜单之外，还可以利用菜单面板上的 VI 函数通过编程来动态创建菜单。用菜单编辑器编辑菜单的好处是所见即所得，是在程序运行之前菜单项就已经确定了。而通过编程动态创建菜单，菜单项可以根据程序运行情况改变。

实例 6-16　编写程序完成动态生成一个可以中英文操作界面互换的主菜单。在程序运行时，用户可以通过选择不同语言实现同一个主菜单操作。

步骤一：在前面板添加一个布尔型的水平摇杆开关控件，作为选择菜单语言的选择器，语言有中文和英文。

步骤二：先在程序框图为摇杆控件添加事件结构，接下来给摇杆控件的不同布尔值添加条件结构。当为真时，表示选择英文，否则为中文。

步骤三：编写菜单模式程序。首先选择当前 VI 菜单项，创建一个菜单引用句柄；然后添加一个删除菜单项函数，将现有菜单清空；接下来多次添加插入菜单项函数，为不同层次的菜单添加具体内容。

步骤四：添加快捷键。通过“创建数组”函数把需要创建快捷菜单的项标识符构成一个新数组。需要注意的是，在这里直接使用创建数组函数会构成一个二维数组。方法是右击“创建数组”函数，选择“连接输入”。最后用 For 循环结构和一个数组常量为部分菜单项添加快捷键。具体代码如图 6-64 所示。用同样的方法为英文版菜单编写程序，这里不再赘述。

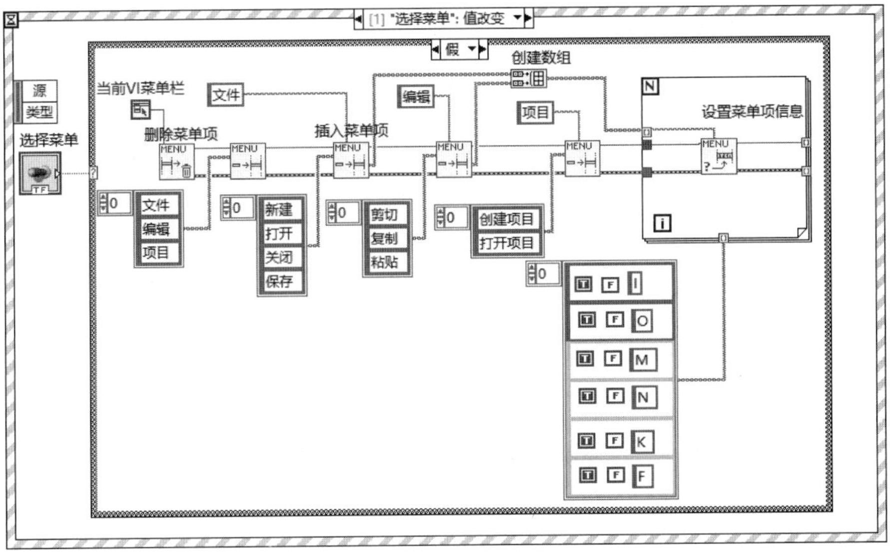

图 6-64　动态创建菜单程序图

步骤五：添加菜单选择(用户)事件。选择“添加事件分支”选项，在弹出的编辑事件对话框中，选择事件源为“<本 VI>”，选择事件为“菜单选择(用户)”。代码编写可以参考图 6-63。

步骤六：运行程序，就可以看到用程序编辑的自定义运行主菜单不同的语言模式，如图 6-65 所示。

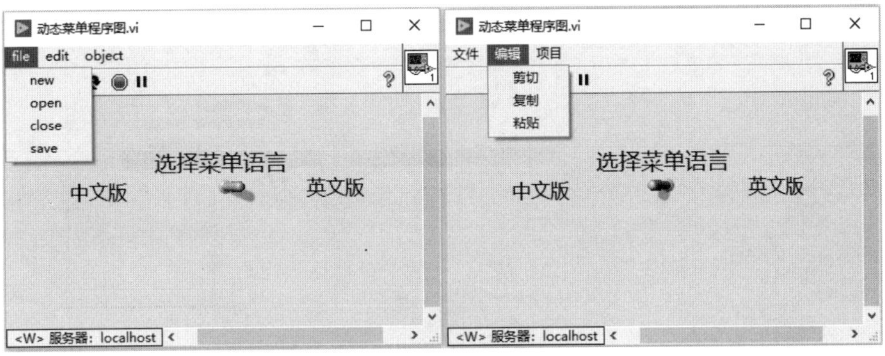

图 6-65　动态创建菜单运行效果图

3. 右键快捷菜单

右键快捷菜单是为某一个具体控件设置的菜单。只有当用户右击该控件时，才会弹出该菜单。右击不同的控件可以弹出不同的菜单，因此它能够满足用户更多的交互需求。

右键快捷菜单的创建方式也有两种：一种是通过菜单编辑器创建；另一种是通过编程动态创建。

(1) 利用菜单编辑器创建菜单

实例 6-17　利用“菜单编辑器”创建右键快捷菜单的方式，为一个温度计创建右键快捷菜单。

通过该菜单，用户可以选择温度计的显示方式为摄氏度还是华氏度。

步骤一：创建一个 VI，在前面板添加一个温度计控件，一个布尔型指示灯控件。

步骤二：编辑菜单项。右键单击温度计控件，选择“高级”→“运行时快捷菜单”→“编辑”选项，弹出如图 6-66 所示的快捷菜单编辑器对话框，选择“自定义”类型，添加菜单项目名称“华氏”和“摄氏”，保存控件。

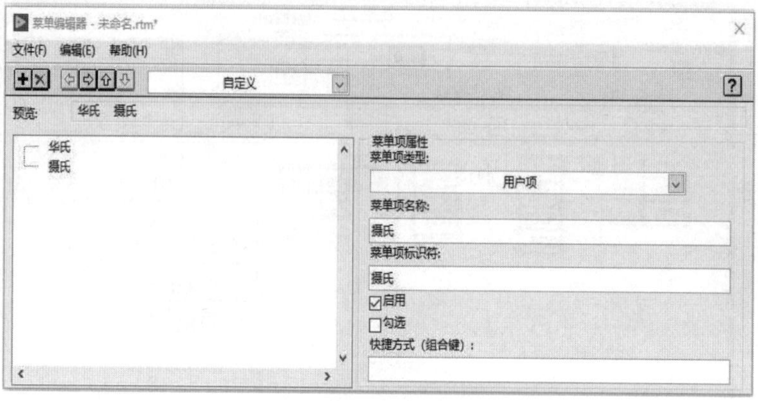

图 6-66 快捷菜单编辑器对话框

步骤三：选择事件。编辑完菜单项以后，开始编辑程序框图代码。与运行时主菜单不同，右键快捷菜单只能通过事件结构实现菜单响应。在程序框图中添加事件结构，选择“添加事件分支”选项，在弹出的“编辑事件”对话框中，选择“事件源”为“温度计”，选择“事件”为“快捷菜单”下的“快捷菜单选择(用户)”选项，如图 6-67 所示。

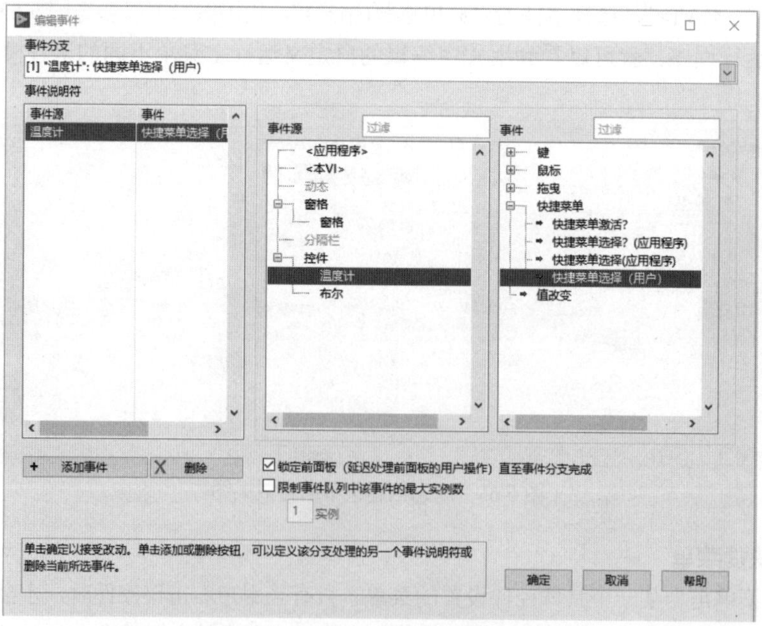

图 6-67 快捷菜单编辑器事件对话框

步骤四：编写程序。在事件结构内添加条件结构，通过项标识符选择条件。在“摄氏”菜单项中设置温度计标题为“温度计(摄氏)”，最大值为 100，指示灯亮，指示灯标题为“摄氏温度”；在“华氏”菜单项中，设置温度计标题为“温度计(华氏)”，最大值为 200，指示灯灭，指示灯标题为“华氏温度”。程序框图代码如图 6-68 所示。

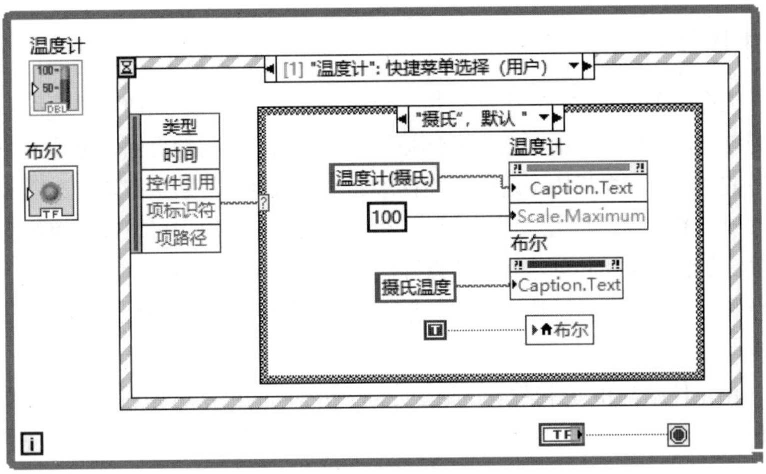

图 6-68 快捷菜单编辑程序框图

步骤五：运行程序，通过菜单编辑器创建的右键快捷菜单运行效果图如图 6-69 所示。

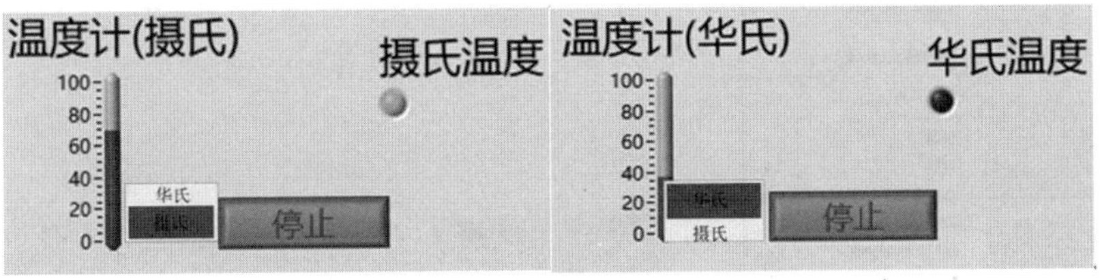

图 6-69 右键快捷菜单运行效果图

(2) 利用编程动态创建菜单

实例 6-18 通过编程动态创建右键快捷菜单的方式，同样实现上面的温度计效果。

步骤一：创建一个 VI，在前面板添加一个温度计控件，一个布尔型指示灯控件。

步骤二：在程序框图中添加事件结构。选择“添加事件分支”选项，在弹出的编辑事件对话框中，选择“事件源”为“温度计”，选择“事件”为“快捷菜单”下的“快捷菜单激活?”选项。在事件结构中添加一个“删除菜单项”控件，将现有菜单清空。接下来添加“插入菜单项”控件，向标识符接线端子添加菜单内容，如图 6-70 所示。

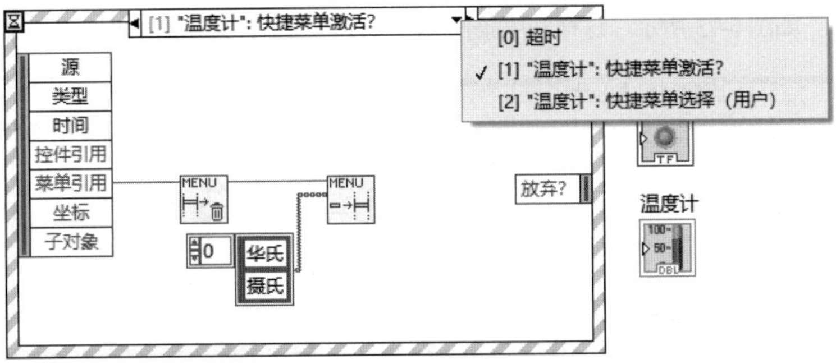

图 6-70 动态创建右键快捷菜单程序图

后面的步骤与前面通过“菜单编辑器”创建右键快捷菜单实例的步骤三、步骤四和步骤五相同，这里不再赘述。

6.4.7 选项卡控件

选项卡控件提供多个页面，每个页面都是一个容器，页面中可以摆放各种控件来完成不同的功能。用户可以通过单击页面上边的“选项卡标签”来切换显示不同的页面。选项卡控件位于控件面板的“新式”下的“器”子面板内。选项卡控件添加到前面板后，默认有两个选项卡标签，双击选项卡标签可以修改标签内容。右击选项卡边框，在弹出的快捷菜单中可以选择相关选项来对选项卡进行添加、删除、复制、交换和创建属性节点等操作，如图 6-71 所示。

选项卡功能既可以通过条件结构来完成，也可以通过事件结构来完成。在实际开发项目过程中，一般用事件结构。

实例 6-19 用条件结构和事件结构完成选项卡控件不同的四则运算。程序设计步骤如下：

步骤一：新建一个 VI，在前面板上添加两个选项卡控件，修改第一个选项卡标签为“相加运算”，修改第二个选项卡标签为“相乘运算”。分别在两个选项卡中添加两个数值输入控件、一个数值显示控件和一个确认按钮，并分别修改标签名，如图 6-72 所示。

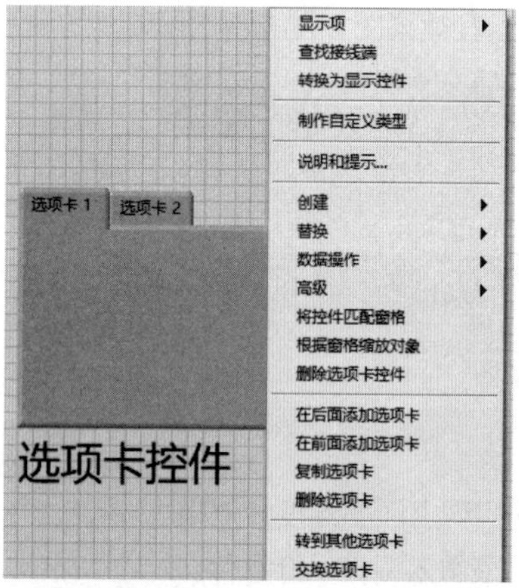

图 6-71 选项卡控件及其快捷菜单

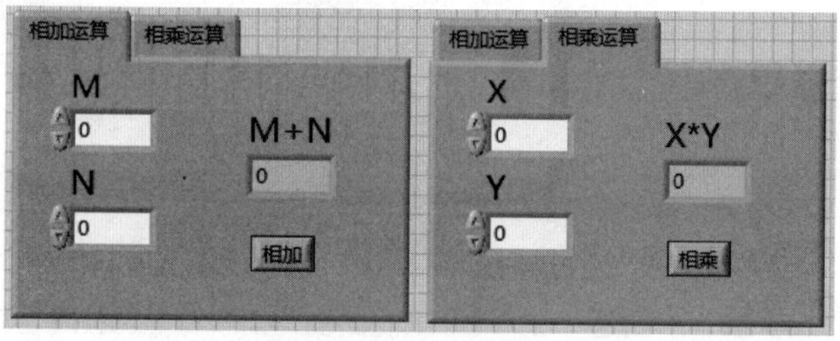

图 6-72 选项卡前面板

步骤二：切换到程序框图，添加一个条件结构。选项卡控件的输出端连接其分支选择器，则条件结构会自动生成“相加运算”分支和“相乘运算”分支；在每个分支中再添加一个条件结构，其分支选择器分别连接“相加”和“相乘”两个确认按钮。在其假分支结构中不编写程序代码，只在真分支中添加相关的运算程序。如图 6-73 所示，这样利用条件结构实现选项卡控件功能的程序代码就编写完成了。

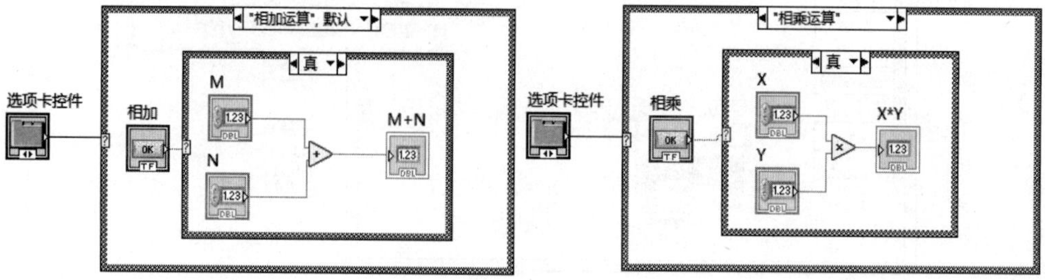

图 6-73 条件结构实现选项卡控件功能

步骤三：编写事件结构代码。首先在程序框图中添加事件结构，然后添加“相加：值改变”和“相乘：值改变”两个事件分支，在两个事件分支中添加程序代码。如图 6-74 所示，这样事件结构实现选项卡控件功能的程序代码就编写完成了。

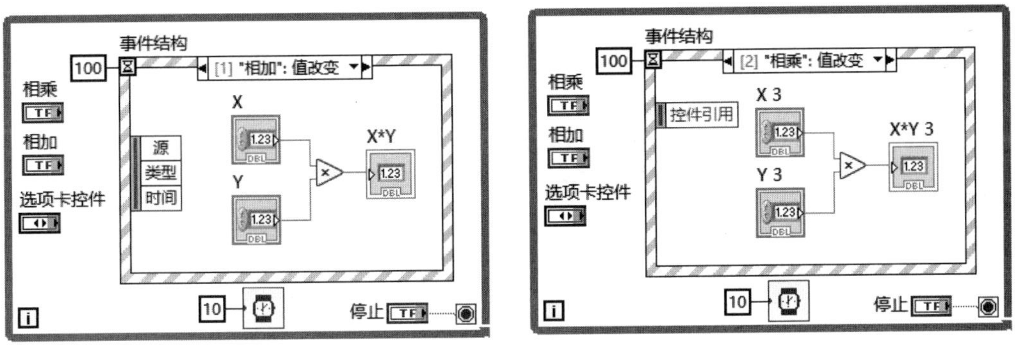

图 6-74　事件结构实现选项卡控件功能

步骤四：运行程序，发现在数值输入控件中改变不同的数据，都会实现相应的四则运算。

6.4.8　多面板设置

在设计稍具规模的系统时，往往一个前面板很难显示出所有内容，就算勉强能完全显示，也会使界面臃肿难看。有些情况下，用户可以通过选项卡控件进行分页显示，但是由于前面板控件过多，程序框图必然会更加繁乱。

其实，类似于常见的 Windows 程序，用户可以通过按钮或菜单弹出更多的界面。这样，无论多么复杂的系统都可以用简洁的多面板人机界面实现。下面来看如何在 LabVIEW 中实现多面板的程序设计。

1. 多面板的程序设计

这里将多面板程序设计分为两种情况：一种是在弹出子面板时，主程序处于等待状态，直到子面板运行完成；另一种是弹出子面板后，子面板与主程序相互独立运行。

对于第一种情况，可以简单地通过子 VI 实现。在子 VI 中选择“文件”→“VI 属性”→“窗口外观”→“自定义”→“调用时显示前面板”选项，当主 VI 调用到该子 VI 时，该子 VI 的前面板便会自动弹出。子 VI 可以是静态调用，也可以是动态调用。

对于第二种情况，则需要通过 VI 引用的方法节点来实现。下面通过一个实例来说明，其前面板如图 6-75 所示，程序框图如图 6-76 所示。前面板的“子面板 1”“子面板 2”“子面板 3”和“关于”这四个按钮分别对应 4 个 VI 面板。单击其中一个按钮，就会弹出相应的程序面板。运行过程中，用户可以看到各个面板之间是互相独立的，即其中一个面板的运行不影响另外面板的操作。

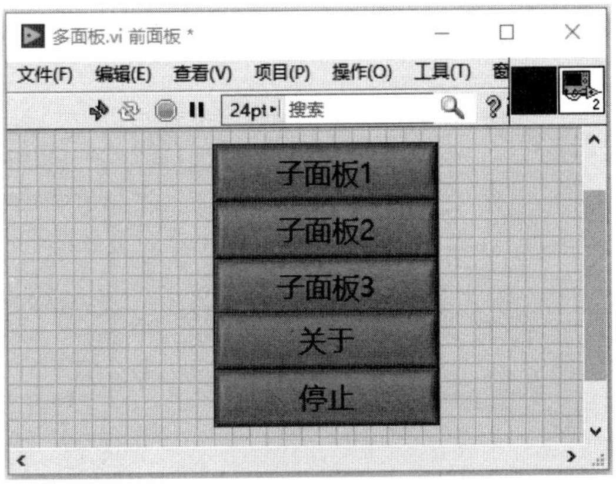

图 6-75　多面板程序前面板

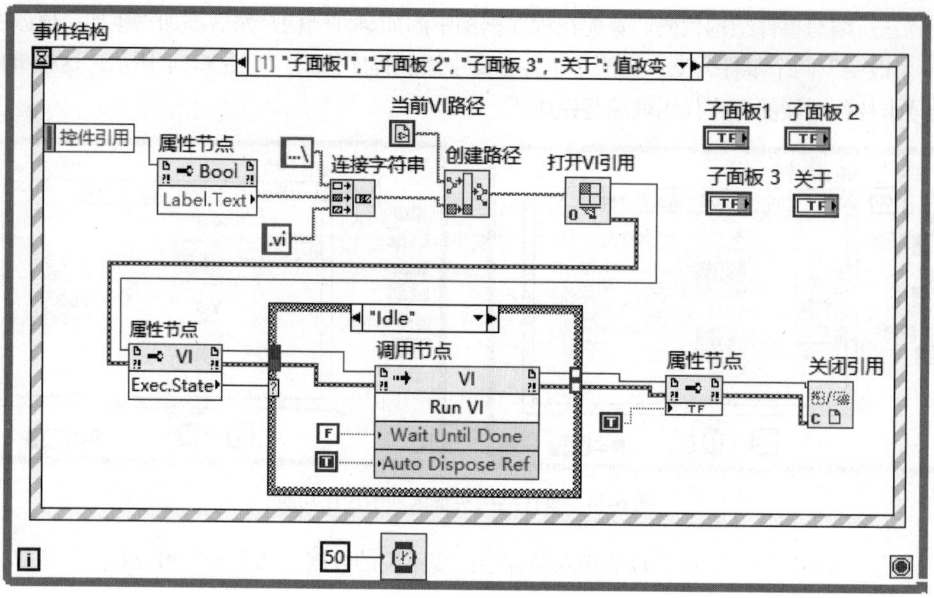

图 6-76　多面板程序事件结构框图

2. 多面板的程序框图

程序框图中最主要的是事件结构。该事件结构的触发条件来源于用户单击界面上 4 个按钮中的任何一个按钮。例如，当用户单击“子面板 1”按钮时，可以通过“控件引用”的属性节点“Label.Text”(标签.文本)属性获得按钮的标签名称，通过字符串连接和“创建路径”函数可以得到该按钮对应 VI 的绝对路径；通过“打开 VI 引用”函数获得 VI 引用后，由 VI 的“Execution.State”(执行.状态)属性节点获得 VI 的运行状态。如果 VI 处于“Idle”状态(即不运行状态)，则通过 RunVI(运行 VI)方法运行该 VI，设置“Wait Until Done”(结束前等待)参数为“False”，表明该动态加载的 VI 与主 VI 相互独立运行；最后通过设置“Front Panel Window.Open”(前面板窗口.打开)属性为“True”来打开动态加载 VI 的前面板。

3. 子面板

子面板程序如图 6-77 所示。为了使用户单击“退出”按钮实现面板的关闭，这里用到了 VI 的 Front Panel.close 方法。

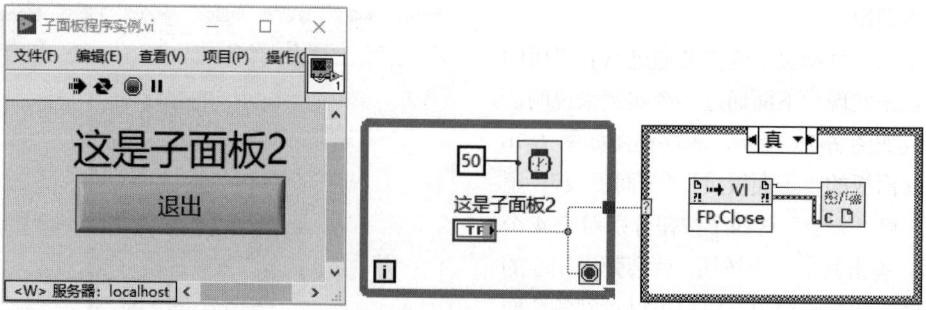

图 6-77　子面板程序实例

子面板有不同的行为模式，譬如子面板始终在界面最前面，或者是对话框方式，即打开子面板时用户不能操作其他面板。在子面板程序中选择“文件”→“VI 属性”→“窗口外观”→“自定义”，在“自定义”对话框中设置子面板的功能。对应于窗口动作栏，它有三种模式：

(1) 默认：普通模式，即如普通面板一样没有特殊行为。

(2) 浮动：面板总是浮在窗口最前面，用户此时仍然可以操作其他面板。

(3) 模态：对话框模式，即如对话框一样，当该面板运行时，用户不可以操作其他面板。

除了通过按钮实现多面板的调用，也可以通过选择菜单栏的菜单项实现菜单项与相应面板VI 的对应。

6.4.9　设置光标图标

光标是指示用户输入内容的位置、指示鼠标指针当前位置的小动态图标。程序运行过程中，光标图像的变化可以形象地告诉用户程序的运行状态。例如，当程序正在采集或分析数据而不接受用户输入时，可以将光标的外观变为沙漏或钟表状态以表示程序在忙；而当 VI 完成采集或分析数据后，可重新接受用户输入时，再将光标恢复为默认图标。

Windows 平台上的光标通常分为两类：一种是动画光标，保存为“*.ani”文件；另一种是静态光标，保存为“*.cur”文件。光标大小有 16×16、32×32 以及自定义大小等多种。在进行程序开发时，不仅可以使用系统提供的光标图标，还可以从网络上下载各种光标图标，甚至使用图标设计软件自己创建有个性光标图标文件供应用程序使用。

LabVIEW 为光标操作提供了一套控件集，光标控件集位于“函数”面板的“编程”→“对话框与用户界面”→“光标”子面板中，如图 6-78 所示。

如果要为程序设置系统自带的光标，可以使用“设置光标”函数。该函数是个多态性质的 VI，它可以根据不同的连接参数实现不同的功能。当输入参数是光标引用时，可以将引用所指向的光标文件设置为当前光标；如果输入参数为数值，则可以将系统光标或 LabVIEW 光标设置给 VI。可以使用数字 0~32 作为“设置光标”函数的参数，为 VI 设置 LabVIEW 自带的各种光标。各个数字所代表的图标如图 6-79 所示。在为 VI 设置这些光标时，直接把光标对应的数字连接到“设置光标”控件的“图标”输入端即可。

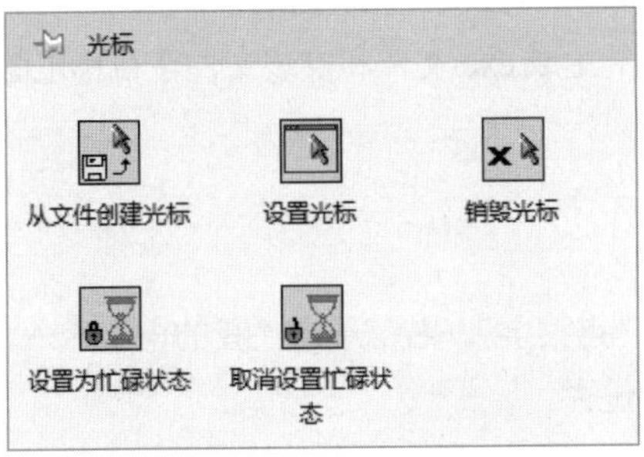

图 6-78　“光标”子面板

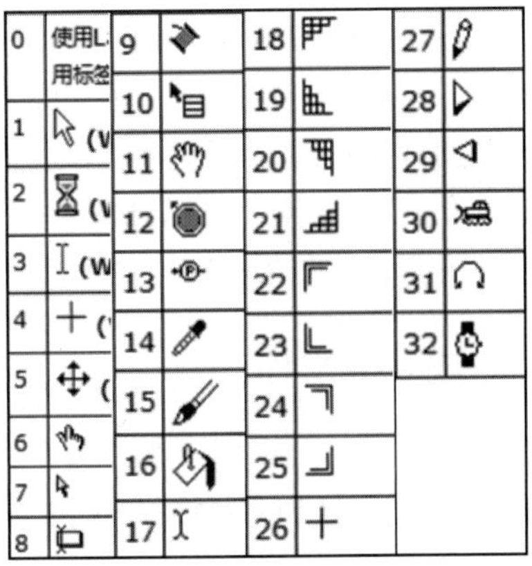

图 6-79　LabVIEW 自带光标图

将 VI 前面板中的光标更改为系统繁忙时的光标图标也比较常用，这可以通过“设置为忙碌状态”和“取消设置忙碌状态”两个控件来实现。如图 6-80 所示，程序首先调用了“设置为忙碌状态”VI，然后等待进度条运行。在等待过程中，用户可以看到鼠标的光标被更改为忙碌状态。进度条运行结束以后，“取消设置忙碌状态”VI 恢复光标至默认状态。

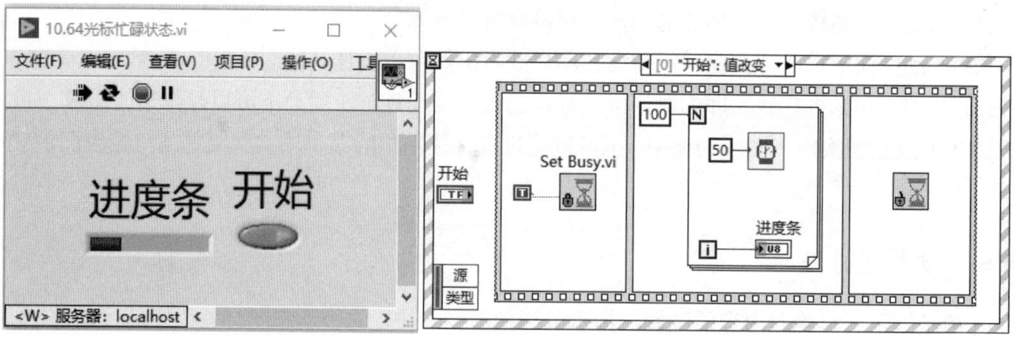

图 6-80 设置光标忙碌状态实例

6.5 生成.exe 文件和安装文件

使用 LabVIEW 编写程序时往往需要将程序拿到目标电脑上运行，如何将程序从开发电脑上移植到目标电脑上呢？这里有两种方法：

(1) 在目标电脑上安装 LabVIEW 以及相关驱动和工具包，然后将 VI 或者整个项目拷贝到目标电脑上。然而安装 LabVIEW 和各种工具包会比较耗费时间，且 VI 可以被任意修改，容易引起误操作，如果只是运行程序，则不推荐这种方法。

(2) 将 LabVIEW 编写的程序在开发电脑上编译生成独立可执行程序(.exe)，然后将可执行程序移植到目标电脑上，这里的移植分为两种方式：

① 将生成的.exe 文件拷贝到目标电脑上，然后在目标电脑上单独安装 LabVIEW 运行引擎(Run-Time Engine)和需要的驱动以及工具包等，此方法中安装驱动和工具包也要花费较多的时间，不推荐使用。

② 将生成的.exe 文件和一些用到的组件打包生成 installer，即安装程序，然后在目标电脑上运行安装程序，这样安装完成后，之前生成的.exe 文件、LabVIEW 运行引擎以及其他用到的工具包会被自动安装到目标电脑上，用这种方法移植程序比较简单，是最常用的方法。

由以上介绍可知，整个 LabVIEW 程序运行完成后，生成.exe 文件和安装文件在目标电脑上运行比较方便，下面分别介绍这两种方法。

6.5.1 生成.exe 文件

创建一个项目，项目名字为整个程序的名字，如“点菜宝”。右键单击“我的电脑”→“添加”→“文件”，如图 6-81 所示，将程序的主 VI 文件添加进去。

右键单击“我的电脑”→“添加”→“文件夹(自动更新)”，新建一个文件夹并重命名(如子 VI)，如图 6-82 所示，将主 VI 以外的所有子 VI 文件全部放进该文件夹。

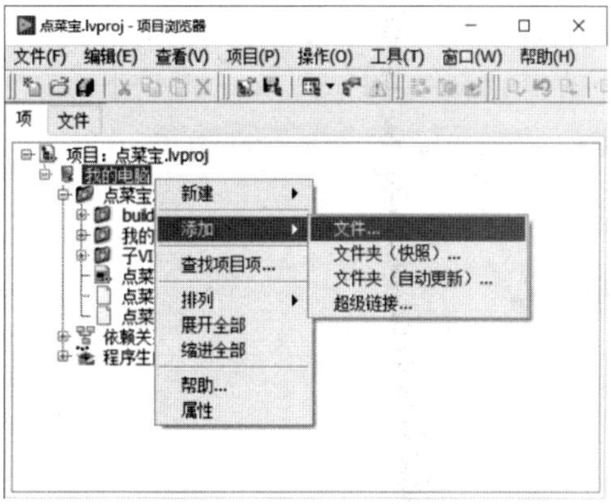

图 6-81 生成.exe 添加文件

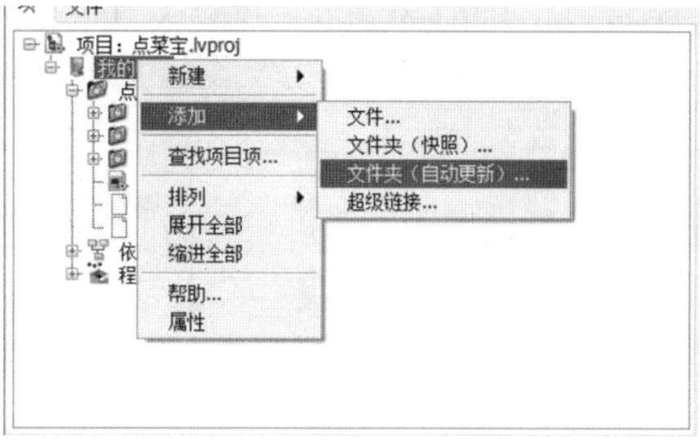

图 6-82 生成.exe 添加文件夹

如图 6-83 所示，右击“程序生成规范”→“新建”→“应用程序(EXE)”，弹出应用程序生成器信息的窗口后点击“确定”按钮。

选择“类别”框中的信息，右侧“程序生成规范名称”和“目标文件名”为将要生成的.exe 的文件夹名和文件名，如图 6-84 所示。

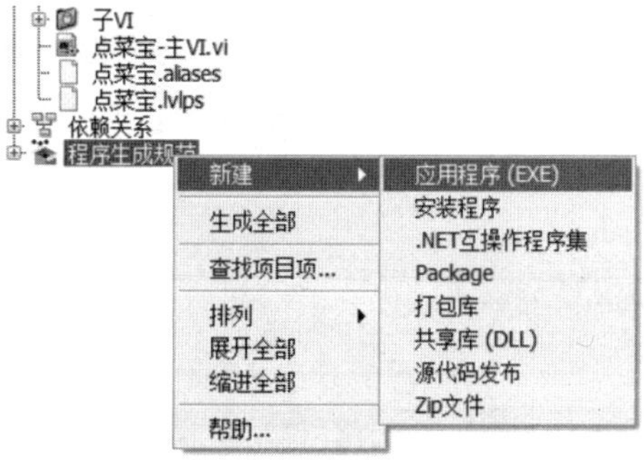

图 6-83 新建应用程序

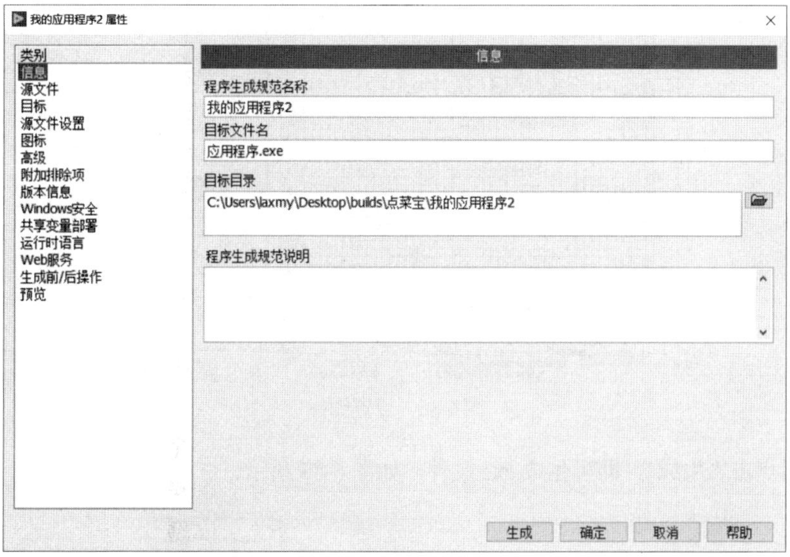

图 6-84 生成.exe 文件

选择“类别”框中的“源文件”，将软件打开的默认界面添加到“启动 VI”项，其余添加到“始终包括”项，如图 6-85 所示。一般默认“始终包括”下的非 VI 文件会生成到 data 文件夹下。

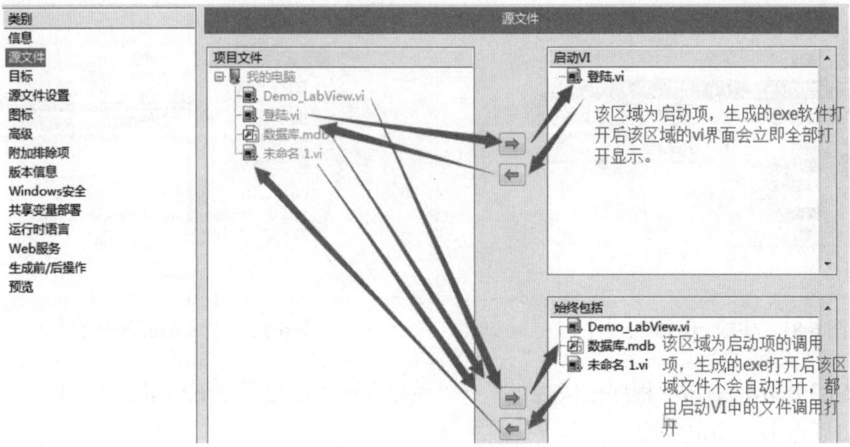

图 6-85　源文件设置

选择“类别”下的图标，可以自己编辑将要生成.exe 软件的图标，如图 6-86 所示。

图 6-86　设置图标

设置好后点击“生成”，即可生成.exe 文件，如图 6-87 所示。

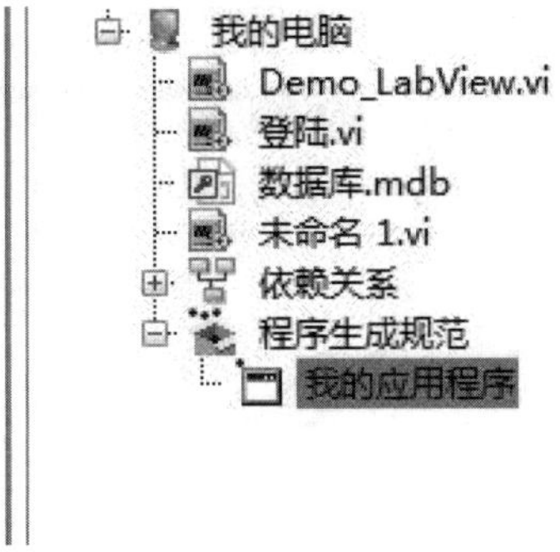

图 6-87　生成.exe 文件

6.5.2　生成安装文件

生成.exe 文件后右击“程序生成规范”→“新建”→“安装程序”，如图 6-88 所示。

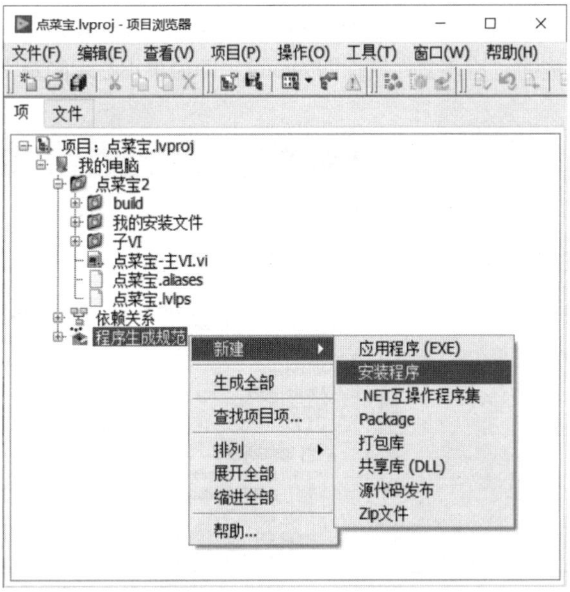

图 6-88　新建安装程序

产品信息中的“产品名称”是指生成的软件名称，如图 6-89 所示。

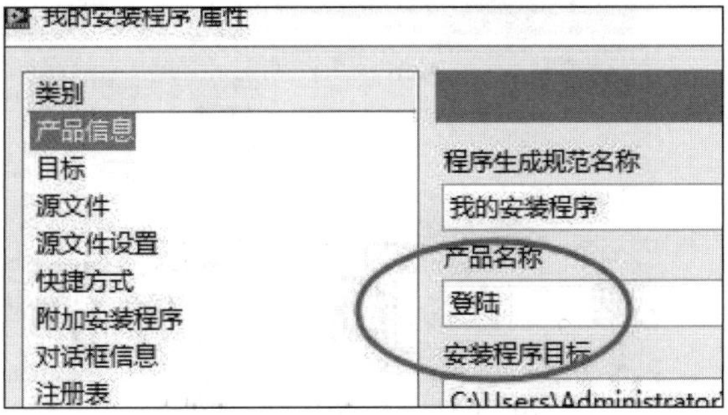

图 6-89　产品信息

通过向左、向右按钮将生成的 exe 程序添加到安装包中，如图 6-90 所示。

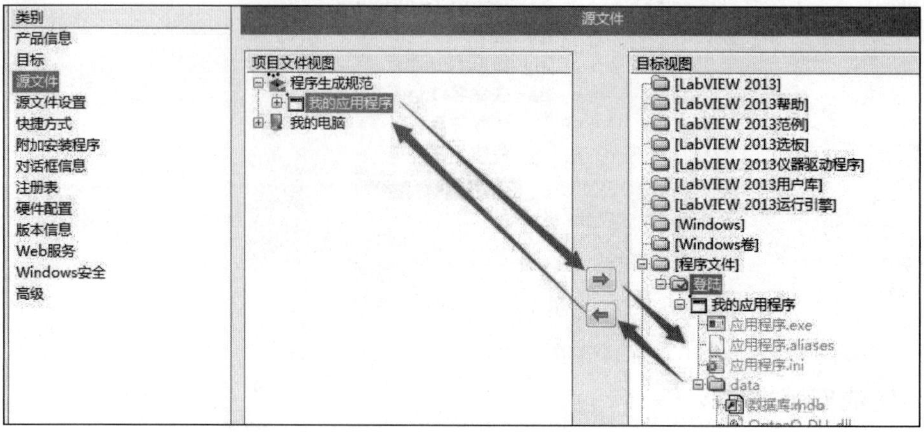

图 6-90　设置安装文件源文件

一般情况下我们不希望用户看到数据库文件，因此选择想隐藏的数据库，再选中“隐藏”，如图 6-91 所示。安装生成的包后该文件属性即为隐藏。即如果不显示隐藏文件的设置，该文件在文件夹中将不显示。

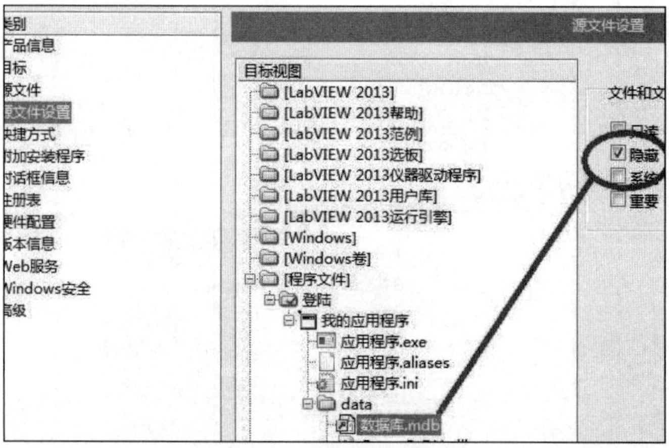

图 6-91　数据库设置

通过“快捷方式”中的目录可以设置安装软件时的快捷键生成的位置，如图 6-92 所示。

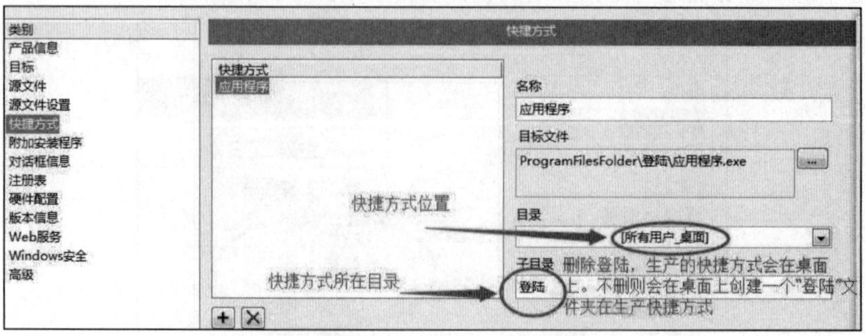

图 6-92　“快捷方式”设置

最后单击“生成”按钮，即可生成相应的安装包。

习题

1. 通过 LabVIEW 编程，将华氏温度转化成摄氏温度。公式为：C=(5/9)*(F−32)，其中 F 为华氏温度，C 为摄氏温度。请根据给定的华氏温度输出对应的摄氏温度。

2. 编写一个 VI，其菜单结构为：

一级菜单：系统、操作

系统：启动、退出

操作：升温、降温

(1) 当 VI 运行时，升温、降温两个菜单处于无效(Disable)状态，当用户点击启动菜单项后，这两个菜单变为使能(Enable)状态，同时启动两个菜单变为无效状态。

(2) 点击“退出”停止 VI 运行。

(3) 点击其他按钮，弹出的对话框就会提示：您点击了某某菜单。

3. 编写 VI，获取列表框里面用户所选定的信息，如：一个人爱好选择(可多选)的列表框，有篮球、音乐、上网(包括足球、美术、美食、新闻)、看书。用鼠标点击某个选项，该选项就会出现在右边的显示控件里(可选择多个)。

4. 用选项卡编写如图 6-93 所示的超市询价系统。

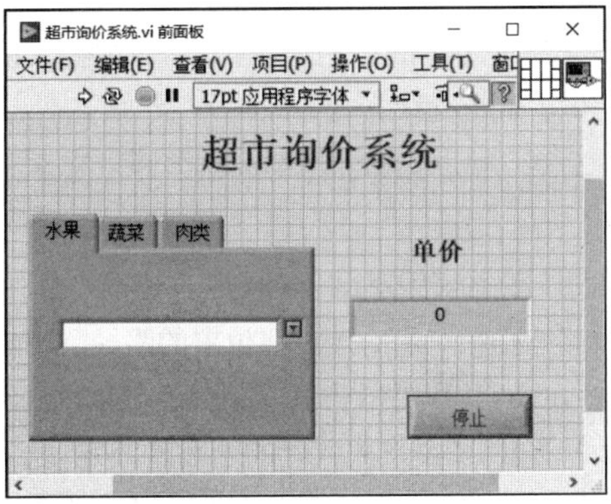

图 6-93　超市询价系统

5. 编写如图 6-94 所示的登录界面，输入用户名和密码后，进入到加载页面，如图 6-95 所示，最后弹出的对话框提示登陆成功。

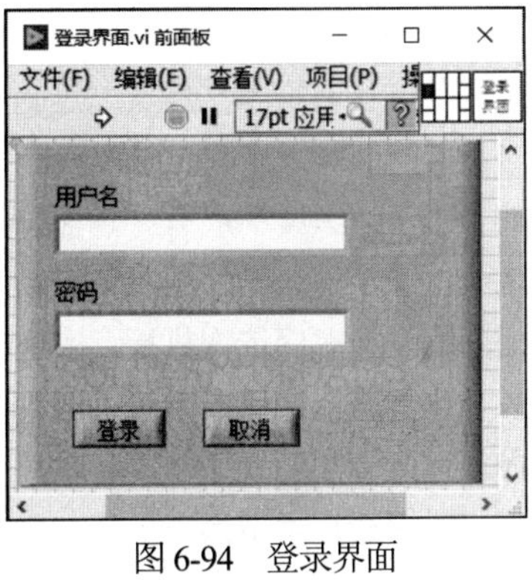

图 6-94　登录界面

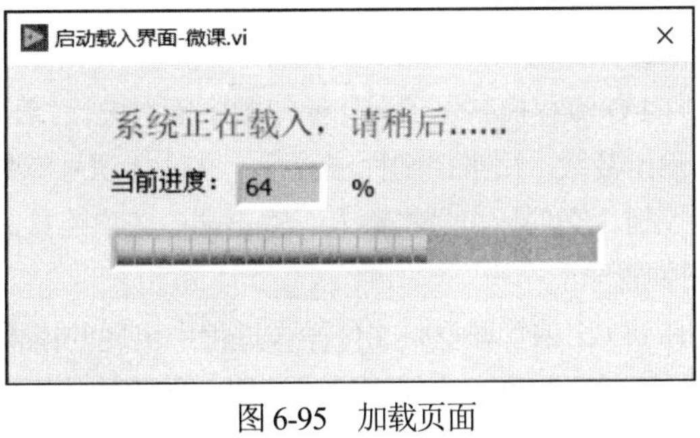

图 6-95　加载页面

第7章

文件I/O

在实际应用中，对于一个完整的测试系统或数据采集系统，经常需要从配置文件读取硬件的配置信息或将配置信息写入配置文件，很多时候还需要将采集到的数据以一定的格式存储在文件中加以保存，这些都需要与文件进行交互操作。LabVIEW 提供了功能强大的文件 I/O 函数来实现不同的文件操作需求，在本章中将主要介绍各种类型的文件 I/O 函数及相应的文件操作过程。

7.1 文件操作

在介绍文件操作之前，首先要对文件和文件的类型有一个大体认识，下面对 LabVIEW 文件操作中所用到的文件和文件类型做一详细介绍。

7.1.1 文件的相关概念

文件路径分为绝对路径和相对路径。绝对路径指文件在磁盘中的位置，LabVIEW 可以通过绝对路径访问磁盘中的文件；相对路径指相对于一个参照位置的路径，用户需要将相对路径最终形成绝对路径才能访问磁盘中的文件。LabVIEW 中，路径可以是有效的路径名、空值或非路径。非路径是 LabVIEW 提供的一种特殊路径，是路径操作失败时的返回值。

文件引用句柄是 LabVIEW 对文件进行区分的一种标识符，用于对文件进行操作。打开一个文件时，LabVIEW 会生成一个指向该文件的引用句柄。对文件进行的所有操作均使用引用句柄来识别每个对象。引用句柄控件用于将一个引用句柄传进或传出VI。LabVIEW 通过文件路径访问到文件后，为该文件设置一个文件引用句柄，以后通过此句柄即可对文件进行操作。文件引用句柄包含文件的位置、大小、读/写权限等信息。

文件 I/O 格式取决于所读/写的文件格式。LabVIEW 可读/写的文件有文本文件、二进制文件和数据记录文件。使用何种格式的文件取决于采集和创建的数据及访问这些数据的应用程序。

文件 I/O 流程控制保证文件操作顺序依次进行。在文件 I/O 操作过程中，一般有一对保持不变的输入、输出参数，用来控制程序流程。文件标识号就是其中之一，除了区分文件外，还可以用来进行流程控制。文件标识号将输入、输出端口依次连接起来，保证操作按顺序依次执行，实现对程序流程的控制。

文件 I/O 出错管理反映文件操作过程中出现的错误。LabVIEW 对文件进行 I/O 操作时，一般提供一个错误输入端和一个错误输出端用来保留和传递错误信息。错误数据类型为一个簇，包含一个布尔量(判断是否出错)、一个整型量(错误代码)和一个字符串(错误和警告信息)。在程序中，将所有错误输入端和错误输出端依次连接起来，任何一点的出错信息就可以保留下来，并依次传递下去。在程序末端连接错误处理程序，可实现对程序中所有错误信息的管理。

流盘是一项在进行多次写操作时保持文件打开的技术。流盘操作可以减少函数因打开/关闭文件与操作系统进行交互的次数，从而节省内存资源。流盘操作避免了对同一文件进行频繁的打开和关闭操作，可提高 VI 效率。

7.1.2 文件的基本类型

在 LabVIEW 文件操作过程中，涉及的文件类型也不少，主要有文本文件、二进制文件、数据记录文件、电子表格文件、波形文件、测量文件、配置文件和 XML 文件。下面对每一个文件进行简单介绍。

1. 文本文件

文本文件是最便于使用和共享的文件格式，几乎适用于任何计算机和任何高级语言。许多基于文本的程序都可以读取基于文本的文件，多数仪器控制应用程序使用文本字符串。如果磁盘空间、文件 I/O 操作速度和数字精度不是主要考虑因素，或无需进行随机读/写，就可以使用文本文件存储数据，以方便其他用户和应用程序读取文件。若要通过其他应用程序访问数据，如文字处理或电子表格应用程序，可将数据存储在文本文件中。若数据存储在文本文件中，可使用字符串函数将所有的数据转换为文本字符串。

文本文件格式有三个缺点：用这种格式保存和读取文件的时候需要进行文件格式转换，例如，读取文本文件时，要将文本文件的 ASCII 码转换为计算机可以识别的二进制代码格式，存储文件的时候也需要将二进制代码转换为 ASCII 码的格式；用这种格式存储的文件占用的磁盘空间比较大，存取的速度相对比较慢；对于文本类型的数据，不能随机地访问其中的数据，这样如果需要找到文件中某个位置的数据，就需要把这个位置之前的所有数据全部读出来，效率比较低。

2. 二进制文件

二进制文件格式是在计算机上存取速度最快、格式最为紧凑、冗余数据也比较少的一种文件格式。用这种格式存储文件，占用的空间要比文本文件小，并且用二进制格式存取数据不需要进行格式转换，因而速度快、效率高。但是用这种格式存储的数据文件无法被一般的文字处理软件读取，也无法被不具备详细文件格式信息的程序读取，因而其通用性较差。

3. 数据记录文件

确切地说，数据记录文件也是一种二进制文件，只是在 LabVIEW 等 G 语言中这种类型的文件扮演着十分重要的角色，因而在这里将其归为独立的文件类型。数据记录文件只能被 G 语言(如 LabVIEW)读取，它以记录的格式存储数据，一个记录中可以存放几种不同类型的数据，或者说一个记录就是一个“簇”。

4. 电子表格文件、波形文件及测量文件

电子表格文件是一种特殊的文本文件，它将文本信息格式化，并在格式中添加了空格、换行等特殊标记，以便被 Excel 等电子表格软件读取。例如，用制表符来做段落标记，以便让一些电子表格处理软件直接读取并处理数据文件中存储的数据。

波形文件是一种特殊的数据记录文件，专门用于记录波形数据。每个波形数据包含采样开始时间、采样间隔、采样数据三部分。LabVIEW 提供了三个波形文件 I/O 函数。

测量文件是只有 LabVIEW 才能读取的文件格式，这种文件使用起来简单、方便。

5. 配置文件及 XML 文件

配置文件是标准的 Windows 配置文件，用于读/写一些硬件或软件的配置信息，并以 INI 配置文件的形式进行存储。一般来说，INI 文件是个键值对的列表。它将不同的部分分为段，用中括号将段名括起来表示一个段的开始。同一个 INI 文件中的段名必须唯一，每一个段内部用键来表示数据项。同一个段内键名必须唯一，但不同段之间的键名无关。键值所允许的数据类型为：字符串型、路径型、布尔型、双精度浮点型和整型。

XML 文件是可扩展标记语言，实际上也是一种文本文件，但是在其中可以输入任何数据类型。它通过 XML 语法标记的方式将数据格式化，因此在写入 XML 文件之前需要将数据转换为 XML 文本。XML 的读出也一样，需要将读出的字符串按照给定的参考格式转换为 LabVIEW 数据格式。利用 XML 纯文本文件可以存储数据、交换数据和共享数据。大量的数据可以存储到 XML 文件中或者数据库中。LabVIEW 中的任何数据类型都可以以 XML 文件方式读/写。XML 文件的最大优点是实现了数据存储和显示的分离，用户可以把数据以一种形式存储，用不同的方式打开，而不需要改变存储格式。

7.2 文件操作基本函数

针对多种文件类型的 I/O 操作，LabVIEW 提供了功能强大且使用便捷的文件 I/O 函数，这些函数大都位于“函数”选板的“编程”下的“文件 I/O”子选板内，如图 7-1 所示。下面对“文件 I/O”子选板中常用的几个 I/O 函数进行简单介绍。

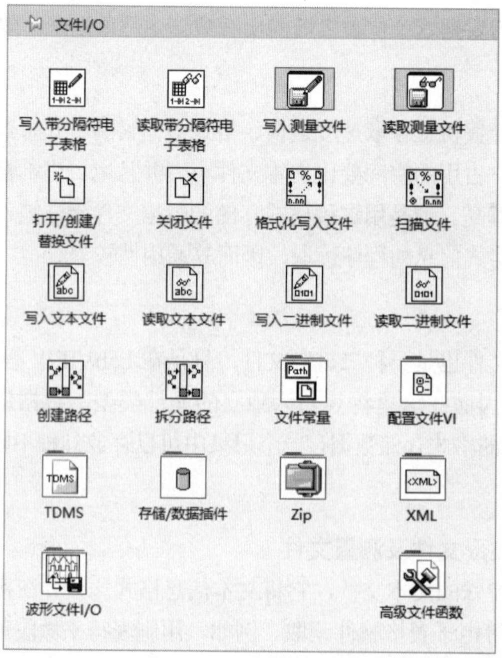

图 7-1 “文件 I/O”子选板

7.2.1　打开/创建/替换文件函数

“打开/创建/替换文件”函数的功能是打开或替换一个已经存在的文件或创建一个新文件。它的函数接线端子如图 7-2 所示。

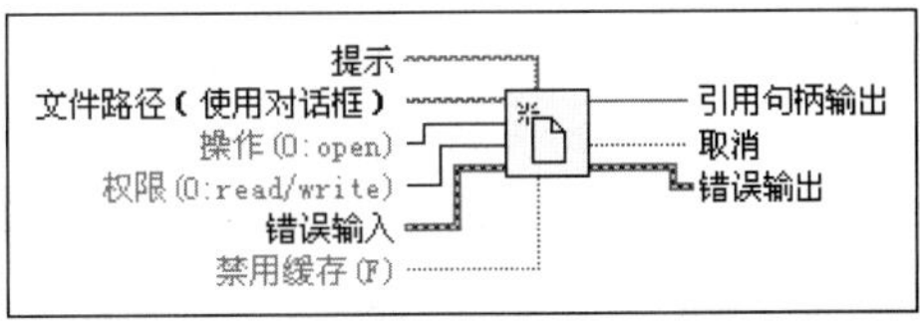

图 7-2　“打开/创建/替换文件”函数接线端子

“提示”端子输入的是显示在文件对话框的文件、目录列表或文件夹上方的信息。“文件路径(使用对话框)”端子输入的是文件的绝对路径，如没有连线文件路径，函数将显示用于选择文件的对话框。“操作”端子是定义“打开/创建/替换文件”函数要进行的文件操作，可以输入 0~5 的整数量，其每个整数所代表的意义如表 7-1 所示。“权限”端子用来定义文件操作权限，文件操作权限有三种：0 表示可读可写，为默认状态；1 表示只读状态；2 表示只写状态。

表 7-1　“打开/创建/替换文件”函数和操作端子表

0	open(默认)：打开已经存在的文件
1	replace：通过打开文件并将文件结尾设置为 0 替换已存在文件
2	create：创建新文件
3	open or create：打开已有文件，如文件不存在则创建新文件
4	replace or create：创建新文件，如文件已存在则替换该文件，VI 通过打开文件并将文件结尾设置为 0 替换文件
5	replace or create with confirmation：创建新文件，如文件已存在且拥有权限，则替换该文件，VI 通过打开文件并将文件结尾设置为 0 替换文件

句柄也是一个数据类型，包含了很多文件和数据信息，在本函数中包括文件位置、大小、读/写权限等信息。每打开一个文件，就会返回一个与此文件相关的句柄。在关闭文件后，句柄和文件联系自动消失。文件函数用句柄连接，用于传递文件和数据操作信息。

7.2.2　关闭文件函数

“关闭文件”函数用于关闭引用句柄指定的打开文件，并返回至与引用句柄相关文件的路径。使用关闭文件函数后，错误 I/O 只在该函数中运行。无论前面的操作是否产生错误，错误 I/O 都将被关闭，从而释放引用，保证文件正常关闭。

7.2.3　格式化写入文件函数

“格式化写入文件”函数可以将字符串、数值、路径或布尔数据格式化为文本类型并写入文件。函数接线端子如图 7-3 所示。

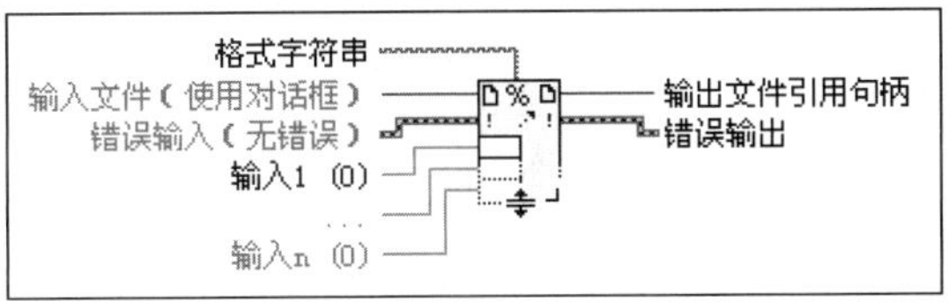

图 7-3　“格式化写入文件”函数接线端子

“格式字符串”端子指定如何转换输入参数，默认状态可匹配输入参数的数据类型。“输入文件(使用对话框)”可以是引用句柄或绝对文件路径，如为引用句柄，节点可打开引用句柄指定的文件，如指定的文件不存在，函数可创建该文件，默认状态下可显示文件对话框并提示用户选择文件。拖动函数下边框可以为函数添加多个输入。“输入”端子指定要转换的输入参数，输入可以是字符串路径、枚举型、时间标识或任意数值类型。“输出文件引用句柄”端子是 VI 读取的文件的引用句柄。依据对文件的操作不同，可连接该输入端至其他文件函数。“格式化写入文件”函数还可以用于判断数据在文件中显示的先后顺序。

7.2.4 扫描文件函数

“扫描文件”函数与“格式化写入文件”函数功能相对应，可以扫描位于文本中的字符串、数值、路径及布尔数据，并将这些文本数据类型转换为指定的数据类型。输出端子的默认数据类型为双精度浮点型。

若要为输出端子创建输出数据类型，则有四种方式可供选择：

(1) 通过为默认 1～n 输入端子创建指定输入类型和输出数据类型。

(2) 通过格式字符串定义输出类型，但布尔类型和路径类型的输出类型无法用格式字符串定义。

(3) 先创建所需类型的输出控件，然后连接输出端子，自动为扫描文件函数创建相应的输出类型。

(4) 双击扫描文件函数，打开“编辑扫描字符串”窗口，可以在该窗口进行添加、删除端子和定义端子类型操作。

7.3 文本文件

文本文件读写函数在“函数”选板中的“编程”下的“文件 I/O”子选板中，包括“写入文本文件”函数和“读取文本文件”函数。

“写入文本文件”函数根据文件路径端子打开已有文件或创建一个新文件，其接线端子如图 7-4 所示。“输入文件”端子输入的可以是引用句柄或绝对文件路径，不可以输入空路径或相对路径。“格式字符串”端子输入的为字符串或字符串数组类型的数据，如果数据为其他类型，则必须先使用格式化写入字符串函数(位于“函数”面板“字符串”子选板内)把其他类型的数据转换为字符串类型的数据。

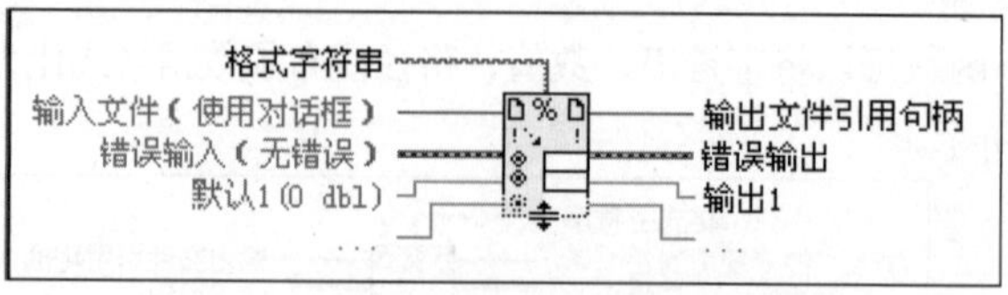

图 7-4 “写入文本文件”函数接线端子

“读取文本文件”函数将读取整个文件，其接线端子如图 7-5 所示。“计数”端子可以指定函数读取的字符数或行数的最大值，如果“计数”端子的输入数小于 0，将读取整个文件。

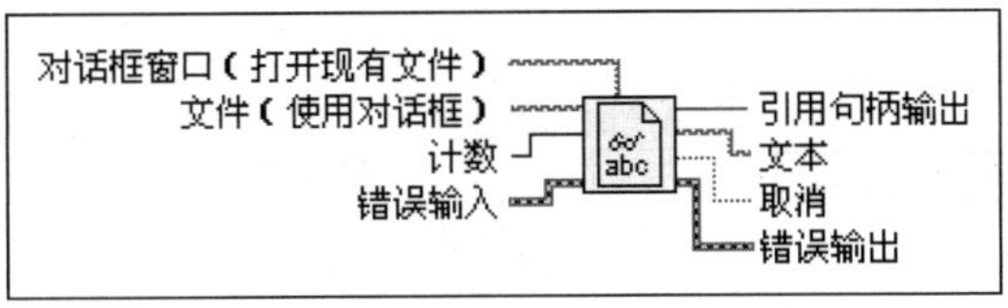

图 7-5 “读取文本文件”函数接线端子

VI 多次运行时通常会覆盖上一次运行时的数据，有时为了防止数据丢失，需要把每次运行 VI 时产生的数据资料添加到原始数据资料中，这就需要使用“设置文件位置”函数。“设置文件位置”函数位于“文件 I/O”→“高级文件函数”子面板中，用于指定数据写入的位置。其接线端子如图 7-6 所示。

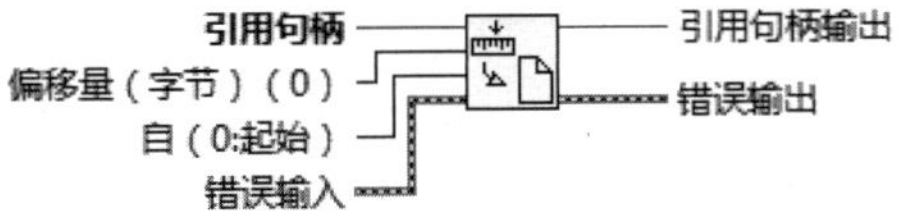

图 7-6 “设置文件位置”函数接线端子

“自(0：起始)”端子指定文件标记，即数据开始存放的位置，为“自(0：起始)”端子创建常量时，显示的是一个枚举型常量；选择 start 项表示在文件起始处设置文件标记；选择 end 项表示在文件末尾处设置文件标记；选择 Current 项则表示在当前文件标记处设置文件标记，为默认状态。“偏移量”用于指定文件标记的位置与指定位置的距离。

实例 7-1 向一个文本文件中写入和读取随机数。

步骤一：新建一个 VI，在程序框图中添加一个生成 100 个随机数的 For 循环，通过选择“编程”→“字符串”→“格式化写入字符串”函数，对生成的随机数进行格式化，转换为字符串数据类型，作为写入文件的数据内容。

步骤二：创建文件。选择“编程”→“文件 I/O” →“打开/创建/替换文件”函数，用鼠标右击文件路径端子，为其创建一个文件路径，并添加一个绝对路径和文件名称。如果不连接任何路径，则程序会弹出“选择或输入需打开或创建的文件路径”对话框，让用户选择文件存储路径和存储文件名称，本例输入的路径是“D：\xsc\file.txt”。用鼠标右击其操作端子，创建一个常量，并选择“open or create”。

步骤三：设置文件写入位置。选择“编程”→“文件 I/O”→“高级文件函数”→“设置文件位置”函数，用鼠标右击其自操作端子，创建一个常量，并选择“end”。连接好相关的引用句柄和错误输入流。注意，“设置文件位置”函数必须位于“写入文本文件”函数之前，因为需要在写入前设置好写入位置。

步骤四：写入文件内容。选择“编程”→“文件 I/O” →“写入文本文件”函数，把 For 循环生成的 100 个转换为字符串的随机数作为数据内容，输入写入文本文件函数的文本端子，连接好相关的引用句柄和错误输入流。

步骤五：关闭文件。添加一个“关闭文件”函数，关闭打开的文件，以节省系统资源。

步骤六：读取文件。选择“编程”→“文件 I/O”→“读取文本文件”函数，把读取出来的所有内容分别用文本的形式和波形图表的形式显示出来，文件的写入和读取程序框图如图 7-7 所示。

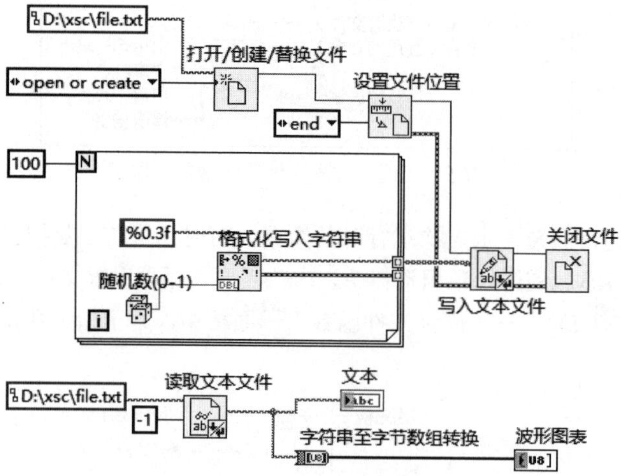

图 7-7　文本文件的写入和读取随机数框图

步骤七：运行程序，前面板运行效果如图 7-8 所示。在 D 盘“xsc”文件夹下有一个命名为“file”的文本文件，里面保存了生成随机数的数据。

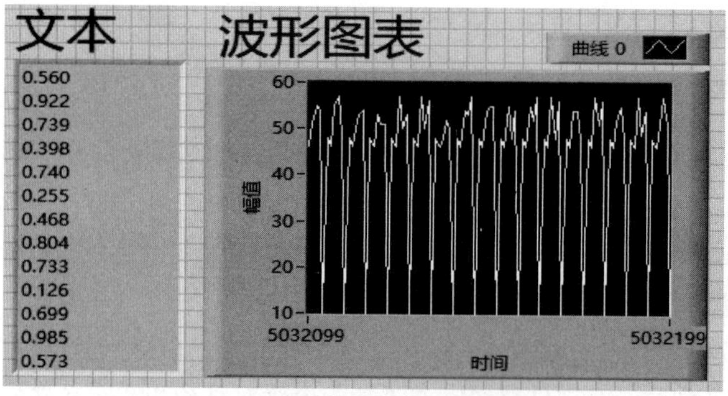

图 7-8　文本文件写入和读取随机数效果图

7.4 电子表格文件

电子表格文件用于存储数组数据，可用 Excel 等电子表格软件查看数据，实际上它也是文本文件，只是数据之间自动添加了 Tab 符或换行符。

电子表格文件读写函数位于“编程”下的“文件 I/O”子面板中，包括“写入带分隔符电子表格”和“读取带分隔符电子表格”两个函数。

写入带分隔符电子表格是将数组转换为文本字符串形式保存，其接线端子如图 7-9 所示。其中“格式输入”端子指定数据转换格式和精度；“二维数据输入”端子和“一维数据输入”端子能输入字符串、带符号整型或双精度类型的二维或一维数组；“添加至文件”端子连接布尔型数据，默认为“False”，表示每次运行程序产生的新数据都会覆盖原数据，设置为“True”时表示每次运行程序，新创建的数据将被添加到原表格中去，而不删除原表格数据。默认情况下，一维数据为行数据，当在转置端子添加“Ture”布尔控件时，一维数据转为列数组，也可以使用“二维数组转置”函数(位于函数选板下数组选板内)将数据进行转置。

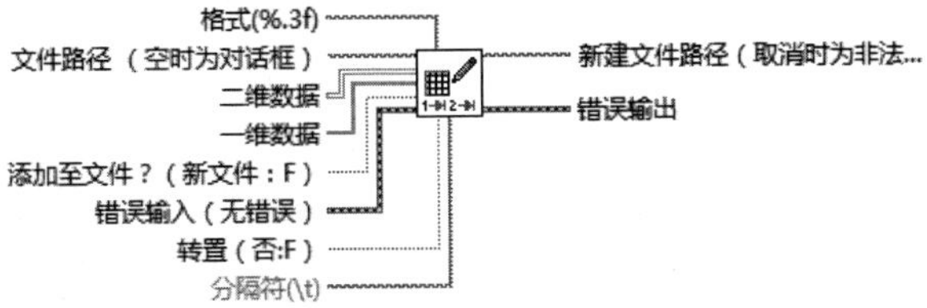

图 7-9 “写入带分隔符电子表格”函数接线端子

“读取带分隔符电子表格”函数是一个典型的多态函数，通过多态选择按钮可以选择输出格式为双精度、字符串型或整型，其接线端子如图 7-10 所示。“行数”端子是 VI 读取行数的最大值，默认情况下为-1，代表读取所有行；“读取起始偏移量”指定从文件中读取数据的位置，以字符(或字节)为单位；第一行是所有行数组中的第一行，输出为一维数组；“读后标记”指向文件中最后读取的字符之后的字符。

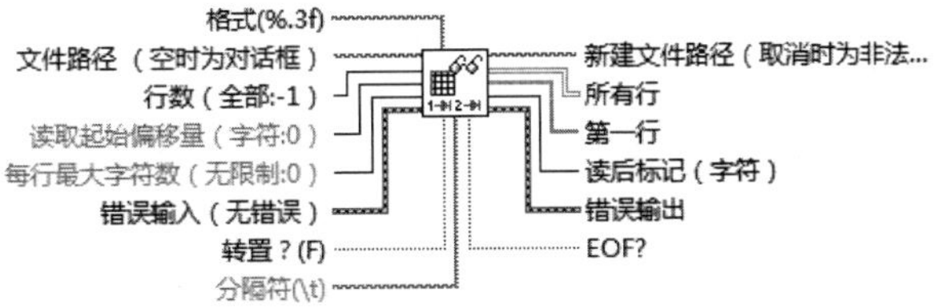

图 7-10 “读取带分隔符电子表格”函数接线端子

实例 7-2 用 For 循环生成两个二维数组数据并保存到文件中，然后读取到前面板。

步骤一：在创建 VI 的程序框图中，添加一个 For 循环结构。如图 7-11 所示，添加一个随机数生成函数和一个除号运算符，通过循环生成两组不同(有规律和无规律)的数据。

步骤二：添加两个写入带分隔符电子表格函数，创建一个共同的文件路径。如果没有在文件路径数据端口指定文件路径，程序会弹出“选择待写入文件”对话框，让用户选择文件存储路径和存储文件名称。

步骤三：在“添加至文件”端子处新建一个常量，将输入的数组做转置运算，写入带分隔符电子表格文件的程序编写完成，如图 7-11 所示。

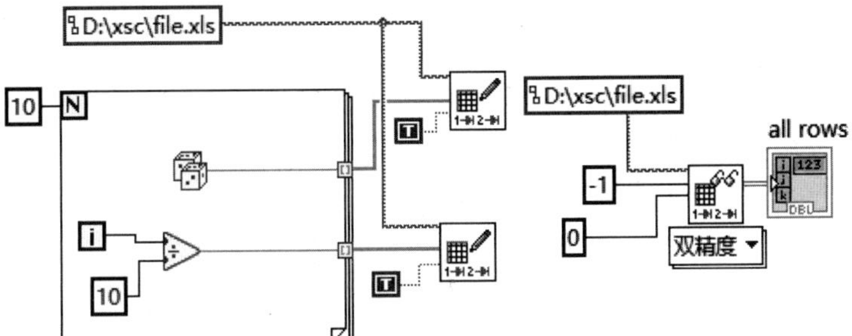

图 7-11 电子表格文件读写程序框图

步骤四：在程序框图中添加一个读取带分隔符的电子表格文件函数，设置需要读取的文件路径。同样如果没有指定文件路径，则会弹出“选择需读取文件”对话框，让用户选择读取的文件路径和名称。

步骤五：设置读取行数端子为-1，表示全部读取。其余代码如图 7-11 所示。

步骤六：运行程序，前面板运行效果如图 7-12 所示。同样在文件保存路径下也可以看到文件和文件里面的内容。

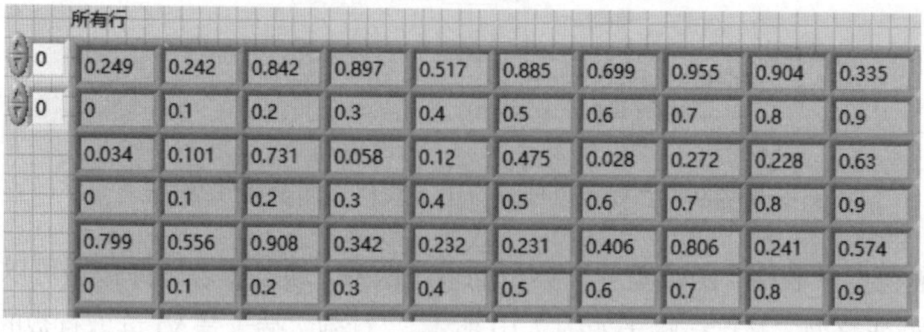
所有行
0
0
0.249 0.242 0.842 0.897 0.517 0.885 0.699 0.955 0.904 0.335
0 0.1 0.2 0.3 0.4 0.5 0.6 0.7 0.8 0.9
0.034 0.101 0.731 0.058 0.12 0.475 0.028 0.272 0.228 0.63
0 0.1 0.2 0.3 0.4 0.5 0.6 0.7 0.8 0.9
0.799 0.556 0.908 0.342 0.232 0.231 0.406 0.806 0.241 0.574
0 0.1 0.2 0.3 0.4 0.5 0.6 0.7 0.8 0.9

图 7-12　电子表格文件读写效果图

7.5 二进制文件

在众多的文件类型中，二进制文件是存取速度最快、格式最紧凑、冗余数据最少的文件存储格式。在高速采集数据时常用二进制格式存储文件夹，以防止文件的生成速度大于存储速度。

二进制文件的数据输入可以是任何数据类型，如数组和簇等复杂数据。但是在读出时必须给定参考，参考必须与写入时的数据格式完全一致，否则它不知道将读出的数据翻译为写入时的格式。二进制文件读写函数在“函数”选板中“编程”下的“文件 I/O”子选板中，包括“写入二进制文件”和“读取二进制文件”两个函数。也可以通过“设置文件位置”函数设定新写入数据的位置，如写入多个数据，则读出时返回的是写入数据的数组，因此必须保证写入的多个数据格式完全一致。

“写入二进制文件”函数的接线端子如图 7-13 所示。“文件(使用对话框)”端子可以是引用句柄或绝对文件路径，如连接该路径至文件输入端，函数先打开或创建文件，然后将内容写入文件并替换任何先前文件的内容。如连线文件引用句柄至文件输入端，写入操作从当前文件位置开始；如需在现有文件后添加内容，可使用设置文件位置函数，将文件位置设置在文件结尾，默认状态将显示文件对话框并提示用户选择文件。写入的文件结构与数据类型无关，因而其数据输入端子输入的可以是任意数据类型；预置数组或字符串大小端子输入的是布尔类型的数据，默认为“True”，表示在“引用句柄输出”端子添加数据大小信息。“字节顺序”端子设置结果数据的“endian”形式，表明在内存中整数是否按照从最高有效字节到最低有效字节的形式表示。函数必须按照数据写入的字节顺序读取数据，默认情况下最高有效字节占据最低的内存地址。

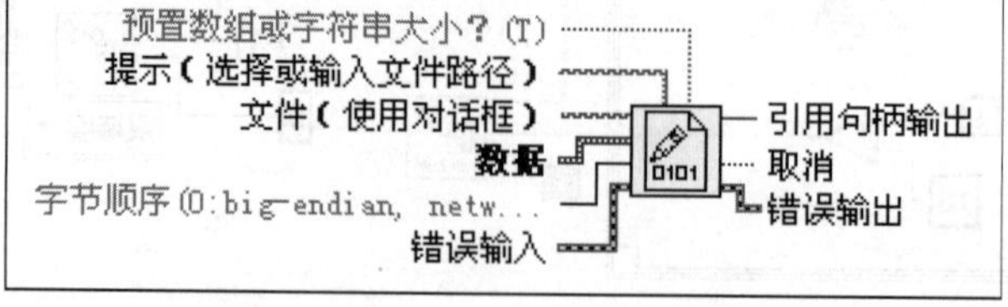

图 7-13　“写入二进制文件”函数接线端子

文件以二进制方式存储后，用户必须知道输入数据的类型才能准确还原数据。因此，使用“读取二进制文件”函数打开之前，必须在数据类型端口指定数据格式，以便将输出的数据转换为与原存储数据相同的格式，否则可能会出现输出数据与原数据格式不匹配或出错的情况。“读取二进制文件”函数接线端子如图 7-14 所示。总数端子是要读取的数据元素的数量，数据元素可以是数据类型的字节或实例，如总数为-1，函数将读取整个文件，但当读取文件太大或总数小于-1 时，函数将返回错误信息。数据端子包含从指定数据类型的文件中读取的数据，依据读取的数据类型和总数设置，可由字符串、数组、数组簇或簇数组构成。

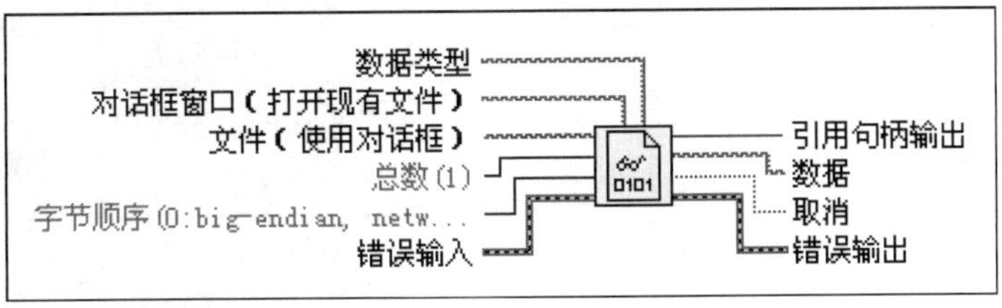

图 7-14　“读取二进制文件”函数接线端子

实例7-3　将一个混合单频和噪声的波形存储为二进制文件。

写入二进制文件函数的输入数据端口主要有四个，分别为文件路径、二维数据、一维数据和添加至文件。四个数据端口的作用分别是指明存储文件的路径、存储的二维数组数据、存储的一维数组数据以及是否添加到文件。

步骤一：创建一个 VI，在程序框图中添加一个 For 循环，生成由正弦单频、噪声和直流偏移组成的波形。在循环体内添加混合单频与噪声波形函数(位于“编程”→“波形”→“模拟波形”→“波形生成”子面板中)，其中混合单频端子输入为一个簇构成的数组，簇中包含频率、幅值和相位三个数值型数据；采样信息为含有采样率和采样数两个数值型数据的簇；噪声和偏移量为数值型数据。

步骤二：创建文件。添加“打开/创建/替换文件”函数，其中文件路径端子采用文件对话框形式，操作端子选择“open or create”操作。

步骤三：写入二进制文本文件内容。添加写入二进制文件函数，其中 For 循环生成的数据通过数据端子写入文件中。

步骤四：关闭文件和通过波形图表显示混合单频与噪声波形等操作连线如图 7-15 所示，其中隐藏错误输出控件。

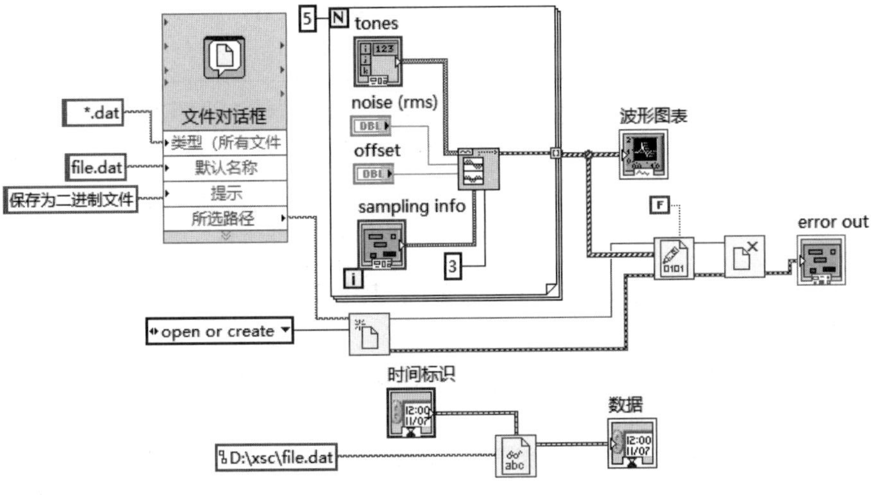

图 7-15　读/写二进制文件程序框图

步骤五：读取二进制文件内容。添加读取二进制文件函数，数据类型端子设置为时间标识格式，文件为前面生成的二进制文件或选择其他文件，添加一个输出数据常量。

步骤六：运行程序，效果如图 7-16 所示。同时也可以查看相关路径下生成的二进制文件。

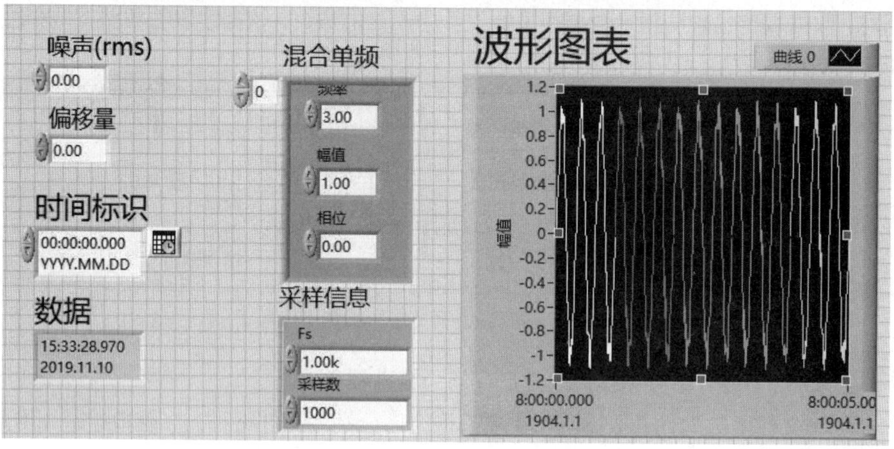

图 7-16　读/写二进制文件效果图

7.6　波形文件

波形文件专门用于存储波形数据类型，它将数据以一定的格式存储在二进制文件或者电子表格文件中。波形文件操作函数位于“函数”选板的“编程”→“波形”→“波形文件 I/O”子面板中，它只有 3 个函数，分别为“写入波形至文件”函数“从文件读取波形”函数和“导出波形至电子表格文件”函数。

利用“写入波形至文件”函数可以创建新文件或打开已存在的文件，其接线端子如图 7-17 所示。“文件路径”端子指定波形文件的位置，如未连线该输入端，LabVIEW 可显示非操作系统对话框。利用波形端子可以输入波形数据或一维、二维的波形数组，并在记录波形数据的同时输入多个通道的波形数据。添加至文件端子为“True”时，则添加数据至现有文件，如为“False”(默认)，VI 可替换已有文件中的数据，如不存在已有文件，VI 可创建新文件。

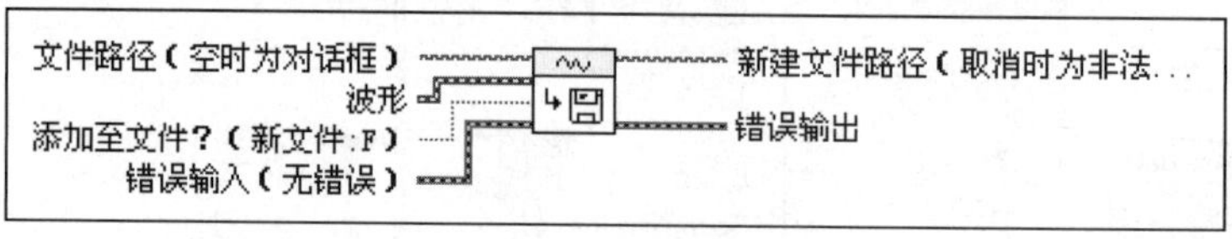

图 7-17　“写入波形至文件”函数接线端子

“从文件读取波形”函数用于读取波形记录文件，其中偏移量端子指定要从文件中读取的记录，第一个记录是 0，默认为 0。

“导出波形至电子表格文件”函数用于将一个波形转换为字符串形式，然后将字符串写入 Excel 等电子表格中去，其接线端子如图 7-18 所示。其中“分隔符”端子用于指定表格间的分隔符号，默认情况下为制表符。“多个时间列”端子用于规定各波形文件是否使用一个波形时间，如果要为每个波形都创建时间列，则需要在多个时间列端子输入“True”的布尔值。选择“添加至文件”端子为

“True”时，将添加数据至现有文件。如“添加至文件”端子的值为“False”(默认)，VI 可替换已有文件中的数据。如不存在已有文件，VI 可创建新文件。若“标题？(写标题：T)”端子的值为“True”(默认)，VI 可打印行和列的标题(包含时间和日期信息，以及数据的标签)。如“标题？”的值为“False”，VI 不会打印列或行的标题。

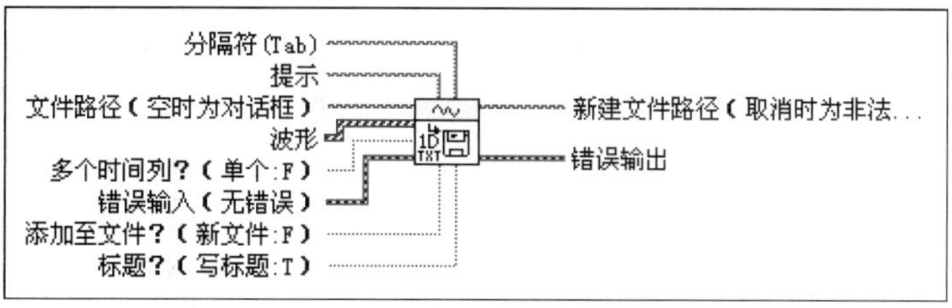

图 7-18　“导出波形至电子表格文件”函数接线端子

实例7-4　创建双通道波形并将波形写入文件。

步骤一：创建一个 VI，并在程序框图中添加一个 While 循环。

步骤二：选择“编程”→“波形”→“模拟波形”→“波形生成”子面板中的正弦波形函数和锯齿波形函数，将它们添加在 While 循环中，选择“编程”→“定时器”→“获取日期/时间”函数，再选择“编程”→“波形”→“创建波形”函数为两个模拟波形创建不同的波形生成函数。

步骤三：选择“编程”→“波形”→“波形文件 I/O”→“写入波形至文件”函数，为其创建文件路径，并将添加至文件接线端子设置为“True”。添加一个创建数组函数，把 While 循环生成的两个波形数据并为一个二维数组，输入到写入波形文件函数的波形端子，如图 7-19 所示。写入波形文件程序到此完成。

步骤四：选择“从文件读取波形”函数，设置“多态 VI 选择器”为“模拟”，将文件路径设置为前面生成的二进制波形文件。

步骤五：选择“导出波形至电子表格文件”函数，将函数导入 Excel 文件中，设置多个时间列端子和标题端子为常量“True”。程序框图如图 7-19 所示。

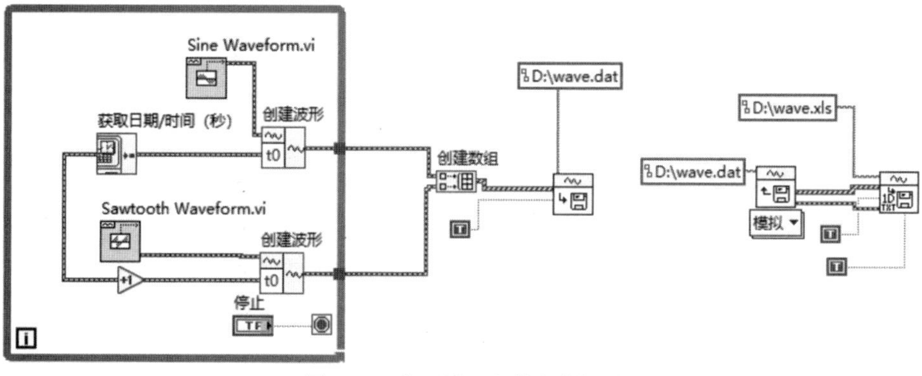

图 7-19　读/写波形文件程序框图

步骤六：运行程序，查看导入的 Excel 表格，如图 7-20 所示。应注意的是，在程序运行过程中，不能直接按下“中止执行”按钮来结束程序运行。因为直接按“中止执行”按钮结束的话，数据流将在 While 循环内，尚未传输到“写入波形至文件”函数中便中止，应该选择 While 循环的“停止”按钮来结束程序运行。

	A	B	C	D	E
1	waveform	[0]		[1]	
2	to	34:19.5			
3	dalta t	0.001			
4					
5	time[0]	Y[0]	time[1]	Y[1]	
6	34:19.5	2.30E-09	34:20.5	0.00E+00	
7	34:19.5	6.28E-02	34:20.5	2.00E-02	
8	34:19.5	1.25E-01	34:20.5	4.00E-02	
9	34:19.5	1.87E-01	34:20.5	6.00E-02	

图 7-20 “导出波形文件至电子表格”文件效果

7.7 测量文件

测量文件是只能由 LabVIEW 识别的文件格式，通过“写入测量文件”函数实现文件的输入，通过“读取测量文件”函数实现文件的输出。使用这种文件格式输入输出文件的优势是使用方便，只需要对这两个函数的属性做一些简单的配置就可以很容易地实现文件的输入和输出。

测量文件函数位于“文件 I/O”子选板中，包括“写入测量文件”函数和“读取测量文件”函数。测量文件的输入是通过写入测量文件函数来实现的，从“函数”选板中选取“写入测量文件”函数放置在程序框图上，这时，将弹出该 VI 的“配置写入测量文件”对话框，如图 7-21 所示，用户可在对话框中根据需要设置存储文件的一些选项。

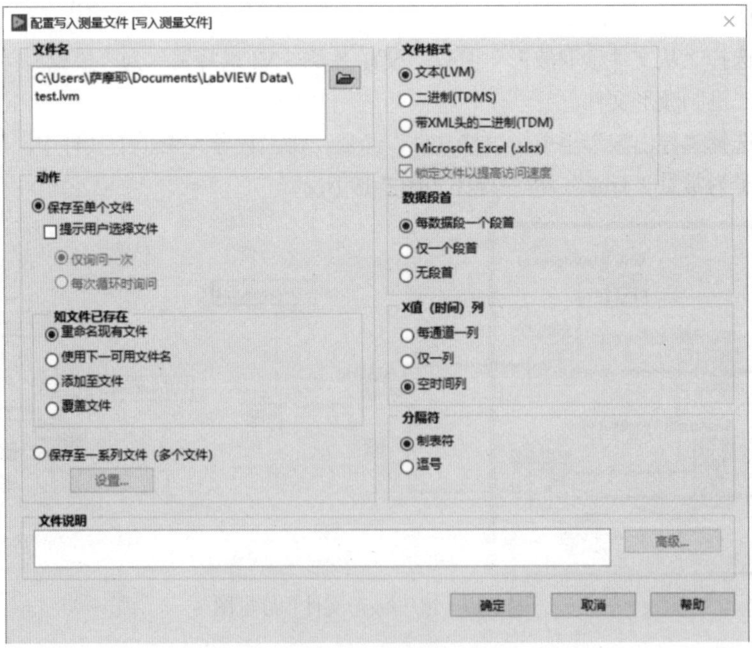

图 7-21 “配置写入测量文件”对话框

在“配置写入测量文件”对话框中，用户可以设置存储文件的路径、文件头信息、存储目录下存在相同文件名的文件的处理机制、数据文件中数据之间的分隔符等信息。同时还可以在“配置写入测量文件”对话框中设置存储为单一文件还是系列文件，单击“保存至一系列文件(多个文件)”单选按钮，单击“设置”按钮，将弹出“配置多文件设置”对话框，用户可以在该对话框中设置存储多个文件的文件名等选项。

利用“读取测量文件”函数读取测量文件时操作非常简单，只需要对“配置读取测量文件”对话框做一些简单配置即可，从“函数”选板中选取“读取测量文件”函数并放置在程序图上，就会自动打开“配置读取测量文件”对话框，如图 7-22 所示。

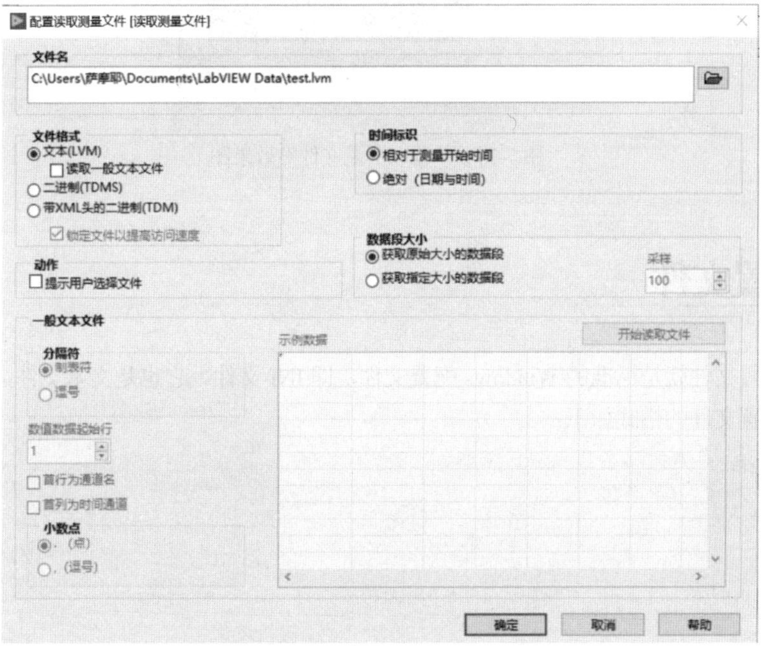

图 7-22　“配置读取测量文件”对话框

实例7-5　测量文件的读写操作。

操作步骤如下：

步骤一：在新建 VI 的程序框图中添加一个仿真信号以便输出正弦和均匀噪声。“仿真信号”函数在“编程”→“波形”→“模拟波形”→“波形生成”子选板下，在“配置仿真信号”对话框中，勾选“添加噪声”复选框，选择“均匀白噪声”选项。

步骤二：从“文件 I/O”选板中选定“写入测量文件”函数放置程序框图，在弹出的“配置写入测量文件”对话框中配置“动作”为“保存至单个文件”，并选择“提示用户选择文件”复选框。把信号端子与仿真信号的正弦与均匀噪声端子连线起来，这样写入测量文件的程序就结束了，如图 7-23 所示。

图 7-23　“读/写测量文件”程序框图

步骤三：编写读取测量文件程序。从“文件 I/O”子选板中选择读取测量文件函数放置程序框图，在弹出的“配置读取测量文件”对话框中进行配置，配置“动作”为“提示用户选择文件”。

步骤四：单击“信号”端子，选择“创建”→“图形显示控件”。

步骤五：运行程序查看结果，如图 7-24 所示。

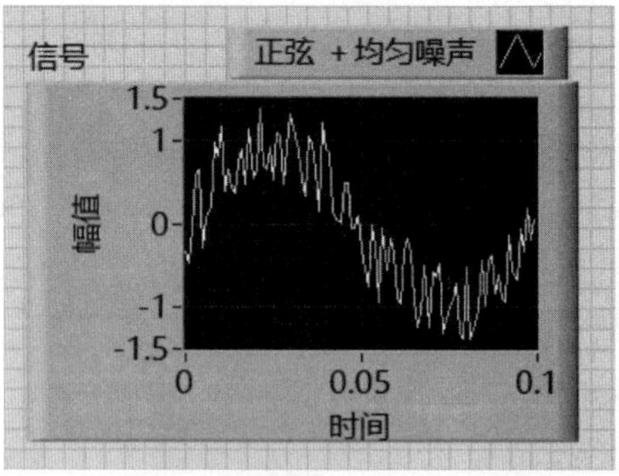

图 7-24 “读取测量文件”效果图

7.8 配置文件

这里的配置文件就是标准的 Windows 配置文件，即 INI 文件。它也是文本文件，通常用于记录配置信息。配置文件的格式如下：

```
[Section 1]
Key1=value
Key2=value
…
[Section 2]
Key1=value
Key2=value
…
```

由上可知，配置文件由段(Section)和键(Key)两部分组成。用中括号将段(Section)括起来表示一个段的开始，同一个配置文件中的段名必须唯一。每一个段内部用键来表示数据项，形成“键值对”，同一个段内的键名必须唯一，不同段之间的键名可以重复。键值所允许的数据类型有布尔型、字符串型、路径型、浮点型和整型数据。

配置文件操作函数位于“文件 I/O”下的“配置文件 VI”子面板下，除了读写函数，还有其他一些操作函数，如图 7-25 所示。

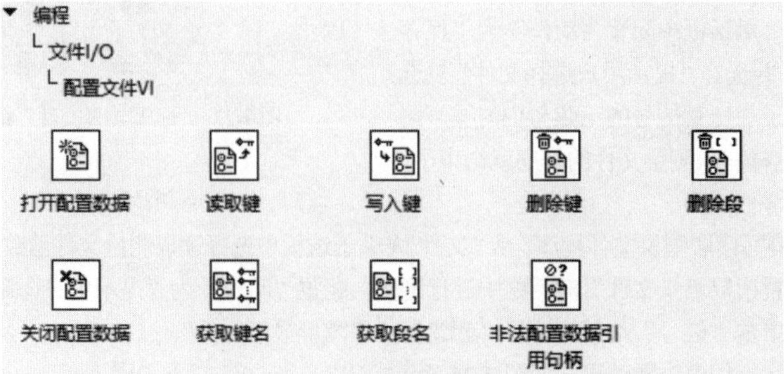

图 7-25 “配置文件 VI”子面板

其中“写入键”函数和“读取键”函数的接线端子如图 7-26 所示。其中“段”端子是要写入或读取指定键的段的名称，“值”端子是要写入或读取的键的键值。

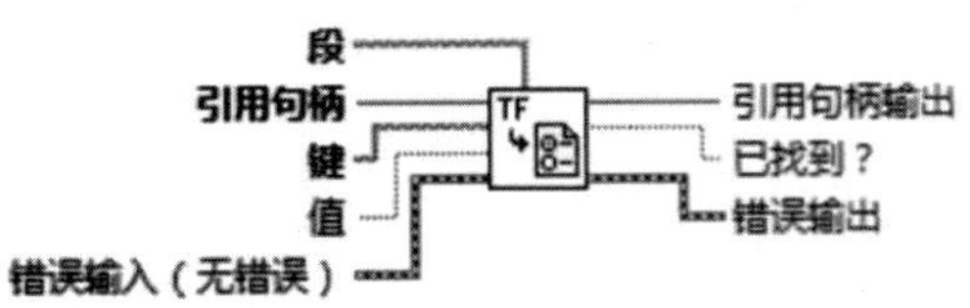

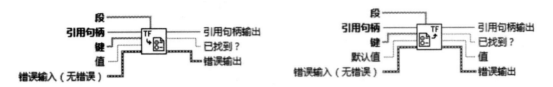

图 7-26　“写入键”函数和“读取键”函数的接线端子

实例 7-6　配置文件的写操作。

创建一个如下的配置文件：

```
[文件信息]
文件路径=“D：xsc”
文件名称=“配置文件.ini”
[版本信息]
版本号=1
更改情况=FALSE
```

步骤一：创建一个新 VI，在程序框图中添加“打开配置数据”函数，其中可以设置“配置文件的路径”端子为绝对路径或相对路径，本实例为相对路径，创建的配置文件和当前 VI 就保存在同一个目录下。设置“必要时创建文件”端子为“True”，这样在找不到该文件时系统会自动创建一个同名称的文件。

步骤二：同时添加两个“写入键”函数，“段”端子设置配置文件中段的名称。第一个段的名称设为“文件信息”，该段里包括文件路径和文件名称两个键名和相应的值。可以右击“键”端子，弹出如图 7-27 所示的快捷菜单，选择该键对应值的数据类型，默认为布尔型。

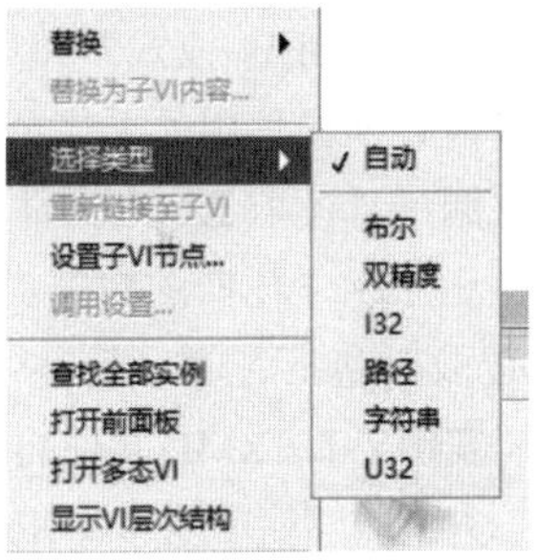

图 7-27　设置值类型的快捷菜单

步骤三：仿照步骤二的过程，添加“版本信息”段的相关内容和其他内容，如图 7-28 所示。

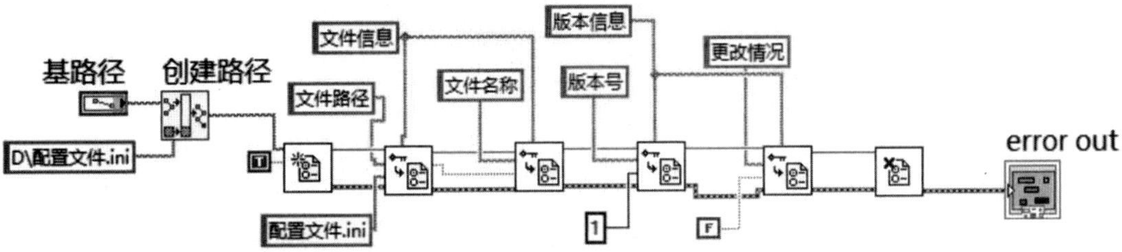

图 7-28　写入配置文件程序框图

步骤四：运行该程序，查看当前 VI 保存路径目录的文件，可以看到多了一个“配置文件 ini”的文件。打开文件，就可以看到写入的相关内容。

配置文件的读操作与写操作类似，但是读操作必须指定读出数据的类型，才能将前面创建的文件内容读出来。其程序框图如图 7-29 所示，具体步骤这里不再赘述。

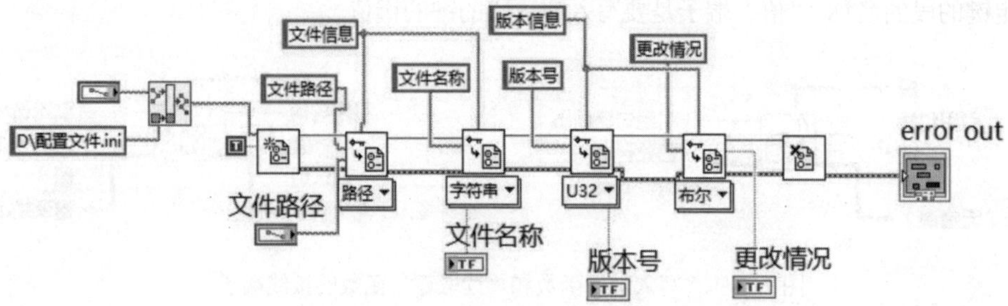

图 7-29　读取配置文件程序框图

7.9 XML 文件

XML 一般指可扩展标记语言，是标准通用标记语言的子集，是一种用于标记电子文件使其具有结构性的标记语言。它是一种简单的数据存储语言，使用一系列简单的标记描述数据，而建立这些标记时非常方便。虽然 XML 比二进制数据要占用更多的空间，但 XML 极其简单，易于掌握和使用。

XML 文件操作函数在“函数”面板的“编程”→“文件 I/O” →“XML”子面板下，里面包含“LabVIEW 模式”和“XML 解析器”两个子面板。XML 文件可以存储任意数据类型，在存储前必须先使用“平化至 XML”函数，把任意类型的数据转换为 XML 格式。在读取文件时，也要通过“读取 XML 文件”函数读取文件，然后使用“从 XML 还原”函数把 XML 文件中的数据还原为平化前的数据类型再进行读取。生成的 XML 文件可以用浏览器打开，从中可以看到 XML 文件包括 XML 序言部分、其他 XML 标记和字符数据。

实例 7-7　XML 文件的读写操作。

为了能够简单地理解 XML 文件的读写操作，该实例以三个学生的信息为数据，要求写入到 XML 中，并从文件中读出来。写入程序设计的步骤如下：

步骤一：新建一个 VI。添加一个数组常量，在数组常量中添加簇常量，并在簇常量中添加两个字符串常量和一个数值常量，作为学生的姓名、班级和成绩的输入信息，如图 7-30 所示。

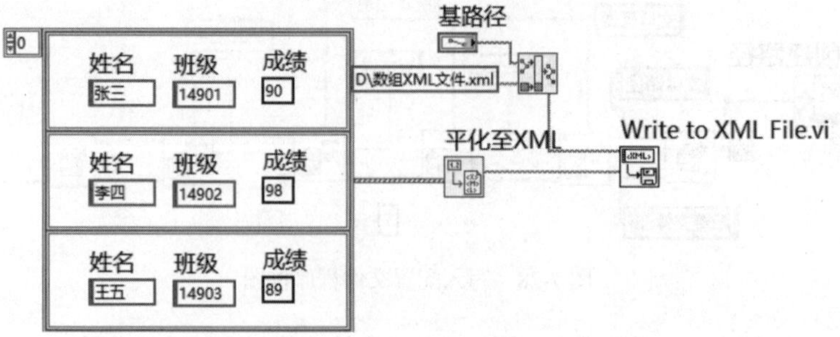

图 7-30　写入 XML 文件程序框图

步骤二：添加一个“平化至 XML”函数，把数组常量接入“任何数据”端子。

步骤三：添加“写入 XML”函数，如图 7-30 所示，创建 XML 文件保存路径，并把平化后的 XML 信息输入“XML 输入”端子。

步骤四：运行程序，就可以在该路径下看到生成的 XML 文件，用浏览器或写字板打开就可以看到如图 7-31 所示的内容信息。

```
<?xml version='1.0' standalone='yes' ?>
<LVData xmlns="http://www.ni.com/LVData">
<Version>18.0</Version>
<Array>
<Name></Name>
<Dimsize>3</Dimsize>
<Cluster>
<Name></Name>
<NumElts>3</NumElts>
<String>
<Name>姓名</Name>
<Val>张三</Val>
</String>
<String>
<Name>班级</Name>
<Val>14901</Val>
</String>
<I32>
<Name>成绩</Name>
<Val>90</Val>
</I32>
</Cluster>
```

图 7-31　写入 XML 文件效果图

用户在使用“读取 XML”函数时要注意选择正确的多态 VI 选择器类型，还原平化数据时需要先在“从 XML 还原”函数的“类型”端子上设置还原的数据类型，一般要求写入的数据类型、还原的数据类型和显示的数据类型一致，否则会报错。读取 XML 文件的程序框图如图 7-32 所示，运行效果如图 7-33 所示。

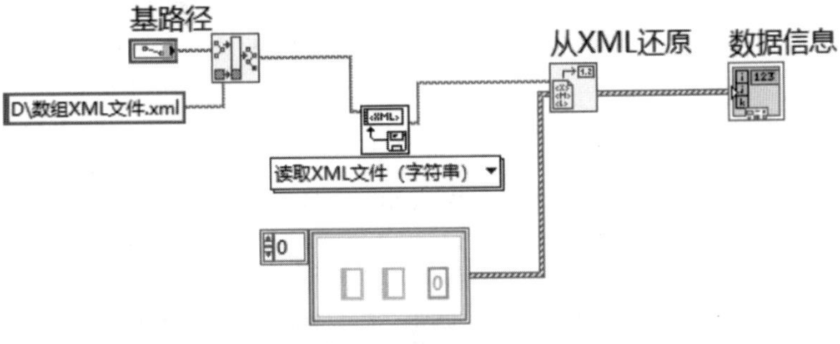

图 7-32　读取 XML 文件程序框图

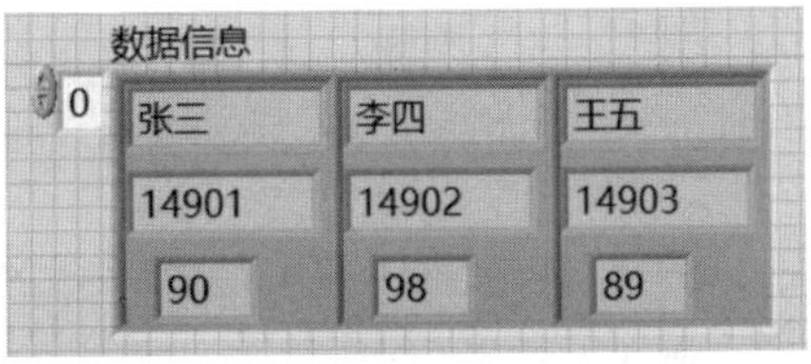

图 7-33　读取 XML 文件效果图

7.10 TDMS 文件

TDMS(Technical Data Management Streaming，技术数据管理流)文件是 NI 主推的一种用于存储测量数据的二进制文件。TDMS 文件可以被看作是一种高速数据流文件，它兼顾了高速、易存取和方便等多种优势，能够在 NI 的各种数据分析软件(如 LabVIEW、LabWindows CVI、Signal Express、NT DiAdem 等)，以及 Excel 和 MATLAB 之间进行无缝交互，也能够提供一系利 API 函数供其他应用程序调用。

TDMS 文件基于 NI 的 TDM 数据模型。该模型从逻辑上分为文件、通道组和通道三个层，每个层次上都可以附加特定的属性。设计时可以非常方便地使用这三个逻辑层次查询或修改测试数据。在 TDMS 文件内部，数据通过一个个数据段来保存，当数据块被写入文件时，实际上是在文件中添加了一个新的数据段。

LabVIEW 为 TDMS 文件操作提供了完整的函数集，这些函数又被分为标准 TDMS 函数和高级 TDMS 函数。标准 TDMS 函数用于常规 TDMS 文件操作，而高级 TDMS 函数则用来执行类似于 TDMS 异步读取和写入等高级操作，但是，错误地使用高级 VI 函数可能会损坏“.tdms”文件。

TDMS 文件的操作函数位于“函数”选板的“编程”→“文件 I/O”→“TDMS”下，如图 7-34 所示为标准 TDMS 函数面板，如图 7-35 所示为高级 TDMS 函数面板。多数情况下，在 LabVIEW 中操作 TDMS 文件时，使用标准 TDMS 函数就够了。本节也仅对标准 TDMS 函数作基本解释，高级 TDMS 函数希望大家通过帮助文档自主学习。标准 TDMS 文件操作函数的功能说明如表 7-2 所示。

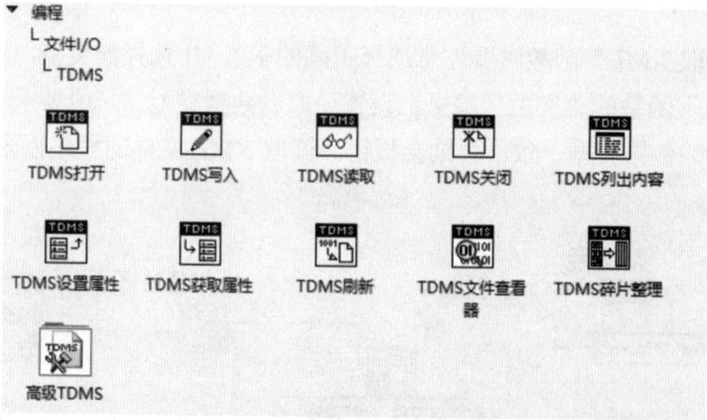

图 7-34　标准 TDMS 函数面板

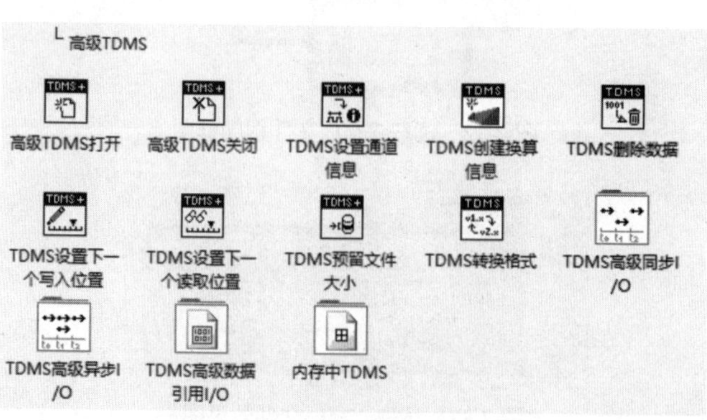

图 7-35　高级 TDMS 函数面板

表 7-2　标准 TDMS 文件操作函数功能说明表

函数名称	功能说明
TDMS 打开	打开用于读写操作的“.tdms”文件； 该 VI 也可用于创建新文件或替换现有文件； 通过该函数创建“.tdms”文件时，还可创建“.tdms_index”文件； 使用 TDMS 关闭函数可关闭文件的引用
TDMS 写入	使数据写入指定的“.tdms”文件； 组名称输入和通道名称输入的值可确定要写入的数据子集
TDMS 读取	读取指定的“.tdms”文件，并以数据型输入端指定的格式返回数据； 如数据包含缩放信息，VI 可自动换算数据； 总数和偏移量输入端用于读取指定的数据子集
TDMS 关闭	关闭用 TDMS 打开函数打开的“.tdms”文件
TDMS 列出内容	列出 TDMS 文件输入端指定的“.tdms”文件中包含的组名称和通道名称
TDMS 设置属性	设置指定“.tdms”文件、通道组或通道的属性； 如果连接组名称和通道名，函数可在通道中写入属性； 如果只连接组名称，函数可在通道组中写入属性； 如未连接组名称和通道名，属性由文件决定； 如只连接通道名，运行时发生错误
TDMS 获取属性	返回指定的“.tdms”文件、通道组或通道的属性； 连线至组名称或通道名输入端，该函数可返回组或通道的属性； 如果输入端不包含任何值，则函数返回指定“.tdms”文件的属性值
TDMS 刷新	写入“.tdms”数据文件的缓冲至 TDMS 文件输入指定的文件
TDMS 文件查看器	打开文件路径指定的“.tdms”文件，在 TDMS 文件查看器对话框中显示的文件数据
TDMS 碎片整理	对文件路径输入端中指定的“.tdms”文件数据进行碎片整理； “.tdms”数据较为杂乱或需提高性能时，可使用该函数对数据进行整理

实例 7-8　向 TDMS 文件中写入仿真信号。

步骤一：创建仿真信号。在程序框图中，添加一个仿真信号函数和一个滤波器函数，产生的仿真信号通过滤波器处理后，又与原始信号一起，通过合并信号函数进行合并处理，形成新的仿真信号。也可以直接用产生的仿真信号。

步骤二：创建 TDMS 文件。首先在程序框图中添加 TDMS 写入函数，设置“操作”端子为“open or create”，“禁用缓冲”端子为“False”，“文件格式版本”端子为 1.0，由创建路径函数设置文件的名称和保存路径。

步骤三：设置 TDMS 属性。TDMS 文件中属性值用变量类型表示，因此可以直接将属性值作为输入。若同时输入多个属性值，则需要将各种属性值类型都转换为变量类型，最好用“转换为变体”函数来完成这项任务，再构造为数组作为输入。本实例的属性名称和属性值都是通过数组直接赋值的。

步骤四：写入 TDMS 文件。前面第一步生成了数据，第三步设置了 TDMS 文件属性，写入文件就需要设置组名称和通道名称，然后把数据写入文件中。按照如图 7-36 所示连好相关线路。

当完成 TDMS 文件写操作后，LabVIEW 会自动生成两个文件：*.tdms 文件和*.tdms_index 文件。前者为数据文件或主文件，后者为索引文件或头文件。两者的最大区别在于索引文件不含原始数据，只包含属性等信息，这样可以增加数据检索的速度，并且有利于搜索TDMS文件。

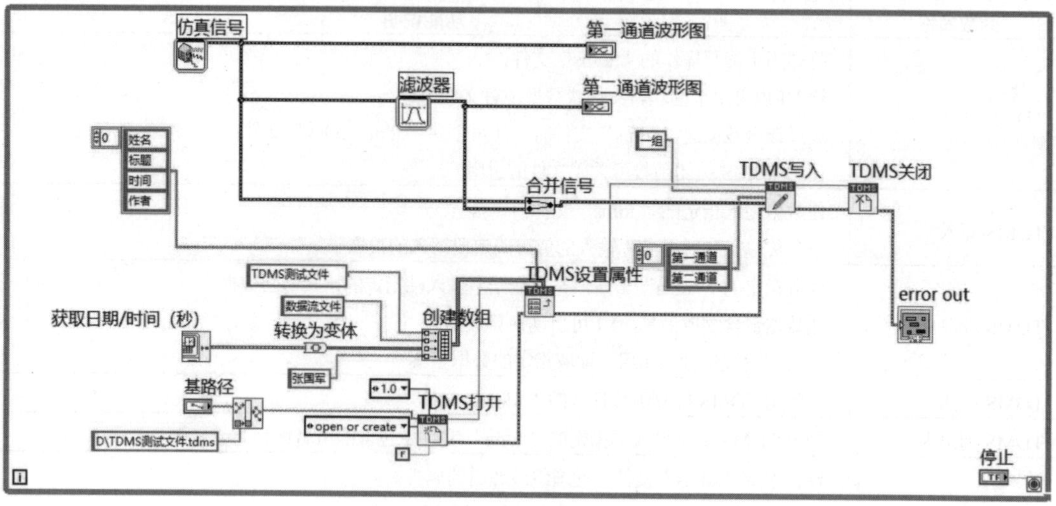

图7-36　写入TDMS文件程序框图

在写操作完成之后，我们可以调用“TDMS文件查看器”函数来浏览所有的属性值，如图7-37所示。在“TDMS文件查看器”对话框中，用户不仅可以查看所有的属性值，还能有选择地查看数据。单击对话框中的“设置”按钮，还可以打开数据配置对话框来输入显示数据的条件。

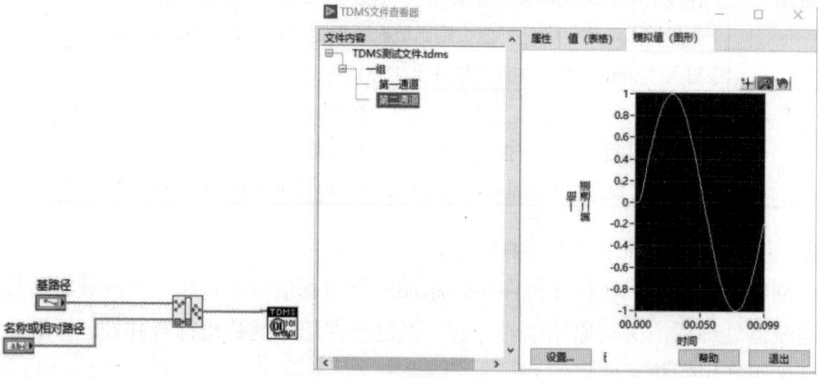

图7-37　TDMS文件查看器

TDMS文件支持的数据类型有以下几种：

(1) 模拟波形或一维模拟波形数组。

(2) 数字波形。

(3) 数字表格。

(4) 动态数据。

(5) 一维或二维数组(数组元素可以是有符号的整型、浮点型、时间标识、布尔型，或不包含空字符的由数字和字符组成的字符串)。

实例7-9　读取通道名为第一通道的第50个数据点开始的100个数据。

TDMS文件的读取过程比较简单。读取数据时，如果不指定组合通道名，则“TDMS读取”函数会将所有组合通道的数据都读出来。

步骤一：打开 TDMS 文件。在程序框图中，添加“TDMS 打开”函数和“创建路径”函数，打开要读取的 TDMS 文件，设置操作端子为“open(read-only)”属性值。

步骤二：读取 TDMS 文件。在程序框图中，添加 TDMS 读取函数。设置偏移量端子为常量 50，设置总数端子为常量100。设置组名称输入端子为字符串常量“一组”或其他组名，设置通道名输入端子为字符串数组常量“第一通道”或其他通道名。在前面板添加一个波形图控件作为数据端子的输出控件。设置数据类型端子，在程序框图中添加“转换至动态数据”函数，该函数位于“Express”→“信号操作”子面板下，并在“配置转换至动态数据”对话框中的输入数据类型列表框中选择“单一标量”，连接相关线路，如图 7-38 所示。

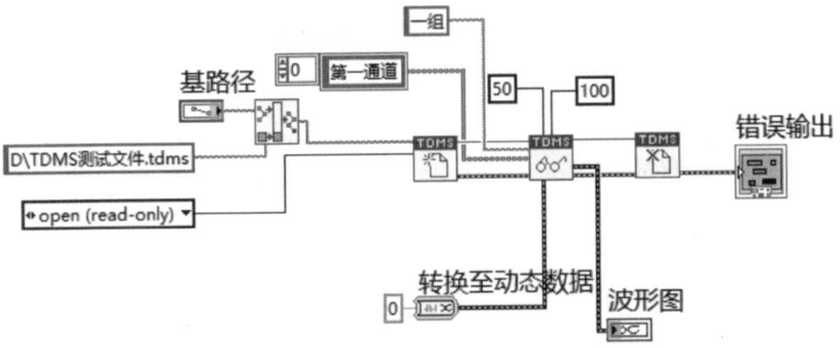

图 7-38　读取 TDMS 文件程序框图

步骤三：运行该程序，其效果如图 7-39 所示。

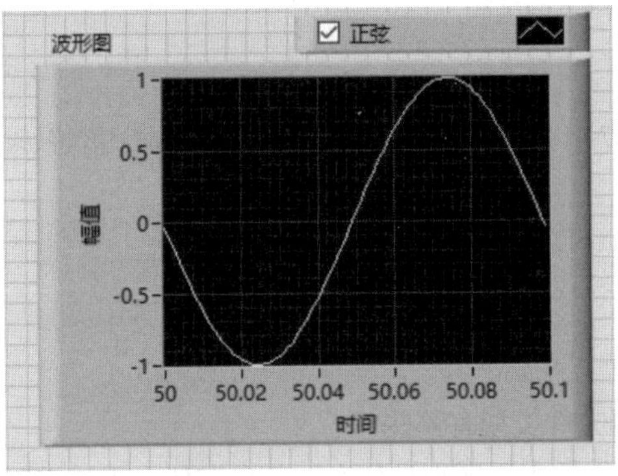

图 7-39　读取 TDMS 文件效果

读取 TDMS 文件中的属性值和写入属性值的方法非常类似。若组名和通道名输入为空，则表示此时读出的属性为文件属性；若仅通道名为空，则表示读出的属性为组属性；如组名和通道名输入都不为空，则表示读出的属性为通道属性。

实例 7-10　获取前面写入的 TDMS 文件的属性和属性值。

步骤一：打开 TDMS 文件。在程序框图中，添加“TDMS 打开”函数和“创建路径”函数，打开要读取的 TDMS 文件，设置操作端子为“open(read-only)”属性值。

步骤二：获取文件属性和属性值。在程序框图中添加“TDMS 获取属性”函数，直接创建一个字符串数组显示控件连接“属性名称”端子，创建一个变体数组显示控件连接“属性值”端子。

步骤三：获取通道属性名称和属性值。在步骤二的基础上，在组名称和通道名两个端子上连接需要获取属性的组名和通道名，连接线路如图 7-40 所示。

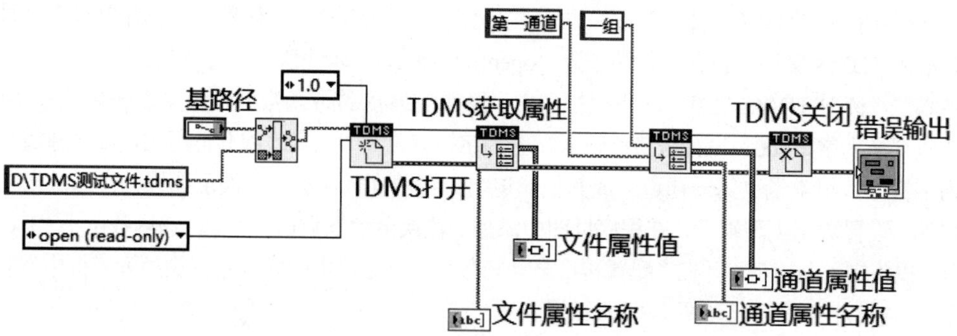

图 7-40　获取 TDMS 文件属性名称和属性值程序框图

步骤四：运行程序，效果如图 7-41 所示。

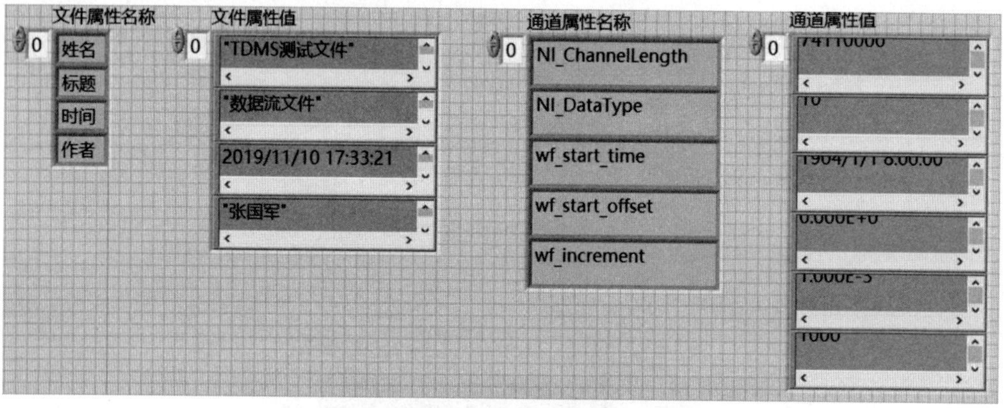

图 7-41　获取 TDMS 文件属性名称和属性值的效果图

习题

1. LabVIEW 支持的常用文件类型有哪些？

2. 文本文件和二进制文件的主要区别是什么？各自有什么优缺点？

3. 请说出下面这几种文件是文本文件还是二进制文件：数据记录文件、XML 文件、配置文件、波形文件、LVM 文件、TDMS 文件。

4. 有一个测量程序，采集 A、B 两路信号(幅度范围均为 0～10)，每 1s 采集一次，要求每采集一次，就将采集结果写入文本文件尾部。即使重新运行程序，仍能保证数据添加到文件尾部，而不会覆盖原有数据，格式为 A 保留 4 位小数，B 为整数。编写该测量程序的数据存储部分。采集的两路信号可分别用随机数生成程序进行模拟。

5. 编写程序，读取题 4 中写入的文本文件中两路采集的信号并显示出来。

6. 用仿真信号产生一个频率为 10Hz、采样率 1000、采样点 1000 的正弦仿真信号，并将其写入 TDMS 文件，要求同时为该通道设置两个描述属性：频率和采样点。

7. 什么是电子表格文件、文本文件、二进制文件、数据记录文件？编写程序，将正弦波发生器产生的正弦波数据分别存储为上述文件。

8. 创建一个 VI，将含有时间值的数组和数字输入添加到表单文件的末尾，其路径由用户指定，时间以 s 为单位进行记录。VI 运行时，每当用户按下 Save 按钮，最近的输入值和时间将保存到表单文件中；按下 Stop 按钮时，停止运行 VI。

9. 将随机产生的范围为 0～100 的温度数据(保留 2 位小数)用波形显示出来，并以字符串的形式写入文本文件，然后从文件中读取字符串并显示在前面板中，同时将字符串中的数据分离出来，显示到波形图中。

10. 将正弦波和方波作为两路信号组合在一起，写入二进制文件中。

11. 产生三角波形数据并记录为波形文件，读取该波形文件并显示其波形，然后将其存储为电子表格文件。

第8章 网络与通信编程

随着网络技术的快速发展与应用，通过网络实现数据传递和共享是目前各种应用软件及仪器的必备功能和发展趋势。为了支持网络化虚拟仪器的开发，LabVIEW 提供了功能强大的网络与通信开发工具，可以方便地通过网络通信编程来实现远程虚拟仪器的设计及数据的远程传递和共享。

LabVIEW 不仅提供传统的 TCP、UDP 网络通信，还提供了简单实用的串行通信及其他通信技术等。本章将对 LabVIEW 中的 TCP 通信、UDP 通信、串行通信的编程实现方法及其他通信技术进行介绍。

8.1 TCP 通信

8.1.1 TCP 简介

TCP 是众所周知的网络通信 TCP/IP(Transmission Control Protocol/Internet Protocol，传输控制协议/互联网络协议)的一个子协议。TCP/IP 是 Internet 最基本的协议，是 20 世纪 70 年代中期美国国防部为其 ARPANET 广域网开发的网络体系结构和协议标准，以它为基础组建的 Internet 是目前国际上规模最大的计算机网络。Internet 的广泛使用，使 TCP/IP 成了事实上的标准。TCP/IP 是一个由不同层次上的多个协议组合而成的协议簇，共分为 4 层：网络接口层、Internet 层、传输层和应用层。由于 TCP 和 IP 是使用最广泛也是最重要的协议，因此人们用 TCP/IP 作为整个体系结构的名称。TCP 和 UDP 都是 TCP/IP 体系结构中的传输层协议，都使用 IP 作为网络层协议。

TCP 使用 IP 作为网络层协议，提供一种面向连接、可靠的传输层服务。面向连接指的是在实现数据传输前必须先建立点对点的连接。TCP 采用比特流方式分段传送数据，即 TCP 从程序接收数据并将数据处理成字节流，将字节组合成段，然后对段编号和排序以便传递。在两个主机交换数据之前，必须先相互建立会话。TCP 会话通过三次握手的过程进行初始化，这个过程是序号同步，并提供在两个主机之间建立虚拟连接所需的控制信息。一旦初始化完成，在发送和接收主机之间将按顺序发送和确认段。关闭连接之前，TCP 使用类似的握手过程验证两个主机是否都完成发送和接收全部数据。

8.1.2 TCP 函数

LabVIEW 中的 TCP 通信函数位于“函数”→“数据通信”→“协议”→“TCP”子选板中，如

图 8-1 所示。

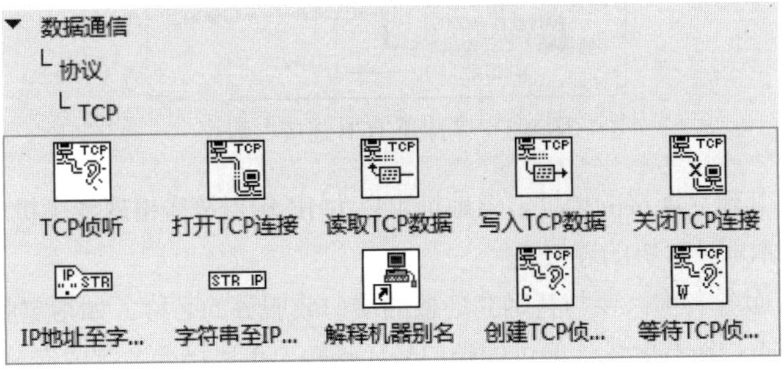

图 8-1　TCP 通信函数子选板

下面重点介绍几个常用的函数。

1. TCP 侦听

该函数(图 8-2)的功能是创建一个侦听器并在指定端口等待 TCP 连接请求。该函数只能在作为服务器的主机上使用。开始侦听某个指定端口时，不能再使用其他 TCP 侦听 VI 侦听该端口。例如，在 VI 的程序框图上有两个 TCP 侦听 VI，并且第一个 TCP 侦听 VI 在侦听端口 2222，此时不能再用第二个侦听 VI 侦听同一端口 2222。该函数的主要接线端定义如下。

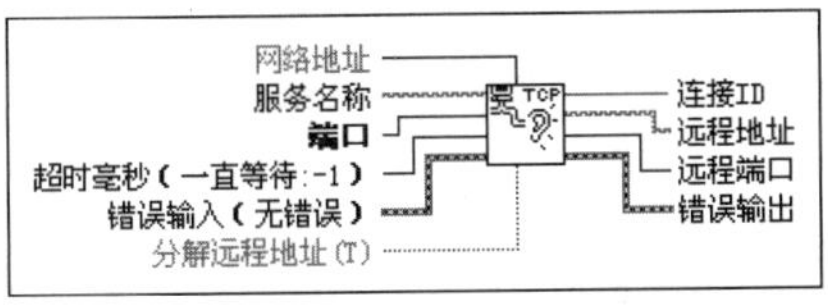

图 8-2　“TCP 侦听”函数

(1) 网络地址：指定侦听的网络地址。在有一块以上网卡的情况下，如需侦听特定地址上的网卡，应指定该网卡的地址。如不指定网络地址，LabVIEW 将侦听所有的网络地址。通过“字符串至 IP 地址转换”函数可获取当前计算机的 IP 网络地址。

(2) 服务名称：创建端口号的已知引用。如指定服务名称，LabVIEW 将使用 NI 服务定位器注册服务名称和端口号。

(3) 端口：要侦听连接的端口号。

(4) 超时毫秒：等待连接的时间周期，以 ms 为单位。如连接没有在指定时间内建立，VI 将完成并返回错误。默认值为–1，表示无限等待。

(5) 分解远程地址：表明是否在远程地址调用“IP 地址至字符串转换”函数，默认值为 TRUE。

(6) 接 ID：唯一标识 TCP 连接的网络连接引用句柄。该连接句柄用于在以后的 VI 调用中引用连接。

(7) 远程地址：与 TCP 连接关联的远程机器的地址。该地址使用 IP 句点符号格式。

(8) 远程端口：远程系统用于连接的端口。

2. 打开 TCP 连接

该函数(图 8-3)的功能是用指定的计算机名称和远程端口或服务名称来打开一个 TCP 连接。该函数只能在作为客户机的主机上使用。该函数的主要接线端定义如下(其他未说明端口与 TCP 侦听函数类似)。

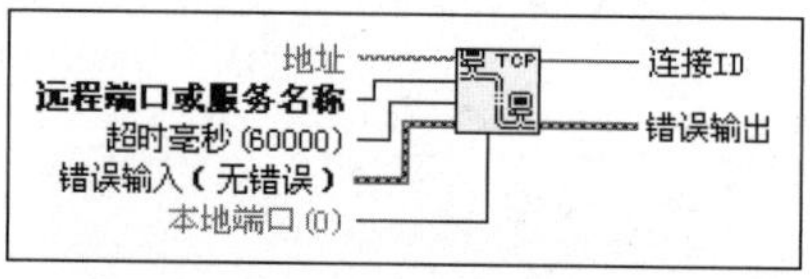

图 8-3　“打开 TCP 连接”函数

(1) 地址：要与其建立连接的地址。该地址可以为 IP 句点符号格式或主机名。如未指定地址，LabVIEW 将建立与本地计算机的连接。

(2) 远程端口或服务名称：要与其确立连接的端口或服务的名称。如指定服务名称，LabVIEW 将向 NI 服务定位器查询所有服务注册过的端口号。该端口可以接受数字或字符串输入。

(3) 本地端口：用于本地连接的端口。某些服务器仅允许使用特定范围内的端口号连接客户端，该范围取决于服务器。如值为 0，操作系统将选择尚未使用的端口。默认值为 0。

3. 写入 TCP 数据

该函数(图 8-4)通过数据输入端口将数据写入到指定的 TCP 连接中。函数的主要接线端定义如下(其他未说明端口与前面介绍的函数类似)。

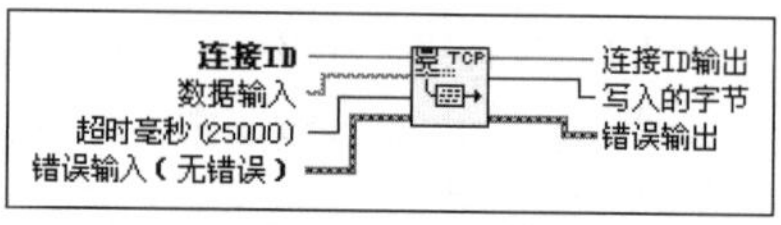

图 8-4　“写入 TCP 数据”函数

(1) 数据输入：要写入连接的数据。

(2) 写入的字节：VI 写入连接的字节数。

对数据输入端口写入连接的数据，利用下列方法可处理字节数不同的消息。

(1) 发送消息，消息前带有用于描述该消息的文件头，大小固定。例如，文件头中可包含说明消息类型的命令整数，以及说明消息中其他数据大小的长度整数。服务器和客户端均可接收消息。即发出 8 字节的读取函数(假定为两个 4 字节的整数)，然后将函数转换为两个整数，再根据长度整数确定作为剩余消息发送到第二个读取函数的字节数。第二个读取函数完成后，将回到 8 字节文件头的读取函数。这种方式最为灵活，但需要读取函数接收消息。实际上，通常第二个读取函数在消息通过写入函数写入时同时完成。

(2) 发送固定大小的消息，如消息的内容小于指定的固定大小，可填充消息，使其达到固定大小。这种方式更为高效，因为即使有时会发送不必要的数据，接收消息时也只需读取函数。

(3) 发送只包含 ASCII 数据的消息，其中每个消息以一个回车和一对字符换行符结束。读取函数具有模式输入，即在传递了 CRLF 后，可使函数在发现回车和换行序列前一直进行读取。这种方式在消息数据含有 CRLF 序列时显得较为复杂，常用于 POP3、FTP 和 HTTP 等互联网协议。

4. 读取 TCP 数据

该函数(图 8-5)从指定的 TCP 连接中读取数据。函数主要接线端定义如下(其他未说明端口与前面介绍的函数类似)。

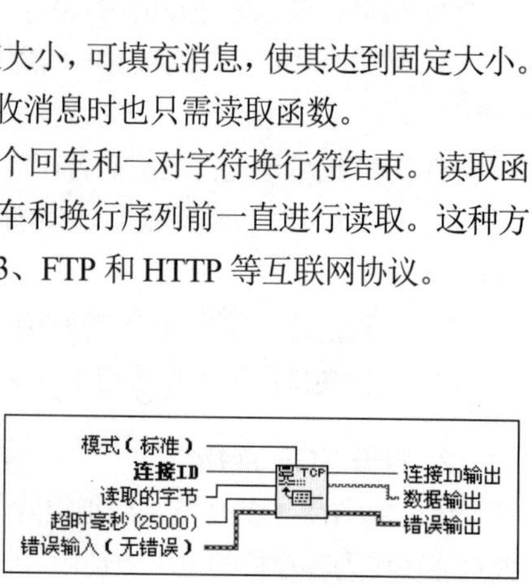

图 8-5　“读取 TCP 数据”函数

(1) 模式：表明读取操作的动作，包含以下 4 个选项。

① 0Standard(默认)：等待直至读取所有“读取的字节”

中指定的字节或超时毫秒用完，返回目前已读取的字节数。如字节数少于请求的字节数，则返回部分字节数并报告超时错误。

② 1Buffered：等待直至读取所有“读取的字节”中指定的字节或超时毫秒用完。如字节数少于请求的字节数，则不返回字节数并报告超时错误。

③ 2CRLF：等待直至“读取的字节”中指定的字节达到，或直至函数在读取字节指定的字节数内接收到 CR(回车)加上 LF(换行)或超时毫秒用完，返回读取到 CR 或 LF 之前的字节，包括 CR 和 LF。如函数未发现 CR 和 LF，但存在读取字节，则函数返回该字节。如函数未发现 CR 和 LF，但字节数少于“读取的字节”中指定的值，则函数不返回字节数，同时报告超时错误。

④ 3Immediate：在函数接收到“读取的字节”中指定的字节前一直等待。如该函数未收到字节则等待至超时，返回目前的字节数。如函数未接收到字节则报告超时错误。

(2) 读取的字节：指要读取的字节数。处理字节数不同的消息的方法与“写入 TCP 数据”函数相同。

(3) 数据输出：包含从 TCP 连接读取的数据。

5. 关闭 TCP 连接

该函数(图 8-6)的功能是关闭指定的 TCP 连接。

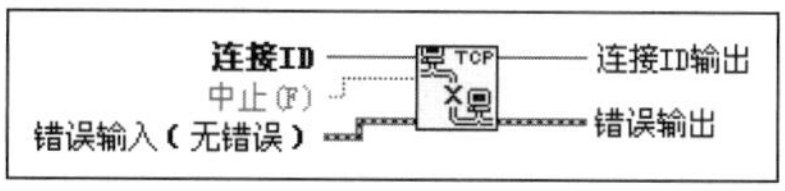

图 8-6　“关闭 TCP 连接”函数

8.1.3　实例

实例 8-1　TCP/IP 服务器/客户机双机通信。

服务器/客户机通信模式是进行网络通信的最基本的结构模式，其基本的通信流程如下。

(1) 服务器启动，进行初始化，TDP 侦听开始在指定端口等待客户机 TCP 连接请求。

(2) 客户机启动，打开 TCP 连接，向服务器发送连接，请求建立 TCP 连接。

(3) TCP 连接成功，开始传送数据。

(4) 数据传送结束，关闭 TCP 连接。

本实例的主要功能是由服务器程序产生一组正弦波形数据，利用 TCP 通信传送到客户机程序并显示出来。

图 8-7 所示为 TCP 服务器的程序框图和前面板。在服务器程序中，首先指定服务器网络端口(如 8080)，并用“TCP 侦听”函数建立 TCP 侦听器，等待客户机的连接请求，这是服务器初始化过程。如果客户机有连接请求，成功建立连接后，TCP 侦听函数的远程地址和远程端口将输出远程客户机的地址(如 222.38.70.38)和 TCP 端口(如 1869)，同时开始执行 While 循环内正弦波形数据产生及 TCP 数据发送程序。在发送数据时，采用两个“写入 TCP 数据”函数来发送数据：第一个“写入 TCP 数据”函数发送的是波形数组数据转换为字符串类型后的长度数据，其类型为 32 位整型，占 4 个字节；第二个“写入 TCP 数据”函数发送的是波形数组转换为字符串类型后的数据，这种发送方式有利于客户机程序接收数据。

图 8-8 和 8-9 所示为 TCP 客户机的程序框图和前面板。在客户机程序中，首先指定服务器的 IP 地址和 TCP 端口号，然后执行“打开 TCP 连接”与服务器建立 TCP 连接。成功建立连接后，执行 While 循环中的数据接收程序。对应于服务器的数据发送，客户机采用两个“读取 TCP 数据”函数

读取服务器发送过来的波形数据。第一个节点读取波形数组数据的长度信息，其发送到客户端的长度为 4 个字节，因此“读取 TCP 数据”的“读取的字节”端口设置为“4”。第二个节点根据第一个读取节点读取的波形数组数据的长度将波形数据全部读出。这种方法是 TCP/IP 通信中的常用方法，可以有效地发送和接收数据，并保证数据不丢失。

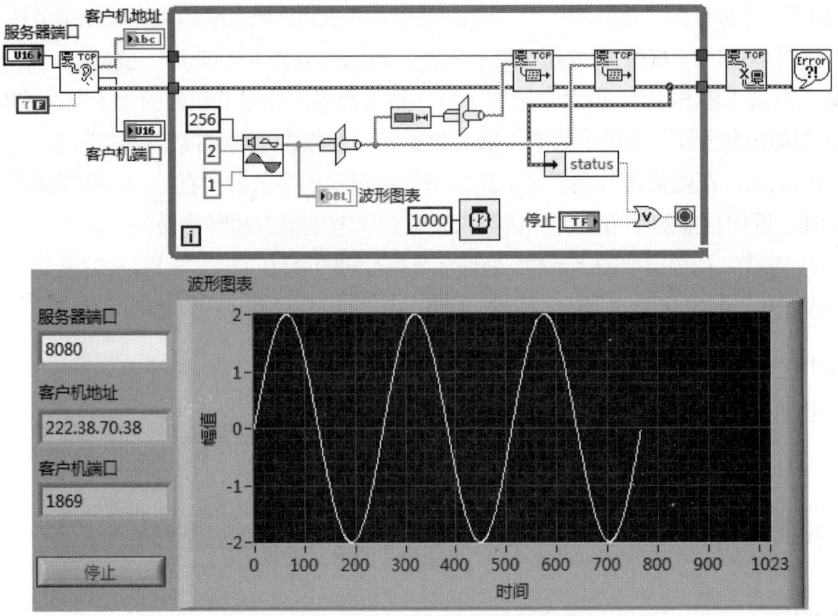

图 8-7　TCP 服务器的程序框图和前面板

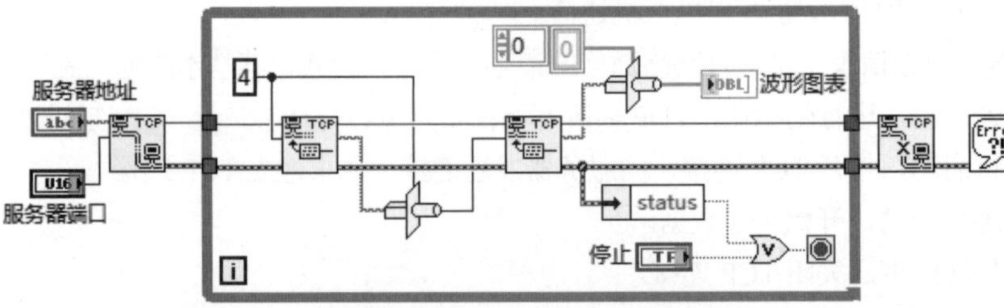

图 8-8　TCP 客户机的程序框图

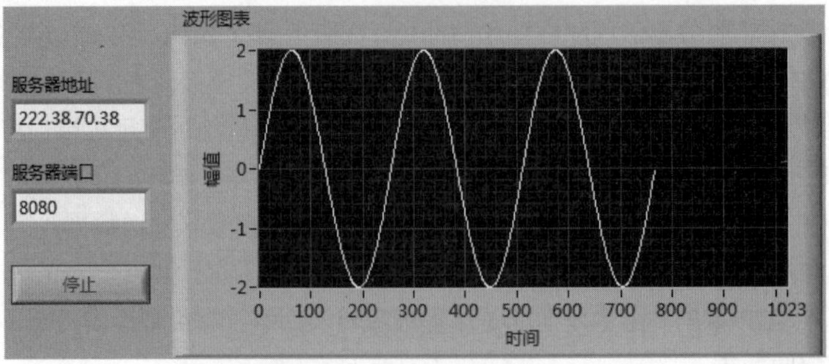

图 8-9　TCP 客户机的前面板

服务器程序和客户机程序可以分别在联网的两台计算机上运行，也可同时在一台计算机上运行，本例就是在一台计算机上同时运行的情况。另外，在运行时，必须先启动服务器，待服务器初始化完成，再运行客户机。

本例只是进行了简单的服务器端发送数据，客户机接收数据。实际上，服务器和客户机可以同时进行交互式通信，即服务器和客户机都可以同时发送和接收数据。另外，服务器和客户机除可以实现以上的这种点对点通信外，还可以实现一点对多点的通信。有关其他或更高级的应用，读者可以查阅相关资料并自己尝试编程实现。

8.2 UDP 通信

8.2.1 UDP 简介

UDP(User Datagram Protocol，用户数据报协议)是 TCP/IP 体系结构中一种无连接的传输层协议，提供面向操作的简单不可靠信息传送服务。UDP 直接工作于 IP 的顶层，主要用来支持那些需要在计算机之间传送数据的网络应用。UDP 协议从问世至今已经过去了很多年，到现在为止仍然不失为一种非常实用和可行的网络传输层协议。

作为一种传输层协议，UDP 有以下几个特征。

(1) 它是一个无连接的协议，通信的源端和终端在传输数据之前不需要建立连接。当它想传送时就简单地去抓取来自应用程序的数据，并尽可能快地把它扔到网络上。在发送端，UDP 传送数据的速度仅仅受应用程序生成数据的速度、计算机的能力和传输带宽的限制；在接收端，UDP 把每个消息放在队列中，应用程序每次从队列中读取一个消息段。

(2) 由于传输数据不建立连接，也不需要维护连接状态，包括收发状态，因此一个服务器可以同时向多个客户机传送相同的消息，即具有广播信息的功能。

(3) UDP 信息包的标题很短，只有 8 个字节，相对于 TCP 的 20 个字节而言信息包很小。

(4) 吞吐量不受拥挤控制算法的调节，只受应用程序生成数据的速度、发送和接收端计算机的能力和传输带宽的限制。

8.2.2 UDP 函数

LabVIEW 中的 UDP 通信函数位于“函数”选板→“数据通信”→“协议”→“UDP”子选板中，如图 8-10 所示。

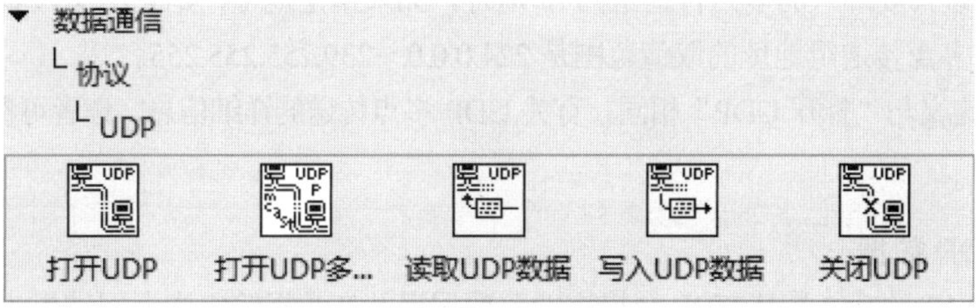

图 8-10　通信函数子选板

下面对 UDP 各函数做简单介绍。

1. 打开 UDP

该函数(图 8-11)的功能是打开“端口”或“服务名称”的 UDP 套接字，为发送或接收数据做准备。函数的主要端口定义如下。

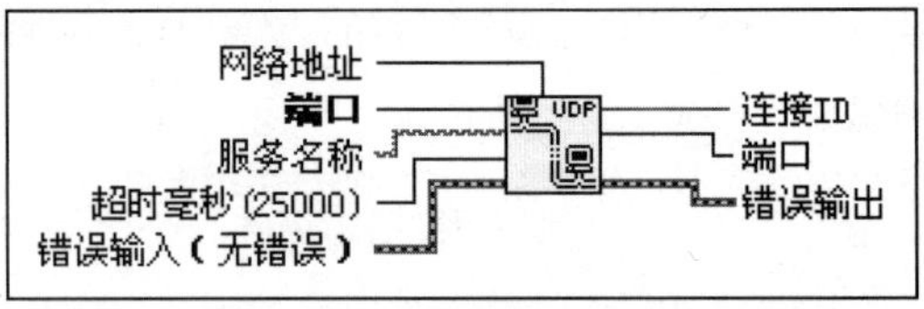

图 8-11 “打开 UDP”函数

(1) 网络地址：指定侦听的网络地址。在有一块以上网卡的情况下，如需侦听特定地址上的网卡，应指定该网卡的地址。如不指定网络地址，LabVIEW 将侦听所有的网络地址。通过“字符串至 IP 地址转换”函数可获取当前计算机的 IP 网络地址。

(2) 端口(输入端)：要创建 UDP 套接字的本地端口。

(3) 服务名称：创建端口号的已知引用。如指定服务名称，LabVIEW 将使用 NI 服务定位器注册服务名称和端口号。

(4) 超时毫秒：指定在函数完成或返回错误前等待的时间，以 ms 为单位。默认值为 25 000ms，即 25s。值为–1 时表明无限等待。

(5) 连接 ID：唯一标识 UDP 套接字的网络连接引用句柄。该连接句柄可用于在以后的 VI 调用中引用套接字。

(6) 端口(输出端)：输出返回函数使用的端口号。如输入端口不为 0，则输出端口号等于输入端口号。将 0 连线至端口输入可动态选择操作系统认为可以使用的 UDP 端口。

2. 打开 UDP 多点传送

该函数(图 8-12)的功能是打开“端口”上的 UDP 多点传送套接字。该函数是一个多态 VI，使用时必须手动选择所需的多态实例。对函数主要端口解释如下。

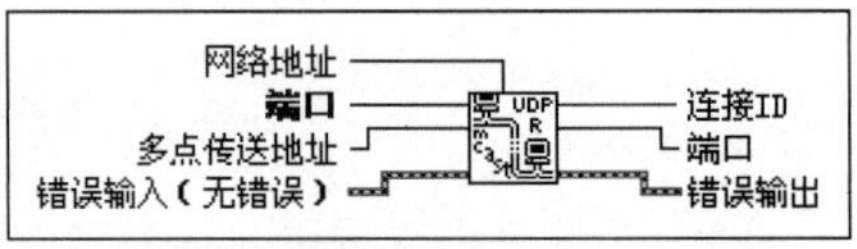

图 8-12 “打开 UDP 多点传送”函数

多点传送地址：要加入的多点传送组的 IP 地址，如未指定地址，则无法加入多点传送组，返回的连接为只读。多点传送组地址的取值范围是 224.0.0.0～239.255.255.255。

其他端口的定义与“打开 UDP”相同。有关 UDP 多点传送的详细信息，读者可参阅 LabVIEW 帮助进行了解。

3. 读取 UDP 数据

该函数(图 8-13)的功能是从 UDP 套接字读取数据报并在数据输出中返回结果。函数在收到字节后返回数据，否则将等待完整的毫秒超时。对函数主要端口解释如下。

最大值：读取字节数量的最大值，默认值为 548。如该输入端没有连接，由于函数无法读取小于一个数据包的字节数，将返回错误。

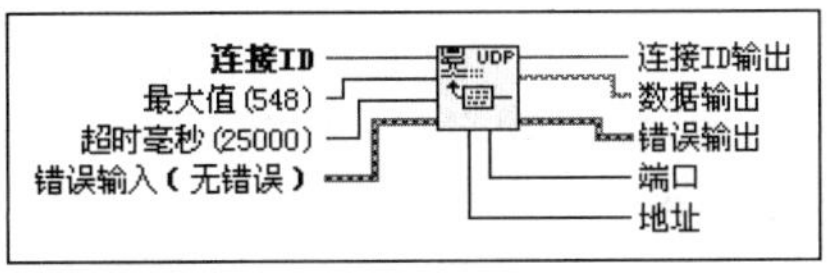

图 8-13　“读取 UDP 数据”函数

数据输出：输出包含从 UDP 数据报读取的数据。

端口：发送数据报的 UDP 套接字的端口。

地址：产生数据报的计算机的地址。

4. 写入 UDP 数据

该函数(图 8-14)的功能是将数据写入远程 UDP 套接字。对函数主要端口定义如下。

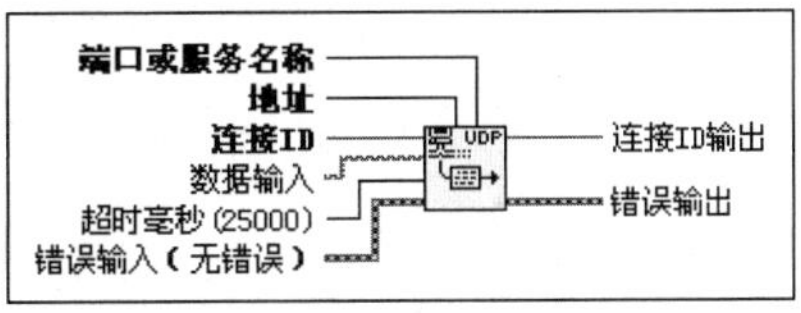

图 8-14　“写入 UDP 数据”函数

端口或服务名称：指定要写入的端口。如指定服务名称，LabVIEW 将向 NI 服务定位器查询所有服务注册过的端口号，可接受数值或字符串输入。

地址：要接收发送的数据报的计算机的地址。

数据输入：包含写入至 UDP 套接字的数据。在以太网环境中，数据将被限制为 8192 字节以内。在本地通话环境中，将数据限制在 1458 字节内，以便保持网关的性能。

5. 关闭 UDP

该函数(图 8-15)的功能是关闭 UDP 套接字。

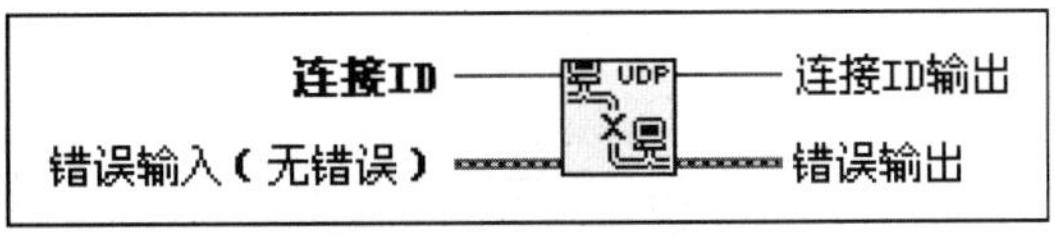

图 8-15　“关闭 UDP”函数

从以上 UDP 各函数可以看出，UDP 函数使用套接字的方式进行数据通信。所谓套接字，简单来说，就是通信两方的一种约定，使用其中的相关函数来完成通信过程，它是一种 IP 地址、端口号和传输层协议的组合体。套接字主要有流格式套接字、数据报格式套接字和原始格式套接字 3 种类型，每种类型都分别代表了不同的通信服务。

8.2.3　实例

实例 8-2　点对点通信。

该实例将利用 UDP 通信实现图 8-8 和图 8-9 所示的 TCP 通信程序。本实例的发送端程序框图和前面板、接收端程序框图和前面板分别如图 8-16 和图 8-17 所示。

在数据发送程序中，首先设定发送端的端口，并用“打开 UDP”函数打开端口或服务名称的 UDP 套接字，为发送数据做准备。成功打开 UDP 套接字后，根据设定的“接收地址”和“接收端口”，利用“写入 UDP 数据”函数，即可将“数据输入端”的数据发送到指定接收地址和接收端口上。和 TCP 通信不同，此时无论接收端是否准备好接收数据，数据都将被发送到网络上，如果接收端已准备好接收数据，则数据能够接收，否则，数据将被丢弃。

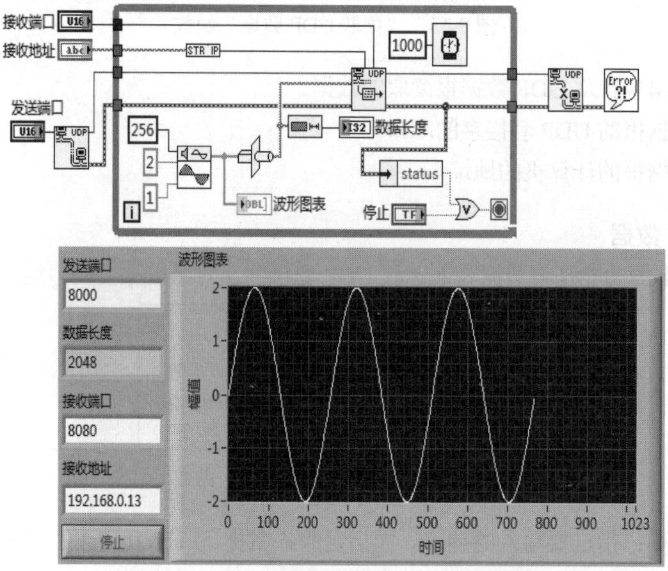

图 8-16　UDP 数据发送程序框图和前面板

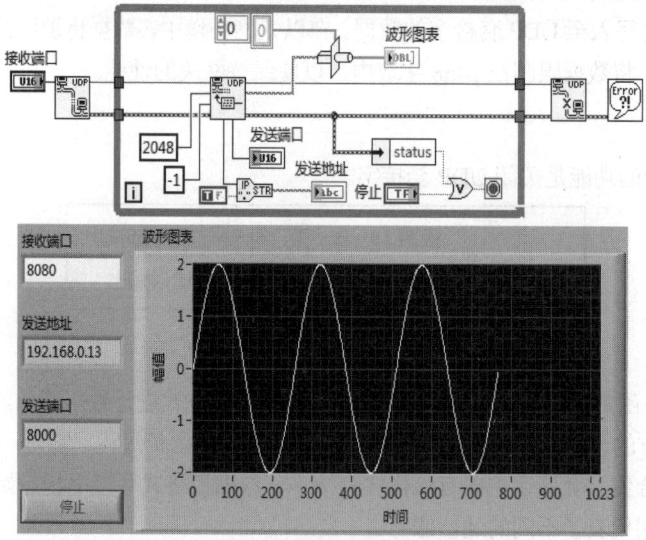

图 8-17　UDP 数据接收程序框图和前面板

在数据接收程序中，首先设定数据的接收端口，并用“打开 UDP”函数打开端口或服务名称的 UDP 套接字，为接收数据做准备。成功打开 UDP 套接字后，使用“读取 UDP 数据”函数执行数据接收等待，如有发送到本机设定端口上的 UDP 数据，则开始读取数据。需要注意的是，在读取数据时，“读取 UDP 数据”函数的“最大值”为读取字节数量的最大值，该值的设定应不小于发送数据的长度。

8.3 串行通信

8.3.1 串行通信简介

在早期，计算机与外设或计算机之间的通信通常有两种方式：并行通信和串行通信。

并行通信数据的各位同时传输，其传输速率快，但占用的数据线多，传输数据的可靠性随距离的增加而下降，只适用于近距离的数据传输。在早期的计算机与打印机之间，通常采用并行通信。

串行通信是指在单根数据线上将数据一位一位地依次传送。在发送过程中，每发送完一个数据，再发送第二个，以此类推。接收数据时，每次从单根数据线上一位一位地依次接收，再把它们拼成一个完整的数据。在远距离数据通信中，一般采用串行通信，它占用的数据线少，成本也较低。虽然串行通信是一种古老的通信方式，但目前仍比较常用。

在串行通信中，依据时钟控制发送和接收数据的方式，分为同步串行通信和异步串行通信两种基本的通信方式。同步串行通信是指在相同的数据传输速率下，发送端和接收端的通信频率保持严格同步。由于这种方式不需要使用起始位和停止位，因此可以提高数据的传输速率，但发送器和接收器的成本较高。异步串行通信是指发送端和接收端在相同的波特率下不需要严格的同步，允许有相对的时间延迟，即收、发两端的频率偏差在 10%以内，就能保证正确通信。但是，为了有效地通信，通信双方必须遵从统一的通信协议，即采用统一的数据传输格式、相同的数据传输速率、相同的纠错方式。

异步通信协议规定每个数据以相同的位串形式传输，数据由起始位、数据位、奇偶校验位和停止位组成，其位串格式如图 8-18 所示。

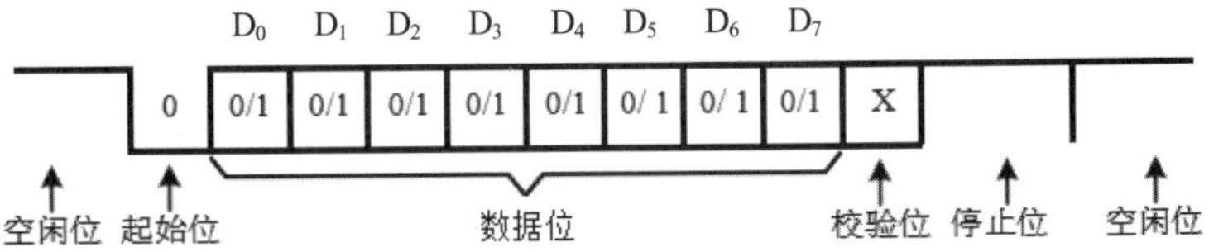

图 8-18　串行通信数据位串定义

异步通信在不发送数据时，数据信号线上总是呈现高电平状态，称为空闲状态(又称 MARK 状态)。当有数据发送时，信号线变为低电平状态，并保持 1 位的时间，用于表示发送字符的开始，该位称为起始位，也称 SPACE 状态。起始位之后，在信号线上依次出现待发送的每一位字符数据，并且按照先低位后高位的顺序逐位发送。采用不同的字符编码方案，待发送的每个字符的位数不同，一般在 5、6、7 或 8 位之间选择。数据位的后面可以加上一位奇偶校验位，也可以不加，由程序指定。最后传送的是停止位，一般选择 1 位、1.5 位或 2 位。目前，串行数据的传输大多使用异步通信方式。

在异步串行通信中，表示数据传输速率的参数称为波特率，规定的波特率有 50、75、110、150、300、600、1200、2400、4800、9600 和 19 200 等几种。

总之，在异步串行通信中，通信双方必须保持相同的传输波特率，并以每个字符数据的起始位来进行同步。同时，数据格式、起始位、数据位、奇偶校验位和停止位的约定，在同一次传输中也要保持一致，这样才能保证成功地进行数据传输。因此，在使用异步串行通信实现数据传输时必须指定 4 个参数：传输的波特率、对字符编码的数据位数、可选奇偶校验位的奇偶性和停止位数。

8.3.2 串行通信函数

LabVIEW 中使用了仪器编程的标准 I/O API-VISA 来进行串行通信的控制。VISA 是与驱动软件通信的 LabVIEW 仪器驱动 VI 中的底层函数。VISA 本身不提供仪器编程功能，它是一个调用低层驱动程序的高层 API。VISA 能够控制 VXI、GPIB、串口或者基于计算机的仪器，并能根据所用仪器的类型来调用合适的驱动程序。

LabVIEW 串行通信函数位于“函数”选板→“数据通信”→“协议”→“串口”子选板或者“函数”选板→“仪器 I/O”→“串口”子选板中，如图 8-19 所示。

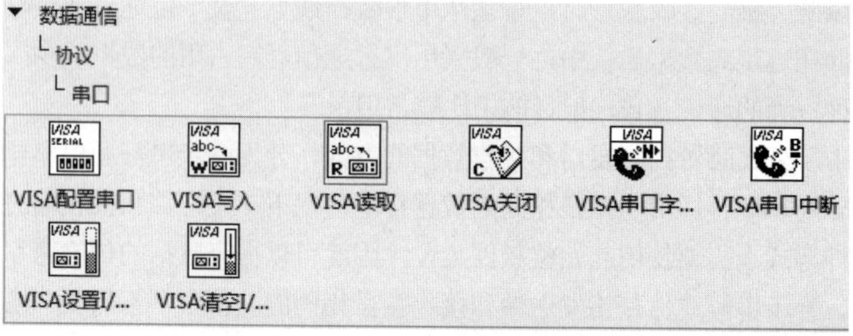

图 8-19 “串口函数”子选板

下面重点介绍几个常用的函数。

1. VISA 配置串口

该函数(图 8-20)的功能是将“VISA 资源名称”指定的串口按特定设置初始化。该函数是一个多态 VI，通过将数据连线至“VISA 资源名称”输入端可确定要使用的多态实例，也可手动选择实例。各主要接线端口定义如下。

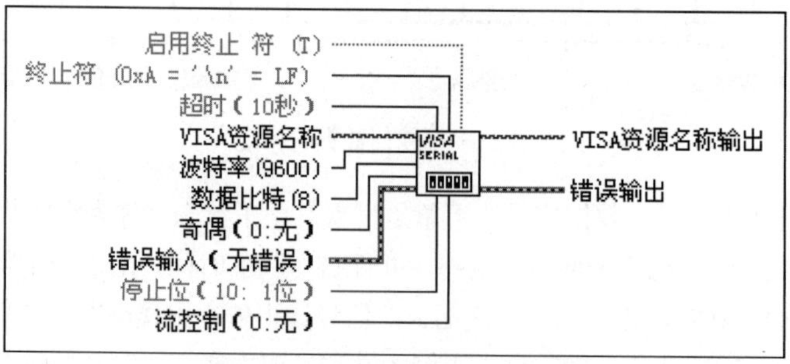

图 8-20 “VISA 配置串口”函数

(1) 启用终止符：使串行设备做好识别终止符的准备。如值为 TRUE(默认)，VI_ATTR_ASRL_END_IN 属性将被设置为识别终止符。如值为 FALSE，VI_ATTR_ASRL_END_IN 属性将被设置为 0(无)且串行设备不识别终止符。

(2) 终止符：通过调用终止读取操作。从串行设备读取终止符后读取操作将终止。0xA 是换行符(\n)的十六进制表示。消息字符串的终止符由回车(\r)改为 0xD。

(3) 超时：设置读取和写入操作的超时值，以 ms 为单位，默认值为 10 000。

(4) VISA 资源名称：指定要打开的资源。VISA 资源名称控件也可指定会话句柄和类。

(5) 波特率：传输速率，默认值为 9600。

(6) 数据比特：输入数据的位数。数据位的值介于 5 和 8 之间，默认值为 8。

(7) 奇偶：指定要传输或接收的每一帧所使用的奇偶校验。该输入选项包括 0(No Parity，默认)、1(Odd Parity)、2(Even Parity)、3(Mark Parity)和 4(Space Parity)。

(8) 停止位：指定用于表示帧结束的停止位的数量。该输入支持选项包括 10(1 停止位)、15(1.5 停止位)和 20(2 停止位)。

(9) 流控制：设置传输机制使用的控制类型。该输入支持的选项如下。

① 0(无，默认)：传输机制不使用流控制机制。假定该连接两边的缓冲区都足够容纳所有的传输数据。

② 1(XON/XOFF)：该传输机制用 XON 和 XOFF 字符进行流控制。该传输机制通过在接收缓冲区将满时发送 XOFF 控制输入流，并在接收到 XOFF 后通过中断传输控制输出流。

③ 2(RTS/CTS)：该机制用 RTS 输出信号和 CTS 输入信号进行流控制。该传输机制通过在接收缓冲区将满时置 RTS 信号无效控制输入流，并在置 CTS 信号无效后通过中断传输控制输出流。

④ 3(XON/XOFF and RTS/CTS)：该传输机制用 XON 和 XOFF 字符及 RTS 输出信号和 CTS 输入信号进行流控制。该传输机制通过在接收缓冲区将满时发送 XOFF 并置 RTS 信号无效控制输入流，在接收到 XOFF 且置 CTS 无效后通过中断传输控制输出流。

⑤ 4(DTR/DSR)：该机制用 DTR 输出信号和 DSR 输入信号进行流控制。该传输机制通过在接收缓冲区将满时置 DTR 信号无效控制输入流，在置 DSR 信号无效后通过中断传输控制输出流。

⑥ 5(XON/XOFF and DTR/DSR)：该传输机制用 XON 和 XOFF 字符及 DTR 输出信号和 DSR 输入信号进行流控制。该传输机制通过在接收缓冲区将满时发送 XOFF 并置 RTS 信号无效控制输入流，在接收到 XOFF 且置 DSR 信号无效后通过中断传输控制输出流。

VISA 资源名称输出：指由 VISA 函数返回的 VISA 资源名称的副本。

2. VISA 写入

该函数(图 8-21)的功能是将写入缓冲区的数据写入“VISA 资源名称”指定的设备或接口中。各主要接线端口定义如下。

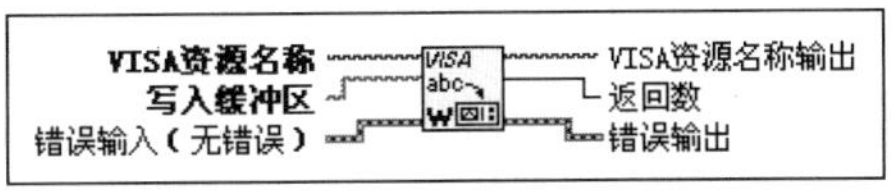

图 8-21　“VISA 写入”函数

VISA 资源名称：指定要打开的资源。VISA 资源名称控件也可指定为会话句柄和类。

写入缓冲区：包含要写入设备的数据。

VISA 资源名称输出：由 VISA 函数返回的 VISA 资源名称的副本。

返回数：包含实际写入的字节数。

3. VISA 读取

该函数(图 8-22)的功能是从“VISA 资源名称”指定的设备或接口中读取指定数量的字节，并将数据返回至读取缓冲区。各主要接线端口定义如下。

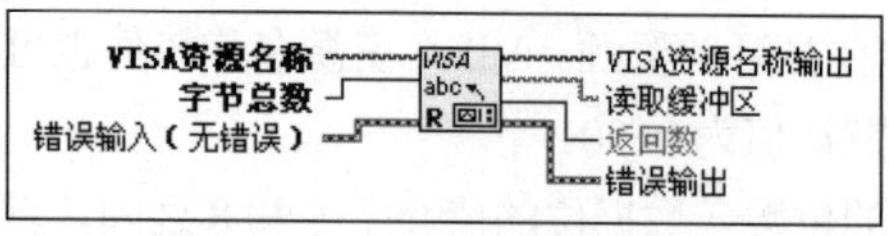

图 8-22 “VISA 读取”函数

VISA 资源名称：指定要打开的资源。VISA 资源名称控件也可指定会话句柄和类。

字节总数：指要读取的字节数量。

VISA 资源名称输出：指由 VISA 函数返回的 VISA 资源名称的副本。

读取缓冲区：包含从设备读取的数据。

返回数：包含实际读取的字节数。

4. VISA 关闭

该函数(图 8-23)的功能是关闭“VISA 资源名称”指定的设备会话句柄或事件对象。其中，VISA 资源名称为指定要打开的资源的名称。VISA 资源名称控件也可指定会话句柄和类。

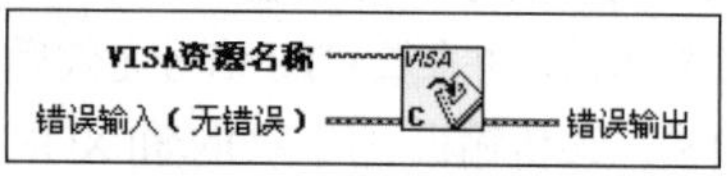

图 8-23 “VISA 关闭”函数

5. VISA 串口字节数

该函数(图 8-24)的功能是返回指定串口的输入缓冲区的字节数。它是一个属性节点，其属性可以通过右键快捷菜单进行设置。读者可参阅 6.2 节“属性节点”的相关内容了解其具体使用方法。

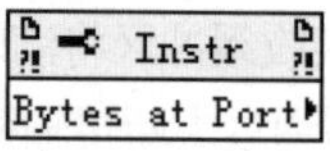

图 8-24 “VISA 串口字节数”函数

8.3.3 实例

在进行实例编程之前，先简单介绍串口数据线的引脚及其基本接线方式。实现串行通信的接口设备称为串行接口，简称串口，串口按电气标准及协议可分为 RS-232-C、RS-422、RS-485、USB 等。其中，USB 是近几年发展起来的新型接口标准，主要用于传输高速数据。而 RS-232-C 是最常用的一种串行通信接口，也称标准串口。传统的 RS-232-C 接口有 22 根线，采用标准的 25 芯 D 型插座，后来的 PC 上使用了简化的 9 芯 D 型插座。使用 9 芯 D 型插座实现两台计算机之间的串行通信，串口数据线两端引脚的基本接线顺序如图 8-25 所示。

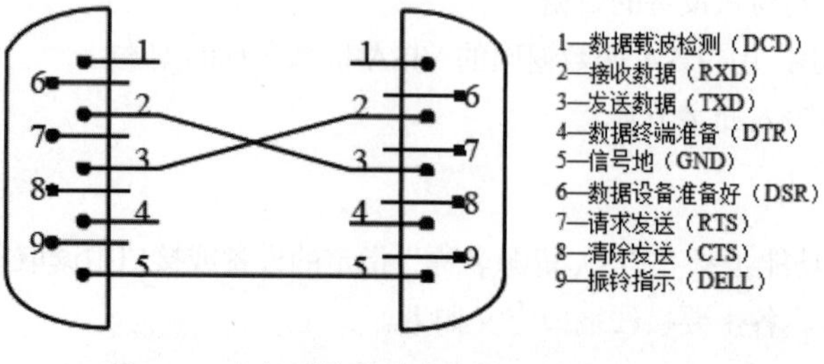

图 8-25 串行通信的基本接线方式及引脚定义

实例8-3　发送、接收串口数据。

如图 8-26 所示，首先利用“VISA 配置串口”函数对串口的资源名称、波特率、数据位、奇偶校验、停止位和流控制进行配置，然后根据写入和读取控制执行串口发送和串口读取操作。如果将写入操作设置为“真(开)”，则执行串口写入(发送数据)。如果将读取操作设置为“真(开)”，则执行串口写入(发送数据)。如果将读取操作设置为“真(开)”，则可以执行串口读取(接收数据)。在写入和读取之间设定了一定的延迟。对于本实例，通过设置“写入”“读取”控制，可以分别实现串口写入、读取和读写操作。

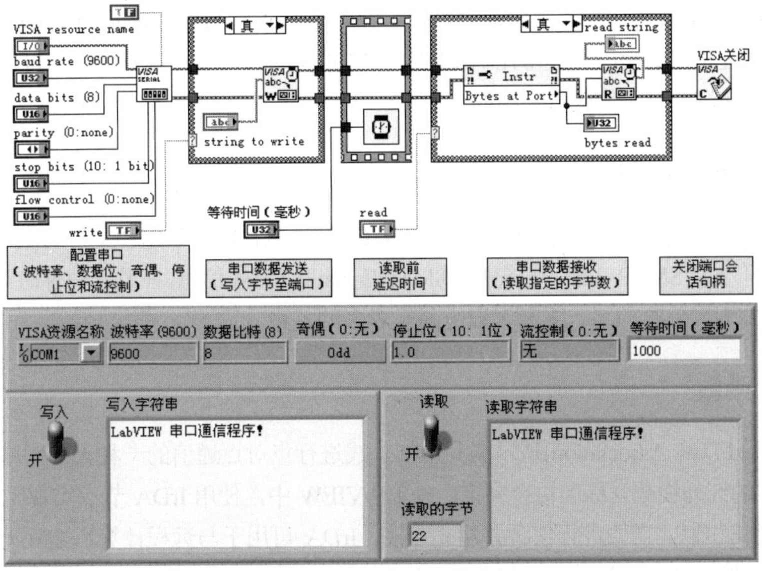

图 8-26　简单串口通信实例

可以执行串口读取(接收数据)，但在写入和读取之间设定了一定的延迟。对于本实例，通过设置“写入”“读取”控制，可以分别实现串口写入、读取和读写操作。

对于只有一个串口的单台计算机，要想同时实现串口发送和接收程序的测试，可以用数据线将串口的第 2 引脚和第 3 引脚短接，以实现数据的自发自收功能，图 8-26 的运行结果就是自发自收情况。

8.4 LabVIEW 中的其他通信技术

LabVIEW 的通信功能是为满足应用程序的各种特定需求而设计的，除以上介绍的几种通信方法外，还有以下方法可供选择。对于这些方法，本节仅给出基本的介绍，具体内容读者可参阅相关书籍。

8.4.1　共享变量

共享变量可用于与本地或远程计算机上的 VI 及部署于终端的 VI 共享实时数据，写入方和读取方是多对多的关系。通过共享变量，用户可以在不同的计算机上的 VI 之间、本地不同 VI 之间或在同一程序框图的不同循环之间交换数据。共享变量的使用和全局变量类似，用户在程序框图中看到的仅是一个变量，而变量具体与网络中的哪台计算机中的哪个变量连接，以及其他各种属性等都已事先在共享变量的属性中设定。用户不用了解任何网络协议，也不用任何编程，就能轻松实现网络数据交换。

8.4.2 LabVIEW 的 Web 服务器

LabVIEW 的 Web 服务器用于在网络上发布前面板图像而无需编程。从信息传递的角度看，写入方和读取方是一对多的关系。利用 LabVIEW Web 服务器，可以在 LabVIEW 开发环境中自由发布文档和 VI 图片，在浏览器上通过“刷新”按钮可随时获得服务器上更新的 Web 页，同时也可以简单地控制 Internet 上的各客户端的访问权限以及定义可在 Web 服务器上显示的 VI 图片。在服务端和用户端均可以通过相应的操作来获得控制 VI 图片的功能，同时在服务端也可以通过锁定控件来锁住前面板控制权，使浏览器无法获得控制权。

8.4.3 SMTP E-mail VI

SMTP E-mail VI 可通过简单邮件传输协议(SMTP)发送包含附加数据和文件的电子邮件。

LabVIEW 不支持 SMTP 认证，不能使用 SMTP E-mail VI 接收信息。在发送邮件时需要通过 SMTP E-mail VI 编程实现，信息的写入方和读取方是一对多的关系。

8.4.4 IrDA 函数

IrDA(Infrared Data Association)技术是利用红外线进行点对点通信的一种无线网络技术，其标准由 1993 年成立的红外线数据标准协会制定。在 LabVIEW 中，使用 IrDA 节点实现无线网络通信的方法与 TCP 通信相似，需要进行侦听并建立连接。IrDA 可用于与远程计算机建立无线连接，信息写入方和读取方是一对一的关系。

8.4.5 蓝牙 VI 和函数

蓝牙(Blue tooth)技术是爱立信、IBM 等 5 家公司在 1998 年联合推出的一项无线网络技术。蓝牙是无线数据和语音传输的开放式标准，它将各种通信设备、计算机及其终端设备、各种数字数据系统，甚至家用电器采用无线方式连接起来。在 LabVIEW 中，蓝牙 VI 和函数用于与蓝牙设备建立无线连接，信息写入方和读取方是一对一的关系。

习题

1. 什么是 TCP 协议和 UDP 协议？二者有什么区别？
2. 编写一个 LabVIEW 程序，利用 TCP 协议实现在两台计算机之间进行文本数据的点对点通信。
3. 设计一个基于 TCP 协议的 LabVIEW 远程数据采集系统，要求在一台计算机上实现数据采集，在另外一台计算机上实现采集数据的显示。
4. 基于 UDP 协议分别实现题 2 和题 3 的功能。
5. 在 LabVIEW 中编写一个实现串口收发功能的程序。

第9章

LabVIEW数据库编程

作为虚拟仪器开发软件，LabVIEW 主要应用于数据采集与分析、仪器控制、自动测试和状态监控等领域。目前的测试测量系统大都需要对被测对象进行全方位检测，这必然会使获取的数据量急剧增长。面对大量的数据信息，采用数据库技术，可准确反映各类数据之间的密切联系，能够有效地管理和组织数据，同时也是现代测试测量系统的发展趋势。

9.1 LabVIEW 数据库基础

9.1.1 LabVIEW 数据库访问方法

LabVIEW 本身并不具备直接访问数据库的功能，不能像 VB、VC++、Delphi、PowerBuilder 那样非常方便地进行数据库程序的开发，因此以 LabVIEW 编制的虚拟仪器系统需要其他辅助的方法进行数据库访问。在 LabVIEW 中，通常借助以下 3 种方法对数据库进行访问。

1. 利用 NI 公司附加工具包 LabVIEW SQL Toolkit 进行数据库访问

LabVIEW SQL Toolkit 是 NI 公司提供的用于数据库访问的附加 LabVIEW 工具包。工具包集成了一系列的高级功能模块，这些模块封装了大多数的数据库操作和一些高级的数据库访问功能，其主要功能如下。

(1) 支持所有 Microsoft ActiveX Data Object(ADO)所支持的数据库引擎。

(2) 支持所有与 ODBC 或 OLEDB 兼容的数据库驱动程序。

(3) 具有高度的可移植性。在任何情况下，用户通过改变 DB Tools Open Connection VI 的输入参数 ConnectionString 就可以更换数据库。

(4) 可以将数据库中 ColumnValues 的数据类型转换为标准 LabVIEW Database Connectivity Toolset 的数据类型，进一步增强它的可移植性。

(5) 与 SQL 兼容。

(6) 不使用 SQL 语句就可以实现数据库记录的查询、添加、修改以及删除等操作，用户不需要学习 SQL 语法。

(7) 用户可以使用 LabVIEW SQL Toolkit 在 LabVIEW 中访问支持 ODBC 的本地或远程数据库，例如 Microsoft Access、Microsoft SQL Server、Sybase SQL Server 以及 Oracle 等。

但是，这个工具包比较昂贵，对于某些用户是不能接受的。

2. 使用 ActiveX 调用 Microsoft ADO 控件访问数据库

通过 LabVIEW 的 ActiveX 功能调用 Microsoft ADO 控件，利用 SQL 语言实现数据库访问。Microsoft ActiveX Data Objects 是微软最新的数据访问技术，可以用于编写通过 OLEDB 提供者对数据库服务器中的数据进行访问和操作的应用程序。OLEDB 是一个底层的数据访问接口，用它可以访问各种数据源，包括传统的关系型数据库、电子邮件系统和自定义的商业对象。ADO 为用户提供了一个 OLEDB 的 Automation 封装接口，如同不同的数据库系统需要它们自己的 ODBC 驱动程序一样，不同的数据源也要求有它们自己的 OLEDB 提供者(OLEDB Provider)。目前，虽然 OLEDB 提供者比较少，但微软正积极推广该技术，并打算用 OLEDB 取代 ODBC。ADO 的主要优点是易于使用、高速度、低内存支出和占用磁盘空间较小。ADO 支持用于建立基于客户/服务器和 Web 的应用程序的主要功能。与传统的数据对象层次(DAO 和 RDO)不同，ADO 可以独立创建。因此用户可以只创建一个 Connection 对象，就有多个独立的 Recordset 对象来使用它。ADO 同时具有远程数据服务(RDS)功能，通过 RDS 可以在一次往返过程中实现将数据从服务器移动到客户端应用程序或 Web 页、在客户端对数据进行处理然后将更新结果返回服务器的操作。RDS 以前的版本是 Microsoft Remote Data Service 1.5，现在，RDS 已经与 ADO 编程模型合并，并且 ADO 针对客户/服务器以及 Web 应用程序作了优化，以便简化客户端数据的远程操作。利用这种方式进行数据库访问，需要用户对 Microsoft ADO 控件以及 SQL 语言有较深的了解，并且需要从底层进行复杂的编程才能实现，这对于大多数用户来讲则比较困难。

3. 利用 LabVIEW 用户开发的数据库访问工具包 LabSQL 访问数据库

LabSQL 是一个免费的、多数据库、跨平台的 LabVIEW 数据库访问工具包，它也是基于 ADO 技术编写的。目前的版本是 LabSQL Release 1.1a，LabSQL 支持 Windows 操作系统中任何基于 ODBC 的数据库，包括 Access、SQL Server、Oracle、Sybase 等。LabSQL 的优点是易于理解、操作简单，不熟悉 SQL 语言的用户也可以很容易地使用；只需进行简单编程，就可在 LabVIEW 中实现数据库访问。利用 LabSQL 几乎可以访问任何类型的数据库，执行各种 SQL 查询，对记录进行各种操作。它最大的优点是源代码开放，并且是免费的。

本章将主要介绍基于 LabSQL 访问数据库方法，同时在应用举例中以 Access 数据库作为要访问的数据库。

9.1.2 开放数据库互连基础

1. 开放数据库互连的概念

开放数据库互连(Open Database Connectivity，ODBC)是微软公司开放服务结构(Windows Open Services Architecture，WOSA)中有关数据库的一个组成部分，它建立了一组规范，并提供了对数据库访问的标准 API(应用程序编程接口)，这些 API 利用 SQL 来完成其大部分任务。

ODBC 本身也提供了对 SQL 语言的支持，用户可以直接将 SQL 语句送给 ODBC。

ODBC 是数据库与应用程序之间的一个公共接口，应用程序通过访问 ODBC 而不是直接访问具体的数据库来与数据库通信。基于 ODBC 的应用程序对数据库的操作不依赖任何 DBMS，不直接与 DBMS 打交道，所有的数据库操作由对应的 DBMS 的 ODBC 驱动程序完成。也就是说，不论是 FoxPro、Access 还是 Oracle 数据库，均可用 ODBCAPI 进行访问。由此可见，ODBC 的最大优点是能以统一的方式处理所有的数据库。

不过，直接使用 ODBC API 比较麻烦，所以微软公司后来又开发出 DAO、RDO、ADO 这些数据库对象模型。使用这些对象模型开发程序更容易，而且这些模型又都支持 ODBC，所以即使用户所访问的数据库没有提供 ADO 驱动，只要有 ODBC 驱动也可以使用 ADO 进行访问。

针对每一类 DBMS 有各自不同的 ODBC 驱动程序，由数据库厂商以动态链接库的形式提供，实现 ODBC 函数调用与数据源交互。而数据源是 ODBC 到数据库的接口形式，它描述了用户需要访问的数据库以及相应的各种参数，如数据库所在的计算机、用户及密码等信息。数据源名是访问数据库的标识，因此在与数据库进行连接之前，必须在 ODBC 数据源管理器中建立数据源。

2. ODBC 中数据源的建立

实例9-1　ODBC数据源的建立过程。

这个数据源将在后面的实例中用到，数据源是通过数据源名(DSN，Data Source Names)来标识的。

步骤一：在 Access 中建立一个 Access 数据库，并保存为名称为 TestDB.mdb 的文件。

步骤二：在 Windows“控制面板”中双击运行“管理工具”→“数据源(ODBC)”，弹出“ODBC 数据源管理程序”对话框，如图 9-1 所示。注意，对本地数据库，通常要在“用户 DSN”选项卡上创建项；对于远程数据库，则在“系统 DSN”选项卡上创建。任何情况下，都不能在“用户 DSN”和“系统 DSN”选项卡上创建同名的项。

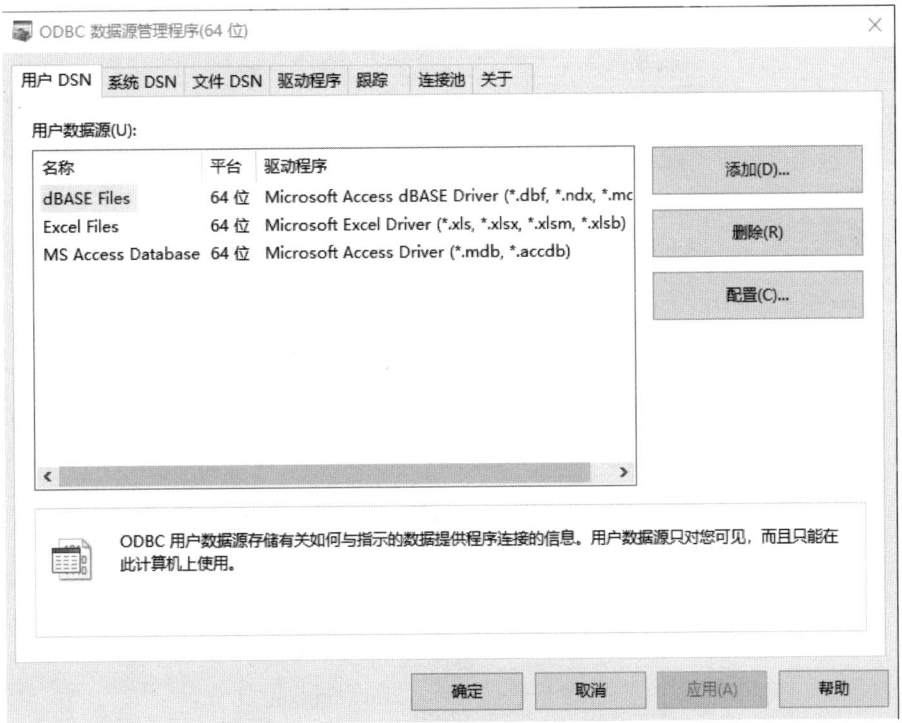

图 9-1　“ODBC 数据源管理程序”对话框

步骤三：本例选择“用户 DSN”选项卡，单击“添加”按钮，进入“创建新数据源”对话框。对话框列出了当前 ODBC 中所有已经安装的数据库驱动。选择要创建的数据源的驱动程序 Microsoft

Access Driver(*.mdb)，如图 9-2 所示。

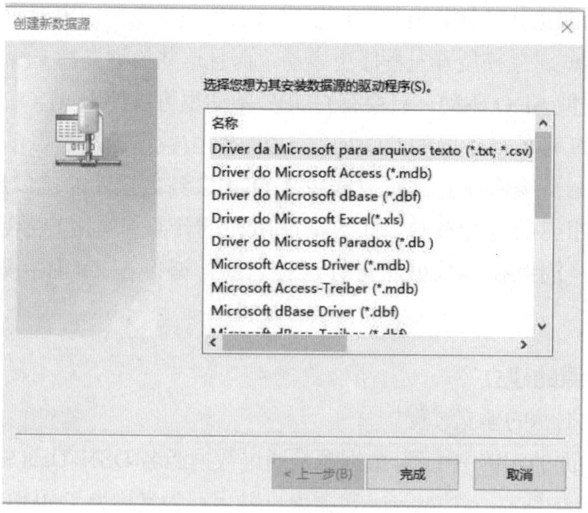

图 9-2　创建数据库源

步骤四：单击“完成”按钮，弹出“ODBC Microsoft Access 安装”对话框，在其中设置数据源名，例如 MYDSN，如图 9-3 所示。在“数据库”栏中单击“选择”按钮，弹出“选择数据库”对话框，选择第(1)步创建好的 Access 数据库 TestDB.mdb，其他参数采用默认设置，如图 9-4 所示。

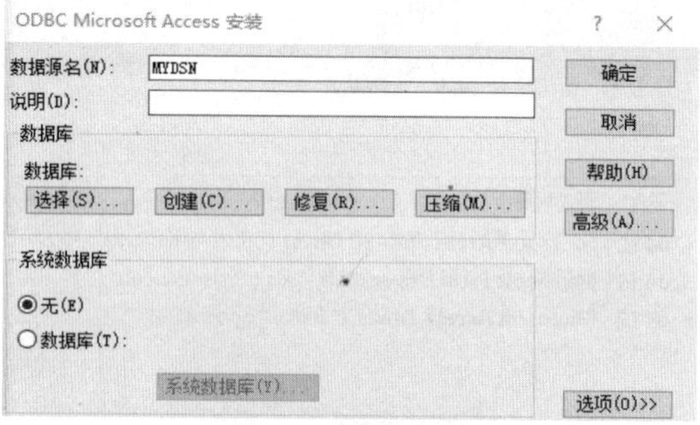

图 9-3　设置数据源名

步骤五：依次单击“选择数据库”对话框和“ODBC Microsoft Access 安装”对话框中的“确定”按钮，完成 DSN 的创建与设置。此时在“ODBC 数据源管理程序”中将看到新创建的 DSN，如图 9-5 所示。

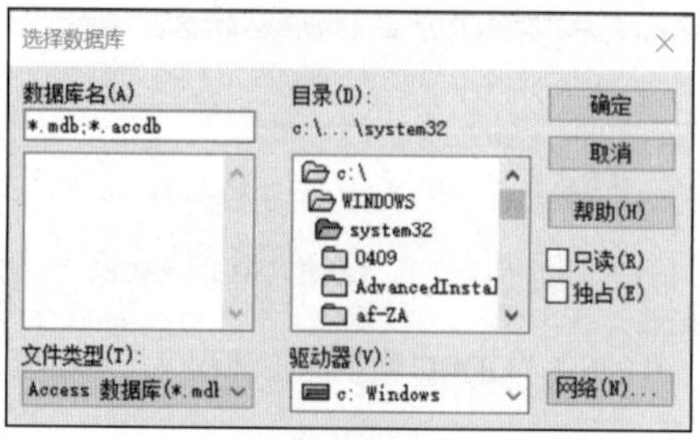

图 9-4　“选择数据库”对话框

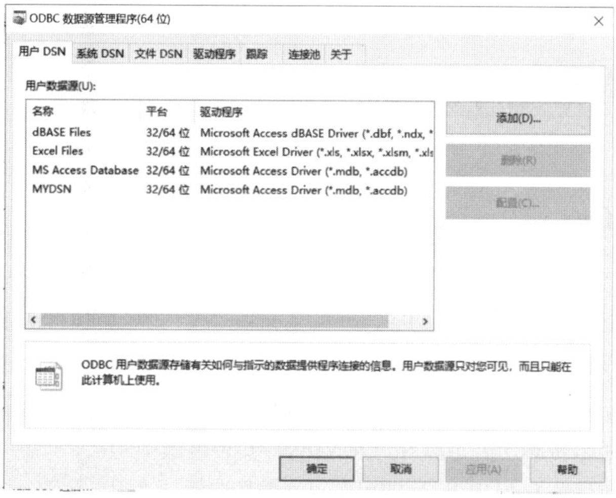

图 9-5　创建完成后的“ODBC 数据源管理程序”对话框

步骤六：若需对该 DSN 进行修改，则可单击“ODBC 数据源管理程序”对话框中的“配置”按钮进行重新配置。

建立 ODBC 数据源后，在 LabVIEW 中就可以通过 ADO 与建立的数据源标识 DSN 建立连接来实现对数据库的访问。对于其他数据库，与在 ODBC 驱动程序已经安装的前提下建立 DSN 的方法类似。

9.1.3　ADO 数据访问技术

ADO 是用于存取数据源的 COM 组件，是一种面向对象的编程接口，开发人员就是通过 ADO 来使用更加接近于底层的 OLE DB。ADO 通过 ODBC 数据源可以实现与任何一种数据库的连接，且具有格式简单的编程接口。

ADO 提供了应用程序级的数据访问对象模型，该对象模型包含 7 种易于使用的对象：Connection、Command、Recordset、Field、Parameter、Error 和 Property。一般情况下，ADO 访问数据库的编程主要使用 Connection、Command 和 Recordset 3 个核心对象。

1. Connection 对象

Connection 对象，即数据连接对象，负责连接数据库并管理应用程序和数据库之间的通信。它通过 ConnectString 属性设置所需数据源(该属性格式为字符串)，包括数据提供者、服务器名、用户名、口令等，也可以是 ODBC DSN、URL 等数据链接信息，并可用 Open 方法建立连接。

2. Command 对象

Command 对象，即命令对象，可完成一系列数据操作，如删除、插入、更新、检索等。要使用该对象，先要指定 CommandText 和 CommandType 属性，再用 Execute 方法执行指定命令。

3. Recordset 对象

Recordset 对象，即记录集对象，用来存储数据操作返回的记录集。这个记录集可能是一个已经连接的数据库中的表，也可能是 Command 对象的执行结果返回的记录集合。在 ADO 对象模型中绝大部分对数据库记录数据的操作都是在 Recordset 中完成的，包括指定行、移动行、添加、更改、删除记录等。

9.2 LabSQL 数据库访问

9.2.1 安装 LabSQL

LabSQL 是一个完全免费并开源的数据库访问工具，它支持 Windows 操作系统中基于 OBDC 的数据库，包括 Access、SQL Server、Oracle、Pervasive、Sybase 等。该工具包可从 http：//jeffreytravis.com/Services.html 网站上下载，名为 LabSQL-1.1a.zip。实际上，它是由许多 VI 组成的包，因此可以像调用普通 VI 一样调用其中的 VI。为了方便调用，可以将它添加到"函数"选板的"用户库"子选板中，方法是将该工具包直接解压并放置在 LabVIEW 安装目录中的 user.lib 文件夹下，重新启动 LabVIEW 后即可在"函数"选板→"用户库"子选板中看到 LabSQL 的子选板，如图 9-6 所示。在"LabSQL"子选板下，有 Examples 和 LabSQL ADO functions 两个子选板，其中 Examples 子选板包含 3 个 LabSQL 应用实例，LabSQL ADO functions 子选板是 LabSQL 工具 VI。

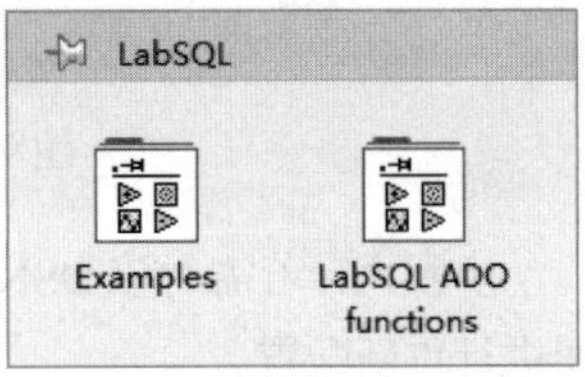

图 9-6　LabSQL 子选板

9.2.2 LabSQL 工具 VI 简介

在 LabSQL ADO functions 子选板中，LabSQ LVI 按照 ADO 对象分成了 3 类，分别放置在不同的子选板中：Command、Connection 和 Recordset，如图 9-7 所示。

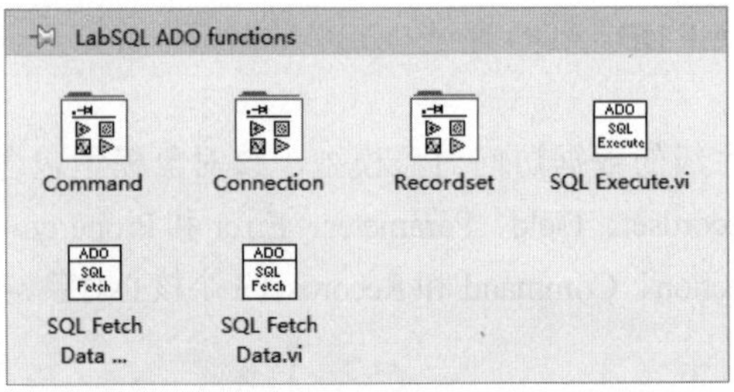

图 9-7　LabSQL ADO functions 子选板

Command 子选板包括 CommandVI 模块，主要用于完成基本的 ADO 操作，如创建或删除一个 Command、对数据库中的某一个参数进行读或写操作等。

Connection 子选板包括 ConnectionVI 模块，主要用于建立连接和完成与连接相关的操作。

Recordset 子选板包括 RecordsetVI 模块，主要完成对数据库中数据记录的各种操作，如创建或删除记录、对记录中的某个条目进行读/写等。

在 LabSQL ADO functions 子选板中，除了 Command、Connection 和 Recordset 3 个子选板外，还提供了 3 个顶层的 VI：SQL Execute.VI、SQL Fetch Data(GetString).VI 和 SQL Fetch Data.VI。这 3 个 VI 是将前面 3 个子文件夹中的某些 VI 功能进一步封装起来构成简单接口，可直接通过 SQL 语句来执行任何数据库操作。

下面介绍 LabSQL 中几个常用的 VI，使用这几个 VI 能够实现一些基本的数据库操作。

1. ADO Connection Create.vi

通过 ADO Connection Create.vi(图 9-8)可以建立一个数据连接对象，并通过“ADODB._ConnectionOut”端子输出。对于任何一个数据库操作，都必须先创建一个数据库连接对象，因此创建数据库连接对象是实现数据库操作的第一步。

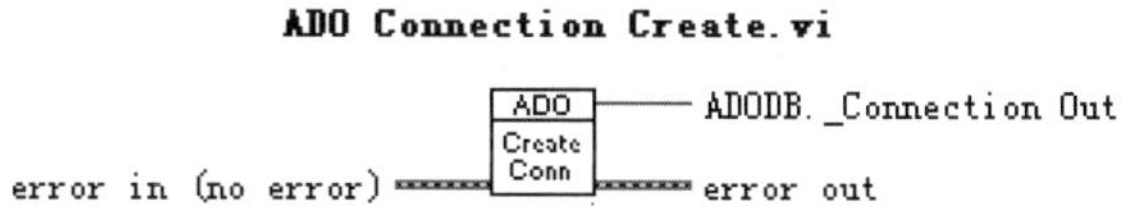

图 9-8　ADO ConnectionCreate.vi

2. ADO Connection Open.vi

ADO Connection Open.vi(图9-9)用于打开一个已创建的数据库连接。其中ADODB._Connection In输入端口用于输入已创建的数据库连接，ConnectionString为连接字符串输入端口，通过它设置数据源，用于指定所要打开的数据库。

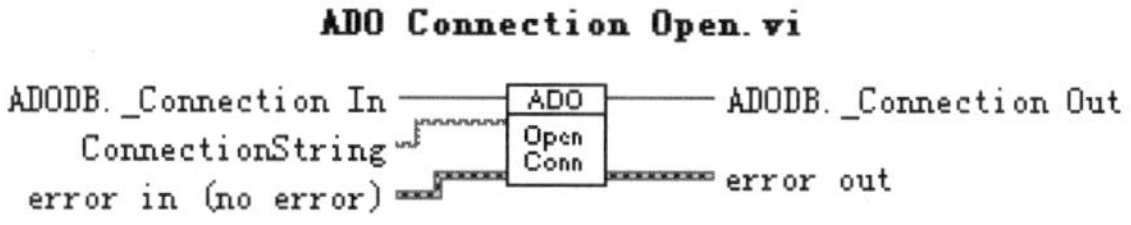

图 9-9　ADO Connection Open.vi

3. SQL Execute.vi

SQL Execute.vi(图 9-10)是一个顶层的 VI，其主要由 ADO Connection Execute.vi、SQL Fetch Data(GetString).vi、ADO Recordset Destroy.vi 3 个 VI 封装组成，用于执行由 Command Text 输入端所输入的 SQL 数据库操作命令。该 VI 可以执行各种数据库操作，但主要用于执行数据库 SQL 查询操作。其中 Command Text 接入需要执行的 SQL 命令，注意 SQL 命令必须以分号“;”结束；Return Data 是一个布尔输入端子，默认为 TRUE，为 TRUE 时通知该 VI 查询并返回数据，当执行一个 SQL 命令不需要返回数据时，该端子输入值设置为 FALSE，如“UPDATE”命令；“Retries”表示 SQL 命令重试执行次数，输入应为一个整型值，正常情况下无需设置该项；“Data”返回一个包含输出结果的二维字符串数组；“Rows Fetched”返回结果记录数目。

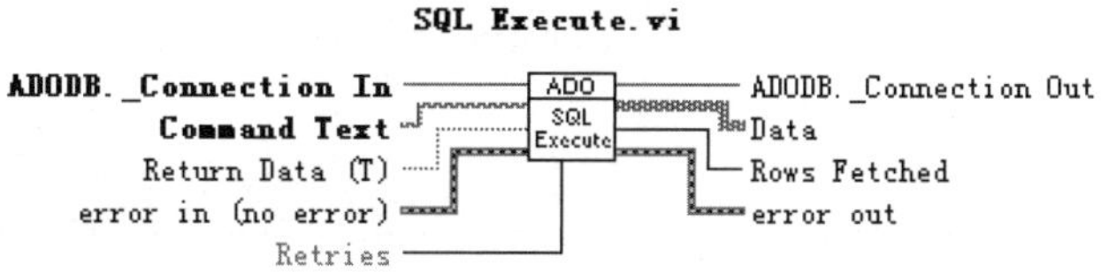

图 9-10　SQL Execute.vi

4. ADO Connection Close.vi

ADO Connection Close.vi(图 9-11)用于关闭一个打开的数据库连接。通常在执行完数据库操作后，需要关闭数据库连接。

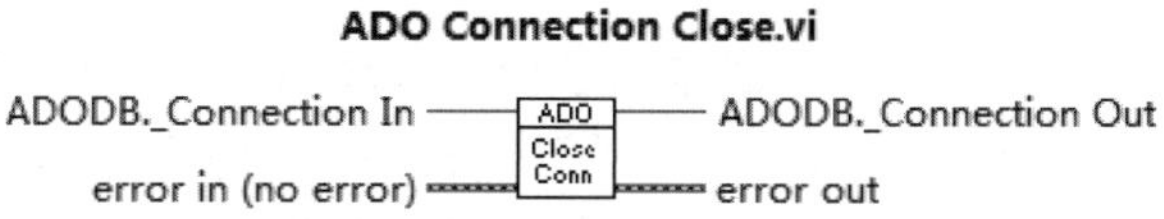

图 9-11　ADO Connection Close.vi

9.2.3 LabSQL 应用举例

下面通过一些简单的应用示例来介绍 LabSQL 的使用。为了方便说明，示例的数据源采用 9.1.2 节中所建立的数据源 MYDSN，并在数据库 TestDB.mdb 中新建一个名为 TestTable 的表，输入如图 9-12 所示的测试数据。

图 9-12　TestTable 表中的测试数据

1. 使用 LabSQL 查询数据

实例 9-2　用 LabSQL 查询数据。

使用 LabSQL 实现查询数据的基本步骤如下。

步骤一：使用 ADO Connection Create.vi 建立数据连接对象。

步骤二：使用 ADO Connection Open.vi 打开连接。该子 VI 有一个 ConnectionString 连接字符串输入端口，通过它设置数据源。本例中通过前面板字符串输入控件来设置连接字符串“DSN=MYDSN”，即将连接字符串设置为前面配置的 ODBC 数据源。

步骤三：使用 SQL Execute.vi 执行 SQL 数据库查询命令。通过该 VI 的 CommandText 输入端口输入要执行的 SQL 语句，本例中使用的是查询语句“SELECT*FROM Test Table WHERE 数学>80AND 语文>75;”，并通过一个字符串输入控件将该语句传递给该端口。查询结果通过“Data”端口输出，本例中，通过该端口将记录集输出到表格控件中显示出来。

步骤四：使用 ADO Connection Close.vi 关闭与数据库之间的连接。本例的程序框图及前面板如图 9-13 所示。

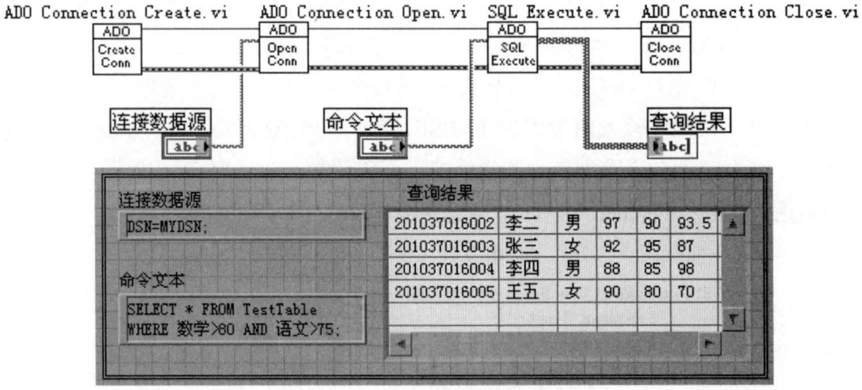

图 9-13　使用 LabSQL 查询数据示例

2. LabSQL 综合应用示例

实例 9-3　利用 LabSQL 实现查询、添加、删除、修改数据库操作。

SQL Execute.vi 是一个顶层的 VI，通过该 VI 除了可以执行查询操作外，还可以实现诸如添加、删除、修改等 SQL 数据库操作。

该示例结合事件结构，利用不同的事件来执行不同的数据操作。其中，利用超时事件子框架执行数据查询，这样在执行完添加、删除、修改记录等操作后能及时将数据库中的记录重新检索出来，从而将数据库中记录的变化情况呈现出来。数据检索的程序框图如图 9-14 所示。

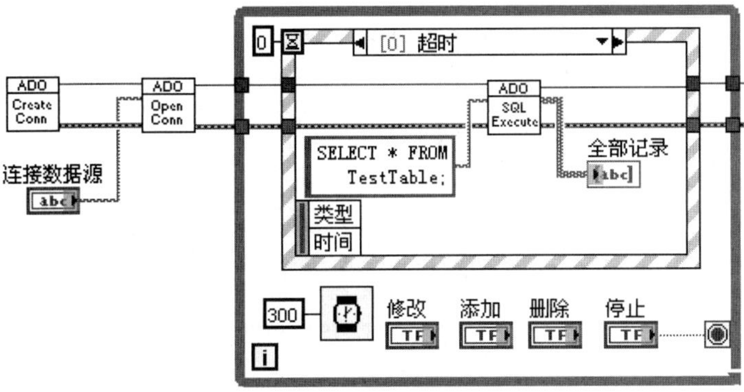

图 9-14　数据查询程序框图

在示例中，利用 SQL 的“INSERT INTO table(field1，field2，…)VALUES(value1，value2，…)”语句实现记录的插入添加功能，本例的添加记录 SQL 语句为“INSERT INTO TestTable(学号，姓名，性别，数学，语文，英语)VALUES('201037016006'，'周六'，'男'，'88'，'90'，'81');”。图 9-15 所示为添加记录的程序框图和添加记录后前面板中记录的检索结果。执行该语句后，即在数据库中插入一条记录，同时超时事件子框架将重新检索记录。

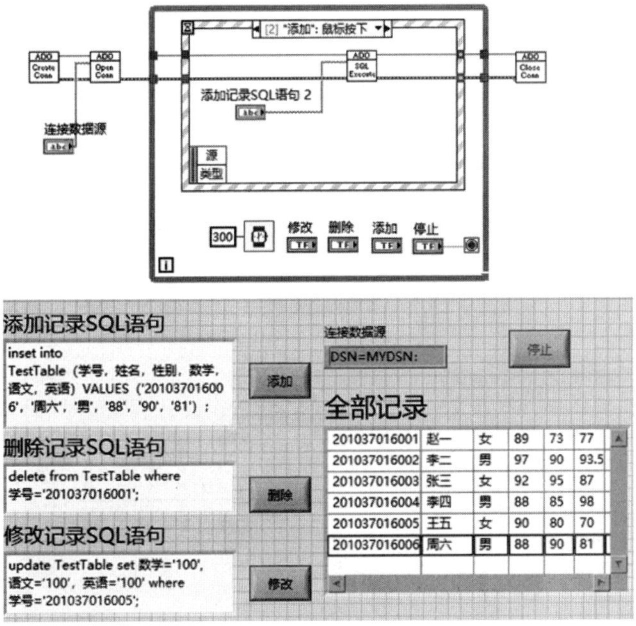

图 9-15　添加记录程序框图及执行结果前面板

利用 SQL 语句“DELETE FROM table WHERE 条件”可以从数据库中删除符合“条件”的记录。图 9-16 给出了删除记录的程序框图和删除记录后前面板中的记录检索结果。本例删除了“学号='201037016001'”的记录，执行删除操作后，返回记录中将没有该记录。

利用 SQL 语句“UPDATE table SETfield1=value1，field2=value2，…，WHERE 条件”可以对数据库中符合“条件”的记录的字段值进行修改。图 9-17 给出了修改记录的程序框图和修改记录后前面板中的记录检索结果。本例中将“学号='201037016005'”的记录的“数学”“语文”“英语”字段值都修改为“100”。

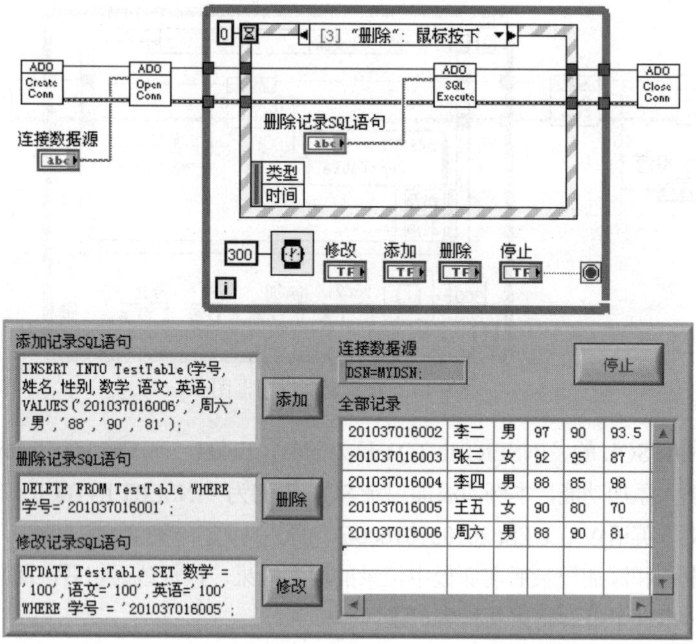

图 9-16　删除记录程序框图及执行结果前面板

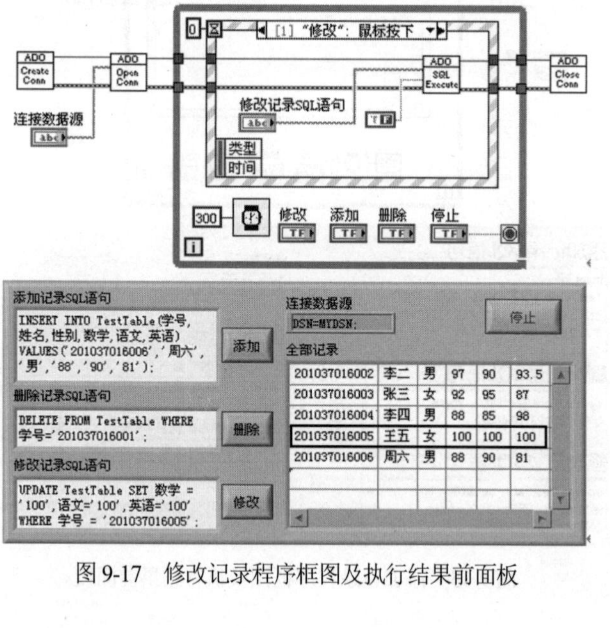

图 9-17　修改记录程序框图及执行结果前面板

9.3 ADO 数据库访问

9.3.1 LabVIEW 中对 ADO 的调用

ADO 对象在 LabVIEW 中是以 ActiveX 对象的形式提供的。LabVIEW 自 4.1 版本就引入了支持

ActiveX 自动控制的功能模块，在 5.1 版本之后支持客户和服务器双方，即虽然程序是双方各自独立存在，但它们的信息是共享的。

ActiveX 通过定义容器和组件之间的接口规范，使遵循规范编写的控件可以很方便地在多种容器中使用而无需修改控件的代码。同样，一个遵循规范的容器也可以很容易地嵌入任何遵循规范的控件中。在 LabVIEW 中，ActiveX VI 函数位于“函数”选板→“互连接口”→“ActiveX”子选板中，如图 9-18 所示。前面板对象“ActiveX 容器”位于“控件”选板→“新式”→“容器”子选板中，在“经典”→“经典容器”也有“ActiveX 容器”对象，如图 9-19 所示。

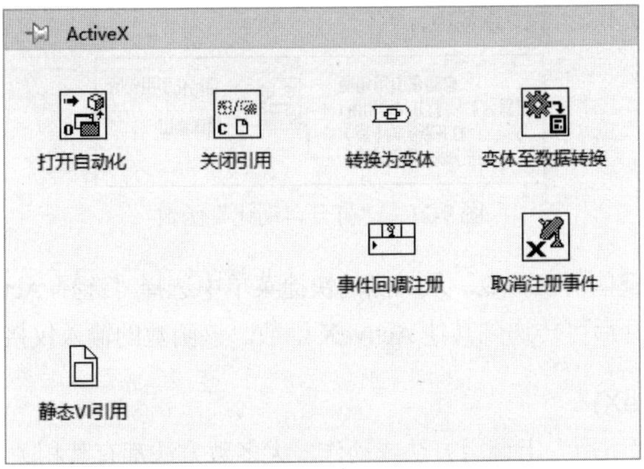

图 9-18　“ActiveX”VI 子选板

图 9-20 所示为在 LabVIEW 中使用 ActiveX 控件实现数据库编程的程序流程。在流程中，ActiveX 对象的打开和关闭是分别通过“打开自动化”和“关闭引用”两个节点来实现的，对象方法的调用则通过“调用节点(ActiveX)”来实现。其中最关键的是“调用节点(ActiveX)”，只有充分利用对象方法的调用才能成功实现对数据库的访问。下面分别对“打开自动化”“调用节点(ActiveX)”和“关闭引用”作简单介绍。

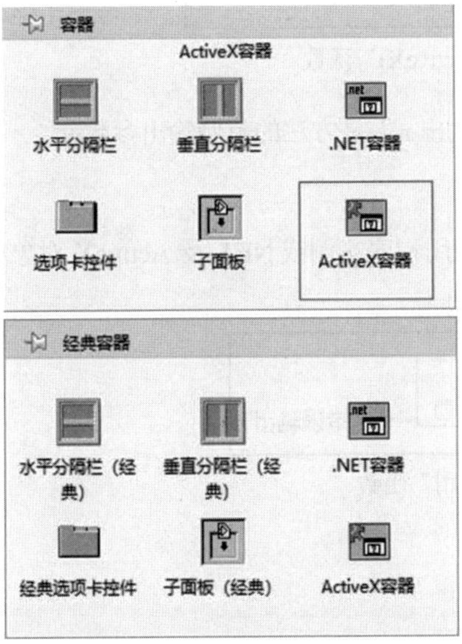

图 9-19　ActiveX　容器

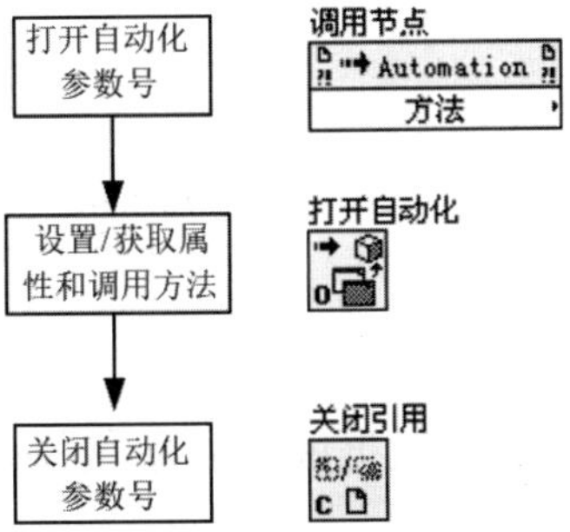

图 9-20　LabVIEW 中使用 ActiveX 控件的程序流程图

1. 打开自动化

该函数(图 9-21)用于返回指向某个 ActiveX 对象的自动化引用句柄。“自动化引用句柄”输入可为“自动化引用句柄”输出提供对象类型。“机器名”表明 VI 要打开的自动化引用句柄所在的机器。如没有给定机器名，VI 将在本地机器上打开该对象。如“打开新实例”的值为 TRUE，LabVIEW 将为自动化引用句柄创建新的实例；如值为 FALSE(默认值)，LabVIEW 将尝试连接已经打开的引用句柄的实例。如连接成功，LabVIEW 将打开新的实例。“错误输入”表明节点运行前发生的错误，该输入提供标准错误输入。“自动化引用句柄”输出的是与 ActiveX 对象关联的引用句柄。“错误输出”包含错误信息，该输出提供标准错误输出。

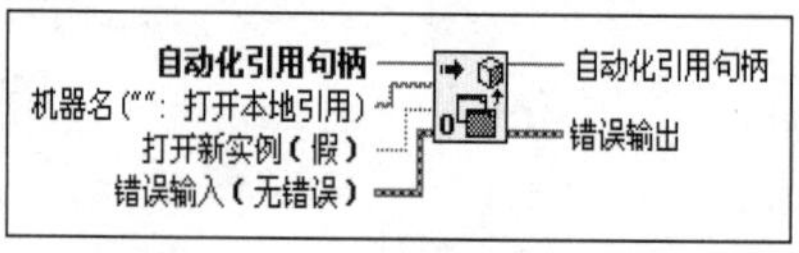

图 9-21　“打开自动化”函数

在使用过程中，右键单击该函数，从弹出的快捷菜单中选择“选择 ActiveX 类”选项，可为对象选择类。引用句柄打开后可传递到其他 ActiveX 函数。该函数的输入仅接受可创建的类。

2. 调用节点(ActiveX)

该函数(图 9-22)在“引用”上调用方法或动作，大多数方法都有其相关参数。“引用”是与调用方法或实现动作的对象关联的引用句柄。如“调用节点”类为应用程序或 VI，则无需为该输入端连接引用句柄。对于应用程序类，默认值为当前应用程序实例；对于 VI 类，默认值为包含“调用节点”的 VI。“输入 1”～“输入 n”是方法的范例输入参数。“引用输出”返回无改变的“引用”。

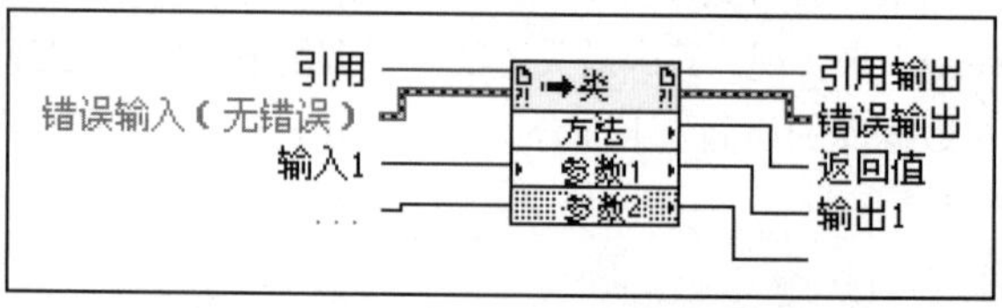

图 9-22　“调用节点(ActiveX)”函数

“返回值”是方法的范例返回值。“输出 1”～“输出 n”是方法的范例输出参数。

3. 关闭引用

该函数(图 9-23)用于关闭与打开 VI、VI 对象、应用程序实例或.NET 及 ActiveX 对象相关联的引用句柄。

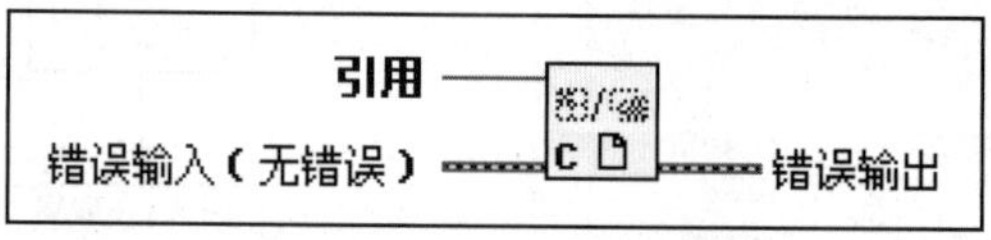

图 9-23　“关闭引用”函数

9.3.2　ADO 数据库访问应用举例

实例 9-4　利用 ADO 实现数据库的访问。

示例数据源仍采用 9.1.2 节中所建立的数据源“MYDSN”，数据库为 TestDB.mdb，表为 TestTable。

使用 ADO 实现查询数据的基本步骤如下。

1. 建立一个 ADO 对象

在前面板“控件”选板→“新式”→“引用句柄”子选板中选择“自动化引用句柄”项，把它拖放到前面板上，在其右键快捷菜单中选择“选择 ActiveX 类”→“浏览”，弹出“从类型库中选择对象”对话框，如图 9-24 所示。在“类型库”下拉列表中选择“Microsoft ActiveX Data Objects 2.8 Library Version 2.8”，在下面的“对象”栏中将出现 LabVIEW 可用的对象，选中 Connection 对象，单击“确定”按钮即创建一个 ADO 对象。此时，对应程序框图也对应创建一个对象节点“ADODB._Connection”。用同样的方法可以建立“Command”“Recordset”等对象。

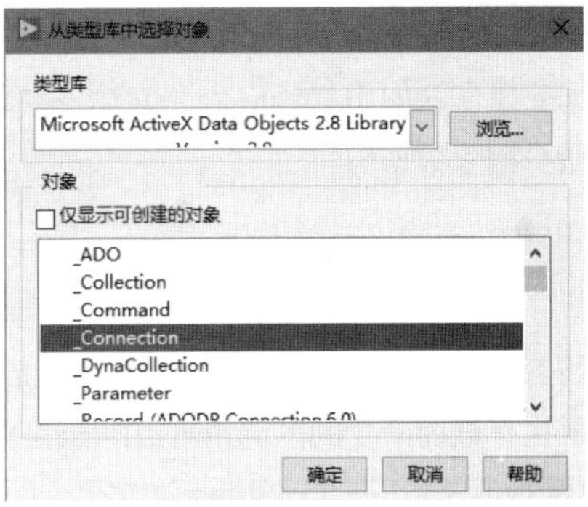

图 9-24　“从类型库中选择对象”对话框

2. 连接到数据源

在程序框图“函数”选板→“互连接口”→“ActiveX”子选板中选择“打开自动化”节点并放置到程序框图中，将其“自动化应用句柄”输入端口与“ADODB._Connection”相连，即可打开 Connection 对象。从“ActiveX”子选板中选择“调用节点(ActiveX)”放置到程序框图中，将其“引用”输入端与“打开自动化”节点的“自动化应用句柄”输出端相连，并在其上单击右键，在弹出的快捷菜单中选择“选择方法”→“open”，即出现图 9-25 中所示的节点。其中“ConnectionString”是连接到数据源的字符串，“UserID”和“Password”分别是连接到数据源的用户名和密码，正确设置这些参数后便可连接到数据源。在本例中，直接利用字符串常量“DSN=MYDSN”指定数据源，没有用户名和密码。

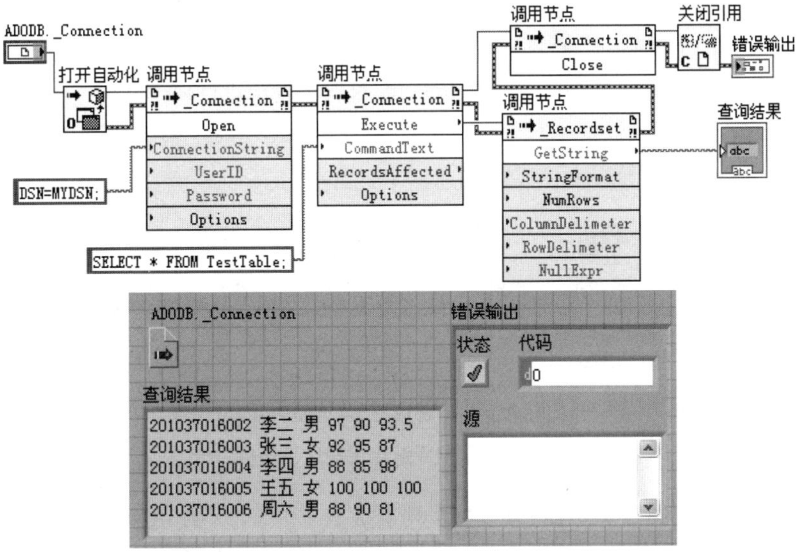

图 9-25　“从类型库中选择对象”对话框

3. 生成 SQL 命令，执行命令

与上一步相同，用“调用节点(ActiveX)”调用 Connection 对象的 Execute 方法执行所要的操作。Execute 方法所必需的参数为 CommandText，这里为所要执行的 SQL 语句。本例给定的 SQL 语句为“SELECT*FROMTestTable;”，表示从数据库中查询数据。也可以使用其他 SQL 语句来执行其他数据库操作，如用 Create 命令创建表、用 Drop 命令删除表、用 Insert 命令向表中插入数据、用 Delete 命令删除数据等。

4. 显示查询的记录

要想对执行命令后的记录进行显示或读取字段的值，需要先建立 Recordset 对象，并与执行节点的 Execute 端子相连。在程序框图上放置一个“调用节点(ActiveX)”，并将其“引用”输入端口连接至执行查询命令的“调用节点(ActiveX)”的“Execute”输出端口，然后在该节点的快捷菜单中选择“选择方法”→“GetString”，之后便可在节点的“GetString”输出端以字符串形式输出结果。

5. 关闭连接

数据库访问操作完毕后，要及时关闭连接对象，以释放内存和所用的系统资源。首先使用 Connection 对象的 Close 方法关闭数据库连接，然后使用“关闭引用”关闭 ActiveX 自动化参数号。图 9-25 所示为该查询数据库示例的程序框图及前面板。

9.4 LabVIEW SQL Toolkit 数据库访问

LabVIEW SQL Toolkit 工具包是 NI 公司开发的附加工具包之一，它具有完整的 SQL 功能，与本地或者远程数据库可直接实现交互式操作，且无需进行 SQL 编程，即可对数据库进行操作。将该工具包安装在 LabVIEW 目录下后，重启 LabVIEW 后在程序框图“函数”选板→“互连接口”子选板下将出现一个“Database”子选板，该子选板列出了所有该工具包提供的有关数据库操作的 VI 函数，如图 9-26 所示。这里不对 VI 函数的功能及使用方法进行详细介绍，读者可以参考相关的帮助信息。

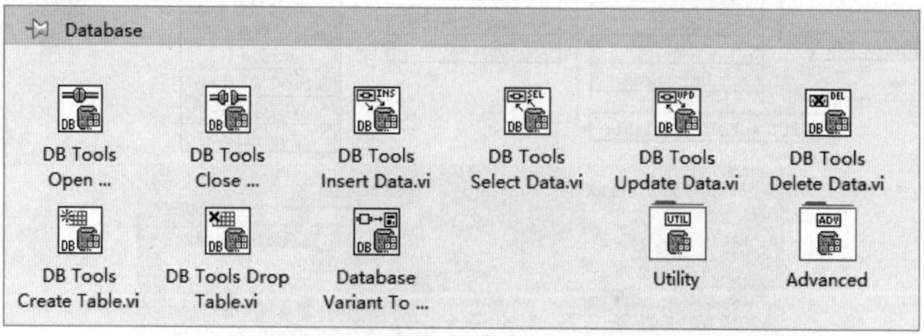

图 9-26　数据库连接工具包子选板

LabVIEW SQL Toolkit 支持 ADO 所支持的所有数据库引擎，不使用 SQL 语句就可以实现数据库记录的查询、添加、修改以及删除等操作，若使用 SQL 语句，则能够实现更为复杂的数据库操作，功能非常强大，但其昂贵的价格对于很多用户而言是不能承受的，这也限制了它的推广应用。

实例 9-5　利用 LabVIEW SQL Toolkit 的数据库访问。

示例的程序框图及前面板如图 9-27 所示。

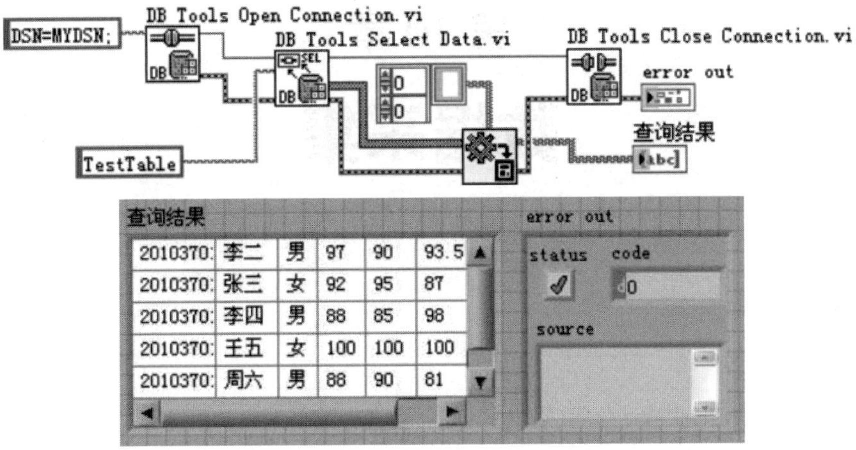

图 9-27　LabVIEW SQL Toolkit 实现数据库查询示例

在该示例中，首先使用“DB Tools Open Connection.vi”VI 函数节点打开数据库连接，该函数节点有两种工作模式，分别为 path 和 string。在本例中，通过将其快捷菜单中的“选择类型”→“DBToolsOpenConnec(String)”选项设置为“string”模式，并在“connection information”输入端口指定其数据源字符串“DSN=MYDSN;”。打开数据库连接后，利用“DB Tool Select Data.vi”函数节点从数据库检索数据，其中“table”端口用于指定查询数据的表。执行查询后，查询结果从“data”输出端以变体类型输出，在程序中利用“变体至数据转换”函数节点将数据转换为二维数组并通过表格输出。最后利用 DB Tool Close Connection.vi 函数节点关闭数据库连接，释放资源。

习题

1. 在 LabVIEW 中，提供了哪几种访问数据库的方法？并说明各自的特点。
2. 什么是 ODBC，其作用是什么？
3. ADO 的作用及其主要的对象有哪些？
4. 如何安装 LabSQL？
5. 创建名为 MyDB.mdb 的 Access 数据库文件，并在其中建立名为 Student 的表，表中各字段的名称及数据类型如表 9-1 所示。

表 9-1　Student 表

字段名称	数据类型	字段名称	数据类型
学号	文本	班级	文本
姓名	文本	专业	文本
性别	文本	语文成绩	数字
出生日期	日期	数学成绩	数字
籍贯	文本	英语成绩	数字

利用 LabSQL 数据库编程实现 Student 表中数据的添加、删除、修改、查询功能。

6. 利用 ADO 数据库编程实现习题 5 中 Student 表中数据的添加、删除、修改、查询功能。

第 10 章 数据采集

在测试、测量以及工业自动化等领域中，都需要进行数据采集，而基于 LabVIEW 设计的虚拟仪器主要用于获取真实物理世界的数据并实现数据的分析及呈现。数据采集是 LabVIEW 的核心技术之一，为计算机与外部物理世界提供了沟通渠道。LabVIEW 具有功能强大的数据采集软件资源，使其在测试测量领域优势明显。

本章着重介绍数据采集的基本理论、数据采集卡以及 DAQ 技术的应用。

10.1 数据采集的基础

10.1.1 奈奎斯特采样定理

自然界中的物理量大多是在时间、幅值上连续变化的模拟量，而信息处理多是以数字信号的形式由计算机来完成，所以将模拟信号变为数字信号是实现信息处理的必要过程。该过程的第一步就是对模拟信号进行采样。对模拟信号采样的基本准则是奈奎斯特采样定理，其表述如下。

若连续信号 $x(t)$ 是有限带宽的，其频谱的最高频率为 f_c，对 $x(t)$ 采样时，若保证采样频率 $fs \geqslant 2f_c$，那么即可由采样后的数字信号 $x(nT_s)$ 恢复出 $x(t)$，即 $x(nT_s)$ 保存了 $x(t)$ 的全部信息。采样频率越高，采集信号越接近真实信号，但高采样率意味着对存储空间和内存有更高的要求。如果采样频率 $fs < 2f_c$，则通过采样后的数字信号无法还原原来的信号，称为欠采样。图 10-1 显示了充分采样和欠采样两种采样结果，黑实线为原模拟波形，黑点表示模拟信号采样点，虚线表示欠采样引起的伪信号。

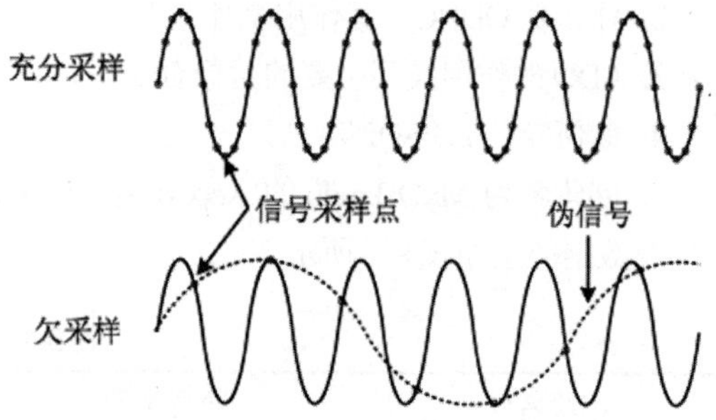

图 10-1 充分采样和欠采样两种采样结果

在实际操作中，如果 $x(t)$ 不是有限带宽的，采样之前应对其进行模拟滤波，以去除 $f > f_c$ 的高频成分，这种模拟滤波器称为抗混叠滤波器。使频谱不发生混叠的最小采样频率 $fs=2f_c$，称为“奈奎斯特频率”。一般情况下，fs 至少为 f_c 的 2.5 倍。工程上，fs 一般为 f_c 的 6～8 倍。

10.1.2　输入信号类型

采集数据之前，必须对所采集信号的特性有所了解。这是因为不同信号的测量方式和对采集系统的要求是不同的，用户只有在对被采样信号有充分了解的基础上，才能选择合适的测量方式及采集系统的配置。

任意一个信号都是随时间而改变的物理量。一般情况下，信号所运载的信息很广泛，包括状态、速率、电平、形状、频率等。根据信号运载信息的方式不同，可将信号分为模拟信号和数字信号。模拟信号有直流信号、时域信号、频域信号，而数字(二进制)信号分为开关信号和脉冲信号两种信号，如图 10-2 所示。

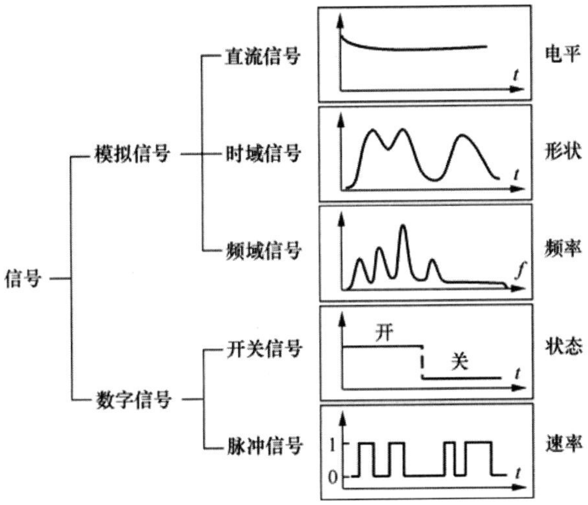

图 10-2　信号类型

1. 模拟信号

(1) 模拟直流信号

模拟直流信号是静止的或变化非常缓慢的模拟信号。直流信号最重要的信息是它在给定区间内运载的信息的幅度。常见的直流信号有温度、流速、压力、应变等。采集系统在采集模拟直流信号时，需要有足够的精度以正确测量信号电平，且无需高采样率，无需使用硬件计时。

(2) 模拟时域信号

模拟时域信号运载的信息包括信号电平及电平随时间的变化。时域信号以波形的形式表示，测量时需关注有关波形形状的一些信息，例如斜度、峰值等。测量一个时域信号时，必须有精确的时间序列以及合适的序列间隔，以保证信号的有用部分被采集到。另外，还要有合适的测量速率，这个速率要能跟上波形的变化。

(3) 模拟频域信号

模拟频域信号与时域信号类似，然而，从频域信号中提取的信息是基于信号的频域内容，而不是基于波形形状的，也不具有随时间变化的特性。模拟频域信号也很多，例如声音信号、地球物理信号、传输信号等。

2. 数字信号

(1) 开关信号

开关信号运载的信息与信号的瞬间状态有关。TTL 信号就是一个开关信号，如果 TTL 信号输入为 2.0～5.0V，就定义为逻辑高电平；如果为 0～0.8V，就定义为逻辑低电平。

(2) 脉冲信号

脉冲信号包括一系列的状态转换，信息就包含在状态转化发生的数目、转换速率、一个转换间隔或多个转换间隔的时间里。上面讨论的信号分类并不是相互排斥的，一个特定的信号可能运载多种信息，可以用几种方式来定义信号并测量。

10.1.3　信号接地与测量系统

1. 信号源的基准配置

信号源有两种类型：基准的和非基准的。基准信号源通常称为接地信号，而非基准信号源则称为未接地信号或浮动信号，这两种信号源如图 10-3 所示。

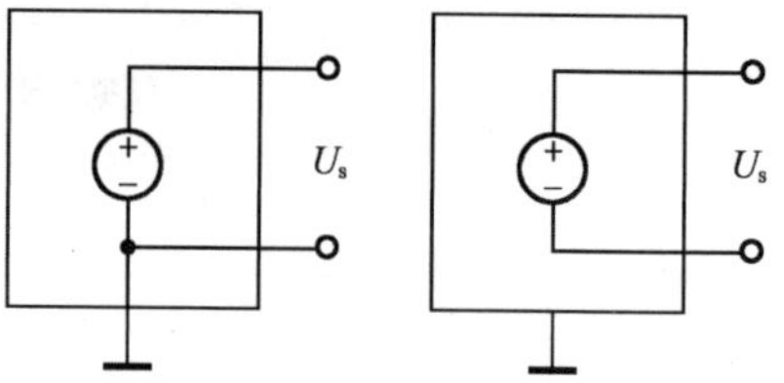

图 10-3　信号源

接地信号源的电压信号以系统的地线作为参考点，如大地或建筑物。通过墙上的电源插座插入建筑物的设备，如信号发生器和供电设备，都是接地信号源最常见的实例。在数据采集系统(DAQ)中，接地信号源与 DAQ 卡和计算机共用一条地线。

未接地信号源的信号(如电压)没有相应的诸如大地或建筑物这样的绝对参考点。一些常见的未接地信号的实例，包括电池组、电池供电电源、热电偶、变压器、隔离放大器和那些输出信号明显不接地的各种仪器。

2. 测量系统

模拟电压信号可分为接地和浮动两种类型，因此根据信号接入方式的不同，测量系统可以分为差分测量系统(DEF)、参考地单端测量系统(RSE)、无参考地单端测量系统(NRSE)3 种类型。

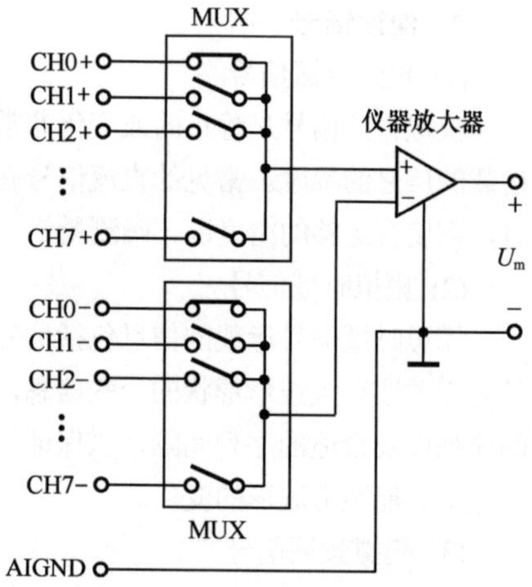

图 10-4　多功能 DAQ 系统

(1) 差分测量系统

在差分测量系统中，信号两个输入端分别连接数据采集设备的两个模拟通道输入端。具有仪器放大器的数据采集卡设备可配置成差分测量系统。图 10-4 为一个用于 NI 多功能 DAQ 的 8 通道差分测量系统。通道是模拟、数字信号进入和离开 DAQ 设备的管脚或引线，图中标注为模拟输入地线(AIGND)管脚的就是测量系统的地线。另外，系统仅使用一个测量放大器，通过模拟多路复用器(MUX)来增加测量的通道数。

理想的差分测量系统仅能测出(+)和(−)输入端口之间的电位差，完全测量不到共模电压。然而，在实际应用中，数据采集卡共模电压的范围限制了相对于测量系统地的输入电压的波动范围。共模电压的范围关系到一个数据采集卡的性能，可以用不同的方式消除共模电压的影响。如果系统共模电压超过允许范围，则需要限制信号地与数据采集卡的地之间的浮地电压，以避免测量数据错误。

(2) 参考地单端测量系统

参考地单端测量系统(RSE)也叫作接地测量系统。被测信号一端接模拟输入通道，另一端接系统地 AIGND。图 10-5 所示为 16 通道参考地单端测量系统。

(3) 无参考地单端测量系统

在无参考地单端测量系统(NRSE)中，信号的一端接模拟输入通道，另一端接公用参考端，但这个参考端电压相对于测量系统的地来说是不断变化的。图 10-6 所示为 16 通道无参考地单端测量系统。

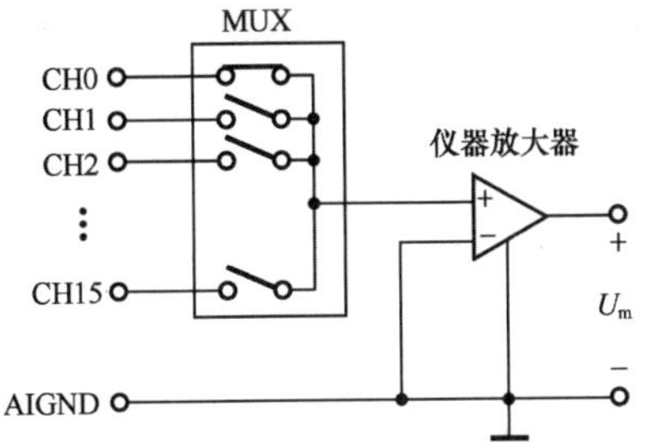

图 10-5　16 通道参考地单端测量系统

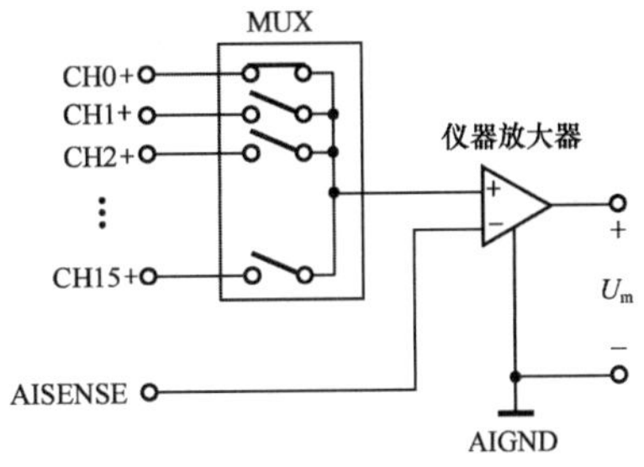

图 10-6　16 通道无参考地单端测量系统

当测量未接地信号源时，差分测量能够提供最好的噪声免疫性；而当所有信号共用相同的接地参考点时，NRSE 能够提供次好的噪声免疫性。如果信号的电平高并且电缆具有低阻抗，接地信号源可以使用 RES 测量系统。RES 测量容易遭受噪声和接地回路的侵扰。通常，噪声免疫性与信道数目之间存在一种折中。差分测量比 NRES 测量需要更多的连接，因为差分测量对于每个信号的(−)端都需要一个单个管脚，而单端测量可以用一个信号公用(−)端。如果需要较多的信道数目，当所有的输入信号符合下列条件时，用户可以选择使用单端测量系统。

① 高电平信号(通常大于 1V)。

② 使用短的或者合适的屏蔽电缆穿过无噪环境(通常不超过 15 英尺)。

③ 所有信号可以在信号源中共享一个公共基准信号。

10.1.4　数据采集系统构成

图 10-7 是一个典型的数据采集系统，包括传感器、信号调理、数据采集卡、PC 和软件。

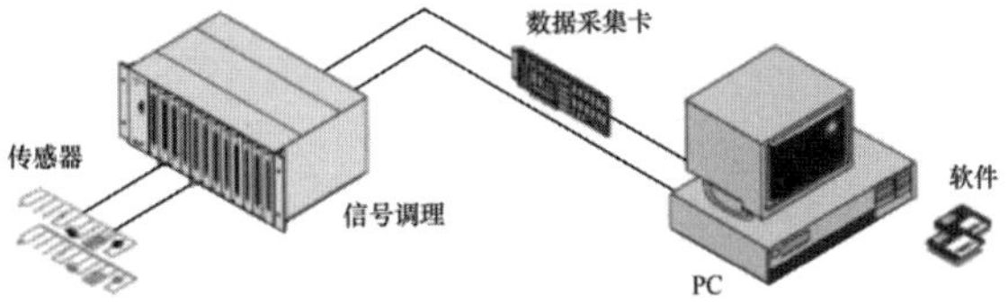

图 10-7　典型的数据采集系统

传感器感应被测对象的状态变化，并将其转化成可测量的电信号。

信号调理是联系传感器与数据采集设备的桥梁。从传感器输出的信号大多要经过调理才能进入数据采集设备。信号调理主要包括以下几个方面。

(1) 放大：调整信号幅值，以便适宜采样。

(2) 滤波：滤除信号中的高频噪声，以提高信噪比。

(3) 隔离：若使用变压器耦合、光电耦合或电容耦合等方法在被测对象和数据采集系统之间传递信号时，可避免两者之间存在直接的电气连接。

(4) 激励：信号调理模块可以为某些传感器提供所需的激励信号。

(5) 线性化：弥补传感器非线性带来的误差。

数据采集卡是实现数据采集功能的计算机扩展卡。典型的数据采集卡有模拟输入、模拟输出、数字 I/O、计数器/计时器等功能，这些功能分别由相应的电路来实现。通常来说，数据采集卡都有自己的驱动程序。例如 NI-DAQ mx 是 NI 公司关于数据采集卡的驱动软件，且该驱动软件的版本必须等于或高于对应的 LabVIEW 版本时才可正常使用。

软件使 PC 机和数据采集卡形成了一个完整的数据采集、分析和显示系统。衡量数据采集系统的最主要指标有两个，即速度和精度。其常用指标有如下几个。

1. 分辨率

分辨率是指数据采集系统可以分辨输入信号的最小变化量，使用 LSB(Least Significant Bit，最低有效位值)占系统满度信号的百分比或者系统实际可分辨的实际电压数值来表示。该指标由模数转换器的位数决定。

2. 精度

精度是指产生各输出代码所需模拟量的实际值与理论值之差的最大值。精度是零位误差、增益误差、积分线性误差、微分线性误差、温度漂移等综合因素引起的总误差。

3. 量程

量程是指数据采集系统所能采集的模拟输入信号的范围，主要由模数转换器的输入范围决定。

4. 采集速率

采集速率是指在满足系统精度的前提下，系统对模拟输入信号在单位时间内所完成的采集次数。

5. 数据输出速率

数据输出速率是指单位时间内采集系统的模数转换器输出转换结果的次数。

6. 动态范围

动态范围是指信号的最大幅值与最小幅值之比的分贝数。数据采集系统的动态范围通常定义为所允许输入的最大幅值 V_{max} 与最小幅值 V_{min} 之比的分贝数。

$$I = 20\lg\frac{V_{max}}{V_{min}}$$

最大允许输入幅值 V_{max} 是指使数据采集系统的放大器发生饱和或者是使模数转换器发生溢出的最小输入幅值。最小允许输入幅值 V_{min} 一般用等效输入噪声电平 ViN 来代替。

7. 非线性失真

非线性失真也称谐波失真。当给系统输入一个频率为 f 的正弦波时，其输出中出现很多频率为 $k \cdot f$(k 为整数)的频率分量的现象，称为非线性失真。谐波失真系数用来衡量系统产生非线性失真的程度，用下式表示。

$$H = \frac{\sqrt{A_2^2 + A_3^2 + \cdots + A_k^2 + \cdots}}{\sqrt{A_1^2}} \times 100\%$$

式中，A_1表示基波振幅，A_k表示第 k 次谐波(频率为 $k \cdot f$，$k \geqslant 2$)的振幅。

10.2 DAQ 设备的安装与测试

用户在使用 LabVIEW 进行 DAQ 编程应用之前，需要首先安装 DAQ 设备，并进行一些必要的配置。本节将以 NI 公司多功能数据采集卡 PCI-6251 为例，介绍如何在系统中安装和测试 DAQ 设备。另外，本章后面的数据采集实例编程也是基于该数据卡实现的。

10.2.1 数据采集卡的安装

NI PCI-6251 是一款高速 M 系列多功能 DAQ 板卡，在高采样率下也能保持高精度。该卡提供 16 路单端/8 路差分模拟输入通道，ADC 的分辨率为 16 位，单通道数据采样速率为 1.25MS/s，多通道为 1MS/s，提供从±0.1V～±10V 多达 7 种可编程模拟信号输入范围，分别为±10V、±5V、±2V、±1V、±0.5V、±0.2V、±0.1V；提供 2 路 16 位模拟输出，数据刷新率为 2.8MS/s；同时还提供 24 条数字 I/O 线和 2 个 32 位计数器。PCI-6251 共有 68 个接线端子。PCI-6251 数据采集卡及接线端子的定义如图 10-8 所示。

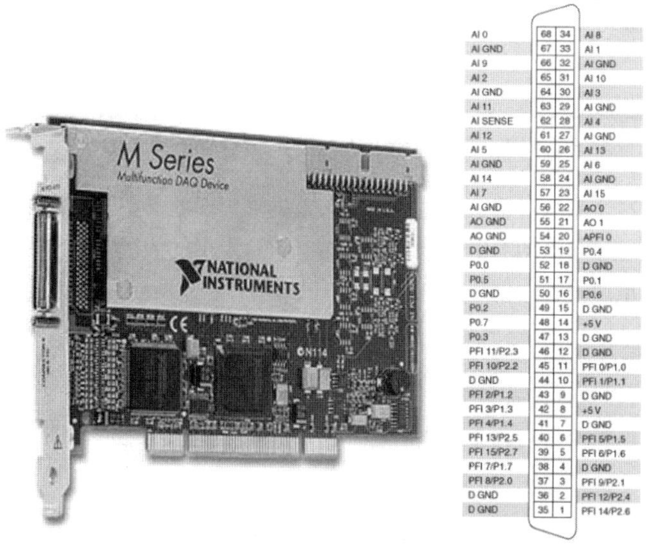

图 10-8 PCI-6251 数据采集卡及接线端定义

将PCI-6251数据采集卡插到计算机主板上的空闲PCI 插槽中，接好附件并完成驱动程序 NI-DAQ 或 NI-DAQmx 的安装(最新版的 NI-DAQmx 可从 NI 网站上下载，本书采用的为 NI-DAQmx 9.0)。PCI-6251 的附件包含一个型号为 CB-68LPR 的接线板和一条 68 芯、型号为 SHC68-68-EPM 的数据线，如图 10-9 所示。

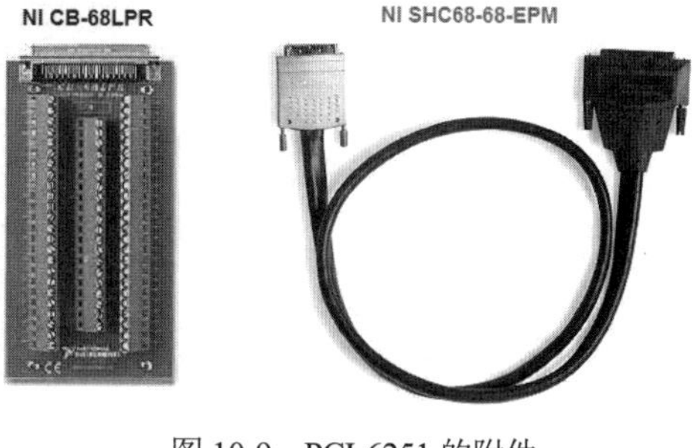

图 10-9 PCI-6251 的附件

直接通过数据采集卡实现被测信号的直接连接比较困难，因此，用户需要将接线板作为传感器/信号与数据采集卡之间的接口。接线板能够轻松访问测量硬件的输入和输出。数据线可以实现接线板与数据采集卡之间的连接，实现它们之间的数据传输。

10.2.2 数据采集卡的测试及配置

在安装NI-DAQ软件或LabVIEW软件时，系统会自动安装一个名为Measurement & Automation Explorer的软件，简称MAX，该软件用于管理和配置硬件设备。

实例 10-1 用MAX完成PCI-6251的测试。

运行Measurement&Automation Explorer，在弹出的窗口左侧“配置”管理树中展开“我的系统”→“设备和接口”。如果前面数据采集卡的安装无误，则在“设备和接口”节点下将出现“NI PCI-6521”的节点，如图10-10所示。

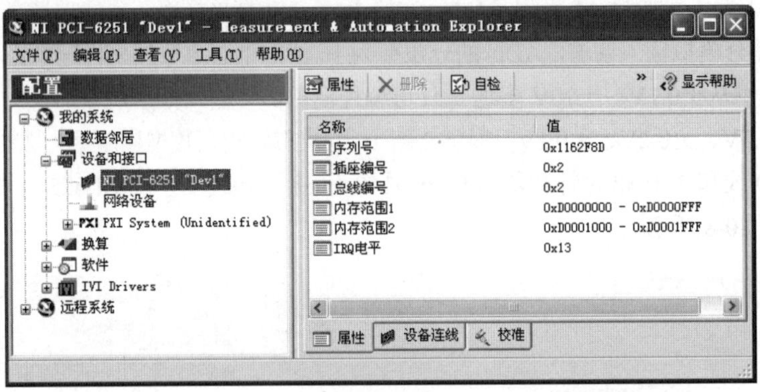

图10-10 Measurement&Automation Explorer主窗口

选中“NIPCI-6521”节点，窗口右侧将列出该数据采集卡的一些属性，如序列号、内存范围等属性信息。同时，通过该节点的右键快捷菜单或右侧窗口上部的快捷菜单按钮，还可以进行数据采集卡的自检、测试、重启设备、创建任务、配置TEDS、设备引脚定义浏览、自校准等操作。

1. 采集卡的自检及重启

单击“自检”，可以执行设备自检操作。单击“重启设备”，则可以实现设备的重启，从而将设备重置为默认状态。自检及重启设备通过后将弹出“成功”提示对话框。

2. 采集卡测试

单击“测试面板…”快捷菜单按钮，打开测试面板对话框，在该对话框中可以对采集卡进行测试，检验设备是否运行正常。在该对话框中，可以对采集卡的模拟输入、模拟输出、数字I/O和计数器I/O进行测试，图10-11给出了模拟输入测试的情况。测试输入信号采用差分方式从端口68、34输入频率10Hz，幅度峰—峰值为1V的正弦信号，测试面板显示的信息表明该设备工作正常。

3. 采集卡的任务配置

在介绍任务配置前，首先介绍几个概念，这些概念在后面的内容中都将涉及。

(1) 物理通道

物理通道是采集和产生信号的接线端或管脚。支持NI-DAQmx的设备上的每个物理通道都具有唯一的名称。

(2) 虚拟通道

虚拟通道是一个由名称、物理通道、I/O 端口连接方式、测量或产生信号类型以及标定信息等组成的设置集合。在 NI-DAQmx 中，每个测量任务都必须配置虚拟通道，虚拟通道被整合到每一次具体的测量中。可以使用“DAQ 助手”来配置虚拟通道；也可以在应用程序中使用 NI-DAQmx 函数来配置虚拟通道。

(3) 任务

任务是带有定时、触发或其他属性的一个或多个虚拟通道的集合。任务是 NI-DAQmx 中一个重要的概念。一个任务表示用户想做的一次测量或一次信号发生。用户可以设置和保存一个任务里的所有配置信息，并在应用程序中使用这个任务。在 NI-DAQmx 中，用户可以将虚拟通道作为任务的一部分(此时虚拟通道为局部通道)或独立于任务(此时虚拟通道为全局通道)来配置。从以上概念可以明确：实际的物理通道是指采集卡的输入/输出端子，使用物理通道可以测量或产生模拟或数字信号。在利用数据采集卡实现数据采集时，需要首先配置任务，在 MAX 中配置任务的方法如下。

在 MAX 界面接口和设备右侧窗口上面，单击“创建任务…”选项，弹出“新建 NI-DAQmx 任务”对话框，如图 10-12 所示。

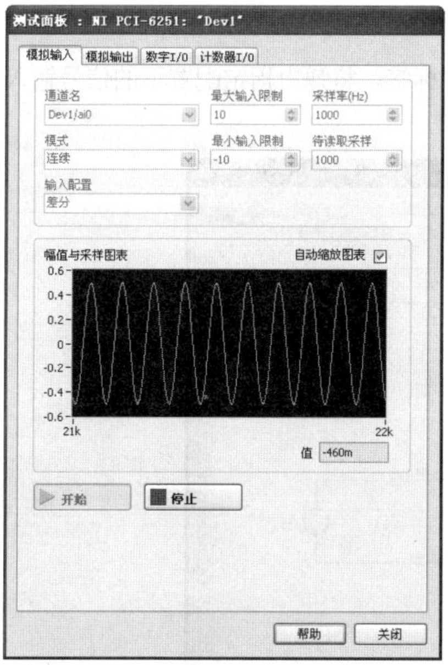

图 10-11 模拟输入测试的情况

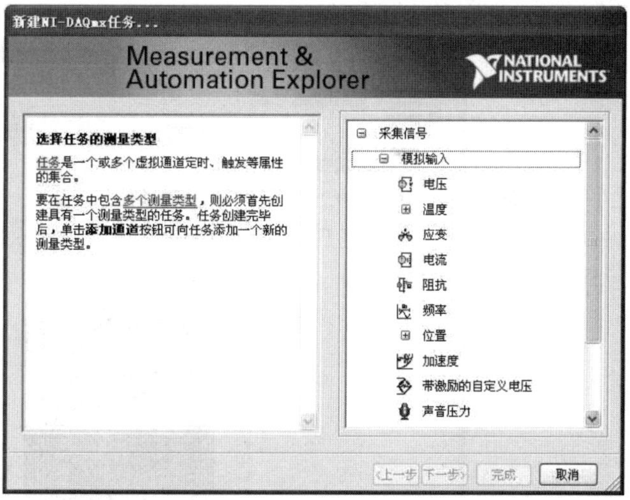

图 10-12 “新建 NI-DAQmx 任务”对话框

在对话框中选择“模拟输入”→“电压”，对话框将切换为“物理通道”选择界面。在该界面上选择一个信号输入的物理通道，如“ai0”，表明要采集从 ai0 输入的模拟信号，选定后单击“下一步”进入任务名定义界面，在该界面对应的文本输入框中输入要指定的任务名称，如默认的“我的电压任务”，单击“完成”，则完成模拟输入电压测量任务的创建。

任务创建完成后，在 MAX 主窗口左侧配置树的“数据邻居”中将出现“NI-DAQmx 任务”→“我的电压任务”节点。选中该节点，在右侧窗口中根据输入信号合理配置各种参数后，单击“运行”按钮，则输入信号通过采集卡采集并显示在窗口右侧上部的图表中，如图 10-13 所示。

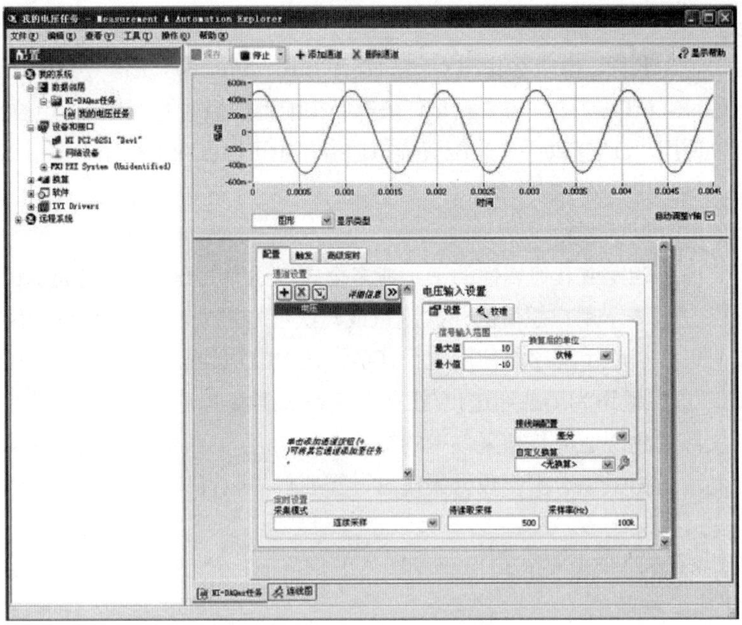

图 10-13　任务配置及运行情况窗口

在图 10-13 所示的窗口中，在窗口的下侧单击“连线图”标签，将弹出指定配置下的信号输入连线方式，如图 10-14 所示。

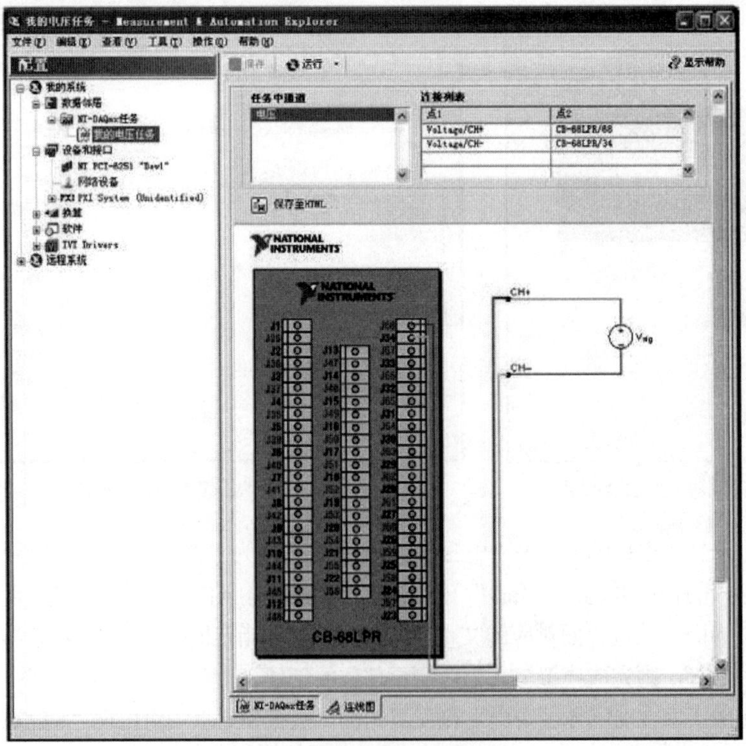

图 10-14　任务配置连线图界

另外，该窗口还可以给新创建的任务添加新的通道，以实现多个测量。有关通道的添加方法，在此不再详细介绍。

单击窗口上的“保存”按钮，可以对任务的配置信息进行保存，保存后的任务可以在其他应用程序中使用。

配置任务还可以通过“DAQ 助手”来实现，利用 DAQ 助手配置任务将在 10.3.4 节中介绍。另外，在应用编程中还可以通过其他途径来创建及配置任务，如通过前面板控件对象“DAQmx 任务名”和程序框图常量“DAQmx 任务名”的右键快捷菜单“新建 NI-DAQmx 任务”→“MAX…”选项。选择该选项时，也打开图 10-12 所示的“新建 NI-DAQmx 任务”对话框，创建并在 MAX 中保存 NI-DAQmx 任务。

4. 其他配置操作

通过 MAX 还可以实现配置 TEDS、设备引脚定义浏览、自校准等操作。

单击“配置 TEDS…”菜单按钮，打开配置 TEDS 窗口，实现在 NI-DAQmx 设备上添加或删除 TEDS 兼容的传感器的功能。

单击“设备引脚”菜单按钮，打开数据采集卡(NIPCI-6251)端口说明文档，从文档中可以得到数据采集卡的端口定义。

单击“自校准”菜单按钮，可以实现设备的自校准操作。

10.3 NI-DAQmx 简介

10.3.1 传统的 NI-DAQ 与 NI-DAQmx

NI-DAQ 驱动软件是一个用途广泛的库，该软件提供了多种函数及 VI，可从 LabVIEW 中直接调用，从而实现对测量设备的编程。

传统 NI-DAQ(Legacy)是 NI-DAQ 6.9x 的升级版，为 NI-DAQ 的早期版本。其 VI、函数和工作方式都和 NI-DAQ 6.9x 相同。传统 NI-DAQ(Legacy)可以和 NI-DAQmx 在同一台计算机上使用，但不能在 Windows Vista 上使用传统 NI-DAQ(Legacy)。

NI-DAQmx 是最新的 NI-DAQ 驱动程序，带有控制测量设备所需的最新 VI、函数和开发工具。与较早版本的 NI-DAQ 相比，NI-DAQmx 的优点有以下几点。

(1) 提供了 DAQ 助手，无需编程就可进行测量任务，并能生成对应的 NI-DAQmx 代码，易于学习。

(2) 采集速度更快。

(3) 提供的仿真设备无需连接实际的硬件，就可进行应用程序的测试和修改。

(4) API 更为简洁直观。

(5) 支持更多的 LabVIEW 功能，可使用属性节点和波形数据类型。

(6) 对 LabVIEW Real-Time 模块提供更多支持且速度更快。

NI-DAQmx 基本可以取代传统 NI-DAQ(Legacy)。需要注意的是，并非所有情况下都可以使用 DAQmx，如使用 ATE 系列多功能 DAQ 设备时，DAQmx 并不支持此类设备。但大部分情况下，使用 DAQmx 设备能给用户带来很大的性能提升。

10.3.2 NI-DAQmx 数据采集控件

NI-DAQmx 数据采集控件位于前面板“控件”→“新式”→“I/O”→“DAQmx 名称控件”子选板和“经典”→“经典 I/O”→“经典 DAQmx 名称控件”子选板中，如图 10-15 所示。

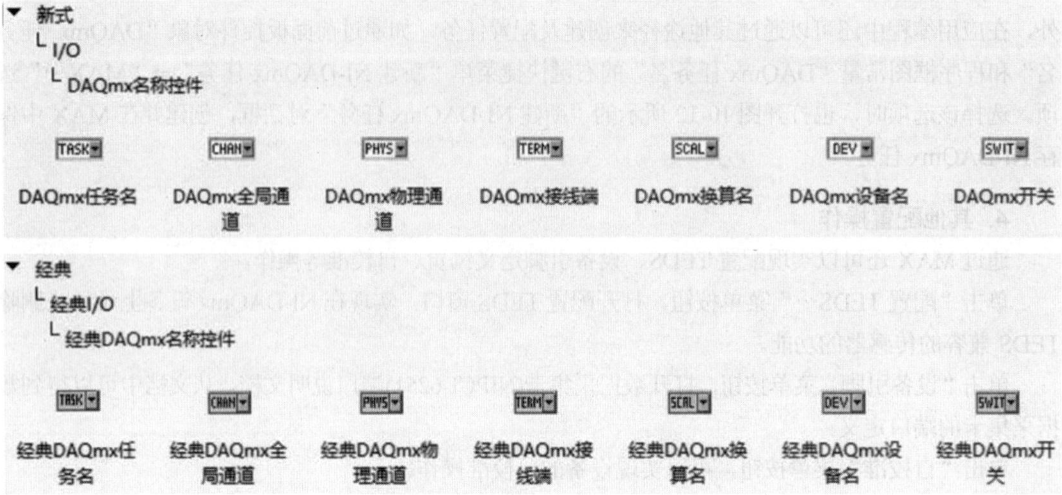

图 10-15　DAQmx 前面板控件

这些控件主要提供通过前面板对DAQmx 任务名、DAQmx 全局通道、DAQmx 物理通道、DAQmx 接线端、DAQmx 换算名、DAQmx 设备名、DAQmx 开关等的输入功能。

10.3.3 NI-DAQmx 数据采集 VI

DAQmx 数据采集 VI 位于“函数”选板→“测量 I/O”→“DAQmx-数据采集”子选板中，如图 10-16 所示。

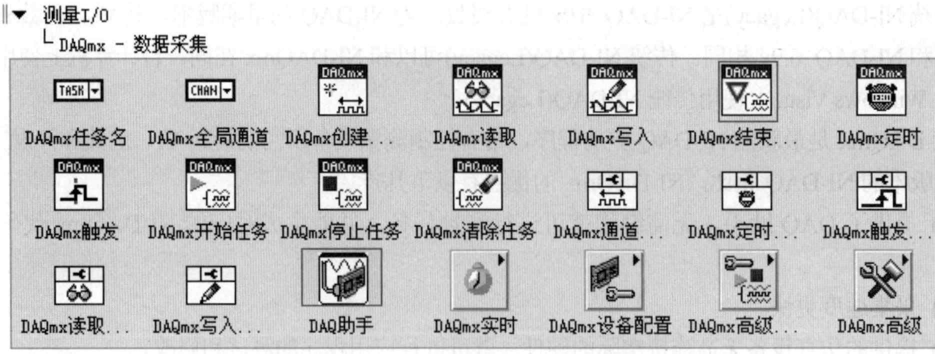

图 10-16　“DAQmx-数据采集”子选板

该子选板包含 2 个常量(DAQmx 任务名、DAQmx 全局通道)、15 个常用的 DAQmxVI 节点和 4 个 VI 子选板。表 10-1 列出了几个比较重要的 VI 及其简要的功能说明。

表 10-1　NI-DAQmx 重要 VI 列表及功能说明

VI 名称	VI 图标	VI 说明
DAQmx 创建虚拟通道		创建一个或多个虚拟通道，并将其添加到任务
DAQmx 读取		读取用户指定的任务或虚拟通道中的采样，可以返回 DBL 或波形格式的数据
DAQmx 写入		在用户指定的任务或虚拟通道中写入数据，可以写入 DBL 或波形格式的数据
DAQmx 结束前等待		等待测量或生成操作完成。该 VI 用于在任务结束前确保完成指定操作
DAQmx 定时		配置要获取或生成的采样数，并创建所需的缓冲区
DAQmx 触发		配置任务的触发类型
DAQmx 开始任务		使任务处于运行状态
DAQmx 停止任务		停止任务
DAQmx 清除任务		在清除之前，VI 将停止任务，并在必要情况下释放任务保留的资源。清除任务后，将无法使用任务的资源，必须重新创建任务
DAQ 助手		使用图形界面创建、编辑、运行任务

通过表 10-1 中的基本 VI，即可完成一些基本的数据采集应用。表中仅列出了这些 VI 的简要功能描述，有关 VI 及其他 DAQmx VI 应用的详细说明，读者可以查阅 LabVIEW 联机帮助。

另外，在 LabVIEW 中，有的 VI 有多个实例，这些 VI 称为多态 VI，其中 DAQmx 中的一些 VI 就是多态 VI，在此对多态 VI 的概念做一个简单的介绍。多态 VI 是 LabVIEW 中 VI 的一种组织方式，多态性是指 VI 的输入、输出端子可以接受不同类型的数据。多态 VI 实际上是具有相同连接器形式的多个 VI 的集合，包含在其中的每个 VI 都称为该多态 VI 的一个实例。这种 VI 组织方式将多个功能相似的功能模块放在一起，方便用户学习和使用。在多态 VI 中，可以通过“多态选择器”选择具体使用多态 VI 的哪个实例。例如，表 10-1 中的“DAQmx 创建虚拟通道”VI 就是一个多态 VI，其功能是创建单个或多个虚拟通道，通过其多态选择器就可以选择不同的实例，这些实例分别对应于通道的 I/O 类型(例如模拟输入、数字输出或计数器输出)、测量或生成操作(例如温度测量、电压测量或事件计数)或在某些情况下使用的传感器(例如用于测量温度的热电偶或 RTD)，如图 10-17 所示。

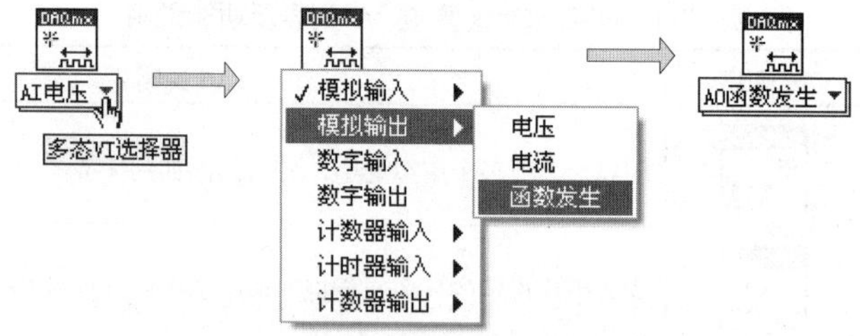

图 10-17　通过多态 VI 选择器选择多态 VI

10.3.4　DAQ 助手的使用

DAQ 助手是一个向导式的 Express VI，它拥有交互式的图形界面，根据其中提供的向导就能一步配置任务、通道、信号自定义换算等，并且能自动生成 LabVIEW 代码而无需编程。

“DAQ 助手”位于“函数”选板→“测量 I/O”→“DAQmx-数据采集”子选板中，选中“DAQ 助手”节点并将其放置到程序框图中，之后将自动弹出“新建 Express 任务”对话框，通过该对话框可以开始创建一个数据采集任务，其创建步骤与实例 10-1 中的步骤类似。根据向导选定测量任务的类型(如“模拟输入”→“电压”)后，对话框中将出现物理通道选择界面，选定模拟输入信号输入的物理通道(如 ai0 表示信号从 ai0 输入)后，单击“完成”按钮，完成任务创建，并弹出“DAQ 助手”对话框，如图 10-18 所示。

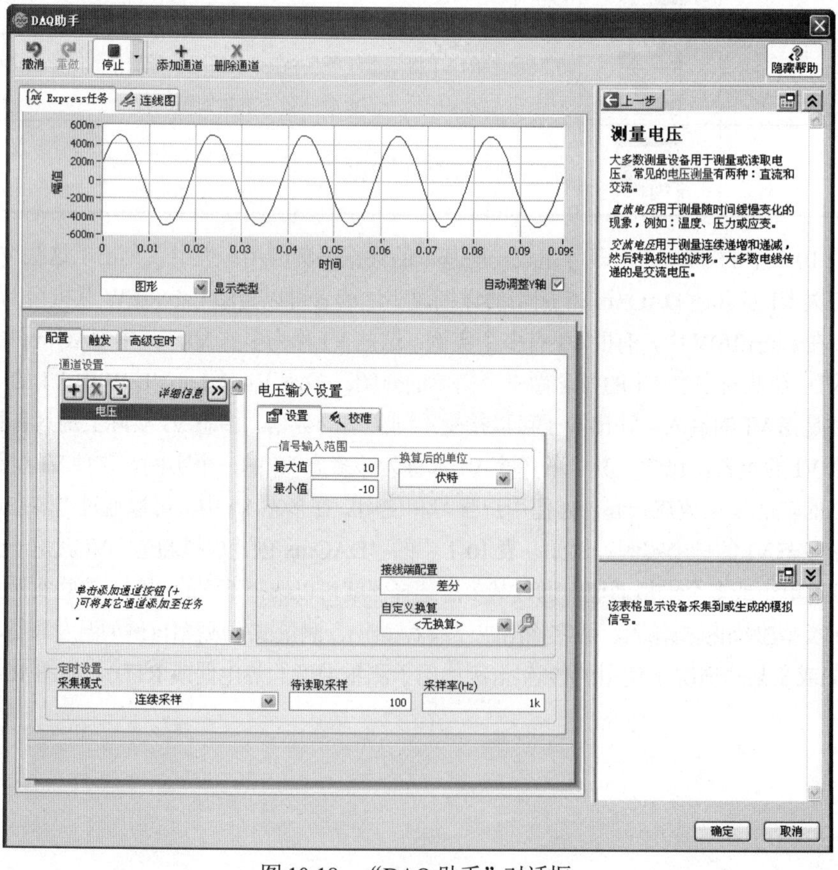

图 10-18　“DAQ 助手”对话框

在“DAQ 助手”对话框中，可以对任务进行相应的配置，配置完成后还可以对任务进行测试，并在对话框上部的图表中显示采集的结果，从而检验配置是否正确。配置完成后，单击“确定”按钮，等待 VI 创建完成，DAQ 助手将在程序框图中显示为如图 10-19 左图所示的形式。如果在其输入端口(如采样率、采样数等)不输入新的参数值，则 DAQ 助手将以对话框中配置的参数作为默认参数执行数据采集功能。在 DAQ 助手的“数据”接线端口，包含了要读取任务的采样。因此该端口根据数据采集所要实现的不同任务可作为测量任务的输出以及模拟/数字输出任务的输入。根据前面的配置，这里将采集到的数据输出到图形显示控件中显示，其中采集卡端口输入的信号为正弦信号，数据采集显示结果如图 10-19 右图所示。

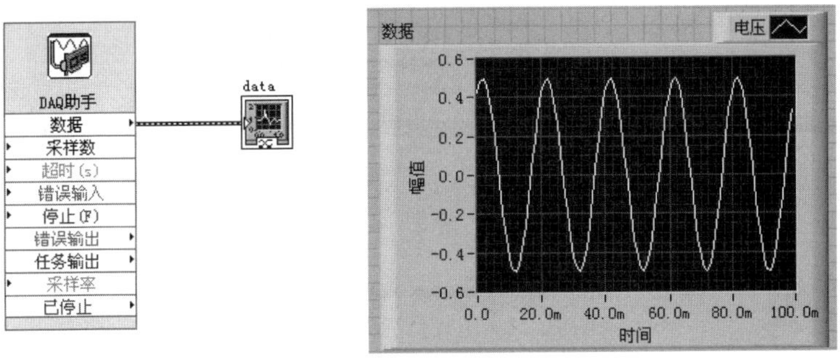

图 10-19　配置后的 DAQ 助手及数据输出

从图 10-19 可以看出，通过 DAQ 助手可以创建一个数据采集任务并实现数据采集的功能。但需要注意的是，使用 DAQ 助手创建的任务只是临时任务，并没有保存到 MAX 中，该任务在没有转换为 NI-DAQmx 任务之前只能在创建该 DAQ 助手的 VI 中使用。在 LabVIEW 中提供了将由 DAQ 助手创建的任务保存到 MAX 并成为长期任务的功能。具体的保存方法是在利用 DAQ 助手创建 Express 任务后，通过选择“DAQ 助手”节点的右键快捷菜单选项“转换为 NI-DAQmx 任务”，将该任务转换为长期任务并保存到 MAX 中，之后在其他 VI 程序中就可以实现对该任务的调用。

利用 DAQ 助手及 MAX 创建任务都是通过向导来完成的，通过向导编程者可以一步步完成配置，比较适合初学者使用。但配置的任务只能完成基本的数据采集功能，用户还需要根据自己的应用程序要求添加相应的功能，以实现对数据采集更多的控制。因此，有时需要将配置的任务转化为程序代码，通过修改程序代码来实现更为复杂的功能。在 LabVIEW 中，有两种途径可以生成程序代码。

1. 通过任务生成程序图形代码

在 LabVIEW 前面板和程序框图中都可以访问在 MAX 中创建的任务。在前面板中主要通过 DAQmx 前面板控件“DAQmx 任务名”来实现对 MAX 中任务的访问，而程序框图主要通过 DAQmx 数据采集函数子选板中的常量节点“DAQmx 任务名”来实现对 MAX 中任务的访问。在程序框图中，放置一个“DAQmx 任务名”常量，单击节点图标右侧的下拉按钮，弹出 MAX 中的任务列表，在列表中选择需要访问的任务，即可实现通过“DAQmx 任务名”节点访问 MAX 中的任务，如图 10-20 所示。前面板“DAQmx 任务名”控件用法与“DAQmx 任务名”常量相似。

当通过“DAQmx 任务名”常量或控件选定 MAX 中的任务后，在控件或常量上单击右键，在弹出的快捷菜单中选择“生成代码”菜单项，在该菜单项下，有“范例”“配置”“配置和范例”和“转换为Express VI”4个选项可供选择，选择不同的选项可以生成不同的程序图形代码。

图10-20　通过“DAQmx任务名”节点对MAX中的任务进行访问

(1) 范例

该选项产生任务运行时所需的所有代码，如读、写操作函数，开始、停止任务函数，以及循环结构、图形显示等，如图10-21所示。

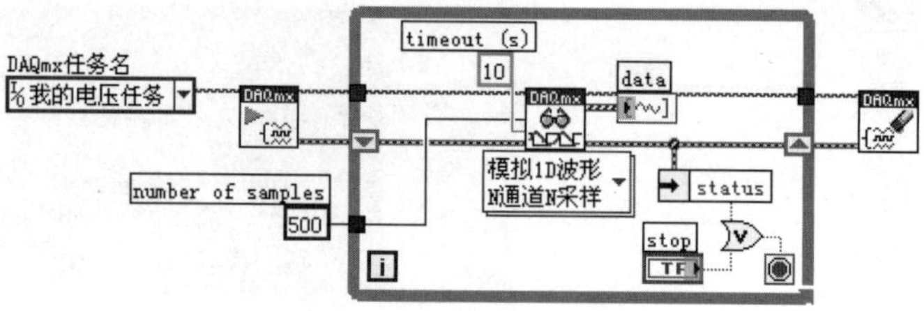

图10-21　生成范例程序图形代码

范例程序图形代码实际上是一个简单的DAQmx示例程序，代码内容会因任务而异，经过某些修改就可以用在应用程序中。这个程序仍然通过数据采集“DAQmx任务名”控件或“DAQmx任务名”常量与数据采集任务联系在一起。

(2) 配置

该选项产生的代码只是任务配置部分。它用一个函数图标(子VI方式)取代原来的“DAQmx任务名”控件或“DAQmx任务名”常量。双击打开这个函数图标，其图形代码如图10-22所示。

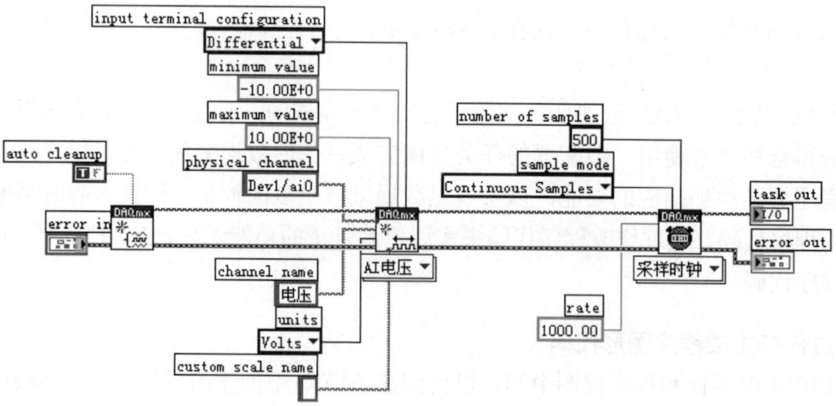

图10-22　生成配置程序图形代码

(3) 配置和范例

该选项产生的代码为前两个选项产生的代码之和，如图10-23所示。

(4) 转换为Express VI

该选项根据MAX中任务的配置将是“DAQmx任务名”控件或“DAQmx任务名”常量转换为“DAQ助手”形式的Express VI。

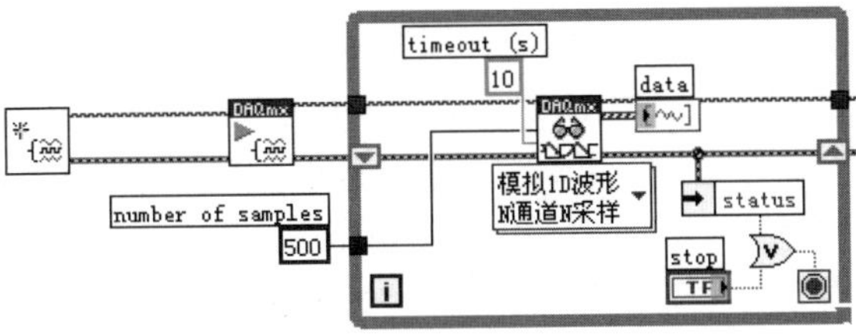

图 10-23 生成配置和范例程序图形代码

2. 将数据采集助手 Express VI 转换为程序图形代码

在 DAQ 助手上单击右键，在弹出的快捷菜单中选择“生成 NI-DAQmx 代码”选项，DAQ 助手将自动把配置完成的任务生成 NI-DAQmx 代码。图 10-24 所示为图 10-19 所示的 DAQ 助手生成的代码，其代码同时包含配置和范例两个部分。

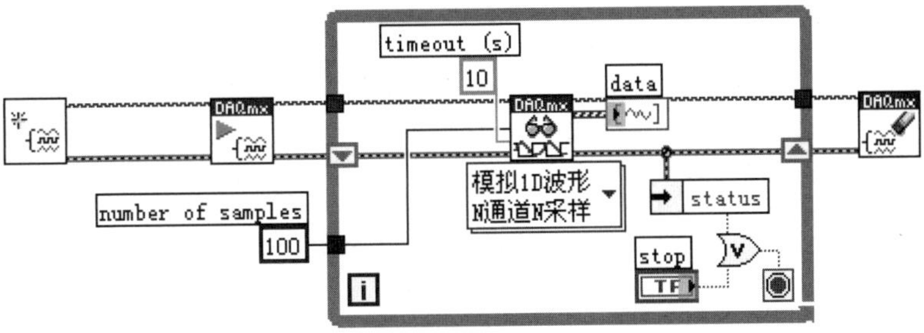

图 10-24 由 DAQ 助手生成的 NI-DAQmx 代码

10.4 DAQmx 数据采集应用编程实例

前面介绍了数据采集基础知识、数据采集设备的安装与测试以及 DAQmx 的相关内容，通过上述内容，即可实现基本的数据采集应用编程。为了进一步掌握 DAQmx 数据采集应用程序设计，下面通过实例分别从模拟信号输入、模拟信号输出、数字 I/O、计数器 4 个基本应用方面来介绍数据采集的程序设计方法。

10.4.1 模拟信号输入

采集模拟信号是虚拟测试系统中最常见、最典型的任务。按采集数据的多少，模拟信号采集通常分为单点直流信号采集、有限波形采集和连续波形采集；按使用通道的多少，可分为单通道采集、多通道采集。

1. 单点直流电压信号采集

在模拟信号采集中，单通道单点数据采集是最简单的模拟信号输入采集方式，它适用于对直流电压信号的采集。

实例10-2 单通道单点数据采集。

如图 10-25 所示，对于直流电压信号，每次采集只需要一个电压采样点，因此在编程时只需要使用“DAQmx 创建通道”“DAQmx 读取”“DAQmx 清除任务”几个基本的数据采集函数即可实现采集任务。由于所采集的信号为电压信号，因此“DAQmx 创建通道”多态 VI 通过选择器设置为“AI 电压”，即选择“模拟输入”→“电压”。对于单通道单点采集，“DAQmx 读取”VI 设置为“模拟 DBL1 通道 1 采样”。在数据采集卡物理通道 ai0(对应接线端 68、34)以差分方式输入一个直流电压信号，每运行一次程序，则对当前的直流电压信号进行采集，并通过数值显示和仪表控件显示。图 10-25 所示的显示结果为输入直流电压信号为 5V 的采集结果。

2. 有限波形采集

有限波形采集是从一个或多个通道分别采集多个点组成一段波形。由于是多点采集，在采集程序设计时，还需要确定两点间采集的时间间隔(即采样频率)、采样点数等参数。相对于单点采集而言，波形采集需要设置的参数要多一些，同时还要使用更多的计算机资源，也需要使用缓冲区。

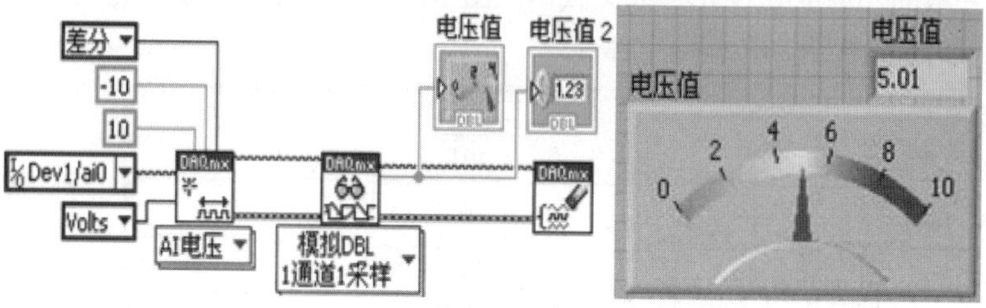

图 10-25　单点直流电压信号采集示例

实例 10-3　两通道有限波形采集。

如图 10-26 所示，“DAQmx 创建通道”多态 VI 设置为“AI 电压”；物理通道接线端将物理通道常量设置为“Dev1/ai0：1”(单击物理通道常量下拉列表中的“浏览”，在弹出的“选择项”对话框中，结合键盘 Ctrl 或 Shift 键可以实现对多物理通道的选择)，表明信号输入物理通道分别为 ai0 和 ai1；输入端接线配置为“差分”，即输入方式为差分输入；最大值、最小值分别设为“5”和“−5”，指明输入信号的范围为−5V～+5V；“DAQmx 定时”多态 VI 设置为“采样时钟”，以实现对采样时钟的源、频率以及采集或生成的采样数量进行设置。本示例输入信号分别为正弦信号和三角波信号，频率均为 10Hz，幅度均为峰—峰值 5V；“DAQmx 定时”采样频率设置为 500Hz，采样模式设为有限采样，每通道采样数设置为 100。由于是两通道有限波形采集，采集信号以波形图呈现，因此“DAQmx 读取”多态 VI 设置为“模拟 1D 波形 N 通道 N 采样”。运行示例，其采集结果波形如前面板上的波形图所示。通过计算，在输入信号的一个周期内采样数为 50，每通道采样数为 100，则采样组成的波形正好为两个周期。

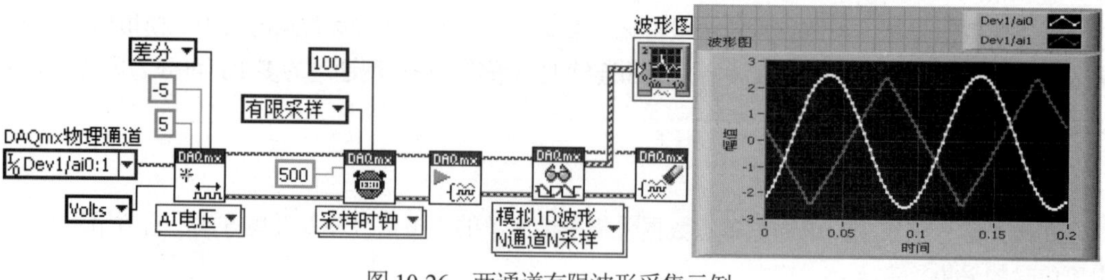

图 10-26　两通道有限波形采集示例

3. 连续波形采集

要实现一个连续的波形采集，只需要将读取数据及必要的数据处理程序放入循环即可。用户可能会有这样的疑问，为什么不是将整个数据采集程序放入循环？这是因为，如果这样，每执行一次数据采集操作采集一段数据，都包含设置、启动、清除等操作，而在相邻的两次采集之间如果存在这些操作，则很难保证连续采集。

实例10-4　单通道连续波形采集。

如图 10-27 所示，程序中将“DAQmx 读取”函数及波形图表显示置于一个 While 循环中，同时将“DAQmx 定时”函数的“采样模式”设置为“连续采样”，从而实现连续波形的采集，波形图表中的显示为输入正弦信号(频率 10Hz，峰—峰值为 5V)的采集情况。

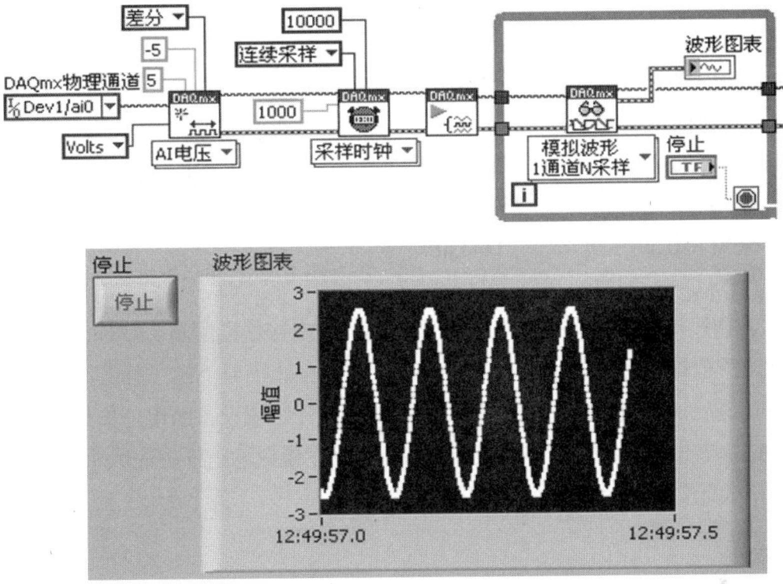

图 10-27　连续波形采集示例

对于连续采集，还有一个问题必须认真对待，那就是缓冲。对于一些简单的数据采集，用户不需要设置缓冲参数，LabVIEW 会自动分配缓冲区。对于 DAQmx 定时函数的“每通道采样”接线端，当“采样模式”设置为“有限采样”时，表示每通道需要读取或写入数据的长度，当“采样模式”设置为“连续采样”时，表示缓冲的大小，可以通过该端子设置缓冲区的大小。NI-DAQmx 对于不同的“采样率”有一个参考的缓冲区大小，如表 10-2 所示。如果通过“每通道采样”所设的值小于参考值，系统会自动选择参考值作为缓冲区的大小。

表 10-2　缓冲区设置参考值

采样率	缓冲区大小	采样率	缓冲区大小
未设置	10kS	10 000～1 000 000S/s	100kS
0～100S/s	1kS	>1 000 000S/s	1MS
100～10 000S/s	10kS		

另外，在连续采样时，如果“DAQmx 读取”函数从缓存中读取数据的速度小于设备向缓存中存放数据的速度，则会出现在向缓冲区写入数据时覆盖掉还没有被读取的数据，而发生数据丢失，使数据采集不连续，这种情况下有时会返回错误。通过设置合适“DAQmx 读取”函数的“每通道采样数”的值可避免该错误的发生，通常设置此值为缓存大小的 1/2～1/4。

10.4.2 模拟信号输出

在实际应用中，有时候需要用数据采集设备输出模拟信号。这些模拟信号包括稳定的直流信号、有限波形信号和连续波形信号。在LabVIEW程序设计中，模拟信号输出与模拟信号输入所使用的函数大部分是相同的，最大的区别在于模拟信号输入采用“DAQmx读取”函数，而模拟信号输出要采用“DAQmx写入”函数。

1. 直流信号输出

实例10-5 单点模出直流信号输出。

当需要DAQ产生一个模拟直流信号时，一般采用单点模出。如图10-28所示，设置一个输出电压的值，运行程序，则在模拟输出通道“Dev1/ao0”输出对应的直流电压，通过万用表或示波器可以测量到与程序设置相同的电压值。同图10-25所示的单点直流电压信号采集相比，这里用了“DAQmx写入”函数，同时“DAQmx创建通道”函数设置成了“AO电压”，并通过该函数设置输出信号幅度范围、输出接线端配置、物理通道等信息。

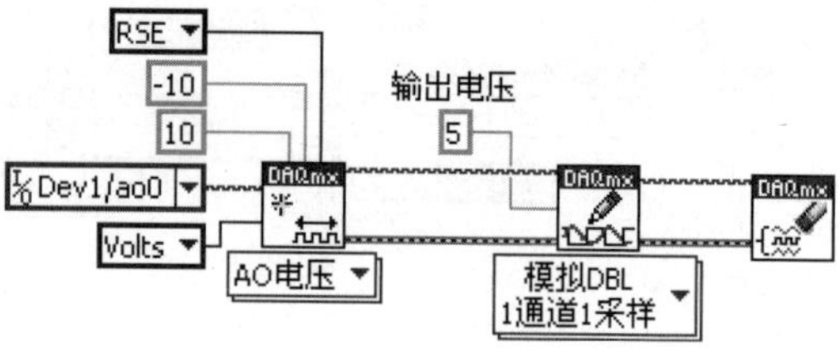

图10-28 单点模出直流信号输出示例

需要注意的是，模拟输出时，产生信号的是硬件，即使停止而且清除了任务，采集卡输出端口仍将维持任务结束时最后一个数据样本的状态，直到新任务开始或设备断电。如果采集卡在不需要输出信号时长期保持非零电平状态，则容易造成损坏，因此在模拟输出任务完成不需要输出信号后，需运行一段单点输出代码，将前面通道的输出置为0。

2. 有限波形输出

实例10-6 正弦信号有限波形输出。

有限波形输出是指输出一段固定长度的波形数据，如图10-29所示。

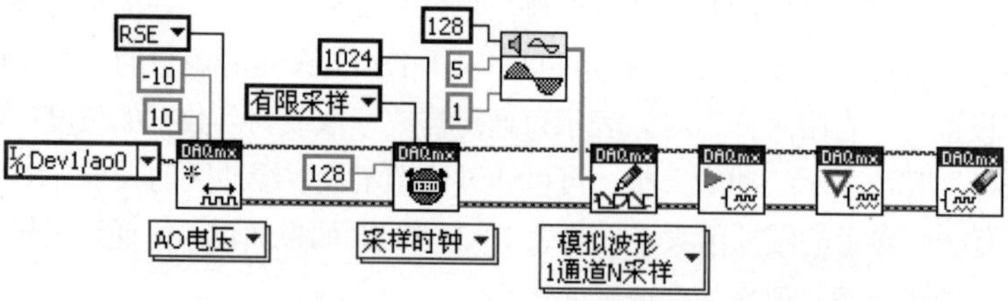

图10-29 有限波形输出示例

示例中“DAQmx 创建通道”函数对输出信号幅度范围、输出接线端、物理通道等信息进行配置。“DAQmx定时”函数对采样时钟的采样率、采样模式及每通道采样进行配置，其中通过“采样率”参数可以确定输出信号的频率，“每通道采样”可以确定输出有限波形数据的长度。“DAQmx写入”函数负责将“数据”端给定数据写入通道，在本例中，数据由“正弦信号”产生函数生成，其幅度为5V，周期为1，采样数为128。示例还使用了“DAQmx结束前等待”函数，用于确保该VI在任务结束前完成指定操作。

运行该VI，根据设定的参数，通过示波器对输出波形进行观察，可以得到输出频率为1Hz，幅值为5V，长度为8个周期的正弦波形。

3. 连续波形输出

要输出一个连续的周期信号，不需要向缓冲区连续不停地传送数据，而只需要向一段缓冲区写入待输出信号一个周期的数据，DAQmx 将在任务结束前自动不断地重复该段数据，以输出连续的周期信号。

将图 10-29 所示有限波形输出示例中的“DAQmx 定时”函数的采样模式设置为“连续采样”，并将“DAQmx 结束前等待”函数置于一个 While 循环中，即可实现连续波形输出，如图 10-30 所示。其中 While 循环的作用是保证任务不结束，这样硬件就会一直输出数据，除非发生错误或单击“停止”按钮。

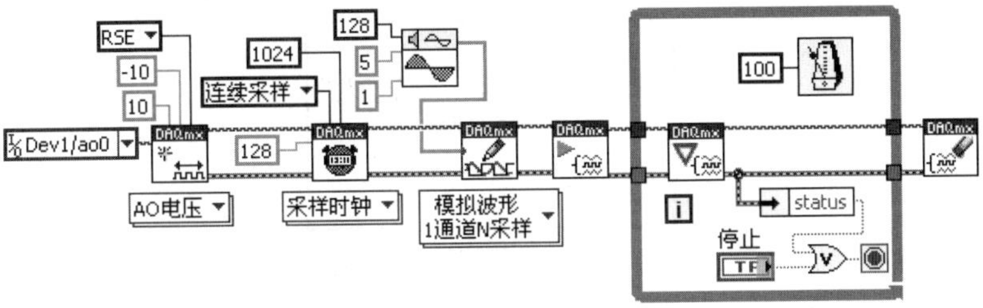

图 10-30　连续波形输出示例

10.4.3　数字 I/O

一般的数据采集卡都有数字端口和计数器，用于实现数据采集的触发、控制及计数等功能。端口按照 TTL 逻辑电平设计，逻辑低电平为 0～0.7V，逻辑高电平为 3.4～5.0V。

数字 I/O 的重要组成部分是数字端口(Port)与数字线(Line)。数字线是数据采集卡中单独连接一个数字信号的物理端子，数字线承载的数据称为位(bit)，它的二进制值是 0 或 1。多路数字线组成一组后称为端口(Port)，一般情况下，由 4 或 8 路数字线组成一个端口。许多数据采集设备要求一个端口中的线同时都是输出线，或同时都是输入线，即单向的；但也有一些设备的一个端口的数字线可以是双向的，即有的线输入，有的线输出。本章所使用的数据采集卡 NIPCI-6251，有 24 条数字线，组成 3 个端口。

数字 I/O 的应用分为两类：无条件数字输入/输出方式和握手方式。无条件数字输入/输出方式调用数字 I/O 函数后立即更新或读取某一路或端口状态；握手方式在传递数据时需要进行请求和应答。NIPCI-6251 不支持握手方式输入/输出数字。

实例 10-7　输入/输出数字。

数字 I/O 的编程方法与模拟输入、模拟输出的编程差别不大，如图 10-31 所示。

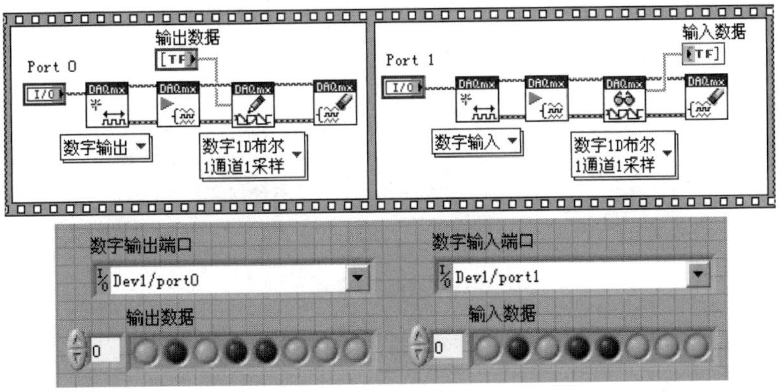

图 10-31　输入/输出数字示例

该示例首先通过数据采集卡的端口 0(Port0)输出数据(10100111)，在数据采集卡接线板上，通过导线将数据采集卡端口 0(Port0)和端口 1(Port1)对应的线连接起来。这样，程序在端口 0 输出数据后，紧接着又通过端口 1 将端口 0 上各数字线上的数据读取出来。

10.4.4 计数器

NIPCI-6251 数据采集卡硬件配有两套通用计数器，分别标为 CTR0 和 CTR1。两个计数器的基本结构模型相同，如图 10-32 所示。

图 10-32 计数器的基本结构模型

GATE 为计数器的闸门控制信号；SOURCE(CLK)为计数器时钟信号源；OUT 为计数器的输出信号。

典型的计数器应用有事件定时/计数、产生单个脉冲、产生脉冲序列、频率测量、脉冲宽度测量和信号周期测量等，下面从事件计数、频率测量、脉冲发生 3 个方面用实例来说明计数器应用程序设计的过程。

1. 事件计数器

实例10-1 事件计数器。

如图 10-33 所示，本例通过多态选择器将“DAQmx 创建通道”函数设置为“CI 边沿计数”，从而创建一个事件计数器的虚拟通道，并通过该函数对物理通道、边沿、计数方向、初始计数等参数进行设置。后面的几个 VI 的作用分别是开始计数、读取数据、清除任务，其中 While 循环的作用是实现连续计数。

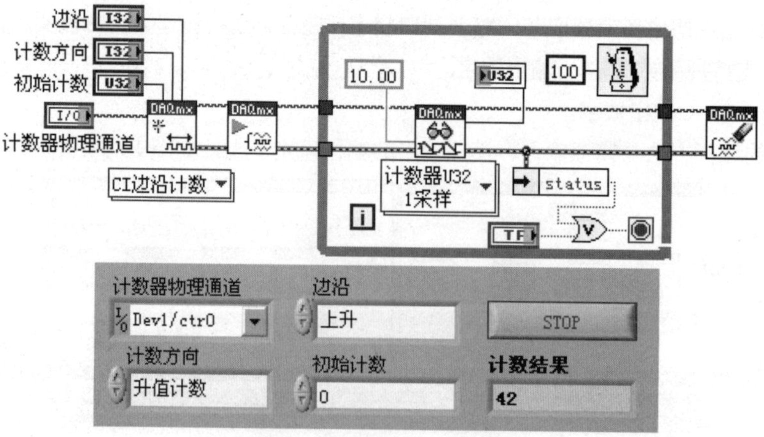

图 10-33 事件计数器示例

从数据采集卡端子 PFI8(CTR0SRC，对应引脚为 37)端输入一数字脉冲，则程序运行后即对输入的数字脉冲序列进行计数。

2. 频率测量

利用数据采集卡的计数器，可以实现频率测量。LabVIEW DAQmx 提供 3 种频率测量方法：带 1 个计数器的低频、带 2 个计数器的高频、带 2 个计数器的大范围。它们依次对应频率测量中的测周法、测频法和改进的测周法。其中“带 1 个计数器的低频”适用于被测信号频率相对于计数器的时基较低的情况，“带 2 个计数器的高频”适用于信号频率较高或差异较大的情况，而“带 2 个计数器的大范围”适用于待测信号范围广且整个范围都需要较高测量精度的情况。根据输入信号的频率和测量方法的不同，测量的结果有可能产生不同程度的误差，因此，应根据实际的测量要求选择合适的测量方法。

实例10-9　低频信号频率测量。

如图 10-34 所示，本例“DAQmx 创建通道”VI 设置为“CI 频率”来创建一个虚拟通道，测量方法设置为“带 1 个计数器的低频”，测量范围分别设置为最大值 10 000Hz 和最小值 2Hz，开始边沿设置为“上升”，物理通道设置为“Dev1/ctr0”，对应采集卡的输入端子为 PFI9(CTR0GATE，对应引脚为 3)。后面的几个 VI 的作用分别是开始任务、读取数据、清除任务。

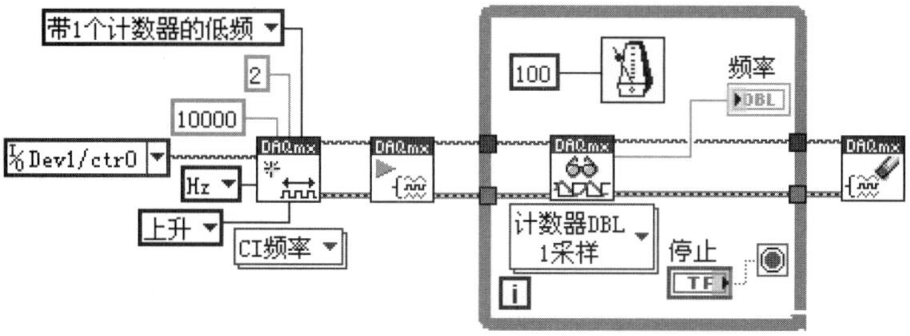

图 10-34　频率测量示例

3. 脉冲发生

实例10-10　连续脉冲输出。

脉冲发生也是计数器的一个较为常用的功能，它通过计数器的 OUT 端口输出一个或一串脉冲来实现，如图 10-35 所示。

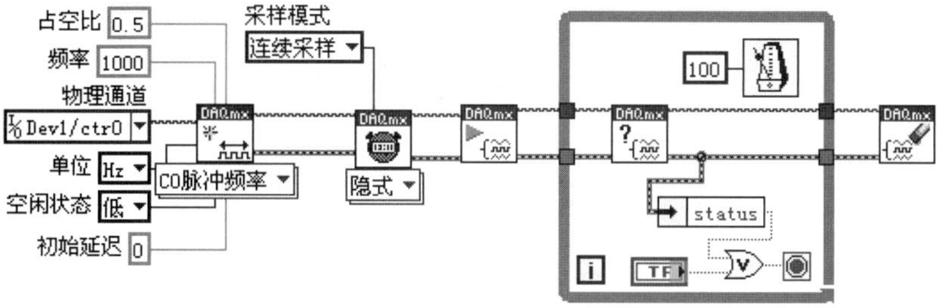

图 10-35　连续脉冲发生

将“DAQmx 创建通道”VI 设置为“CO 脉冲频率”来创建一个虚拟通道，并对输出脉冲的频率、占空比、物理通道、空闲状态、初始延迟等参数进行设置。“DAQmx 定时”VI 设置为“隐式”并将采样模式设置为“连续采样”。后面的几个 VI 的作用分别是开始任务、判断任务是否完成、清除任务。其中将“DAQmx 任务完成”VI 置于 While 循环中，这样硬件就会一直输出脉冲，除非发生错误或单击“停止”按钮。对于图 10-35 中的参数设置，数据采集卡将输出频率为 1kHz 的方波信号。

另外，在 LabVIEW 中，也提供了很多有关数据采集方面的范例，读者可以参考相关范例完成自己的应用设计。

习题

1. 为保证采样后的数字信号能够恢复出原来的信号，采样频率应满足什么条件？在工程实际中如何对采样频率取值？

2. 根据采样信号接入方式不同，测量系统有哪几种类型？

3. 简述物理通道、虚拟通道、任务的含义。

4. 编写一个双通道直流电压采集程序，要求每秒采集一次，将采集到的电压值用量表控件显示出来。

5. 采集由信号发生器输出的正弦波，要求能够测出信号的幅值、有效值。

6. 采集一个频率为 100Hz，幅值为 2V 的方波信号，并在前面板上将波形显示出来。

7. 设计一个单通道周期信号发生器，可生成正弦波、方波、三角波和锯齿波，要求波形可选、频率和幅度可调、可以叠加噪声。

8. 利用数字 I/O 输出“10110010”，并在前面板中显示出来。

9. 利用数字 I/O 循环输出 4 位二进制数据 0～F，并利用数字 I/O 进行采集，然后在数字波形图中显示出来。

10. 利用计数器输出一个频率为 100Hz 的连续脉冲信号，然后再对该脉冲信号的频率进行测量。

11. 基于数据采集卡设计一个双通道简易示波器。

第 11 章

信号分析与处理

一个测试系统通常由 3 大部分组成：信号的获取与采集、信号的分析与处理、结果的输出与显示。因此在虚拟测试系统中，分析与处理信号是必不可少的重要组成部分，其主要功能是对采集到的信息进行分析处理，从而获取有用的信息。LabVIEW 作为虚拟测量领域的专业软件，为用户提供了非常丰富的与信号分析与处理有关的 VI。本章将系统地介绍 LabVIEW 中信号发生、信号调理、信号时域分析、信号频域分析、数字滤波等信号分析与处理相关的程序设计方法。

11.1 信号发生

信号发生是信号处理的重要功能之一，常用来产生测试系统的激励测试信号和模拟测试信号。在 LabVIEW 中，产生信号的方法有两种：波形生成和信号生成。从信号发生的角度考虑，二者几乎没有区别。但从生成的数据特点来看，首先，波形生成产生的是波形数据，信号生成产生的是一维数组数据；其次，波形生成产生的横坐标是时间单位的索引，信号生成产生的横坐标是数组数据的索引。

11.1.1 波形生成

在 LabVIEW 中，与波形生成有关的 VI 位于“函数”的“信号处理”→“波形生成”子选板中，如图 11-1 所示。

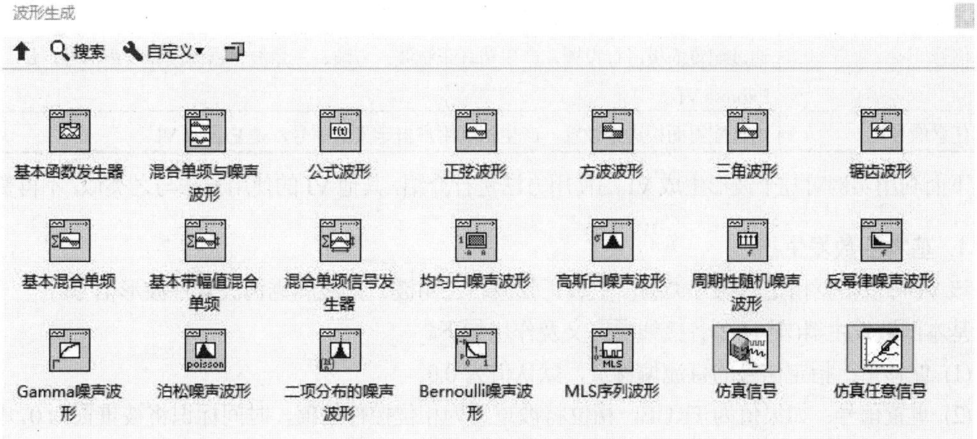

图 11-1 “波形生成”子选板

使用波形生成 VI 可以生成不同类型的波形信号和合成波形信号，表 11-1 列出了波形生成 VI 的名称和对应的基本功能说明，有关这些 VI 的详细使用说明，读者可以参考 LabVIEW 帮助。

表 11-1 “波形生成”VI 功能说明

VI 名称	功能说明
基本函数发生器	根据指定的信号类型、频率、幅值、相位、采样信息、占空比生成信号波形，并输出相位信息
混合单频与噪声波形	根据指定的各频率信息、噪声有效值、偏移量、采样信息生成信号波形
公式波形	根据指定的偏移量、频率、幅值、公式表达式、采样信息生成信号波形
正弦波形	根据指定的偏移量、频率、幅值、相位、采样信息生成正弦信号波形
方波波形	根据指定的偏移量、频率、幅值、相位、采样信息、占空比生成方波信号波形
三角波形	根据指定的偏移量、频率、幅值、相位、采样信息生成三角信号波形
锯齿波形	根据指定的偏移量、频率、幅值、相位、采样信息生成锯齿信号波形
基本混合单频	根据指定的幅值、单个频率个数、开始频率、频率间隔、采样信息、相位关系生成正弦混合信号波形，并输出峰值因素和强制转换后的实际频率序列
基本带幅值混合单频	根据指定的幅值、单个频率个数、开始频率、各频率信号的幅值、频率间隔、采样信息、相位关系生成正弦混合信号波形，并输出峰值因素和强制转换后的实际频率序列；与基本混合单频不同，此 VI 各频率信号的幅值由输入指定
混合单频信号发生器	根据指定的幅值、各频率信息、采样信息生成正弦混合信号波形；与基本混合单频不同，各频率信号的频率、幅值、相位均由输入指定
均匀白噪声波形	根据指定的幅值、采样信息生成伪随机均匀分布白噪声波形
高斯白噪声波形	根据指定的标准方差、采样信息生成伪随机高斯分布白噪声波形
周期性随机噪声波形	根据指定的频谱宽度、采样信息生成周期性随机噪声波形
反幂律噪声波形	根据指定的噪声密度、指数、滤波器规范、采样信息生成反幂律噪声波形
Gamma 噪声波形	根据指定的阶数、采样信息生成 Gamma 噪声波形
泊松噪声波形	根据指定的平均值、采样信息生成泊松噪声波形
二项分布的噪声波形	根据指定的分布检验、检验概率、采样信息生成二项分布的噪声波形
Bernoulli(贝努力)噪声波形	根据指定的采样信息、值为 1 的概率生成贝努力伪随机噪声波形
MLS 序列波形	根据指定的多项式阶数、采样信息生成最小长度序列波形
仿真信号	通过配置面板进行设置，产生仿真正弦波、方波、三角波、锯齿波和噪声信号，是 Express VI
仿真任意信号	通过配置面板进行设置，产生仿真用户自定义的信号，是 Express VI

下面利用实例对几个波形生成 VI 的使用方法进行介绍，其他 VI 的使用方法与之类似，不再赘述。

1. 基本函数发生器

该 VI 可以根据指定的信号类型，生成正弦波、三角波、方波和锯齿波 4 种波形信号。

基本函数发生器(图 11-2)各接线端定义及作用如下。

(1) 偏移量：指定信号的直流偏移量，默认值为 0.0。

(2) 重置信号：如果值为 TRUE，相位将被重置为相位控件的值，时间标识将被重置为 0。默认值为 FALSE。

(3) 信号类型：指定生成波形的类型，包含正弦波、三角波、方波和锯齿波 4 种选项。

(4) 频率：生成波形信号的频率，以 Hz 为单位，默认值为 10。

(5) 幅值：生成波形的幅值。幅值也是峰值电压，默认值为 1.0。

(6) 相位：波形的初始相位，以°为单位，默认值为 0。如重置信号为 FALSE，则 VI 将忽略相位。

(7) 采样信息：输入值为簇，包含波形的采样频率 Fs 和采样点数#s。Fs 是每秒采样率，它决定了生成波形每秒钟包含的数据点数，默认值为 1000。#s 是波形的采样数。在采样率一定的情况下，采样数决定了波形的长度，默认值为 1000。

(8) 方波占空比：指选择输出方波时，在一个周期内高电平所占时间的百分比，默认值为 50。

(9) 信号输出：生成波形的数据输出。

(10) 相位输出：生成波形的相位输出。

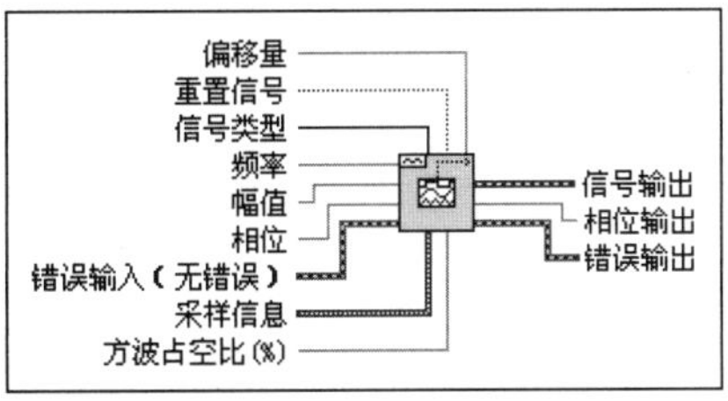

图 11-2　基本函数发生器

实例11-1　“基本函数发生器”的应用。

如图 11-3 所示，通过前面板的参数设置选项，可以选定输出信号的类型并设置输出信号的频率、幅值、相位等信息。运行该实例，当“重置信号”设为“关”时，时间会一直变化，频率不是整数时，相位也会一直变化。当“重置信号”设为“开始”时，则每次循环时间标识不变，相位也不变。

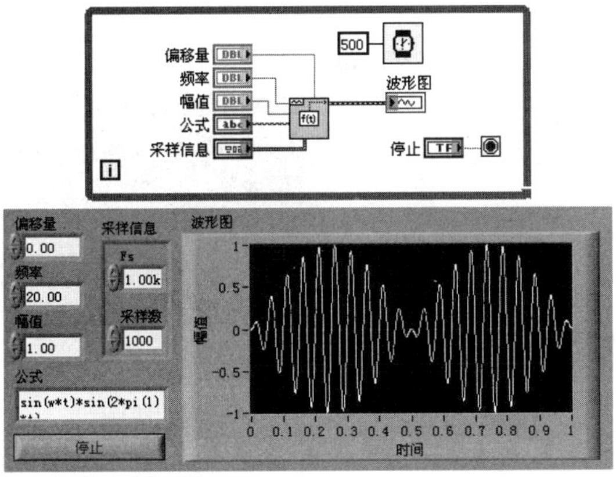

图 11-3　“基本函数发生器”应用实例

另外，LabVIEW 也提供了正弦波形、三角波形、方波波形和锯齿波形 4 个单独 VI 用于分别产生正弦波、三角波、方波和锯齿波信号。

2. 公式波形

该函数通过“公式”字符串指定要使用的时间函数，创建输出波形，如图 11-4 所示。通过该函数可以输出任何可用函数描述的波形。“公式”输入端是用于生成信号输出波形的表达式，默认值为 sin(*w***t*)*sin(2*pi(1)*10)。表 11-2 列出了已定义的变量的名称。

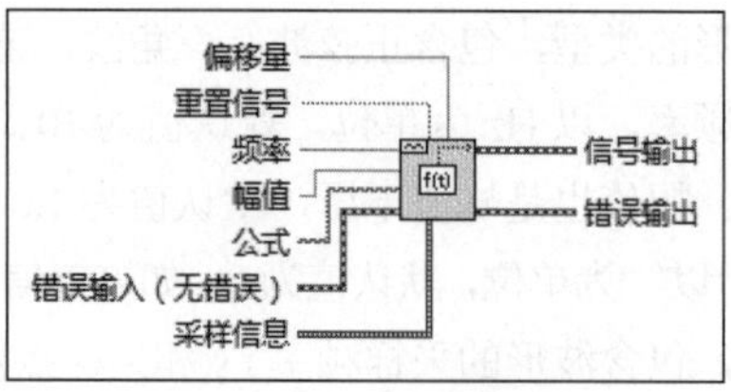

图 11-4　公式波形

表 11-2　“公式波形”函数中定义的变量及含义

变　量	名称及含义	变　量	名称及含义
f	频率，输入端输入的频率	*n*	采样数，目前生成的采样数
a	幅值，输入端输入的幅值	*t*	时间，已运行的秒数
w	角频率，等于2*pi**f*	*fs*	采样信息，采样信息端输入的*fs*

实例 11-2　“公式波形”示例。

如图 11-5 所示，该示例通过公式 sin(*w***t*)*sin(2*pi(1)**t*)生成了一个调幅波。调制信号为幅值 1V、频率 1Hz 的正弦信号 sin(2*pi(1)**t*)。载波信号为正弦信号 sin(*w***t*)，其频率、幅度等信息通过前面板参数进行设置。

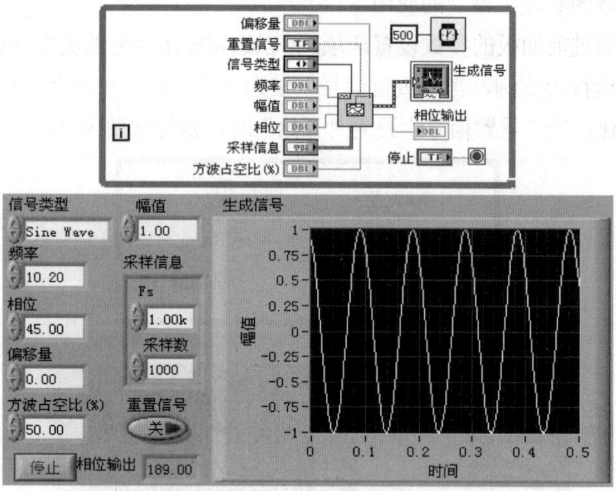

图 11-5　“公式波形”函数应用实例

3. 基本混合单频

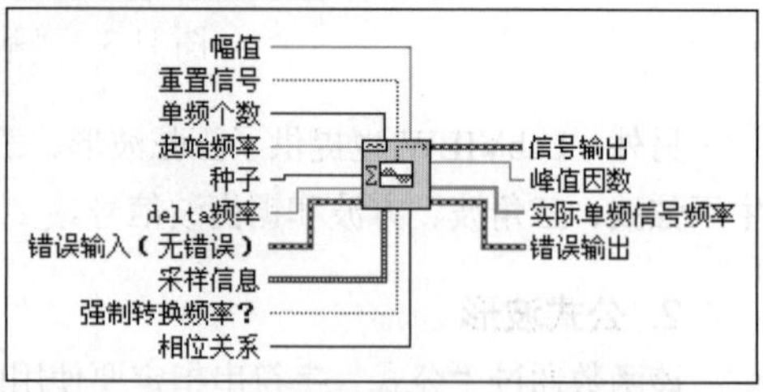

图 11-6　“基本混合单频”函数

如图 11-6 所示，该 VI 生成整数个周期的单频正弦信号的叠加波形。所生成波形的频谱在特定频率处是脉冲而在其他频率处为 0。可通过设置频率和采样信息生成正弦单频信号，单频信号的相位随机、幅值相等。

基本混合单频接线端含义及作用如下。

(1) 幅值：合成波形的幅值。它是所有单频信号幅值的缩放标准，即波形的最大绝对值，VI 内部自动缩放原始数据，使其最大绝对值等于幅值，默认值为-1。如将波形输出至模拟输出通道时，幅值设定非常重要。如硬件可输出的最大值为 5V，可将幅值设置为 5。如幅值小于 0，则不进行缩放。

(2) 单频个数：输出波形中单频的个数。

(3) 起始频率：生成波形的最低单频频率。该频率必须为采样频率和采样数之比的整数倍。

(4) 种子：噪声采样发生器的种子值。其值大于 0 时，可使噪声采样发生器更换种子值。相位关系设置为线性时，将忽略该值。

(5) delta 频率：两个单频频率的间隔幅度。如起始频率是 100Hz，delta 频率是 10，单频个数是 3，则生成的波形为 100Hz、110Hz 和 120Hz 3 个单频信号的叠加。“delta 频率”必须是采样频率和采样数之比的整数倍。

(6) 强制转换频率？：如设置为 TRUE，设定的单频频率将被强制转换为采样频率与采样数之比最相近的整数倍。

(7) 相位关系：所有正弦单频的相位分布。相位分布对所有波形的峰值与均方根值之比都有影响。包括随机(Random)和线性(Linear)两种方式。随机方式，相位在 0～360° 之间随机选择；线性方式，提供最佳的峰值与均方根值比，但可能使信号在整个波形周期内具有周期性的成分。

(8) 峰值因数：信号输出的峰值电压和均方根电压的比。

(9) 实际单频信号频率：如“强制转换频率？”的值设置为 TRUE，则该值为执行强制转换和 Nyquist 标准后的单频频率。

其他端口的含义及作用与前面介绍的 VI 相同。

实例 11-3　“基本混合单频”的应用。

如图 11-7 所示。由程序框图中的设定可知，波形幅值限制为 2V、起始频率 10Hz、单频个数 4 个、delta 频率 10Hz、相位关系 Random。运行该实例，其生成波形将显示在波形图中，同时基本混合单频 VI 的实际单频信号频率输出为 10Hz、20Hz、30Hz、40Hz，这和起始频率 10Hz、单频个数 4 个、delta 频率 10Hz 的设置完全相吻合。

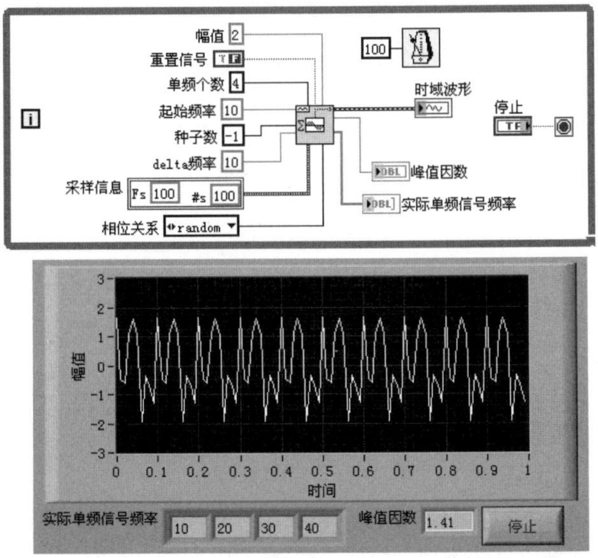

图 11-7　“基本混合单频”的应用实例

4. 均匀白噪声波形

该VI生成均匀分布的伪随机波形，可指定幅度值，如图11-8所示。“幅值”是信号输出的最大绝对值，默认值为1.0。“种子”大于0时，可使噪声采样发生器更换种子，默认值为–1。LabVIEW为重入VI的每个实例单独保存其内部的种子状态，对于VI的每个特定实例，如种子小于等于0，LabVIEW将不更换噪声发生器的种子，噪声发生器将继续生成噪声的采样，作为之前噪声序列的延续。其他接线端口的使用方法与前面的例子基本相同。

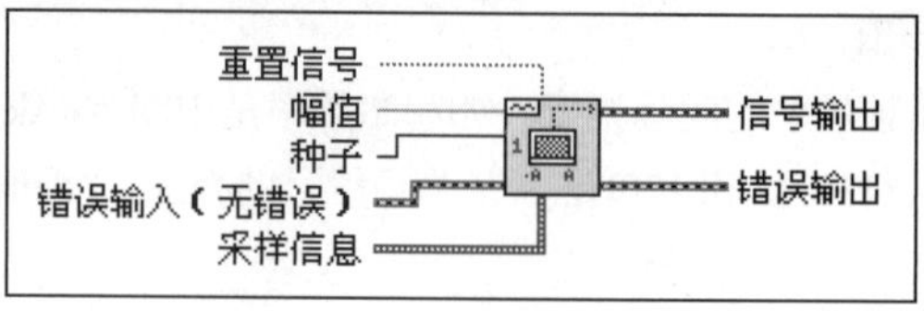

图11-8 均匀白噪声波形

实例11-4 “均匀白噪声波形”VI应用。

需要说明的是，产生的均匀白噪声波形的频率成分由采样频率决定，其最高频率成分等于采样频率的一半，如图11-9所示。因此，若想生成频率覆盖0～5kHz的均匀白噪声，采样频率必须设为10kHz。

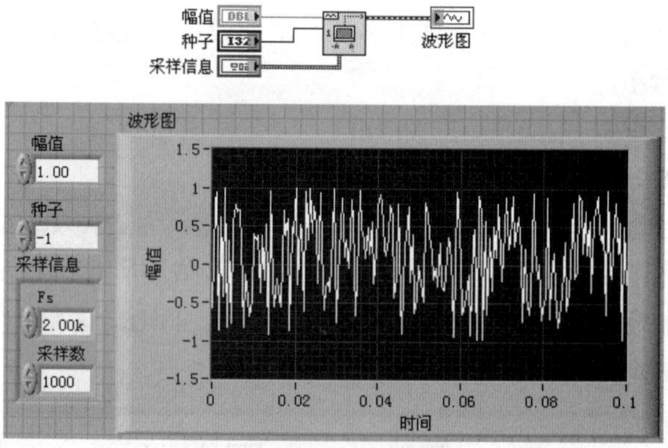

图11-9 “均匀白噪声波形”VI应用实例

生成各种噪声时，信号的分析和处理中也十分重要，LabVIEW除提供均匀白噪声波形VI之外，还提供了高斯白噪声波形、周期性随机噪声波形、Gamma噪声波形、泊松噪声波形等多种噪声生成VI，读者可以根据实际需要选择使用。

5. 仿真信号

“仿真信号”(图11-10)是一个简单、易用的Express VI。通过该VI可以产生任意频率、幅值和相位的正弦波、方波、三角波、锯齿波及直流信号，同时还可以给信号添加噪声，是一个非常实用的信号发生器。

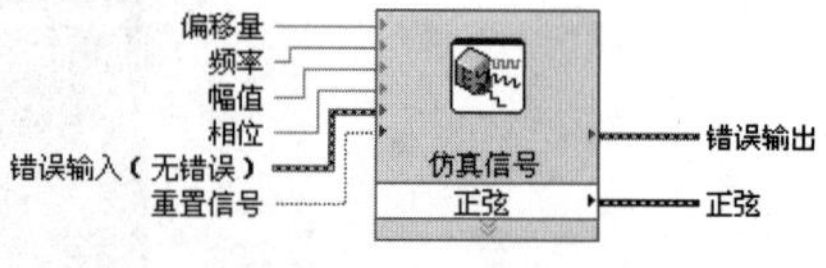

图11-10 仿真信号

在使用“仿真信号”Express VI并将其添加到程序框图时，将弹出配置属性对话框，如图11-11所示。

在该对话框中可以选择信号的类型、幅值、频率、相位，可以给信号添加白噪声、高斯噪声等9种不同的噪声并对噪声的参数进行设定，还可以设置采样信息等参数。设置相关参数后，在“结果预览”中可以对生成的波形进行预览。参数可以通过对话框配置，同时有些参数也可以通过 VI 的接线端进行配置。

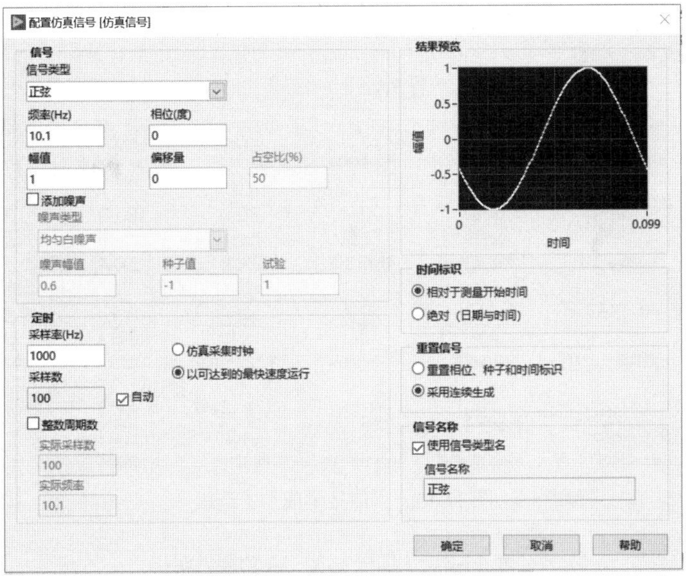

图 11-11　“仿真信号”Express VI 属性配置对话框

实例 11-5　利用“仿真信号”Express VI 编写一个参数可调的正弦信号发生器。

该实例效果如图 11-12 所示。

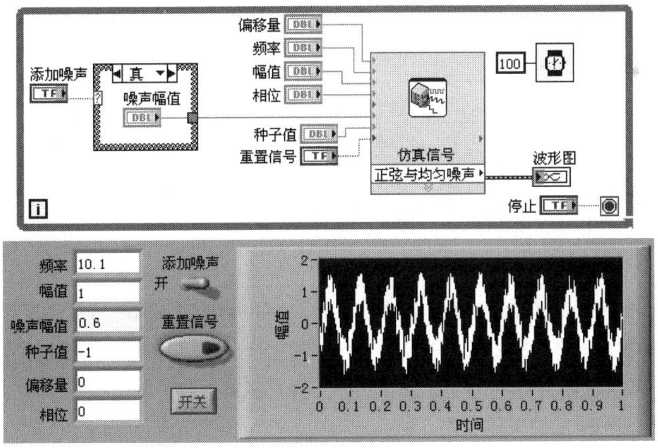

图 11-12　“仿真信号”Express VI 应用实例

在“波形生成”选板中还提供了“仿真任意信号”Express VI。利用该 VI 可以根据用户的自定义设置生成仿真信号。

11.1.2　生成信号

信号生成 VI 位于“函数”选板的“信号处理”→“信号生成”子选板中，如图 11-13 所示。

与“波形生成”子选板功能类似，通过“信号生成”子选板中的 VI 可以生成不同类型的信号。不同的是“信号生成”子选板中的 VI 产生的信号只包含波形幅度信息，不包含时间信息；其横轴索引是数据个数，而不是时间；就数据而言，其生成的是一维数组表示的波形数据。表 11-3 列出了信号生成 VI 的名称和对应的基本功能说明。

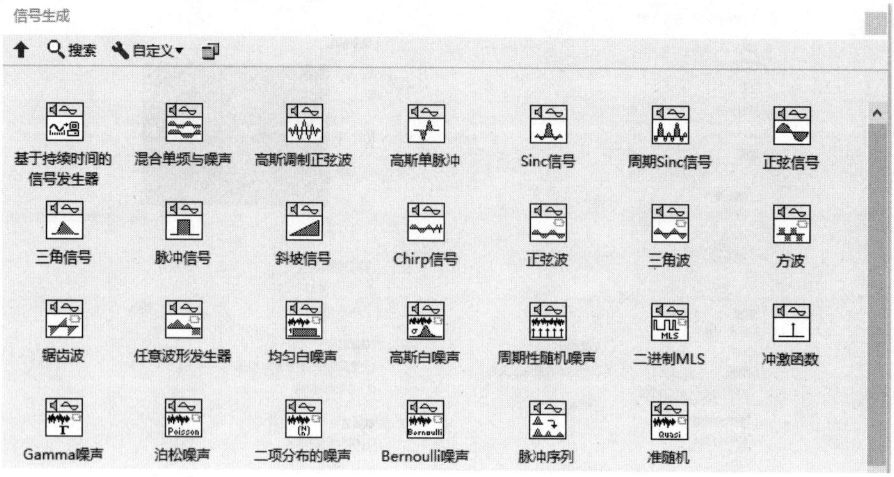

图 11-13 “信号生成”子选板

表 11-3 “信号生成”VI 功能说明

名　称	功　能
基于持续时间的信号发生器	根据指定的采样间隔、信号类型、采样点数、频率、幅值、直流偏置和初始相位生成一个信号序列
混合单频与噪声	根据指定的采样点数、单频信号信息、噪声有效值、偏置、采样率生成一个信号序列
高斯调制正弦波	根据指定的衰减、中心频率、采样点数、幅值、延迟、时间间隔、归一化中心带宽生成高斯调制正弦波
高斯单脉冲	根据指定的中心频率、采样点数、幅值、时间分辨率生成高斯单脉冲
Sinc 信号	根据指定的采样点数、幅值、延时周期和时间间隔生成 Sinc 信号
周期 Sinc 信号	根据指定的采样点数、幅值、延时周期、阶数和时间间隔生成周期 Sinc 信号
正弦信号	根据指定的采样点数、幅值、相位和周期波数生成正弦信号序列
三角信号	根据指定的宽度、采样点数、幅值、延迟、时间间隔和不对称性生成三角波信号序列
脉冲信号	根据指定的采样点数、幅值、延时周期和脉宽生成脉冲信号序列
斜坡信号	根据指定采样点数、初始值和结束值生成一个上升或下降斜坡信号序列
Chirp 信号	根据指定的采样点数、幅值、上下截止频率生成一个扫频信号序列
正弦波	根据指定的采样点数、幅值、频率、初始相位生成正弦信号序列，并返回结束点的相位，可以设置相位重置
三角波	根据指定的采样点数、幅值、频率、初始相位生成一个三角波序列，并返回结束点的相位，可以设置相位重置
方波	根据指定的采样点数、幅值、频率、初始相位、占空比生成方波序列，并返回结束点的相位，可以设置相位重置
锯齿波	根据指定的采样点数、幅值、频率、初始相位生成锯齿波序列，并返回结束点的相位，可以设置相位重置
任意波形发生器	以输入波形为一个周期，根据指定的采样点数、幅值、频率、初始相位、是否插值生成一个任意波序列，并返回结束点的相位，可以设置相位重置
均匀白噪声	根据指定的采样点数、幅值生成伪随机均匀分布白噪声序列
高斯白噪声	根据指定的采样点数、标准方差生成伪随机高斯分布白噪声序列

(续表)

名 称	功 能
周期性随机噪声	根据指定的采样点数、频谱宽度生成周期性随机噪声序列
二进制 MLS	根据指定的采样点数、多项式阶数生成二进制最大长度序列(MLS)
冲激函数	根据指定的采样点数、幅值和延时周期生成冲激信号序列
Gamma 噪声	根据指定的采样点数、阶数生成 Gamma 噪声序列
泊松噪声	根据指定的采样点数、平均值生成泊松噪声序列
二项分布的噪声	根据指定的采样点数、分布检验、检验概率生成二项分布噪声
Bernoulli(贝努力)噪声	根据指定的采样点数、值为 1 的概率生成贝努力伪随机噪声序列
脉冲序列	根据指定的插值方法、采样点数、时间间隔、幅值、延迟、脉冲原型生成脉冲序列；插值方法：0 为最近插值、1 为线性插值、2 为样条插值、3 为 3 次 Hermite 插值

实例 11-6 “基于持续时间的信号发生器”VI 的应用。

“信号生成”VI 的编程使用方法与“波形生成”VI 的使用方法类似。对于其他 VI，读者可以参考 LabVIEW 帮助及范例。

“基于持续时间的信号发生器”VI 与波形生成选板中的“基本函数发生器”VI 功能类似。其中：

① “信号类型”设定生成信号的类型，它可以生成多种不同的信号，包括 Sine(正弦)信号、Cosine(余弦)信号、Triangle(三角)信号、Square(方波)信号、Sawtooth(锯齿波)信号、Increasingramp(上升斜波)信号、Decreasingramp(下降斜波)信号。

② “持续时间”设置输出信号的持续时间，单位为 s，默认值为 1.0。

③ “采样点数”为输出信号中采样点的数目，默认为 100。

④ “频率”为输出信号的频率，单位为 Hz，默认值为 10。

⑤ “幅值”为输出信号的幅度，默认值为 1.0。

⑥ “直流偏移量”为输出信号的直流偏移量，默认为 0。

⑦ “相位输入”为输出信号的初始相位，默认为 0，单位为°。通过以上这些参数，可以对输出信号进行设定。如图 11-14 所示，所生成的信号类型、频率等参数通过前面板可调。

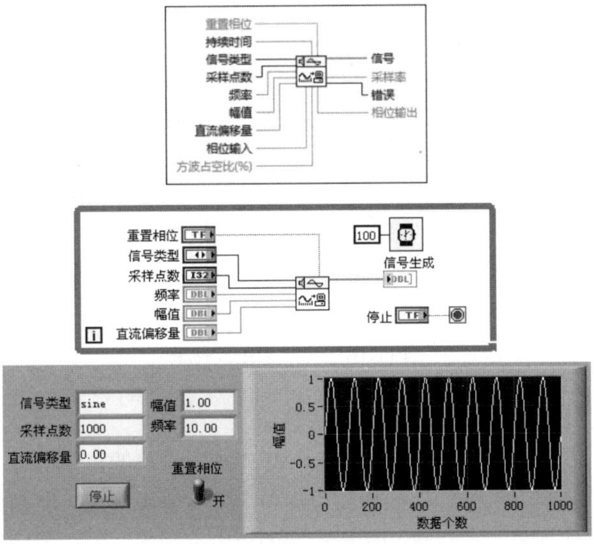

图 11-14 “基于持续时间的信号发生器”应用实例

与图 11-2 所示实例相比可知，利用“基于持续时间的信号发生器”产生的信号波形不包含时间信息，其横轴索引是数据个数，不是时间。

11.2 波形调理和波形测量

波形调理是对原始信号进行时域或频域预处理，其目的是尽量减少干扰信号的影响，提高信号的信噪比。波形调理会直接影响到信号分析的结果，因此一般来说它是信号分析前的必要步骤。波形测量实现对信号某些特定信息的提取，如交流信号的平均直流—均方根测量、周期平均值测量、幅度谱/相位谱测量等。

11.2.1 波形调理

常用的波形调理有滤波、对齐、重采样等。LabVIEW 中的波形调理 VI 位于函数选板的“信号处理”→“波形调理”子选板中，其中包含 8 个子 VI 和 3 个 Express VI，如图 11-15 所示。

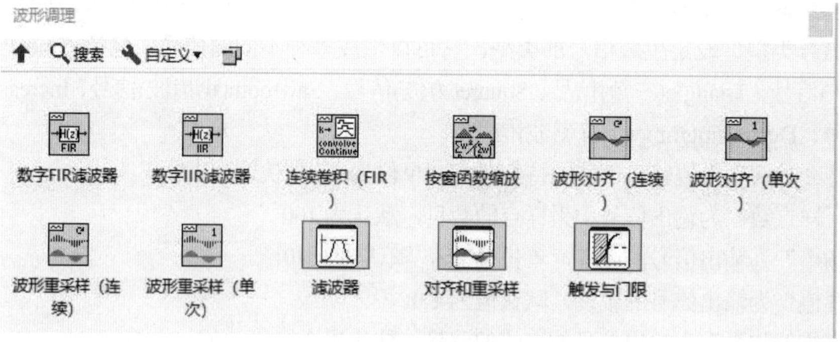

图 11-15 “波形调理”子选板

1. 数字 FIR 滤波器

“数字 FIR 滤波器”VI 能够实现对单个波形或多个波形中的信号进行滤波的功能，如图 11-16 所示。如对多个波形进行滤波，VI 将对各个波形保留单独的滤波器状态。连接至“信号输入”和“FIR 滤波器规范”输入端的数据类型可确定要使用的多态实例。在对相位信息有要求时，通常使用 FIR 滤波器，因为 FIR 滤波器的相频响应总是线性的，可以防止时域数据发生畸变。

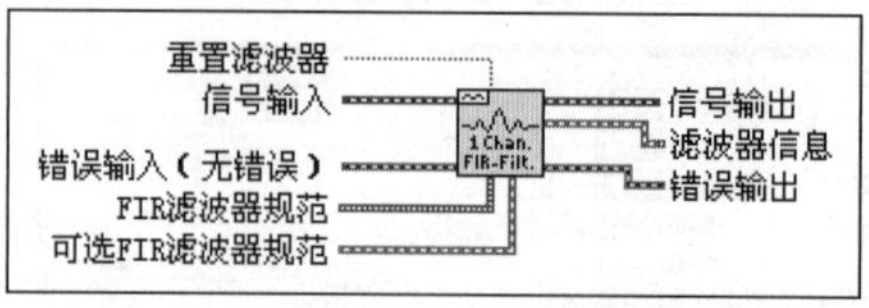

图 11-16 数字 FIR 滤波器

实例 11-7 “数字 FIR 滤波器”的应用。

如图 11-17 所示，该实例用仿真信号 Express VI 生成含噪声的正弦信号，其中正弦信号频率为 10Hz，幅值为 1V，噪声为幅值为 0.2V 的均匀白噪声。将该信号送入数字 FIR 滤波器，分别配置好滤波器规范和可选滤波器规范，在数字 FIR 滤波器的输出端利用波形显示控件显示滤波后的时域波形，并分离数字 FIR 滤波器信息中的幅度信息和相位信息，并用图形方式显示，可以看出，滤波后信号的信噪比节明显得到改善。需要注意的是，要想达到好的滤波效果，需要对滤波器进行合理的配置，如选择合适的“拓扑结构”“类型”“抽头数”“窗”等。

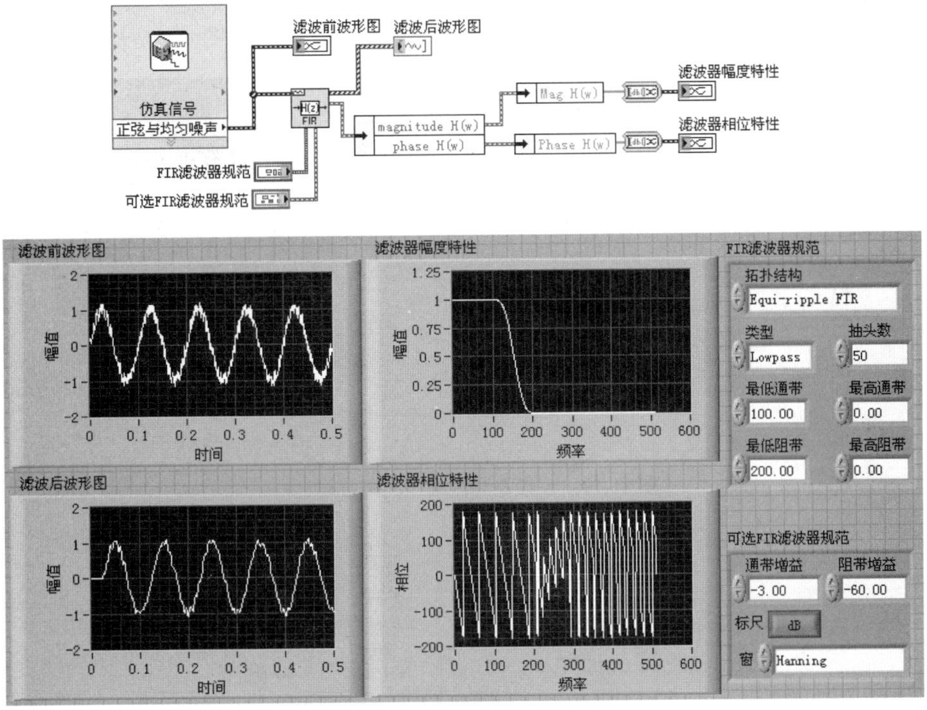

图 11-17　“数字 FIR 滤波器”应用实例

“波形调理”子选板还提供了“数字 IIR 滤波器”和“滤波器”两个 VI。其中数字 IIR 滤波器与数字 FIR 滤波器用法相同，不同之处在于滤波器的类型不同。“滤波器”是一个 Express VI，通过其配置面板可以将其配置成不同类型的滤波器，有关使用方法在此不再详细叙述。

2. 触发与门限

“触发与门限”是一个 Express VI，如图 11-18 所示。该 VI 通过触发提取信号中的片段，触发器根据开始触发和停止触发条件设置决定触发开启和触发停止。图 11-19 所示为“触发与门限”Express VI 的配置对话框。通过该对话框，可以对触发与门限 Express VI 的参数进行设定。

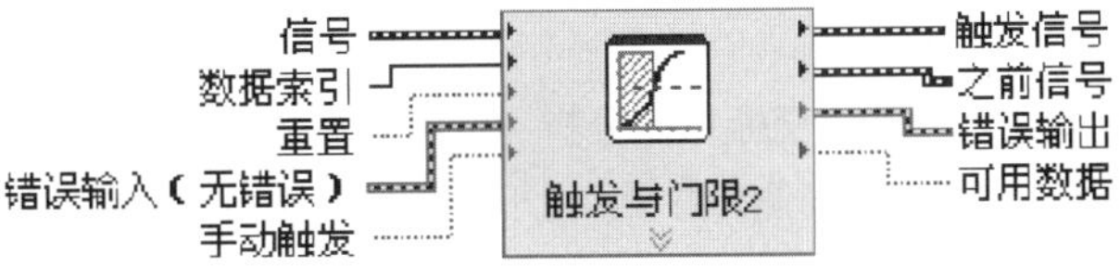

图 11-18　触发与门限

实例 11-8　“触发与门限”Express VI 应用。

如图 11-20 所示，“仿真信号”输出幅值为 1V 的正弦波送入“触发与门限”ExpressVI。在触发与门限 Express VI 对话框中设置开始触发的阈值为上升沿 0.5V，停止触发的阈值为下降沿−0.5V。由图 11-20 可以看出，触发后提取的信号片段正好是始于上升沿 0.5V、止于下降沿−0.5V 的一段波形。若设置开始触发的阈值为上升沿 2V，由于输入信号的最高电平为 1V，所以不会触发，此时可利用该 VI 的“手动触发”端口外接一个触发按钮来实现手动触发，触发的时刻就是按钮按下的时刻。

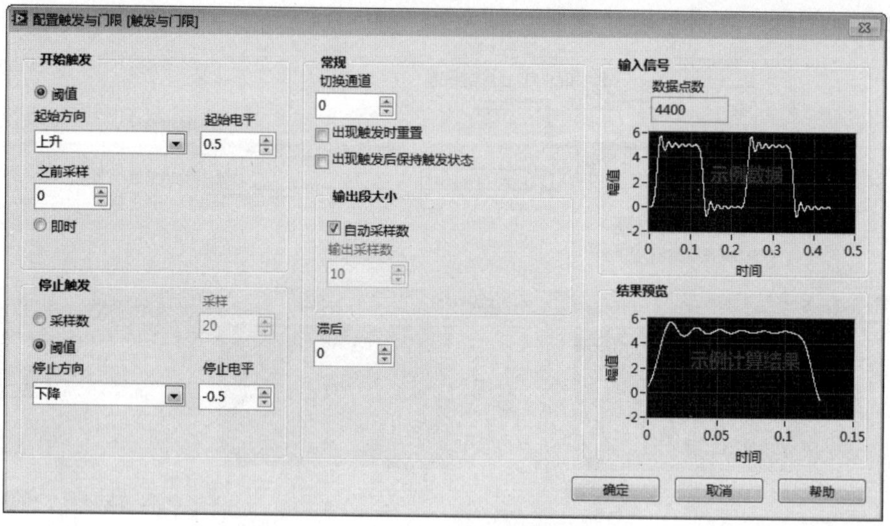

图 11-19 “触发与门限”的配置对话框

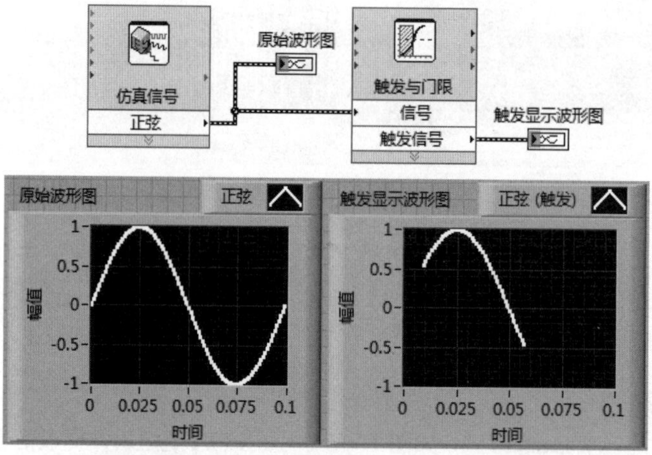

图 11-20 “触发与门限”Express VI 应用实例

11.2.2 波形测量

“波形测量”VI 主要实现波形的交流直流分析、幅度测量、脉冲测量、傅立叶变换、功率谱测量等波形信息参数的测量功能。“波形测量”VI 位于“函数”选板的“信号处理”→“波形测量”子选板中，如图 11-21 所示。

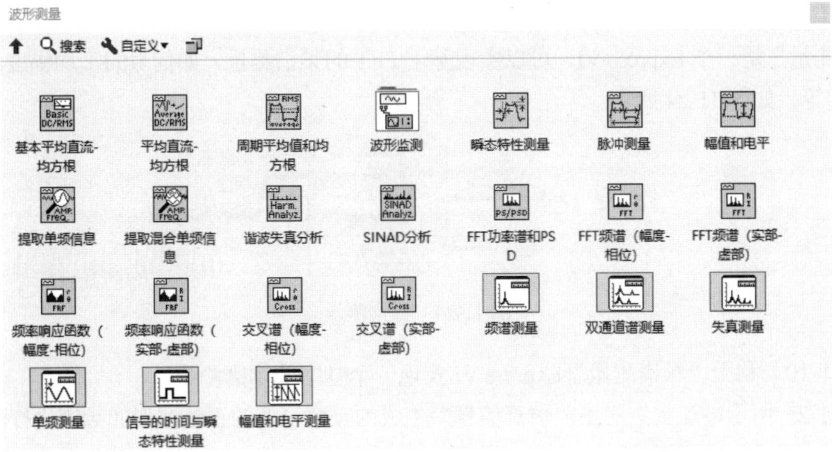

图 11-21　“波形测量”子选板

1. 基本平均直流—均方根

“基本平均直流—均方根”VI 计算输入波形或波形数组的直流值和均方根值(即有效值)，如图 11-22 所示。它与“平均直流—均方根”VI 类似，但前者对于每个输入的波形只返回直流值和均方根值。

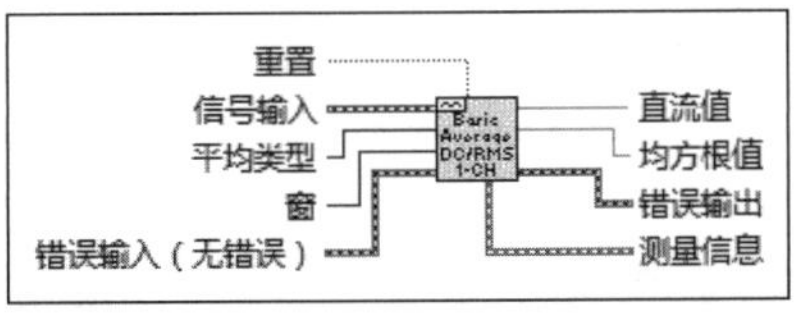

图 11-22　基本平均直流—均方根

实例 11-9　“基本平均直流—均方根”VI 应用。

如图 11-23 所示，通过一个“基本函数发生器”VI 和一个“均匀白噪声波形”VI 产生一个带噪声的信号，送入“基本平均直流—均方根”VI 实现对该信号的直流值和均方根值的测量。

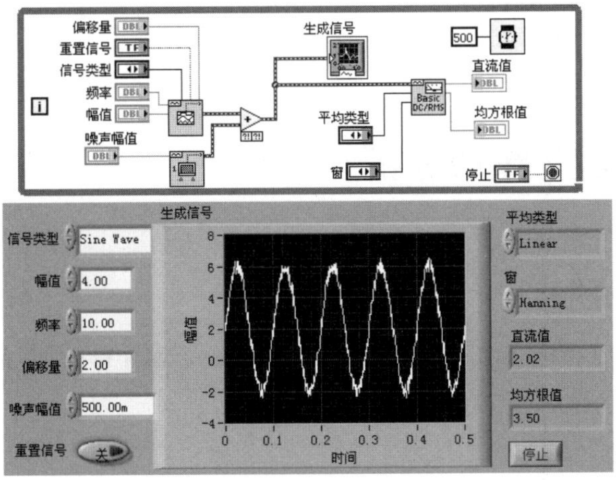

图 11-23　“基本平均直流—均方根”应用实例

2. 频谱测量

“频谱测量”是一个 Express VI，可以实现基于 FFT 的频谱测量，如信号的平均幅度频谱、功率谱、相位谱等，如图 11-24 所示。

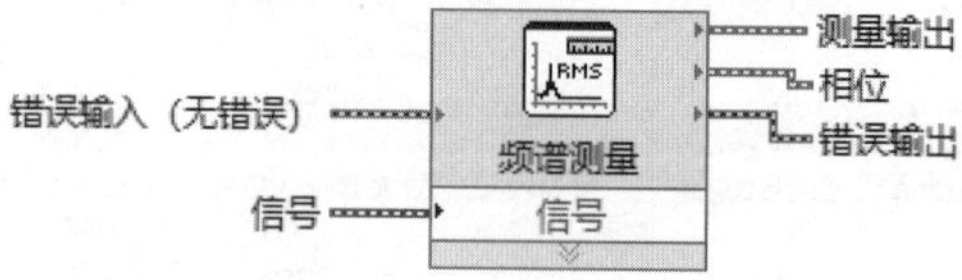

图 11-24　频谱测量

实例 11-10　利用“频谱测量”Express VI 实现一个基本的频谱测量。

如图 11-25 所示，该实例对由“仿真信号”生成的频率可调的正弦波形的频谱进行测量。通过“频谱测量”的配置对话框，可以对频谱测量的选项及相关的参数进行设定。

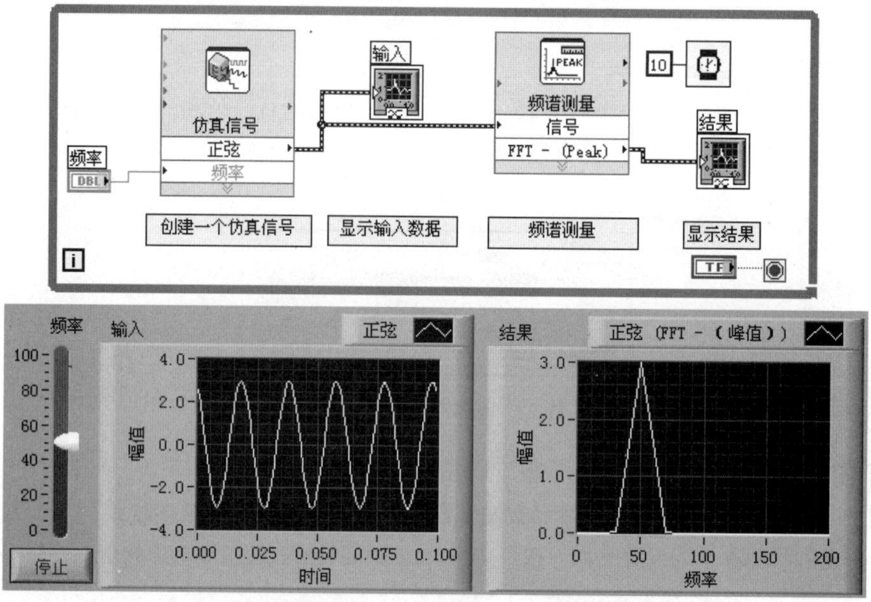

图 11-25　“频谱测量”实例

11.3 信号时域与频域分析

11.3.1　信号的时域分析

信号时域分析 VI 位于“函数”选板的“信号处理”→“信号运算”子选板中，如图 11-26 所示。这些 VI 能够实现信号的卷积、相关、归一化等运算功能。

1. 自相关

自相关函数的一个重要应用是检验信号中是否含有周期成分，如图 11-27 所示。如果信号中含有周期成分，则自相关函数衰减很慢且具有明显的周期性。

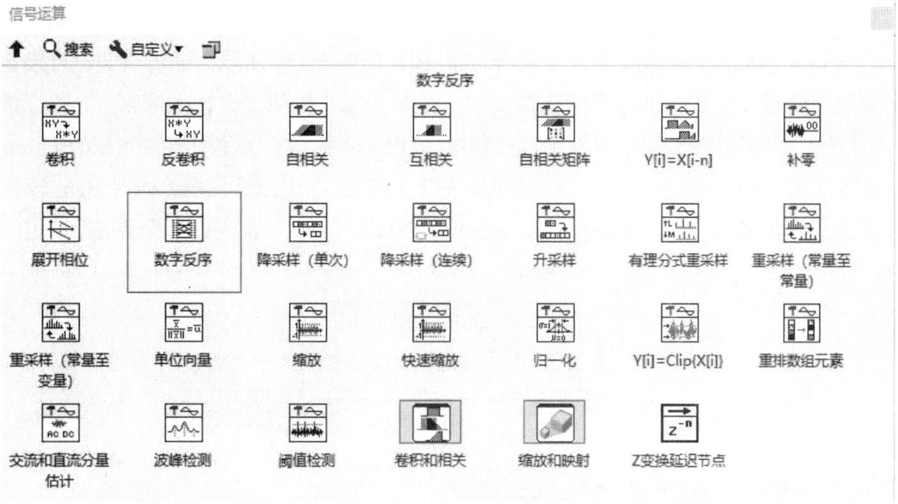

图 11-26　“信号运算”子选板

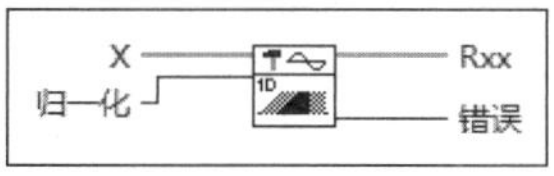

图 11-27　自相关

实例 11-11　利用“自相关”VI 实现含噪信号周期性分析。

如图 11-28 所示，测试信号是由“基本函数发生器”和“均匀白噪声波形”产生的一个带噪声的正弦信号。当信号噪声幅度较小、还不足以淹没正弦信号时，可以看到自相关函数衰减很慢且具有明显的周期性；如果增大噪声使其幅度远大于正弦信号幅度，从自相关函数中就很难看到周期成分，因为正弦信号已经淹没在噪声中了。

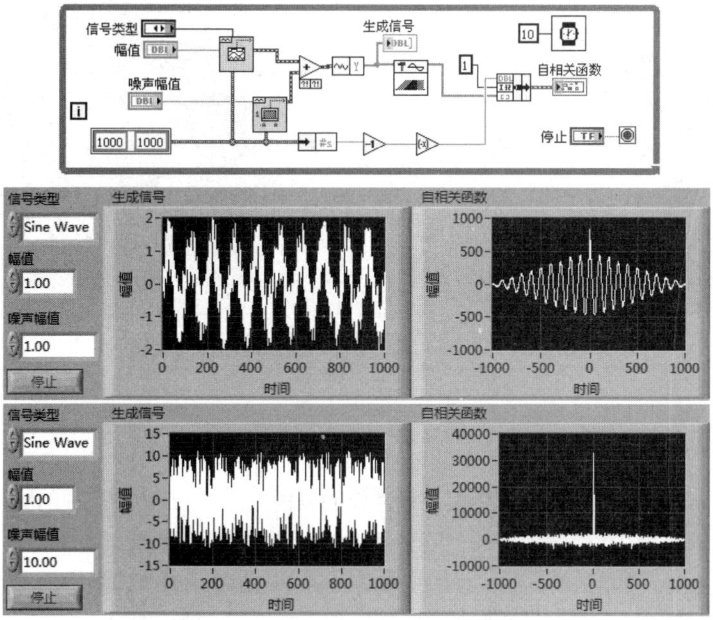

图 11-28　“自相关”VI 周期信号检测应用实例

2. 卷积

“卷积”VI 的功能是计算输入序列 X 和 Y 的卷积，如图 11-29 所示。通过将数据连线至 X 输入端可确定要使用的多态实例，也可手动选择实例。其中，“X”为第一个输入序列；“Y”为第二个输入序列；“算法”指定使用的卷积方法。算法的值为 Direct 时，VI 将使用线性卷积的 Direct 方法计算卷积；如算法为 Frequency Domain，VI 将使用基于 FFT 的方法计算卷积。如 X 和 Y 较小，Direct 方法通常更快；如 X 和 Y 较大，Frequency Domain 方法通常更快。此外，两个方法在数值上存在微小的差异。

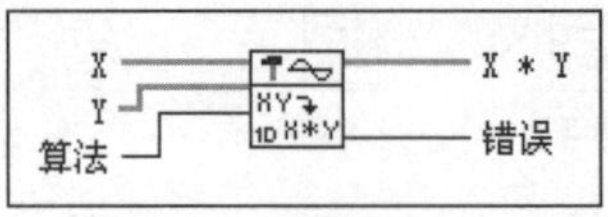

图 11-29　卷积

实例 11-12　利用二维卷积实现图像边沿检测。

该实例是 LabVIEW 2018 自带的一个范例，参数设置及实现效果如图 11-30 所示。

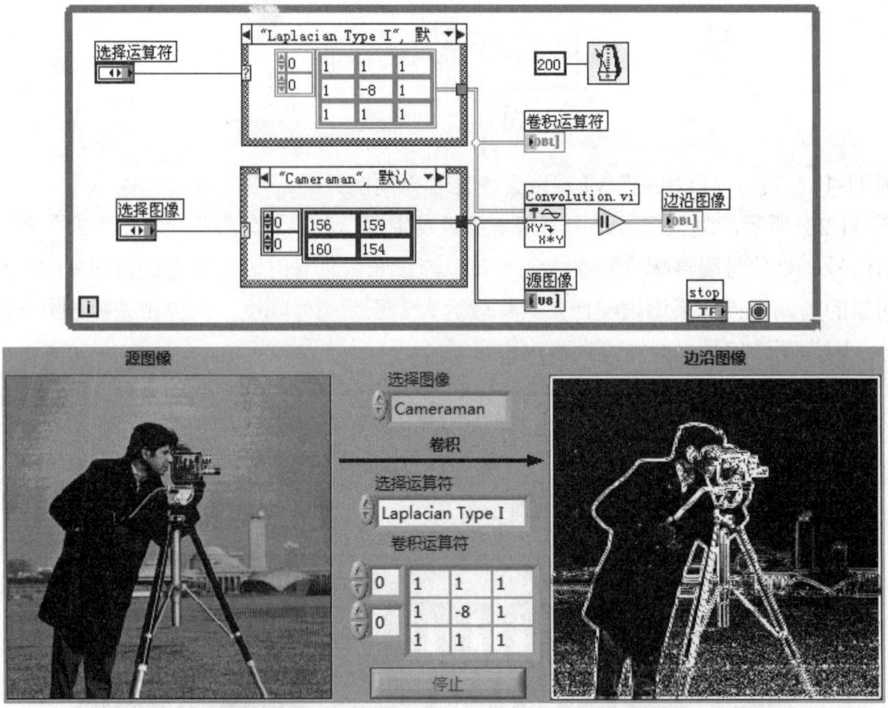

图 11-30　利用二维卷积实现图像边沿检测实例

11.3.2　信号的频域分析

信号的频域分析是信号处理中最常用、最重要的分析方法。LabVIEW 中的频域分析 VI 位于两个子选板中，一个是“函数”选板中的“信号处理”→“变换”子选板，如图 11-31 所示，主要实现信号的傅里叶变换、希尔伯特变换、小波变换等；另一个是“函数”选板中的“信号处理”→“谱分析”子选板，如图 11-32 所示，主要实现对信号的频率分析、联合时域分析等。

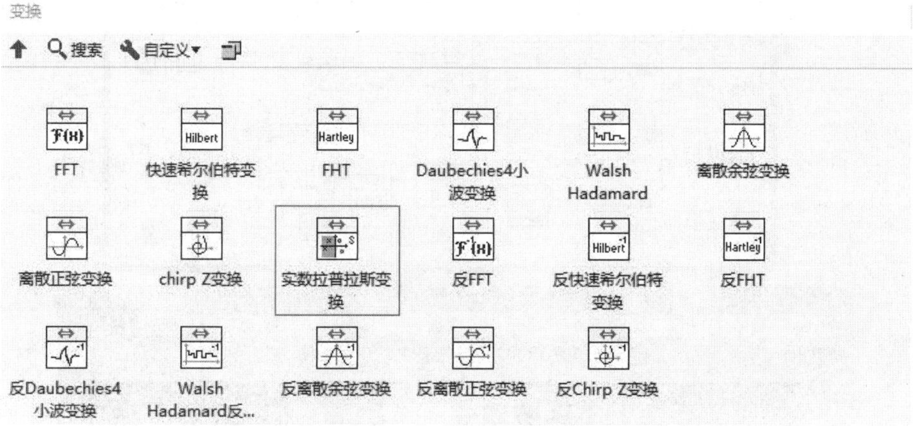

图 11-31　“变换”子选板

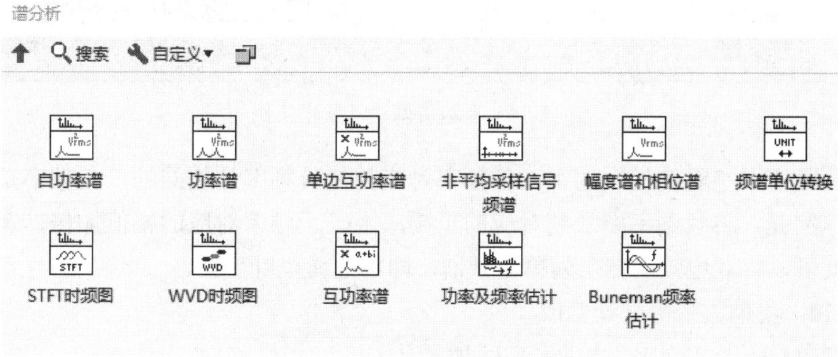

图 11-32　“谱分析”子选板

1. 快速傅里叶变换(FFT)

快速傅里叶变换是数字信号处理中最重要的变换之一，它的作用在于能够从频域的角度观察信号的特征，如图 11-33 所示。FFT 最基本的应用就是计算信号的频谱，通过频谱可以方便地观察和分析信号的频率组成成分。

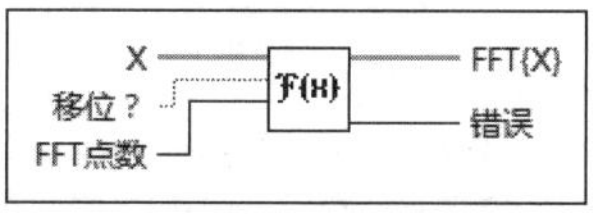

图 11-33　快速傅里叶变换(FFT)

实例 11-13　利用 FFTVI 编写双边带傅里叶变换计算信号频谱。

如图 11-34 所示，实例利用 3 个“正弦波”VI 产生 3 个幅值和频率都不同的正弦信号，并将它们叠加在一起作为 FFT 变换的输入。生成的信号及频谱分析的结果如图 11-34 所示。

从图中可以看出，傅里叶频谱中除了原有的频率 f 外，在 $Fs\text{-}f$ 的位置也有对应的频率成分，这是由于 FFTVI 计算得到的结果不仅包含正频率成分，还包含负频率成分，这就是双边带傅里叶变换。当信号频率为 20Hz 时，在 80Hz 处出现的频谱实际上对应的频率为−20Hz。如果不断增大信号频率，可以发现，正、负频率对应的频谱将逐渐靠近。当 f 大于采样率的一半时就会出现频谱混叠现象。这就是采样定理所限制的结果，因此为了能够获得正确的频谱，采样时必须满足采样定理，即 $f<Fs/2$。

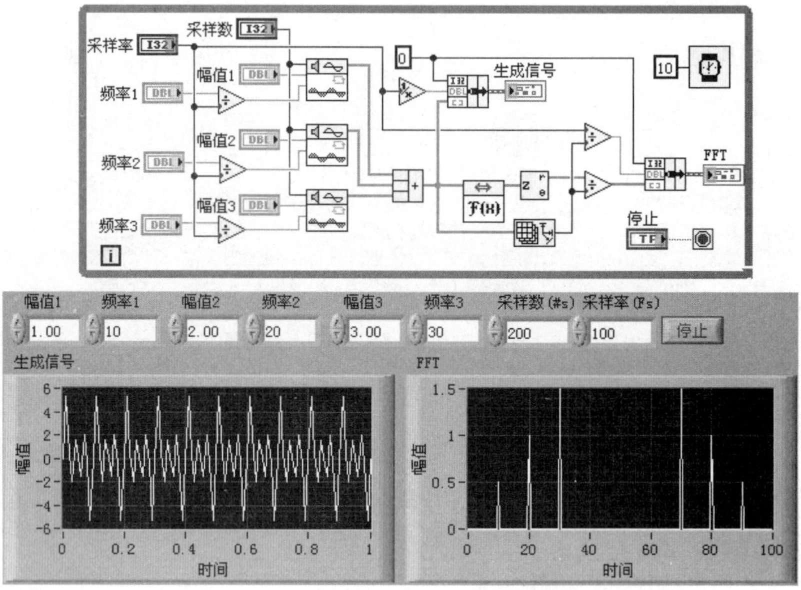

图 11-34　双边带傅里叶变换实例

实际上，频谱中绝对值相同的正、负频率对应的信号频率是相同的，负频率是由于数学变换才出现的。因此，将负频率叠加到对应的正频率上，正频率对应的幅值加倍，零频率对应的频率不变，就可以将双边频谱转变为单边频谱，即单边傅里叶变换。

实例 11-14　用单边带傅里叶变换。

该实例参数设置及实现效果如图 11-35 所示。

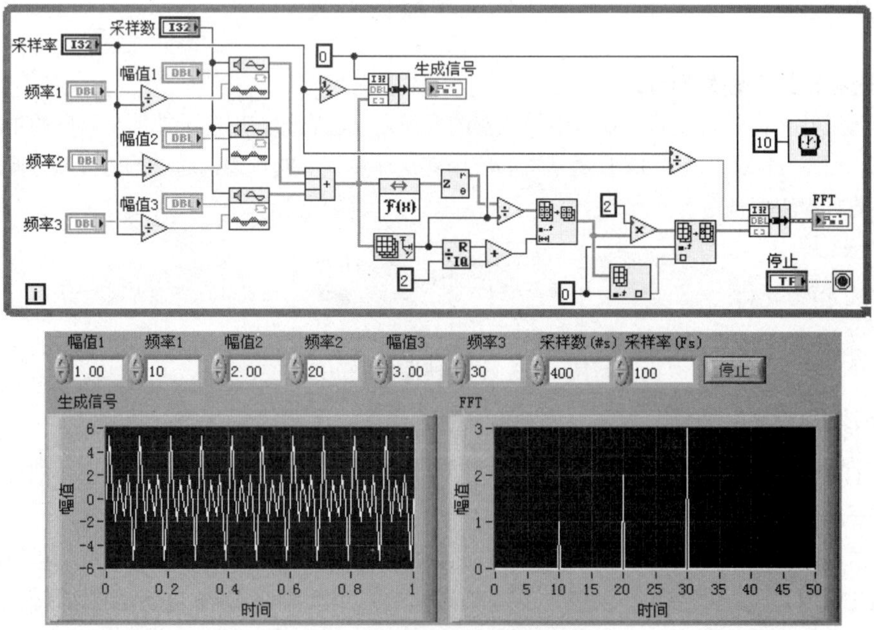

图 11-35　单边带傅里叶变换实例

2. 拉普拉斯变换

拉普拉斯变换(图 11-36)可以将信号从时域转换到复频域(s 域)来表示，在线性系统、控制自动化等方面都有广泛的应用。

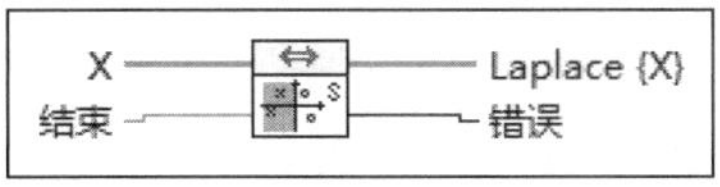

图 11-36　拉普拉斯变换

实例 11-15　正弦信号进行拉普拉斯变换。

该实例参数设置及实现效果如图 11-37 所示。

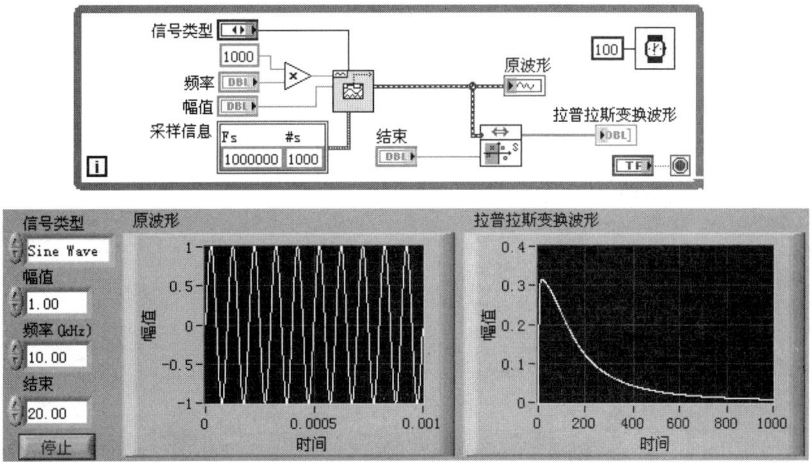

图 11-37　拉普拉斯变换应用实例

3. 希尔伯特(Hilbert)变换

Hilbert 变换(图 11-38)可用于提取瞬时相位信息、获取振荡信号的包络、获取单边频谱、检测回声以及降低采样速率等。

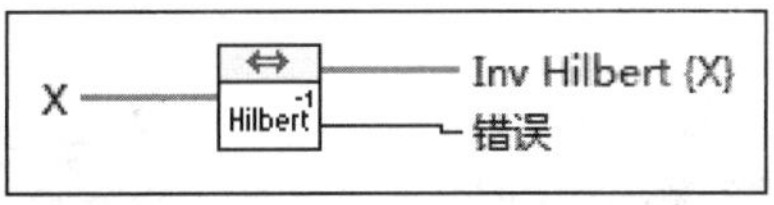

图 11-38　希尔伯特(Hilbert)变换

实例 11-16　利用“Hilbert 变换”实现回声信号检测。

如图 11-39 所示，该实例利用回声发生器生成回声信号，由 Hilbert 变换得到解析信号，然后计算解析信号的幅值并以对数形式表示，以确定回声的位置。实例中将回声延迟设置为 125，则从图 11-39 中可以明显看到在采样点数为 125 处信号的包络有明显的扰动，即为回声信号。

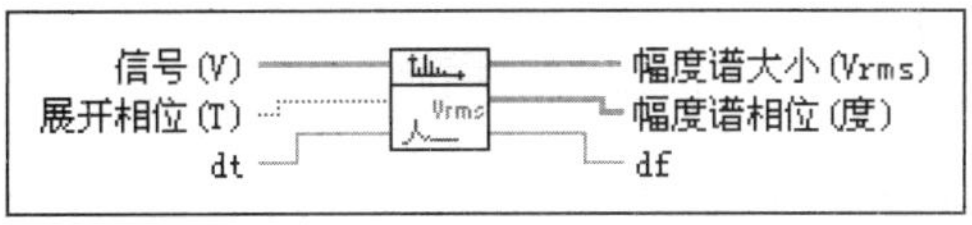

图 11-38　幅度谱和相位谱

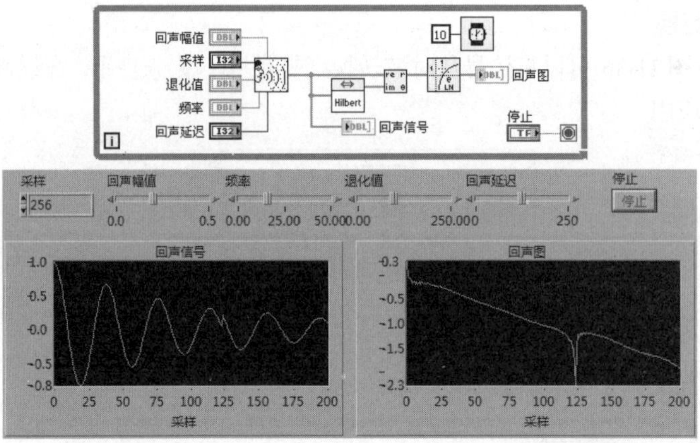

图 11-39　利用“Hilbert 变换”实现回声信号检测的实例

4. 幅度谱和相位谱

利用“幅度谱和相位谱”VI 可以计算实数时域信号的单边且已缩放的幅度谱，并返回幅度谱大小和幅度谱相位信息。

图 11-40 所示为利用“幅度谱与相位谱”VI 分析一个带白噪声的正弦信号。前面板中的 3 个波形图分别显示了原始时域信号及经过分析得到的幅度谱和相位谱。

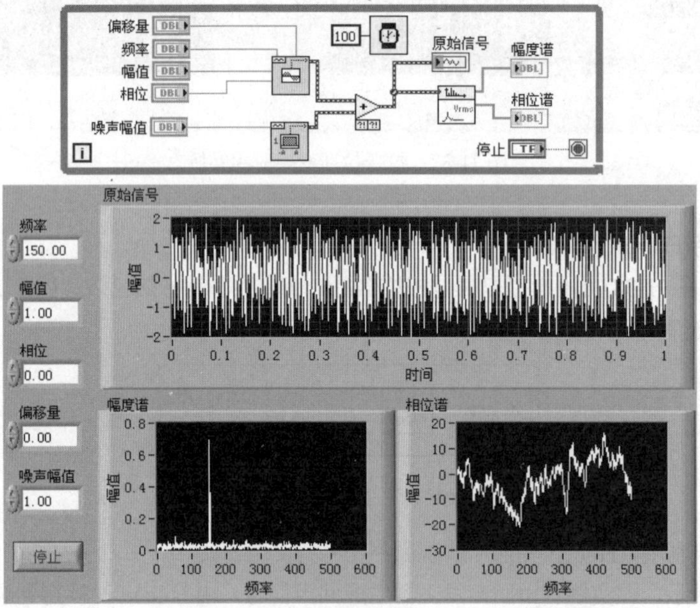

图 11-40　“幅度谱和相位谱”VI 应用实例

5. 非平均采样信号频谱

功率谱是通过傅里叶变换得到的，而傅里叶变换的一个基本要求就是数据在时间轴上必须是等间距的。在实际应用中，采样数据并不一定能满足这个条件。一种解决办法是通过选择合适的插值方法使数据变得均匀；另外一种有效的方法是通过 Lomb 归一化周期图算法，这种算法可以直接处理原始数据而无需关心数据采样间隔是否均匀。“非平均采样信号频谱”VI 就是将该算法封装起来，从而极大地方便用户对非均匀采样数据进行处理，如图 11-41 所示。

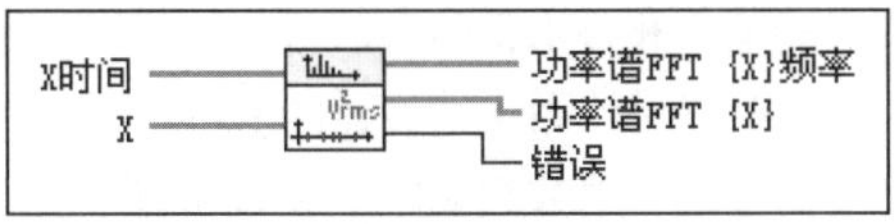

图 11-41　非平均采样信号频谱

实例 11-17　比较非均匀采样情况下傅里叶功率谱和 Lomb 功率谱。

如图 11-42 所示，图中采样点由随机数产生来实现信号的非均匀采样，采样信号由 4 个不同频率的正弦信号叠加而成。从分析结果可以看出，从傅里叶功率谱中无法分辨 4 个正弦信号，而 Lomb 功率谱能很清楚地分辨出这 4 个信号。

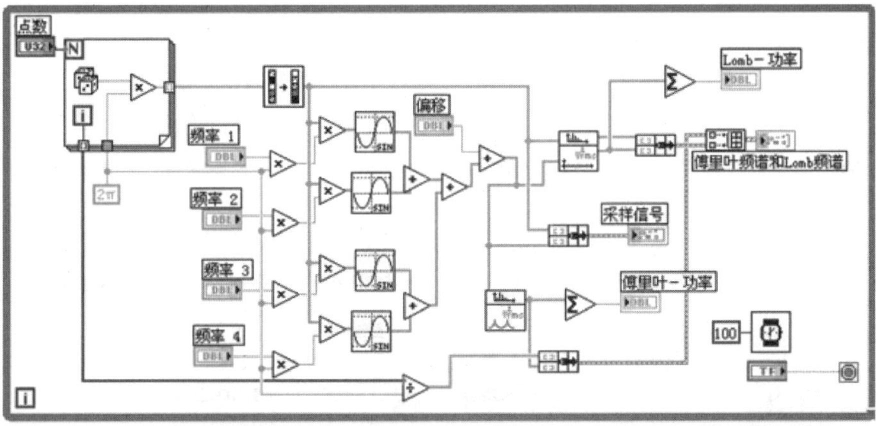

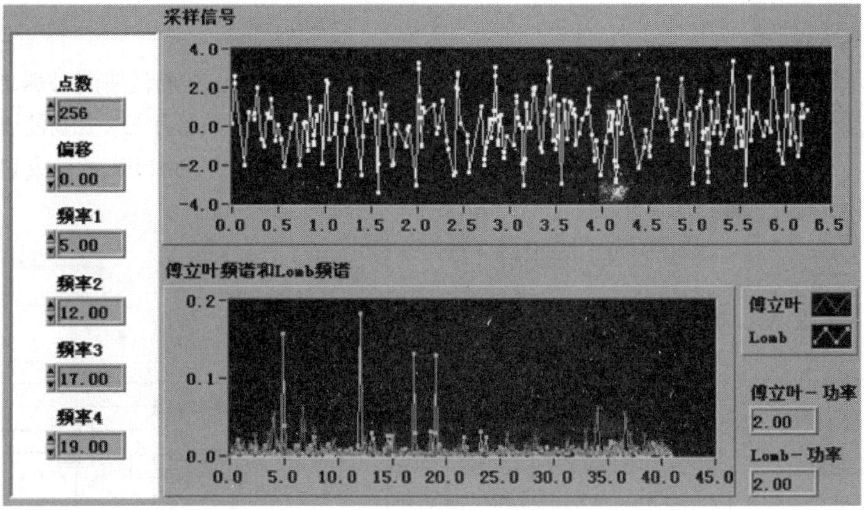

图 11-42　非均匀采样数据功率谱分析实例

11.4　滤波器

滤波器的功能是让处于通带频率范围内的信号通过，而阻止阻带频率范围内的信号通过，从而实现对信号的筛选。根据信号的类型，滤波器分为模拟滤波器和数字滤波器。模拟滤波器的输入和输出都是连续的，而数字滤波器的输入和输出都是离散时间信号。由于 LabVIEW 程序内部所处理的信号都是离散数字信号，因此本书仅讨论数字滤波器的 LabVIEW 实现。

根据冲激响应，可以将滤波器分为有限冲激响应(FIR)滤波器和无限冲激响应(IIR)滤波器。对于 FIR 滤波器，冲激响应在有限时间内衰减为零，其输出仅取决于当前和过去的输入信号值；对于 IIR 滤波器，冲激响应在理论上会无限持续，输出取决于当前和过去的输入信号值以及过去的输出值。在实际应用中，应根据实际情况选择合适的滤波器。

LabVIEW 提供了多种滤波器 VI 和用来设计滤波器的 VI，它们位于“函数”选板的“信号处理”→“滤波器”子选板中，如图 11-43 所示。

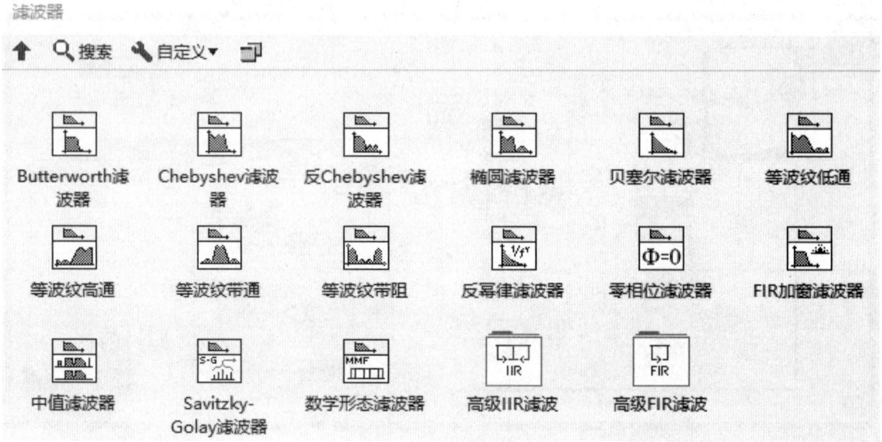

图 11-43 “滤波器”子选板

在“滤波器”子选板提供的各种 VI 中，IIR 滤波器类型有 Butterworth(巴特沃斯)滤波器、Chebyshev 滤波器、反 Chebyshev 滤波器、椭圆滤波器和贝塞尔滤波器；FIR 滤波器有 FIR 加窗滤波器和等波纹带通、等波纹带阻、等波纹高通、等波纹低通滤波器等。同时还提供高级 IIR 和高级 FIR 滤波器子选板，用于实现滤波器的设计。

下面以贝塞尔滤波器为例来介绍滤波器 VI 的应用。

11.4.1 Butterworth 滤波器

“Butterworth 滤波器”VI 通过调用 Butterworth 系数 VI，生成数字 Butterworth 滤波器，如图 11-44 所示。通过将数据连线至“X”输入端可确定要使用的多态实例；“滤波器类型”接线端可以设置滤波器的通带，选项包括 Lowpass(低通)、Highpass(高通)、Bandpass(带通)、Bandstop(带阻)。

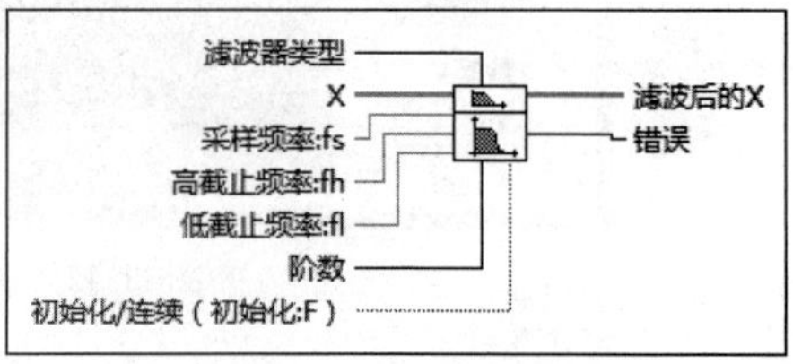

图 11-44 贝塞尔滤波器

实例 11-18 利用“Butterworth 滤波器”VI 实现低通滤波器。

如图 11-45 所示，使用“仿真信号”ExpressVI 产生一个含均匀白噪声的低频正弦波信号，并使用低通 Butterworth 滤波器进行滤波。从图中可以看出，滤波后信号噪声大大减少。

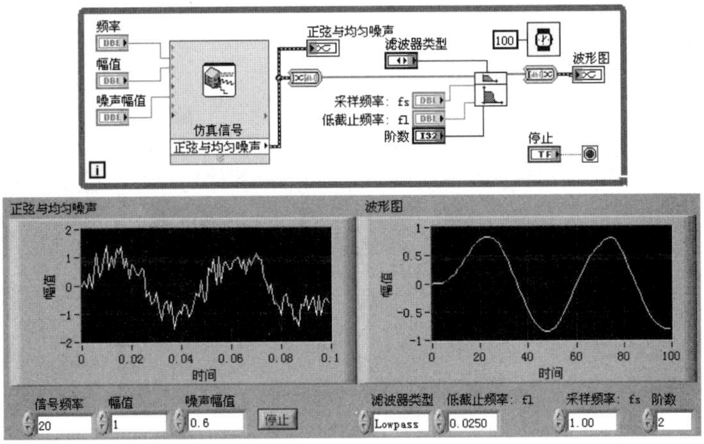

图 11-45　“Butterworth 低通滤波器”实例

11.4.2　贝塞尔滤波器

贝塞尔滤波器 VI(图 11-46)通过调用贝塞尔系数 VI，生成数字贝塞尔滤波器。通过将数据连线至“X”输入端可确定要使用的多态实例。

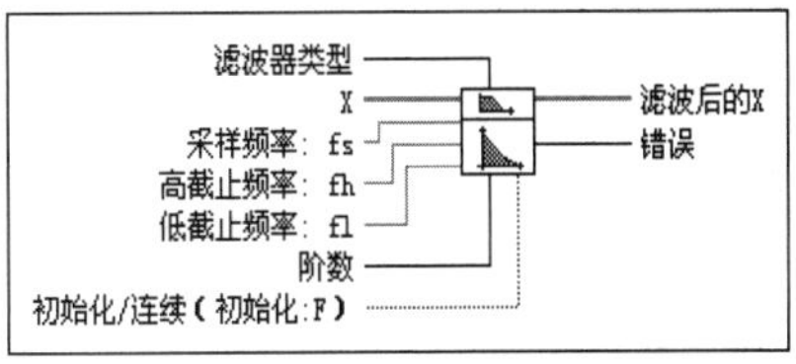

图 11-46　贝塞尔滤波器

实例 11-19　利用“贝塞尔滤波器”实现多个频率信号带通滤波。

如图 11-47 所示，本实例由 4 个“正弦波形”VI 分别生成 4 个不同正弦波形并叠加在一起生成一个多频信号，贝塞尔带通滤波器筛选 150～350Hz 之间的信号。从图中可以看出，经过带通滤波后，处于通带频率范围内的信号几乎无损通过，而处于阻带频率范围内的信号被大大抑制。

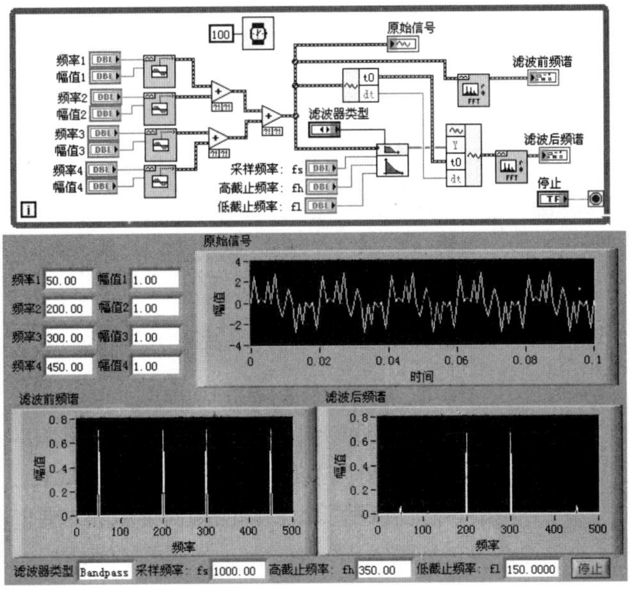

图 11-47　贝塞尔带通滤波实例

11.5 窗函数

在利用计算机实现工程测试信号处理时，不可能对无限长的信号进行测量和运算，而是取其有限的时间片段进行分析。具体做法是从信号中截取一个时间片段，然后用这个信号时间片段进行周期延拓处理，得到虚拟的无限长的信号，然后对信号进行傅里叶变换、相关分析等数学处理。无限长的信号被截断以后，其延拓信号周期与周期之间信号是不连续的，其频谱将发生畸变，原来集中在某一频率处的能量被分散到两个较宽的频带中去了(这种现象被称为频谱能量泄漏)。

在不可能得到无限长信号的情况下，解决频谱能量泄漏的方法就是加窗。频谱能量泄漏大小取决于周期延拓时信号突变的幅度，跳跃越大，泄漏越大。加窗就是将原始采样波形乘以幅度变化平滑且边缘趋零的有限长度的窗来减小每个周期边界处的突变。

LabVIEW 提供了多种窗函数来实现对有限采样数据的加窗处理，这些窗函数位于“函数”选板的“信号处理”→“窗”子选板中，如图 11-48 所示。

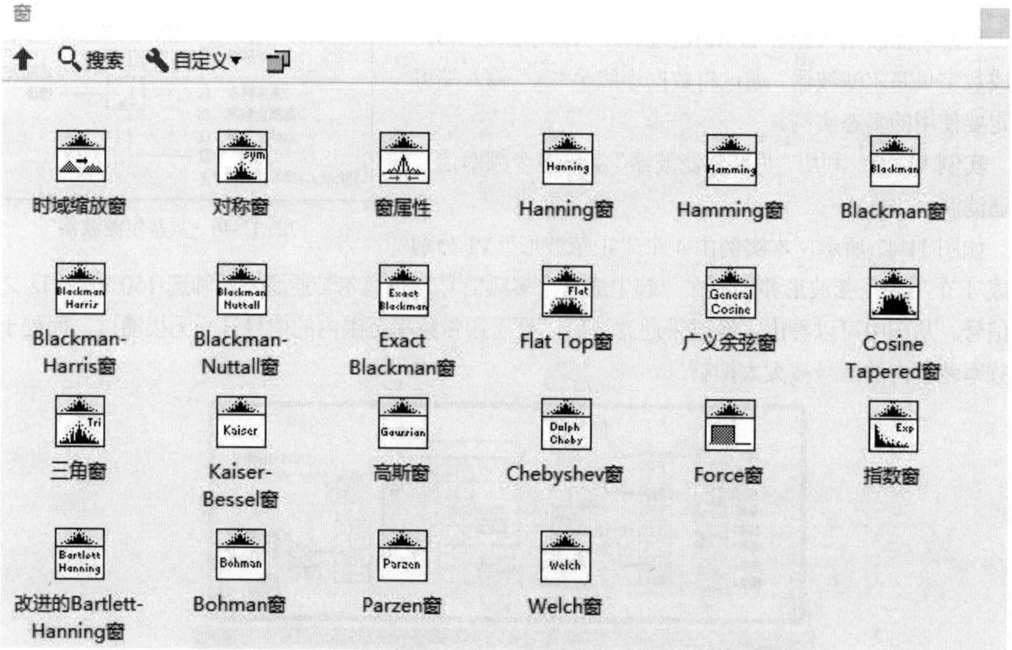

图 11-48 “窗”子选板

11.5.1 信号加窗前后频谱对比实例

实例 11-20 非整周期采样信号在加窗前和加窗后频谱分析对比。

如图 11-49 所示，从图中可以看出，当正弦信号的采样为非整周期时，出现了信号周期延拓时的突变现象，从而导致明显的频谱能量泄漏现象，而加窗后信号的频谱则没有能量泄漏现象。

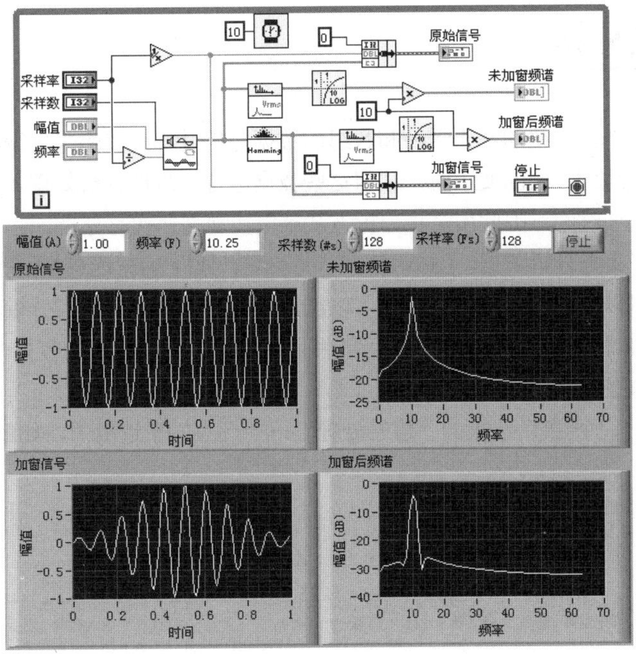

图 11-49　非整周期采样信号加窗前后频谱对比实例

11.5.2　利用窗函数分辨小幅值信号

当信号中某个频率成分的幅度相对较小时，如果直接进行傅里叶频谱分析，由于频谱能量泄漏，很难通过频谱分辨出幅度较小的信号。如果对信号采用加窗处理后再做频谱分析，则通过频谱就比较容易分辨出小幅值的信号。

实例 11-21　利用窗函数分辨小幅值信号。

如图 11-50 所示，当两个叠加在一起的正弦信号幅度相差 1000 倍时，从未加窗信号的功率谱中基本分辨不出小幅值信号，而通过加 Hanning 窗后，从加窗信号的功率谱中就明显能够分辨出小幅值信号。该实例也可以通过 LabVIEW 范例得到。

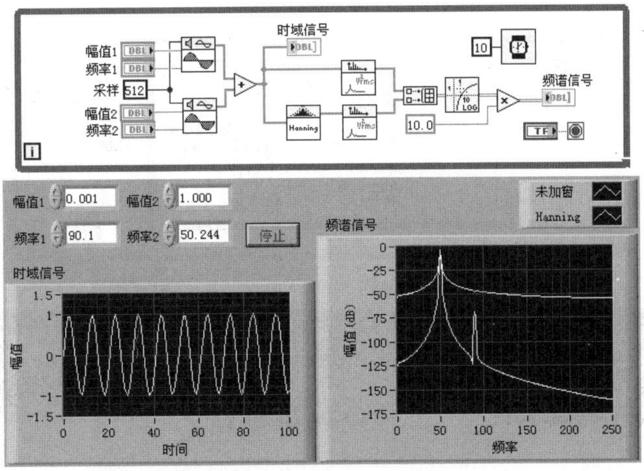

图 11-50　利用窗函数分辨小幅值信号实例

11.6 逐点分析

在数字信号处理中，传统的基于缓冲和数组的数据分析过程是先将采集得到的数据放在缓冲区或数组中，待数据量达到一定的要求时，才将这些数据进行一次性分析处理。由于采集和构建这些有一定要求的数据需要时间，因此用这种分析方法难以实现高速实时分析。

为了实现实时采集与分析数据，LabVIEW 提供了逐点分析 VI。逐点 VI 在数据分析时针对每一个采集的数据点都可以立即进行分析，数据可以实现实时处理。使用逐点分析能够跟踪和处理实时事件，实现与信号的同步，减少数据丢失的可能性，同时程序设计也更加容易。由于无须构建数组，所以对采样速率要求更低。

逐点分析 VI 位于“函数”选板的“信号处理”→“逐点”子选板中，如图 11-51 所示。

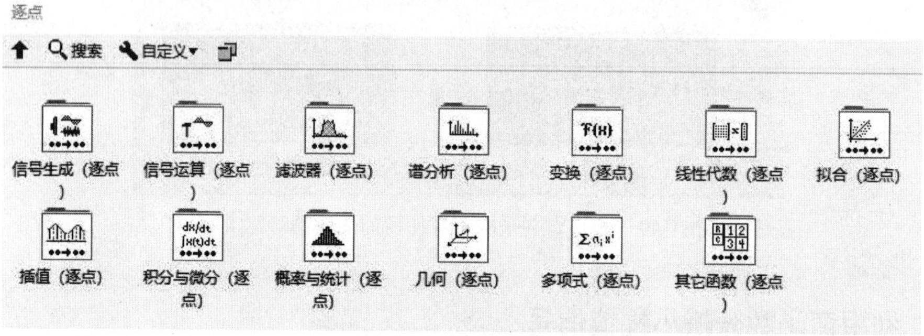

图 11-51 “逐点”子选板

实例 11-22 逐点分析实时滤波与普通滤波的对比。

如图 11-52 所示，首先生成一个周期逐点正弦波信号，频率与幅值都为 1，每周期 128 个点，然后对该信号叠加幅值为 0.3 的均匀白噪声，最后分别利用普通滤波方式和逐点滤波方式进行滤波。运行实例可以发现：逐点分析在接收到的每个数据点时就立即进行分析，并同步输出结果，然后进行下一个数据点的分析，实现了实时分析的效果；而普通滤波利用缓冲区接收数据形成序列，然后对整个序列进行分析，在接收序列过程中无法显示滤波结果，只能在整个序列接收完后显示分析结果。

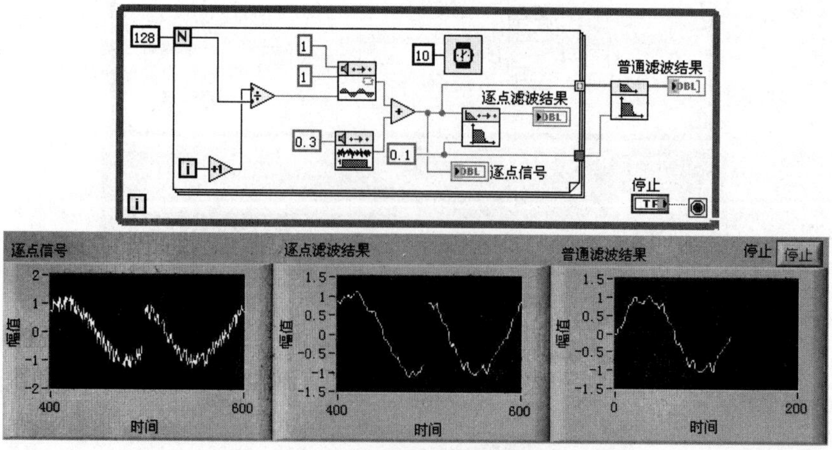

图 11-52 “逐点”分析实时滤波与普通滤波对比实例

习题

1. 设计一个简单的函数信号发生器。要求能输出正弦波、方波、三角波和锯齿波，且能设置波形的幅度、频率、偏移、占空比等参数。

2. 选用适当模块设计输出一个含有 10Hz、20Hz、50Hz 3 个频率分量的信号。

3. 设计一个工频仿真信号源。要求输出一个幅值为 2V 的 50Hz 且含有 3～7 次的奇次谐波和白噪声的信号，各谐波的幅值为谐波次数的倒数，白噪声的幅度为 0.1V。

4. 设计一个任意函数发生器。要求能输出函数表达式指定的波形和手绘的波形。

5. 分别用 FIR 和 IIR 滤波器滤除习题 3 中的谐波及噪声信号。

6. 求幅值为 1、频率为 100Hz 的三角波叠加幅值为 1 的高斯白噪声信号的自相关函数。

7. 对信号 $y(t)=2\sin(20\pi t+\pi/3)+3\sin(50\pi t+\pi/2)+\sin(120\pi t)$进行傅里叶变换，并作谐波分析。

8. 生成一个频率为 1000Hz、幅值为 1 的正弦信号并叠加幅值为 1 的均匀白噪声信号，再分别采用低通、高通、带通滤波器进行滤波，并比较滤波的结果。

9. 设计一个温度报警程序。用 10Hz 的正弦信号代替温度变化，用触发与门限模块实现报警阈值的设定和报警，并将超过阈值的信号显示出来。

10. 创建一个 VI，产生一个幅值为 100 的白噪声信号，保留其频率低于 20Hz 的部分后与一个频率为 200Hz、幅值为 1 的正弦信号叠加。设计一个滤波器将该正弦信号滤出。

11. 创建一个 VI，提取习题 2 生成信号的频率和幅度信息。

12. 试测量习题 3 中信号的幅度谱、相位谱和功率谱。

参考文献

[1] 美国国家仪器(NI)公司官方网站：http://www.ni.com.

[2] 何玉钧，高会生. LabVIEW 虚拟仪器程序设计与应用[M]. 2 版. 北京：人民邮电出版社，2019.

[3] 何小群，谢箭. LabVIEW 2016 程序设计教程[M]. 成都：西南交通大学出版社，2018.

[4] 谢箭，何小群. LabVIEW 使用程序设计[M]. 成都：西南交通大学出版社，2017.

[5] 解璞，李瑞. LabVIEW 2014 基础实例教程[M]. 北京：人民邮电出版社，2016.

[6] 岂兴明，周建兴，矫津毅. LabVIEW 8.2 中文版入门与典型实例[M]. 北京：人民邮电出版社，2010.

[7] 胡乾苗. LabVIEW 虚拟仪器设计与应用[M]. 2 版. 北京：清华大学出版社，2019.

[8] 郝丽，赵伟. LabVIEW 虚拟仪器设计及应用——程序设计、数据采集、硬件控制与信号处理[M]. 北京：清华大学出版社，2018.

[9] 林静，林振宇，郑福仁. LabVIEW 虚拟仪器程序设计从入门到精通[M]. 2 版. 北京：人民邮电出版社，2019.

[10] 沈金鑫. Arduino 与 LabVIEW 开发实战[M]. 北京：机械工业出版社，2014.

[11] 修金鹏. Arduino 与 LabVIEW 互动设计[M]. 北京：清华大学出版社，2014.